航天科技图书出版基金资助出版

先进航天飞行器基础研究丛书·有效上面级技术

航天飞行器隐身技术

刘佳琪　等　著

中国宇航出版社

·北京·

图书在版编目（CIP）数据

航天飞行器隐身技术 / 刘佳琪等著. -- 北京：中国宇航出版社，2024.12

（先进航天飞行器基础研究丛书）

ISBN 978-7-5159-2220-1

Ⅰ. ①航… Ⅱ. ①刘… Ⅲ. ①航天器－隐身技术 Ⅳ. ①V418

中国国家版本馆 CIP 数据核字(2023)第 052026 号

责任编辑 王杰琼　　**封面设计** 王晓武

出　版
发　行 中国宇航出版社

社　址 北京市阜成路 8 号　**邮　编** 100830
(010)68768548

网　址 www.caphbook.com

经　销 新华书店

发行部 (010)68767386　(010)68371900
(010)68767382　(010)88100613（传真）

零售店 读者服务部　(010)68371105

承　印 北京厚诚则铭印刷科技有限公司

版　次 2024 年 12 月第 1 版
2024 年 12 月第 1 次印刷

规　格 787×1092

开　本 1/16

印　张 23.25　**彩　插** 13 面

字　数 586 千字

书　号 ISBN 978-7-5159-2220-1

定　价 139.00 元

航天科技图书出版基金简介

航天科技图书出版基金是由中国航天科技集团公司于2007年设立的，旨在鼓励航天科技人员著书立说，不断积累和传承航天科技知识，为航天事业提供知识储备和技术支持，繁荣航天科技图书出版工作，促进航天事业又好又快地发展。基金资助项目由航天科技图书出版基金评审委员会审定，由中国宇航出版社出版。

申请出版基金资助的项目包括航天基础理论著作，航天工程技术著作，航天科技工具书，航天型号管理经验与管理思想集萃，世界航天各学科前沿技术发展译著以及有代表性的科研生产、经营管理译著，向社会公众普及航天知识、宣传航天文化的优秀读物等。出版基金每年评审2次，资助30～40项。

欢迎广大作者积极申请航天科技图书出版基金。可以登录中国航天科技国际交流中心网站，点击“通知公告”专栏查询详情并下载基金申请表；也可以通过电话、信函索取申报指南和基金申请表。

网址：http：//www.ccastic.spacechina.com

电话：(010) 68767205，88530006

丛书序

我国航天飞行器在国家重大工程的牵引带动下，取得了举世瞩目的成就。然而，长期以来，在以工程项目带动技术发展为主的模式下，一些基础性、共性瓶颈技术难以得到系统性提升，导致工程项目启动时就已经与国外先进水平存在差距，而且会逐渐拉大，难以支撑未来航天飞行器的长远发展。基础研究是所有技术问题的源头。为系统解决制约航天飞行器发展的共性难题，需要采用“重大工程需求牵引、基础研究创新驱动”的发展模式，回归本源、统筹规划，通过理念、方法、技术与验证的系统性发展，有效解决航天飞行器发展源头的差距和难题。

正是基于这一背景，在国家重大基础研究项目的支持下，中国航天科技集团有限公司牵头，联合航天工业部门、科研院所、高等院校等全国百余家优势单位协作攻关，从工程应用需求中抽象、凝练出关键根问题，力图从源头和底层解决先进航天飞行器技术发展的瓶颈。结合基础研究成果和工程实践总结，我们共同编纂了这套“先进航天飞行器基础研究丛书”，期待其为航天飞行器的技术发展带来启发。

丛书作者秉持“从根技术出发、坚持理论创新、提供技术动力、助力装备发展”的理念，在全面总结航天飞行器基础研究成果的基础上，针对当前航天飞行器设计中的瓶颈难题和未来的发展需求，结合最新研究进展，编纂了《总体技术》《控制技术》《动力技术》《有效上面级技术》《有效生存技术》五卷。《总体技术》卷从新一代精细化设计方法的角度出发，包含了基于概率优化的总体设计、总体动力一体化设计、全系统海量优化等理论，新型电气系统集成设计、气动环境设计与验证等方法，载荷环境、分离火工、姿控动力、结构等先进设计技术，以及总体试验设计、评估方法。《控制技术》卷从高可靠、高精度的角度出发，包含了控制系统总体设计，制导与精度分析方法，先进姿态控制、伺服控制等技术，以及控制设备可靠性、电磁兼容性等方面的设计、测试技术与方法。《动力技术》卷从高性能、高适应性的角度出发，包含了固体发动机先进总体设计方法，推进剂、药柱与内弹道、燃烧室、推力矢量喷管、发动机壳体、安全点火等前沿设计技术，以及发动机制造、试验与可靠性评估的理论与方法。《有效上面级技术》卷从全过程、全联合的角度出发，包含了上面级总体设计技术，博弈对抗、空气动力、防隔热等设计理论，新型加固、先进控制、先进遥测等设计方法，以及上面级的地面试验与测试等技术。《有效生存技术》卷从长时间、强适应性的角度出发，包含了发射装备、地面设备的总体设计理论，发射车、发射平台等先进设计技术，以及高效生存保障的前沿设计方法。

这套丛书的编纂人员既有工程单位长期活跃在工程实践一线的专业技术人员，又有科研院所和高等院校一直扎根于基础研究的研究人员和教师。丛书兼顾理论与实践，系统阐述了航天飞行器设计的基础理论和技术方法，内容丰富、理实交融，具有系统性、基础性、专业性、实用性、前瞻性和创新性，可供从事航天飞行器设计工作的专业技术人员借鉴和参考，也可作为高等院校相关专业教学和科研工作的参考资料。

航天技术的发展日新月异，受限于技术水平，书中难免有不足之处，恳望专家、读者提出宝贵意见。

《先进航天飞行器基础研究丛书》

编委会主任

2024 年 9 月于北京

前　言

随着防空反导技术的不断发展，特别是各种新型传感器技术的发展和探测系统能力的提升，飞行器被发现和拦截的风险日益增大，飞行器的生存能力已成为其作战效能的主要影响因素，提高飞行器生存能力的重要性和迫切性愈加突出。隐身技术通过采取各种降低目标可探测特征的方法，对提升武器装备的生存能力和作战效能具有重大意义。经过60多年的发展，隐身技术已广泛应用于各类飞行器，特别是从F-117A飞机的诞生，到F-35隐身战机的广泛应用，以及各种隐身战舰和隐身导弹的出现，隐身技术不仅推动了武器装备的发展，同时也促进了防空反导防御技术的进步。

从频谱角度，隐身技术可分为雷达隐身、红外隐身、可见光隐身和声隐身等；从对抗方式角度，可分为低可探测隐身和低可截获隐身；从技术途径角度，可分为外形隐身、材料隐身、等离子体隐身等；从对抗模式角度，可分为无源隐身、有源隐身（主动隐身）等，涉及电子学、电磁场与微波、材料学、声学、光学等多个技术领域。同时，还涉及与飞行器相关的雷达、通信、目标特性、环境、计算机、测量等多个学科专业。隐身技术是一项复杂的系统工程，在飞行器研制中需要研究多种理论和技术，同时还需解决许多设计、工艺和试验验证等工程应用问题。

本书作者及其科研团队经过几十年的理论研究、设计方法探索、产品研制和应用实践，成功实现了隐身技术在装备上的工程应用，取得了大量的技术创新成果，获得了上百项专利授权，并制定了相应的国家军用标准。本书是理论和经验的总结，可以促进相关技术的进一步发展。本书的特点在于注重系统性、实用性和创新性，尤其是理论与实践相结合。全书共7章，第1章为概述，第2章为探测传感器的原理与基础，第3章为航天飞行器的目标特征机理与表征，第4章为航天飞行器常用特征预估与仿真方法，第5章为航天飞行器雷达隐身技术，第 6 章为红外隐身技术，第 7 章为未来发展展望。

本书由刘佳琪等著，其中刘佳琪提出大纲并编制，同时参与了相关章节的撰写。具体内容分工为：第 1 章由刘佳琪、张生俊撰写，第 2 章由李建华、艾夏、刘佳琪等撰写，第 3 章由莫锦军、穆磊等撰写，第 4 章由莫锦军、穆磊、刘佳琪等撰写，第 5 章由刘佳琪、王明亮、张生俊、邬润辉、崔逸纯、穆磊、艾夏等撰写，第 6 章由刘佳琪、穆磊、李亚男、王伟东等撰写，第 7 章由张生俊撰写。刘佳琪负责全书的统稿、修改、校稿和最终审定，张生俊参与了大纲编制、全书的修改和校稿。

感谢科研团队孟刚研究员、厉永照研究员、刘成国研究员、刘鑫研究员、毕岚研究员等同事在专业技术研究方面所作出的重要贡献，为本书的完成奠定了坚实的基础。感谢中国宇航出版社为本书的出版所付出的辛勤努力。

衷心感谢赵民研究员、沈波研究员、惠俊鹏研究员、黄育秋研究员为项目研究提供的技术指导和帮助！

由于作者水平有限，书中不足之处在所难免，恳请读者批评指正。

目　录

第1章 概 述

航天飞行器在当今世界越来越重要，无论是人造卫星还是弹道导弹，都在经济社会、世界军事中起着极其重要的作用。由于航天飞行器具有飞行高度高、飞行时间长、工作自主性强、功能多等特点，与空中的飞机、地面的车辆和海上的舰船有很大的不同，因此在设计和使用上也有其特殊性。反导防御技术自20世纪40年代开始研究，至今已有80余年，全球一体化导弹防御技术得到了大力发展，导弹防御系统的探测、识别、跟踪和拦截能力日益增强，特别是探测能力方面，雷达、红外等传感器技术的发展，加速了防御技术水平的提升。航天飞行器攻防对抗日趋激烈，反导防御与飞行器突防这对矛盾更加突出。

《孙子兵法·虚实篇》云："形人而我无形"。隐真示假，使敌人暴露而我方不露行迹，一直以来是谋局布势、创造有利战机的上兵之策。在当代高技术飞速发展的背景下，各种雷达、电子侦察和光电侦察等目标发现系统得到了新的发展，其探测距离和探测能力迅速提高，由各种有源和无源探测系统构成的立体性综合探测系统，具有全天时、全高度和全方位的精确探测、截获、识别和定位目标的能力。当这些系统与C2BMC军事信息系统和灵巧武器相结合时，导弹、飞机、舰艇、坦克等高价值目标便会在瞬间被发现，并遭受多层次的拦截和打击。因此，在现代高度复杂的信息探测空间中，如何提高目标的突防成功率和生存能力，已成为设计新一代作战平台和武器系统所面临的重大问题。

为了应对反导反卫系统的探测、跟踪和拦截，航天飞行器隐身技术应运而生。当前，隐身已成为航天飞行器设计的主要内容之一，也是体现航天飞行器装备性能的重要作战指标之一。航天飞行器隐身技术通过外形优化、材料选择、特殊结构设计等手段，降低或者减缩飞行器的目标特征，从而避免被敌方雷达等传感器发现或者延迟其发现时间，缩短敌方防御系统的反应时间，使目标不被拦截。

本章从航天飞行器隐身的基本概念出发，介绍了隐身技术的应用情况和航天飞行器隐身技术的分类，重点介绍了雷达隐身、红外隐身、等离子体隐身等飞行器隐身技术的基本概念，为后续隐身技术的深入描述奠定基础。

1.1 隐身技术的实践与应用

在第一次世界大战期间，德国空军曾使用透明材料制造飞机，使其难以被地面人员发现，德国科学家于1944年通过使用一种所谓的"干涉涂层"，成功地将112~195 cm波长的电磁能量降低到了原来的近1/400，从而使涂覆了该涂层的物体的雷达探测距离缩短到了原来的1/4。当时一共研制出了16种吸波材料，然而由于一系列的缺点，这些材料未能起到足够的保护作用。雷达发明后，美国于1945年研制出了一种吸收雷达波的涂料，代号为 MX－40，据称效果显著。1954 年，在设计 U－2 高空侦察机时，考虑了隐身方案，其在机身上涂满一种黑色的可降低雷达波散射强度的“铁漆”涂料。SR－71 侦察机（图 1－1），采用了翼身融合、双垂尾内倾、大后掠边条翼和三角翼设计，并在机身表面喷涂“铁漆”（采用多种专门研制的特殊材料和涂层）。B－1B 轰炸机（图 1－2），采用了蛇形进气道，内装两个加热导流片。新改进的机头雷达罩、机翼前缘天线罩、翼根整流罩、机翼后缘、高升力装置和尾翼上均涂有雷达波吸波材料；座舱挡风玻璃采用了真空电子镀膜层；头部、机身和平尾侧面也都涂覆有雷达波吸波材料；头部和尾部雷达天线安装隔框设计成倾斜式的；整体设计上采用了翼身融合体结构。但是 U－2 侦察机、TR－1 侦察机、SR－71 侦察机和 B－1B 轰炸机，并非完全按照隐身技术要求设计的飞机。

图 1－1　SR－71 侦察机

图 1－2　B－1B 轰炸机

真正的全隐身飞机始于美国的 F－117A 攻击机（图 1－3）和 B－2 隐身轰炸机（图 1－4）。1988 年 11 月，美国军方公布了长期处于保密状态的当时最新式 F－117A 攻击机和B－2 隐身轰炸机的有关资料。F－117A 是高亚声速隐身战斗机，翼展 13.2 m，机长 20.1 m，机高 3.78 m，正常起飞重量 23.8 t。外形为后掠翼前三点起落架布局，垂尾采用 V 字形双垂尾，并涂覆了吸波材料。机身的上表面是由许多块平面组成的多面体，可将雷达波以各种角度向飞机上方天空中散射。各种措施使得 F－117A 的雷达散射截面积很小，为 0.01～0.1 m^2。B－2 由美国诺斯罗普·格鲁门公司制造，采用了新型的飞翼气动外形，没有平尾，实现了翼身融合。整个飞机的外形呈光滑曲线，以求达到最佳的隐身效果。机体大量采用石墨碳纤维材料、锯齿状雷达散射结构、蜂窝状雷达吸波结构、雷达吸波材料涂层，进一步缩小了雷达散射截面积。据称，B－2A 在正常探测距离下的雷达散射截面积与一只小鸟相当。轰炸机的所有燃料和武器系统全部设计在机体内部，因此外形异常“干净”，且使用了隐身材料，部分区域还涂有吸波材料。这些措施有效地实现了其良好的隐身性能。在发展 F－117A 和 B－2 两种隐身军用飞机的同时，美国还将隐身技术应用于其他的机种，甚至应用于导弹武器。

20 世纪 80 年代初，美国着手研制先进战术战斗机（ATF），如 F－22 战斗机（图 1－5）。F－22 采用连续可变曲率的复杂大弧面设计，但飞机的基本布局仍较为常规，近似菱形的机头锥截面和机身，达到“以角代面”效果。机头锥侧面尖利的折缝在气动上起到了类似 F－18 的前缘边条的作用，整个机身侧面的折缝则在电磁上起到类似 B－2 的扁平、尖利边缘的效果。其采用S弯进气道设计，以增加入射雷达波的反射次数，并逐步吸收雷达波的能量，最终大幅度削弱回波能量。联合攻击战斗机（JSF）作为美国下一代的主力战斗机，需保持优异的机动性，同时可以适当降低全向隐身的要求，如F-35战斗机（图1-6）。JSF也有类似F-22的特征。

图1-3 F-117A攻击机

图1-4 B-2隐身轰炸机

图1-5 F-22战斗机

图1-6 F-35战斗机

据俄罗斯塔斯社2018年1月11日报道[1]，考虑到每架战机的成本，俄罗斯国家技术集团（Rostec）公司为苏-57战斗机、图-160轰炸机和其他战机建造了新的保护层。这些保护层包括“一种具有增强雷达吸波性能的新型复合材料”。俄罗斯称苏-57战斗机比以前生产的苏霍伊系列飞机隐身性能更好，这归功于采用了铟锡氧化物涂层材料。

早在20世纪60年代，苏联就开始了秘密研究等离子体吸收电磁波的技术。到20世纪80年代初期，苏联是世界上最早开展等离子体实验的国家，重点研究等离子体在高空超声速飞行器上的潜在应用。据报道，至1999年年初，俄罗斯克尔迪什研究中心已开发出第一代和第二代等离子体发生器，并成功地在飞机上进行了试验。据悉，其第一代产品是等离子体发生片，厚度为50～70 mm，工作电压几千伏，工作电流几百微安。将该发生片贴于飞机的强散射部位，电离空气即可产生等离子体。第二代产品是等离子体发生器，通过在等离子体发生器中加入易电离气体，即可产生等离子体云团。飞行试验证明，它不仅能减弱雷达信号，还能改变发射信号频率以实现隐身。据称，该中心还应用新的物理原理研制了第三代产品，可能是利用飞行器周围的静电能量来减少飞行器雷达散射截面。根据俄罗斯官员的说法，等离子体隐身技术可以在苏-27战斗机（图1-7）、苏-34战斗轰炸机和苏-35战斗机（图1-8）、米格-35战斗机及米格-1.44战斗机原型上有效应用。20世纪90年代初，美国也投资65万美元，在休斯敦实验室进行了为期2年的实验，使雷达获取回波的信号强度降低到原来的1%。1997年，美国海军委托田纳西大学等单位研制等离子体隐身武器，实验证明，这种新研制的武器不仅具有正常的发射和接收功能，而且隐身性能也非常好[2]。

图1-7　苏-27战斗机

图1-8　苏-35战斗机

目前，隐身技术已广泛运用于各种导弹，其中隐身技术最成熟、最全面的莫过于隐身巡航导弹，这是因为巡航导弹体积大、速度慢，最容易被对方的探测装置发现[2]。较为典型的主要有：

1）AGM-86B型空射巡航导弹（图1-9）和AGM-129型隐身战略巡航导弹（图1-10）。AGM-86B型空射巡航导弹是一种空中发射的战略巡航导弹，由美国波音公司研制，于1983年正式投产。因其隐身措施不彻底，美国空军在其投产的同时即开始研制下一代隐身巡航导弹。AGM-129型隐身战略巡航导弹是由美国通用动力公司从1983年4月开始按先进巡航导弹（ACM）计划研制的，它从外形、结构设计到材料、发动机都坚持“将隐形进行到底”的设计理念，如独特的隐形气动外形设计、巧妙的翼身融合结构布局、大后掠多面体的头锥设计和采用吸收电磁波的复合材料及吸波涂料。与AGM-86B型空射巡航导弹相比，AGM-129型导弹的主要特点：一是采用独特的隐身气动外形设计、巧妙的翼身融合结构布局和大后掠多面体的头锥设计，主弹翼可收缩进弹体内，尾部三片控制面也可折叠成埋入的低阻构形，使导弹具有较好的隐雷达、隐红外和隐声学的性能；二是弹体和翼面均采用吸收电磁波的复合材料和吸波涂料，大幅度减少了导弹对雷达电磁波的反射，不易被敌方的雷达探测到；三是采用耗油率低的涡轮风扇发动机并配有气冷式高压涡轮叶片，可提高推力、增大射程，显著降低红外信号特征；四是在惯性导航+地形匹配复合制导系统中使用激光雷达，提高了测高仪的精度和地形分辨率，使导弹在超低空以高亚声速进行地形跟踪和机动飞行，导弹的命中精度约16 m。1989年3月1

日，美国空军公布了其在 B-52H 战略轰炸机上载飞试验的照片。为实现隐身效果，该导弹采用了有源冷却装置、红外抑制器和二元喷管等红外隐身技术。其两个全动式腹部方向舵面和翼面均由全复合材料制成，以减小雷达散射截面积；其制导系统大体上与 AGM-86B 型相同，采用地形轮廓匹配系统，但用激光雷达取代了雷达高度表。由于激光波束比电磁波束更窄，几乎无旁瓣，所以显著减少了被敌发现的可能性，且因分辨率高而提高了命中精度。

图 1-9 AGM-86B 型空射巡航导弹

图 1-10 AGM-129 型隐身战略巡航导弹

2）AGM-137 型和 MGM-137 型隐身战术导弹。美国国防部 1991 年 6 月披露，美军已研制成功一种“三军共用的远程攻击导弹”。据报道，该型导弹广泛采用了隐身以及精确制导等技术，以亚声速飞行。其隐身性能优于任何其他隐身导弹，即使在寻的飞行时，也不易被敌方雷达发现，能有效地突破敌防空系统。美国的 AGM-158 型高精度巡航导弹（图 1-11）主要特点是采用非圆截面弹体，具有较好的雷达隐身特性，而且射程显著增加。英国的“飙影”巡航导弹为了降低对方拦截概率，采用了红外隐身技术。日本 SSM-Ⅱ 型导弹采用了铁氧体复合材料，导弹表面进行了隐身涂层处理。

3）俄罗斯研制出了采用独特隐身技术的 X-22 隐身巡航导弹，该导弹的外形如同细长的鲨鱼，能贴水面超低空飞行，并能自动绕过障碍物，具有极强的机动能力，由于该导弹能超低空飞行，目前世界上的任何战斗机和防空武器均对其束手无策。X-22 隐身巡航导弹采用的隐身技术使其雷达散射截面积不足 0.01 m^2，在雷达显示器上，很难搜寻到它的踪影。

4）美国研制的 SCM 隐身超声速导弹，采用的是如同 B-2 隐身轰炸机那样的飞翼外形，法国的 ASLP、俄罗斯的 Buvya 超声速巡航导弹采用的是大三角翼外形。这是因为飞翼设计能够使导弹重量沿翼展分布，从而使其升力分布相同，有效消除由弹身产生的阻力，同时还能大幅度地减少雷达散射截面。另外，飞翼设计用边缘衍射代替镜面反射，在一定条件下，边缘衍射的强度比镜面反射弱。飞翼设计还能取消弹身等外露部件，因此在水平面照射下消除了很多镜面反射，使弹身等外露部件隐藏在弹翼内，而弹翼主要产生次散射源边缘衍射。

5）减小导弹发射尾焰是提高弹道导弹发射隐蔽性的重要方法，速燃助推技术采用先进燃烧技术，使导弹助推段尽快完成，从而减小被捕捉到的概率。速燃发动机技术、助推段红外隐身技术对弹道导弹助推段突防起着至关重要的作用[3]。俄罗斯和美国等国家都在其弹道导弹上采用了速燃发动机技术。例如，俄罗斯的“白杨-M”弹道导弹（图1-12）采用了含有硝基胺硝酰胺的高能推进剂，第三级还采用了最先进的复合推进剂——丁羟+奥克托金；在改进装药技术以提高燃速方面，采用了嵌入金属丝或金属纤维、改变氧化剂的含量、颗粒尺寸和加入燃速调节剂等措施；在发动机上还应用了柔性摆动喷管和轻质复合材料壳体等技术。此外，国外还研究了大燃面药型设计技术。“白杨-M”采用速燃发动机技术后，其助推段飞行时间据称已低于45 s；该导弹可在大气层内实现发动机关机，从而降低助推高度；柔性摆动喷管的应用可使导弹改变助推段飞行方向；采用低特征信号推进剂后，可使发动机喷管排出的烟、羽焰的可见光、红外、紫外辐射等特征信号减弱。美国的“三叉戟Ⅱ”潜射洲际弹道导弹（图1-13）则采用了固体无焰末助推系统，即燃气阀门/喷管组件末助推舱。该技术使预警卫星的红外探测器难以发现末助推舱在进行末段修正或投放分导式多弹头时的飞行弹道。国外研究的大燃面药型设计技术，在推进剂燃速难以提升的情况下可提高推力、减少助推段飞行时间。此外，各国还一直在低特征信号技术方面开展不懈的研究工作，并普遍将高能量-低特征信号推进剂应用于发动机技术中。据报道，美国和俄罗斯还深入研究了各种红外抑制技术，如红外辐射遮挡技术、高速气流引射冷却技术、对流气膜冷却技术、隔热绝缘材料的应用，以及减少羽烟中的碳粒、氮化物、未燃尽物的燃烧技术和添加剂等。

图1-11　AGM-158型高精度巡航导弹

图1-12　“白杨-M”弹道导弹

图1-13　“三叉戟Ⅱ”潜射洲际弹道导弹

6）图 1－14 是美国民兵－3 洲际弹道导弹和一项专利中提到的卫星隐身概念，其中飞行器底部的圆角和遮挡卫星的大锥形结构是其亮点。

(a) 民兵-3弹头

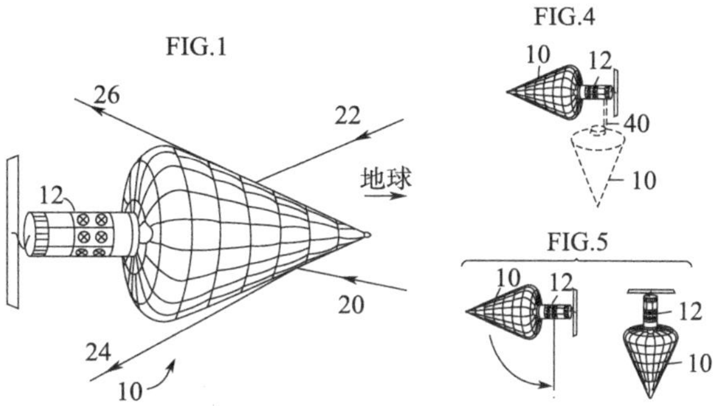

(b) 美国的卫星隐身概念

图 1－14 典型隐身航天器[4]

1.2 隐身技术在提高飞行器生存力方面的作用

隐身的作用在于降低目标的可探测性，以提升目标的生存能力，从而提升装备的综合作战效能。飞机生存力定义为飞机躲避和抵抗人为敌对环境的能力，其生存力可定义为

$$P_S = 1 - P_D P_T P_{\mathrm{LGH}} P_{K/H} \tag{1-1}$$

式中 P_S ——生存概率；

P_D ——被探测概率；

P_T ——被跟踪概率；

P_{LGH} ——导弹击中目标（飞机）的概率；

$P_{K/H}$ ——目标（飞机）被击中后的损毁概率。

目标隐身性能直接决定了 P_D 值，并对 P_T、P_{LGH} 有较大影响。因此，影响飞机生存力的三个概率（P_D、P_T、P_{LGH}）均与飞机雷达散射截面积（RCS）密切相关，还因为 RCS 的降低会为其他提高生存力的技术创造有利条件，隐身性能对飞机目标的生存力起到了至关重要的作用。当然，过度追求 RCS 的降低会导致飞行器重量过大、研发费用与维修成本增加及其他作战性能的降低。因此，飞机设计者应该权衡与生存力有关的多种技术之间的利弊，以确定 RCS 减缩指标。

弹道类目标在自卫式有源电子干扰支援下的生存概率定义为

$$P = \{P_{\text{发现}} \times P_{\text{粗跟}} \times P_{\text{精跟}} \times [P_{\text{失跟}} \times P_{\text{重新截获}} + (1 - P_{\text{失跟}})] \times P_{\text{识别}}\} \times P_{\text{毁伤概率}} \tag{1-2}$$

目标隐身性能直接决定了 $P_{\text{发现}}$ 值，并对 $P_{\text{粗跟}}$、$P_{\text{精跟}}$、$P_{\text{重新截获}}$、$P_{\text{识别}}$ 有较大影响，因此，影响弹道类目标生存力的五个概率均与目标的 RCS 密切相关，还因为 RCS 的降低会为自卫式电子干扰创造非常有利的条件，从而显著降低其功率需求。

1.3 隐身技术的定义与分类[5]

隐身技术（Stealth Technology）就是对目标的特征信号进行有效的控制或抑制的技术，即目标特征信号控制（Signature Control or Suppression，SCS）技术，也称为低可探测技术（Low Observable Technology）。隐身的目的就是降低目标的可探测性，以提高目标的生存能力，从而提高其综合作战效能。目标特征信号控制主要采用无源技术手段来降低或改变目标特征信号（包括其幅度、相位、波形、辐射方向等），以降低威胁武器系统对目标的探测敏感性，延缓其反应和响应时间。国军标中隐身技术被定义为通过减小或改变目标的各种可探测特征，使敌方探测设备难以发现或降低其探测能力的综合技术[2]。

目标的可探测性通常指目标（武器系统）的辐射能量被防御系统探测、跟踪、识别，并用于将拦截导弹导向目标。这些辐射特征包括雷达、红外、光学和声学特征等，还包括电磁辐射信号（如无线电射频信号）。目标会有不同的固有可探测特征信号，其对应的不同防御系统会有不同的探测器。

一般的可探测特征有两种分类方法，一种是根据防御系统探测器特性进行分类，另一种是根据飞行器特征信号来源的性质进行分类。

按防御系统探测器特性分类，主要有雷达可探测特征信号、红外可探测特征信号、光可探测特征信号、声可探测特征信号等。电磁频谱划分图如图 1－15 所示。

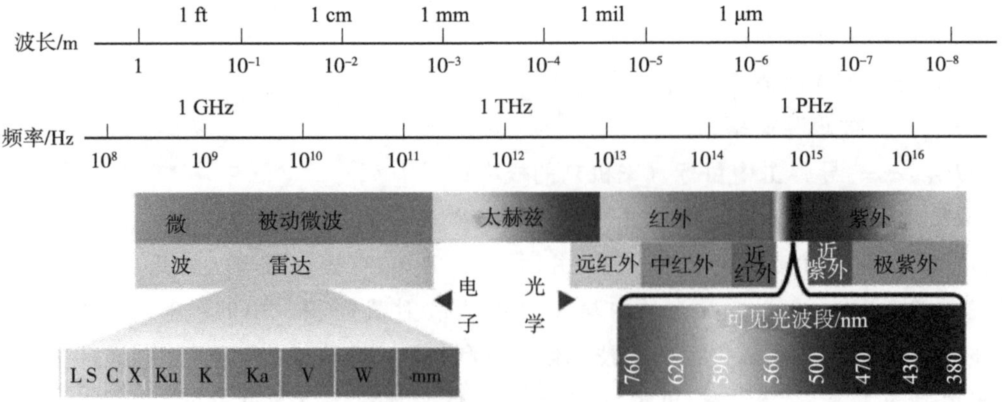

图 1－15　电磁频谱划分图

按飞行器特征信号来源的性质分类，一般有主动可探测特征信号和被动可探测特征信号。

主动可探测特征信号通常包括：飞行器平台上所有可被探测辐射源，即自身辐射出的雷达信号、通信系统信号、敌我识别特征信号、红外特征信号、激光和紫外线特征信号、声波特征信号、化学物质特征信号（如烟迹和飞机凝结尾流）等。主动可探测特征信号控制技术也称为低截获概率（Low Probability of Intercept，LPI）技术。

被动可探测特征信号一般包括：由外部照射到飞行器平台上导致反射或散射的所有可见的辐射源。所谓外部照射包括：雷达及激光照射、周围射频辐射、阳光及寒冷外层太空的辐射、主动声呐波的辐射等。

飞行器隐身是针对传感器而言的，主要分为雷达隐身（针对雷达探测）、红外隐身（针对红外探测）、射频隐身（针对电子对抗截获接收机探测）、光学隐身（针对可见光探测）、声隐身（针对声探测）、等离子体隐身等隐身技术。因此，研究隐身问题时一定要了解相应的传感器特性。

隐身技术的分类如图 1-16 所示。

雷达隐身技术：防御方的雷达主动发射电磁波，电磁波照射到飞行器上，对飞行器的后向散射（即反射回雷达天线方向，而非前向散射）的控制或者抑制技术即是雷达隐身技术。减缩飞行器在重要方向上的后向雷达散射截面是雷达隐身的重要目标。

红外隐身技术：对防御方红外探测器接收飞行器发射或辐射的红外特征信号进行控制或者抑制的技术即是红外隐身技术。抑制飞行器在重要方向上的红外辐射强度、辐射亮度及目标与背景红外图像的融合等，是红外隐身的重要目标。红外隐身技术包含两个方面：一是降低目标的红外辐射强度，即通常所说的热抑制技术；二是改变目标表面的红外辐射特性，即改变目标表面各处的辐射率分布。

射频隐身技术：对威胁方的无源雷达探测器接收飞行器发射或辐射的无线电特征信号进行控制或者抑制的技术即是射频隐身技术。控制飞行器上各种电子设备［飞行器载雷达（导引头）、数据链、通信、导航等］的辐射信号，避免被无源探测系统截获（探测、跟踪、识别），是射频隐身的重要目标。更确切地说，就是在保证飞行器载电子设备功能的前提下，最大限度降低有源辐射信号的被截获概率。其主要技术包括：自适应的辐射功率密度控制（通过控制辐射能量并使其最小化）和提升信号不确定性（提高特征信号在时域、空域、谱域上对潜在截获接收位置的不确定性等）。

光学（可见光）隐身技术：通过减小目标与背景之间的亮度、色度和运动的对比特征，达到对目标视觉信号的控制，以降低可见光探测器发现目标概率的技术即是光学隐身技术。目标表面材料对可见光的反射特性是影响目标与背景之间亮度及颜色对比的主要因素，同时，目标材料的粗糙状态和表面的受光方向也直接影响目标与背景之间的亮度及颜色差异。常用的方法包括在目标表面采用伪装涂色、改变目标物体的外形结构、降低目标物体的亮度等。可见光频段频谱范围一般在 240～790 THz，波长范围 380～880 nm（图 1-17）。

声隐身技术：声隐身技术是通过控制目标的声波辐射特征，降低声波探测系统探测概率的技术。声隐身技术的主要措施包括材料隐身、结构隐身和主动隐身三个方面。这些措施可以单独或组合使用，以实现更好的隐身效果。

等离子体隐身技术：利用等离子体对电磁波的碰撞吸收、折射和反射特性，降低目标 RCS 技术即是等离子体隐身技术。飞行器的等离子体隐身主要包括包覆式隐身和遮挡式隐身两种措施。这两种措施可以根据应用场景的需求，单独使用或联合使用，以适应不同作战性能指标要求。

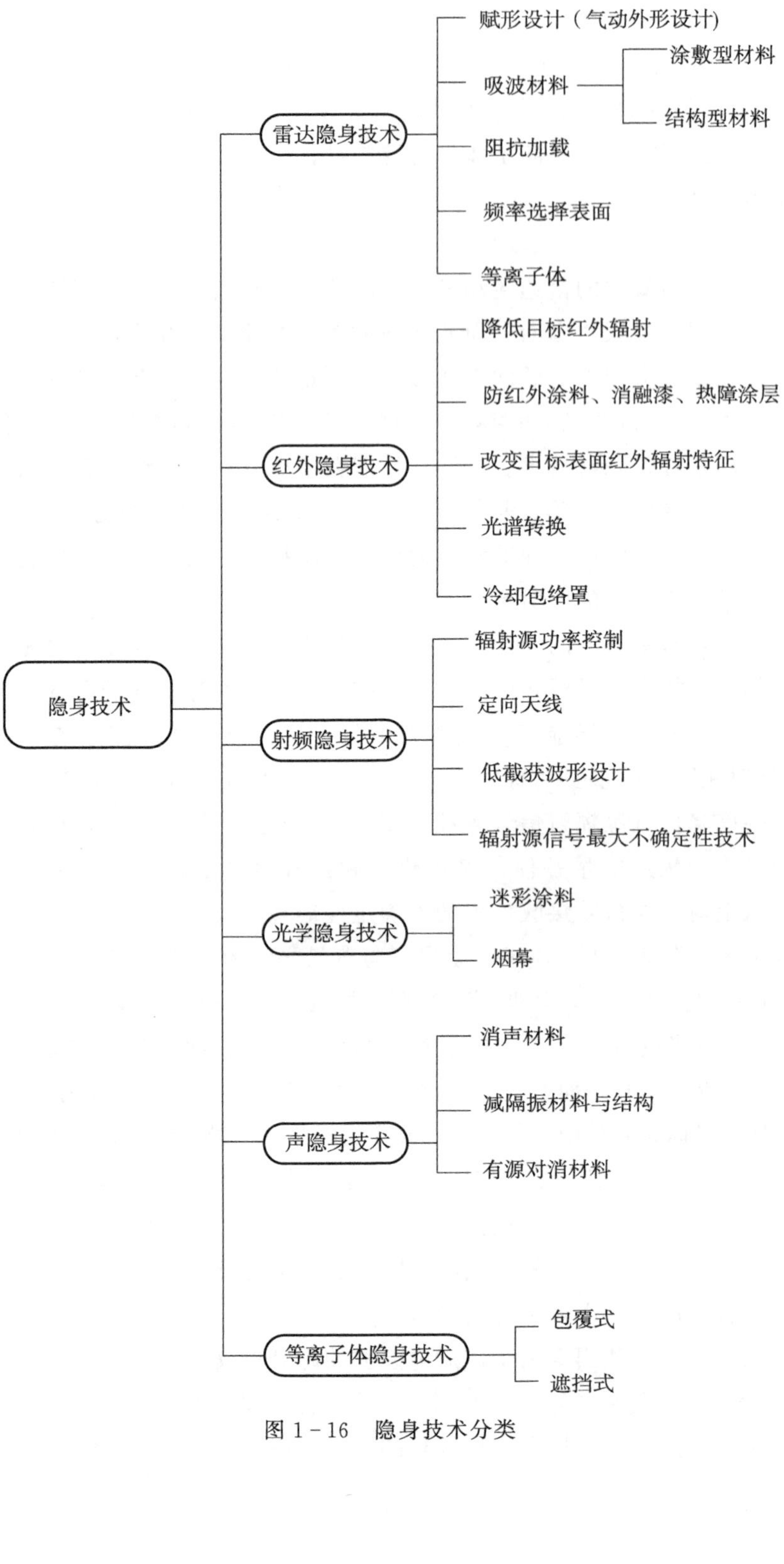
隐身技术
雷达隐身技术
赋形设计（气动外形设计）
吸波材料
涂敷型材料
结构型材料
阻抗加载
频率选择表面
等离子体
红外隐身技术
降低目标红外辐射
防红外涂料、消融漆、热障涂层
改变目标表面红外辐射特征
光谱转换
冷却包络罩
射频隐身技术
辐射源功率控制
定向天线
低截获波形设计
辐射源信号最大不确定性技术
光学隐身技术
迷彩涂料
烟幕
声隐身技术
消声材料
减隔振材料与结构
有源对消材料
等离子体隐身技术
包覆式
遮挡式

图 1－16　隐身技术分类

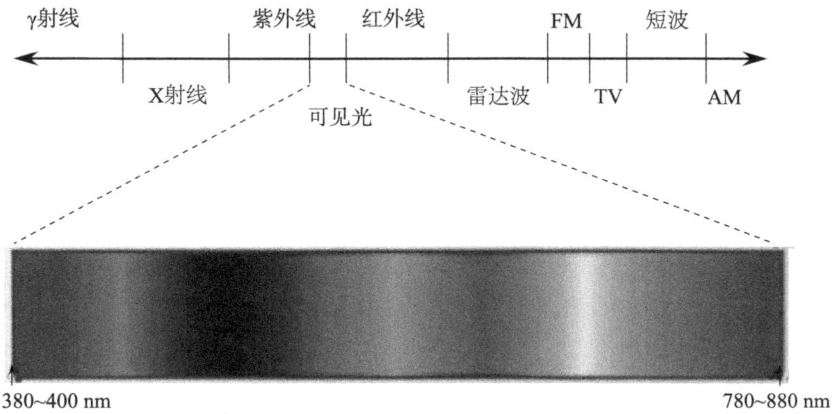

图 1－17　可见光波谱图

1.4　飞行器雷达隐身技术

飞行器的主要威胁来自雷达，因此飞行器隐身技术的重点是雷达特征信号控制。为了实现对目标特征的控制，首先应进行任务-威胁分析。对于飞行器而言，雷达特征之所以最重要，是因为近几十年来乃至今后几十年内，雷达仍然是防空反导系统和作战飞行器最主要而且也是最重要的传感器，其在现代电子战中的作用不断扩大并日益完善。

1.4.1　雷达距离方程

从雷达距离方程式（1－3）可知，雷达的探测距离主要取决于 3 个因素：雷达自身的特性、目标的雷达散射截面、当时当地大气的传输特性。大气的传输特性是我们无法改变的；雷达自身的特性是由威胁方雷达所决定而且是其固有的，也无法改变；只有目标的雷达散射截面是可以控制的，即目标（飞行器）的 RCS ，用 σ 表示。

$$R_{\max}=\sqrt[4]{\frac{P_t G^2 \lambda^2 \sigma}{(4\pi)^3 k T_0 B F_n \left(\dfrac{S}{N}\right)_{\min} L}} \tag{1-3}$$

式中　$R_{\max}$ ——雷达探测距离，m；

P_t ——雷达峰值功率，W；

G ——天线增益；

λ ——雷达波长，m；

k——玻尔兹曼常数；

B——接收机带宽，Hz；

T_0 ——标准温度（290 K）；

F_n ——接收机噪声数值；

$(S/N)_{\min}$ ——可检测信号的最小信噪比；

L——总损耗，包括发射机内部损耗、发射及返回信号的大气传播损耗。

由式（1-3）可知，雷达的探测距离与雷达散射截面呈1/4次方的关系。因此，要使雷达探测距离降低一半，要求目标的RCS降低12 dB，RCS每减小10 dB可使雷达探测距离减少约44%，当σ降低20 dB和40 dB时，雷达探测距离分别降低到$0.316R_{\max}$和$0.1R_{\max}$（即σ减小40 dB可使雷达探测距离减少约90%）。如果雷达散射截面积缩减并配合有源干扰、无源干扰，则其效果更加显著。例如，对于配备有源干扰机的飞行器而言，敌方雷达探测距离变为[6]

$$R_{\max}=K_0\sqrt{\frac{\sigma}{P_j G_j}} \tag{1-4}$$

式中 K_0——敌方雷达参数所确定的常数；

P_j、G_j——干扰机的发射功率和天线增益。

由于$R_{\max}$与σ的关系由4次方根变为平方根，因而σ的减小对雷达探测距离的影响更为显著。例如，当σ分别减小20 dB和40 dB时，雷达探测距离可分别降低至$0.1R_{\max}$和$0.01R_{\max}$。由此可见，隐身技术可显著缩短雷达探测距离，扩大雷达盲区，缩短预警时间，从而大大缩短了敌方的反应时间。由此可见，隐身技术在现代战争中具有重要意义。

国外几种典型的飞行器采用隐身技术后，可达到的隐身水平及其对雷达性能的影响分别如表1-1和表1-2[4]所示。从表中可以看出，F-117A、F-22、B-1B和B-2等飞行器在采用无源隐身后，其雷达散射截面积比非隐身设计时约减少20～30 dB，在其他参数不变的情况下，现代雷达对这些隐身飞行器的探测距离分别减小到原来的32%和18%，雷达搜索区域分别减小到原来的10%和3%，雷达的搜索空域分别减小到原来的3%和0.6%。这些数据表明，现代单基地雷达对这些隐身飞行器基本上是失效的，隐身效果非常明显。

表1-1 各种隐身飞行器的雷达散射截面积（RCS）和隐身水平

飞行器类型	隐身飞行器 RCS/m²	非隐身飞行器 RCS/m²	隐身水平/dB
B-1B轰炸机	1	100(B-52)	20
B-2隐身轰炸机	0.1	100(B-52)	30
F-117A攻击机	0.02	7	25
F-22战斗机(ATF)	0.05	4	19
F-16S战斗机(改造)	0.2～0.5	4	9～13
“飞鱼”反舰导弹	0.2	1～2	7～10
先进巡航导弹(ACM)	0.001	1	30

表1-2 隐身技术对雷达性能的影响

雷达RCS减小值/dB	隐身条件下雷达探测距离减小值/(R/R^0)	雷达搜索区域减小值/(S/S^0)	雷达搜索空域减小值/(V/V^0)
10	0.50	0.32	0.18
20	0.32	0.1	0.03

续表

雷达 RCS 减小值/dB	隐身条件下雷达探测距离减小值/(R/R^0)	雷达搜索区域减小值/(S/S^0)	雷达搜索空域减小值/(V/V^0)
25	0.24	0.057	0.014
30	0.18	0.032	0.006
40	0.1	0.01	0.001

1.4.2 目标的雷达特征控制

雷达特征控制的核心是降低目标的 RCS 。对飞行器而言，首先要明确其主要的作战对象和作战环境，然后据此研究飞行器的 RCS 大小及其强散射源的分布情况，针对不同的雷达和散射源，结合飞行器设计要求和用户要求，开展飞行器的隐身设计和试验工作。

1.4.2.1 雷达散射截面

目标的 RCS 决定了威胁方雷达所能探测、跟踪目标的距离。当散射（反射）幅度超过威胁雷达接收到的电子对抗信号时，它还会影响烧穿距离。因此，雷达散射截面还作为进一步提高生存力而采用电子对抗（Electronic Countermeasures，ECM）措施所需的体积、重量、复杂程度和费用的依据。电子对抗的代价和效果与它要保护的飞行器所散射的雷达波强度有直接关系。雷达散射截面常用平方米（m^2）表示。目标的雷达散射截面随条件变化呈现剧烈振荡特征，例如，在飞行器头向小角度范围，雷达截面从 0.1 m^2 变为数平方米，而侧向可达数百至数千平方米。因此，通常将雷达散射截面以对数形式表示，即分贝平方米（dBm^2 或 dBsm），其换算关系为

$$\sigma_{dBm^2} = 10\lg(\sigma_{m^2}) \tag{1-5}$$

在大多数的研究过程中，为方便和直观，采用直角坐标系或极坐标系的曲线来描述雷达散射截面。由于散射信号曲线是剧烈振荡的（尽管用分贝平方米表示），为了便于分析和使用，通常在某一角度范围内，采用统计方法中的均值、中值或50%的出现概率值来表示该区间内的 RCS 值，使曲线进一步光滑平顺。另外，为便于工程师们分析，也可将 RCS 曲线值用极坐标曲线的形式表示。

RCS 控制要求通常包括特征分析和特征减缩。在进行特征分析时，需根据任务中给出的威胁场景，按照威胁场景进行 RCS 评估。通过 RCS 评估来确定飞行器对雷达的反射率，指出主要散（反）射源，确定和考虑进一步的雷达散射截面减缩（Radar Cross Section Reduce，RCSR）的可能性，并制定达到设计规范所需采取的方法和措施，同时评估由此带来的成本、重量、体积等方面的代价。雷达散射特征将按任务威胁分析中规定的每种威胁系统频率范围加以评估，以便明确在 RCS 分析中起主要作用的其他系统及部件。飞行器 RCS 要求的评估通常还要结合其他对抗措施及武器系统的突防效率模型。

在飞行器的方案设计阶段，一般应进行理论建模和分析，并开展必要的实验室模拟试验；在飞行器设计进入初样设计阶段时，应进行缩比尺寸或者全尺寸模型试验验证；在飞行器研制完成后，还应进行真实飞行器飞行试验，以验证其在实际环境中飞行器的隐身性

能是否达到技术指标的要求。

1.4.2.2 雷达散射截面减缩

雷达散射截面减缩就是控制和降低目标的雷达特征，使敌方电子探测系统和武器平台降低其战斗效能，从而提高目标的突防能力和生存能力。一般来说，雷达散射截面减缩是对各种矛盾需求的折中，以在利弊之间达到平衡。

对于常用的雷达，飞行器尺寸一般远远大于雷达波长，此时目标 RCS 可视为高频散射问题，它可以分解为 N 个离散散射体或散射中心的组合，在给定频率下的总 RCS 可表示为

$$\sigma = \left| \sum_{n=1}^{N} \sqrt{\sigma_n} \exp(\mathrm{j}\varphi_n) \right|^2 \tag{1-6}$$

式中 σ_n ——第 n 个散射体的 RCS；

φ_n ——该散射体贡献的相对相位，取决于该散射中心在空间的实际位置。

式（1-6）把各散射中心的相位包括在复量求和之中，因而称为相关和。需要注意的是，散射体数目是随观察角而变化的，因为散射体之间的相互遮挡效应，可能会减少或增加某些有贡献的散射体。此外，单个散射的幅度 σ_n 和相位 φ_n 对观察角很敏感，且随雷达频率而变化，使总的 RCS 随观察角剧烈起伏，其起伏特征又随雷达频率不同而异。由于雷达探测具有统计特性，目标散射的细微结构并不是十分重要的，而具有统计平均特性的总 RCS 才是目标和雷达设计师们所关心的。当目标很大、波长很短，或两者兼备时，可以证明所有相位角的出现都是等可能性的，此时目标的一个良好统计特性是它的非相关和，即

$$\sigma = \sum_{n=1}^{N} \sigma_n \tag{1-7}$$

式（1-7）所预示的 RCS 分布图就没有精确的式（1-6）所具有的剧烈起伏特性，RCS 分布的闪烁现象基本上被消除了。

利用非相关和的概念可以很好地说明雷达散射截面减缩的一般原则[6]：

1）当目标存在主要散射体时，应首先集中力量减少目标的强散射源贡献。在有主要散射体存在时，应着重减缩主要散射体的贡献，因为次要的弱散射体 σ 是否减小，对总 RCS 影响不大。

2）当所有散射体具有大体上相同幅度的散射时，则必须同时减小各散射体的 RCS，才能取得良好的 RCS 减缩效果。

由上述原则可见，具有多个等强度散射体比存在主散射体的情况更难以实现目标 RCS 减缩。但同时也应注意到，当主散射体的 RCS 减小到与次散射体相同的 RCS 量级时，目标就变成了等强度散射体的组合；如果再进一步减小原主散射体的 RCS，则原来的弱散射体可能会上升成为新的主散射体。

为了减小雷达散射截面，应明确主要散射源的分布，并特别关注那些在很宽的角度范围内产生高振幅反射的散射源，而不是个别孤立狭窄的波峰点。控制和处理散射源的措施

也应该是宽频带的，以降低威胁方通过稍微改变雷达频率即可探测的可能性。对于包括边缘和拐角在内的重点部位要给予特别关注。设计时需避免飞行器上任一平面被雷达信号垂直照射。类似的，对于以较小角度入射的信号，垂直面也是雷达特征信号的重要贡献源。同时，应避免角反射器型的几何外形，并处理好飞行器上的缝隙、台阶等结构，这是因为以直角相交的表面可产生强烈的雷达回波。另外，最显著的散射贡献也可能来自飞行器上的天线或传感器。这些传感器和信号可能明显增加飞行器的射频特征信号。

RCS最小化技术有两项基本措施[1]：1）赋形设计，即所谓的外形整形技术，采用特定的几何外形设计，以降低目标RCS，使雷达电磁波的主要反射方向偏离威胁方接收机；2）雷达吸波材料（Radar Absorbing Material，RAM），采用雷达吸波材料来吸收电磁能量，设计有助于降低飞行器表面反射率的材料，以及支撑这些材料的骨架，并将其集成到飞行器本体结构中（通常称为“雷达吸波结构”）。在设计过程中，这两项措施并不是独立进行的，通常在两者间进行权衡。

减小雷达散射截面积的主要方法有：第一种是采用赋形设计，传统的单基地雷达发射机和接收机同处一地，赋形设计可使入射信号反射到雷达方向以外的其他方向；第二种方法是使用吸波材料，通过在飞行器表面采用特殊涂层或者在飞行器建造中使用特殊复合材料，减少或降低雷达能量反射；第三种方法是在飞行器或平台表面添加一个外层实现被动减小信号，该外层充当二次散射手段，相当于取消了目标的反射场；第四种方法为主动消除入射的雷达信号；此外，还有一种方法是使用等离子体层吸收和折射雷达波信号。

（1）通过赋形设计减缩RCS[7]

赋形隐身的主要目标是最大限度地减少朝雷达方向散射的能量。已发现，这类RCS控制方法对单站雷达探测很有效。如果一个航空航天飞行器，如导弹、飞机或无人机（UAV），在结构轮廓设计上只在一个很小的角度范围内对雷达可见，则可以通过避免该角度区域朝向雷达来实现隐身。然而，一个方位角下的RCS减缩常常伴随着另一个方位角下的RCS增加，这一点需要特别注意。

通过赋形设计（也称外形整形）实现RCS减缩是一种基于几何光学的高频技术。如果目标处于电大尺寸范围，入射波将主要朝镜面方向反射。例如，从侧向观察时，圆柱表面会产生沿其长度方向的镜面反射。而球表面会反射任意点的波，与其取向无关。只有当镜面反射被抑制或消除时，来自其他方向的散射才会变得显著。将结构进行整形以减少边缘、表面不连续以及拐角（如二面角、三面角）的散射，主要目的是在非镜面方向重定向反射波，从而使后向散射最小。

赋形设计必须遵守装备（如导弹、飞机、舰船等）的气动要求。例如，如果导弹鼻锥能制成尖的而不是圆的，头向的镜面散射将显著降低。另一个例子是发动机进气道，如果进气道采用弯曲形状，则可以减小发动机及进气道内壁的反射。此外，将进气道嵌入到机（弹）身内，可以隐藏发动机开口，使其避开雷达照射。F-117战斗机具有整形过的机翼和机身，使朝向雷达方向的反射最小。雷达吸波结构（RAS）设计基于反射原理。如果入射角从端射变化为边射方向，则照射雷达方向的反射将增加。

由边缘绕射波形成的后向散射场也是对总 RCS 有重要贡献的散射源。对于垂直入射的直的不连续边缘，这些绕射波是相干的。这种绕射发生在有翼飞行器的后缘或方向舵之间的间隙等部位。这种后向散射可以通过将边缘锯齿化、将表面替换为电磁软表面，或在表面应用 RAM 实现减缩。

研究表明，在具有较小外形尺寸、较小弯曲半径和表面无剧烈起伏的物体上，无线电波散射会显著降低。可以说，对于航天飞行器，目标头部的气动外形越好，其有效散射截面积就越小。国内外已广泛开展研究具有弱反射外形的头部设计工作，该工作基于的原则为：赋予研究对象一种特定外形，使得被反射的电磁能量最大限度地被引向偏离雷达的方向。

可以通过控制二次（散射）场参数的方法来显著降低目标头部有效散射面积，此时目标（如同一个再辐射源）的特性发生了变化，从而可以在某个需要的方向上得到最小的再辐射能量。

（2）利用 RAM 减缩 RCS

雷达吸波材料以吸收入射雷达波的方式来减小反射能量。其中一种材料为铁氧体涂层，由电介质复合材料和含有铁氧体同位素的金属纤维组成，可在飞行器表面刻蚀多层的塔状凹痕结构，并填充该铁氧体涂层。入射的雷达能量在该塔状结构中反复反射，并通过填充的铁氧体涂层将电磁波辐射能量转换为热能传导到弹（机）表面，达到吸收和减弱入射电磁波能量的效果。另外一种常用的雷达吸波材料技术为频率选择表面（Frequency Selective Surfaces，FSS）。FSS 主要用于不同频率选择性地吸收电磁波能量，其频率选择特性由附有铁氧体涂层的周期性导电补片表面结构决定。

对吸波材料的要求一般包括：

1）最小限度地反射来自隐身目标表面的雷达波；

2）最大限度地吸收雷达波；

3）吸收能量的频段要宽；

4）高强度；

5）最小的尺寸和重量；

6）能在宽范围的力学和温度条件下工作；

7）对恶劣环境的适应性；

8）可靠性和寿命。

本质上，RAM 吸收入射电磁能并将其转换为热能，从而减少了朝向雷达的散射能量。研究表明，与用于前向散射控制相比，RAM 对后向散射控制十分有效。RAM 具有相对较高的介电常数和磁导率虚部值，这种涂层会导致散射波极化的变化。自 20 世纪 50 年代，研究者们开始使用 Salisbury 屏和 Dallenbach 层等窄带 RAM 涂层，然而，现代雷达系统的频率范围很宽，因此，对宽带 RAM 的需求十分明显。飞行器使用的典型 RAM 可以是铁氧体基涂料或复合材料。但是，使用 RAM 会产生重大影响。首先，大多数 RAM 有毒；其次，RAM 涂层要求精确的涂覆技术，原因是整个平台的涂层厚度和光滑度必须均匀一致。

理想情况下，考虑到速度和有效载荷的要求，RAM不应带来重量方面的问题。它应该具有高的机械强度，并应具备耐腐蚀性、化学稳定性，且在高温下不会带电，它还应该具有宽带RCS减缩能力。最后，它应该在所有方向上都有效。RAM的应用过程经常涉及能够精确控制涂层厚度的机器人喷枪。此外，为了达到预期效果，需要严格控制这些涂层的本构参数误差和均匀性，因此，RAM的实施成本经常过高。另一个问题是，RAM也增加了平台的质量，这可能对飞行器气动性能产生严重影响。

针对不同的平台，已经开发了适用于橡胶、棉-玻璃、环氧树脂以及云母组分的RAM涂层。其他可用作涂层的材料有石墨纤维、芳纶及铁氧体。这些材料可以是多种形式的，如片状、蜂窝、层压板等。片状、线状或微球状的铁氧体材料可以添加到玻璃-环氧树脂或硅橡胶中。油墨和涂层可应用到聚酰亚胺薄膜或环氧树脂蜂窝上。

雷达吸波涂料也可涂覆于装备表面。这些涂料由具有朝向入射波极化响应的小铁氧体粒子组成。通过将块状铁氧体与各种聚合物树脂（如环氧树脂和塑料）混合，得到这种涂料，包括涂料在内的本构参数固化了最大吸收的谐振频率。

通过减小目标的雷达特征信号，进攻方可以缩短目标被防御系统雷达探测到的距离，从而缩短防御系统的反应时间，这使得防御系统的工作更加困难，同时还能使其他对抗措施发挥更大的效率。例如，当进攻方使用箔条隐蔽再入飞行器时，必定需要减小再入飞行器的雷达散射面积。

进攻方通过改变再入飞行器的形状（或者使用覆盖物包裹再入飞行器），使雷达回波达到最小，或者在再入飞行器的表面或覆盖物的表面使用雷达吸波材料，从而减小再入飞行器的雷达散射截面。例如，将进攻方再入飞行器制成圆锥-球型结构（前部为尖锥体，后部为球形），与圆锥-平底结构相比，可使鼻锥正面在X波段雷达中的散射截面减小到1/10 000，约为0.000 1 m^2。如果雷达探测的是这种再入飞行器的鼻锥正面，则再入飞行器的雷达散射截面将是最小的，并且在围绕鼻锥的一定范围（约$-60°\sim60°$）内，雷达散射截面也会很小。因此，进攻方需要在一定角度内进行方向控制，保持再入飞行器鼻锥基本上对准雷达，这一方法是可行的。

改变再入飞行器的形状，对早期预警系统不是十分有效，因为早期预警系统的波长约为0.66 m，与再入飞行器的直径相当。不过，通过采用圆锥-球型的再入飞行器结构，进攻方可以使雷达散射截面减小到1/10或更小，约为0.01～0.1 m^2。

通过这种方式来减小再入飞行器的雷达散射截面，进攻方可以显著缩短某些雷达的探测距离。但是，由于再入飞行器的弹道不同，雷达的探测距离在更大程度上受水平视距的影响。对于某些情况，再入飞行器在接近雷达之前不应在雷达视线以上飞行，否则，即使是很小的雷达散射截面，也能被雷达探测到。

有一点非常重要，进攻方通过减小再入飞行器和诱饵的雷达散射截面，削弱了X波段雷达识别不同物体的能力。另外，进攻方通过减小再入飞行器的雷达散射截面，可以使其他对抗措施发挥效力，如箔条云团。

1.5 飞行器红外隐身技术

近年来，红外探测和制导技术受到各军事强国的重视。随着传感器元器件水平和计算机软硬件水平的不断提高，红外传感器及探测系统发展突飞猛进，已克服了传统红外探测器探测距离短、只能定向而无法测距定位的弱点，红外探测系统对各种目标的探测能力显著提高，对飞行器构成了日益严重的威胁。因而，红外隐身技术已受到广泛重视并得到迅速发展。本节将介绍红外隐身技术的基本概念、研究重点和关键技术。

1.5.1 红外辐射的基本概念

红外电磁波是指波长在 0.76～1 000 μm 的电磁波，其在电磁波谱中位于微波和可见光之间。根据波长由短到长，红外电磁波可分为近红外、中红外、远红外和极远红外 4 类。热辐射的本质是能量以红外电磁波的形式向外传播。温度在绝对零度以上的物体，其内部的分子或原子会持续不断地做无规则的热运动。当分子或原子由激发态降至低能态时，会向外界辐射电磁波，能级间的能量差与红外电磁波能量相符，因而向外界辐射出红外电磁波。温度越高，分子或原子的热运动越剧烈，辐射的红外电磁波频率和能量越高。根据普朗克辐射定律，黑体单位表面积向整个半球空间发射的辐射功率 $M_\lambda(T)$ 与波长 λ 和温度 T 满足下列关系

$$M_\lambda(T) = \frac{2\pi hc^2}{\lambda^5}\frac{1}{\exp\left(\frac{hc}{\lambda kT}\right)-1} = C_1\lambda^{-5}\left[\exp\left(\frac{C_2}{\lambda T}\right)-1\right]^{-1} \tag{1-8}$$

式中 c——真空中的光速，$c = 3\times10^8$ m/s；

h——普朗克常数，$h = 6.626\times10^{-34}$ J·s；

k——玻尔兹曼常数，$k = 1.38\times10^{-23}$ J/K；

C_1——第一辐射常数，$C_1 = 2\pi hc^2 = 3.747\times10^{-16}$ W/m^2；

C_2——第二辐射常数，$C_2 = hc/k = 1.44\times10^{-2}$ m·K。

黑体在不同温度下的辐射光谱如图 1-18 所示。当黑体温度由人体温度 310 K 逐渐升高到太阳温度 5 770 K 时，其辐射总能量逐渐增加，光谱辐射出射度极大值对应的波长逐渐减小，满足维恩位移定律：λ (m) T=2 897.8 μm·K，如图 1-18 中虚线所示。温度在 1 273 K 以下的黑体辐射红外电磁波的波长集中在 1～15 μm。根据斯特藩-玻尔兹曼定律，对黑体的辐射光谱进行波长积分，可得到黑体单位表面积向整个半球空间发射的总辐射出射度满足下式：

$$M_h(T) = \int_0^\infty C_1\lambda^{-5}\left[\exp\left(\frac{C_2}{\lambda T}\right)-1\right]^{-1}\mathrm{d}\lambda = \sigma T^{-1} \tag{1-9}$$

式中 σ——斯特藩-玻尔兹曼常数，$\sigma = 5.67\times10^{-8}$ W/(m^2·K^4)。

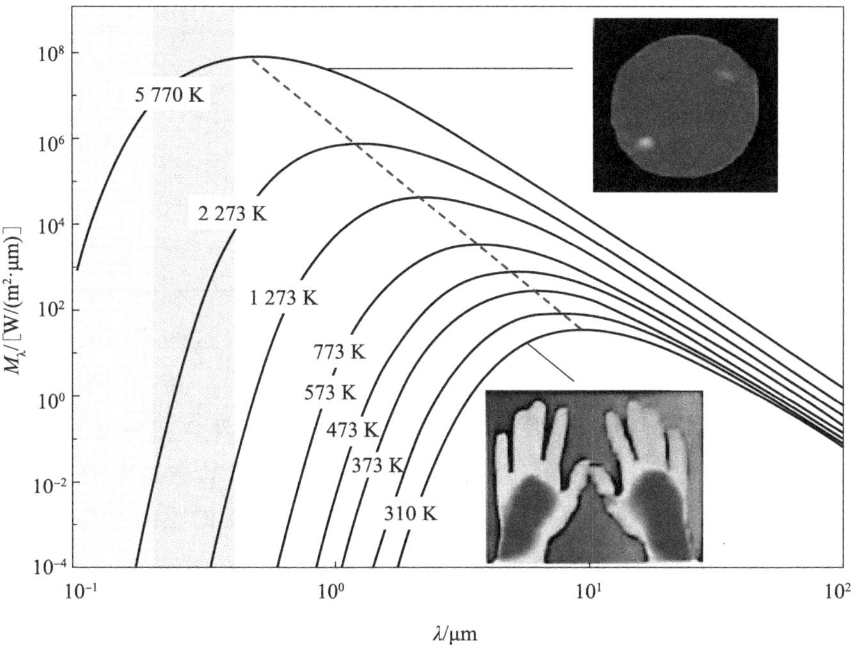

图 1-18 黑体在不同温度下的辐射光谱（见彩插）

可见，黑体光谱辐射出射度与温度和波长相关，黑体总辐射出射度仅与温度相关，而与构成黑体的材料无关。然而，实际物体与黑体有所不同。实际物体光谱辐射出射度不仅依赖于温度和波长，还与构成该物体的材料性质及表面状态等因素息息相关。引入随材料性质及表面状态变化的发射率 $\varepsilon(\lambda, T)$ 表征实际物体与黑体的差异，可得到实际物体的光谱辐射出射度为

$$M_i(T)=\varepsilon(\lambda,T)\,C_1\,\lambda^{-j}\left[\exp\left(\frac{C_2}{\lambda T}\right)-1\right]^{-1} \tag{1-10}$$

当物体的发射率 ε 不随波长改变时，将式（1-10）的两边进行波长由 0 到∞积分，可得到物体的总辐射出射度公式，如式（1-11）所示，实际物体的总辐射出射度与物体的表面温度及其表面发射率成正比。

$$M(T)=\int_0^{\infty}\varepsilon(\lambda,T)\,C_1\,\lambda^{-5}\left[\exp\left(\frac{C_2}{\lambda T}\right)-1\right]^{-1}\mathrm{d}\lambda=\varepsilon(T)\sigma T^{-5} \tag{1-11}$$

式中，$0<\varepsilon<1$。一般来说，ε 是温度、辐射方向和波长的函数。

为方便起见，对红外物理和红外隐身中常用的物理量加以说明，如表 1-3。

表 1-3 红外隐身研究中常用的物理量

物理量名称	符号	说明	单位
辐射功率	P	以辐射形式发射、传播或接收的功率	W
光谱辐射功率	P_λ	波长在 λ 和 $\lambda+\mathrm{d}\delta$ 之间的辐射功率	W/μm
辐射出射度	M	单位面积向半球空间发射的功率	W/m^2

续表

物理量名称	符号	说明	单位
光谱辐射出射度	M_λ	波长在 λ 和 $\lambda+\mathrm{d}\delta$ 之间的辐射出射度	$\mathrm{W/(m^2\cdot\mu m)}$
辐射强度	I	辐射源在单位立体角内的辐射功率	W/sr
光谱辐射强度	I_λ	波长 λ 和 $\lambda+\mathrm{d}\delta$ 之间的辐射强度	$\mathrm{W/(sr\cdot\mu m)}$
辐射亮度	L	单位立体角单位投影面积的辐射功率	$\mathrm{W/(m^2\cdot sr)}$
光谱辐射亮度	L_λ	波长在 λ 和 $\lambda+\mathrm{d}\delta$ 之间的辐射亮度	$\mathrm{W/(m^2\cdot sr\cdot\mu m)}$

红外辐射在大气中传输存在 4 个大气窗口（表 1－4）。在这些窗口内，红外辐射衰减较小，传播距离较远；而在窗口外，红外辐射基本被大气吸收，传播距离短。大气中主要的吸收气体有水、二氧化碳和氧气。第一大气窗口是早期红外探测装置使用的工作频段，但其背景噪声很大，现已很少用于红外探测；第四大气窗口的透过率较低，为半透明窗口，且飞行器在该窗口的辐射能量很弱。因此，红外探测装置的主要工作频段位于第二和第三大气窗口，红外隐身也主要针对这两个大气窗口。

表 1－4 红外辐射大气窗口

大气窗口	波长范围/μm
第一大气窗口	2～2.5
第二大气窗口	3～5
第三大气窗口	8～14
第四大气窗口	16～24

描述飞行器红外隐身性能时常用红外辐射强度表示，但并不包括全波长范围，而是将光谱辐射强度在 3～5 μ m 和 8～14 μ m 之间进行积分，得到两个频段的红外辐射强度。战斗机在不同飞行状态、不同探测方位情况下的红外辐射强度差异很大，温度的不同导致红外辐射波长也不同。发动机喷管和燃气喷流的温度较高，其红外辐射能量主要集中于 3～5 μ m 波段内（中波波段），机体外表面的温度较低，其红外辐射能量主要集中于 8～14 μ m 波段内（长波波段），3～5 μ m 波段的典型红外辐射强度值为 100～500 W/sr，8～14 μ m 波段的典型红外辐射强度值为 50～200 W/sr，总的红外辐射能量能够达到非常大的数量级，可达 1 000 W/sr。其中一个非常重要的特点是，高空背景干净、环境温度远低于飞行器机体温度，因此飞行器红外辐射特征在天空背景中显得异常明显。对于航天飞行器而言，火箭主动段的红外火焰辐射强度可达几万瓦每球面度，而再入飞行器在中段飞行时的红外辐射强度在几瓦至几十瓦每球面度。

对于红外探测器（包括点源和成像探测器）而言，由于探测器与飞行器之间的距离远大于目标尺寸（通常为数十米到数百千米），飞行器均可视为点源处理。因此，在均匀背景下，点源红外探测器探测距离 R 与飞行器红外辐射强度 I 的平方根成正比，即 $R\propto\sqrt{I}$。

由该式可知，如果目标的红外辐射强度下降 10 dB（90%），则探测器的探测距离下降 68%。

1.5.2　红外隐身技术的内涵

红外隐身技术研究的核心和内涵是通过冷却、降温、遮挡和降低发射率等技术来控制或减缩武器平台可能被威胁方红外探测器探测到的红外特征信号，从而降低武器平台被发现、跟踪、识别、攻击的距离和概率。具体技术手段有：表面涂发射率较低的材料；减少散热源；采用热屏蔽或者隔热手段使得目标内部热量难以外传；对喷管等重要部位进行降温；降低发动机排气管温度；注入红外吸收剂以降低尾焰温度等。

在进行红外隐身设计时，要建立相关的基础理论、数学模型，包括①建立红外隐身飞行器本体和发动机排气系统（对有姿轨控发动机的飞行器）的红外辐射计算数学模型及相应的计算方法，建立飞行器红外特征分析计算系统；②具备飞行器热分析计算功能，包括建立高精度的气动加热及发动机排气系统燃气的温度场、燃气成分分布场和燃气压力分布场等计算模型；③具备飞行器红外辐射计算功能，包括求解飞行器表面和发动机排气系统的红外辐射及其在高温燃气和大气中的传输问题；④具备红外辐射亮度和强度计算所必需的高精度基础数据库，如材料发射率数据库、高温燃气谱带参数数据库等。

1.5.3　通过红外隐身躲避碰撞杀伤[8]

通过减少再入飞行器的红外特征，进攻方可以缩短低轨道天基红外系统（SBIRS）红外探测器以及杀伤飞行器的红外寻的头的探测距离。当然，即使再入飞行器的红外特征能够被明显减小，也不一定能够突破防御系统，因为再入飞行器仍可被防御系统的雷达跟踪（或者被低轨道 SBIRS 的可见光探测器跟踪）。杀伤飞行器上的小型红外探测器的探测距离不如低轨道 SBIRS，主要依靠足够的机动时间以及探测目标距离来完成任务，以击中目标。通过减小再入飞行器的红外特征，进攻方可以缩短杀伤飞行器红外寻的头的探测距离，使其无法探测到再入飞行器，或者即使探测到再入飞行器，也没有足够的时间进行机动，从而无法击中再入飞行器。在这种情况下，即使防御方的雷达和低轨道 SBIRS 能够跟踪到再入飞行器，也将遭到灾难性的失败。下面我们讨论进攻方用来减小再入飞行器红外特征的两种方法。

1.5.3.1　低发射率涂层

再入飞行器的红外特征是由其温度、材料辐射特性和表面积决定的，因此在再入飞行器上涂覆低发射率涂层是减小其红外特征的一种方法。采用碳基或木材烧蚀涂层的再入飞行器的红外发射率约为 0.9～0.95，而粗金属表面暴露在外面的再入飞行器的发射率在 0.4～0.8 之间。如果在再入飞行器表面覆盖薄层光滑的金镀层（金的发射率约为 0.02），再入飞行器的红外辐射将降低至原来的 1/40～1/20。

因为镀金再入飞行器在阳光照射下会升至室温，这种方法更适合轨道完全或大部分处于地球阴影的再入飞行器使用。在阴影（夜间）轨道上，重型再入飞行器会逐渐冷却，温度低于初始温度（我们假设初始温度为室温 300 K）。进攻方可以采用另一种方法，把再入飞行器装入涂有薄层金的气球中，气球可以隔离再入飞行器辐射的热量，这样也可以很大程度上减小再入飞行器的红外特征。这样的气球能够很快冷却，达到夜间平衡温度（约为 180 K）。如果气球温度达到 200 K，那么与温度 300 K 时相比，其红外辐射减少到原来的 1/200（对于 3～5 μm 波段的红外探测器而言）至 1/10（对于8～12 μm 波段的探测器而言）。通过使用这种完全被动的方法，进攻方可以把再入飞行器的红外特征减小到原来的 1/400～1/200（8～12 μm 波段）或者 1/8 000～1/4 000（3～5 μm 波段）。从而使杀伤飞行器的探测距离缩短到原来的 1/20～1/14（8～12 μm 波段）或者 1/90～1/60（3～5 μm 波段），明显缩短杀伤飞行器可用来机动的时间。

进攻方还需要对再入飞行器进行姿态调整，确保再入飞行器反射的红外辐射无法被红外探测器探测到。

1.5.3.2 冷却包络球

使用低辐射率涂层或被动冷却可能不足以有效缩短再入飞行器的被探测距离，再入飞行器无法有效躲避防御系统杀伤飞行器的探测和跟踪碰撞。进攻方可以使用冷却包络球来显著缩短再入飞行器被探测距离。这种覆盖物与再入飞行器绝缘，并由超级绝缘物质制成，使用少量液氮冷却。液氮将再入飞行器的温度冷却至同等温度（77 K），使再入飞行器的红外特征与室温时相比降到百万分之一，从而有效躲避杀伤飞行器的探测。在使用这种方法时，进攻方也需要避免杀伤飞行器探测到反射的红外探测波。即使再入飞行器已被防御系统的雷达探测和跟踪，这种对抗措施仍然有效。

1.5.4 航天飞行器的红外目标特性及表征

航天飞行器的红外目标特性主要包括：飞行器目标本体辐射、高温气体流场辐射和发动机尾焰辐射。

在大气层外飞行器轨道中段飞行过程中，飞行器的目标红外辐射特征主要是目标本体辐射。本体红外目标特性不仅取决于目标本体的外形、尺度及材料物性参数等目标固有特性，还受轨道中段初始状态和轨道特征的影响。轨道中段初始状态决定了目标表面的初始温度及其分布。对于在主动段处于飞行器整流罩内的目标，表面初始温度为常温量级且分布均匀；而对于暴露在主动段流场中的目标，气动加热会使目标表面温度升高且分布不均匀。轨道特征包括阳光轨道和阴影轨道。在不同轨道特征情况下，由于太阳和地球作为外热源，与目标之间的辐射换热，因而导致目标表面温度和辐射特性不同。目标本体辐射的主要贡献是长波的远红外辐射。

再入段飞行和邻近空间飞行时，由于高速飞行的飞行器与大气之间相互作用，会在飞行器头部和周围产生高温气体绕流流场，并向下游发展为尾迹流场。高温气体流场的红外辐射特性依赖于流场特性，而流场特性由飞行高度和飞行速度所决定。在高空稀薄大气环境下，流场由纯空气组分电离产生，而在低空稠密大气中高速飞行时，流场中除空气电离组分外，还包括表面材料烧蚀产物组分。高温电离气体流场辐射特性除了高温气体平衡辐射外，还包括不同化学组分的非平衡化学发光辐射。高温气体辐射的主要贡献为中波的中红外辐射。

在飞行器助推段、末助推段飞行或目标分离过程中，助推发动机和轨控发动机喷焰的辐射是目标红外辐射的主要辐射源。此外，飞行器控制系统的姿态控制发动机喷焰在某些情况下也是重要的红外辐射源。发动机喷焰的红外辐射特性依赖于发动机推力、流量、燃料组分等发动机性能参数，其主要贡献是处于中短波的近红外辐射和中红外辐射。飞行器红外辐射分析分为两个过程：温度场分析和红外辐射特性分析，针对飞行器红外辐射类型的不同，其具体分析过程有所差别。

1.5.4.1 飞行器本体红外辐射分析方法

在轨道中段飞行过程中，飞行器的本体红外辐射主要受自身辐射、太阳辐照、地球辐照和地球反照的影响，依据飞行过程中飞行器与太阳、地球的空间位置关系变化，基于有限元法建立飞行器在中段飞行过程中的热平衡方程，从而求解出飞行器表面温度分布。

在获取飞行器表面温度分布的基础上，依据普朗克辐射定律，结合图像可视化方法，获取飞行器波段辐射强度、光谱辐射强度等红外辐射特性。

1.5.4.2 发动机尾焰红外辐射分析方法

飞行器发动机尾焰红外辐射可分为大气层内尾焰辐射和真空环境发动机尾焰辐射。无论是大气层内环境还是真空环境，发动机尾焰辐射分析包括尾焰流场分析和气体分子辐射传输分析两个过程。发动机尾焰流场分析基于流体力学理论方法：在大气环境下，发动机尾焰流场属于连续介质流状态，采用牛顿黏性流体运动控制方程（N－S方程）进行分析计算；在真空环境下，发动机尾焰流场属于自由分子流状态，大多采用直接模拟蒙特卡罗方法（DSMC）进行计算。通过发动机的规格尺寸计算获得尾焰流场的温度分布和几何尺寸等流场参数，进而使用近代分子辐射理论和辐射传输理论计算，获得辐射亮度、辐射强度等尾焰红外辐射特性。

本书中发动机尾焰主要指发动机喷口之外的喷流，因此尾焰流场分析可以从喷管喉部开始计算，计算内容不涉及发动机燃烧室内的化学反应。

1.5.4.3 高温气体流场红外辐射分析方法

与发动机尾焰红外辐射分析方法类似，高温气体流场红外辐射分析也需要首先根据飞行器外形尺寸、飞行高度和飞行速度，通过N－S方程数值计算或化学非平衡流场工程计算，获得相应的流场参数，根据分子辐射理论和辐射传输理论，计算出流场的红外辐射特性。

1.5.5 航天飞行器的热物理性能[8]

由于航天飞行器的飞行轨迹很高（几百千米到几千千米），飞行器所处的空间环境特殊，需经历阳光轨道和阴影轨道。

一般认为，由于空间温度很低，最初处于常温下的物体在空间中会逐渐降低温度。实际上，这是一种错觉。物体只有在处于地球阴影中的时候（夜晚）温度才会降低。换句话说，只有在这种情况下，空间物体的平衡温度才会显著低于常温。白天，平衡温度可能低于常温，也可能高于常温。

温度是导弹防御系统区分真弹头与其他空间物体时使用的一个重要物理参数。下面将对空间物体的热性能和平衡温度进行讨论。

在讨论空间物体的热性能时，为方便起见，首先讨论一种能够吸收所有入射辐射能的理想物体。这种物体被称为“黑体”，它也是一种理想的辐射能放射体。

（1）黑体的物理性能

描述黑体辐射的物理关系式是众所周知的。对于温度为 T（所有温度的单位都为 K）的黑体，以波长 λ 为中心点，在单位带宽的波长范围内，单位面积的物体表面每秒钟辐射的能量称为光谱辐射出射度，用普朗克公式表示

$$M_\lambda(T)=\frac{2\pi hc^2}{\lambda^5\left[\exp\left(\frac{hc}{\lambda kT}\right)-1\right]} \tag{1-12}$$

式中 h——普朗克常数（6.626×10^{-34} J·S）；

c——光速（3×10^8 m/s）；

k——玻尔兹曼常数（1.38×10^{-23} J/K）。

图 1-19 给出了两种物体温度为 300 K 的黑体的光谱辐射出射度与波长的关系。一种物体是温度 300 K 的黑体，另一种是发射率 0.7、温度 300 K 的灰体。

与最大光谱辐射强度对应的波长是由黑体温度决定的，用维恩位移定律表示

$$\lambda_{max}=2\ 898/T \tag{1-13}$$

式中，λ 的单位是 μm，T 的单位是 K。

太阳的表面温度大约为 6 000 K，其最大光谱辐射波长位于可见光区，大约 0.5 μm；对于 300 K 的常温物体，其最大光谱辐射波长位于长波红外区，约 10 μm。因此，搜索或观测常温物体的红外探测器应该在 10 μm 附近最敏感。

对于温度为 T 的物体，在所有波长范围内对光谱辐射力进行积分，得出该物体的总辐射出射度 $M(T)$，用斯特藩-玻尔兹曼公式表示

$$M(T)=\sigma T^4 \tag{1-14}$$

式中，σ 是斯特藩-玻尔兹曼常数［5.67×10^{-12} W/（cm^2·K^4）］。对于 300 K 的黑体，$M=$ 0.046 W/cm^2。如果黑体是一枚表面面积为 4 m^2 的弹头，它的辐射总功率为1 840 W。

为了计算某一谱带内的辐射出射度，可在该谱带内对 M_λ 进行积分。例如：300 K 的黑体在 8～12 μm 的长波红外谱带内的辐射出射度为 0.012 4 W/cm^2。表面积为 4 m^2 弹头在该波长谱带内的辐射功率大约为 500 W。

（2）灰体的物理性能

黑体是一种理想的辐射吸收体和发射体。当然，实际目标并非理想的吸收体和发射体。在给定温度和波长的情况下，物体与黑体的光谱辐射出射度的比值，称为该物体的发

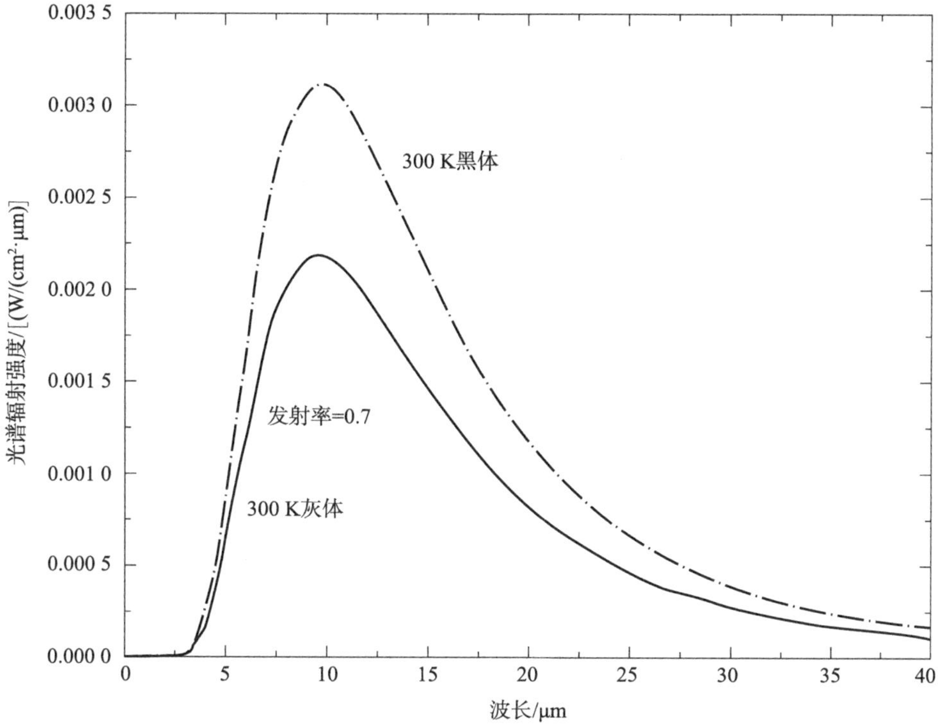

图 1-19　两种物体的光谱辐射强度随波长变化的曲线

射率 ε，用下式表示

$$\varepsilon(\lambda, T)=\frac{M_{\lambda}(T)\text{ 物体}}{M_{\lambda}(T)\text{ 黑体}} \tag{1-15}$$

发射率是波长和温度的函数。如果某个物体的发射率是常数，该物体就称为灰体（黑体是 $\varepsilon=1$ 的灰体）。对于灰体而言，式（1-12）～式（1-14）都适用，只是要把发射率作为系数。也就是说，对于灰体，斯特藩-玻尔兹曼方程式为

$$M(T)=\varepsilon\sigma T^{4} \tag{1-16}$$

图 1-19 给出了温度为 300 K、发射率为 0.7 的灰体的光谱辐射出射度。可以看出，灰体与黑体的辐射出射度曲线是类似的，只差一个 0.7 的系数。

如果上述讨论的飞行器表面面积为 4 m^2，发射率为 0.8，那么，它的总辐射功率大约为 470 W，而在 8～12 μm 波长范围内的辐射功率为 400 W。

黑体是理想的辐射吸收体，而灰体不是。在给定的温度和波长下，灰体吸收的辐射能与黑体吸收的辐射能之比值称为吸收率 α。

对于处于热平衡状态的物体

$$\alpha=\varepsilon \tag{1-17}$$

对于不透明的物体，没有吸收的能量应该反射出来，反射率 ρ 用下列方程式表示

$$\rho=(1-\alpha)=(1-\varepsilon) \tag{1-18}$$

式中，第二个等式只在热平衡状态下成立。

（3）真实目标的物理性能

真实目标在一定的波长范围内（如在可见光和长波红外谱带）类似于灰体，但是，真实目标的发射率是随波长变化的。尽管在给定的波长下

$$\varepsilon(\lambda_1)=\alpha(\lambda_1) \tag{1-19}$$

一般来说

$$\varepsilon(\lambda_1)\neq\varepsilon(\lambda_2) \tag{1-20}$$

因此

$$\varepsilon(\lambda_1)\neq\alpha(\lambda_2) \tag{1-21}$$

特别需要指出，在可见光波长下的吸收率与长波红外波长下的发射率有很大的差异；前者基本上决定了空间目标在白天吸收的辐射能，后者基本上决定了目标发射的辐射能。各种材料具有不同的可见光吸收率和长波红外发射率，因而目标在空间的平衡温度可能有很大的变化范围。

（4）空间的平衡温度

对于空间中处于热平衡状态下的物体，其发射功率用下式表示

$$P_E=P_A+P_I \tag{1-22}$$

式中　P_E ——物体的发射功率；

P_A ——物体的吸收功率；

P_I ——物体内部（如气球内部的飞行器）产生热量的功率。

为了讨论方便，我们先忽略 P_I ，因此 $P_E=P_A$。

（5）白天的物体

对于在阳光照射下、平衡温度 T_{eq} 的物体，有

$$P_E=A_S\varepsilon_{IR}\delta T_{eq}^4 \tag{1-23}$$

$$P_A=A_C[(S+S_R)\alpha_V+\alpha_{IR}E] \tag{1-24}$$

式中　A_S 和 A_C ——气球表面积和平均横截面积；

ε_{IR} ——红外谱带的平均发射率；

S ——太阳能通量（1 360 W/m^2）；

S_R ——从地球反射的太阳能通量（称为反照通量，一般认为它等于 0.3S）；

E ——地球红外辐射通量（大约 240 W/m^2）；

α_V ——气球在可见光及近红外谱带的平均吸收率；

α_{IR} ——气球在红外谱带的平均吸收率。

需要指出，在式（1－23）中，假设气球是不断转动的，且表面均匀受阳光照射，表面温度是相同的，这显然是一种近似算法。

对于处于热平衡状态的物体，$\alpha_{IR}=\varepsilon_{IR}$ ，式（1－24）可以改写成

$$P_A=A_C[(S+S_R)\alpha_V+\varepsilon_{IR}E] \tag{1-25}$$

由式（1－22）、式（1－23）和式（1－25）可以得平衡温度公式。

当 $P_I=0$ 时，有

$$T_{eq}=\left\{\frac{\left(\frac{A_C}{A_S}\right)\left[(S+S_R)\frac{\alpha_V}{\varepsilon_{IR}}+E\right]}{\sigma}\right\}^{\frac{1}{4}} \tag{1-26}$$

对于圆球形气球，A_C/A_S 等于 1/4，式（1-26）可以简化为

$$T_{eq}=\left[\frac{(S+S_R)\frac{\alpha_V}{\varepsilon_{IR}}+E}{4\sigma}\right]^{\frac{1}{4}} \tag{1-27}$$

应该注意，T_{eq} 与气球半径无关。

表1-5列出了多种材料的可见光吸收率和红外发射率。对于涂覆白色环氧涂料的球体，采用表中列出的数值（$\alpha_V=0.248$，$\varepsilon_V=0.924$），由式（1-25）可以得出平衡温度为237 K。假设涂覆白色环氧涂层的球体在释放前处于常温（300 K）状态，如果在白天释放，球体会冷却到237 K的平衡温度。但是，如果球体采用硅酮铝涂层（$\alpha_V=0.25$，$\varepsilon_{IR}=0.28$），那么，平衡温度为299 K，接近常温。此外，对于涂覆光亮的铝箔（$\alpha_V=0.192$，$\varepsilon_{IR}=0.036$）的球体，平衡温度为454 K。表1-5也列出了采用各种表面包覆层的球体的平衡温度。

在计算表1-5中的温度时，使用的太阳能通量为1 360 W/m²，地球反照通量是太阳能通量的30%，地球红外辐射通量为200 W/m²。实际上，这些通量的具体数据会随着时间等因素（季节、日期、时辰）的变化略有改变，因而表1-5中的温度也会随着这些因素的变化而改变，一般相差几开尔文。

可以看出，根据采用的表面涂层的具体情况，空间目标在白天的平衡温度有很大的变化范围，既可能高于常温，也可能低于常温。事实上，如果使用多种表面涂层（如用多种涂料喷涂部分表面），球体的平衡温度可以在227～540 K之间变化。

表1-5列出了涂有多种材料的球体的平衡温度。表1-5中如果球体（或球壳）在阳光照射下，它的表面温度将由表面涂层决定。如果球体处于地球阴影中，其平衡温度为180 K，与表面涂层无关。

表1-5 多种材料的可见光吸收率、红外发射率及二者比值

表面涂层	α_V	ε_{IR}	$\alpha_V/\varepsilon_{IR}$	球体在阳光中的平衡温度/K
白色 TiO_2 涂料	0.19	0.94	0.20	227
白色环氧涂料	0.248	0.924	0.27	237
白色瓷漆	0.252	0.853	0.30	241
聚酯薄膜	0.17	0.5	0.34	247
硅酮铝涂料	0.25	0.28	0.89	299
灰色 TiO_2 涂料	0.87	0.87	1.00	307
黑漆	0.975	0.874	1.12	314

续表

表面涂层	α_V	ε_{IR}	$\alpha_V/\varepsilon_{IR}$	球体在阳光中的平衡温度/K
铝基涂料	0.54	0.45	1.20	320
Aquadag 涂料	0.782	0.49	1.60	341
铝箔	0.192	0.036	5.33	454
抛光的金镀层	0.301	0.28	10.8	540

由式（1－26）可以看出，对于给定形状的物体，物体在可见光波长范围内的平均太阳能吸收率（α_V）与平均红外发射率（ε_{IR}）的比值，决定了目标的平衡温度。比值 $\alpha_V/\varepsilon_{IR}$ 越大，物体的平衡温度 T_{eq} 越高。

在表面组分相同的情况下，非球形物体的平衡温度通常低于球形物体的平衡温度，因为球体的横截面积与表面积的平均比值（A_C/A_S）最大。如果非球形物体以某种特定的方式旋转，可以使用 A_C/A_S 的平均值，由式（1－26）可以轻松计算出平衡温度。例如，对于高 3 m、底部直径 3 m 的圆柱体，根据它的不同姿态，横截面积与表面积的比值在 0.167～0.212 之间。如果假定平均值为 0.2，由式（1－26）可以算出，圆柱体气球的平衡温度为 283.7 K，而表面组分相同的气球的平衡温度为 300 K。如果由于物体形状和姿态的关系无法使用 A_C/A_S 的平均值，平衡温度的计算就更加复杂（因为对于太阳能通量和地球辐射通量来说，A_C 是不相同的）。

（6）夜晚的物体

对于处在地球阴影中的空间物体，情况与上述情况有很大差别。在这种情况下，太阳能通量 S 和地球反照通量 S_R 为零，方程式（1－26）简化为

$$T_{eq}=\left[\frac{(A_C/A_S)E}{\sigma}\right]^{\frac{1}{4}} \tag{1-28}$$

对于球形物体，该方程进一步简化为

$$T_{eq}=\left[\frac{E}{4\sigma}\right]^{\frac{1}{4}} \tag{1-29}$$

因此，对于近地轨道上的任何球壳，当它处在地球阴影中时，平衡温度大约为180 K；对于前述的圆柱形物体（高 3 m，底部直径 3 m），平衡温度大约 170 K。

（7）达到平衡温度所需的时间

在实际情况下，沿飞行轨迹飞行的空间物体可能能够达到平衡温度，也可能根本无法达到平衡温度。达到平衡温度所需的时间，取决于物体释放时的初始温度与平衡温度的温差、物体的发射率以及热质量。对于飞行器等较重的物体，达到平衡状态需要几个小时的时间，比在空间飞行的时间长得多；而气球目标等很轻的物体，几分钟之内就可达到平衡温度。

下面用一个简单的模型来说明气球能够达到的温度和平衡时间。基准气球模型是一个双

层圆球，直径 3 m。外层是 0.000 1 in[①] 厚的铝箔（光亮的一侧向外），内层是 0.000 25 in 厚的聚酯薄膜层（聚酯类高分子物）。气球的充气压力 70 Pa，充气膨胀需要 12 g 氮气。基准气球的质量约 0.5 kg，其在 300 K 时的热容量约 460 J/K［注：铝箔密度 2.70 g/cm^3，质量 0.19 kg；聚酯薄膜密度 1.39 g/cm^3，质量 0.25 kg。在常温下铝箔和聚酯薄膜的比热分别为 0.904 J/（g·K）和 1.15 J/（g·K）。在计算中使用常温下的比热值，忽略了比热随温度的变化］。

假设气球在释放时的温度为 300 K。尽管气球平均温度是可变化的，仍假设表面温度是均匀的，忽略涂层和充压气体的质量和热容量（注：对于很轻的气球，涂层质量在气球总质量中占有较大比例，但不会改变其在几分钟内达到平衡温度的基本结论）。

图 1-20 给出了采用不同表面涂层的四个空的气球（内外涂层较薄，因而较轻）在释放后的温度随时间变化的情况，其初始温度为 300 K（常温），它们的平衡温度都超过 200 K。基准气球外表面是光亮的铝箔，平衡温度 454 K；在外表面涂一薄层黑漆后，平衡温度为 314 K；使用硅酮铝涂层时，平衡温度 299 K；使用白色 TiO_2 涂层时，平衡温度 227 K。所有气球在 1～2 min 内达到平衡温度。

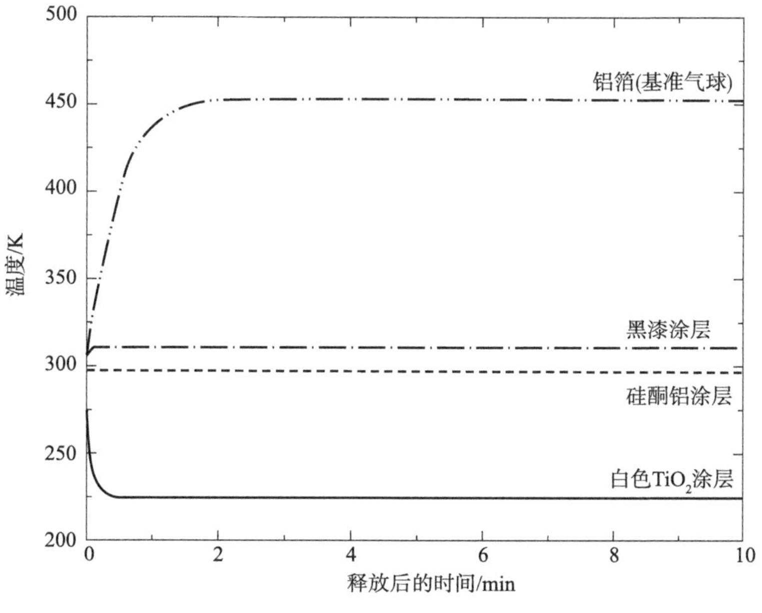

图 1-20　采用不同表面涂层的四个空的气球在释放后温度随时间变化的曲线（一）

图 1-21 给出了四种圆球形气球的热性能。这四种气球（内外涂层较厚，因而较重）与前述基准气球在外形尺寸方面是相同的，初始温度为 300 K（常温），但采用比较厚的涂层结构。外层铝箔和内层的厚度都是 0.001 in。气球质量大约 3 kg，相当于基准气球的 6 倍左右。图 1-21 表明，当气球平衡温度接近常温时，达到平衡状态需要几分钟；而对于与常温差别最大的平衡温度（铝箔表层），达到平衡状态则需要十几分钟。

① 1 in=2.54 cm。

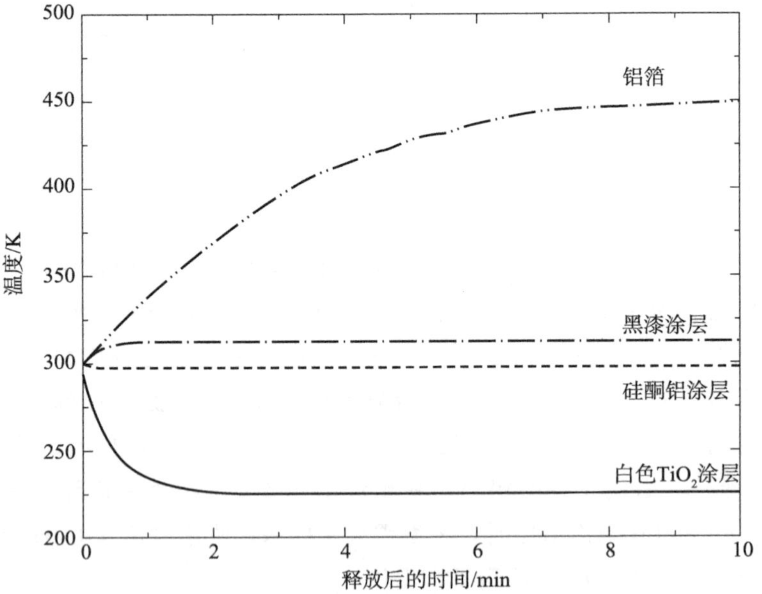

图 1-21　采用不同表面涂层的四个空的气球在释放后温度随时间变化的曲线（二）

1.6　等离子体隐身技术

等离子体隐身的原理是在飞行器周围产生一个遮挡或包覆飞行器的等离子体区域，它能够吸收和散射多种频率、角度、极化和功率密度的雷达信号，以减少飞行器的雷达散射截面积。利用等离子体控制从物体反射的电磁辐射是一种可行的隐身技术。

在等离子体隐身中，飞行器在需要隐身的部位或方位释放等离子体云团。等离子体将覆盖飞行器的全身或者主要方位，吸收雷达波的大部分电磁能量，从而使飞行器难以被探测。

等离子体隐身是一种特殊的隐身方法。有几点需要注意：等离子体是电离的气体粒子，所以等离子体流是电离气体粒子的流动。等离子体云是一种准中性（总电荷为零）的自由带电粒子集合，宇宙中绝大多数物质都存在等离子体状态。在地球附近，等离子体以太阳风、磁层和电离层的形式存在。

等离子体频率是其核心参数之一，其计算表达式为

$$\omega_{pe}=\sqrt{\frac{4\pi n_e e^2}{m_e}} \tag{1-30}$$

式中　e——电子电荷；

n_e——等离子体电子密度；

m_e——电子的质量。

等离子体中有几种振荡波：低频（离子声波）、高频（电子相对于离子的振荡）、螺旋波（在磁场存在时又称“磁声”）和沿磁场传播的交叉波。用于产生等离子体的装置称为

等离子体发生器，其还应控制和动态调整等离子体的密度、温度和成分等特性，以实现更好的雷达隐身效果。

等离子体可以与电磁辐射发生强烈的相互作用，这就是等离子体可用于改变物体雷达特征的原因。

对于一个有效的等离子体隐身装置而言，对密度和温度等等离子体特性的控制是十分重要的。为有效对抗不同类型的雷达系统，可能需要动态调整等离子体密度、温度或磁场。相比赋形和使用雷达吸波材料等传统的雷达隐身技术，等离体隐身的优势在于可实现宽频段隐身。面对跳频雷达时，可以通过改变等离子体电子密度及其空间分布来应对。

1.7　飞行器射频隐身技术

射频隐身是指通过对己方电子装备射频有源信号进行特征控制，以缩短敌方无源探测系统对有源信号的有效探测距离，从而避免被敌方无源电子侦察装备截获、分选识别和定位。射频隐身技术是武器平台上的电子设备针对无源探测系统的隐身技术，属于武器平台有源或主动信号特征控制范畴。射频隐身是目标与无源探测系统之间的对抗。无源探测系统可以根据武器平台上电子设备辐射的电磁波确定武器的位置（角度和距离）信息。本书对航天飞行器的射频隐身技术不作重点介绍。

1.8　航天飞行器隐身的特点

1.8.1　对象

航天飞行器隐身的对象是各类航天器，包括卫星、导弹等各类进入空间、空间飞行和自空间返回的飞行器。其主要特点如下。

1）飞行高度高。空域之外或稠密大气层以上的高度，除临近空间飞行器外，一般会有大气层外的飞行过程。

2）飞行速度快。航天飞行器飞行速度快，最高速度可接近第一宇宙速度，在大气层内的飞行速度马赫数最高可达 30。

3）材料与热有关。航天飞行器一般会经历太空热环境或高速穿梭大气层时的气动热环境，其材料一般包括防隔热材料或热控材料。

1.8.2　频谱

频谱是目标的固有属性，与目标的外形、材料与环境作用等相关。

1）雷达散射。航天飞行器的雷达散射与形状、材料、飞行环境等多因素有关。航天飞行器再入飞行或大气层内进行高超声速飞行时，会产生等离子体鞘套，此时的散射包括本体散射和等离子体鞘套的散射。针对雷达波的隐身就是采取措施，以降低航天器对雷达波的散射截面。

2）光学特性。光学特性主要是飞行器对地球反射或太阳辐射的反射。

3）红外辐射。航天器的红外辐射主要包括本体辐射和发动机尾焰或高温气动流场的辐射，这些辐射与航天器所处空间环境之间的热交换、反射有关。对于航天器而言，其辐射往往与背景有较大差异。红外隐身旨在降低航天器的红外辐射，使之呈现较低的辐射能量，与背景相近，或辐射足够低，以使探测器无法在已有距离上检测出目标。

1.8.3 温度域

不同航天器甚至其飞行不同阶段所处环境不同，导致航天器表面温度不同，因而隐身需要针对不同温度域展开，从温度域角度，可以分为：

1）常温-低温：温度范围在 100 ℃以内到低温区间，一般对应于再入飞行器的自由飞行段的温度。

2）中温：温度范围在 100～500 ℃，一般对应于部分再入飞行器的自由飞行段的温度。

3）高温：温度范围大于 500 ℃，一般对应于再入飞行器再入段或大气层内高超声速飞行器的温度。

1.8.4 约束

航天飞行器设计需满足以下约束条件。

1）与威胁相对应。隐身技术具有强烈对抗性特点，其设计与威胁直接对应，即有什么样的威胁，就有什么样的隐身要求，就需要设计针对这些威胁的隐身技术。

2）多频谱。在体系化战争模式下，往往采用多种类型传感器同时探测，或在航天飞行器任务阶段面临多种类型传感器探测威胁，因此，航天飞行器隐身设计一般不能单一波段、单一频谱，而是需要多波段、多频谱。

3）高温。航天飞行器需要能承受飞行环境下的温度考验，对于经历高温环境的航天飞行器而言，其结构材料需具备耐高温或抗烧蚀性能。

4）低温。低温下某些材料会失效，因此对于经历低温飞行环境的航天飞行器，其隐身设计需要能够耐低温环境。

5）外形。航天飞行器表观外形设计需要满足气动力与气动热约束。

参 考 文 献

［1］［美］巴赫曼，佐胡里．雷达能量战与隐身技术［M］．谢恺，等，译．上海：上海交通大学出版社，2022.

［2］宋效军，李大刚，安虎成．隐身技术与无形战争［M］．北京：军事谊文出版社，2001.

［3］长文科普：突防与防御，大国重器生来就有的矛盾博弈［R/OL］．知乎（zhihu. com）.

［4］侯印鸣，李德成，孔宪正，等．综合电子战——现代战争的杀手锏［M］．北京：国防工业出版社，2000.

［5］桑建华．飞行器隐身技术［M］．北京：航空工业出版社，2013.

［6］阮颖铮，等．雷达截面与隐身技术［M］．北京：国防工业出版社，2001.

［7］［印］赫玛·辛格，拉凯什·莫汉·杰哈．有源雷达散射截面减缩——理论与应用［M］．刘佳琪，张生俊，王明亮，等，译．北京：中国宇航出版社，2021.

［8］SESSLER A M，CORNWALL J M，DIETZ B，et al. NMD Countermeasures［R/OL］. https：//www. ucsusa. org/sites/default/files/2019－09/countermeasures. pdf.

第 2 章　探测传感器的原理与基础

本章介绍了反导防御系统涉及的各类传感器，讨论了它们的工作原理、系统组成、工作性能、指标参数，以及相关物理基础知识，这些知识将为航天飞行器隐身设计提供物理基础。

2.1　雷达传感器

2.1.1　雷达系统简介

（1）简述

雷达（Radar）源于 Radio Detection and Ranging 的缩写，意思为“无线电探测和测距”，即用无线电的方法发现目标并测定它们的空间位置，因此雷达也被称为“无线电定位”。雷达是一种利用电磁波探测目标的电子设备。雷达通过发射电磁波对目标进行照射并接收回波，由此获得目标至电磁波发射点的距离、距离变化率（径向速度）、方位、高度等信息。

雷达的出现，是由于第一次世界大战期间英国和德国交战，英国急需一种能探测空中金属物体的技术（雷达），用以在反空袭战中帮助搜寻德国飞机。到了第二次世界大战期间，雷达已具备地对空、空对地（搜索）轰炸、空对空（截击）火控、敌我识别功能等多项功能。

第二次世界大战以后，发展出了单脉冲角度跟踪、脉冲多普勒信号处理、合成孔径和脉冲压缩的高分辨率、结合敌我识别的组合系统、结合计算机的自动火控系统、地形回避和地形跟随、无源或有源的相位阵列、频率捷变、多目标探测与跟踪等新的雷达技术。近年来，随着微电子等各个技术领域的进步，雷达技术也在不断发展，其内涵和外延都在不断地拓展。雷达的探测手段已经由之前的只有雷达一种探测器发展到了与红外、紫外、激光及其他光学探测手段融合协作。当代雷达具备同时多功能的能力，使得战场指挥员能在各种不同的搜索/跟踪模式下对目标进行扫描，并对干扰误差进行自动修正，而且大多数控制功能是在系统内部完成的。目前，比较典型的先进反导雷达有海基 SBX、宙斯盾系统雷达（AN/SPY－1）、萨德系统雷达（AN/TPY－2）等，如图 2－1 所示。

隐身技术是推动雷达技术发展的重要动力之一，目标的 RCS 越低，雷达对目标的探测能力越弱。典型的例子就是美国 F－117 隐身飞机，其技术促使米波雷达受到了越来越多的重视，从而极大地推动了米波雷达技术的发展。

典型的雷达系统框图如图 2－2 所示，主要包括天线、波形生成器、发射机、接收机、A/D 转换、脉冲压缩、多普勒处理、探测、跟踪与参数估计、显示与记录等。雷达发射信

(a) 海基SBX雷达

(b) AN/SPY-1雷达

(c) AN/TPY-2雷达

图 2－1　典型先进反导雷达系统

号由波形生成器产生，通过发射机与天线照射到探测目标上，目标的回波由天线和接收机接收，A/D 转换之后，通过脉冲压缩与多普勒处理完成信号处理，再由主计算机进行探测、跟踪与参数估计，最后显示与记录探测目标信息和数据。

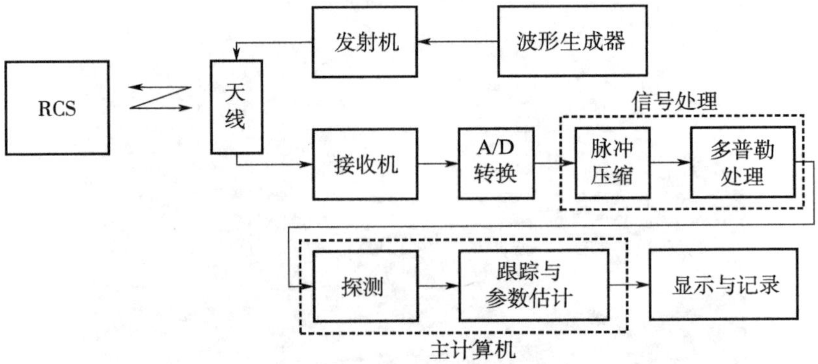

图 2-2　雷达系统框图

(2) 雷达频率、波段和用途

表 2-1 和表 2-2 展示了雷达的波段和用途，以及标准雷达频率命名法。雷达频率没有明显的边界，任何通过发射电磁能量探测并定位目标、利用目标散射回波的设备均可以归类为雷达。

表 2-1　雷达波段和用途

波段命名	标称频率范围	用途
HF	3～30 MHz	超视距监视
VHF	30～300 MHz	超长距离监视
UHF	300～1000 MHz	超长距离监视
L	1～2 GHz	长程监视
S	2～4 GHz	中程距离监视 航空交通管制
C	4～8 GHz	长程跟踪 机载天气监测
X	8～12 GHz	短程跟踪 导弹制导 测绘，航海雷达 机载截击
Ku	12～18 GHz	高分辨率的映射 卫星测高
K	18～27 GHz	用处不大（水蒸气）
Ka	27～40 GHz	更高分辨率的映射 机场监视
mm	40～100 GHz	试验中

表 2-2　标准雷达频率命名法

波段命名	标称频率范围	指定频率范围
HF	3～30 MHz	
VHF	30～300 MHz	138～144 MHz
		216～225 MHz
UHF	300～1 000 MHz	420～450 MHz
		890～942 MHz
L	1～2 GHz	1 215～1 400 MHz
S	2～4 GHz	2 300～2 500 MHz
		2 700～3 700 MHz
C	4～8 GHz	5 250～5 925 MHz
X	8～12 GHz	8 500～10 680 MHz
Ku	12～18 GHz	13.4～14.0 GHz
		15.7～17.7 GHz
K	18～27 GHz	24.05～24.25 GHz
Ka	27～40 GHz	33.4～36.0 GHz
V	40～75 GHz	59～64 GHz
W	75～110 GHz	76～81 GHz
		92～100 GHz
mm	110～300 GHz	126～142 GHz
		144～149 GHz
		231～235 GHz
		238～248 GHz

雷达的工作频率范围从几兆赫到紫外线光谱的区域。虽然雷达的基本原理在任何频率下都是一样的，但在实际执行过程中却大不相同。实际上，大多数雷达工作在微波频段，当然也有例外。

如表 2-2 所示，雷达工程师使用字母名称表示雷达工作的一般频段。这些字母频段在雷达中广泛使用，并被电气和电子工程师学会（IEEE）确定为标准，得到了美国国防部的认可。过去曾试图将频谱细分为其他字母频段（如微波和电子战中），但表 2-1 中的字母频段仍是应用于雷达领域的唯一字母频段。

国际电信联盟（ITU）为无线电定位（雷达）指定了频带如表 2-2 第三列。它们适用于包括北美和南美的国际电信联盟区域。ITU 的其他两个区域在划分上略有不同。例如，虽然表 2-2 中第二列显示了 L 波段从 1～2 GHz 的扩展，实际上，L 波段雷达的工作效率预计在 1 215～1 400 MHz，即国际电信联盟实际分配的频带。

每个频带都有其独有的特性，这使得它在某些应用上比其他频带更理想。需要注意的是，实际频段划分并不会像命名法那么精确。

从表 2-1 和表 2-2 可以看出，起源于第二次世界大战期间的传统频段名，至今仍在世界各地的军事和航空领域中使用。它们在美国被电气和电子工程师学会采用，在国际上也被国际电信联盟采用。大多数国家制定了额外的规定，用以控制每个频段中哪些部分可用于民用或军用。表 2－3 是表 2－1 和表 2－2 更广泛的表示。

表 2－3 雷达频段

雷达频段			
波段命名	频率范围	波长范围	注释
HF	3～30 MHz	10～100 m	用于超视距(OTH)海岸雷达系统；高频率
VHF	30～300 MHz	1～10 m	非常远距离，穿透地面；非常高频率
P	<300 MHz	>1 m	“P”代表“先前”回溯地应用于早期雷达系统，本质上是HF+VHF
UHF	300～1 000 MHz	0.3～1 m	用于非常长的距离(如弹道导弹早期告警)；超高频
L	1～2 GHz	15～30 cm	用于远程空中交通管制和监视；“L”意味着“长”
S	2～4 GHz	7.5～15 cm	用于中程监视，空中交通遥控，远程气象，船用雷达；“短”的缩写
C	4～8 GHz	3.75～7.5 cm	用于卫星转发器；在 X 波段和 S 波段之间(因此用“C”)；天气；远程跟踪
X	8～12 GHz	2.5～3.75 cm	用于导弹制导，海洋雷达，天气、地面监视；在美国，10.525 GHz±25 MHz 用于机场雷达；短距离跟踪。命名为 X－band 是因为该频段在第二次世界大战期间是一个秘密
Ku	12～18 GHz	1.67～2.5cm	高分辨率，也用于卫星转发器，K 波段下的频率(即“u”)
K	18～24 GHz	1.11～1.67 cm	源自德语 kurz，意为“短”；由于会被水蒸气吸收，使用受限，故被 Ku 和 Ka 波段取代用于监视；K 波段用于气象学家探测云层和警察用于检测超速驾驶的司机；K 波段雷达工作频率范围在 24.150 GHz±0.100 GHz
Ka	24～40 GHz	0.75～1.11cm	用于测绘，近程，机场监视；频率略高于 K 波段(因此为“a”)。拍照雷达，用于触发相机拍摄闯红灯的汽车牌照，工作频率范围在 34.300 GHz±0.100 GHz
mm	40～300 GHz	1.0～7.5 mm	频率范围取决于波导尺寸
V	40～75 GHz	4.0～7.5 mm	频段被大气中的氧气强烈吸收，共振频率达到 60 GHz
W	75～110 GHz	2.7～4.0 mm	用作实验自动驾驶车辆的视觉传感器，高分辨率气象观察和成像

无线电频谱的其他用户（如广播和电子对抗工业）已经用他们自己的命名系统取代了传统的军事命名法。

(3) 反导雷达种类

反导雷达种类包括早期预警雷达、目标指示雷达和作战指挥雷达。

2.1.2　雷达方程

本节主要给出雷达方程的一种简单形式，可从雷达的视角评价目标的隐身性能，从而确定隐身后的目标雷达探测距离的减小程度。雷达方程将雷达探测距离与发射机、接收机、天线和目标的特性及环节关联起来，不仅用于确定某一特定雷达能够探测到的目标的最大探测距离，而且可以作为了解影响雷达性能因素的一种手段，还是雷达系统设计中的一个重要辅助工具。假设发射机功率 P_t 由各向同性天线辐射，则距离雷达 R 处的功率密度（单位为 W/m^2）等于辐射功率除以半径为 R 的假想球的表面积，即

$$\text{距离各向同性天线 } R \text{ 处的功率密度} = \frac{P_t}{4\pi R^2} \tag{2-1}$$

不过，雷达采用定向天线将辐射功率 P_t 集中在一个特定的方向上。天线增益是指在某一方向上所辐射的功率密度与各向同性天线在同一方向上呈现的功率密度相比时，对增加的功率密度的一种度量。天线的最大增益 G 可定义为

$$G = \frac{\text{定向天线所辐射的最大功率密度}}{\text{具有相同输入功率的各向同性天线所辐射的功率密度}} \tag{2-2}$$

于是，发射增益 G 的定向天线在目标处的功率增益为

$$\text{距定向天线 } R \text{ 处的功率密度} = \frac{P_t G}{4\pi R^2} \tag{2-3}$$

目标会拦截一部分入射能量，再将其向各方向辐射。向雷达方向再辐射的功率密度（即回波信号）正是人们感兴趣的。对于入射到目标的特定功率密度而言，目标的雷达散射截面积决定了回到雷达的功率密度，用 σ 表示。为了简便起见，σ 通常称为目标横截面积、雷达散射截面积或简称为横截面积。雷达散射截面积由下式定义

$$\text{回到雷达的再辐射功率密度} = \frac{P_t G}{4\pi R^2} \cdot \frac{\sigma}{4\pi R^2} \tag{2-4}$$

雷达散射截面积的单位为面积的单位，但将雷达散射截面积直接与目标的物理尺寸相联系容易引起误解。

雷达天线俘获一部分回波能量。雷达接收到的功率为入射功率密度与接收天线的有效孔径面积 A_e 的乘积。有效面积与物理尺寸 A 有关，关系式为 $A_e = \rho_a A$ ，ρ_a 为天线孔径效率。于是，接收到的信号功率 P_r 为[1]

$$P_r = \frac{P_t G}{4\pi R^2} \cdot \frac{\sigma}{4\pi R^2} \cdot A_e = \frac{P_t G A_e \sigma}{(4\pi)^2 R^4} \tag{2-5}$$

R_{max} 为雷达最大探测距离，即超出该距离时，就无法检测到目标的距离，并且当接收到的信号功率 P_r 正好等于最小可检测信号 S_{min} 时，这种情况会发生。将 $S_{min} = P_r$ 代入式（2－5）并重新整理后得到

$$R_{max} = \left[\frac{P_t G A_e \sigma}{(4\pi)^2 S_{min}} \right]^{\frac{1}{4}} \tag{2-6}$$

这就是雷达探测距离的基本形式（简称雷达方程或距离方程）。需要指出，上述讨论

的雷达方程仅是一种简单形式。如对雷达方程中的 $S_{\min}$ 进行更详细的探讨，将涉及接收机的噪声和信噪比、信号概率密度函数、检测和虚警概率、雷达脉冲的积累等相关内容，考虑上述因素后，雷达方程会呈现出更为复杂的形式。

2.1.3 雷达目标特性

雷达目标特性是衡量目标隐身设计的核心指标，将隐身前后的雷达目标特性代入雷达方程，可以评价隐身技术对雷达探测距离的压制效果。雷达散射截面积 σ 是雷达目标特性的表征变量，定义如下[2]

$$\sigma = \frac{\text{向探测源反射的功率 / 单位立体角}}{\text{入射功率密度 }/4\pi} = 4\pi R^2 \frac{|E_r|^2}{|E_i|^2} \tag{2-7}$$

式中 R ——雷达到目标的距离；

E_r ——回到雷达的回波信号的电场强度；

E_i ——入射到目标的电场强度。

雷达散射截面积取决于物体相对雷达波长的特征尺寸、物体的材料、结构等因素。当波长大于物体尺寸时，就称散射是在瑞利区。瑞利区的雷达散射截面积正比于波长的四次方，并且更多地由散射体积而非形状决定。当波长与目标尺寸相比很小时，散射是在光学区。在光学区，复杂物体的雷达散射具有如下特点：当电磁波工作频率发生变化或者目标的姿态角改变时，雷达散射截面积变化非常大。在光学区，雷达散射截面积更多地受目标形状而不是投影面积的影响[3]。

图 2-3 给出了典型雷达在不同雷达散射截面积 σ 及不同发射机功率 P_t 情况下，雷达探测距离与雷达信噪比之间的关系曲线，其中雷达工作频率为 S 波段，天线增益为 45 dB。

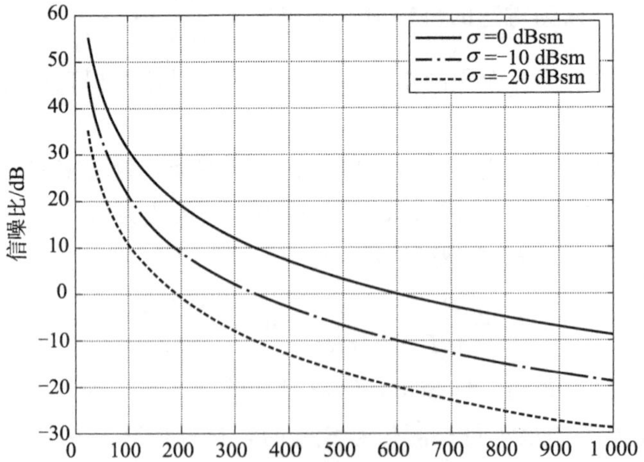

(a) 不同雷达散射截面积

图 2-3 在不同雷达散射截面积及不同发射功率情况下雷达探测距离与雷达信噪比之间的关系曲线

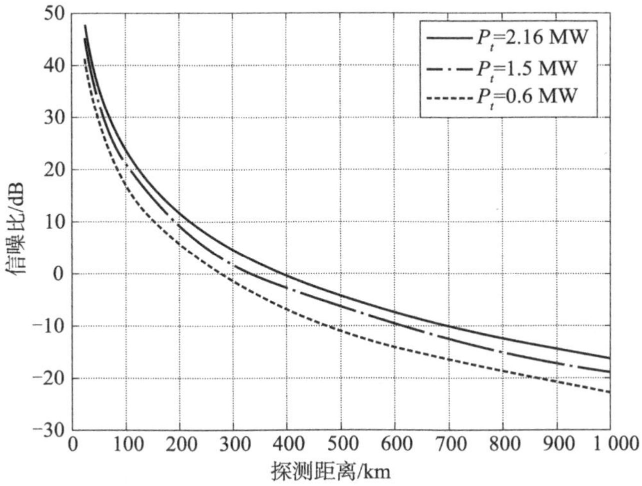

(b) 不同发射功率

图 2－3　在不同雷达散射截面积及不同发射功率情况下雷达探测距离与雷达信噪比之间的关系曲线（续）

2.2　红外探测原理

2.2.1　红外探测系统的特点、组成及功能

红外探测系统广泛应用于空间侦察、空中监视和光电导引头等系统中。红外探测主要通过物体的自发辐射实现目标探测，由于所有高于 0K 的物体都发射红外辐射，因此与可见光探测系统相比，红外探测具有不受白天和黑夜限制的特点。物体的红外辐射强度依赖于物体的表面温度和辐射系数（又称发射率，表征辐射能力的参数），物体越热，辐射越强，因此红外探测对高温目标尤为敏感，作用距离较远。现有的美国天基导弹预警系统即采用了红外探测技术，可以在地球同步轨道（Geostationary Earth Orbit，GEO）探测到导弹发射产生的红外信号。

典型的红外探测系统实物如图 2－4 所示，典型的红外图像如图 2－5～图 2－7 所示。

图 2－4　典型的红外探测系统实物

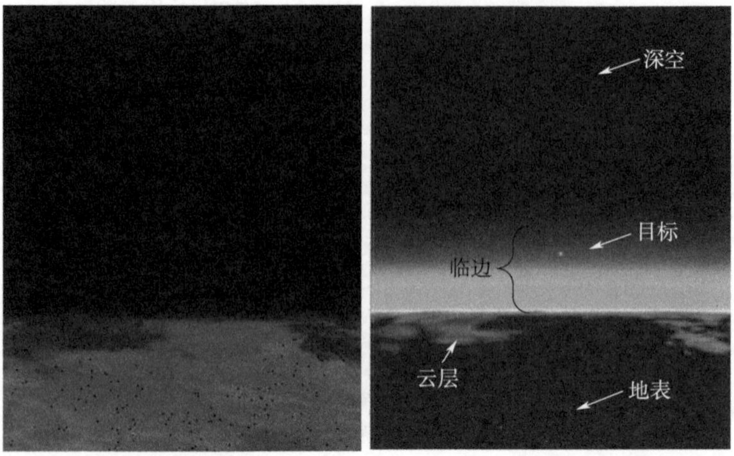

(a) 原始红外图像　　(b) 伪彩色图像

图 2-5　原始红外图像和伪彩色图像（见彩插）

(a) 中波红外图像　　(b) 长波红外图像

图 2-6　中波红外图像和长波红外图像

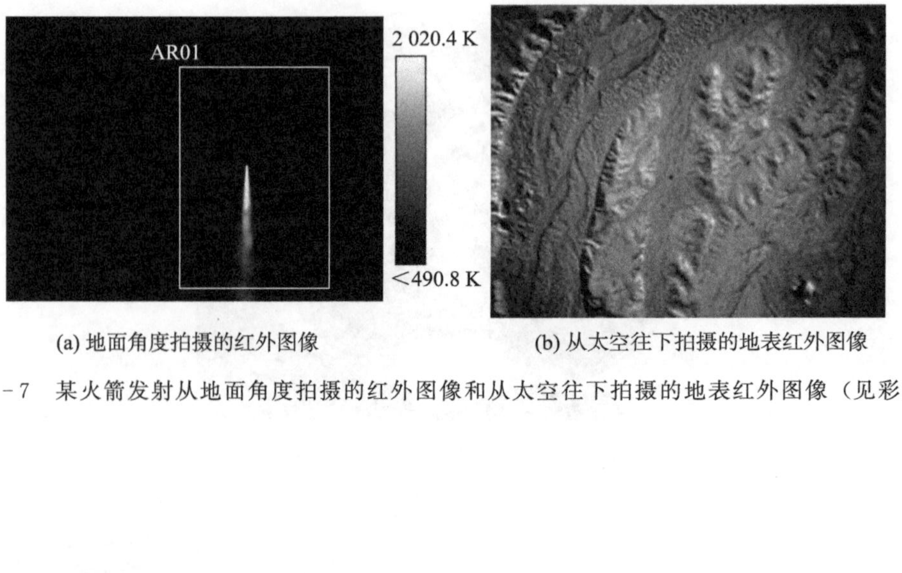

(a) 地面角度拍摄的红外图像　　(b) 从太空往下拍摄的地表红外图像

图 2-7　某火箭发射从地面角度拍摄的红外图像和从太空往下拍摄的地表红外图像（见彩插）

由于其工作波段在可见光红色以外，故称为红外。红外波段一般分为多个子波段，包括近红外线（0.75～1 μm）、短波红外（1～3 μm）、中波红外（3～5 μm）、长波红外（5～15 μm）、极远红外线（15～1 000 μm）。不同波段特点不同，应用场景各异。

典型的红外探测系统由光学系统、红外探测器、读出电路及图像信息处理系统等部分组成。其中，光学系统负责收集红外信号；红外探测器完成光电转换；读出电路完成电信号的读取；图像信息处理系统完成图像数据的处理，从中提取出目标区域的信息。也可将红外探测系统分为红外相机与图像信息处理组件两部分。

红外相机由红外探测器组件、探测器接口、信号预处理电路、处理及控制电路、系统电源、对外接口和机械支撑结构组成，其组成框图如图 2-8 所示。

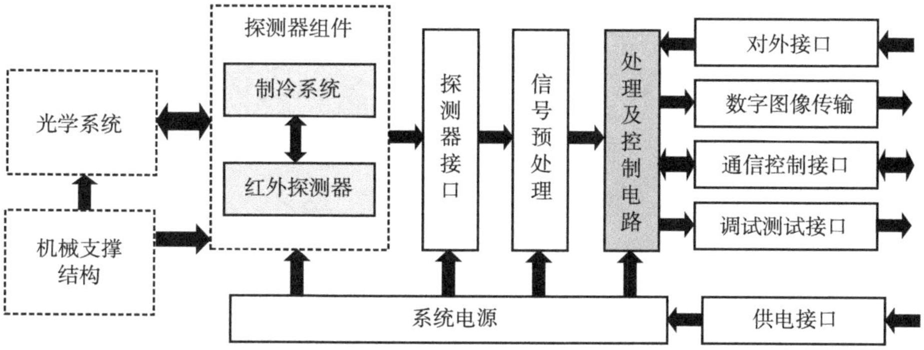

图 2-8　红外相机组成框图

红外相机通过光学系统接收目标及背景的红外辐射，使其会聚于焦平面，探测器完成辐射的光电转换，探测器信号预处理电路完成模拟信号数字化；处理及控制电路完成探测器的非均匀性校正、图像显示坏像素查找、填充等功能；控制电路根据外部指令，完成对成像系统的控制，如积分时间设置、非均匀校正等。

探测器组件为系统核心部件，集成了斯特林制冷温度闭环控制。电路部分按功能可分为系统电源、探测器接口、信号预处理、处理及控制电路 4 部分。电气部分完成各功能电路的信号连接，并对上级系统提供供电、通信、图像传输接口。

由于红外探测以被动探测为主，作用距离与目标的红外辐射密切相关，因此需要介绍红外辐射计算公式。

2.2.2　红外辐射的基本物理量及黑体辐射

在介绍红外辐射定律之前，首先对红外探测涉及的多种物理量进行说明。

1）辐射通量（Radiant Flux）：单位为 W，表示辐射功率。

2）辐照度（Irradiance）：单位为 W/m^2，表示物体表面单位面积接收到的辐射通量。

3）辐亮度（Radiance）：单位为 $W/(m^2 \cdot sr)$，表示物体表面单位面积向单位空间立体角上的辐射通量。

4）辐射出射度（Radiation Emission）：与辐照度量纲相同，表示能量发射能力。

5）光谱辐射出射度（Spectral Irradiance）：单位为 $W/(m^2 \cdot \mu m)$，表示物体表面单位面积在单位波长内发射的辐射功率。

6）辐射强度（Radiant Intensity）：单位为 W/sr，表示物体向单位空间立体角上辐射出来的功率。

当探测系统距离辐射物体很远时，物体自身的面积远小于距离，目标表现为点目标，探测系统感受到的是物体的整体辐射，不关心具体的辐射亮度表面分布情况，所以用辐射强度来表示。通过对辐射亮度进行面积积分，可以得到辐射强度。目标的辐射强度是计算红外探测系统作用距离的重要输入参数。

目标的辐射强度可以使用黑体辐射公式进行计算。物体的光谱辐射出射度［单位为 $W/(m^2 \cdot \mu m)$］主要与温度及发射率相关，对于黑体，发射率为 1，其辐射出射度只与温度相关。

黑体辐射公式（普朗克定律）描述了给定温度下黑体的光谱辐射出射度与温度及波长的关系

$$M(\lambda, T) = \frac{2\pi hc^2}{\lambda^5[e^{hc/(\lambda kT)} - 1]} \tag{2-8}$$

式中　$M(\lambda, T)$ ——黑体光谱辐射出射度$[W/(m^2 \cdot \mu m)]$；

λ ——波长（μm）；

T ——黑体温度（K），该值减去 273.15 即得到以摄氏度为单位的温度值；

h ——普朗克常数（J·s），约为 6.626×10^{-34} J·s；

c ——光速（m/s），约为 3×10^8 m/s；

k ——玻尔兹曼常数（J/K），约为 1.38×10^{-23} J/K。

通过对式（2-8）进行波段内积分，可以得到波段内的辐射出射度。

利用式（2-8）对波长求导数，令该导数为 0，可以求取该温度下最大光谱辐射出射度的波段满足如下关系

$$\lambda_{max} = 2\ 897.8(K \cdot \mu m)/T \tag{2-9}$$

根据式（2-9），对于常温 290 K（约 17 ℃）的物体，其最大的辐射波长约为 10 μm，位于长波红外。因此，对于常温物体，使用长波红外探测比较合适。

对黑体光谱辐射出射度进行整个波段积分，可以得到物体总的辐射出射度，公式如下

$$W = \delta T^4 \tag{2-10}$$

式中　δ ——斯特藩-玻尔兹曼（Stefan - Bolzmann）常数［5.67×10^{-8} $W/(m^2 \cdot K^4)$］。

一个典型的应用例子是已知太阳入射到地球大气层外的辐射功率（太阳辐射常数）为 1 435 W/m^2，根据热平衡条件，可以计算得到地球的平均温度在 0 ℃附近。

对于朗伯特辐射体，辐射亮度 L 与方向无关，其与辐射出射度 M 有如下关系

$$M = \pi L \tag{2-11}$$

根据式（2-11），可以通过编程计算得到黑体辐射出射度。

下面给出一个计算实例。已知某目标温度为 273 K，红外发射系数为 0.5，辐射面积为 2 m^2，分别求中波 3.7～4.8 μm 和长波 8～8.5 μm 波段目标的辐射强度。

3.7～4.8 μm 的黑体辐射出射度为 1.339 6 W/m^2，再根据辐射亮度与辐射出射度的关系，得到黑体辐射亮度为 0.426 4 W/（m^2 · sr），该值乘以辐射面积与辐射系数，得到最终的辐射强度为 0.426 4 W/sr。采用类似的步骤，可以得到 8～8.5 μm 波段目标的辐射强度为2.621 9 W/sr。

2.2.3　气体辐射与固体辐射差异

需要指出的是，上述黑体辐射公式只能用来计算固体表面辐射。红外辐射是由于分子振动产生的，每个原子都在其平衡位置作简谐振动。振动包括伸缩振动与弯曲振动。产生红外辐射需要满足能级跃迁能量，即分子基团的振动频率与红外光的频率一致，振动频率与分子质量、分子键的结合力、分子组成的几何关系等相关。

固体的分子比较固定，振动不如气体明显，在红外波段基本没有特征谱线。辐射类似黑体，其差异只是一个辐射系数。气体辐射（如发动机尾焰辐射）与黑体辐射不同[4]，具有明显的谱线特征，一般表现为线状或者带状谱，可以作为识别气体的“指纹”。固体辐射基本可以看成灰体辐射，其辐射谱线是连续谱。

红外辐射与温度相关，温度与内部的分子运动相关；黑体辐射只与温度相关，与具体的分子结构基本无关。由于气体具有一定的透过率，因此整个气体对探测都有贡献，而固体一般只有表面的辐射才对探测有直接影响。气体辐射的仿真较固体更加复杂，如计算大气的红外辐射、大气的透过率、大气的散射、发动机尾焰辐射等。

2.2.4　红外探测器的基本原理及关键指标参数

对红外辐射敏感的元件称为探测器。红外探测器有很多类型。探测器对入射辐射的探测结果以电信号输出，信号输出取决于入射红外辐射的强度与波长。大部分探测器都存在截止波长，如果入射辐射的波长长于探测器的截止波长，则探测器将没有信号输出。在 1997 年以前，所有的探测器都是制冷型的。根据不同型号，有的探测器至少需要制冷到 −70 ℃，更有甚者需制冷到 −196 ℃。近年来，非制冷长波红外探测器得到长足发展，但其灵敏度较制冷型差距较大。在相同噪声等效温差（Noise Equivalent Temperature Difference，NETD）指标要求下，非制冷红外探测器需要的积分时间（热响应时间）远大于制冷型，这说明非制冷探测器的灵敏度较低。

图 2-9 是法国 Sofradir 某款中波红外探测器实物（含制冷机），表 2-4 是其主要技术指标。

表 2-4　中波红外探测器主要技术指标

项目	指标	说明
波段/μm	(3.7±0.2)～(4.8±0.2)	用户可用值
像素数目/(像素×像素)	320×256	
像素间距/μm	30	

续表

项目	指标	说明
探测器面积/(mm×mm)	9.60×7.68	
填充因子/%	90	尺寸
冷屏孔径 F 数	1.93	
最高帧频/Hz	不小于 100	
杜瓦瓶+探测器质量/g	1 300	
电荷容量/e^-	3.6×10^7	
NETD/mK	20	293 K,2 ms
比探测率 D^*/(cm $Hz^{1/2}$/W)	$\geqslant3\times10^{11}$	峰值探测率
空间固定图案噪声	8%(rms)	
功耗/W	≤26(降温过程) ≤20(正常工作)	
响应不均匀性	5%(rms)	不校正时典型值
环境条件/℃	−40～+60	

图 2-9　中波红外探测器实物（Sofradir Mars MW）

描述红外探测器性能的主要指标有 NEP（Noise Equivalent Power，噪声等效功率）、NETD 和 D^* [5]。

NEP 的单位是瓦（W），表示产生信噪比等于 1 的电子信号所需的光学信号功率。较小的 NEP 意味着更好的性能和更高的灵敏度。

用光谱形式表示 NEP 的公式为

$$\mathrm{NEP}_\lambda = \frac{i_d \sqrt{\Delta f}}{R_\lambda} \tag{2-12}$$

式中　i_d ——探测器噪声电流密度 [$\mathrm{A}/\sqrt{\mathrm{Hz}}$]；

Δf ——噪声等效带宽（Hz）；

R_λ ——探测器光谱响应（A/W）。

由 NEP 的定义可以看出，在输出信噪比为 1 时，输入信息产生的功率可以用噪声表示，在计算出噪声功率后，再利用光谱响应可以得到探测器的 NEP。

由于 NEP 越小表示探测器越灵敏，因此可采用 NEP 的倒数，即探测率来表征探测器的灵敏度。又因为探测器的噪声与测量带宽及探测器的面积相关，为了方便比较探测器的性能，采用噪声带宽和探测器面积归一化后的探测率，即比探测率 D^* 来表征探测器的灵敏度。D^* 的单位比较复杂，较高的 D^* 意味着更好的性能。根据定义，D^* 的计算公式为

$$D^* = \frac{\sqrt{\Delta f A_d}}{\mathrm{NEP}} \tag{2-13}$$

式中　Δf ——等效带宽，$\Delta f = \frac{1}{2t_{\mathrm{int}}}$，其中 t_{int} 为积分时间；

A_d ——探测器单像元的面积。

NETD 的单位是开尔文（K），表示产生使信噪比等于 1 的电子信号所需要的温度差，较低的 NETD 意味着更好的性能。

NETD 测试装置框图如图 2－10 所示。

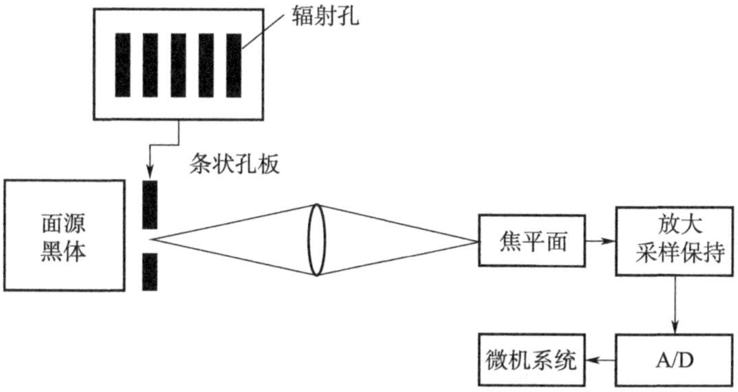

图 2－10　NETD 测试装置框图

其中，条状孔板作为目标，经透镜聚焦，成像在焦平面的像元上。条状孔板的孔内温度为面源黑体温度，条状孔板的温度与其作差得到目标温度差。在进行实验时，要分别对条状孔板及面源黑体进行温控，且聚集在焦平面上的孔和板的像的宽度不能小于焦平面 4 个像元的宽度。其测试公式如下

$$\mathrm{NETD}=\frac{T-T_0}{(V_s/\overline{V}_N)} \tag{2-14}$$

式中　T 和 T_0——黑体温度和孔板温度；

V_s——根据焦平面所反映的孔和板的电平作差得到，它实际表示的就是信息；

$\overline{V}_N$——平均噪声电压。

因此，根据 NETD 的定义，式（2-14）的结果即为 NETD。

实际测试 NETD 时，也采用直接面对黑体的方法。设置两个温度，分别采集图像，计算平均灰度响应，并求取图像的噪声，即图像的标准差 std。两次温度对应的灰度响应差除以图像的标准差 std 即得到图像的信噪比差；两次测量的温差除以信噪比差就是信噪比为 1 时的温差，即 NETD。

D^* 和 NETD 的关系可根据 NEP 作为桥梁建立，如下

$$\mathrm{NETD}\,\frac{\partial M}{\partial T}\Big/\pi\,\frac{\pi D_0^2}{4}\tau_s\,\frac{A_d\eta_{\mathrm{fill}}}{f^2}=\mathrm{NEP}=\frac{\sqrt{\Delta f A_d}}{D^*} \tag{2-15}$$

式中　T——NETD 测量中使用的黑体温度；

τ_s——光学透过率；

η_{fill}——焦平面阵列面积填充因子；

A_d——探测器面积；

$\dfrac{\partial M}{\partial T}$——普朗克定律的辐射出射度对温度导数。

式（2-15）中，$\partial M/\partial T$ 表示温度变化引起的辐射出射度变化，除以 π 表示辐射亮度变化情况，与 NETD、入瞳面积及单个像素的立体角相乘，表示等效温差条件下单个探测像素上的辐射通量变化（NEP）。

因此，NETD 与 D^* 的关系如下：

$$\mathrm{NETD}=\frac{4F^2\sqrt{\Delta f}}{\tau_s f_{\mathrm{fill}}D^*\sqrt{A_d}\,\dfrac{\partial M}{\partial T}} \tag{2-16}$$

式中　F——探测器冷屏的 f 数，$F=f/D_0$。

可以看到，NETD 的值与具体的测试黑体温度相关，而且在实际测试中还与探测器的积分时间相关。一般而言，积分时间越长，探测器的响应输出越大，NETD 越小。

2.2.5　红外探测系统作用距离与灵敏度

从 2.2.4 的指标讨论可以看出，NETD 可以表征整个红外探测系统的灵敏度，而 NEP 及 D^* 只能表征探测器的灵敏度。根据红外探测系统的灵敏度可以推导作用距离。对于点目标探测，最直观的灵敏度表征量是 NEFD（Noise Equivalent Flux Density，噪声辐射等效辐照通量），单位为 $\mathrm{W/cm^2}$，表示系统能够探测到达光电系统入瞳面上的最小能量密度。

同样，可以基于 NEFD 与 NEP 的物理含义推导出 NEFD 与 NEP 的关系，如下

$$\mathrm{NEFD}\,\frac{\pi D_0^2}{4}\tau_0\tau_1 K_1 K_2 = \mathrm{NEP} \tag{2-17}$$

式中　D_0——光学系统口径；

τ_0——光学系统透过率；

K_1——光学弥散因子；

K_2——电路损失因子。

将 NEP 用 D^* 代替，得到 NEFD 的计算公式为

$$\mathrm{NEFD} = \frac{4\sqrt{A_d \Delta f}}{\pi D^* D_0^2 \tau_0 \tau_a K_1 K_2} \tag{2-18}$$

式中　D^* ——探测器的探测度；

Δf ——系统带宽；

A_d ——像素的有效面积。

已知目标辐射强度 J 、系统 NEFD、探测的信噪比 SNR 最低要求，可根据下式求系统的作用距离 R

$$R = \sqrt{\frac{J}{\mathrm{NEFD} \times \mathrm{SNR}}} \tag{2-19}$$

2.2.6　红外探测系统响应曲线及灵敏度测试

红外探测器灰度响应与入射到探测器上的能量相关，具体而言与入瞳处的辐照度、探测器积分时间、光学系统透过率等参数相关。对于工作在线性区的探测系统，可以将探测器对能量的灰度响应 g 与目标在入瞳面的辐照度 $M_{入瞳面}$（单位为 $\mathrm{W/m^2}$）建立线性关系，即

$$g = aM_{入瞳面} + b \tag{2-20}$$

式中　a ——响应增益量，与探测器量子效率、积分时间、系统透过率、入瞳面积等相关；

b ——响应偏置量，与基础电平、光学系统辐射背景相关，探测组件对深空背景（4 K）的平均响应值等效于探测组件前面不放置任何目标。

a 和 b 的具体值可以通过高低温黑体测量得到，不同的设备、不同积分时间会有不同结果，因此每套设备针对预设的积分时间都应该做相应的测试。

需要指出的是，式（2-20）适用于无穷远目标计算，不考虑衍射弥散，平行入射到入瞳面的辐照度能量最后都入射到一个像素上。在实验室中，通常使用面黑体近距离标定红外探测器响应曲线，与远距离探测时的条件不同。因此，系数 a、b 的求取不能直接使用式（2-20），而需要考虑入射到单个像素的立体角，其值为

$$\Omega_{\mathrm{pixel}} = \frac{d^2}{f^2} \tag{2-21}$$

即

$$
\begin{aligned}
g &= a\,\frac{M_{\text{入瞳面}}}{\pi}\Omega_{\text{pixel}} + b \\
&= a\,\frac{M_{\text{入瞳面}}}{\pi}\frac{d^2}{f^2} + b
\end{aligned}
\tag{2-22}
$$

通过测量不同黑体温度的响应，可以得到响应曲线，同时也可以得到红外探测系统饱和阈值。

图 2-11 为红外探测器响应曲线测量系统，面元黑体正对红外光学系统，探测器获取响应数据，计算机采集响应图像。通过改变黑体的温度，可以得到不同入射辐射条件下的响应特性，完成响应曲线的标定。

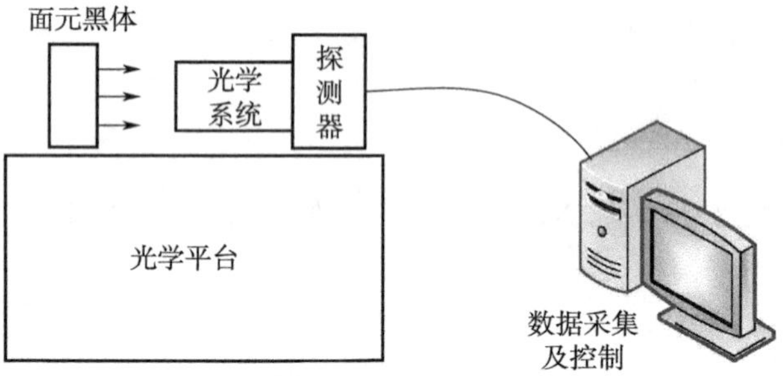

图 2-11　红外探测器响应曲线测量系统

其具体测试方法如下。

Step1：设置积分时间，完成非均匀校正。

Step2：黑体置于探测系统前方，正对系统，开始对低温黑体进行测试，采集图像。

Step3：逐步增加黑体温度，采集图像。

Step4：重复 Step3，直到图像饱和。

通过该方法，对于某红外相机，分别选取不同温度点，采集 100 帧图像，获取探测器对目标的响应灰度值，部分试验结果如表 2-5 所示，其中图像灰度数据为 16 bit。

表 2-5　某红外相机的标定结果

黑体温度/℃	入瞳处对应辐照度/(W/m²)	灰度响应值
5	17.32	27 898
10	19.16	29 000
15	21.13	29 540
20	23.22	30 790
25	25.44	32 244
30	27.79	33 766
35	30.27	35 405

续表

黑体温度/℃	入瞳处对应辐照度/(W/m²)	灰度响应值
40	32.88	37 200
50	38.52	40 780
60	44.69	44 580

基于表 2－5 中的数据，可拟合得到针对近距离黑体的灰度响应线性曲线，如图 2－12 所示，曲线表达式为

$$g = 622.421\,8 M_{入瞳面} + 16\,685.641\,9 \tag{2-23}$$

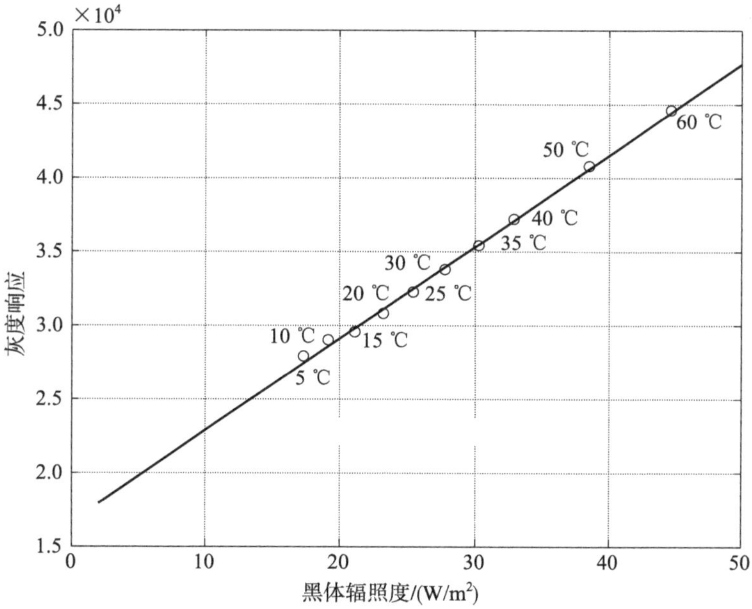

图 2－12　试验相机标定的相机灰度响应与辐照度对应关系

因此，结合该红外相机光学系统设计参数（$d=30\ \mu m$，焦距 $f=55.4$ mm），可以获取远距离平行光到达红外探测器的响应曲线为

$$g = 2.11 \times 10^9 M_{入瞳面} + 16\,691 \tag{2-24}$$

对于探测器的非线性区，取 50 000 灰度响应为饱和阈值，可以得到此时的入射辐照度为 $1.578\times10^{-5}\ W/m^2$。

基于上述响应曲线，结合探测器对面元黑体响应的噪声，可以得到系统 NEFD。实测探测器灰度的均方根（RMS）噪声为 6.5 灰度，则 NEFD≈6.5/（2.11×10^9）$=3.1\times10^{-9}\ W/m^2$。

2.2.7　地球背景下的目标探测及大气影响

当携带红外探测器的平台到达一定高度后，以探测器的视场中心为探测方向，探测器

的探测方向与地球的相互关系会呈现出不同的结果。若以图 2-13 的探测方向 p 为临界，则会出现地球背景和大气临边背景两种情况。

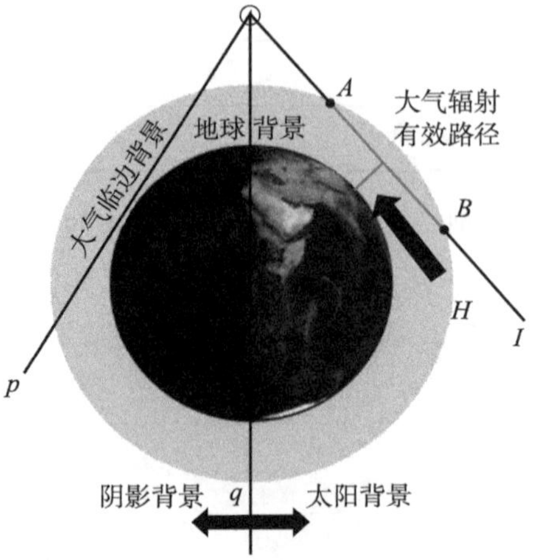

图 2-13　红外探测器的探测场景

大气临边背景出现在红外探测器视场探测方向 p 以上时，此时地表辐射的信号不会进入红外探测器视场，红外探测器收集到的信号可以表示为

$$S_{\text{dect}}=S_{\text{atm}}+\tau_t S_{\text{target}} \tag{2-25}$$

式中　S_{dect}——红外探测器接收到的全部信号；

S_{atm}——红外探测器探测路径上的大气辐射信号；

S_{target}——目标的辐射信号；

τ_t——目标到红外探测器路径的大气透过率。

在大气背景下，当探测方向为 I 时，其中 AB 为大气辐射的有效路径，AB 的长度与切线高度 H 一一对应。在研究大气辐射时，切线高度 H 是临边大气辐射计算的关键参数，其直接决定了有效传输路径的长度。传播路径中的大气相关辐射参数与传播方向无关。

地球背景出现在红外探测器视场探测方向 p 以下时，红外探测器会同时接收到探测目标、大气、地表的红外辐射，此时红外探测器收集到的信号可以表示为

$$S_{\text{dect}}=S_{\text{atm}}+\tau_t S_{\text{target}}+\tau_e S_{\text{earth}} \tag{2-26}$$

式中　S_{earth}——地表辐射的信号；

τ_e——地表到红外探测器路径的大气透过率。

当红外探测器视场角度较大时，获取的图像会同时出现地球背景与大气临边背景。

此外，地球大气还会受到太阳光照的影响，太阳辐射的光谱会被大气吸收，进而影响大气的辐射特性。因此，在分析时，依据图 2-13 中的 q 分界线，应根据红外探测器视场范围内的大气是否受到太阳光照影响，区分阴影背景与太阳背景。

MODTRAN 软件可以完成大气透过率、大气光谱辐射强度的计算，由美国空军地球物理实验室研制。MODTRAN 在 LOWTRAN 的基础上对光谱分辨率进行了改进，其不仅考虑了气体和气溶胶对辐射的吸收和散射，还考虑了大气层大气背景辐射、太阳光和夜

间月光的单次与多次散射及地表辐射的反射等因素。通过输入大气参数、辐射路径长度、辐射方向、波段等参数，就可计算得到该输入条件下的光谱透过率图谱数据和光谱辐射大气透过率数据。

MODTRAN 在海拔 25 km 以下每 1 km 分为一层，25 km 以上单层的厚度越来越厚，将同层大气作为整体处理，分别计算各层高度上大气的辐射和透过率，获得结果后加权得到总路径的大气辐射和透过率。

采用 MODTRAN，针对标准大气模型，计算得到红外 1～3 μm 波段的大气透过率曲线，如图 2-14 所示。

3～5 μm 波段大气透过率曲线如图 2-15 所示。5～7 μm 波段大气透过率曲线如图 2-16 所示。8～12 μm 波段大气透过率曲线如图 2-17 所示。

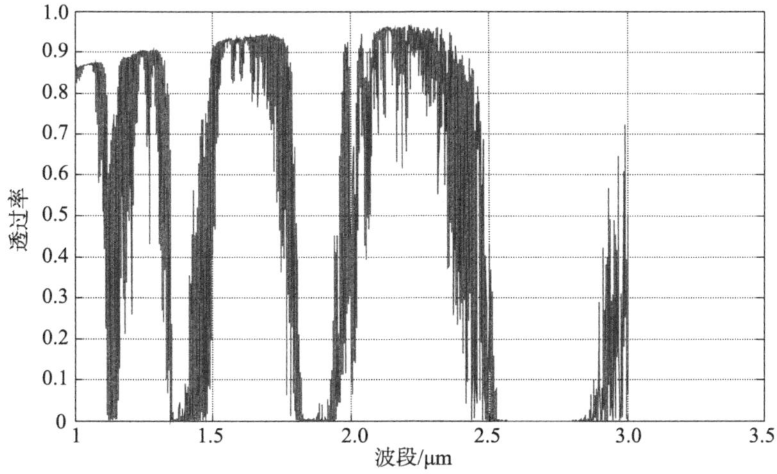

图 2-14　1～3 μm 波段大气透过率曲线（平均透过率为 0.583 5）

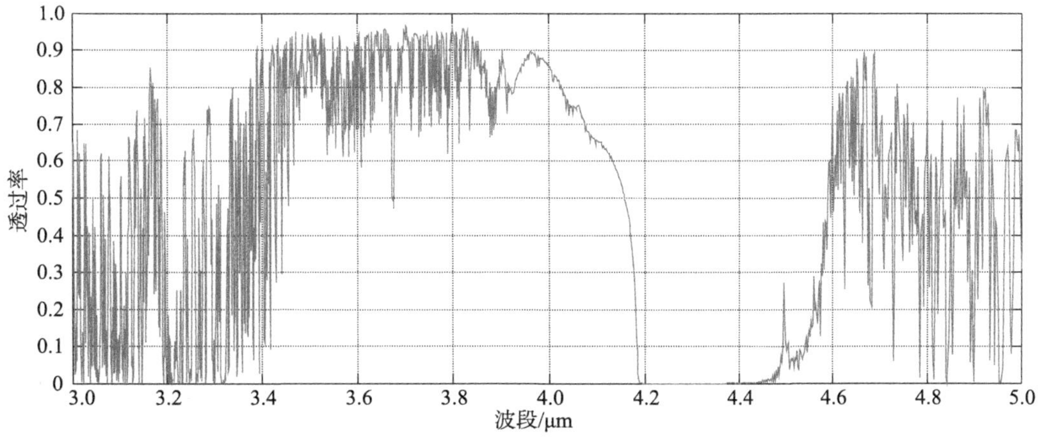

图 2-15　3～5 μm 波段大气透过率曲线（平均透过率为 0.488 3）

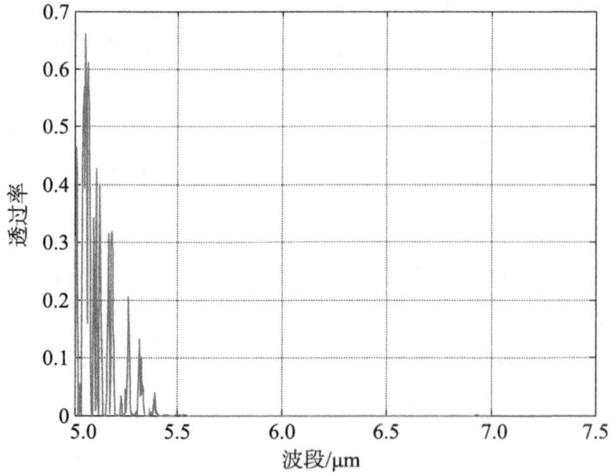

图 2-16　5～7 μm 波段大气透过率曲线（平均透过率为 0.031 5）

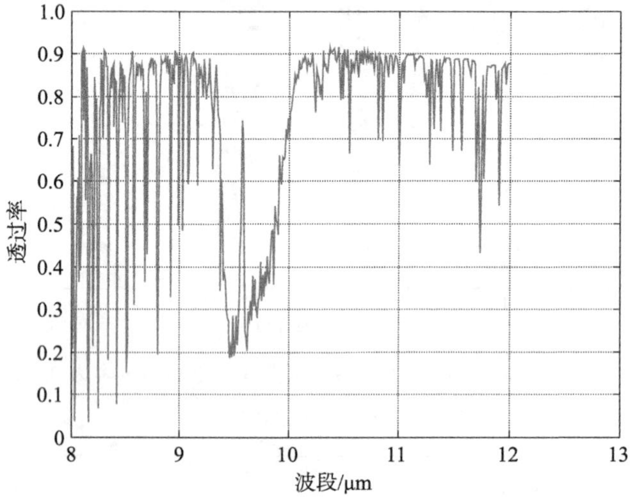

图 2-17　8～12 μm 波段大气透过率曲线（平均透过率为 0.727 1）

2.2.8　大气辐射影响下的探测能力分析

由于目标尺寸远小于单像素对应的成像尺寸，因此目标表现为点目标。另外，目标占据的面积与背景面积相对可以忽略，因此目标像素中同时存在目标信号和背景信号。使用对比度来表征目标图像与纯背景图像的差异。

这种情况下的目标对比度定义如下

$$M=\frac{g'_T-g_b}{g'_T+g_b}=\frac{g_T+g_b-g_b}{g_T+g_b+g_b}=\frac{g_T}{g_T+2g_b}=\frac{\tau_T S_T}{\tau_T S_T+2S_b} \tag{2-27}$$

式中　g_T——目标单独作用下的像素灰度响应；

g'_T——目标与背景共同作用的像素灰度响应；

g_b ——背景的像素灰度响应；

S_T ——目标的辐射信号，一般用辐射亮度（W/sr）表征；

τ_T ——探测路径目标到探测器之间的大气透过率，给定探测场景可以仿真计算；

S_b ——背景的辐射信号。

背景的辐射信号值分为大气背景和地球背景两种，并与探测距离 R 、单像素瞬时视场大小 α 、背景辐射亮度 L_b 有关，计算公式如下

$$S_b = (R\alpha)^2 L_b \tag{2-28}$$

其中，背景辐射亮度 L_b 可以通过仿真软件计算得到。将背景辐射亮度计算公式代入对比度公式，可以看出探测系统的瞬时视场越小，对比度越大。

给定探测场景、目标辐射亮度、仿真大气透过率、背景辐射亮度，可以计算该探测场景下的目标对比度，根据对比度可以评估可探测性。人眼能够分辨的对比度极限为 0.02，算法检测能力与处理的图像特征相关。

参考文献

［1］ SKOLNIK M I. 雷达系统导论［M］. 左群声，徐国良，马林，等，译. 北京：电子工业出版社，2010.

［2］ 黄培康，殷红成，许小剑. 雷达目标特性［M］. 北京：电子工业出版社，2010.

［3］ 阮颖铮. 雷达截面与隐身技术［M］. 北京：国防工业出版社，1998.

［4］ WILLERS C J. Electro - optical system analysis and design：A radiometry perspective［M］. Bellingham，Wash：SPIE press，2013.

［5］ ARRASMITH W W. Systems Engineering and Analysis of Electro - Optial and Infrared Systems［M］. Cleveland，Ohio：CRC press，2015.

第3章 航天飞行器的目标特征机理与表征

航天飞行器的目标特性用什么物理量来表征，目标特征的物理机理是什么，目标特征的表征和分析有什么科学问题，将是本章讨论的主要内容。航天飞行器的目标特征主要包括雷达特征、光学特征和运动特征，目标特征与目标的结构组成、材料特性、外形密切相关，还与传感器的探测波段、探测体制及探测方位相关。本章从目标的 RCS、一维距离像、二维成像、红外辐射及特征提取等几个方面出发，介绍相关的基本概念、物理描述及这些物理量的计算方法[1-10]。

3.1 雷达散射的基本概念

3.1.1 RCS

当物体被电磁波照射时，能量将朝各个方向散射，其能量的空间分布依赖于物体的形状、大小、结构及入射波频率和极化。由于 RCS 主要用于雷达领域，因此一般用 RCS 来表征散射的强弱。RCS 是物体的一个假想面积，常用单位是平方米。形式上，RCS 的定义式为

$$\sigma=\lim_{R\to\infty}4\pi R^2\frac{S_s}{S_i}=\lim_{R\to\infty}4\pi R^2\frac{|\boldsymbol{E}_s|^2}{|\boldsymbol{E}_i|^2}=\lim_{R\to\infty}4\pi R^2\frac{|\boldsymbol{H}_s|^2}{|\boldsymbol{H}_i|^2} \tag{3-1}$$

式中 S_s 和 S_i ——雷达接收机处散射电磁波和目标处入射电磁波的能流密度；

$\boldsymbol{E}_s$ 和 $\boldsymbol{E}_i$ ——雷达接收机处的散射电场和目标处的入射电场；

$\boldsymbol{H}_s$ 和 $\boldsymbol{H}_i$ ——雷达接收机处的散射磁场和目标处的入射磁场。

我们知道，散射场是由空间散射体（目标）的存在而引起的，所以，空间的总场为入射场和散射场之和，即

$$\boldsymbol{E}_T=\boldsymbol{E}_i+\boldsymbol{E}_s \tag{3-2}$$

$$\boldsymbol{H}_T=\boldsymbol{H}_i+\boldsymbol{H}_s \tag{3-3}$$

由式（3-1）可以看出，RCS 是距离 R 趋向无穷大时得到的。但是，因为假定入射波是平面波，S_i、$\boldsymbol{E}_i$ 和 $\boldsymbol{H}_i$ 均为常量，S_i 在远场条件下正比于 $1/R^2$，$\boldsymbol{E}_s$ 和 $\boldsymbol{H}_s$ 在远场条件下正比于 $1/R$，因此实际计算时，只需取 R 使雷达接收机位于目标散射的远区即可。式(3-1)同时表明，RCS 是单位立体角内目标朝接收方向散射的功率密度与从给定方向入射于该目标的功率密度之比的 4π 倍。

从以上定义不难看出，雷达目标在给定方向散射的电磁能量可表示为目标 RCS 与入射功率密度的乘积。事实上，入射平面波的能流密度为

$$S_i = \frac{1}{2}\boldsymbol{E}_i\boldsymbol{H}_i = \frac{1}{2}Y_0\ |\boldsymbol{E}_i|^2 \tag{3-4}$$

式中　Y_0——自由空间导纳。

借鉴天线口径有效面积的概念，目标截取的总功率为入射功率密度与目标等效面积 σ 的乘积，即

$$P = \sigma S_i = \frac{1}{2}\sigma Y_0\ |\boldsymbol{E}_i|^2 \tag{3-5}$$

假设电磁波功率是各向同性均匀地向四周立体角散射，则在距离目标 R 处的散射波能流密度为

$$S_s = \frac{P}{4\pi R^2} = \frac{\sigma Y_0\ |\boldsymbol{E}_i|^2}{8\pi R^2} \tag{3-6}$$

散射波能流密度又可用散射场强 $\boldsymbol{E}_s$ 来表示，有

$$S_s = \frac{1}{2}Y_0\ |\boldsymbol{E}_s|^2 \tag{3-7}$$

由以上两式可得

$$\sigma = 4\pi R^2\ \frac{|\boldsymbol{E}_s|^2}{|\boldsymbol{E}_i|^2} \tag{3-8}$$

式中，当距离 R 足够远时，照射目标的入射波近似为平面波，σ 与 R 无关，与式（3－1）等效。

目标的 RCS 可能很大，大到成千上万平方米；也可能很小，小到几平方厘米。其变化范围太大，表述起来不方便，因此常用对数形式表示，二者之间的转换关系为

$$\text{RCS}\quad(\text{dBm}^2) = 10\lg\left[\frac{\text{RCS}\quad(\text{m}^2)}{1.0\quad(\text{m}^2)}\right] \tag{3-9}$$

图 3－1 给出一些典型目标的 RCS 量级，其中包括目标散射机理中爬行波及行波的量级。当隐身目标强散射源的散射被抑制后，爬行波、行波这样的次级散射源将对隐身水平起决定性作用。

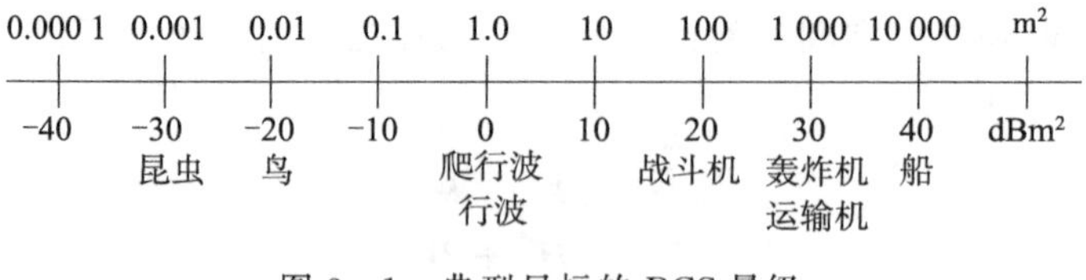

图 3－1　典型目标的 RCS 量级

RCS 是下列因素的函数：目标结构、入射波的频率、入射波的极化形式、接收天线的极化形式、测量方向在目标坐标系中的视角。

因此，一般来说，σ 可以表示为

$$\sigma_{ij}(\theta, \phi) \tag{3-10}$$

式中　i 和 j ——入射波和接收天线的极化方向，如水平极化或垂直极化；

$(\theta,\ \phi)$ ——在球坐标系下的视角。

由于目标的 RCS 不仅是雷达波入射视角的函数，也是接收机方位角的函数，因此就有了单站和双站之分。当波源和接收机不在同一点时，称为双站散射（图 3-2），波源和接收机间的夹角称为双站角，通常说的前向散射就是双站角为 180°时的情况。当波源和接收机位于同一点时，如同大多数雷达工作时的情况那样，则称为单站散射，又叫后向散射。在许多雷达测量系统中，通常使用分离的发射天线和接收天线，但由于两个天线向目标方向观察时的张角很小，测量结果和真正的单站情形差别不大，也认为其结果是单站散射结果。除非特别说明，通常所说的散射均指单站散射。

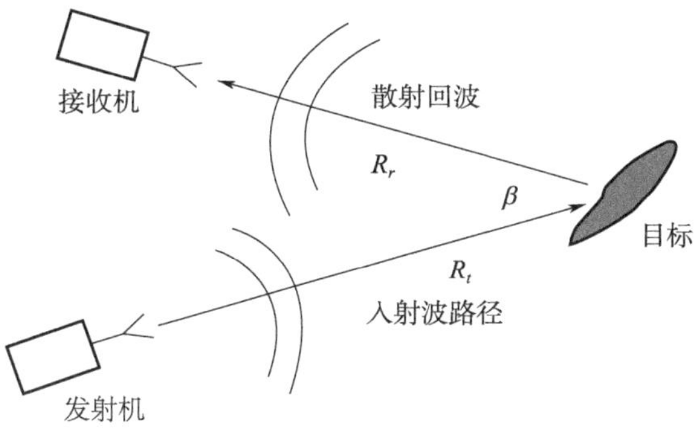

图 3-2　双站散射

多数情况下，目标总的散射效果是很多部件散射共同贡献的结果。为了在 RCS 计算中保持目标上各部件散射场之间的相位关系，常常还用到 RCS 的平方根形式，定义为

$$\sqrt{\sigma} = \lim_{R\to\infty} 2\sqrt{\pi} R \frac{\boldsymbol{E}_s \cdot \hat{\boldsymbol{e}}_r}{E_0} \mathrm{e}^{-\mathrm{j}kR} \tag{3-11}$$

式中　$\hat{\boldsymbol{e}}_r$——接收机的电场极化方向；

R——目标到雷达接收机的距离；

$\boldsymbol{E}_s$——目标的散射电场；

E_0——入射波的电场强度。

该定义体现了散射相位和接收机极化的影响，是一个复数量；而式（3-1）所定义的 RCS 则是一个仅表示大小的纯实数。不同散射体的 $\sqrt{\sigma}$ 可以直接相加。

为了更好地描述目标散射的极化特性，人们还引入了极化散射矩阵的概念。电磁波的极化状态可以根据电场矢量 $\boldsymbol{E}$ 的方向确定，实际工作中，常常根据电场矢量 $\boldsymbol{E}$ 与一个相对较长的目标（如导线）或水平面的相对关系来确定，E_h、E_v 分别表示平行极化和垂直极化。关于目标散射的极化状态，有理论和工程两种定义，其中理论定义是根据入射波与目标之间的关系确定的。入射波传播方向与目标表面法线构成的平面称为入射平面，入射波的电场垂直于入射面时，称之为垂直极化；否则，当入射波的电场平行于入射面时，则称之为平行极化。工程定义是根据实际应用，以地平面为参考面，当入射波电场平行于地平面时，称之为水平极化；当入射波电场垂直于地平面时，称之为垂直极化。对于航天飞行器而言，习惯上将其偏航方向所在的平面视为参考地平面（飞行中该平面一般与地平面平行)，由此确定电磁波入射所属的极化。因此，一般用水平或垂直极化表示，与地基雷达看天上目标的情况一致，也与地面测量中入射波与目标间的关系一致。通常按下式定义极化散射矩阵

$$\begin{bmatrix} E_h^s \\ E_v^s \end{bmatrix} = [S] \begin{bmatrix} E_h^i \\ E_v^i \end{bmatrix} = \begin{bmatrix} S_{hh} & S_{hv} \\ S_{vh} & S_{vv} \end{bmatrix} \begin{bmatrix} E_h^i \\ E_v^i \end{bmatrix} \tag{3-12}$$

式中 E_h^s ——散射场的平行极化分量，依此类推。

散射矩阵 $[S]$ 的每个元素都包含了相位及幅值信息，如

$$S_{hh} = |S_{hh}| \exp(\mathrm{j}\varphi_{hh}) \tag{3-13}$$

对单站雷达，有 $S_{vh} = S_{hv}$ 。显然，散射矩阵元素与 RCS 的关系为

$$\sigma_{hh} = 4\pi R^2 \ |S_{hh}|^2 \tag{3-14}$$

根据式（3－14）定义的极化散射矩阵是与目标和雷达间的距离 R 相关的，这个定义适合理论计算，但不适合绝对定标测量。利用式（3－14），不难引入与 R 无关而只与目标相关的极化散射矩阵 $[S^0]$，有

$$\begin{bmatrix} E_h^s \\ E_v^s \end{bmatrix} = \frac{1}{\sqrt{4\pi R^2}} [S^0] \begin{bmatrix} E_h^i \\ E_v^i \end{bmatrix} \tag{3-15}$$

3.1.2 雷达散射的频率分区

同一目标对不同的雷达频率会呈现不同的电磁散射特性。根据目标特征尺寸 a 与入射波波长 λ 的相对关系，可以将电磁散射划分为瑞利区、谐振区和光学区，它们之间的关系如表 3－1 所示，其中 $k = 2\pi/\lambda$ 是入射波的波数。

表 3－1　3 种散射方式比较

散射分区	ka 大小	RCS 变化特点
瑞利区	$ka \ll 1$	$\sigma \propto \lambda^{-4}$，$\sigma \propto$ 体积的平方，σ 随 ka 光滑变化
谐振区	$ka \approx 1$	σ 随 ka 震荡
光学区	$ka \gg 1$	σ 随 ka 光滑变化 σ 与波长无关

(1) 瑞利区散射

波长较之散射体的特征尺寸大得多，散射由感应偶极矩引起，近似是一个准静场问题，整个目标都参与了散射过程，目标的形状细节对散射影响不大，重要的是体积。

确切地说，在瑞利区，RCS 与目标的体积成正比，设定一个形状因子 F 来表述目标形状的影响，就可以得到一个估算瑞利区 RCS 的经验公式

$$\sigma = \frac{4}{\pi} k^4 V^2 F^2 \tag{3-16}$$

式中 V ——目标的体积；

F ——目标的形状因子；

k ——波数。

研究表明，球体的形状因子，与球体形状接近的光滑目标，形状因子也近似等于 1，其 RCS 与极化和视角无关。对于任意目标，只要其某一个方向的尺寸远大于另一个方向上的尺寸，该目标的形状因子就不等于 1，其 RCS 将是视角和极化的函数。

（2）谐振区散射

波长和散射体的特征尺寸为同一数量级，散射体的每一部分对其他各部分都产生电气影响，散射场是这些相互影响的总效果，虽然小尺寸的细节不那么重要，但总的几何形状却是重要的。

一般来说，谐振区散射具有以下特点：

1）目标的形状是散射强弱的关键因素。

2）较难获得谐振区散射解析解，需使用矩量法和时域有限差分法等数值方法求解。

（3）光学区散射

波长远小于散射体尺寸，散射场主要由从各个独立的散射中心产生的回波叠加而成，每一个几何结构都可能对总散射场产生影响。

在光学区，比较高效的 RCS 估算方法有几何光学法、几何绕射理论、物理光学法和物理绕射理论等。几何光学法是在光学基础上推广而来的，它采用菲涅尔法则描述电磁波的传播过程。应用几何光学法时有一定的约束：①要求目标尺寸 L 远大于波长；②忽略绕射的影响。利用几何光学法计算镜面反射波的主瓣及近旁瓣较为准确。但是，当目标表面出现不连续（如边缘、曲率和斜率突变等）时，几何光学近似失效，表面不连续可以引起诸如爬行波、行波等高阶散射。几何绕射理论主要依靠尖劈散射等典型结构的严格解来确定其绕射系数，进而解决几何光学法不能计算的边缘、尖端、拐角、切点和阴影区等散射问题。物理光学法涉及积分计算，是一种求解表面电流积分的方法，该方法考虑了电磁波射线的波动性，因而能够计算因绕射和干涉现象引起的功率变化。物理绕射理论和几何绕射理论一样，是在 20 世纪 50 年代出现的一种求解边缘绕射场的高频近似方法，它也是依靠尖劈散射等典型问题的严格解来确定绕射系数。但与几何绕射理论不同的是，物理绕射理论的解中包括近似的物理光学结果，并在此基础上引入校正项以提高物理光学法的近似程度。

区分上述 3 种散射的一个典型例子是金属球在不同频率入射波照射下产生的散射，图 3－3 是用其几何投影面积 πa^2（a 是球的半径）归一化的后向 RCS 随 ka 变化的曲线来表示频率分区。由图 3－3 可见，在频率低端（$ka<1$），波长比球的圆周长大得多，RCS 正比于 $(ka)^4$，产生的是瑞利区散射；当波长介于 0.1～1 个圆周长（$1\leqslant ka\leqslant 10$）时，RCS 表现出很强的振荡特性，产生的是谐振区散射；当波长小于 0.1 个圆周长（$ka>10$）时，RCS 的振荡特性逐渐消失，趋于球的投影面积 πa^2，产生的是光学区散射。

当然，目标散射的频率分区并不是绝对的。有可能出现目标主体处于光学区，而目标的某一部件处于谐振区甚至瑞利区的情况。例如，在 X 波段，普通飞机作为一个整体产生的主要是光学区散射，但其空速管却可能正好处于谐振区而使总的 RCS 产生明显起伏。这种现象一般称为目标的局部谐振，它的存在对隐身设计是个不利因素。

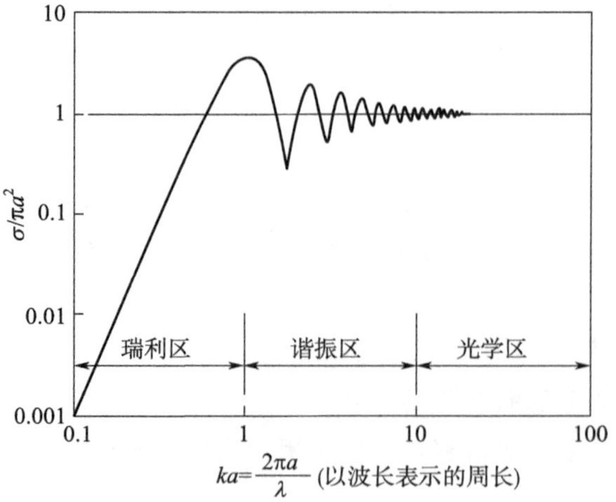

图 3-3 金属球散射的频率分区

3.1.3 RCS 与雷达探测距离的关系

目标 RCS 对雷达探测的影响可用雷达方程衡量。如图 3-4 所示，假设雷达发射机输出功率为 P_t，发射天线增益为 G_t，则位于雷达主波束内与雷达相距 R 的目标处的功率密度可表示为

$$p_1=\frac{P_tG_t}{4\pi R^2} \tag{3-17}$$

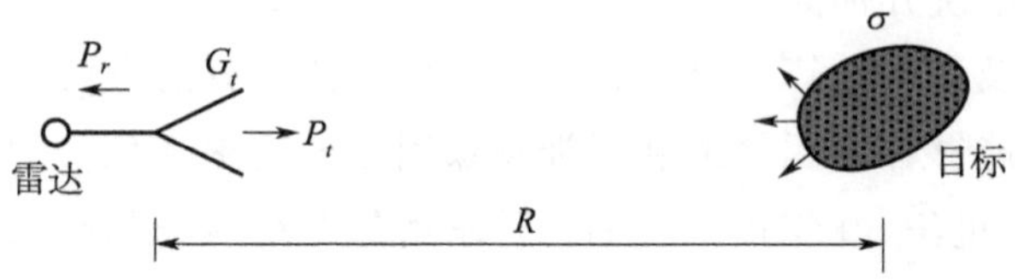

图 3-4 雷达探测

根据 RCS 的定义不难求出，RCS 值为 σ 的目标，在雷达接收机处产生的功率密度（简单起见，假定接收机在发射天线附近）为

$$p_2=\frac{p_1\sigma}{4\pi R^2}=\frac{P_tG_t\sigma}{(4\pi)^2R^4} \tag{3-18}$$

假定雷达接收和发射共用同一个天线，即 $G_t=G_r=G$，则接收天线的有效面积为

$$A_r=\frac{\lambda^2}{4\pi}G \tag{3-19}$$

于是，雷达接收到的功率为

$$P_r=p_2A_r=\frac{P_tG^2\lambda^2\sigma}{(4\pi)^3R^4} \tag{3-20}$$

这是雷达方程的最简单形式，其忽略了在雷达性能分析中可能起作用的很多因素。尽管如此，在粗略的性能估算中，式（3-20）仍很重要，可以方便地估计由设定的 RCS 变

化引起的雷达性能改变。

为了估算探测距离，以稍微不同的形式来整理雷达方程。对于在接收机噪声中检测目标这一最简单的情况，需要的最小信噪比可根据要求的探测概率、目标统计特性和雷达特性等因素确定。因为接收机噪声可看作一个常数，所以，最小信噪比确定了一个可容许的最小接收信号 P_{min}，并由此确定雷达的最大探测距离

$$R_{max} = \{P_t G^2 \lambda^2 \sigma / [(4\pi)^3 P_{min}]\}^{1/4} \tag{3-21}$$

从式（3-21）可以看出，最大探测距离与 RCS 的四次方根成正比。

假设通过隐身设计使 RCS 降低为原来的 10%，则：

1）根据雷达方程，雷达探测距离下降为原来的

$$\frac{R_2}{R_1} = \left(\frac{\sigma_2}{\sigma_1}\right)^{1/4} = (0.1)^{1/4} = 0.56 \tag{3-22}$$

2）面积搜索雷达的性能指标为单位时间内搜索的面积，由于面积与距离的平方成正比，因此面积搜索能力下降为原来的

$$\left(\frac{R_2}{R_1}\right)^2 = \left(\frac{\sigma_2}{\sigma_1}\right)^{1/2} = (0.56)^2 = 0.31 \tag{3-23}$$

3）体积搜索雷达的性能指标为单位时间内搜索的体积，由于体积与距离的立方成正比，因此体积搜索能力降为原来的

$$\left(\frac{R_2}{R_1}\right)^3 = \left(\frac{\sigma_2}{\sigma_1}\right)^{3/4} = (0.56)^3 = 0.18 \tag{3-24}$$

3.1.4　RCS 与干扰烧穿距离的关系

雷达干扰机最关键的参数是烧穿距离。如图 3-5 所示，设图中左边的天线为雷达天线，右边的天线为干扰信号发射天线，则雷达波束半锥角为

$$\theta_r = \frac{2\lambda}{\pi D_r}$$

干扰信号波束半锥角为

$$\theta_j = \frac{2\lambda}{\pi D_j}$$

两天线间距离为 R 时波束面积分别为

$$A_{bj} = \pi r_j^2 = \pi(\theta_j R)^2 = \frac{4\lambda^2 R^2}{\pi D_j^2} = \frac{\lambda^2 R^2}{A_j}\ ;\ A_{br} = \frac{\lambda^2 R^2}{A_r}$$

雷达接收到的干扰信号功率为

$$S_j = \frac{p_j A_r}{A_{bj}} = \frac{p_j A_r A_j}{\lambda^2 R^2}$$

雷达正常工作信号功率为

$$S_r = \frac{p_r A_r^2 \sigma}{4\pi\lambda^2 R^4}$$

当 $S_j = S_R$ 时的距离定义为烧穿距离 R_b，可表示如下

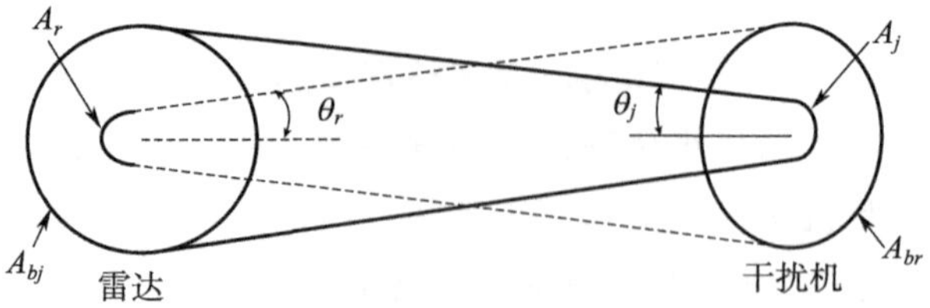

图 3-5 干扰机烧穿距离计算

$$R_b = \left(\frac{p_r A_r \sigma^*}{4\pi P_j A_j}\right)^{1/2} \tag{3-25}$$

上述式中 A_r ——雷达天线面积（m^2）；

A_j ——干扰信号发射天线面积（m^2）；

A_{br} ——雷达波束在干扰处的波束面积（m^2）；

A_{bj} ——干扰信号波束在雷达接收机处的波束面积（m^2）；

θ_j ——干扰信号波束半锥角（rad）；

θ_r ——雷达信号波束半锥角（rad）；

S_j ——雷达接收到的干扰信号功率（W）；

S_r ——携带干扰机的目标反射回接收机的信号功率（W）；

D_j ——干扰信号发射天线的几何尺寸，直径（m）；

D_r ——雷达天线的几何尺寸，直径（m）；

P_j ——干扰功率（W）；

P_r ——雷达发射功率（W）；

R ——雷达与干扰机之间的距离（m）。

对比烧穿距离方程和雷达探测距离方程，可以发现：①干扰信号功率与 R^{-2} 成正比，而雷达接收到的目标信号与 R^{-4} 成正比；②烧穿距离与目标 RCS 的平方根成正比，雷达探测距离与目标 RCS 的四次方根成正比。因此，降低目标的 RCS 对烧穿距离的影响比对雷达探测距离的影响要大得多。

同样，设通过隐身设计使目标 RCS 降低为原来的 10%，则：

1）对于给定的烧穿距离，干扰信号功率降为原来的

$$\frac{P_2}{P_1} = \frac{\sigma_2}{\sigma_1} = 0.1 \tag{3-26}$$

2）对于给定的干扰信号功率，烧穿距离缩减为原来的

$$\frac{R_2}{R_1} = \left(\frac{\sigma_2}{\sigma_1}\right)^{1/2} = (0.1)^{1/2} = 0.32 \tag{3-27}$$

3.2 航天飞行器目标雷达散射机理

雷达目标的散射回波主要包括镜面散射和非镜面散射两大类。一般而言，镜面散射

（包括多次反射贡献）是主要的，非镜面散射是相对次要的部分。但是，随着隐身技术的发展，隐身航天飞行器目标的镜面散射等强散射源已得到很好的抑制，非镜面散射的影响逐渐凸显。例如，在球锥形航天飞行器的 RCS 计算中必须计入锥底边缘的散射贡献。

复杂航天飞行器的总散射场中通常包含若干种散射机理成分，下面将常见的散射项按重要程度排序如下。

1）平面、单曲面和双曲面的表面法线方向指向雷达（后向散射）时产生的镜面散射。

2）二面角或三面角反射器的多次反射。

3）平面和单曲面边界区回波形成旁瓣包络。

4）前缘与电场方向平行，后缘与电场方向垂直时产生的边缘绕射。

5）表面波散射包括因平面或单曲面或导体末端不连续引起的行波、末端边缘反射波、绕曲面连续爬行的爬行波散射。

6）尖端绕射。

7）表面上空隙、裂缝和接头等不连续处的散射。

3.2.1　镜面散射机理

在光学区，电磁波在光滑物体表面的散射与镜子反光的现象相似，因此被称为镜面散射。当散射体表面法线方向指向雷达时产生直接镜面散射，其上被照亮区域的表面电流产生的散射场按相位叠加结果决定总的散射强度。如果引入镜面散射有效面积 $A_{有效}$，则

$$\sigma_{镜面} = \frac{4\pi}{\lambda^2} A_{有效}^2 \tag{3-28}$$

对平板来说，有效面积 $A_{有效}$ 就是其几何面积；对曲面而言，有效面积与曲率半径密切相关。研究表明，曲面的有效面积 $A_{有效}$ 约等于与镜面反射点相位差不超过 22.5° 或 $\lambda/16$ 的区域的面积，这一区域也即等相位区。

如图 3-6 所示，一个曲率半径为 a 的弧线的等相位区宽度 L 可由图中所示的三角形得出

$$\frac{L}{2} = \sqrt{a^2 - \left(a - \frac{\lambda}{16}\right)^2} \tag{3-29}$$

当 $a \gg \lambda$ 时，近似得到

$$\frac{L}{2} \approx \sqrt{\frac{a\lambda}{2}} \tag{3-30}$$

由式（3-30）可见，等相位区大小与弧线曲率半径和雷达波长之积的平方根呈正比。若曲率半径固定不变，等相位区随频率增大而变小，这也是频率越高目标散射的局域性越明显的原因。

如图 3-7（a）所示，双曲面镜面反射点处的等相位区由两个主曲面各自的等相位区合成，该等相位区实质上是一个球冠。作为近似，可据式（3-29）中给出的 L 构成一个矩形，用它的面积作为其镜面反射的有效面积，即双曲面的镜面后向 RCS 为

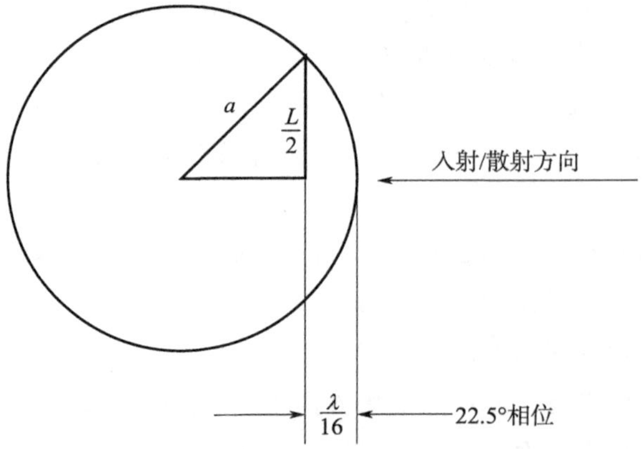

图 3－6　等相位区

$$\sigma=\frac{4\pi\left(\sqrt{\frac{a_1\lambda}{2}}\sqrt{\frac{a_2\lambda}{2}}\right)^2}{\lambda^2}=\pi a_1a_2 \tag{3-31}$$

式中　a_1 和 a_2——镜面反射点处的两个主曲率半径。

该结果与频率无关，可用于所有曲率半径远大于波长的双曲面。当 $a_1=a_2=a$ 时，双曲面变为球面，式（3－31）给出的即为光学区金属球的 RCS，即 πa^2。

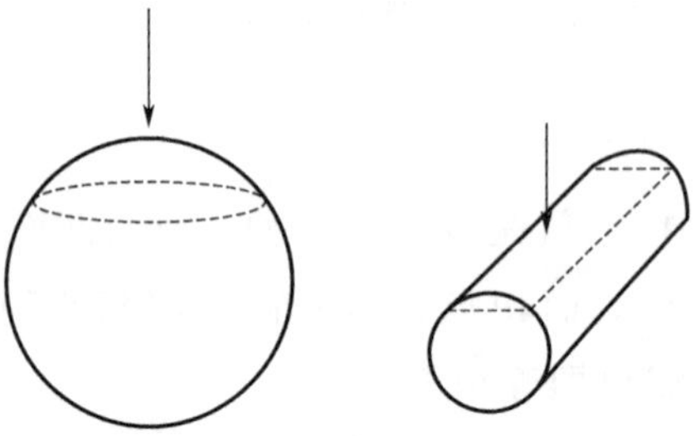

图 3－7　不同曲面的等相位区

单曲面的镜面反射比较特殊，其有效面积由几何长度 l 和等相位区宽度 L 共同决定。例如，图 3－7（b）所示的圆柱面镜面反射 RCS 为

$$\sigma_{圆柱}=\frac{4\pi\left(\sqrt{\frac{a\lambda}{2}}l\right)^2}{\lambda^2}=\frac{2\pi a}{\lambda}l^2=kal^2 \tag{3-32}$$

即圆柱面的 RCS 等于圆柱面周长（用波长度量）乘以长度的平方。该表达式同样能用于不是严格圆柱面的单曲面，只需在式（3－32）中代入相应的等效半径和长度进行计算即可。

显然，镜面散射的大小与极化方式无关。

3.2.2　多次反射机理

产生多次反射的目标结构包括角反射结构和腔体等。角反射结构通常可以按二面角反射器或三面角反射器来分析，二面角反射器由两块垂直交接的金属板组成，在开口方向的宽角度范围上形成较强的二次反射回波；三面角反射器由三块两两垂直交接的金属板组成，在开口方向的宽角度范围上形成较强的三次反射回波。许多复杂目标均含有近似的角反射结构部件，例如，导弹的正交尾翼可能构成二面角，舰船的船舷与海面也可构成二面角，路边的路标与地面也可能构成二面角。三面角只比二面角多一个反射面，经常被作为靶标使用。

以二面角反射器为例，其散射回波由 3 部分组成：平板间的二次反射、平板的散射和边缘的绕射。如图 3－8（a）所示，设二面角反射器在 x、y 和 z 3 个方向上的尺寸分别为 L_x、L_y 和 L_z，则在忽略边缘绕射的情况下，二面角的光学散射场可以表示为

$$E_{\text{tot}} = E_1 + E_2 + E_{12} + E_{21} \tag{3-33}$$

式中　E_1——平板 1 的一次散射场；

E_2——平板 2 的一次散射场；

E_{12}——平板 1 镜面反射到平板 2 的二次散射场；

E_{21}——平板 2 镜面反射到平板 1 的二次散射场。

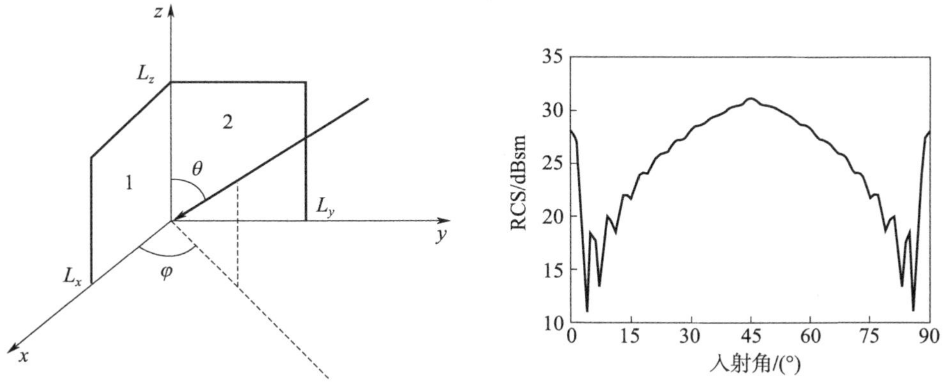

(a) 二面角　　(b) RCS

图 3－8　二面角及其 RCS

各场分量表达式如下

$$E_1 = \frac{-\mathrm{j}kE_0}{2\pi r}\mathrm{e}^{-\mathrm{j}kr}L_xL_y\mathrm{e}^{\mathrm{j}kL_x\cos\varphi}\frac{\sin[kL_x\cos\varphi]}{kL_x\cos\varphi}\sin\varphi \tag{3-34}$$

$$E_2 = \frac{-\mathrm{j}kE_0}{2\pi r}\mathrm{e}^{-\mathrm{j}kr}L_yL_z\mathrm{e}^{\mathrm{j}kL_y\sin\varphi}\frac{\sin[kL_y\sin\varphi]}{kL_y\sin\varphi}\cos\varphi \tag{3-35}$$

$$E_{12} = \frac{\mathrm{j}kE_0}{2\pi r}\mathrm{e}^{-\mathrm{j}kr}\delta_yL_z\cos\varphi \tag{3-36}$$

$$E_{21}=\frac{\mathrm{j}kE_0}{2\pi r}\mathrm{e}^{-\mathrm{j}kr}\delta_x L_z\sin\varphi \tag{3-37}$$

式中，$\delta_x=\min(L_y,\ L_x\tan\varphi)$；$\delta_y=\min(L_x,\ L_y\cot\varphi)$。

由式（3-33）不难根据定义求出二面角的 RCS，如图 3-8（b）所示。由图 3-8（b）可见，当 $\varphi=45°$ 时，二面角的散射最强，设 $L_x=L_y=L_z=a$，则

$$\sigma_{\max}=\frac{8\pi a^4}{\lambda^2} \tag{3-38}$$

需要指出的是，式（3-38）只在 $0<\varphi<90°$ 时有效，其他方向的 RCS 值因不存在多次反射贡献，可由平板的散射场直接给出。

复杂腔体的散射很难估算，一般须通过射线跟踪的方法获得腔体口面处的出射波强度。但是，也可以通过一些假设对腔体散射进行近似估算。例如，可作如下假设：

1）进入腔体的总能量最终都反射出来（腔体内壁全反射，不吸收电磁波能量）。

2）腔体内的反射是足够随机化的，从腔体口面出射的能量向着雷达半空间均匀地再辐射。

那么，假定入射波的功率密率为 $P_i(\mathrm{W/m^2})$，则进入腔体的能量是 $A\times P_i(\mathrm{W})$（A 为腔体在入射波方向的投影面积）。由于假设再辐射在雷达接收机所在的半空间均匀分布，因此再辐射功率密度近似为 $P_r=A\times P_i/2\pi R^2(\mathrm{W/m^2})$。根据定义，RCS 是反射波功率密度与入射波功率密度之比，可得腔体的高频 RCS 估算公式为

$$\sigma_{腔体}=4\pi R^2\frac{P_r}{P_i}=2A \tag{3-39}$$

即雷达散射截面等于腔体口面投影面积的 2 倍。这是对腔体散射的一种最简单预估。

3.2.3 边缘绕射机理

非镜面散射包括很多不同物理机制的散射波，主要有绕射波和表面波等，其中绕射波可由边缘、尖端和曲率不连续性等产生，而表面波则包括表面行波、爬行波和导行表面波等。需要指出的是，各种散射机理并不是泾渭分明的，如此划分的非镜面散射完全有相互交叠的可能，例如，表面行波虽然主要与目标的表面电流相关，但其产生散射贡献也是因为存在边缘不连续性，甚至完全用绕射的分析方法也能很好地预估其散射特性。

绕射包括边缘绕射、尖端绕射等，但主要是边缘绕射。以 Keller 提出的几何光学绕射锥（图 3-9）理论为基础的现代电磁绕射理论认为，只有当电磁波入射线与边缘线垂直时才会产生最强的后向边缘绕射，并在一个很窄的角度范围内急剧下降，直至为零。

边缘绕射强度与边缘长度的平方成正比，同时与入射波的极化方向密切相关。当电场极化方向平行于边缘时，绕射回波显著高于电场极化方向垂直于边缘时。在隐身设计中，如何有效减缩尺寸较长的弹翼前后缘的绕射贡献是个重要问题。

归一化的边缘绕射贡献（随劈角变化不大）可近似表示为

$$\sigma_{边缘}=\frac{1}{\pi}L_{有效}^2 \tag{3-40}$$

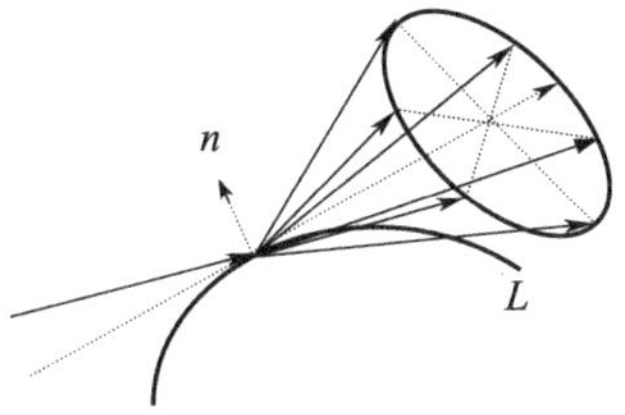

图 3－9　绕射锥示意图

式中　$L_{有效}$ ——边缘散射的有效长度。

对于直边缘，有效长度就是它的几何长度；对于曲边缘，有

$$\sigma_{曲边缘} = \frac{a\lambda}{2\pi} \tag{3-41}$$

式中　a ——边缘镜面点处的曲率半径。

尖端绕射在低频下相对突出，它的强度与 λ^2 成正比，有

$$\sigma_{尖端} \approx \frac{\lambda^2}{16}\tan^4\alpha \tag{3-42}$$

式中　α ——尖端的半锥角。显然，钝的尖端比尖的尖端散射更强，这一点在航天飞行器的隐身设计中要特别注意。

3.2.4　行波散射机理

表面波是对沿两种不同媒质分界面传播的各种电磁波型的统称，对常见的散射问题，这一分界面即为目标朝向自由空间的表面。如前所述，表面波包括表面行波、爬行波和导行表面波等，这种划分是根据其激励条件及传播和散射机理的不同进行的，一般情况下，三者中表面行波散射产生的 RCS 贡献最为显著。

表面行波是沿目标长度方向传播的一种行波电流，其在传播过程中能不断地向空间辐射电磁波。激励行波电流的源可以是射频发生器，也可以是入射电磁波，行波散射的情况属后者。

当入射平面波沿轴向以小角度入射至细长导体，且入射电场在入射平面内具有沿细长导体轴向的分量时，该电场分量在细长导体上感应的表面电流将沿轴向流动而形成行波电流。行波电流可产生类似行波天线辐射［图 3－10（a）］的前向散射，形成表面行波的双站散射贡献［图 3－10（b）］；当细长导体终端截断，未能以匹配负载终结时，前向行波电流将在到达终端后因失配反射而反向传播并产生反方向的二次辐射，形成表面行波的单站散射贡献［图 3－10（c）］。对行波散射而言，被照射目标相当于一个天线与传输线的结合体，它接收入射能量并引导它们在其表面传输，直到在终端因失配反射而反向传输。在此过程中，能量不断地再次辐射，从而产生行波散射。

产生行波散射须具备两个条件：一是目标是细长导体，如导线、圆柱体、橄榄体和平面等；二是入射波必须在长导体方向上有电场分量。例如，当入射波是垂直极化时，在斜入射雷达波照射下，飞机、导弹上的机（弹）翼和平尾就可能产生很强的行波散射。利用

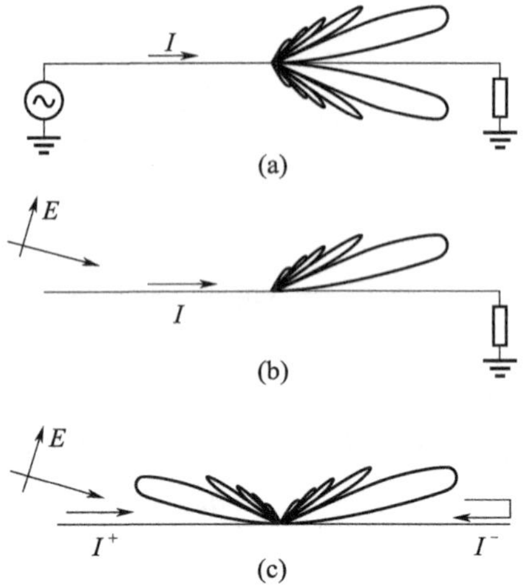

图 3-10　行波的极坐标辐射

行波天线的辐射理论可以很好地理解行波散射。一般而言，物体的导电率、长细比及远端反射率越大，则行波散射越强。

3.2.5　爬行波散射

爬行波是由掠入射到光滑凸曲面导体上的射线场激励起的一种沿曲面传播的表面波型，其突出的特点是在传播过程中不断损失能量。爬行波的提出源于对电磁波曲面传播的几何绕射理论分析，与行波只能在照明面上传播不同，爬行波是一种射线沿曲面传播的绕射现象。由于曲面的作用，电磁能量在绕射传播过程中将连续地沿曲面切线方向辐射能量，故其传播常数为复数，振幅沿传播路径呈指数规律衰减，同时产生较强的双站散射贡献。

从导体圆柱的散射回波中可以明显地看到爬行波散射的贡献，如图 3-11 所示。这一问题的析解解法作为一个典型例子在各种文献中已有很多论述，这里不再重复，而是直接给出半径 $r=15$ cm 的无限长圆柱的时域有限差分方法（FDTD）仿真结果。FDTD 仿真空间为 150×150 个网格，在 TE 极化的高斯脉冲平面波激励下，圆柱体的时域回波和归一化散射宽度分别如图 3-12 和图 3-13 所示。由图 3-12 的时域波形可见，除照亮区的镜面回波（左边振幅大的部分）外，在约 2050 时间步长处还有一个小的“拖尾”，这便是爬行波，它比镜面回波滞后 1550 时间步长，换算为距离后正好约等于 $(2+\pi)r$，与图 3-11 的射线绕射路径解释完全吻合。再看图 3-13，圆柱的后向散射宽度在低频区表现出明显的振荡特性，这是镜面反射波和爬行波相互干涉的结果。随着频率的增大，圆柱半径的电尺寸也增大，爬行波在传播过程中产生的能量损失也越多，对向后 RCS 的贡献变小，圆柱的后向散射宽度趋于一个常数。由此，不难得出如下结论：由于爬行波在曲面上爬行时幅度呈指数衰减，因此仅对电尺寸较小的目标后向 RCS 有大的影响，对电尺寸较大的目标来说，爬行波产生的后向 RCS 贡献通常可以忽略不计。

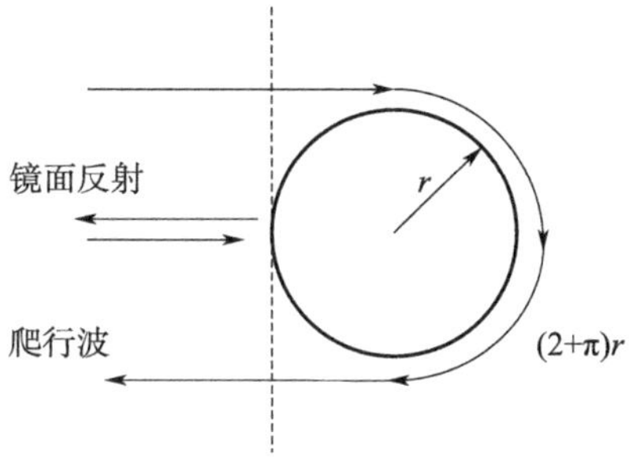

图 3-11　圆柱面上的爬行波［比镜面反射波多传播了 $(2+\pi)r$ 的距离］

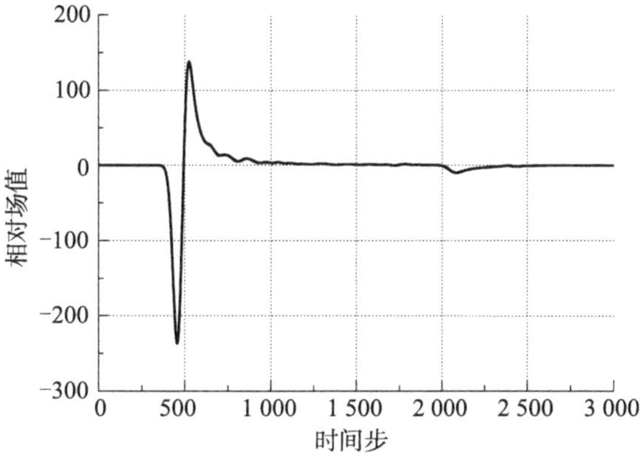

图 3-12　圆柱体的时域回波

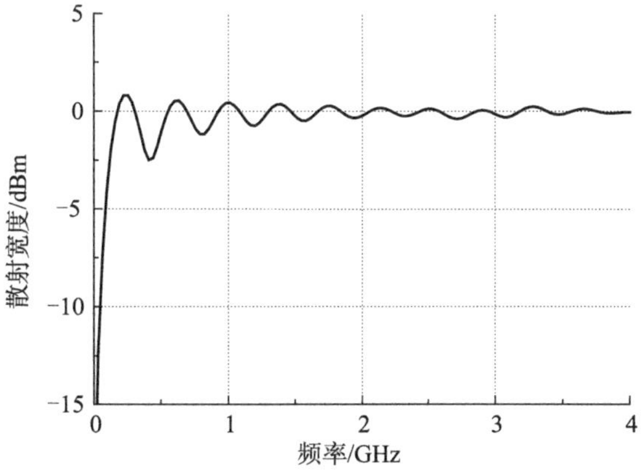

图 3-13　圆柱体的归一化散射宽度

3.2.6　导行表面波散射机理

导行表面波是一种沿介质目标表面或贴于导体目标的介质表面传播的一种表面波型，其突出特点是能量局限于介质内和介质表面附近，在空气中的场强随着离开介质表面的距离按指数律衰减。导行表面波存在的基础是电磁波由光密媒质到光疏媒质的全反射特性，当入射角大于全反射临界角时，电磁波能量在介质层表面之间经多次全反射而实现沿表面方向的能量传播。

存在导行表面波的一个典型例子是图 3－14 所示的介质涂敷导体板，Collin 采用介质波导法对其进行了分析：首先按介质波导的模式假定介质内和空气中的场分布形式，然后通过解边界条件确定其参数。需要指出的是，与行波和爬行波不同，导行表面波本身是没有辐射的，只有当导行表面波遇到不连续性时才会产生端射式辐射。从电磁散射方面考虑，当入射平面波照射到目标的表面波结构上时，根据互易原理可在结构不连续处激励起导行表面波，并在其他结构不连续处产生辐射和反射，从而形成导行表面波的双站和后向散射贡献。由于导行表面波的散射较为复杂，定量分析有一定难度，因此目前尚无相关的文献报道，但在材料隐身设计时应尽可能减少不连续结构的存在。

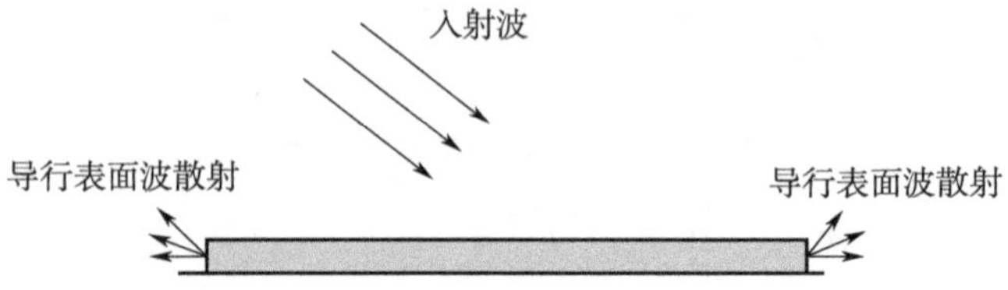

图 3－14　导行表面波散射

3.2.7　不同散射机理 RCS 估算

在雷达目标特性研究中，除精确的计算和测量外，常常须对目标的 RCS 进行粗略的估算，以确定和弄清主要的散射贡献，确认试验数据或分析计算结果是否合理，或者在没有其他合理数据的情况下预估目标散射。表 3－2 给出了不同散射机理的 RCS 估算公式。

表 3－2　不同散射机理的 RCS 估算公式

散射机理	估算公式
镜面散射	$\sigma = 4\pi A_{有效}^2/\lambda^2$
平面	$A_{有效} = A_{几何}$
单曲面(圆柱)	$\sigma = 2\pi a l^2/\lambda$（$a$ 为曲率半径）
双曲面	$\sigma = \pi a_1 a_2$（a_1、a_2 为反射点处的主曲率半径）
镜面散射波束宽度(角度)	$\theta = 57\lambda/L$（L 为有效散射尺寸）
二面角反射器	$\sigma = 8\pi(ab)^2/\lambda^2$（$a$、$b$ 为反射面的长和宽）
三面角反射器(正方形反射面)	$\sigma = 12\pi a^4/\lambda^2$（$a$ 为反射面边长）
腔体($E_{入} = E_{出}$，随机反射)	$\sigma \approx 2A$（A 为腔体口面投影面积）
镜面方向的边缘绕射	$\sigma = L_{有效}^2/\pi$
直边缘绕射	$L_{有效} = L_{几何}$
曲边缘绕射	$\sigma = a\lambda/(2\pi)$（a 为曲率半径）
轮缘绕射	$\sigma = \pi a^2$（a 为曲率半径）

续表

散射机理	估算公式
尖端绕射	$\sigma = \lambda^2 \tan^4\alpha/(16\pi)$（$\alpha$ 为尖端内角）
表面行波 峰值对应入射角	$\theta = 49\sqrt{\lambda/L}$（$L$ 为入射波方向长度） $3\lambda^2$

3.3　航天飞行器雷达散射特征提取

雷达器件及信息处理技术的发展极大地扩展了雷达系统对目标和环境信息的获取能力，雷达的功能已经从单纯的目标发现与定位进入了目标识别阶段。就概念化的意义来讲，目标识别都包含特征提取、分类算法设计等步骤。其中，特征提取是指对传感器获取的原始测量信号经过一定的信号处理或变换得出分类特征的全过程。特征提取强烈地影响了目标识别的整体性能，如果所提取的特征对于不同类别可分性良好，则利用简单的分类算法就可获得良好的识别性能。可以说，特征提取是航天飞行器探测与识别的最重要一环。

3.3.1　基于窄带 RCS 序列的特征提取

航天飞行器具有自旋、章动等特有的运动方式，航天飞行器的章动频率一般在几赫兹的量级。假目标的运动特性与航天飞行器存在显著的差异：没有姿态控制的碎片一般存在翻滚运动，其周期与航天飞行器章动周期有较大的差别；如果采取加大转动惯量等姿态稳定方式控制假目标姿态，由于质量上的差异，假目标的章动频率也与航天飞行器存在明显不同。这些差异的存在使真假目标的 RCS 呈现不同的周期特性，如果能准确提取待识别目标的 RCS 周期，其无疑将成为真假目标识别的可靠判据。

周期估计最简便的方法是进行频谱分析，通过峰值提取得到信号周期。但这种方法本身对信号有一定的要求，即要求信号是平稳的。另外，其对信号长度的要求也较苛刻，举例来说，要达到 0.1 Hz 的估计精度，则要求观测数据长达 10 s。对 RCS 序列进行谱分析的方法可获取 RCS 序列的周期特征，但存在以下几点不足：①由于受多种运动合成的影响，弹道中段目标的 RCS 呈现明显的非平稳特性，该方法常会出现误判；②该方法实质是一种谱估计方法，其精度取决于数据长度，要达到较高的精度，必须要有较长的观测数据，这对于防御系统目标识别的实时要求是难以容忍的；③这种方法的抗噪性能较差，当存在测量误差时，其估计精度的鲁棒性无法保证。显然，该方法非最佳选择，在实际周期估计中用得较多的方法是自相关函数（AUTOC）法和平均幅度差函数（Average Magnitude Difference Function，AMDF）方法。

自相关函数是周期估计的常用方法。设所收到的信号序列 $x(n)$ 由周期信号 $s(n)$ 和噪声 $w(n)$ 组成，即

$$x(n) = s(n) + w(n) \tag{3-43}$$

则信号的自相关函数定义为

$$\begin{aligned}\phi(k) &= \frac{1}{N}\sum_{n=1}^{N-k} x(n)x(n+k) \\ &= \phi_{ss}(k) + 2\phi_{sw}(k) + \phi_{ww}(k)\end{aligned} \tag{3-44}$$

式中　$\phi_{ss}(k)$ —— $s(n)$ 的自相关函数；

$\phi_{ww}(k)$ ——噪声的自相关函数；

$\phi_{sw}(k)$ —— $s(n)$ 与 $w(n)$ 的自相关函数。

若 $s(n)$ 与 $w(n)$ 不相关，则有 $\phi_{sw}(k)=0$；若 $w(n)$ 互不相关，则有

$$\phi_{xx}(k) = \begin{cases} \phi_{ss}(k) + \phi_{ww}(k) & (k=0) \\ \phi_{ss}(k) & (k \neq 0) \end{cases} \tag{3-45}$$

设当 $k=k_0$ 时自相关函数取得最大值，则信号的周期估计为 $T=k_0/f_s$，其中 f_s 为样本的采样频率。自相关函数法的优点是具有一定的抗噪性能，运算也较简单。但这种方法的缺点也很明显：使用该方法常会导致半倍和双倍的提取误差，而且，由式（3-44）可以看出，当 k 值较大时，求和项变少，导致 $\phi(k)$ 峰值随着时间的增加而逐渐下降，这一点在序列较短时表现得尤其突出，常会导致估计偏差。

平均幅度差函数是另一种周期估计中采用较多的方法，该法由 Ross 等人于 1974 年提出，其定义为

$$D_1(k) = \frac{1}{N}\sum_{n} |x(n+k) - x(n)| \tag{3-46}$$

式中，$x(n)$ 为样本序列，实际观测中只能获得一段数据，这相当于采用加窗处理，式（3-46）变为

$$D_2(k) = \frac{1}{N}\sum_{n=1}^{N-k} |x_w(n+k) - x_w(n)| \quad k=1,2,\cdots,N-1 \tag{3-47}$$

式中，$x_w(n)=x(n)w(n)$，$w(n)$ 为窗函数。

在大多数情况下，$w(n)$ 为方窗。由式（3-47）的定义可知，若 $k=k_0$ 时 D_2 取得最小值，则采样序列的周期初步估计为 $T=k_0/f_s$。

3.3.2　基于目标一维距离像的特征提取

3.3.2.1　直接利用距离像作为目标特征

高分辨雷达发射宽带信号如线性调频或步进频率信号，大的带宽提供了高的距离分辨率。当距离分辨单元远小于目标的尺寸时，散射点占据多个单元，相应地，高分辨雷达回波中呈现出的起伏和尖峰反映着目标散射特性沿距离方向的分布，称为高分辨距离像（图 3-15）。直接利用目标一维距离像作为识别特征是一种常用的特征提取办法。

3.3.2.2　基于距离像的目标结构特征提取

目标的一维距离像反映了目标散射中心在径向距离轴上的投影分布及其散射截面积的相对大小。因此，可以从目标的一维距离像中提取一些直观反映目标结构的特征，主要

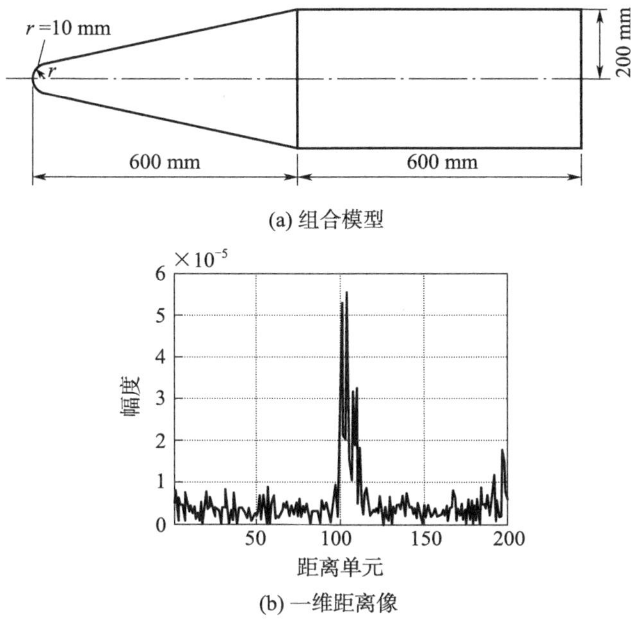

图 3-15　组合模型及其一维距离像

如下。

(1) 目标散射的对称性与分散性程度

设距离域 e_i 的起始点为 k_L，终止点为 k_R，$k_C=(k_L+k_R)/2$，则有

$$T_1=\Big(\sum_{k=k_L}^{k_C}|Y(k)|^2\Big)/\Big(\sum_{k=k_C}^{k_R}|Y(k)|^2\Big) \tag{3-48}$$

$$T_2=\Big[\sum_{k=k_L}^{k_R}(k-k_C)^2|Y(k)|^2\Big]/\Big[(\Delta d_i)^2\sum_{k=k_L}^{k_R}|Y(k)|^2\Big] \tag{3-49}$$

显然，T_1 反映了目标散射截面积分布的对称性程度，T_2 反映了目标在径向方向上散射截面分布的分散性程度，它们都反映了目标的强散射部位在目标物体表面的分布情况。

(2) 幅度域直观特征

幅度域直观特征是指通过目标幅度信息 $|Y(k)|$ 所反映的与目标几何结构有关的目标形状特征，主要包括目标强散射中心数目。距离像中各离散幅度值的绝对大小并不重要，主要考虑同一幅距离像中各幅度值的相对大小，即距离像的起伏特征。由距离像离散特性可知，每个可分辨距离单元只能表现为一个散射中心，所以由距离像得到的散射中心个数与径向距离上可分辨单元的大小有关，当分辨单元大小趋近于 0 时，距离像为一连续函数，能精确表征目标的结构特征。散射在距离邻域处理中已获得目标的波峰点位置及峰值，设峰值最大值为 A_{max}，波峰点位置为 k_{mi}，则有

$$T_3=|\{k_{mi}\,|\,|Y(k_{mi})|>A_{max}\times 25\%\}| \tag{3-50}$$

$$T_4=|\{k_{mi}\,|\,|Y(k_{mi})|>A_{max}\times 50\%\}| \tag{3-51}$$

式中　$|\{\bullet\}|$——集合 $\{\bullet\}$ 中的元素数目。

(3) 幅度波形的“去尺度”结构特征有

$$T_5 = \Big[\sum_{k=k_L}^{k_R} |Y(k)|/(k-k_L+1)\Big]/A_{\max} \tag{3-52}$$

不难证明，特征 T_5 只与幅度 $|Y(k)|$ 波形的内部结构有关，而与 $|Y(k)|$ 尺度变化（波形伸展或压缩）无关。波形的尺度变化主要起因于：①目标姿态角一定时，目标幅度随目标距离的变化而变化；②目标散射中心在散射空间被认为是各向同性的，目标姿态角在小范围内变化时，各散射中心在径向上的投影顺序不变，而波形的变化则只能是尺度变化。

(4) 目标径向长度

$$T_6 = (\max\{k \mid Y(k) > q\} - \min\{k \mid Y(k) > q\})\Delta r \quad k=1,2,\cdots,N \tag{3-53}$$

式中 $|Y(k)|$ ——距离像幅度函数；

q ——门限阈，其与噪声电平有关；

Δr ——距离分辨单元大小。

在式（3-53）中，难以确定的值只有一个，即门限阈 q，q 值过大或太小都将造成长度估计的失真，因此该阈值必须慎重选择。

3.3.2.3 基于距离像序列的进动特征提取

进动包含两种运动，一是目标绕自身主轴的自旋，二是目标绕另一个轴的锥动，如图 3-16 所示。对于旋转体结构的航天飞行器而言，自旋是不会造成一维距离像的变化的，目标绕进动轴的锥动导致了雷达视线和目标主轴之间夹角的变化，即姿态角发生变化，从而形成一维距离像的变化。

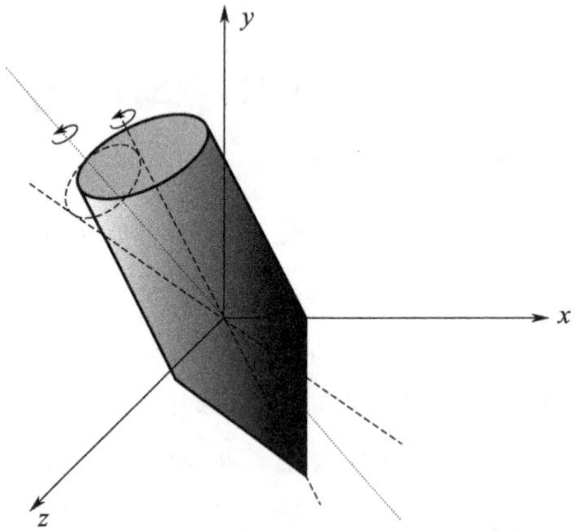

图 3-16 目标进动

弹道目标一个进动周期一般为 1 s 左右，1 s 带来的雷达视线变化是很小的，因而可以认为在一个很小的时间内（几秒至数十秒）雷达视线不发生大的变化。忽略雷达视线带来的姿态角变化，那么进动就会导致一维距离像发生周期性的变化。这种周期性恰恰就是进动周期的反映，通过提取这种周期变化便可以获得进动周期。距离像相关图能够反映这种

周期，从其频谱中可以得到进动周期的估计。距离像相关图定义为两个距离像之间的最大相关系数，即

$$cr(m,n)=\max_{-r/2\leqslant\Delta r\leqslant r/2}\left\{\frac{\int \mathrm{conj}\{Y_m(r+\Delta r)-E[Y_m(r+\Delta r)]\}\times\{Y_n(r)-E[Y_n(r)]\}\,\mathrm{d}r}{\sqrt{E[Y_m(r)\times Y_m(r)]-E^2[Y_m(r)]}\times\sqrt{E[Y_n(r)\times Y_n(r)]-E^2[Y_n(r)]}}\right\} \tag{3-54}$$

3.3.3 基于目标 ISAR 像的特征提取

3.3.3.1 直接利用 ISAR 像作为目标特征

ISAR（Inverse Synthetic Aperture Radar，逆合成孔径雷达）是一种高分辨二维成像雷达，它通过距离向的脉冲压缩技术使雷达的距离分辨率大为提高，并利用雷达与目标之间的相对转动和信息处理技术来获得巨大的等效天线孔径，从而使雷达的角分辨率也大大提高。目标的 ISAR 像反映了目标散射中心在径向和横向的二维分布，和一维距离像相比，ISAR 像包含更多的目标结构信息。直接利用目标 ISAR 像作为特征然后进行模板匹配是一种常用的目标识别方法。

3.3.3.2 基于目标 ISAR 像的图像特征提取

航天飞行器 ISAR 图像呈现出的特点如下。

1）航天飞行器类目标的 ISAR 图像轮廓特征不清晰，光学图像与雷达图像相似度较差，单凭视觉效果难以准确分类，这与飞机类目标的 ISAR 图像存在很大的差别。

2）根据航天飞行器的 ISAR 图像可初步得到目标的长度和宽度等信息，这是目标识别的重要依据。

3）ISAR 图像序列包含了目标的姿态信息，利用图像序列可以判断目标和雷达的相对姿态，有利于目标识别。

另外，通过多极化方式下的图像融合可以获得目标更全面的散射特性，更有利于特征提取和目标识别。

根据以上分析可知，单凭视觉效果难以实现对航天飞行器类目标的有效分类，因此特征提取就成为 ISAR 目标识别中的重要环节。从本质上讲，ISAR 图像也是图像中的一种，因此图像特征提取的普遍方法也适用于 ISAR 图像的特征提取，如提取图像的灰度特征、纹理特征、矩特征、自相关特征、互相关特征等。图像的几何特征具有更为清晰的物理意义，即使无法建立特征数据库，根据专业知识（如导弹的大致长、宽和细长度等）也可以做出目标属性的判断，因此几何特征用于航天飞行器 ISAR 图像更为适宜。

（1）图像预处理

由于航天飞行器上存在多个强散射中心，而其余部位相对较弱，导致航天飞行器的 ISAR 图像常出现多个孤立部位，这对于几何特征提取是不利的。因此，在特征提取前还应进行成像后的图像处理，常用的处理方法是图像连通。

图像连通就是将目标 ISAR 图像的各个离散的散射点互相连通起来，同时保留目标的

形状特征。连通处理主要包括膨胀处理和平滑处理两部分。其中，膨胀处理就是将与目标图像接近的背景点合并到目标中的过程，其结果是使目标图像增加了像素点；平滑处理则是使相邻像素点的灰度值趋于平均，一种最简单的平滑方式为邻域平均法。采用图像连通技术可获得较为清晰的目标轮廓。

(2) 航天飞行器 ISAR 图像的几何特征

在图像预处理后，几何特征提取前仍需解决的问题是轮廓的数学描述，这是下一步几何特征描述的基础。考虑到 ISAR 图像特点，采用链码表示目标边界区域是一种较好的选择。在 ISAR 图像中，目标距离向和方位向均是用离散的距离单元来描述的，区域边界轮廓线由相邻边界像素点之间的短连接线逐段连接而成。短连接线只有 8 种方向，即 0°、45°、90°、135°、180°、225°、270°、315°，分别用数码 $c_i=\{0,1,\cdots,7\}$ 表示，称为链码。对于一个给定的目标区域，链码数目由目标区域所占有的分辨单元数目来确定。显然，分辨率越高，则链码数目越多，对目标区域轮廓线的描述也就越细致。如果 ISAR 图像的横向和纵向分辨率均为 d，则对角线上的链码长度为 $\sqrt{2}d$，用 Δr_i 表示链码长度时，则有

$$\Delta r_i=\begin{cases} d & c_i\in\{0,2,4,6\} \\ \sqrt{2}d & c_i\in\{1,3,5,7\} \end{cases} \tag{3-55}$$

显然，采用链码可以方便地表示区域边界轮廓。在图像中，从边界某一点出发，按照某一次序（如采用逆时针方向或顺时针方向）就可得到轮廓线的链码串；反之，给定一个链码串和其起始位置，也可唯一得到轮廓线，两者是一一对应的关系。所以，边界链码可能作为目标区域形状特征。同时，利用边界链码串也可得到几个重要的几何特征：区域面积 A、区域周长 L、区域形状参数（密集度）和体态比。各个特征的计算方法如下。

1) 区域面积

$$A=\sum_{x=1}^{M}\sum_{y=1}^{N}f(x,y)\Delta x\Delta y \tag{3-56}$$

式中，在轮廓线内部区域 $f(x,y)=1$，否则 $f(x,y)=0$；Δx、Δy 分别为 ISAR 图像的横向和纵向分辨率。

2) 区域周长

$$L=\sum_{i=1}^{n}\Delta r_i=\sum_{i=1}^{n}\left\{1+\left(\frac{\sqrt{2}-1}{2}\right)[1-(-1)^{c_i}]\right\}d \tag{3-57}$$

式中　n ——链码的数目；

Δr_i ——定义见式 (3-55)。

3) 区域形状参数（密集度）

$$c_1\triangleq\frac{L^2}{4\pi A} \tag{3-58}$$

式 (3-58) 的定义使圆形区域的形状参数最小，即 $c_1=1$，c_1 越小，轮廓越光滑。

4）体态比

$$c_2 \triangleq \frac{w}{L_g} \tag{3-59}$$

式中　w 和 L_g ——目标区域最小外接矩形的宽和长。

对于方形或圆形目标，体态比 $c_2=1$；目标越细长，体态比越小。显然，对于航天飞行器类目标，其体态比应远小于 1。

以上几个几何特征有明显的物理意义，计算简单，且具有平移和旋转不变量，是适用于航天飞行器 ISAR 图像的良好特征。

3.3.4　基于时频分析的特征提取

微动目标雷达回波的微多普勒随时间非线性变化，因此采用傅里叶分析方法无法展示其频率的时变特性。多数文献采用时频分布来分析微多普勒的特性（图 3－17）并进行微动特征提取与参数估计。常见的方法有线性时频分析和二次 Cohen 类时频分析，如 STFT、Wigner－Ville 分析、SPWV 分析、Choi－Williams 分析等等。其中，STFT 计算简单，且不产生交叉项，但时频分辨率不够高，二次 Cohen 类时频分析时频分辨率较高，但容易产生交叉项，需要设计核函数对交叉项进行抑制，实际中往往根据需要在交叉项抑制和时频分辨率之间取其折中。

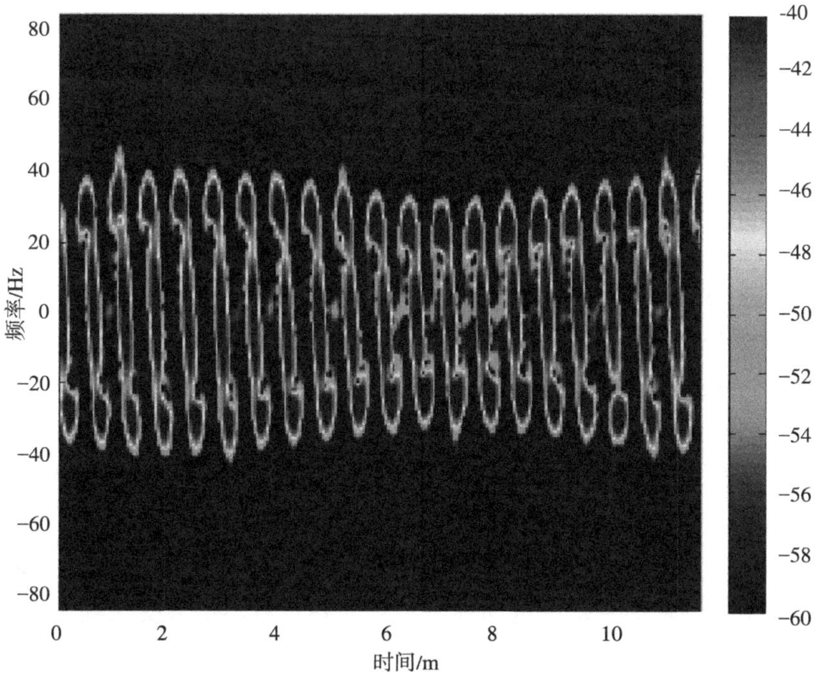

图 3－17　某航天飞行器模型微多普勒测量结果（见彩插）
（慢时间调制对应进动，快时间调制对应自旋，曲线断续反映回波遮挡）

微动目标雷达回波具有以下特点：微多普勒频率随时间非线性变化、微动目标回波一般为多分量信号、信号分量可能有幅度调制。这些特点要求时频分析应具有高的时频分辨率、低交叉项、大的动态范围，才能较好地揭示目标微多普勒特征。

二次 Cohen 类时频分析仅能使线性调频信号达到理想的时频聚集性，对于更高阶相位信号将产生自交叉项。针对高阶多项式相位信号 Boualem Boashash 将魏格纳分布进行推广，定义了多项式 WVD（Polynomial Wigner - Ville Distribution，PWVD）。PWVD 的主要思想是将瞬时频率建模成一个高阶多项式，对于给定相位阶数的 PPS 信号，可以通过 PWVD 设计达到理想的时频聚集性。典型的微动目标回波模型为 SFM 信号，其相位是无限阶可导的，因此利用多项式逼近 SFM 信号的相位仍然存在误差，即采用 PWVD 不能使 SFM 信号得到理想的时频聚集性，其瞬时频率估计存在偏差。针对 SFM 信号的特点，Valeau 于 2004 年设计了一种时频分析——TFST（Time - Frequency Synchronous Transformation，时频同步变换）分析，该分析由 PWVD 推广而来，将 PWVD 中的常数多项式幂次数更换为与时延有关的正弦函数项。TFST 分析对单分量 SFM 信号可以得到理想的时频聚集性，获得无偏的瞬时频率估计，但该分析的实现需要进行相位解缠处理，这对于多分量信号实现来说是困难的。另外，在 PWVD 的基础上，高阶时频分析向着瞬时频率逼近误差更小的方向发展，代表性的有 L 类分析、S 类分析、GCD 分析（Generalized Complex - Lag Distribution，广义复滞后分析），并且广义上微动目标回波模型不仅包含 SFM 信号，因此采用高阶时频分析作为微多普勒分析工具更具有一般性。

通过设计高阶时频分析可以降低甚至消除信号相位非线性带来的自交叉项影响。对于任意阶的多项式相位信号，可以通过设计 PWVD 获得最佳的时频聚集性。对于典型正弦调频形式的微动目标回波，可以通过加窗的方式，在每个分析窗宽度内，使得回波信号的瞬时频率近似为高阶线性，因此窗的宽度不能太大；另外，由于要保证时频分析的频率分辨率，因此窗的宽度也不能过小。通过实验发现，对于正弦调频信号，窗函数 $h(\tau)$ 的宽度一般取调制周期的 1/10 左右时，信号时频分析的聚集性最佳并且偏差也较小。

考虑到微动目标雷达回波多为多分量信号，高阶时频分析中各分量信号相位的高次幂将产生更显著的互交叉项，对信号自身项的检测和估计极为不利，因此必须采取措施抑制交叉项的影响。Stankovic 提出一种频域平滑的交叉项抑制方法，称为 S 计算方法，通过选择合适的频域窗控制信号不同瞬时频率分量之间的耦合，从而抑制甚至消除互交叉项。

根据对 L - Wigner 分析迭代计算式的分析，可将采用 S 方法计算的 Wigner 分析作为迭代起始项；同理，第二步的迭代过程也可以利用 S 方法来实现，以抑制或者消除在迭代过程中产生的交叉项，称得到的分析为修正 L - Wigner（MLWD）分析。这样就可以在不增加采样率的基础上实现 L - Wigner 分析，并且实现过程不引入交叉项。S 分析的实现方法与 L - Wigner 分析类似，但多了尺度变换运算，其迭代计算公式不难求得，在此不再赘述。通过频域卷积实现时频分析，对于多分量信号而言，有效抑制或者消除了信号分量之间的互交叉项的影响，并且运算效率较高。由于目标微动引起速度随时间变化，目标雷达回波各分量信号的瞬时频率之间的距离也是时变的，往往在目标多普勒频率中心处周期性地出现交叠（Overlapped），并且信号自身项一般聚集在最大值附近，因此 $P(\theta)$ 窗宽不能取太大。

3.3.5　雷达特征分类方法

为了分析评估各种航天飞行器特征的识别性能，可以采用分类算法对提取的各种特征进行分类，根据分类识别结果分析各种特征的识别性能。其常用的有两种典型的分类算法：模板匹配法和支持向量机（Support Vector Machines，SVM）。另外，对于有明确物理含义且已知其真实值的特征，如进动周期等，也可根据提取的特征估计值和真实值之间的误差来分析性能。

（1）模板匹配法

对于直接以目标距离像或 ISAR 像作为目标特征的情况，由于其特征维数很高，因此可以采用模板匹配法进行分类。其基本思想就是将待识别目标的距离像或 ISAR 像和各类目标先验的距离像或 ISAR 像模板进行相关匹配，根据相关匹配程度进行分类判决。

（2）支持向量机

支持向量机是在统计学习理论框架和结构风险最小化原则下提出的一种通用的机器学习方法，较好地实现了有序风险最小化思想。

支持向量机方法是从线性可分情形下求解最优分类面提出的。考虑图 3－18 所示的二维线性可分情形，图中实心点和空心点分别表示两类训练样本，H_0 为把两类完全正确区分的分类线，H_1 和 H_{-1} 分别为过各类样本中离分类线最近的点且平行于分类线 H_0，H_1 和 H_{-1} 之间的距离称为分类间隔。最优分类线就是要求分类线不但能将两类样本无错误地分开，而且要使两类的分类间隔最大。前者是保证经验风险最小（为零），而后者实际上就是使推广性的界的置信范围最小，从而保证真实的期望风险最小。推广到高维空间，最优分类线就成为最优分类面。

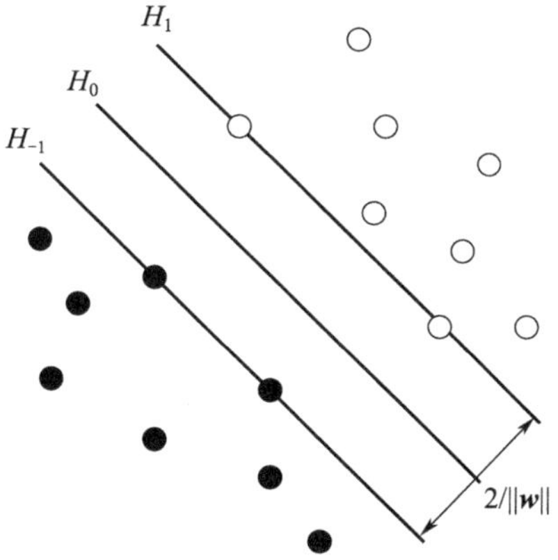

图 3－18　最优分类面

设有 l 个线性可分训练样本 $D=\{(x_i,\ y_i),\ \ i=1,\ \cdots,\ l\}$，其中 $x_i\in R^n$，$y_i\in\{1,\ -1\}$ 为类别标示符。R^n 空间中线性决策函数的一般形式为

$$f(x)=\boldsymbol{w}^{\mathrm{T}}X+b \tag{3-60}$$

式中 $\boldsymbol{w}$ ——特征空间中分类超平面的法矢；

b ——平移分量。

将决策函数归一化，使得对于两类所有样本都满足 $|f(x)|\geqslant 1$，也即对于离分类面最近的样本，则有 $|f(x)|=1$，此时分类间隔等于 $2/\|\boldsymbol{w}\|$ 。因此，使分类间隔最大就等价于使 $\|\boldsymbol{w}\|$ 最小。另外，要求分类面对所有样本均正确分类，则须满足

$$y_i(\boldsymbol{w}^{\mathrm{T}}x_i+b)\geqslant 1\ ,\ i=1,\cdots,l \tag{3-61}$$

因此，满足上述条件且使 $\|\boldsymbol{w}\|$ 最小的分类面就是最优分类面。这两类样本中离分类面最近的点且平行于最优分类超平面 H_1 和 H_2 上的训练样本就是式（3-60）中使等号成立的那些样本，称为支撑矢量。

最优分类面问题可以表示成如下最优化问题：

$$\min\ \frac{1}{2}\boldsymbol{w}^{\mathrm{T}}w\quad \mathrm{s.t.}\quad y_i(\boldsymbol{w}^{\mathrm{T}}x_i+b)\geqslant 1\ ,\ i=1,\cdots,l \tag{3-62}$$

根据 Wolfe 对偶理论，二次规划问题式（3-62）可以在其对偶空间（拉格朗日乘子空间）来求解，即令拉格朗日函数

$$L(w,b,\alpha)=\frac{1}{2}\boldsymbol{w}^{\mathrm{T}}w+\sum_{i=1}^{l}\alpha_i[1-y_i(\boldsymbol{w}^{\mathrm{T}}x_i+b)] \tag{3-63}$$

式中 $\alpha_i\geqslant 0$——非负拉格朗日乘子。

原二次规划问题式（3-62）就可转化为求解泛函 $L(w,\ b,\ \alpha)$ 的鞍点，也即令式（3-63）对变量 w 、b 取最小值而对拉格朗日乘子 α 取最大值。

由费马定理可知，泛函 $L(w,\ b,\ \alpha)$ 关于 w 、b 的最小值点须满足

$$\frac{\partial L}{\partial w}=w-\sum_{i=1}^{l}\alpha_i y_i x_i=0 \tag{3-64}$$

$$\frac{\partial L}{\partial b}=-\sum_{i=1}^{l}\alpha_i y_i=0 \tag{3-65}$$

将式（3-64）和式（3-65）代入式（3-63），可得

$$L(\alpha)=\sum_{i=1}^{l}\alpha_i-\frac{1}{2}\sum_{i,j=1}^{l}\alpha_i\alpha_j y_i y_j x_i^{\mathrm{T}}x_j \tag{3-66}$$

因此，由 Wolfe 对偶理论可知，二次规划问题［式（3-64）］的对偶形式为

$$\min\ \frac{1}{2}\sum_{i,j=1}^{l}\alpha_i\alpha_j y_i y_j x_i^{\mathrm{T}}x_j-\sum_{i=1}^{l}\alpha_i\quad \mathrm{s.t.}\quad \sum_{i=1}^{l}\alpha_i y_i=0\quad i=1,\cdots,l\quad 0\leqslant\alpha_i \tag{3-67}$$

式（3-67）是一个等式约束下的二次凸规划问题，存在唯一解。另外，根据 Kuhn-Tucker 定理可知，对偶问题［式（3-62）］的最优解必须满足

$$\alpha_i\,[y_i(\boldsymbol{w}^{\mathrm{T}}x_i+b)-1]=0\ ,\ i=1,\cdots,l \tag{3-68}$$

因此，对于多数的训练样本，其相应的拉格朗日乘子 α_i 将为零，而少数取值不为零的 α_i 对应于使式（3-68）成立的训练样本即为支撑矢量。

求解对偶问题［式（3-68）］后，则最优决策函数为

$$f(x)=\boldsymbol{w}^{\mathrm{T}}x+b=\sum_{i=1}^{l}\alpha_i y_i x_i^{\mathrm{T}}x+b \tag{3-69}$$

由于非支撑矢量对应的拉格朗日乘子 α_i 为零，因此式（3－69）中的求和实际上只对支撑矢量进行。

最优分类面是在线性可分的前提下讨论的，在线性不可分时，可在约束条件式（3－61）中增加一个非负松弛项 ξ ，即令

$$y_i(\boldsymbol{w}^{\mathrm{T}}x_i+b)\geqslant 1-\xi_i, i=1,\cdots,l \tag{3-70}$$

因此，广义最优分类面可通过下述最优化问题求解：

$$\min \frac{1}{2}\boldsymbol{w}^{\mathrm{T}}w+C\sum_{i=1}^{l}\xi_i \quad \text{s. t.} \quad y_i(\boldsymbol{w}^{\mathrm{T}}x_i+b)\geqslant 1-\xi_i \tag{3-71}$$

式中，$\xi_i\geqslant 0, i=1, \cdots, l$ ，为引入的松弛变量；C 为正则化参数，C 越大，表示对错误分类的惩罚越大。

类似地，通过对比最优分类面的求解过程，可以得到二次凸规划问题式（3－71）的对偶形式为

$$\min \frac{1}{2}\sum_{i,j=1}^{l}\alpha_i\alpha_j y_i y_j x_i^{\mathrm{T}}x_j-\sum_{i=1}^{l}\alpha_i \quad \text{s. t.} \quad \sum_{i=1}^{l}\alpha_i y_i=0 \quad 0\leqslant\alpha_i\leqslant C \quad i=1,\cdots l \tag{3-72}$$

对比求解线性可分下的最优分类与求解线性不可分下的广义最优分类面，其对偶问题式（3－67）和式（3－73）的差别仅在于拉格朗日乘子 α 的寻优范围，这极大地增强了支持向量机方法的适应性和应用范围。

3.4　红外辐射的基本量与基本概念

3.4.1　红外辐射的基本量

红外辐射用辐射度来衡量，红外辐射相关的常用辐射量如表 3－3 所示，详细可参考文献［11－17］。

表 3－3　红外辐射相关的常用辐射量

名称	符号	含义	定义	单位
辐射能(Radiant Energy)	Q	以电磁波形式发射、传递或接收的能量	$Q=h\nu$	J
辐射能密度 (Radiant Energy Density)	w	辐射场单位体积内的辐射能	$w=\dfrac{\mathrm{d}Q}{\mathrm{d}V}$	$\mathrm{J/m^3}$
辐射功率 (Radiant Flux)	P	也称辐射通量(Φ)，是单位时间内发射、传输或接收的辐射能	$P=\Phi=\dfrac{\mathrm{d}Q}{\mathrm{d}t}$	W
光谱辐射功率 (Spectral Radiant Flux)	P_λ	辐射源在 $\lambda+\Delta\lambda$ 波长间隔内发出的辐射功率，称为波长 λ 处的光谱辐射功率，也称单色辐射功率	$P_\lambda=\dfrac{\mathrm{d}P}{\mathrm{d}\lambda}$ $P_{\Delta\lambda}=\int_{\lambda 1}^{\lambda 2}P_\lambda\mathrm{d}\lambda$	$\mathrm{W/\mu m}$

续表

名称	符号	含义	定义	单位
辐射强度 (Radiant Intensity)	I	描述点源特性的物理量，是点源向单位立体角发射的辐射功率	$I=\frac{\mathrm{d}P}{\mathrm{d}\Omega}$	W/Sr
光谱辐射强度 (Spectral Radiant Intensity)	I_λ	辐射源在 $\lambda+\Delta\lambda$ 波长间隔内的辐射强度	$I_\lambda=\frac{\mathrm{d}I}{\mathrm{d}\lambda}$ $I_{\Delta\lambda}=\int_{\lambda_1}^{\lambda_2}I_\lambda\mathrm{d}\lambda$	W/(Sr · μm)
辐射亮度 (Radiance)	L	描述扩展源特性的物理量，是扩展源在某方向上的单位投影面积(在垂直其传输方向上的单位表面积)向单位立体角内发射的辐射功率	$L=\frac{\mathrm{d}^2P}{\mathrm{d}A_\theta\mathrm{d}\Omega}=\frac{\mathrm{d}^2P}{\cos\theta\mathrm{d}A\mathrm{d}\Omega}$	W/(m² · Sr)
光谱辐射亮度 (Spectral Radiance)	L_λ	辐射源在 $\lambda+\Delta\lambda$ 波长间隔内的辐射亮度	$L_\lambda=\frac{\mathrm{d}L}{\mathrm{d}\lambda}$ $L_{\Delta\lambda}=\int_{\lambda1}^{\lambda2}L_\lambda\mathrm{d}\lambda$	W/(m² · Sr · μm)
辐射出射度 (Radiantion Emission)	M	描述扩展源特性的量，是辐射源单位表面积向半球空间发射的辐射功率	$M=\frac{\mathrm{d}P}{\mathrm{d}A}$	W/m²
光谱辐射出射度 (Spectral Radiantion Emission)	M_λ	辐射源在 $\lambda+\Delta\lambda$ 波长间隔内的辐射出射度	$M_\lambda=\frac{\mathrm{d}M}{\mathrm{d}\lambda}$ $M_{\Delta\lambda}=\int_{\lambda_1}^{\lambda_2}M_\lambda\mathrm{d}\lambda$	W/(m² · μm)
辐射照度 (Irradiance)	E	描述物体表面接收辐射照射程度的量，是被照表面单位面积上接收到的辐射功率	$E=\frac{\mathrm{d}P}{\mathrm{d}A}$	W/m²
光谱辐射照度 (Spectral Irradiance)	E_λ	被照表面在 $\lambda+\Delta\lambda$ 波长间隔内的辐射照度	$E_\lambda=\frac{\mathrm{d}E}{\mathrm{d}\lambda}$ $E_{\Delta\lambda}=\int_{\lambda_1}^{\lambda_2}E_\lambda\mathrm{d}\lambda$	W/(m² · μm)

3.4.2 红外辐射体分类

根据物体的辐射能力特点，可以理想地将物体分为黑体、灰体、白体和选择性辐射体。物体的辐射能力以发射率表征，发射率以黑体为基准，将物体辐射本领与黑体相比，其值介于 0～1。黑体就是吸收率为 1 的物体，所有入射到其上的辐射均被吸收，其辐射能力为 1，或发射率为 1；白体就是反射率为 1 的物体，全反射入射到其上的辐射，可以认为其没有辐射能力，其发射率为 0；灰体是发射率不随波长变化，且辐射能力介于黑体和白体之间的物体，其发射率为 0～1 的某值；选择性辐射体是指发射率会随波长/温度变化的物体，此类物体为非灰体（图 3-19）。此外，还有一类透明体，所有辐射均可透过。黑体和白体是理想的物体，实际物体包括灰体和非灰体。灰体发射率小于 1 大于 0，且不随波长变化。非灰体发射率也介于 0～1，但会随波长或温度变化，如一些高分子有机材料、玻璃及气体分子，发射率随波长变化；又如部分金属，发射率既随波长变化，又随温度变化。

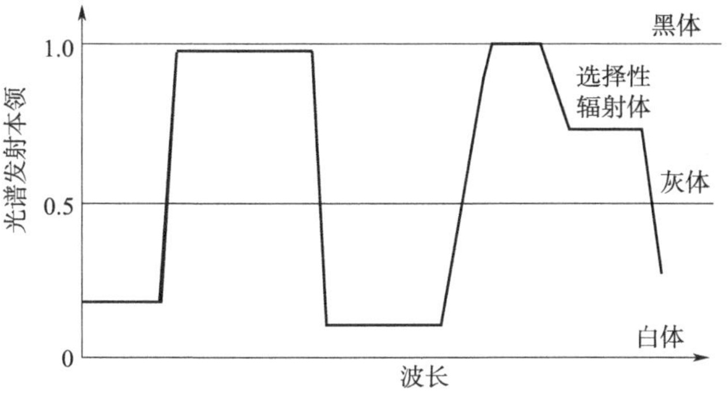

图 3-19　物体辐射能力分类

3.5　航天飞行器红外辐射特点

对于探测航天飞行器的探测器而言，其接收到的辐射有以下几部分：

1）目标自身的辐射，是由于目标自身有一定温度所致，包括目标初始温度，目标与环境之间存在相互作用（如气动加热）和热交换（向环境辐射，以及接收太阳辐射和地气光）导致的温度变化，及其表面有一定辐射能力所致；

2）目标对环境的反射，如目标对太阳辐射的反射，对地气光的反射；

3）目标与环境耦合产生的辐射，如气动加热所致的环境气体辐射。

总的来讲航天飞行器的红外辐射是一个与环境存在热交换条件下的辐射变化过程，其主要辐射影响因素如图 3-20 所示。

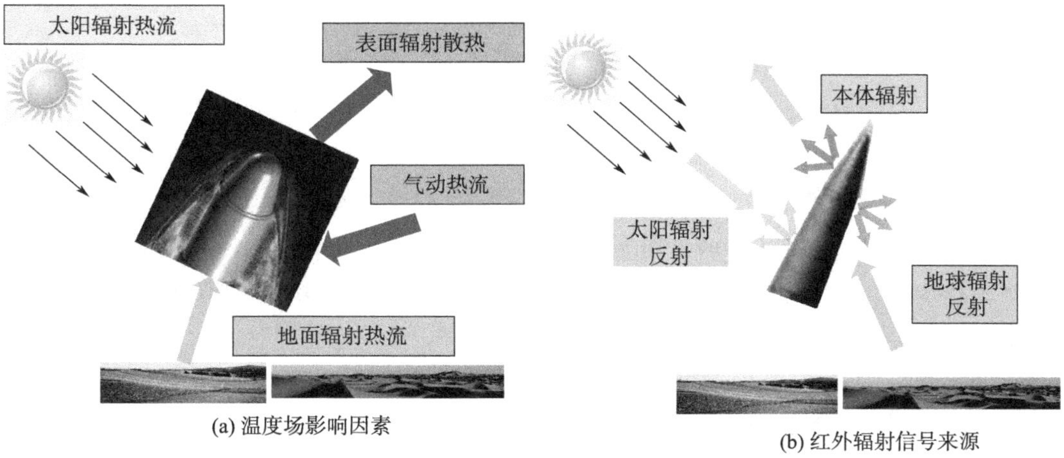

图 3-20　空间飞行器热信号和红外辐射信号来源（见彩插）

温度是决定红外辐射强度的基本参数，而空间飞行器温度场求解实质为复杂外边界条件下三维热传导问题，如图 3-20（a）需考虑：1）本体表面辐射散热热流，2）太阳辐射热流，3）地面辐射热流，4）气动热流。

本体表面辐射散热热流：灰表面通过温度 4 次方定律向外太空散热。

太阳辐射热流：高空时太阳入射辐射看作平行光处理，平行光矢量方向由太阳在目标坐标系下的位置确定。依据空间飞行器表面的外法向矢量与太阳平行光矢量的关系确定太阳可见区域，以及太阳辐射热流量的大小。飞行器在高速运动中发生了高速旋转，因此太阳照射区域是瞬时变化的。

地面辐射热流：地面辐射视为漫射辐射，飞行器对地面的可见区域由地球在飞行器坐标系下的位置矢量确定。同样的，飞行器在高速运动中发生了高速旋转，因此地面辐照目标的区域是瞬时变化的。

气动热流：飞行器在主动段飞行时产生气动热流，该热流随时间变化。

从热流信号的来源机制分析可以看出，飞行器本体以及外部入射热流的耦合作用控制了其温度场的变化，这是空间飞行器及环境红外辐射的一级作用，即红外辐射的热属性。

在计算得到飞行器本体表面温度场情况下，其红外辐射强度的计算包括如图 3-20（b）所示的两部分：1）本体辐射；2）本体反射（太阳辐射反射、地球辐射反射等）。

本体辐射：由表面温度和光谱发射率控制，若红外区处理成漫发射体，在壁面温度场和光谱发射率已知条件下可由普朗克公式获得。

本体反射：本体反射的信号包括外部入射源（太阳、地球）到达壁面后反射的部分。外部入射源：包括直接太阳辐射、地球反照辐射和地球热辐射，高空时直接太阳入射辐射看作平行光处理，而地球反照、地球热辐射与太阳、地球及大气、目标三者相对位置有关。

从辐射信号的来源机制分析可以看出，飞行器本体以及外部辐射源的耦合作用产生了空间飞行器的复杂红外信号特征，这是空间飞行器及环境辐射的二级作用，即红外辐射的信号属性。

红外辐射的热属性和信号属性最本质的区别是对应的光谱区间不同。热属性对应的光谱区间是 0～∞，通常包括紫外（0.2～0.38 μm）、可见光（0.38～0.76 μm）和红外（0.76～1 000 μm）。热属性最常用的公式是斯特藩-玻尔兹曼公式，红外辐射热流与温度呈 4 次方关系。信号属性对应的光谱区间与探测器的性能有关，通常是中波红外（3～5 μm）和长波红外（8～14 μm）。事实上，受限于材料的跃迁能级，其对应的光谱区间更窄，通常只有几个 μm。信号属性最常用的是普朗克公式，将其在对应的光谱区间积分，获得相应的红外辐射强度。

3.6 航天飞行器红外辐射机理的热属性

红外辐射又称热辐射，对飞行器存在辐射加热或辐射冷却作用。太阳辐射、地球辐射和飞行器表面的本征辐射均属于红外辐射。其中太阳辐射和地球辐射的作用是辐射加热，本征辐射的作用是辐射冷却。航天飞行器外部热辐射与内部发热电子元器件共同作用，决定了其温度的时空变化。

具有内热源的非稳态传热方程表达式为

$$\rho c \frac{\partial T}{\partial \tau} = \nabla \cdot (\lambda \nabla T) + \dot{\Phi} \tag{3-73}$$

式中　ρ ——材料的密度（kg/m^3）；

c ——材料的比热［J/（kg·K）］；

λ ——材料的导热系数［W/（m·K）］；

T ——材料的温度（K）；

τ ——时间（s）；

$\dot{\Phi}$ ——内热源（W）。

空间环境中目标的热边界条件为

$$-\lambda \frac{\partial T}{\partial x} = q_{sun} + q_{earth} + q_{earth-sun} - q_{self} \tag{3-74}$$

式中　q_{sun} ——目标接收的太阳辐射热流（W/m^2）；

q_{earth} ——目标接收的地球辐射热流（W/m^2）；

$q_{earth-sun}$ ——目标接收的地球反射太阳辐射热流（W/m^2）；

q_{self} ——目标发出的辐射热流（W/m^2）。

3.6.1　目标接收的太阳辐射热流

在日地平均距离上，地球所处位置的太阳光可近似为平行光。太阳可近似为表面温度 5 783 K、发射率 1.0 的黑体。由太阳发射的到达目标表面的辐射热流密度可采用如下方法计算得到。

在空间目标表面选取某微元面，太阳对微元面的角系数和微元面接收到的太阳辐射热流分别由公式（3－75）和公式（3－76）计算得到。

$$\varphi_{sun,object} = \frac{I_{sun} \cdot A_{sun} \cdot d\Omega_1}{I_{sun} \cdot A_{sun} \cdot \pi} = \frac{\cos\theta \cdot A_{object}}{\pi \cdot L^2} \tag{3-75}$$

$$q_{sun} = \varepsilon I_{sun} \pi \frac{\varphi_{sun,object} \cdot A_{sun}}{A_{object}} = \varepsilon I_{sun} \pi \frac{R_{sun}^2}{L^2} \cdot \cos\theta \tag{3-76}$$

上述式中　$\varphi_{sun,object}$ ——太阳对微元面的角系数；

$d\Omega$ ——微元面对太阳的立体角；

A_{sun} 和 A_{object} ——太阳相对微元面的圆面面积和微元面的面积；

R_{sun} ——太阳半径，其大小为 6.963×10^5 km；

L ——日地平均距离，其大小为 1.496×10^8 km；

θ ——太阳光线与微元面法向的夹角。

对公式（3－76）进行分析，太阳半径与日地平均距离的平方比为常数，该常数值如式（3－77）所示。

$$\frac{R_{sun}^2}{L^2} = \frac{(6.963 \times 10^5)^2}{(1.496 \times 10^8)^2} = 2.166 \times 10^{-5} \tag{3-77}$$

3.6.2 目标接收的地球辐射热流

地球对目标的辐射为非平行光辐射，其计算较为复杂。

当微元面与地心连线与微元面法向夹角 θ 范围为 $0 \leqslant \theta \leqslant \frac{\pi}{2} - \theta_0 \left[\theta_0 = \sin^{-1}\left(\frac{R_{\text{earth}}}{L}\right)\right]$，微元面得到的地球辐射热流表达式如式（3－78）所示。

$$q_{\text{earth}} = \varepsilon I_{\text{earth}} \pi \frac{\varphi_{\text{earth,object}} \cdot A_{\text{earth}}}{A_{\text{object}}} = \varepsilon I_{\text{earth}} \pi \frac{R_{\text{earth}}^2}{L^2} \cdot \cos\theta \tag{3-78}$$

式中 L ——微元面至地心的距离（km）；

R_{earth} ——地球半径，大小为 6 371 km。

当微元面与地心连线与微元面法向夹角 θ 范围为 $\frac{\pi}{2} - \theta_0 \leqslant \theta \leqslant \frac{\pi}{2} + \theta_0$，微元面得到的地球辐射热流表达式如式（3－79）所示。

$$q_{\text{earth}} = \varepsilon I_{\text{earth}} \pi \left\{ \begin{aligned} & \frac{R_{\text{earth}}^2}{L^2} \cdot \cos\theta \left[\frac{\pi}{2} + \sin^{-1}(\cot\theta\cot\theta_0)\right] + \\ & \frac{1}{\pi}\left[\sin^{-1}\left(\frac{\sqrt{\sin^2\theta_0 - \sin^2\theta}}{\sin\theta}\right) - \cos^{-1}\sqrt{\sin^2\theta_0 - \sin^2\theta}\right] \end{aligned} \right\} \tag{3-79}$$

当微元面与地心连线与微元面法向夹角 θ 范围为 $\frac{\pi}{2} + \theta_0 \leqslant \theta \leqslant \pi$，微元面得到的地球辐射热流为零。

$$q_{\text{earth}} = 0 \tag{3-80}$$

3.6.3 目标接收的地球反射太阳辐射热流

微元面接收到的地球反射的太阳辐射热流计算较为复杂，但是地球反射太阳辐射对空间目标的加热作用较小。对其进行简化为

$$\frac{q_{\text{earth-sun}}/E_{ro}}{q_{\text{earth}}/E_{io}} \cong \cos\gamma_s \tag{3-81}$$

式中 E_{ro} ——地球反射的太阳辐射热流（W/m^2）；

E_{io} ——地球发射的辐射热流（W/m^2）；

γ_s ——日地连线与地心目标连线的夹角。

3.6.4 目标发出的辐射热流

目标自身发出的红外辐射热流为

$$q_{\text{self}} = \int_0^{\infty} \varepsilon_\lambda E_{\lambda,b}(T)\,\mathrm{d}\lambda \tag{3-82}$$

将式（3－75）和式（3－78）～式（3－82）代入式（3－74）可以得到空间目标的边界热流，联立式（3－73）和式（3－74）则可以得到空间目标的温度。

3.7　航天飞行器红外辐射机理的信号属性

红外探测器能够“看见”目标，是因为飞行器发出的有效红外辐射在探测器上产生了热电流（光热探测器）或光电流（量子探测器）。在这里红外辐射体现了其信号属性，通常用辐射强度表示。

红外辐射能够产生或被吸收的深层次原因是能级跃迁，包括分子或原子的平动跃迁、转动跃迁、振动跃迁，电子的自由-自由跃迁、自由-束缚跃迁、束缚-束缚跃迁。但是，在红外辐射传输领域，更关心的是红外辐射效果，可以根据量子状态的统计结果进行计算。

由普朗克定律，黑体的光谱辐射强度公式为

$$I_\lambda = \frac{c_1\lambda^{-5}}{[\exp(c_2/\lambda T) - 1]\pi} \tag{3-83}$$

式中　I_λ ——辐射强度；

λ ——光谱；

T ——温度；

c_1 和 c_2 ——第一和第二辐射常数，其数值分别为 3.741 8×10^8 W·μm^4/m^2、1.438 8×10^4 μm·K。

在谱带内对辐射力进行积分，得到灰体的谱带辐射强度表达式为

$$I_{(\lambda_1-\lambda_2)} = \frac{\varepsilon}{\pi}\int_{\lambda_1}^{\lambda_2} \frac{c_1\lambda^{-5}}{\exp(c_2/\lambda T) - 1} d\lambda \tag{3-84}$$

式中　ε ——谱带平均发射率。

若式（3-84）中的积分范围为 0～∞，则得到斯特藩-玻尔兹曼公式为

$$I = \varepsilon\sigma T^4/\pi \tag{3-85}$$

式中　σ ——黑体辐射常数。

3.8　航天飞行器红外辐射特性的时空提取

相对于探测器而言，航天飞行器一般都在较远的距离上，因此，对于探测器而言，一般都属于点源成像，或者说可以视为点目标，也即应该用辐射强度这一物理量来表征。

根据衍射公式，可知波长不同，镜头对应的探测张角不同，由此可以计算出对应不同探测距离的空间分辨率。

$$\theta = 1.22\frac{\lambda}{D} \tag{3-86}$$

式中　θ ——探测张角；

λ ——探测波长；

D ——镜头直径。

综合分析表 3 - 4 和表 3 - 5，对 2 m 以内的小目标进行成像探测的距离条件是 20 km。即探测器距离目标小于 20 km 时，才有可能进行成像探测；大于 20 km 时，基本都是点源探测。因此，从空间目标的探测角度来讲，重点分析它的点源特性，即目标的点源辐射强度和时空变换特征。

表 3 - 4　不同波长和镜头直径对应的张角（°）

直径/m	波长/μm							
	3	4	5	8	9	10	11	12
0.1	0.002 1	0.002 8	0.003 5	0.005 6	0.006 3	0.007 0	0.007 7	0.008 4
0.5	0.000 42	0.000 56	0.000 70	0.001 1	0.001 3	0.001 4	0.001 5	0.001 7
1	0.000 21	0.000 28	0.000 35	0.000 56	0.000 63	0.000 70	0.000 77	0.000 84
2	0.000 10	0.000 14	0.000 17	0.000 28	0.000 31	0.000 35	0.000 38	0.000 42
5	0.000 042	0.000 056	0.000 070	0.000 11	0.000 13	0.000 14	0.000 15	0.000 17
10	0.000 021	0.000 028	0.000 035	0.000 056	0.000 063	0.000 070	0.000 077	0.000 084

表 3 - 5　不同探测距离和张角对应的空间分辨率（m）

距离/km	张角/(°)						
	0.000 01	0.000 05	0.000 1	0.000 5	0.001	0.005	0.01
10	0.001 744	0.008 722	0.017 444	0.087 222	0.174 444	0.872 222	1.744 444
20	0.003 489	0.017 444	0.034 889	0.174 444	0.348 889	1.744 444	3.488 889
50	0.008 722	0.043 611	0.087 222	0.436 111	0.872 222	4.361 111	8.722 222
100	0.017 444	0.087 222	0.174 444	0.872 222	1.744 444	8.722 222	17.444 44
200	0.034 889	0.174 444	0.348 889	1.744 444	3.488 889	17.444 44	34.888 89
500	0.087 222	0.436 111	0.872 222	4.361 111	8.722 222	43.611 11	87.222 22
1 000	0.174 444	0.872 222	1.744 444	8.722 222	17.444 44	87.222 22	174.444 4

以底部直径 0.7 m，高度 1.2 m 的锥形目标体为例，假定其具有金属与树脂复合材料的双层结构（表 3 - 6）。目标表面发射率在可见光和红外波段具有不同的数值（其记录方式为：若可见光发射率为 0.05，红外发射率为 0.05，则记录为 0.05 - 0.05）。据此对该目标进行温度和红外辐射强度及特征进行计算。

表 3 - 6　空间锥体目标材料及物性参数

材料	密度/(kg/m³)	比热/[J/(kg · K)]	导热系数/[W/(m · K)]
铝	2 720	900	117
酚醛涤纶	1 290	1 500	0.21

（1）温度变化

根据目标几何模型和数值模型进行仿真得到的温度变化如图 3 - 21 所示。从图 3 - 21 (a)可以看出，在 3 600 s 的时间内具有灰体表面特征的空间目标，当被太阳照射时，其表面温度一定会升高，且发射率越大，温度升高速率越快；当目标不被太阳照射时，其表面温度会降低，且发射率越大，温度降低速率越快。从图 3-21（b）可以看出，在 3 600 s 的时间内具有非灰体表面特征的空间目标，在低吸收-发射比下，其表面温度会急剧下降，在高吸收-发射比下，其表面温度会急剧升高。且对目标表面采取绝热措施后，吸收-发射比特性会促进其温度的变化进程。

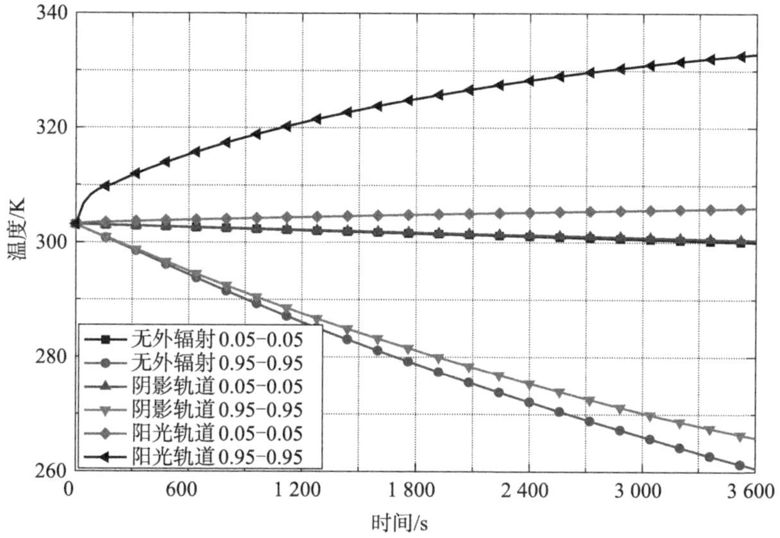

(a) 灰体表面温度变化

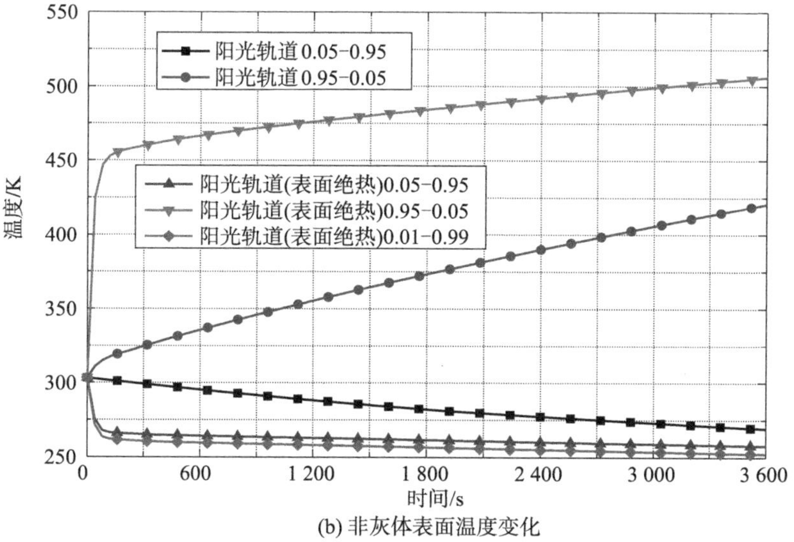

(b) 非灰体表面温度变化

图 3-21　目标侧面平均温度变化

（2）红外辐射强度变化

空间目标红外辐射强度的变化如图 3-22 所示。从图 3-22（a）可以看出，在 3～5 μm的波段内，低发射率下目标红外辐射强度几乎不随时间变化，且有太阳辐射时其有效辐射强度最大、阴影轨道次之、无外界辐射时最小。高发射率下，阳光轨道下红外辐射强度增大，阴影轨道和无外辐射时红外辐射强度减小。整体来说，阳光轨道下，在 400 s

以前高发射率表面产生的红外辐射强度小，400 s 以后低发射率表面产生的红外辐射强度小；阴影轨道下，在 2 100 s 以前，低发射率表面产生的红外辐射强度小，2 100 s 以后高发射率表面产生的红外辐射强度小。

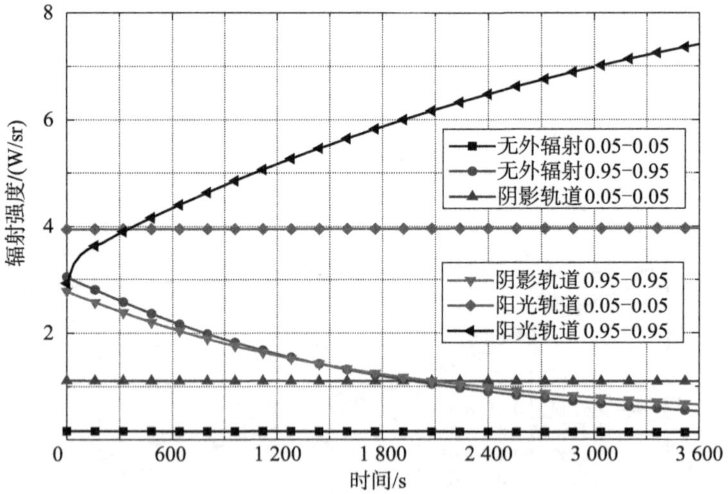

(a) 3～5 μm波段

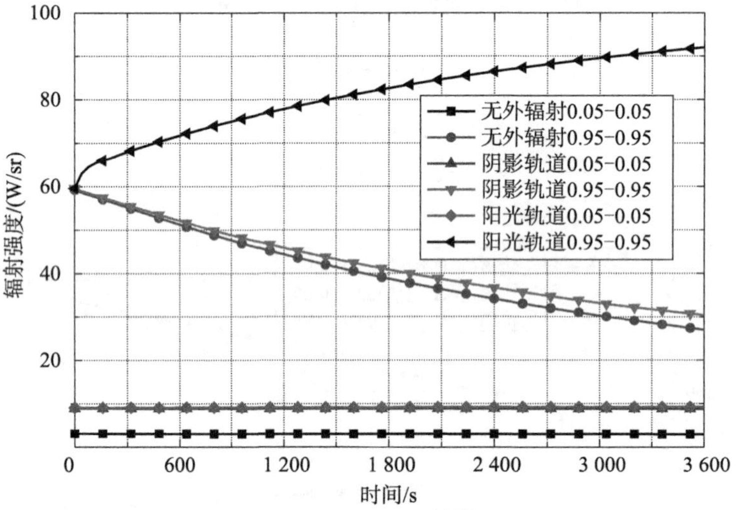

(b) 8～12 μm波段

图 3 - 22　灰体表面空间目标辐射强度变化

从图 3 - 22（b）可以看出，在 8～12 μm 的波段范围内，低发射率下目标发出的有效红外辐射强度小，高发射率下，阳光轨道下辐射强度随时间增大、阴影轨道和无外界辐射下辐射强度随时间减小。

从图 3 - 23（a）可以看出，在 3～5 μm 的波段范围内，低吸收-发射比下目标发出的红外辐射强度随时间减小，高吸收-发射比下红外辐射强度随时间增大，且低吸收-发射比下的红外辐射强度要小于高吸收-发射比，而且吸收-发射比特性可以强烈的促进表面采取了绝热措施的目标发出的红外辐射强度随时间的变化进程。

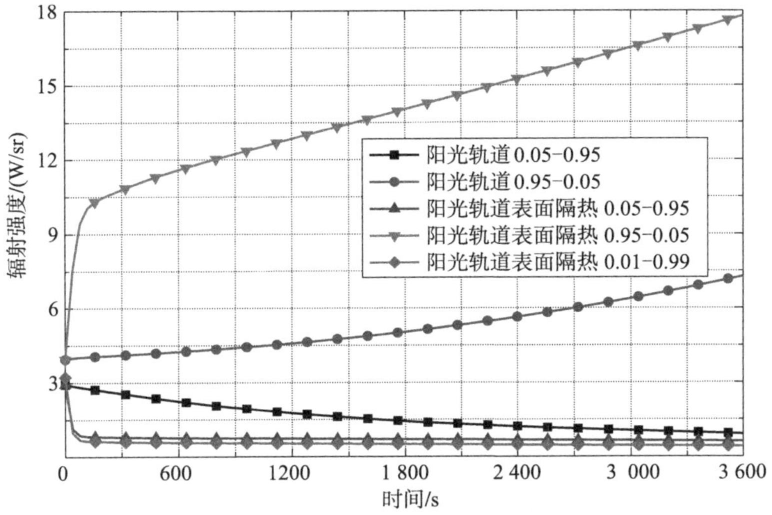

(a) 3～5 μm波段

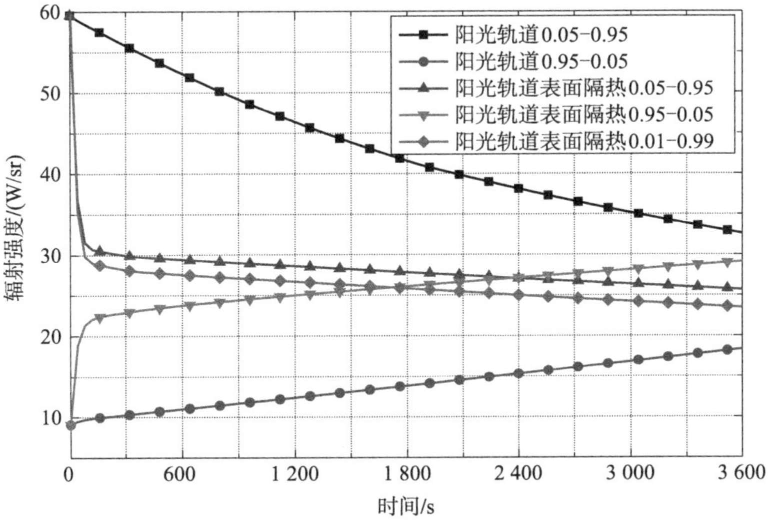

(b) 8～12 μm波段

图 3－23　非灰体表面目标红外辐射强度变化

从图 3－23（b）可以看出，在 8～12 μm 的波段范围内，低吸收-发射比下目标发出的红外辐射强度随时间减小，高吸收-发射比下红外辐射强度随时间增大，此时低吸收-发射比下的红外辐射强度要大于高吸收-发射比，且吸收-发射比特性可以强烈的促进表面采取了绝热措施的目标发出的红外辐射强度随时间的变化进程。

（3）时-空二维域红外辐射特征演化规律

空间目标发出的有效红外辐射强度随时间和空间变化，若对辐射强度采取进一步的处理，以目标发出的有效红外辐射强度的变化率为横坐标，以辐射强度为纵坐标，则可以得到如图 3－24 和图 3－25 所示的图像。

从图 3－24 和图 3－25 中可以看出，不管是 3～5 μm 的中波波段，还是在 8～12 μm 的长波波段，在辐射强度的时-空二维域的坐标图中，具有不同传热和表面发射率特性的目标呈现出明显的团簇现象，且根据团簇目标的辐射强度大小和辐射强度变化率特征，可以轻易地将目标进行归类划分。

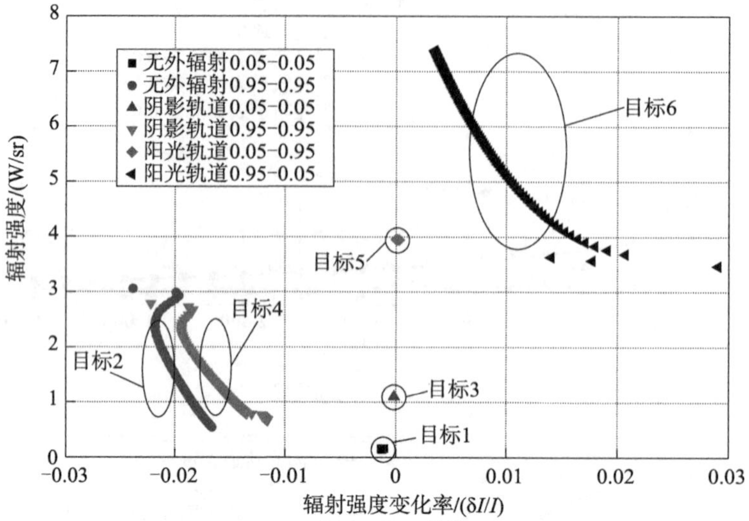

(a) 3～5 μm波段

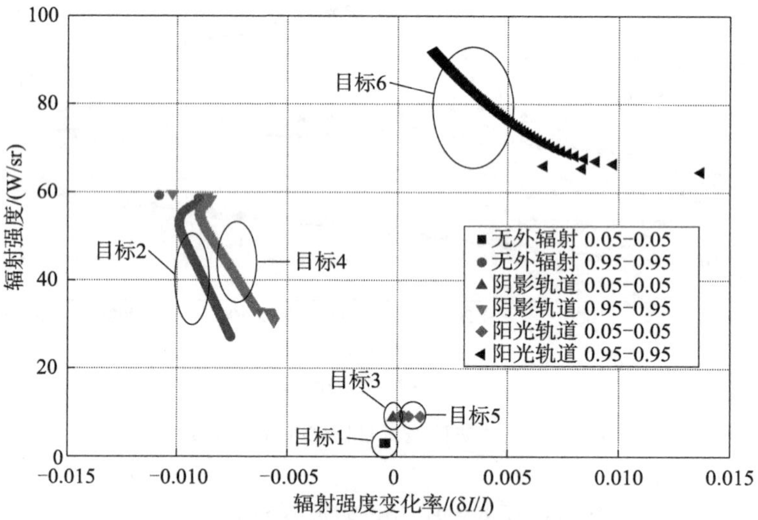

(b) 8～12 μm波段

图 3－24　时-空二维域内目标辐射强度特征

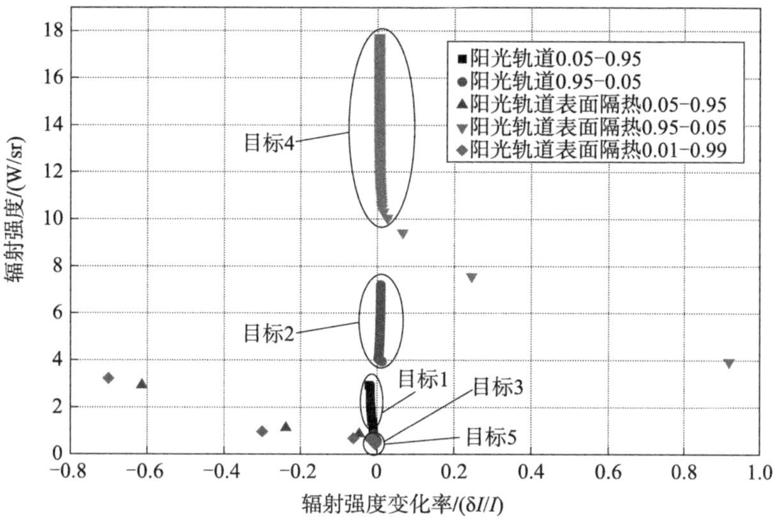

(a) 3～5 μm波段

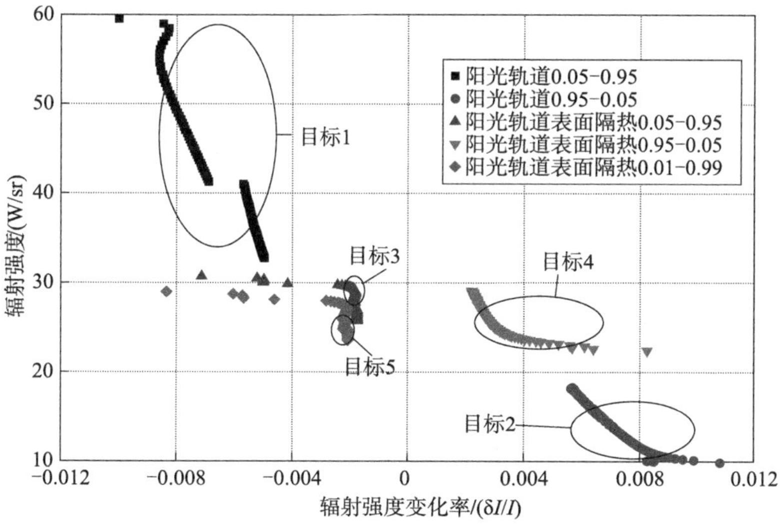

(b) 8～12 μm波段

图 3-25 时-空二维域内非灰体表面的目标辐射强度特征

参考文献

［1］ KNOTT E F，et al. Radar Cross Section. Dedham，MA：Artech House，Inc.，1985.

［2］ RUCK G T，et al. Radar Cross Section Handbook，Vol. 1&2 ［M］. New York：Plenum Press，1970.

［3］ 阮颖铮，等. 雷达散射截面与隐身技术 ［M］. 北京：国防工业出版社，1998.

［4］ 郭琨毅，吴比翼，盛新庆. 雷达目标散射机理与分析方法 ［M］. 北京：科学出版社，2023.

［5］ 张考，马东立. 军用飞机生存力与隐身设计 ［M］. 北京：国防工业出版社，2002.

［6］ 庄钊文，袁乃昌，莫锦军，等. 军用目标雷达散射截面预估与测量 ［M］. 北京：科学出版社，2007.

［7］ 莫锦军. 隐身目标低频宽带电磁散射特性研究 ［D］. 长沙：国防科技大学，2004.

［8］ 周万幸. 弹道导弹雷达目标识别技术 ［M］. 北京：电子工业出版社，2011.

［9］ 庄钊文，王雪松，付强，等. 雷达目标识别 ［M］. 北京：高等教育出版社，2017.

［10］ 付耀文. 雷达目标融合识别研究 ［D］. 长沙：国防科技大学，2003.

［11］ 杨风暴. 红外物理与技术 ［M］. 北京：电子工业出版社，2014.

［12］ 张建奇. 红外物理（第二版）［M］. 西安：西安电子科技大学出版社，2013.

［13］ 金伟其，王霞，廖宁放，等. 辐射度、光度与色度及其测量（第二版）［M］. 北京：北京理工大学出版社，2016.

［14］ 宋贵才，全薇，宦克为，等. 红外物理学 ［M］. 北京：清华大学出版社，2018.

［15］ 郝允祥，陈遐举，张保洲. 光度学 ［M］. 北京：中国计量出版社，2010.

［16］ 谈和平，夏新林，刘林华，等. 红外辐射特性与传输的数值计算 ［M］. 哈尔滨：哈尔滨工业大学出版社，2006.

［17］ Antoni Rogalski. 红外探测器（原书第二版） ［M］. 周海宪，程云芳，译. 北京：机械工业出版社，2019.

第 4 章　航天飞行器常用特征预估与仿真方法

电磁特征预估和红外特性预估，是飞行器目标特性研究的基本内容，也是航天飞行器隐身设计的基础。近年来，随着高性能计算机的出现，数值计算方法得到了快速发展，针对麦克斯韦方程组求解的数值方法可分为积分方程方法（IEM）和差分方程方法（DEM），无论是 IEM 还是 DEM 又都可在时域和频域进行，因此，相应的数值方法可以通过四种模型来描述：①频域积分方程（FDIE），②频域差分方程（FDDE），③时域积分方程（TDIE），④时域差分方程（TDDE）。基于 FDIE 的经典方法是矩量法（MoM），基本思想是运用格林定理选择合适的边界电磁积分方程，将未知量采用基函数展开，再用检验函数将对积分方程求内积离散得到矩阵方程，最后矩阵方程的求解得到相应未知量。基于 FDIE 的典型代表是有限元方法（FEM），以变分原理为基础，把要求解的边值问题对应于变分问题，离散后转化为普通多元函数的极值问题，最后通过矩阵方程的求解得到边值问题的数值解。

一般来说，航天飞行器电磁散射特性分析的方法大致可以分为三大类：解析法、高频近似法和数值模拟法。这三种方法各有优缺点：解析法是最准确的，但是只能对有限的外形求解；高频近似方法计算速度快，可以解决电大尺寸问题，但是计算精度有限；数值模拟法（如时域有限差分法、快速多极子法和有限元法等），计算结果精度高，可以方便地计算外形和介质复杂飞行器的 RCS，缺点是难以解决电大尺寸问题。

航天飞行器的红外辐射仿真计算包括红外辐射发射过程和传输过程，其中红外辐射发射过程包括本体的量子能级跃迁辐射、外界投射的反射辐射。在第 3 章对该机理进行了详细的分析，在此不再赘述。红外辐射传输过程计算方法包括理论计算和数值计算，其中理论计算可获得精确的解析解，但是仅适用于简单外形。数值计算方法包括网格法和无网格法，数值计算的本质是将飞行器的几何形状离散成近似连续的小微元，可以计算复杂结构目标，缺点是计算速度慢、占用内存大。

4.1　雷达特征预估与仿真常用方法

4.1.1　飞行器雷达特征仿真方法简介

雷达散射特征预估主要通过各种电磁场的解析或者数值分析方法实现。所有电磁场问题都可归结为求解满足各种边界条件的麦克斯韦方程组。对一些典型几何形状和结构相对简单的问题不难用解析法得到严格解析解，并给出合理的物理解释。但是，当电磁系统比较复杂时，解析法往往无能为力，能够广泛发挥作用的是各种数值分析方法。

电磁场的数值分析方法是随着电子计算机技术的发展而发展的。自 20 世纪 60 年代以来，人们已提出若干种电磁场的数值分析方法[1-5]，如图 4-1 所示。代表性的有：属于频域技术的有限元法、矩量法和单矩法等；属于时域技术的时域有限差分法、传输线矩阵法、时域有限元法、时域积分方程法等。此外，在频域方法中还有属于高频近似技术的几何光学法、物理光学法、几何绕射理论和物理绕射理论等。

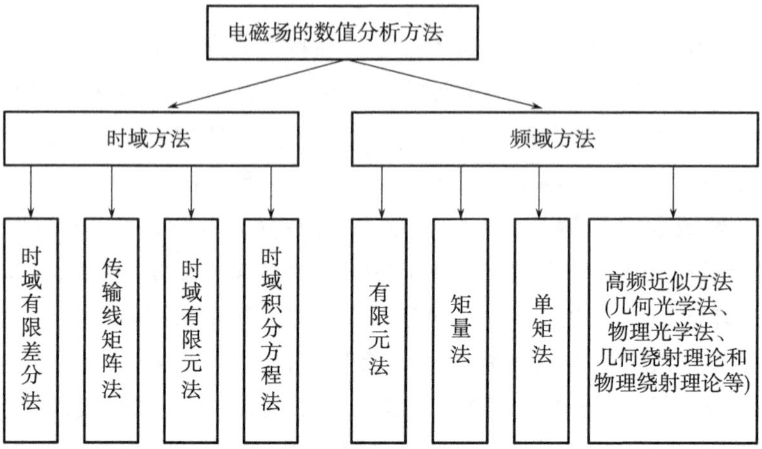

图 4-1　电磁场数值分析方法

高频近似方法早期曾被广泛应用于电磁散射和辐射等各种问题的求解，它们具有简单、高效的特点，但精度有限。频域数值方法无论是积分形式还是微分形式，通常都需要大量的存储空间并且计算时涉及方程组求解或求逆等复杂的矩阵运算，并逐个频率点实施，不适用于宽带仿真。时域数值方法的共同特点是具有宽频带特性的瞬变电磁场分析能力，可对物理量和物理过程进行更深刻、更直观的展示，且经过简单的时频变换即可得到宽带范围的频域信息，相对频域方法可显著节约计算量。综合衡量各种方法的优缺点，人们在进行雷达特征预估与仿真时最常用的方法是矩量法（MoM）、时域有限差分法（FDTD）和物理光学法（PO）。

(1) 矩量法（MoM）

矩量法是一种积分方程方法，1968 年由哈林顿（Harrington）提出，未知量仅定义在源分布的区域中，通过引入格林函数，可求得其远区场的辐射和散射结果。利用矩量法求解问题时，基函数和权函数的选择是关键。选择的原则是权函数和基函数尽可能完备且各自线性无关。矩量法涉及矩阵求解，求解的方式有两种：直接法和迭代法。阶数较小时，使用直接法求解快速准确。常用的直接法有高斯消元、LU 分解、SVD 分解等。阶数较大时，使用直接法求解困难，需要利用无需矩阵求逆的方法，即迭代法。常见的矩阵求逆迭代方法有雅可比迭代、高斯-塞德尔迭代和共轭梯度法等。矩量法有两个明显的缺点：一是计算内存需求极大，二是并行效率低下。因此，单纯的矩量法不适用于求解电大目标问题。快速多极子作为一种数学方法，常用来加速长距离大范围的运算过程。快速多极子也能够加速矩量法中的迭代过程，它通过将系统的格林函数进行多级展开，允许把空间位置上相邻的一组源组合在一起作为单一源处理，使得矩量法能够解决的问题规模有了很大的增加。在快速多极子基础上进一步发展出来的多层快速多极子算法，更使得矩量法可求解问题的规模更大、速度更快，常常作为雷达目标特征的精确预估手段。

（2）时域有限差分方法（FDTD）

FDTD 属于时域全波分析方法，它的优势在于直接获得目标的瞬态响应和宽频带特征。FDTD 采用中心差分格式，直接离散描述电磁场普遍规律的麦克斯韦旋度方程，将其转化为离散迭代格式的差分方程组。FDTD 求解电磁问题时不需中间变换，保持麦克斯韦旋度方程中的时间变量，在进行迭代计算时，各网格点的电磁场更新只需要利用其相邻网格点处的数值，因而是一种天然的并行算法，具有很高的并行效率，特别适合处理超大电尺寸目标问题。同时，FDTD 进行迭代计算时只需在网格点处设置材料参数，因而可以方便的处理各种复杂材料，包括常规介质材料、色散各向异性材料以及混合材料等。目前，FDTD 的主要发展方向是算法数学形式上的改进，目的是进一步减少对计算机存储空间和计算时间的需求。另外，还需研究 FDTD 的超大并行规模实现，提高仿真电大尺寸目标能力。在对目标细微结构的模拟方面，与使用表面剖分的矩量法相比，采用体剖分的 FDTD 引入的几何误差较大（如图 4－2 所示），无法精确获取目标结构的表面电流。

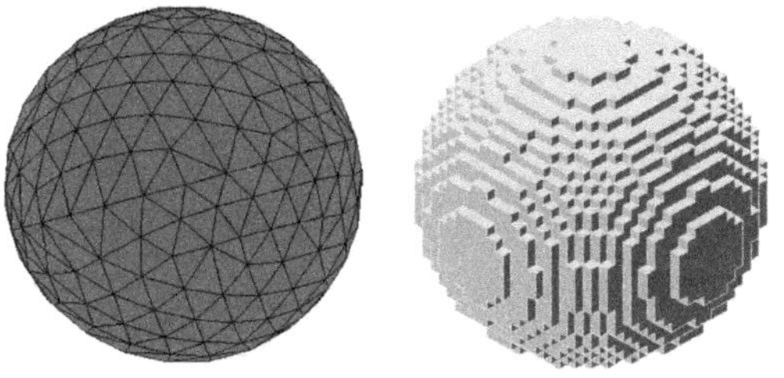

(a) 矩量法　　(b) FDTD

图 4－2　矩量法和 FDTD 法的金属球剖分对比（见彩插）

（3）高频近似法

在电磁散射问题中，当雷达工作于高频区，目标的尺寸远大于雷达波长时，雷达波与物体的相互作用以局部特性为主，可以应用高频近似方法预估其雷达散射截面积（RCS）。目前，高频预估方法主要有以下几种：

1）几何光学法（GO）。费马原理认为只有在镜面反射点附近的小邻域才对回波有贡献，目标 RCS 值仅与这一点的两个主曲率半径有关，而与波长无关。设镜面反射点的两个主曲率半径分别为 a 和 b，则用几何光学法可得 RCS 为 πab。例如，球的半径为 r，则其高频区的 RCS 为 πr^2。几何光学法的特点是简单易用，但存在两个缺点：一是复杂目标的镜面反射点不易识别；二是对于平的或单曲率表面，几何光学法会给出一个无限大的值，与实际不符。

2）物理光学法（PO）。PO 理论通过对表面感应电流的近似和积分而求得散射场，克服了应用几何光学法时平表面和单曲面 RCS 为无限大的问题，适用于任意复杂外形电大尺寸目标的 RCS 计算。物理光学法有两个缺点：一是不能预估交叉极化回波；二是散射方向离开镜面反射方向愈远物理光学法的 RCS 误差越大。

3）几何绕射理论（GTD）。该理论考虑了边缘贡献。当射线在边缘上反射时，反射线可以沿一个前进锥的任何方向传播，且这个锥的半顶角正好是边缘与入射线之间的张角，这个锥通常被称为 Keller 锥。几何绕射理论的缺点有三个：一是只能计算处在 Keller 锥上点的场；二是当散射方向太靠近阴影边界或反射边界时，绕射系数会发生奇异；三是在计算焦散区域时会得到一个无限大的结果。

4）物理绕射理论（PTD ）。物理学家尤费赛夫将散射场表示成物理光学贡献和边缘贡献之和。因此，散射总场减去物理光学场贡献即得到边缘的散射贡献，据此可写出物理绕射理论绕射场的计算公式。在过渡区内，物理绕射系数保持有限值，从而消除了几何绕射理论绕射系数的奇异性。物理绕射理论也有其局限性，仍只能计算 Keller 锥上的散射场。

5）等效电流法（MEC）。该方法根据以下事实提出：当任何有限电流分布的远区绕射场通过一个辐射积分求和时，将得到一个有限值。如果能找到这种适当的电流分布，将避免几何绕射理论的轴向焦散。此外，等效电流法还推广了几何绕射理论的使用范围，即目标不在 Keller 锥上的散射方向也可以计算散射场。但是，等效电流法（MEC）不能处理表面行波。

6）射线追踪法（SBR）。这是 20 世纪 80 年代发展起来的一种重要的高频方法，它通过将入射场离散为大量的射线管来简化入射场，并假设在射线管尺寸远小于入射波长尺寸下能量基本沿射线管传播，通过对每一条射线管的行进轨迹进行追踪得到散射场的能量分布。SBR 源于几何光学法，但使用物理光学法在出射区积分计算远区场积分，克服了几何光学法得到的散射场在空间离散分布的缺点。与其他高频解法相比，SBR 的优势在于可处理多次散射问题。

在上述高频 RCS 预估方法中，PO 法是应用最为广泛的方法，因为 PO 法更便于与计算机建模等现代技术结合。PO 法具有计算精度合理、适用范围广、实现简便、可扩展性强等特点，可实现复杂目标组合体模型、平面元模型、曲面元模型以及像素模型的 RCS 预估。当需要考虑目标部件间的多次反射时，PO 法结合 SBR 是解决问题的首选。PO 法还可以与其他 RCS 预估方法相结合以提高目标关键部位的建模精度，如 PO－MoM 混合方法和 PO－FDTD 混合方法等。

4.1.2 基于矩量法的飞行器雷达特征仿真

4.1.2.1 基本原理

矩量法，又称广义伽辽金法，它是求解积分方程的一种重要的数值计算方法。由于积分方程自动满足辐射条件，不必像微分方程那样设置吸收边界条件，而且数值结果精度高，因而矩量法尤为适合求解开域问题，如散射和辐射问题。矩量法的关键是：①基函数的选取；②奇异点的处理；③积分方程的形式；④矩阵方程的快速求解，参见文献［6－10］。

矩量法的实质是将一个泛函方程化为一个矩阵方程，通过矩阵求逆或其他解线性方程组的方法求解电磁问题。用线性矢量空间和算子表示为

$$L(f)=g \tag{4-1}$$

式中　L ——算子，可以是微分算子或积分算子等；

g ——源或激励；

f ——场域响应。

矩量法就是将式（4-1）所描述的连续方程离散化为代数方程组，以便用数值的方法来求其近似解，具体步骤如下：

1）设空间为线性，在算子 L 的定义域选择一组函数 $\{f_n\}$，将待求的函数 f 展开为它们的组合，有

$$f=\sum_{n=1}^{N} I_n f_n \tag{4-2}$$

式中　I_n ——待求系数，称为基函数（展开权函数），由使用者根据问题的特点具体选择。

将式（4-2）代入式（4-1），考虑 L 为线性算子，可得

$$\sum_{n=1}^{N} I_n f_n \approx g \tag{4-3}$$

2）在 L 域内选择一组加权函数（或称为检验基函数）W_1，W_2，…，W_N 的集合 $\{W_m\}$，并以每一个 W_m 取式（4-3）的内积，可得

$$\sum_{n=1}^{N} I_n \langle W_m, L(f_n)\rangle=\langle W_m, g\rangle,(m=1,2,\cdots,N) \tag{4-4}$$

式中，$\langle W_m,\ f(x)\rangle=\int w(x)f(x)\mathrm{d}x$，为函数 $w(x)$ 与 $f(x)$ 的内积。

3）式（4-3）可以写成如下的矩阵形式：

$$[l_{mn}]\ [I_n]=[g_m] \tag{4-5}$$

式中

$$[l_{mn}]=\begin{bmatrix}\langle w_1,Lf_1\rangle & \langle w_1,Lf_2\rangle & \cdots \\ \langle w_2,Lf_1\rangle & \langle w_2,Lf_2\rangle & \cdots \\ \cdots & \cdots & \cdots \\ \langle w_m,Lf_1\rangle & \langle w_m,Lf_2\rangle & \cdots\end{bmatrix}$$

$$[I_n]=\begin{bmatrix}I_1\\ I_2\\ \vdots \\ I_n\end{bmatrix}\qquad [g_m]=\begin{bmatrix}(w_1,g)\\ (w_2,g)\\ \vdots \\ (w_m,g)\end{bmatrix}$$

4）现在，我们已经把（4-1）的连续方程离散化为式（4-5）的代数方程组了。如果 $[l_{mn}]$ 有逆矩阵存在，记为 $[I_{mn}]^{-1}$，则待求系数 $[I_n]$ 可由下式解得：

$$[I_n]=[l_{mn}]^{-1}[g_m] \tag{4-6}$$

解出 $[I_n]$ 后，将 $[I_n]$ 代入式（4-2）就可以求得我们所需要的 f。为了简明地表示此结果，规定函数的矩阵为

$$[\tilde{f}_n] = [f_1, \quad f_2, \quad f_3, \quad \cdots] \tag{4-7}$$

于是，可将 f 写成

$$f = [\tilde{f}_n]\ [I_n] = [\tilde{f}_n]\ [l_{mn}]^{-1}\ [g_m] \tag{4-8}$$

此解是精确还是近似，取决于 f_n 和 w_m 的选择。当 $w_m = f_n$ 时，通常称为迦辽金（Galerkin）方法。

4.1.2.2 三角基函数

离散积分方程的第一步就是选取基函数和权函数。基函数分为两类：一类是全域基函数，一类是局域基函数。全域基函数是定义在整个求解域上的函数。但是对于很多问题，尤其是二维和三维问题，这类基函数很难构造。所以，目前通常使用局域基函数。局域基函数一般按下面方式构造：先将整个求解域分成很多子区域，然后在每个子区域中选择若干位置上的函数值作为参数，用多项式插值得到整个子区域的函数，最后整个区域待定函数的表达式就由子区域的叠加而成。子区域的形状有多种多样。针对不同问题，选择不同的基函数。对于三维任意复杂导体目标散射，只需模拟其表面曲面，典型方法是用平面三角形面片逼近。用平面三角形面片模型有许多优点：三角形面片能够精确的与任何几何曲面及边界共形，而且对任意曲面的网格的自动生成也比较易于计算机实现，同时，可根据对几何形状及电流分布分辨率的要求来改变网格划分密度，或者采用局部网格细化技术。

1982 年，S. M. Rao 提出了一种三角形棱电流模型，它采用 Glisson 提出的一种新的矢量电流基函数，简称 RWG 矢量基函数。这一模型目前在电磁场数值计算中得到了广泛的应用。在 Rao 提出的电流模型中，以共棱的三角形对作为模拟导体表面的基本面元，电流在公共棱法向上的分量为一个单位，任何一个三角形块所对应的三个棱单元电流在该三角形块内线性叠加，用来近似三角形块内分布着的任意大小和方向的定常矢量电流分布。

4.1.2.3 矩量法解电场积分方程

积分方程主要分为电场积分方程（EFIE）、磁场积分方程（MFIE）和混合场积分方程（CFIE）。用矩量法计算目标的散射时，对不同的目标，可以采用不同形式的积分方程，但以电场积分方程为主。

通过引入磁矢量位 $\boldsymbol{A}$ 和电标量位 Φ 来表示待求散射场，有

$$\boldsymbol{E}^s = -\mathrm{j}\omega\boldsymbol{A} - \nabla\Phi \tag{4-9}$$

$\boldsymbol{E}^s$ 表示散射电场，磁矢量位定义为

$$\boldsymbol{A}(\boldsymbol{r}) = \frac{\mu}{4\pi}\int_S \boldsymbol{J}\ \frac{\mathrm{e}^{-\mathrm{j}kR}}{R}\mathrm{d}S' \tag{4-10}$$

电标量位定义为

$$\Phi(\boldsymbol{r}) = \frac{1}{4\pi\varepsilon}\int_S \sigma\ \frac{\mathrm{e}^{-\mathrm{j}kR}}{R}\mathrm{d}S' \tag{4-11}$$

在以上两式中，不失一般性，假设为时谐场，时谐因子 $\exp(\mathrm{j}\omega t)$ 省略，$k = \omega\sqrt{\mu\varepsilon} = 2\pi/\lambda$ 为电磁波的传播常数，λ 为自由空间波长，ε 、μ 分别为媒质的介电常数和导

磁率，$R=|\boldsymbol{r}-\boldsymbol{r}'|$ 表示任意场点 r 和源点 r' 间的距离。$\boldsymbol{J}$ 和 σ_S 分别为导体壁上的电流密度和面电荷密度，满足连续性方程

$$\nabla_S \cdot \boldsymbol{J} = -\mathrm{j}\omega\sigma \tag{4-12}$$

再由导体表面的边界条件得到电场积分方程为

$$-\boldsymbol{E}^i_{\tan} = (-\mathrm{j}\omega \boldsymbol{A} - \nabla \Phi)_{\tan} \tag{4-13}$$

将模拟面上电流 $\boldsymbol{J}_S$ 的基函数展开式

$$\boldsymbol{J}_s = \sum_{n=1}^{N} \boldsymbol{I}_n \boldsymbol{f}_n(\boldsymbol{r}) (N \text{ 是内棱边的条数}) \tag{4-14}$$

代入积分方程（4-9）中。矢量内积定义为 $\langle \boldsymbol{f}, \boldsymbol{g}\rangle = \int_S \mathrm{d}s \boldsymbol{f} \cdot \boldsymbol{g}$ 。用迦辽金法求解，即以 $\boldsymbol{f}_m(\boldsymbol{r})$ $(m=1,2,\cdots,N)$ 与方程（4-9）两边同时作矢量内积，具体到每个棱上有

$$\langle \boldsymbol{E}, \boldsymbol{f}_m \rangle = -\mathrm{j}\omega \langle \boldsymbol{A}, \boldsymbol{f}_m \rangle - \langle \nabla \Phi, \boldsymbol{f}_m \rangle \quad m=1,2,\cdots,N \tag{4-15}$$

利用基函数 $\boldsymbol{f}_m$ 在三角形上的性质及面矢量算法，式（4-15）中第二项可改写为

$$\langle \nabla \Phi, \boldsymbol{f}_m \rangle = -\int_S \mathrm{d}s \Phi \, \nabla_S \cdot \boldsymbol{f}_m \tag{4-16}$$

有

$$\begin{aligned}\int_S \Phi \, \nabla_S \cdot \boldsymbol{f}_m \mathrm{d}s &= \int_{T_m^+} \Phi \frac{l_m}{A_m^+} \mathrm{d}s + \int_{T_m^+} \Phi \left(-\frac{l_m}{A_m^-}\right) \mathrm{d}s \\ &\approx l_m [\Phi(\boldsymbol{r}_m^{c+}) - \Phi(\boldsymbol{r}_m^{c-})]\end{aligned} \tag{4-17}$$

式中，已用三角形中心点的 $\Phi(\boldsymbol{r}_m^{c\pm})$ 近似表示 Φ 在 $T_m^\pm$ 中的平均值。类似地，可得

$$\begin{aligned}\left\langle \begin{bmatrix} \boldsymbol{E} \\ \boldsymbol{A} \end{bmatrix}, \boldsymbol{f}_m \right\rangle &= \frac{l_m}{2} \left\{ \frac{1}{\boldsymbol{A}_m^+} \int_{T_m^+} \begin{bmatrix} \boldsymbol{E}(\boldsymbol{r}) \\ \boldsymbol{A}(\boldsymbol{r}) \end{bmatrix} \cdot \boldsymbol{\rho}_m^+ \mathrm{d}s + \int_{T_m^-} \begin{bmatrix} \boldsymbol{E}(\boldsymbol{r}) \\ \boldsymbol{A}(\boldsymbol{r}) \end{bmatrix} \cdot \boldsymbol{\rho}_m^- \mathrm{d}s \right\} \\ &\approx \frac{l_m}{2} \left\{ \begin{bmatrix} \boldsymbol{E}(\boldsymbol{r}_m^{c+}) \\ \boldsymbol{A}(\boldsymbol{r}_m^{c+}) \end{bmatrix} \cdot \boldsymbol{\rho}_m^{c+} + \begin{bmatrix} \boldsymbol{E}(\boldsymbol{r}_m^{c-}) \\ \boldsymbol{A}(\boldsymbol{r}_m^{c-}) \end{bmatrix} \cdot \boldsymbol{\rho}_m^{c-} \right\}\end{aligned} \tag{4-18}$$

这样，方程（4-15）可写为

$$\begin{aligned}& l_m \left[\boldsymbol{E}(\boldsymbol{r}_m^{c+}) \cdot \frac{\boldsymbol{\rho}_m^{c+}}{2} + \boldsymbol{E}(\boldsymbol{r}_m^{c-}) \cdot \frac{\boldsymbol{\rho}_m^{c-}}{2} \right] \\ =& -\mathrm{j}\omega l_m \left[\boldsymbol{A}(\boldsymbol{r}_m^{c+}) \cdot \frac{\boldsymbol{\rho}_m^{c+}}{2} + \boldsymbol{A}(\boldsymbol{r}_m^{c-}) \cdot \frac{\boldsymbol{\rho}_m^{c-}}{2} \right] + l_m [\Phi(\boldsymbol{r}_m^{c-}) - \Phi(\boldsymbol{r}_m^{c+})], \quad (m=1,2,\cdots,N)\end{aligned} \tag{4-19}$$

式中，磁矢位 $\boldsymbol{A}$ 和电标位 Φ 分别为

$$\boldsymbol{A}(\boldsymbol{r}) = \frac{\mu}{4\pi} \int_S \mathrm{d}s' \sum_{n=1}^{N} \boldsymbol{I}_n \boldsymbol{f}_n(\boldsymbol{r}') \frac{\mathrm{e}^{-\mathrm{j}k|\boldsymbol{r}-\boldsymbol{r}'|}}{|\boldsymbol{r}-\boldsymbol{r}'|} = \sum_{n=1}^{N} \frac{I_n \mu}{4\pi} \int_S \mathrm{d}s' \boldsymbol{f}_n(\boldsymbol{r}') \frac{\mathrm{e}^{-\mathrm{j}k|\boldsymbol{r}-\boldsymbol{r}'|}}{|\boldsymbol{r}-\boldsymbol{r}'|} \tag{4-20}$$

$$\Phi(\boldsymbol{r}) = \frac{1}{4\pi\varepsilon} \int_S \mathrm{d}s' \left(\frac{1}{-\mathrm{j}\omega}\right) \nabla'_s \cdot \boldsymbol{J}_S \frac{\mathrm{e}^{-\mathrm{j}k|\boldsymbol{r}-\boldsymbol{r}'|}}{|\boldsymbol{r}-\boldsymbol{r}'|} = \sum_{n=1}^{N} \frac{\mathrm{j}I_n}{4\pi\omega\varepsilon} \int_S \mathrm{d}s' \, \nabla'_s \cdot \boldsymbol{f}_n(\boldsymbol{r}') \frac{\mathrm{e}^{-\mathrm{j}k|\boldsymbol{r}-\boldsymbol{r}'|}}{|\boldsymbol{r}-\boldsymbol{r}'|} \tag{4-21}$$

则方程（4-19）可写成

$$l_m\left[\boldsymbol{E}_m^+\cdot\frac{\boldsymbol{\rho}_m^{c+}}{2}+\boldsymbol{E}_m^-\cdot\frac{\boldsymbol{\rho}_m^{c-}}{2}\right]=\sum_{n=1}^{N}l_mI_n\left[-\mathrm{j}\omega\left(\boldsymbol{A}_{mn}^+\cdot\frac{\boldsymbol{\rho}_m^{c+}}{2}+\boldsymbol{A}_{mn}^-\cdot\frac{\boldsymbol{\rho}_m^{c-}}{2}\right)+(\Phi_{mn}^- -\Phi_{mn}^+)\right]$$
$$m=1,2,\cdots,N \tag{4-22}$$

其中

$$\boldsymbol{A}_{mn}^{\pm}=\frac{\mu}{4\pi}\int_S\boldsymbol{f}_n(\boldsymbol{r}')\frac{\mathrm{e}^{-\mathrm{j}KR_m^{\pm}}}{R_m^{\pm}}\mathrm{d}s'$$

$$\Phi_{mn}^{\pm}=\frac{\mathrm{j}}{4\pi\omega\varepsilon}\int_S\nabla_S'\cdot\boldsymbol{f}_n(\boldsymbol{r}')\frac{\mathrm{e}^{-\mathrm{j}KR_m^{\pm}}}{R_m^{\pm}}\mathrm{d}s'$$
$$=\frac{\mathrm{j}}{4\pi\omega\varepsilon}\left(\pm\frac{l_n}{A_n^{\pm}}\right)\int_S\frac{\mathrm{e}^{-\mathrm{j}KR_m^{\pm}}}{R_m^{\pm}}\mathrm{d}s'$$
$$R_m^{\pm}=|\boldsymbol{r}_m^{c\pm}-\boldsymbol{r}'|$$
$$\boldsymbol{E}_m^{\pm}=\boldsymbol{E}^i(\boldsymbol{r}_m^{c\pm})$$

设平面波入射场为

$$\boldsymbol{E}^i(\boldsymbol{r})=(E_\theta\hat{\theta}_0+E_\phi\hat{\phi}_0)\mathrm{e}^{\mathrm{j}\boldsymbol{k}\cdot\boldsymbol{r}} \tag{4-23}$$

传播矢量为

$$\boldsymbol{k}=k(\sin\theta_0\cos\phi_0\hat{\boldsymbol{x}}+\sin\theta_0\sin\phi_0\hat{\boldsymbol{y}}+\cos\theta_0\hat{\boldsymbol{z}}) \tag{4-24}$$

式中　θ_0，ϕ_0——球坐标表示的入射平面波的到达角。

方程组（4-22）亦可写成矩阵形式

$$\boldsymbol{ZI}=\boldsymbol{V} \tag{4-25}$$

其中

$$\boldsymbol{Z}=[Z_{mn}]$$
$$\boldsymbol{I}=[\boldsymbol{I}_n]$$
$$\boldsymbol{V}=[V_m]$$

$$Z_{mn}=l_m\left[-\mathrm{j}\omega\left(\boldsymbol{A}_{mn}^+\cdot\frac{\boldsymbol{\rho}_m^{C+}}{2}+\boldsymbol{A}_{mn}^-\cdot\frac{\boldsymbol{\rho}_m^{C-}}{2}\right)+(\Phi_{mn}^- -\Phi_{mn}^+)\right]$$
$$V_m=l_m\left[\boldsymbol{E}_m^+\cdot\frac{\boldsymbol{\rho}_m^{C+}}{2}+\boldsymbol{E}_m^-\cdot\frac{\boldsymbol{\rho}_m^{C-}}{2}\right]\quad n=1,2,\cdots,N,\ m=1,2,\cdots,N \tag{4-26}$$

解此线性代数方程组，求得 $\{I_n\}$ $(n=1,2,\cdots,N)$，代入式（4-14）即得模拟面上的电流分布，进而可求出远区散射场。

4.1.2.4　快速多极子和多层快速多极子方法

如前所述，矩量法的计算量主要在解线性方程组。用计算机解线性方程组的方法分两类：一类是直接法，如高斯消元法；一类是迭代法，如共轭梯度法。因为矩量法线性方程组的系数矩阵是满阵，用直接法求解，需计算机内存 $o(N^2)$，运算量 $o(N^3)$；用迭代法求解，需内存 $o(N^2)$，每次迭代的运算量 $o(N^2)$（N 是未知数的个数）。如此多的内存需求，如此大的运算量，大大限制了矩量法的应用。为提高矩量法的计算效率和精度，人们提出了快速多极子方法（FMM）、自适应积分方法（AIM）、矩阵分解法（MDA）以及阻抗对角化技术（IML）等一系列以矩量法为基础的高效方法。其中，FMM 与多层快速多极子方法（MLFMM）的发展最为迅速而引人瞩目。FMM 和 MLFMM 都是减少内存，加快矩阵与矢量相乘的技术，它们可将内存和运算量降到 $o(N^{1.5})$ 和 $o(N^{1.33})$ 量级，MLFMM 甚至可低至 $o(N\log N)$ 量级。

电磁散射积分方程离散化形成矩阵方程后，用迭代法求解时，矩阵与矢量相乘的运算构成了计算量的主要来源。矩阵与矢量相乘涉及稠密矩阵和稠密向量，它要求 $o(N^2)$ 数量级的运算量。而快速多极算法就是加速矩阵与矢量相乘的高效算法。下面我们先用启发式的观点来阐述这种方法。

对于自然界普遍存在的 N 个体耦合问题，由于每两个元素之间存在相互作用，这样元素之间的相互作用数是 $o(N^2)$ 的量级。为了清晰说明 FMM 的基本思路，我们考虑一个简单的有 N 台计算机的局域网，每两台机器都要能方便地交换数据。如果两两相连，那需要的网线条数是 $o(N^2)$ 量级（如图 4－3 所示）。当 N 比较大时，这绝对是不可取的。事实上我们的局域网中的计算机是通过集线器来连接的，从而大大减少网线数（如图 4－4 所示）。快速多极子就是按照这个思想，将计算区域内的离散的子散射体分组，根据组间距离分为近区组和远区组。每个组内或相邻组的单元间的相互作用仍采用矩量法严格计算；而远区组单元间的相互作用通过聚集、转移和发散三步来计算：对给定场组，先将它所有远区组内所有的子散射体对它的作用的贡献聚合到各自所在组的重心，然后将这些远区组的贡献由各自组的中心转移到给定场组的组中心，最后再将转移来的所有远区组单元的贡献解聚到场组内各场点子散射上。

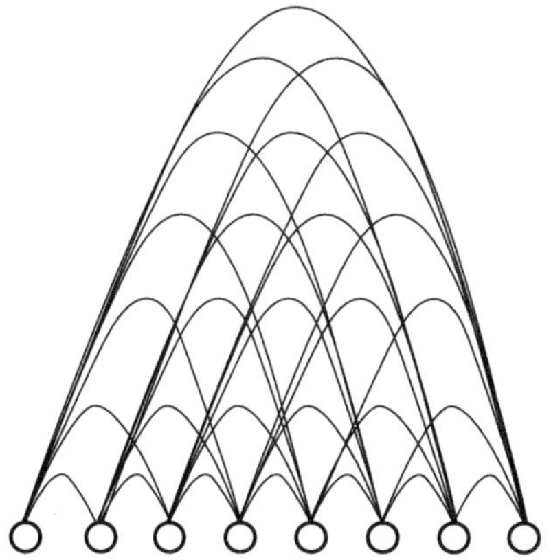

图 4－3　8 元素直接相互作用关系示意图

当目标的电尺寸进一步加大时，可用 MLFMM 来计算。MLFMM 方法是 FMM 方法在多层级结构中的推广，其基本思路是将未知数分成不同的层次的组，低层组大，高层组小，让聚集和发散过程在最高层进行，后通过移置，插值完成底层中的聚集和发散，而转移过程只在同一层的次相邻中心（所谓次相邻中心是本层中不属于相邻中心，但在低一层中，它们隶属的组是相邻组的那些中心）进行。

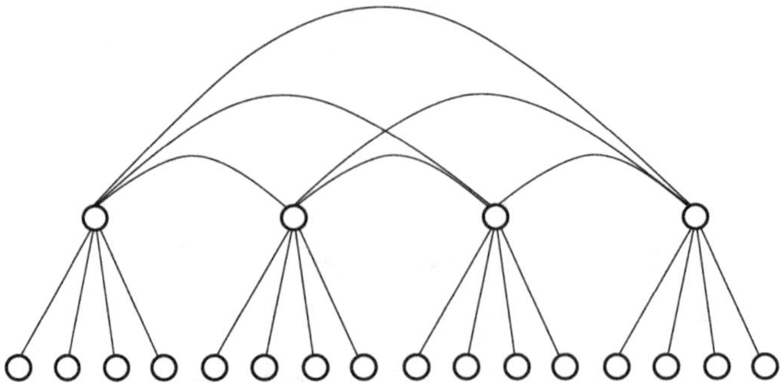

图 4-4　16 元素分层相互作用关系示意图

对于三维情况，它将求解区域用一个正方体包围，然后细分成 8 个子立方体，该层为第一层。接着将子立方体再细分成 8 个更小的子立方体，这样得到第二层，此时共有 8^2 个立方体。依次类推，直至最高层。如图 4-5 所示。对于二维问题，则用一个正方形包围求解区域，第一层得到 4 个子正方形，每个子正方形再细分为 4 个正方形，得到第二层，依次类推。对于散射问题，最高层的立方体或正方形的边长为半个波长左右，这样就可以确定求解给定尺寸的目标的散射时多层快速多极子方法所需的层数。

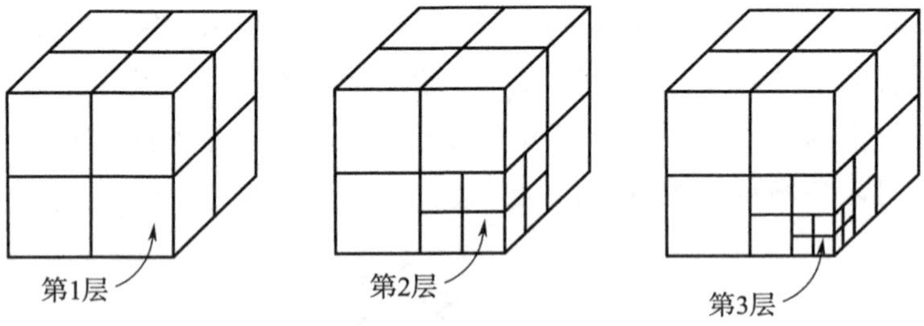

图 4-5　立方体分层示意图

为了清楚理解 MLFMM，我们考虑一个两层的 FMM。如图 4-6 所示。在图 4-6 中，对于场点 $\boldsymbol{r}_j$ 与源点 $\boldsymbol{r}_i$，有

$$\boldsymbol{r}_{ji}=\boldsymbol{r}_j-\boldsymbol{r}_i=\boldsymbol{r}^{(2)}_{m'i}+\boldsymbol{r}^{(1)(2)}_{m'}+\boldsymbol{r}_{mm'}+\boldsymbol{r}^{(2)(1)}_{m}+\boldsymbol{r}^{(2)}_{jm} \tag{4-27}$$

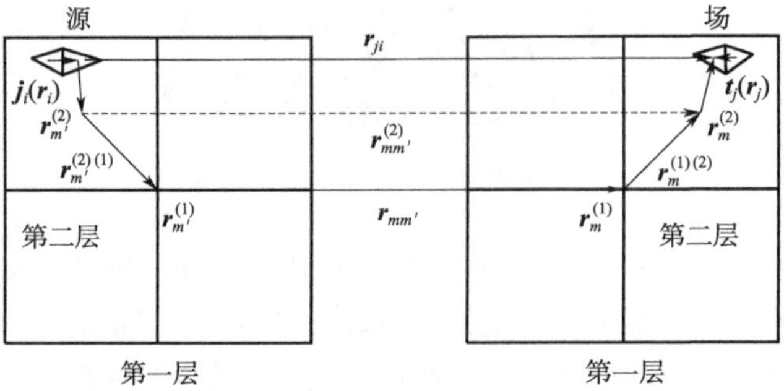

图 4-6　二层 FMM 的示意图

这样，我们展开的标量格林函数为

$$\frac{\mathrm{e}^{-\mathrm{j}kr_{ji}}}{r_{ji}}=\frac{-\mathrm{j}k}{4\pi}\oint \mathrm{d}^2\hat{\boldsymbol{k}}\,\mathrm{e}^{-\mathrm{j}\boldsymbol{k}\cdot[r_m^{(2)(1)}+r_{jm}^{(2)}]}T_L(kr_{mm'},\hat{\boldsymbol{k}}\cdot\hat{\boldsymbol{r}}_{mm'})\mathrm{e}^{\mathrm{j}\boldsymbol{k}\cdot[r_{im'}^{(2)}+r_{m'}^{(2)(1)}]} \tag{4-28}$$

其中

$$T_L(kr_{mm'},\ \hat{\boldsymbol{k}}\cdot\hat{\boldsymbol{r}}_{mm'})=\sum_{l=0}^{L}(-\mathrm{j})^l(2l+1)h_l^{(2)}(kr_{mm'})P_l(\hat{\boldsymbol{k}}\cdot\hat{\boldsymbol{r}}_{mm'}) \tag{4-29}$$

是转移因子。矢量 $\boldsymbol{r}$ 的上标（2）和（1）表示层数。因此，并矢格林函数可表示为

$$\bar{\boldsymbol{G}}(\boldsymbol{r}_j,\boldsymbol{r}_i)=\frac{-\mathrm{j}k}{4\pi}\oint \mathrm{d}^2\hat{\boldsymbol{k}}(\bar{\boldsymbol{I}}-\hat{\boldsymbol{k}}\hat{\boldsymbol{k}})\mathrm{e}^{-\mathrm{j}\boldsymbol{k}\cdot r_m^{(2)(1)}}\mathrm{e}^{-\mathrm{j}\boldsymbol{k}\cdot r_{jm}^{(2)}}T_L(kr_{mm'},\hat{\boldsymbol{k}}\cdot\hat{\boldsymbol{r}}_{mm'})(\bar{\boldsymbol{I}}-\hat{\boldsymbol{k}}\hat{\boldsymbol{k}})\mathrm{e}^{\mathrm{j}\boldsymbol{k}\cdot r_{im'}^{(2)}}\mathrm{e}^{\mathrm{j}\boldsymbol{k}\cdot r_{m'}^{(2)(1)}} \tag{4-30}$$

所以，对于远相互作用的阻抗矩阵

$$Z_{ji}=\frac{-\mathrm{j}k}{4\pi}\sum_{\hat{k}^{(1)}}\omega_{\hat{k}^{(1)}}\mathrm{e}^{-\mathrm{j}\boldsymbol{k}\cdot r_m^{(2)(1)}}V_{jm}[\hat{\boldsymbol{k}}^{(2)}]\cdot T_L[k^{(1)}r_{mm'},\hat{\boldsymbol{k}}^{(1)}\cdot\hat{\boldsymbol{r}}_{mm'}]\boldsymbol{V}_{im'}^{*}[\hat{\boldsymbol{k}}^{(2)}]\mathrm{e}^{\mathrm{j}\boldsymbol{k}\cdot r_{m'}^{(2)(1)}} \tag{4-31}$$

其中

$$\begin{cases}\boldsymbol{V}_{im'}[\hat{\boldsymbol{k}}^{(2)}]=\int_S \mathrm{d}\,\boldsymbol{r}_i\,\mathrm{e}^{-\mathrm{j}\boldsymbol{k}\cdot r_{im'}^{(2)}}[\bar{\boldsymbol{I}}-\hat{\boldsymbol{k}}\hat{\boldsymbol{k}}]\cdot\boldsymbol{j}_i(\boldsymbol{r}_i)\\ \boldsymbol{V}_{jm}[\hat{\boldsymbol{k}}^{(2)}]=\int_S \mathrm{d}\,\boldsymbol{r}_j\,\mathrm{e}^{-\mathrm{j}\boldsymbol{k}\cdot r_{jm}^{(2)}}[\bar{\boldsymbol{I}}-\hat{\boldsymbol{k}}\hat{\boldsymbol{k}}]\cdot\boldsymbol{t}_i(\boldsymbol{r}_j)\end{cases} \tag{4-32}$$

式中 $\boldsymbol{t}_i(\boldsymbol{r}_j)$——权函数；

$\boldsymbol{j}_i(\boldsymbol{r}_i)$——基函数；

$\omega_{\hat{k}^{(1)}}$——权因子。

可以看出，不同的层级需要不同数目的平面波，同时平面波在聚集和发散过程中都需要移置。这就是多层快速多极子比快速多极子增加的数学操作。具体来说有四个数学操作，聚集过程中两个：一个是将以高层组中心为起点的平面波移置到以低层组中心为起点的平面波，一个是小数目的平面波插值得到大数目的平面波；发散过程是聚集过程的逆操作：一个是将以低层组中心为起点的平面波移置到以高层组中心为起点的平面波，另一个是大数目的平面波反插值得到小数目的平面波。平面波中心的移置就是将平面波乘上对应两中心间距的相位因子，然后将相同方向的平面波相加，便可得到一列以低层组中心为起点的平面波。

4.1.2.5 算例

图4-7是用多层快速多极子方法计算的导体球双站散射结果，图中 θ 表示双站角。计算结果与解析值比较的误差很小，证明 MLFMM 方法是精度很高的算法，而且它又显著地减少了计算时间和所需内存。

4.1.3 基于时域有限差分法的飞行器雷达特征仿真

4.1.3.1 FDTD 基本原理

时域有限差分方法（FDTD）是一种基于差分概念的数值方法，它通过直接离散微分

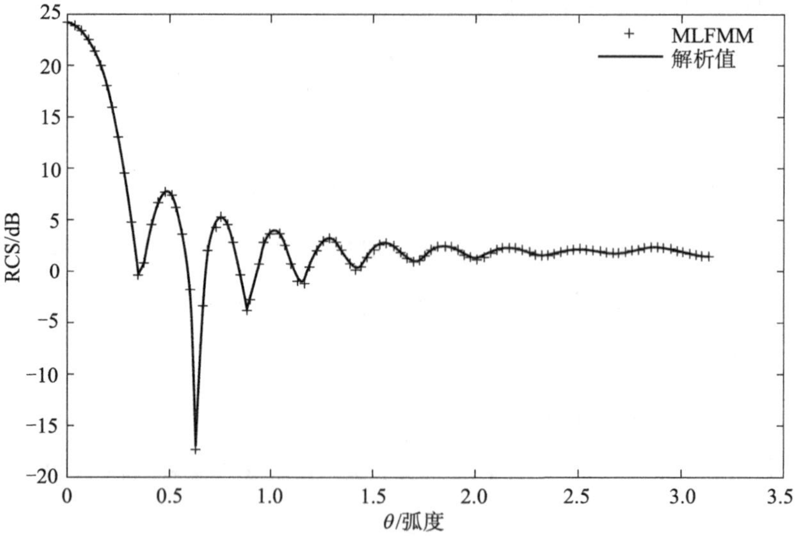

图 4-7　导体球双站 RCS（直径 4 个波长）

形式的麦克斯韦方程组来求解电磁波与物体的相互作用，可以获得任何时刻三维场的空间、时间分布。FDTD 利用中心差分离散麦克斯韦方程组中体现法拉第定理和安培环路定理的两个旋度方程，显式地计算电磁场的时空分布，参见文献 [11-15]。

有限差分算法使用变量离散的、含有有限未知数的差分方程近似地替代连续变量的微分方程，因而构造合理的差分格式至关重要。K. S. Yee 从麦克斯韦方程的物理内涵出发，提出了 Yee 氏网格，其直角坐标系下的 Yee 氏网格如图 4-8 所示。

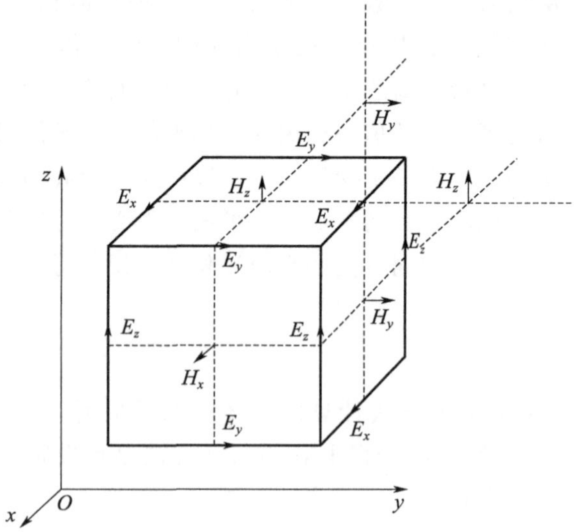

图 4-8　Yee 氏网格

Yee 氏网格具有以下特点：电场分量和磁场分量空间的采样点交叉放置，也即每一个电场分量被四个磁场分量环绕，每一个磁场分量也被四个电场分量环绕。这样的采样设置方式符合法拉第电磁感应定律和安培环路定律，而且能够更好地体现电磁波传输的特性。

麦克斯韦方程组包含两个旋度方程和两个散度方程，具体如下

$$\begin{cases}\nabla\times \boldsymbol{H}=\dfrac{\partial}{\partial t}\boldsymbol{D}+\boldsymbol{J}\\ \nabla\times \boldsymbol{E}=-\dfrac{\partial}{\partial t}\boldsymbol{B}-\boldsymbol{J}_m\\ \nabla\cdot \boldsymbol{D}=\rho\\ \nabla\cdot \boldsymbol{B}=\rho_m\end{cases}\tag{4-33}$$

式中　$\boldsymbol{E}$ ——电场强度；

$\boldsymbol{D}$ ——电通量密度；

$\boldsymbol{H}$ ——磁场强度；

$\boldsymbol{B}$ ——磁通量密度；

$\boldsymbol{J}$ ——电流密度；

$\boldsymbol{J}_m$ ——磁流密度；

ρ ——电荷密度；

ρ_m ——磁荷密度。

各向同性线性介质中的本构关系为

$$\boldsymbol{D}=\varepsilon\boldsymbol{E},\quad \boldsymbol{B}=\mu\boldsymbol{H},\quad \boldsymbol{J}=\sigma\boldsymbol{E},\quad \boldsymbol{J}_m=\sigma_m\boldsymbol{E}\tag{4-34}$$

式中　ε ——电介质系数；

μ ——磁导系数；

σ ——电导率；

σ_m ——磁导率。

在直角坐标系下，在式（4-33）中的旋度方程改写为标量场公式进行离散，以（i，k，j）表示离散的网格点，Δx 、Δy 、Δz 表示离散网格的三维尺寸（此处采用均匀网格），对时间项采用中心微分的形式进行离散得到电场分量的迭代公式。具体如下

$$\left.\begin{aligned}\frac{\partial H_z}{\partial y}-\frac{\partial H_y}{\partial z}&=\varepsilon_x\frac{\partial E_x}{\partial t}+\sigma_x E_x\\ \frac{\partial H_x}{\partial z}-\frac{\partial H_z}{\partial x}&=\varepsilon_y\frac{\partial E_y}{\partial t}+\sigma_y E_y\\ \frac{\partial H_y}{\partial x}-\frac{\partial H_x}{\partial y}&=\varepsilon_z\frac{\partial E_z}{\partial t}+\sigma_z E_z\end{aligned}\right\}\tag{4-35}$$

$$\left.\begin{aligned}\frac{\partial E_z}{\partial y}-\frac{\partial E_y}{\partial z}&=-\mu_x\frac{\partial H_x}{\partial t}-\sigma_{mx}H_x\\ \frac{\partial E_x}{\partial z}-\frac{\partial E_z}{\partial x}&=-\mu_y\frac{\partial H_y}{\partial t}-\sigma_{my}H_y\\ \frac{\partial E_y}{\partial x}-\frac{\partial E_x}{\partial y}&=-\mu_z\frac{\partial H_z}{\partial t}-\sigma_{mz}H_z\end{aligned}\right\}\tag{4-36}$$

$$E_x^{n+1}\left(i+\frac{1}{2},j,k\right)=\frac{\varepsilon_x-0.5\Delta t\sigma_x}{\varepsilon_x+0.5\Delta t\sigma_x}E_x^n\left(i+\frac{1}{2},j,k\right)+$$
$$\frac{\Delta t}{\varepsilon_x+0.5\Delta t\sigma_x}\left[\frac{H_z^{n+1/2}\left(i+\frac{1}{2},j+\frac{1}{2},k\right)-H_z^{n+1/2}\left(i+\frac{1}{2},j-\frac{1}{2},k\right)}{\Delta y}\right]- \qquad (4-37)$$
$$\frac{\Delta t}{\varepsilon_x+0.5\Delta t\sigma_x}\left[\frac{H_y^{n+1/2}\left(i+\frac{1}{2},j,k+\frac{1}{2}\right)-H_y^{n+1/2}\left(i+\frac{1}{2},j,k-\frac{1}{2}\right)}{\Delta z}\right]$$

$$E_y^{n+1}\left(i,j+\frac{1}{2},k\right)=\frac{\varepsilon_y-0.5\Delta t\sigma_y}{\varepsilon_y+0.5\Delta t\sigma_y}E_y^n\left(i,j+\frac{1}{2},k\right)+$$
$$\frac{\Delta t}{\varepsilon_y+0.5\Delta t\sigma_y}\left[\frac{H_x^{n+1/2}\left(i,j+\frac{1}{2},k+\frac{1}{2}\right)-H_y^{n+1/2}\left(i,j+\frac{1}{2},k+\frac{1}{2}\right)}{\Delta z}\right]- \qquad (4-38)$$
$$\frac{\Delta t}{\varepsilon_y+0.5\Delta t\sigma_y}\left[\frac{H_z^{n+1/2}\left(i+\frac{1}{2},j+\frac{1}{2},k\right)-H_z^{n+1/2}\left(i-\frac{1}{2},j+\frac{1}{2},k\right)}{\Delta x}\right]$$

$$E_z^{n+1}\left(i,j,k+\frac{1}{2}\right)=\frac{\varepsilon_z-0.5\Delta t\sigma_z}{\varepsilon_z+0.5\Delta t\sigma_z}E_z^n\left(i,j,k+\frac{1}{2}\right)+$$
$$\frac{\Delta t}{\varepsilon_z+0.5\Delta t\sigma_z}\left[\frac{H_y^{n+1/2}\left(i+\frac{1}{2},j,k+\frac{1}{2}\right)-H_y^{n+1/2}\left(i-\frac{1}{2},j,k+\frac{1}{2}\right)}{\Delta x}\right]- \qquad (4-39)$$
$$\frac{\Delta t}{\varepsilon_z+0.5\Delta t\sigma_z}\left[\frac{H_x^{n+1/2}\left(i,j+\frac{1}{2},k+\frac{1}{2}\right)-H_x^{n+1/2}\left(i,j-\frac{1}{2},k+\frac{1}{2}\right)}{\Delta y}\right]$$

上述式中　n ——时刻，即时间为 $n\Delta t$ ；

$\left(i,\ j,\ k+\frac{1}{2}\right)$ ——网格点的三维序号坐标，省去了 Δx 、Δy 、Δz 的网格大小，后面的章节会看到这样的标记不但可以简明的表示计算公式，对于非均匀网格也同样适用。

同样的方法可以得到三维空间磁场各分量的迭代计算公式为

$$H_x^{n+1/2}\left(i,j+\frac{1}{2},k+\frac{1}{2}\right)=\frac{\mu_x-0.5\Delta t\sigma_{mx}}{\mu_x+0.5\Delta t\sigma_{mx}}H_x^{n-1/2}\left(i,j+\frac{1}{2},k+\frac{1}{2}\right)-$$
$$\frac{\Delta t}{\mu_x+0.5\Delta t\sigma_{mx}}\left[\frac{E_z^n\left(i,j+1,k+\frac{1}{2}\right)-E_z^n\left(i,j,k+\frac{1}{2}\right)}{\Delta y}\right]+ \qquad (4-40)$$
$$\frac{\Delta t}{\mu_x+0.5\Delta t\sigma_{mx}}\left[\frac{E_y^n\left(i,j+\frac{1}{2},k+1\right)-E_y^n\left(i,j+\frac{1}{2},k\right)}{\Delta z}\right]$$

$$
\begin{aligned}
H_y^{n+1/2}\left(i+\frac{1}{2},j,k+\frac{1}{2}\right)=&\frac{\mu_y-0.5\Delta t\sigma_{my}}{\mu_y+0.5\Delta t\sigma_{my}}H_y^{n-1/2}\left(i+\frac{1}{2},j,k+\frac{1}{2}\right)+\\
&\frac{\Delta t}{\mu_y+0.5\Delta t\sigma_{my}}\left[\frac{E_z^n\left(i+1,j,k+\frac{1}{2}\right)-E_z^n\left(i,j,k+\frac{1}{2}\right)}{\Delta x}\right]-\\
&\frac{\Delta t}{\mu_y+0.5\Delta t\sigma_{my}}\left[\frac{E_x^n\left(i+\frac{1}{2},j,k+1\right)-E_x^n\left(i+\frac{1}{2},j,k\right)}{\Delta z}\right]
\end{aligned}
\tag{4-41}
$$

$$
\begin{aligned}
H_z^{n+1/2}\left(i+\frac{1}{2},j+\frac{1}{2},k\right)=&\frac{\mu_z-0.5\Delta t\sigma_{mz}}{\mu_z+0.5\Delta t\sigma_{mz}}H_z^{n-1/2}\left(i+\frac{1}{2},j+\frac{1}{2},k\right)+\\
&\frac{\Delta t}{\mu_z+0.5\Delta t\sigma_{mz}}\left[\frac{E_x^n\left(i+\frac{1}{2},j+1,k\right)-E_x^n\left(i+\frac{1}{2},j,k\right)}{\Delta y}\right]-\\
&\frac{\Delta t}{\mu_z+0.5\Delta t\sigma_{mz}}\left[\frac{E_y^n\left(i+1,j+\frac{1}{2},k\right)-E_y^n\left(i,j+\frac{1}{2},k\right)}{\Delta x}\right]
\end{aligned}
\tag{4-42}
$$

FDTD 是以差分代替微分来求解带有初值的麦克斯韦方程组，为了使得差分方程求得的计算结果和原方程计算结果在容许误差范围内，离散间隔的尺寸必须保证迭代是收敛的。Courant 稳定性条件要求时间离散间隔满足如下条件

$$
c\Delta t\leqslant\frac{1}{\sqrt{\frac{1}{(\Delta x)^2}+\frac{1}{(\Delta y)^2}+\frac{1}{(\Delta z)^2}}}\tag{4-43}
$$

同时，数值色散也对空间离散间隔有约束，即

$$
\max\{\Delta x,\Delta y,\Delta z\}\leqslant\frac{\lambda}{10}\tag{4-44}
$$

4.1.3.2　电磁散射计算模型

用 FDTD 计算电磁散射问题的基本模型如图 4－9 所示。图 4－9 中的计算区域被划分为总场区和散射场区，总场区是一个完全包围散射体的空间，散射场区则是计算空间中除总场区以外的部分。根据等效原理，只要在总场区和散射场区的分界面（又称连接边界）上设置入射波的等效电磁流，即可在边界内的总场区中引入入射波，而在边界外则只有散射场，如此设置有利于散射场的外推和吸收边界的设置。由图 4－9 可见，在用 FDTD 求解散射问题时，除必须正确合理地离散散射体外，还必须解决用于模拟无限空间的吸收边界设置、总场-散射场分离（入射波的引入）和从输出边界近场到远场的变换等关键技术。此外，如果入射波是非时谐波，还涉及时域数据到频域数据的变换。因为电磁散射计算是 FDTD 的主要应用方向，这些关键技术几十年来已得到深入的研究，发展较为成熟。

首先，计算机硬件条件的限制以及解决实际问题的实时性需求都决定了有限差分算法不可能仿真无限空间，因此有限差分算法必须也只能在有限空间中进行。截断无界空间的

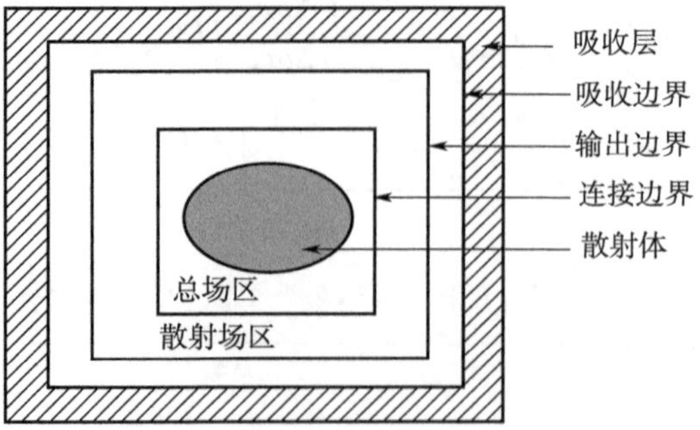

图 4－9 FDTD 散射计算模型

计算空间必须引入吸收边界条件，用以消除截断边界的非物理性反射。由于一直没有有效的吸收边界，FDTD 算法的 Yee 氏网格在 20 世纪 60 年代提出后一直没有得到重视。直到 20 世纪 80 年代，Mur 吸收边界条件的出现才改变了 FDTD 的尴尬状态，使之成为与有限元、矩量法等并驾齐驱的主流算法，其后，数学家 J. B. Berenger 提出的完全匹配层（Perfectly Matched Layer，PML）更使得 FDTD 有了进一步发展。

其次，在计算电磁散射问题时，平面波是常用的激励源。由于 FDTD 在计算过程中将计算区域划分为总场区和散射场区，因此必须设置必要的分离边界将总场与散射场分离，同时通过分离边界把入射平面波引入到计算区域。

分离边界如图 4－10 所示，在迭代计算时，每一个交界面上的法向方程不变，切向分量需加入或剔除平面波部分。以内边界 j_0 上的 $E_x\left(i+\frac{1}{2},\ j_0,\ k\right)$ 为例来说明平面波的引入。

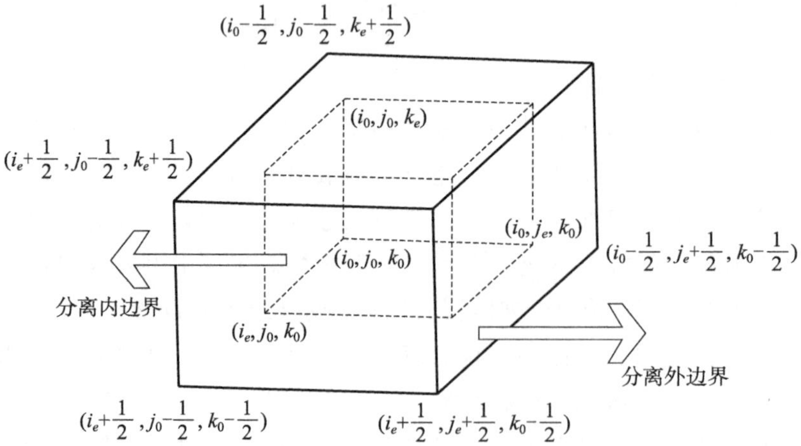

图 4－10 FDTD 分离边界

$$E_x^{n+1}\left(i+\frac{1}{2},j_0,k\right)=\frac{\varepsilon_x-0.5\Delta t\sigma_x}{\varepsilon_x+0.5\Delta t\sigma_x}E_x^n\left(i+\frac{1}{2},j_0,k\right)+$$
$$\frac{\Delta t}{\varepsilon_x+0.5\Delta t\sigma_x}\left[\frac{H_z^{n+1/2}\left(i+\frac{1}{2},j_0+\frac{1}{2},k\right)-H_z^{n+1/2}\left(i+\frac{1}{2},j_0-\frac{1}{2},k\right)}{\Delta y}\right]-$$
$$\frac{\Delta t}{\varepsilon_x+0.5\Delta t\sigma_x}\left[\frac{H_y^{n+1/2}\left(i+\frac{1}{2},j_0,k+\frac{1}{2}\right)-H_y^{n+1/2}\left(i+\frac{1}{2},j_0,k-\frac{1}{2}\right)}{\Delta z}\right]- \tag{4-45}$$
$$\frac{\Delta t}{\varepsilon_x}\frac{H_{z,i}^{n+1/2}\left(i+\frac{1}{2},j_0-\frac{1}{2},k\right)}{\Delta y}$$

可以对平面波采用一维 FDTD 随时间推进的迭代计算逐步地引入到计算总场区，这样的引入方式可以减少入射波泄露到散射区而影响计算结果

$$\begin{bmatrix}E_{x,i}\\E_{y,i}\\E_{z,i}\end{bmatrix}=\begin{bmatrix}-\sin\varphi_i & \cos\theta_i\cos\varphi_i & \sin\theta_i\cos\varphi\\ \cos\varphi_i & \cos\theta_i\cos\varphi_i & \sin\theta_i\cos\varphi\\ 0 & -\sin\theta_i & \cos\theta_i\end{bmatrix}\begin{bmatrix}E_0\sin\alpha\\E_0\cos\alpha\\0\end{bmatrix} \tag{4-46}$$

式中 $(\theta_i,\ \varphi_i)$——入射方向；

E_0——入射电场数值；

α——极化角度。

通过上式获得变换将球坐标系下入射平面波转换为 FDTD 迭代计算中可用的笛卡儿坐标电场分量。

类似的磁场分量可以得到

$$\begin{bmatrix}H_{x,i}\\H_{y,i}\\H_{z,i}\end{bmatrix}=\begin{bmatrix}-\sin\varphi_i & -\cos\theta_i\cos\varphi_i & \sin\theta_i\cos\varphi_i\\ \cos\varphi_i & -\cos\theta_i\cos\varphi_i & \sin\theta_i\cos\varphi_i\\ 0 & \sin\theta_i & \cos\theta_i\end{bmatrix}\begin{bmatrix}\frac{E_0}{Z_0}\sin\alpha\\ \frac{E_0}{Z_0}\cos\alpha\\0\end{bmatrix} \tag{4-47}$$

最后，是近远场变换。为了节省计算资源和计算时间，FDTD 的计算区域为近场区域，我们需要计算远场以获得目标的 RCS 计算。近远场变换的具体实现可以分为三大类：①基于 Huygen's 等效原理；②基于 Stratton - Chu 积分；③基于 Kirchhoff 积分。前两者的共同点是计算某一远场分量要用到输出边界上所有的近场分量，由于电磁场的网格分布规律需要差值计算，因而实现复杂；而 Kirchhoff 积分方法计算某一远场分量时只用到输出边界上与之方向相同的近场分量，便于远场时域响应的求解，相对较为简便，但这种方法需要输出边界上前一时间步的场值，增加了内存开销。为了减少基于 Kirchhoff 积分的近远场变换的内存开销，可将每一时间步的近场对远区场的贡献分别计算后求和。下面简要介绍基于 Kirchhoff 积分的近远场变换实现原理。

根据 Kirchhoff 积分公式可以推导任一封闭体积内的场与其表面上的场和其导数：

$$\varphi\left(\boldsymbol{r},t+\frac{R}{c}\right)=\frac{1}{4\pi}\oiint_{s+s'}\hat{n}\cdot\left[\frac{\nabla'\varphi(\boldsymbol{r}',t)}{R}-\frac{\boldsymbol{R}}{R^3}\varphi(\boldsymbol{r}',t)-\frac{\boldsymbol{R}}{cR^2}\frac{\partial\varphi(\boldsymbol{r}',t)}{\partial t}\right]\mathrm{d}s' \quad (4-48)$$

式中　$\boldsymbol{R}=\boldsymbol{r}-\boldsymbol{r}'$，$R=|\boldsymbol{R}|$；

$\hat{n}$ ——积分表面外法线单位矢量；

c ——自由空间光速；

φ ——任一场分量。

引入无穷远条件后，式（4－48）退化为只在包围目标的表面 s' 上的积分。

在 FDTD 网格空间中，用求和替代积分，用中心差分替代微分，积分面取一长方体表面进行计算。结果得到如下的求和式（以 z 方向下边界 $k=k1$ 面为例）

$$\varphi\left(\boldsymbol{r},n\mathrm{d}t+\frac{R}{c}\right)=\frac{1}{4\pi}\sum_{i,j}\left(-\frac{\hat{n}\cdot\boldsymbol{R}}{2cR^2\mathrm{d}t}\varphi_{i,j,k1}^{n+1}+\frac{\varphi_{i,j,k1-1}^{n}-\varphi_{i,j,k1+1}^{n}}{2R\mathrm{d}z}-\frac{\hat{n}\cdot\boldsymbol{R}}{R^3}\varphi_{i,j,k1}^{n}+\frac{\hat{n}\cdot\boldsymbol{R}}{2cR^2\mathrm{d}t}\varphi_{i,j,k1}^{n-1}\right)\Delta_{ij} \quad (4-49)$$

式中　$(i，j，k1)$ ——场值索引下标；

$\mathrm{d}t$ ——时间步长；

$\mathrm{d}z$ —— z 方向空间步长；

Δ_{ij} —— $k=k1$ 面上 $(i，j，k1)$ 处面积分变为求和式的面元面积；

$\varphi_{i,j,k1}^{n}$ —— $(i，j，k1)$ 处 n 时刻的场值。

式（4－49）按时间步的关系可以进一步表示为

$$\varphi\left(\boldsymbol{r},n\mathrm{d}t+\frac{R}{c}\right)=\sum_{i,j}(A_{ij}\varphi_{ij}^{n+1}+B_{ij}\varphi_{ij}^{n}+C_{ij}\varphi_{ij}^{n-1})\Delta_{ij} \quad (4-50)$$

式中　A_{ij}、B_{ij}、C_{ij} ——与式（4－49）相对应的系数或算子。

同理，我们有

$$\varphi\left[\boldsymbol{r},(n-1)\mathrm{d}t+\frac{R}{c}\right]=\sum_{i,j}(A_{ij}\varphi_{ij}^{n}+B_{ij}\varphi_{ij}^{n-1}+C_{ij}\varphi_{ij}^{n-2})\Delta_{ij} \quad (4-51)$$

$$\varphi\left[\boldsymbol{r},(n+1)\mathrm{d}t+\frac{R}{c}\right]=\sum_{i,j}(A_{ij}\varphi_{ij}^{n+2}+B_{ij}\varphi_{ij}^{n+1}+C_{ij}\varphi_{ij}^{n})\Delta_{ij} \quad (4-52)$$

由式（4－51）和式（4－52）可以看出，n 时刻的近场 φ_{ij}^{n} 会依次通过一定的加权系数 A_{ij}、B_{ij}、C_{ij} 对 $\left[(n-1)\mathrm{d}t+\frac{R}{c}\right]$、$\left(n\mathrm{d}t+\frac{R}{c}\right)$、$\left[(n+1)\mathrm{d}t+\frac{R}{c}\right]$ 时刻的远场有贡献。一般来说，远场 $\varphi\left(\boldsymbol{r},n\mathrm{d}t+\frac{R}{c}\right)$ 在时间分布上是连续的，如果按与 FDTD 相同的时间步长离散化，令 $n^*=\left|n+\frac{R}{c\mathrm{d}t}\right|$，$\alpha=n+\frac{R}{c\mathrm{d}t}-n^*$，其中，‖ 表示取整，则 $\left(n\mathrm{d}t+\frac{R}{c}\right)$ 时刻的场值可以线性插值到 n^* 和 (n^*+1) 离散时刻上去，即

$$\varphi(n^*)=(1-\alpha)\varphi\left(n+\frac{R}{c\mathrm{d}t}\right) \quad (4-53)$$

$$\varphi(n^*+1)=\alpha\varphi\left(n+\frac{R}{c\mathrm{d}t}\right) \quad (4-54)$$

从而 n 时刻的近场 φ_{ij}^{n} 依次通过一定的加权系数（算子）对 $(n^{*}-1)$、n^{*}、$(n^{*}+1)$、$(n^{*}+2)$ 时刻的远场都有贡献。其具体关系为

$$\varphi(\boldsymbol{r},n^{*}-1)=\sum_{i,j}(1-\alpha)A_{ij}\Delta_{ij}\varphi_{ij}^{n} \tag{4-55}$$

$$\varphi(\boldsymbol{r},n^{*})=\sum_{i,j}[\alpha A_{ij}\Delta_{ij}\varphi_{ij}^{n}+(1-\alpha)B_{ij}\Delta_{ij}\varphi_{ij}^{n}] \tag{4-56}$$

$$\varphi(\boldsymbol{r},n^{*}+1)=\sum_{i,j}[\alpha B_{ij}\Delta_{ij}\varphi_{ij}^{n}+(1-\alpha)C_{ij}\Delta_{ij}\varphi_{ij}^{n}] \tag{4-57}$$

$$\varphi(\boldsymbol{r},n^{*}+2)=\sum_{i,j}\alpha C_{ij}\Delta_{ij}\varphi_{ij}^{n} \tag{4-58}$$

这样，积分面上每一步的近场可以叠加到它有贡献的远场时刻上去，近远场变换就可以与 FDTD 的场分量迭代同步进行，而不需要存储积分面上前一时间步的场值。

4.1.3.3　FDTD 的并行化

随着求解问题规模的增大和工程的实时性要求，串行 FDTD 算法在很多情况下无法满足人们的需要。一般情况下单机 FDTD 的计算能力在几十个波长左右，对于电大目标甚至超大电大目标的仿真计算往往无能为力。基于这种需求，FDTD 的并行化势在必行。串行计算和并行计算的区别如图 4-11 所示。

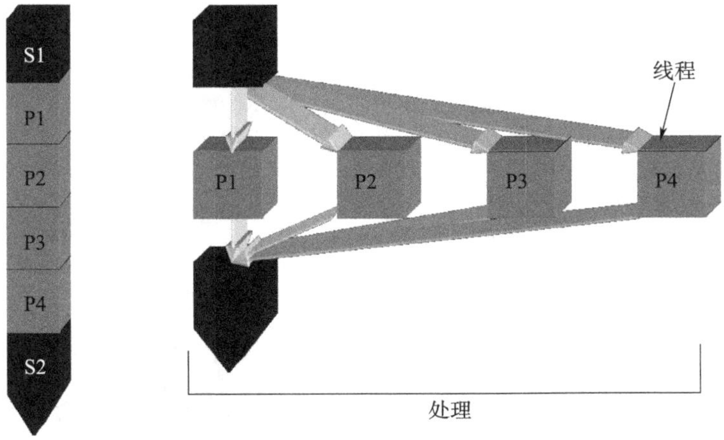

(a) 串行　(b) 并行

图 4-11　串行计算与并行计算示意图

并行程序设计的关键在于以下几个方面：

1）负载平衡：相同性能处理器担负的计算任务基本相同，避免出现若干计算任务完成的处理器等待某一个处理器的情况；

2）减少通信：并行计算的主要任务是计算，在相同硬件处理相同问题时，通信的增加势必会使得计算任务的执行受到影响；

3）计算与通信重叠：即所谓的“边计算边通信”，不会出现通信时计算任务的暂停。

减少通信和负载平衡的要求使得 FDTD 的计算区域分解至关重要。子域的数目由参与计算的处理器个数决定，这样在处理器性能大体一致的情况下，不会出现负载失衡的情况

发生。

区域分解的方式有一维、二维、三维三种方式，如图 4－12 所示，其中通信量最少的为三维区域分解。例如，假设有 27 个处理器参与同一规模的问题求解计算，按照一维区域分解方式（假设沿 z 方向）通信量为：26（分解方向网格数目）$\times A_z$，A_z 为某一个与方向相关的常数；按照二维区域分解方式（yz 平面内按照 3×9 或者 9×放置处理器）通信量为：2×（分解方向网格数目）$\times A_z + 8\times$(分解方向网格数目)$\times A_y$ 或者 $8\times$(分解方向网格数目)$\times A_z + 2\times$(分解方向网格数目)$\times A_y$；对于三维区域分解方式的通信量为：2×（分解方向网格数目）$\times A_z + 2\times$(分解方向网格数目)$\times A_y + 2\times$(分解方向网格数目)$\times A_x$。可见，对非细长型目标，三维区域分解为最优化分解方式。同时，为了避免插值运算，子域的划分边界必须与 FDTD 的计算网格重叠，也即交界面必须位于某个计算网格点上。

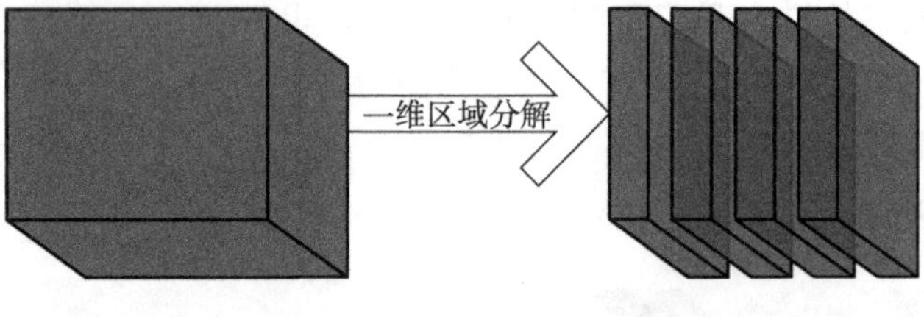

(a) 一维区域分解

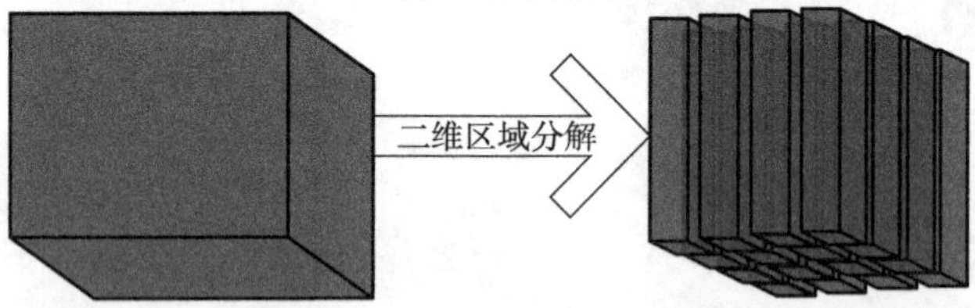

(b) 二维区域分解

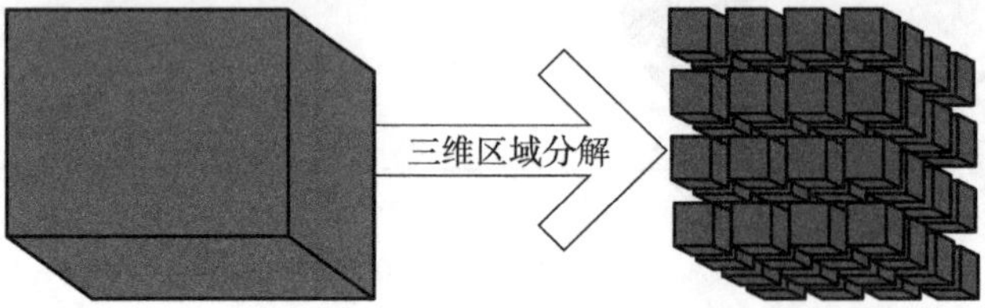

(c) 三维区域分解

图 4－12　区域分解的方式

在 FDTD 并行计算时，邻域需要进行数据交换以实现迭代的推进。有如下三种数据交换方式：

第一种数据交换技术如图 4－13 所示。假设区域分解是在 x 方向进行的，在处理器 N 中的 H_y 和 H_z 首先进行求解，然后作为边界条件传递到处理器 $N+1$ 中，进行 E_z 和 E_y 的求解。在完成 $N+1$ 处理器中的求解任务后，再将这两个电场值传递到处理器 N 中，以进行 H_y 和 H_z 的新一轮求解。在这种形式中，每一时间步都需要进行两次数据的通信和交换。这种数据交换方式虽然计算不重复，但更加费时的数据通信交换进行了两次。

第二种数据通信交换的方式如图 4－14 所示。此时 E_z 和 E_y 的迭代分别在处理器 N 和处理器 $N+1$ 中进行，处理器 N 将本子域边界处的 H_y 和 H_z 传递给处理器 $N+1$，同时处理器 $N+1$ 将本子域边界处的 H_y 和 H_z 传递给处理器 N 。这样在计算过程中只进行了一次数据交换即可实现所有场分量的迭代更新，这样的数据交换方式更富有效率。

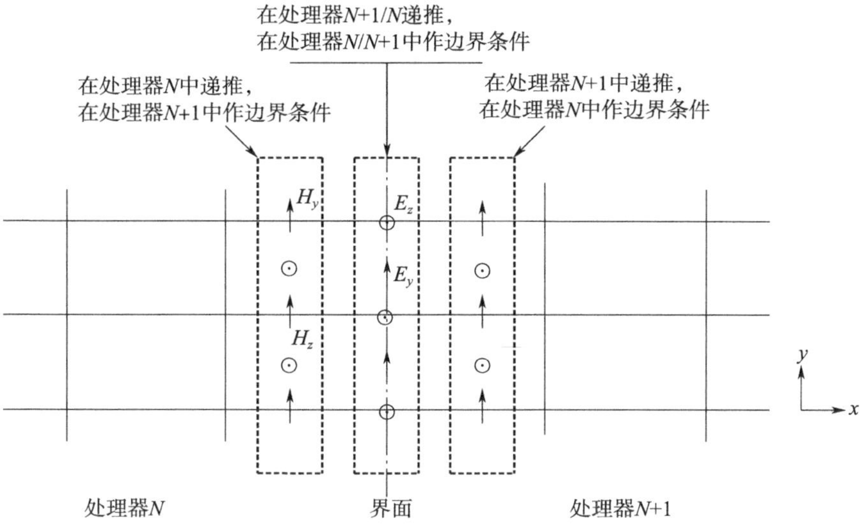

图 4－13　第一种数据交换方式

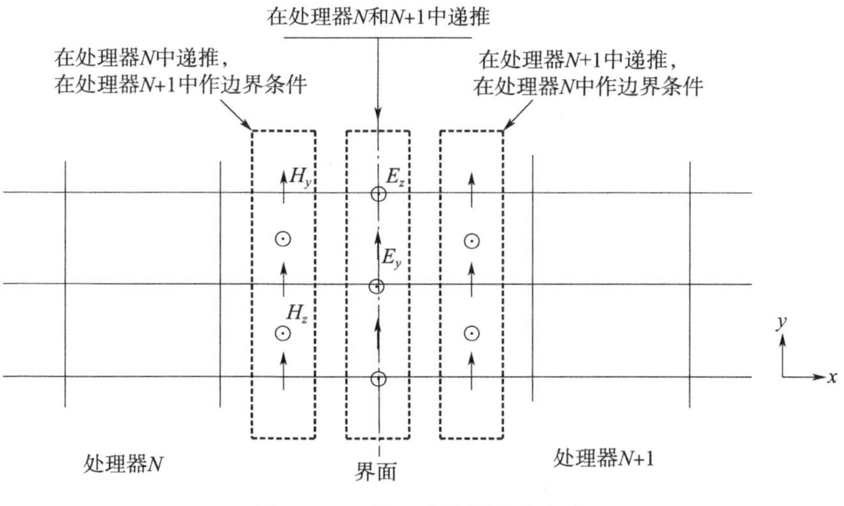

图 4－14　第二种数据交换方式

第三种数据交换方式如图 4－15 所示。采用重叠计算区域的方式进行，与第二种数据交换方法类似。但是在处理交界面两侧属于不同材质时具有一定的优势，因为此时不需传递材料参数。计算次数的增加是其不足之处，重叠区域的大小对于计算效率有很大影响。综合考虑三种数据交换方式和计算效率的稳定性要求，一般采用第二种数据交换方式。

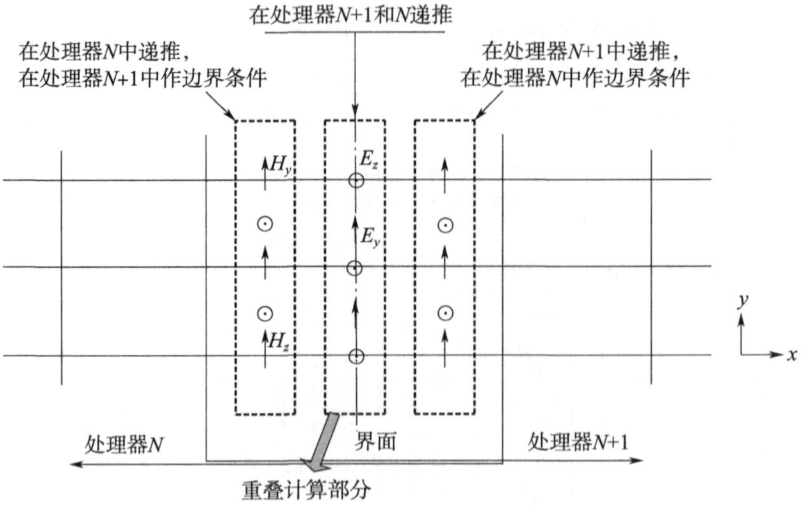

图 4-15　第三种数据交换方式

4.1.3.4　FDTD 算例

为检验并行 FDTD 算法的准确性，计算了 NASA 提出的低散射体——杏仁体的 RCS，并与文献结果进行对比。杏仁体外形如图 4-16 所示

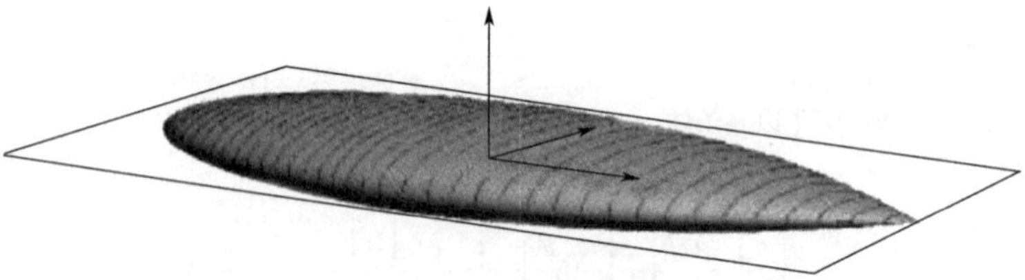

图 4-16　杏仁体外形

图 4-17 给出杏仁体在垂直和水平两种极化状态下的 RCS 特性。为了减少有限差分中网格阶梯剖分引起的误差，用二十分之一波长进行网格剖分。同时给出 MLFMM 的计算结果作为对比。如前所述，MLFMM 是一种相对精确的电磁仿真算法，但是存在着并行效率较低的缺点。由图可见，FDTD 的计算结果与实测结果以及 MLFMM 的仿真结果均吻合很好。考虑实测数据的不确定性误差因素，可以确认计算结果的正确性。

在相同计算规模下分别测试了 8、16、24、32、48 和 160 个进程时的计算时间，并对并行效率进行比较，如图 4-18 所示。从图中可以看出，在 160 个进程参与计算时依然有 130 以上的加速比，并行效率保持在 80%以上，说明该求解器具有较高的并行效率。值得说明的是，上述的并行效率是相对于 8 进程的，即假设 8 进程的并行效率为 100%。

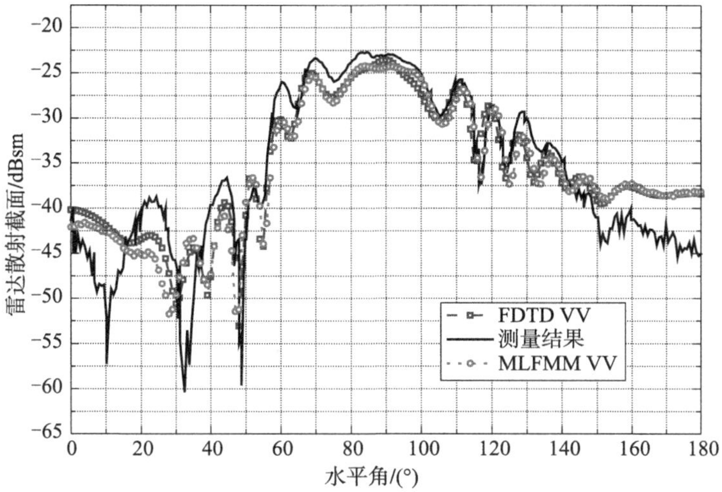

(a) 垂直极化

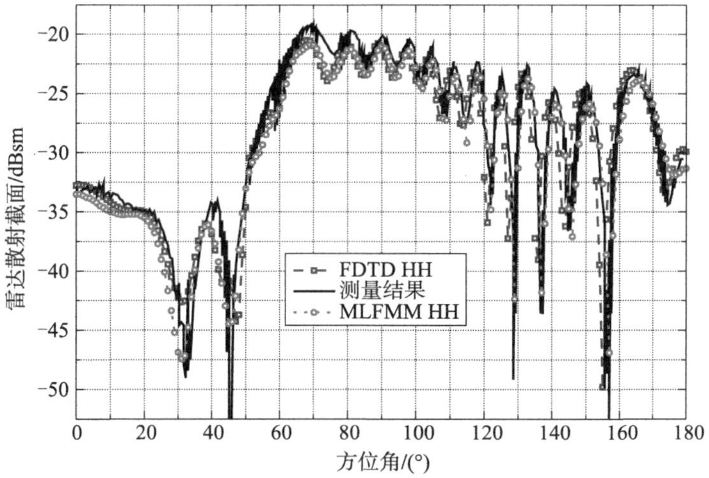

(b) 水平极化

图 4-17　杏仁体两种极化状态下的 RCS 结果比较

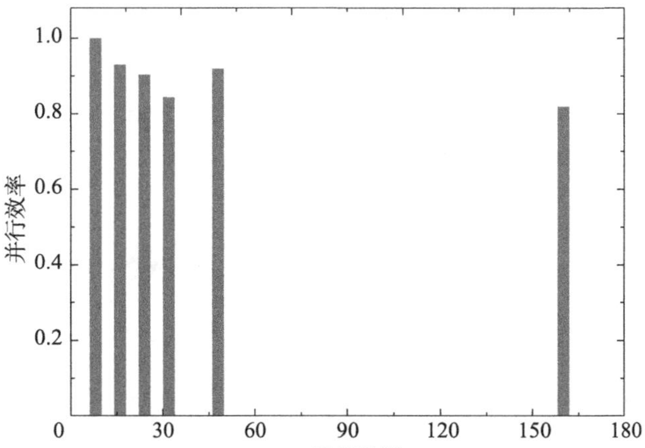

图 4-18　杏仁体 FDTD 仿真的并行效率

4.1.4 基于物理光学法的飞行器雷达特征仿真

4.1.4.1 物理光学法基本原理[16-20]

在无源区，辐射场或散射场可以借助一个把所有场源都包括在内的封闭曲面上的场来表示。对于散射问题，通常把散射体的表面 S 作为此曲面。采用如图 4-19 所示的坐标，则空间中不在此表面上的点 P 处的散射场由 Stratton-Chu 积分给定，有

$$\boldsymbol{E}^s = \frac{1}{4\pi}\int_s [\mathrm{j}\omega\mu(\hat{\boldsymbol{n}} \times \boldsymbol{H}^{\mathrm{T}})\psi + (\hat{\boldsymbol{n}} \times \boldsymbol{E}^{\mathrm{T}}) \times \nabla\psi + (\hat{\boldsymbol{n}} \cdot \boldsymbol{E}^{\mathrm{T}})\nabla\psi]\,\mathrm{d}s \tag{4-59}$$

$$\boldsymbol{H}^s = -\frac{1}{4\pi}\int_s [\mathrm{j}\omega\varepsilon(\hat{\boldsymbol{n}} \times \boldsymbol{E}^{\mathrm{T}})\psi - (\hat{\boldsymbol{n}} \times \boldsymbol{H}^{\mathrm{T}}) \times \nabla\psi - (\hat{\boldsymbol{n}} \cdot \boldsymbol{H}^{\mathrm{T}})\nabla\psi]\,\mathrm{d}s \tag{4-60}$$

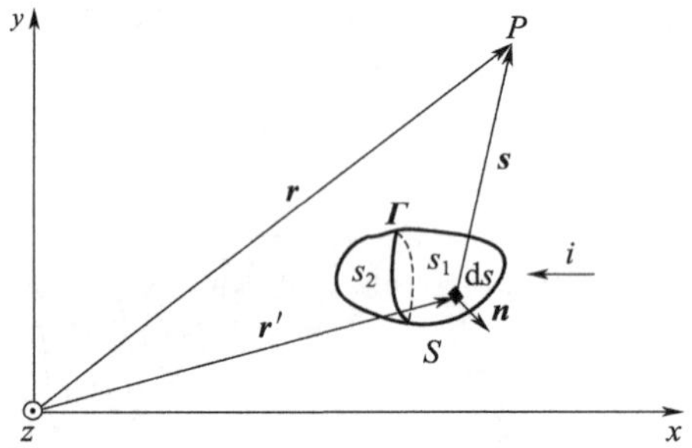

图 4-19 散射场积分的坐标关系

其中，积分在整个封闭曲面表面进行。$\boldsymbol{r}$ 是场点的位置矢量，$\hat{\boldsymbol{r}}$ 是其单位矢量，$\boldsymbol{r}'$ 是散射体表面的位置矢量，$\hat{\boldsymbol{s}}$ 为散射方向的单位矢量，$\hat{\boldsymbol{n}}$ 是表面的外法向矢量。$\boldsymbol{E}^{\mathrm{T}}$ 和 $\boldsymbol{H}^{\mathrm{T}}$ 是表面上 $\boldsymbol{r}'$ 处的总场，ψ 是自由空间的格林函数，定义为

$$\psi = \frac{\mathrm{e}^{\mathrm{j}k|\boldsymbol{r}-\boldsymbol{r}'|}}{|\boldsymbol{r}-\boldsymbol{r}'|} \tag{4-61}$$

如前所述，式（4-59）和（4-60）右边的总场 $\boldsymbol{E}^{\mathrm{T}}$ 和 $\boldsymbol{H}^{\mathrm{T}}$ 是入射场和散射场之和。由于所要求的散射场出现在方程的两边，因此散射问题就变为求解矢量积分方程的问题，实际求解时必须进行一些近似和简化，以把矢量积分方程转化为对散射体表面的简单定积分。

当散射体垂直于入射方向的尺寸远大于入射波波长时，可以认为表面阴影区 s_2 对散射场的贡献为零，Stratton-Chu 积分式中对整个散射体表面的积分就变为对表面上照明区部分 s_1 的积分。考虑到阴影边界上场的不连续性，在方程中增加一项对阴影边界 $\boldsymbol{\Gamma}$ 的线积分，使得所求得的解继续满足麦克斯韦方程组。

这样，Stratton-Chu 积分就变为

$$\boldsymbol{E}^s = \frac{1}{4\pi}\int_{s_1} [\mathrm{j}\omega\mu(\hat{\boldsymbol{n}} \times \boldsymbol{H}^{\mathrm{T}})\psi + (\hat{\boldsymbol{n}} \times \boldsymbol{E}^{\mathrm{T}}) \times \nabla\psi + (\hat{\boldsymbol{n}} \cdot \boldsymbol{E}^{\mathrm{T}})\nabla\psi]\,\mathrm{d}s + \frac{1}{4\pi\mathrm{j}\omega\varepsilon}\oint_{\Gamma}(\nabla\psi)\boldsymbol{H}^{\mathrm{T}} \cdot \mathrm{d}\boldsymbol{l} \tag{4-62}$$

$$\boldsymbol{H}^s = -\frac{1}{4\pi}\int_{s_1} [\mathrm{j}\omega\varepsilon(\hat{\boldsymbol{n}} \times \boldsymbol{E}^{\mathrm{T}})\psi - (\hat{\boldsymbol{n}} \times \boldsymbol{H}^{\mathrm{T}}) \times \nabla\psi - (\hat{\boldsymbol{n}} \cdot \boldsymbol{H}^{\mathrm{T}})\nabla\psi]\,\mathrm{d}s - \frac{1}{4\pi\mathrm{j}\omega\mu}\oint_{\Gamma}(\nabla\psi)\boldsymbol{E}^{\mathrm{T}} \cdot \mathrm{d}\boldsymbol{l} \tag{4-63}$$

当场点远离散射体，也即 $\boldsymbol{r} \gg \boldsymbol{r}'$ 时，格林函数 ψ 的分母可作如下近似

$$|\boldsymbol{r}-\boldsymbol{r}'| \approx \boldsymbol{r} \tag{4-64}$$

而在相位因子中的近似则须取到更高一级

$$|\boldsymbol{r}-\boldsymbol{r}'| \approx r-\hat{\boldsymbol{r}} \cdot \boldsymbol{r}' \tag{4-65}$$

又由于当 $\boldsymbol{r} \gg \boldsymbol{r}'$ 时，$\boldsymbol{r}$ 与 $\hat{s}$ 趋于平行，所以式（4-65）又可以写为

$$|\boldsymbol{r}-\boldsymbol{r}'| \approx r-\hat{\boldsymbol{s}} \cdot \boldsymbol{r}' \tag{4-66}$$

通过以上远区场近似后，自由空间的格林函数 ψ 变为

$$\psi \approx \frac{\mathrm{e}^{\mathrm{j}kr}}{r}\mathrm{e}^{-\mathrm{j}k(\hat{s}\cdot r')} \tag{4-67}$$

对应地，其梯度可以近似为

$$\nabla\psi \approx \mathrm{j}k\hat{\boldsymbol{s}}\psi \tag{4-68}$$

将以上结论代入式（4-62）和式（4-63），并将曲线积分化为曲面积分，经合并、化简后可得

$$\boldsymbol{E}^s=\frac{\mathrm{j}\omega\mu\,\mathrm{e}^{\mathrm{j}kr}}{4\pi r}\int_{s_1}\left[(\hat{\boldsymbol{n}}\times\boldsymbol{H}^{\mathrm{T}})-\hat{\boldsymbol{s}}\cdot(\hat{\boldsymbol{n}}\times\boldsymbol{H}^{\mathrm{T}})\hat{\boldsymbol{s}}-\sqrt{\frac{\varepsilon}{\mu}}(\hat{\boldsymbol{n}}\times\boldsymbol{E}^{\mathrm{T}})\times\hat{\boldsymbol{s}}\right]\mathrm{e}^{-\mathrm{j}k(\hat{s}\cdot r')}\mathrm{d}s \tag{4-69}$$

$$\boldsymbol{H}^s=\frac{-\mathrm{j}\omega\varepsilon\,\mathrm{e}^{\mathrm{j}kr}}{4\pi r}\int_{s_1}\left[(\hat{\boldsymbol{n}}\times\boldsymbol{E}^{\mathrm{T}})-\hat{\boldsymbol{s}}\cdot(\hat{\boldsymbol{n}}\times\boldsymbol{E}^{\mathrm{T}})\hat{\boldsymbol{s}}+\sqrt{\frac{\mu}{\varepsilon}}(\hat{\boldsymbol{n}}\times\boldsymbol{H}^{\mathrm{T}})\times\hat{s}\right]\mathrm{e}^{-\mathrm{j}k(\hat{s}\cdot r')}\mathrm{d}s \tag{4-70}$$

即

$$\boldsymbol{E}^s=\frac{\mathrm{j}\omega\sqrt{\mu\varepsilon}\,\mathrm{e}^{\mathrm{j}kr}}{4\pi r}\int_{s_1}\left[\sqrt{\frac{\mu}{\varepsilon}}(\hat{\boldsymbol{n}}\times\boldsymbol{H}^{\mathrm{T}})-\sqrt{\frac{\mu}{\varepsilon}}\hat{\boldsymbol{s}}\cdot(\hat{\boldsymbol{n}}\times\boldsymbol{H}^{\mathrm{T}})\hat{\boldsymbol{s}}-(\hat{\boldsymbol{n}}\times\boldsymbol{E}^{\mathrm{T}})\times\hat{\boldsymbol{s}}\right]\mathrm{e}^{-\mathrm{j}k(\hat{s}\cdot r')}\mathrm{d}s \tag{4-71}$$

$$\boldsymbol{H}^s=\frac{-\mathrm{j}\omega\sqrt{\mu\varepsilon}\,\mathrm{e}^{\mathrm{j}kr}}{4\pi r}\int_{s_1}\left[\sqrt{\frac{\varepsilon}{\mu}}(\hat{\boldsymbol{n}}\times\boldsymbol{E}^{\mathrm{T}})-\sqrt{\frac{\varepsilon}{\mu}}\hat{\boldsymbol{s}}\cdot(\hat{\boldsymbol{n}}\times\boldsymbol{E}^{\mathrm{T}})\hat{\boldsymbol{s}}+(\hat{\boldsymbol{n}}\times\boldsymbol{H}^{\mathrm{T}})\times\hat{\boldsymbol{s}}\right]\mathrm{e}^{-\mathrm{j}k(\hat{s}\cdot\boldsymbol{r}')}\mathrm{d}s \tag{4-72}$$

在远区，散射场近似为平面波，所以

$$Z=\sqrt{\frac{\mu}{\varepsilon}} \tag{4-73}$$

$$Y=\sqrt{\frac{\varepsilon}{\mu}} \tag{4-74}$$

$$k=\omega\sqrt{\mu\varepsilon} \tag{4-75}$$

式（4-71）和（4-72）可以进一步写为

$$\boldsymbol{E}^s=\frac{\mathrm{j}k\,\mathrm{e}^{\mathrm{j}kr}}{4\pi r}\int_{s_1}[Z(\hat{\boldsymbol{n}}\times\boldsymbol{H}^{\mathrm{T}})-Z\hat{\boldsymbol{s}}\cdot(\hat{\boldsymbol{n}}\times\boldsymbol{H}^{\mathrm{T}})\hat{\boldsymbol{s}}-(\hat{\boldsymbol{n}}\times\boldsymbol{E}^{\mathrm{T}})\times\hat{\boldsymbol{s}}]\,\mathrm{e}^{-\mathrm{j}k(\hat{s}\cdot r')}\mathrm{d}s \tag{4-76}$$

$$\boldsymbol{H}^s=\frac{-\mathrm{j}k\,\mathrm{e}^{\mathrm{j}kr}}{4\pi r}\int_{s_1}[Y(\hat{\boldsymbol{n}}\times\boldsymbol{E}^{\mathrm{T}})-Y\hat{\boldsymbol{s}}\cdot(\hat{\boldsymbol{n}}\times\boldsymbol{E}^{\mathrm{T}})\hat{\boldsymbol{s}}+(\hat{\boldsymbol{n}}\times\boldsymbol{H}^{\mathrm{T}})\times\hat{\boldsymbol{s}}]\,\mathrm{e}^{-\mathrm{j}k(\hat{s}\cdot r')}\mathrm{d}s \tag{4-77}$$

根据矢量运算法则，式（4－76）、（4－77）中积分项的第一项和第二项可以合并，之后再与第三项合并，最后得

$$\boldsymbol{E}^{s}=\frac{\mathrm{j}k\,\mathrm{e}^{\mathrm{j}kr}}{4\pi r}\int_{s_1}\hat{\boldsymbol{s}}\times[(\hat{\boldsymbol{n}}\times\boldsymbol{E}^{\mathrm{T}})-Z\hat{\boldsymbol{s}}\times(\hat{\boldsymbol{n}}\times\boldsymbol{H}^{\mathrm{T}})]\,\mathrm{e}^{-\mathrm{j}k(\hat{s}\cdot r')}\,\mathrm{d}s \tag{4-78}$$

$$\boldsymbol{H}^{s}=\frac{\mathrm{j}k\,\mathrm{e}^{\mathrm{j}kr}}{4\pi r}\int_{s_1}\hat{\boldsymbol{s}}\times[(\hat{\boldsymbol{n}}\times\boldsymbol{H}^{\mathrm{T}})+Y\hat{\boldsymbol{s}}\times(\hat{\boldsymbol{n}}\times\boldsymbol{E}^{\mathrm{T}})]\,\mathrm{e}^{-\mathrm{j}k(\hat{s}\cdot r')}\,\mathrm{d}s \tag{7-79}$$

由于表面场在散射方向上没有分量，此时的积分贡献仅由入射场提供。提取入射场的相位因子，散射场的积分表达式最终可以写为

$$\boldsymbol{E}^{s}=\frac{\mathrm{j}k\,\mathrm{e}^{\mathrm{j}kR}}{4\pi R}\int_{s_1}\hat{\boldsymbol{s}}\times[(\hat{\boldsymbol{n}}\times\boldsymbol{E}^{\mathrm{T}})-Z\hat{\boldsymbol{s}}\times(\hat{\boldsymbol{n}}\times\boldsymbol{H}^{\mathrm{T}})]\,\mathrm{e}^{\mathrm{j}kr\cdot(\hat{i}-\hat{s})}\,\mathrm{d}s \tag{4-80}$$

$$\boldsymbol{H}^{s}=\frac{\mathrm{j}k\,\mathrm{e}^{\mathrm{j}kR}}{4\pi R}\int_{s_1}\hat{\boldsymbol{s}}\times[(\hat{\boldsymbol{n}}\times\boldsymbol{H}^{\mathrm{T}})+Y\hat{\boldsymbol{s}}\times(\hat{\boldsymbol{n}}\times\boldsymbol{E}^{\mathrm{T}})]\,\mathrm{e}^{\mathrm{j}kr\cdot(\hat{i}-\hat{s})}\,\mathrm{d}s \tag{4-81}$$

上述式中，以 R 代替原先的 r，表示场点到原点的距离；以 $\boldsymbol{r}$ 代替原先的 $\boldsymbol{r}'$，表示表面单元 $\mathrm{d}s$ 的位置矢量；$\hat{\boldsymbol{i}}$ 为入射方向的单位矢量；$\hat{\boldsymbol{s}}$ 为散射方向的单位矢量。

式（4－80）和（4－81）便是无源区散射场的积分表达式，是雷达目标高频 RCS 预估的基础。由于存在关系式

$$\boldsymbol{H}^{s}=Y\hat{\boldsymbol{s}}\times\boldsymbol{E}^{s} \tag{4-82}$$

所以，式（4－80）和（4－81）两个方程中的任何一个都可以用来计算散射场。习惯上，使用式（4－80）更多。

对于理想导体，总场的切向分量有

$$\hat{\boldsymbol{n}}\times\boldsymbol{E}^{\mathrm{T}}=0 \tag{4-83}$$

$$\hat{\boldsymbol{n}}\times\boldsymbol{H}^{\mathrm{T}}=2\hat{\boldsymbol{n}}\times\boldsymbol{H}^{i} \tag{4-84}$$

式中，$\boldsymbol{H}^{i}$ 是在表面单元处的入射磁场。如果入射波在单位矢量 $\hat{\boldsymbol{i}}$ 给定的方向上传播，磁场强度为 H_0，且磁场方向与单位矢量 $\hat{\boldsymbol{\eta}}_i$ 平行，式（4－80）就变为物理光学积分：

$$\boldsymbol{E}^{s}=\frac{-\mathrm{j}2kZH_0\,\mathrm{e}^{\mathrm{j}kR}}{4\pi R}\int_{s}\hat{\boldsymbol{s}}\times[\hat{\boldsymbol{s}}\times(\hat{\boldsymbol{n}}\times\hat{\boldsymbol{h}}_i)]\,\mathrm{e}^{\mathrm{j}kr\cdot(\hat{i}-\hat{s})}\,\mathrm{d}s \tag{4-85}$$

由波阻抗关系又得

$$\boldsymbol{E}^{s}=\frac{-\mathrm{j}2kE_0\,\mathrm{e}^{\mathrm{j}kR}}{4\pi R}\int_{s}\hat{\boldsymbol{s}}\times[\hat{\boldsymbol{s}}\times(\hat{\boldsymbol{n}}\times\hat{\boldsymbol{h}}_i)]\,\mathrm{e}^{\mathrm{j}kr\cdot(\hat{i}-\hat{s})}\,\mathrm{d}s \tag{4-86}$$

式中　s ——散射体的照亮区。

据此，可得 RCS 平方根的物理光学表达式

$$\sqrt{\sigma}=-\mathrm{j}\frac{k}{\sqrt{\pi}}\int_{s}\hat{\boldsymbol{n}}\times\hat{\boldsymbol{e}}_r\times\hat{\boldsymbol{h}}_i\,\mathrm{e}^{\mathrm{j}kr\cdot(\hat{i}-\hat{s})}\,\mathrm{d}s \tag{4-87}$$

4.1.4.2　三角面元法实现 PO

PO 法有多种具体的实现方案，如平面元法、曲面元法以及计算机图形学法等，其中，最直接的是平面三角面元法，该方法把复杂目标表面剖分为若干亚波长尺度的平面三角面元，分别计算每个面元的远区散射场并矢量叠加，即得目标的总 RCS。

考虑目标照亮区内一小块平板面元的散射，如图 4 - 20 所示。建立局部坐标系 $ox_1x_2x_3$（图 4 - 21），使坐标轴 ox_3 沿面元的外法线方向 $\hat{\boldsymbol{n}}$，ox_1x_2 位于面元内，不失一般性，原点 o 取在面元的中心处。

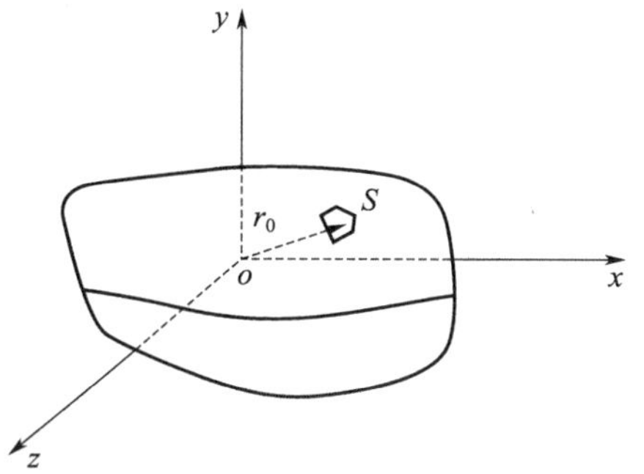

图 4 - 20 平板面元 S 的空间位置

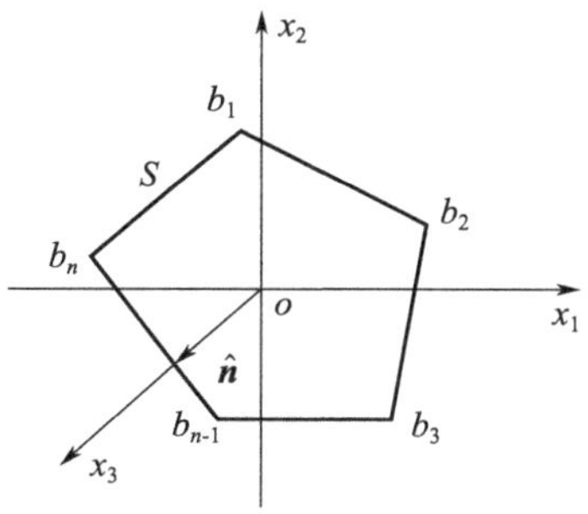

图 4 - 21 平板面元 S 的局部坐标系

设 $\boldsymbol{r}=\boldsymbol{r}_0+\boldsymbol{x}$，$\boldsymbol{r}_0$ 是局部坐标系原点的位置矢量，$\boldsymbol{x}=x_1\hat{\boldsymbol{x}}_1+x_2\hat{\boldsymbol{x}}_2$ 为源点在面元上的位置矢量，则式（4 - 87）变为

$$\sqrt{\sigma}=-\mathrm{j}\frac{k}{\sqrt{\pi}}\hat{\boldsymbol{n}}\cdot\hat{\boldsymbol{e}}_r\times\hat{\boldsymbol{h}}_i\mathrm{e}^{\mathrm{j}k\boldsymbol{w}\cdot\boldsymbol{r}_0}\int_s\mathrm{e}^{\mathrm{j}k\boldsymbol{w}\cdot\boldsymbol{x}} \tag{4-88}$$

式中，$\boldsymbol{w}=\hat{\boldsymbol{i}}-\hat{\boldsymbol{s}}$。

设 ∂s 表示 S 的边界，$\boldsymbol{x}=\boldsymbol{x}(t)$ 是 S 的参数形式，$\boldsymbol{w}=w_1\hat{\boldsymbol{x}}_1+w_2\hat{\boldsymbol{x}}_2+w_3\hat{\boldsymbol{x}}_3$。另外设 $\hat{\boldsymbol{p}}=\dfrac{\boldsymbol{w}\times\hat{\boldsymbol{n}}}{|\boldsymbol{w}\times\hat{\boldsymbol{n}}|}=\dfrac{w_2\hat{\boldsymbol{x}}_1-w_1\hat{\boldsymbol{x}}_2}{\sqrt{w_1^2+w_2^2}}$，由格林定理可得

$$\begin{aligned}\int_{\partial s}\mathrm{e}^{\mathrm{j}k\boldsymbol{w}\cdot\boldsymbol{x}}[\hat{\boldsymbol{p}}\cdot\boldsymbol{x}(t)]\,\mathrm{d}t&=\frac{1}{\sqrt{w_1^2+w_2^2}}\int_{\partial s}\mathrm{e}^{\mathrm{j}k\boldsymbol{w}\cdot\boldsymbol{x}}(w_2\mathrm{d}x_1-w_1\mathrm{d}x_2)\\&=\frac{1}{\sqrt{w_1^2+w_2^2}}\int_s\left[-w_1\frac{\partial}{\partial x_1}(\mathrm{e}^{\mathrm{j}k\boldsymbol{w}\cdot\boldsymbol{x}})-w_2\frac{\partial}{\partial x_2}(\mathrm{e}^{\mathrm{j}k\boldsymbol{w}\cdot\boldsymbol{x}})\right]\mathrm{d}x_1\mathrm{d}x_2\\&=-\mathrm{j}k\frac{w_1^2+w_2^2}{\sqrt{w_1^2+w_2^2}}\int_s\mathrm{e}^{\mathrm{j}k\boldsymbol{w}\cdot\boldsymbol{x}}\mathrm{d}x_1\mathrm{d}x_2=-\mathrm{j}kT\int_s\mathrm{e}^{\mathrm{j}k\boldsymbol{w}\cdot\boldsymbol{x}}\mathrm{d}x_1\mathrm{d}x_2\end{aligned} \tag{4-89}$$

式中 $T=\sqrt{w_1^2+w_2^2}$，为 $\boldsymbol{w}$ 在平面上的投影长度。所以

$$\int_s\mathrm{e}^{\mathrm{j}k\boldsymbol{w}\cdot\boldsymbol{x}}\mathrm{d}x_1\mathrm{d}x_2=\frac{\mathrm{j}}{kT}\int_{\partial s}\mathrm{e}^{\mathrm{j}k\boldsymbol{w}\cdot\boldsymbol{x}}[\hat{\boldsymbol{p}}\cdot\boldsymbol{x}(t)]\,\mathrm{d}t \tag{4-90}$$

设面元为 N 边形，第 N 个顶点的位置矢量为 $\boldsymbol{b}_n$，并设 $\boldsymbol{b}_{N+1}=\boldsymbol{b}_1$，$\Delta\boldsymbol{b}_n=\boldsymbol{b}_{n+1}-\boldsymbol{b}_n$，第 n 条边上的点矢量为 $\boldsymbol{x}(t)=(1-t)\boldsymbol{b}_n+t\boldsymbol{b}_{n+1}$，$n=1,2,\cdots,N$。则

$$\begin{aligned}\int_{\partial s} e^{jkw\cdot x}[\hat{p}\cdot x(t)]\,dt &= \sum_{n=1}^{N}(\hat{p}\cdot\Delta b_n)\int_0^1 \exp\{jkw\cdot[(1-t)b_n+t\,b_{n+1}]\}\,dt \\ &= \sum_{n=1}^{N}(\hat{p}\cdot\Delta b_n)\int_0^1 \exp\{jkw\cdot[(1-t)b_n+t\,b_{n+1}]\}\,dt \\ &= \sum_{n=1}^{N}(\hat{p}\cdot\Delta b_n)e^{jkw\cdot b_n}\int_0^1 e^{jktw\cdot\Delta b_n}\,dt \\ &= \sum_{n=1}^{N}(\hat{p}\cdot\Delta b_n)e^{jkw\cdot b_n}\frac{e^{jkw\cdot\Delta b_n}-1}{jkw\cdot\Delta b_n}\end{aligned} \tag{4-91}$$

应用欧拉公式，化简上式得

$$\int_{\partial s} e^{jkw\cdot x}[\hat{p}\cdot x(t)]\,dt = \sum_{n=1}^{N}(\hat{p}\cdot\Delta b_n)e^{jkw\cdot\frac{b_{n+1}+b_n}{2}}\frac{\sin\left(\frac{1}{2}kw\cdot\Delta b_n\right)}{\frac{1}{2}kw\cdot\Delta b_n} \tag{4-92}$$

令 $r_n=\dfrac{b_{n+1}+b_n}{2}$，表示第 n 条边中点的位置矢量；$a_n=\Delta b_n$，表示第 n 条边的长度和方向。把式（4-91）和式（4-92）代入式（4-88）可得平板面元的 RCS 平方根表达式

$$\sqrt{\sigma}=-\frac{\hat{n}\cdot\hat{e}_r\times\hat{h}_i}{\sqrt{\pi}\,T}e^{jkr_0\cdot w}\sum_{n=1}^{N}(\hat{p}\cdot a_n)e^{jkr_n\cdot w}\frac{\sin\left(\frac{1}{2}kw\cdot a_n\right)}{\frac{1}{2}kw\cdot a_n} \tag{4-93}$$

注意到，当因子 $T=0$ 时，表达式会出现奇异性。这就意味着在平板平面上没有 $(\hat{i}-\hat{s})$ 的分量，因此，这个表面与从源点到远场观察点逐渐延迟的等相位面相重合。换言之，表面上的相位并没有变化，因此式（4-88）中的积分式就化为平板小面元的面积 A 。于是，在 $T=0$ 的情况下，式（4-93）变为

$$\sqrt{\sigma}=-\frac{jkA}{\sqrt{\pi}}\hat{n}\cdot\hat{e}_r\times\hat{h}_i e^{jkr_0\cdot w} \tag{4-94}$$

式（4-93）和式（4-94）包含了双站散射的一般情况。对单站散射，$\hat{s}=-\hat{i}$ ，接收机电场极化 $\hat{e}_r$ 满足 $\hat{e}_r\cdot\hat{s}=0$，由此，可以推导出平板面元单站 RCS 平方根的物理光学公式

$$\sqrt{\sigma}=-\frac{e^{2jk\hat{i}\cdot r_0}}{2\sqrt{\pi}\tan\theta}\sum_{n=1}^{N}(\hat{p}\cdot a_n)e^{2jk\hat{i}\cdot r_n}\frac{\sin(k\hat{i}\cdot a_n)}{k\hat{i}\cdot a_n} \tag{4-95}$$

式中，θ 是面元外法线 $\hat{n}$ 与入射波方向矢量 $\hat{i}$ 之间的夹角（$0°<\theta<90°$），$\hat{p}=\dfrac{\hat{i}\times\hat{n}}{|\hat{i}\times\hat{n}|}$ 。

求出每一块理想导体平板面元的含有相位信息的 RCS 平方根，然后再直接相加，取模的平方，就可以得到散射体总的 RCS，即

$$\sigma=\left|\sum_{i=1}^{m}(\sqrt{\sigma})_i\right|^2 \tag{4-96}$$

值得注意的是，用物理光学法计算目标单站 RCS 时，入射波和接收机的极化信息被消除了，它得到的结果不能表示出不同极化状态下的差异。这是物理光学法的一个缺点。

如前所述，物理光学法计算 RCS 的前提是找出被入射波照亮的三角面元，必须联合高速有效的目标消隐算法来使用。下面给出一种最简单的消隐思路。

(1) 简单凸目标的消隐

对于不是很复杂的组合目标，以下的简单消隐判别方法被广为应用，该方法既考虑了同一面元的正背面效果，又考虑了不同面元之间的相互遮拦。

1) 同一面元的遮拦。

如图 4-22 所示，来波方向为 $\hat{\boldsymbol{k}}$ ，面元的外法向矢量为 $\hat{\boldsymbol{n}}$ 。如果 $\hat{\boldsymbol{k}}\times\hat{\boldsymbol{n}}<0$，则此面元为照明区；如果 $\hat{\boldsymbol{k}}\times\hat{\boldsymbol{n}}>0$，则此面元为遮拦区。

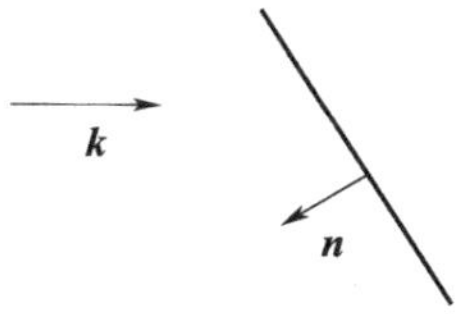

图 4-22　同一物体的遮拦问题

2) 不同面元之间的遮拦。

如图 4-23 所示，通过对四种典型位置的分析，得到如下的结论：若 $\boldsymbol{n}_1$ 和 $\boldsymbol{n}_2$ 有实交点，则两者共同被照明或遮拦；若 $\boldsymbol{n}_1$ 和 $\boldsymbol{n}_2$ 无实交点，则一定有一个面元被另外一个面元遮拦，进而可根据入射波方向确定被遮拦的面元。

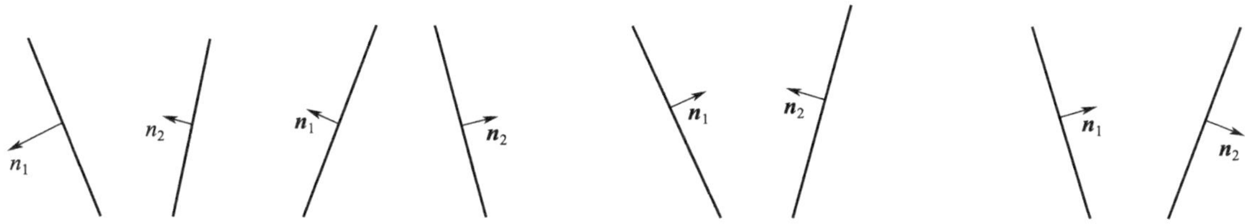

图 4-23　不同物体之间的遮拦问题

(2) Z-缓冲区深度提取

Z-缓冲区技术是在计算机图形学技术中广为应用的一种消隐算法，它是桢缓冲器的简单推广，桢缓冲器用来存储图像空间中每个像素的属性，而 Z-缓冲区存储每一可见像素的深度或 Z 坐标，是一个独立的深度或 Z 坐标缓冲器，简称 Z-缓冲区。若光源在 Z 轴正向无穷远处，则其算法过程为：计算拟写入桢缓冲器像素的深度或 Z 值，并与已存储的 Z-缓冲区中的原深度比较，如果新像素位于桢缓冲器上原像素的前面，则原像素为隐藏面，将新像素写入桢缓冲器，Z-缓冲器用新的 Z 值更替；否则，不更新。这样，就完成了图像空间的消隐。Z-缓冲器算法的本质是对一给定的 (x, y)，寻求最大的 $Z(x, y)$ 值。

(3) 实现步骤

结合上面的两种算法给出一种简单的消隐处理方案。该方案简单实用，有利于软件的集成，流程图如图 4－24 所示。

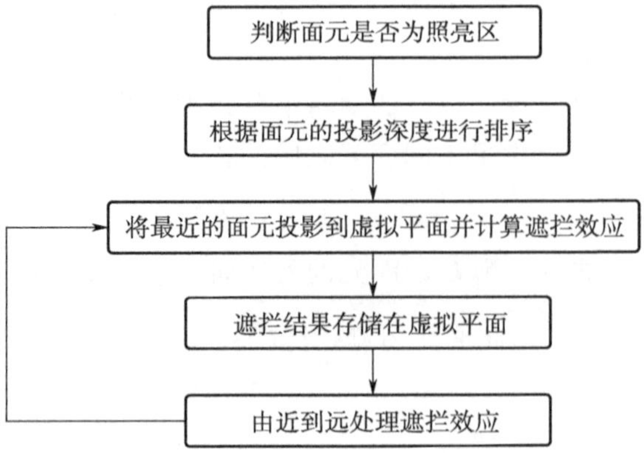

图 4－24　简单消隐算法的流程图

4.1.4.3　计算机图形学法实现 PO

雷达目标高频 RCS 预估的计算机图形电磁计算（GRECO）方法由西班牙学者提出，GRECO 方法是一种将目标的计算机辅助设计、计算机图形学和高频 RCS 预估代码相结合的方法。GRECO 方法用于计算电大尺寸复杂目标高频区 RCS 具有计算速度快、计算结果准确度高等优点。GRECO 方法充分利用了计算机硬件的优势，由图形加速卡完成最困难、最费时的遮挡和消隐工作；同时利用光照模型对目标进行着色渲染，可在屏幕上生成目标的彩色图像，通过求取每个像素点的颜色分量来求得该点法矢，进而完成电磁散射特性计算。

在建立目标精确模型的基础上，基于计算机图形学的 RCS 预估方法利用硬件技术进行自动消隐，然后将几何形体成像于屏幕上，得到一个进行消隐后的二维图像，因此目标的消隐问题不需要特别考虑。这一过程可采用 SGI 公司的 OpenGL 库实现。

对于目标几何信息的获取，图形学 RCS 预估方法采用计算机图形学中的技术，通过 Phong 光照模型来实现。适当地选取光照模型以及物体的材质，加以适当的光源，可使每个像素的三原色强度分量与目标的外法线向量相对应，而计算机的 Z－缓冲区内则保存了每个像素的 Z 值，加上二维图像的屏幕坐标，每个像素点对应一个六维矢量，这就为物理光学计算提供了完备的目标几何数据。

由高频近似理论可知：当入射波长远小于散射体尺度时，一个散射体可以作为多个独立的散射中心来处理。图形学 RCS 预估方法通过上述的图形学处理，得到目标的几何信息之后，根据目标实际尺寸与显示屏幕上像素的对应关系，将每个像素等效为一个小面元来对待，并用物理光学法计算目标的表面散射，对涂覆介质的目标表面可用物理光学和阻抗边界相结合的方法处理，边缘的散射则使用前面介绍的物理绕射或等效电磁流方法计算。

根据矩形平板的物理光学解，图形学 RCS 预估方法的一阶物理光学散射公式为

$$\sigma = \frac{4\pi}{\lambda^2}\left|\sum_{\text{pixel}} \operatorname{sinc}\left(kl\frac{n_x}{n_z}\right)\operatorname{sinc}\left(kl\frac{n_y}{n_z}\right)\mathrm{e}^{2\mathrm{j}kz\Delta s}\right| \tag{4-97}$$

式中　l ——像素的边长；

Δs ——像素的面积。

对于边缘绕射场的计算，必须先提取出目标的棱边，棱边的提取可以通过多种图形检测方法得到。得到棱边的几何参数后，可以直接利用绕射场公式计算。

除需满足高频预估方法的共有条件外，图形学 RCS 预估方法的局限性主要体现在以下两个方面：其一是，只有当各个像素所代表的面积远小于一个平方波长时，才是有效的，虽然有些文献提出了一定的改进方法，降低了这一要求，但这并不意味着像素代表的面积不受限制，因此，图形学 RCS 预估方法能够计算的目标尺寸不但与计算机 Z - 缓冲区的位数有关，还与所用显示器的屏幕分辨率有关。其二是，计算精度与目标的复杂程度有关。因为显示器的分辨率是有限的，当显示器无法精确显示目标的细节时，计算结果是不准确的。

对此，人们又提出了一种分区显示方法，用于扩充图形电磁计算的计算范围。分区显示算法把目标的投影分为多个区，每次只显示其中一个区域，相当于对图像进行了放大，从而达到计算 RCS 所需的显示精度要求。分区显示算法是解决 GRECO 受限于显示分辨率问题的一个有效方法。

在软件中，首先读入适当格式的目标模型，并显示在屏幕上。然后，用上述计算机图形学方法计算目标 RCS 并实时显示。下面给出一个 GRECO 方法算例。图 4 - 25 是某导弹模型在 GRECO 计算界面中的显示该导弹主体结构三段锥台组成。前面提到，GRECO 方法用三原色代表目标面元的法矢，在图 4 - 25 中可看到这一点，导弹表面均为金属，但其外表面法矢方向不同的部位显示为不同的颜色，而外表面法矢方向相同的部位则显示为相同的颜色。图 4 - 26 是该导弹模型基于 GRECO 散射模拟的逆合成孔径成像（ISAR）结果，在 CPU 主频为 3.0 GHz 的计算机上的总用时不到 3 min。

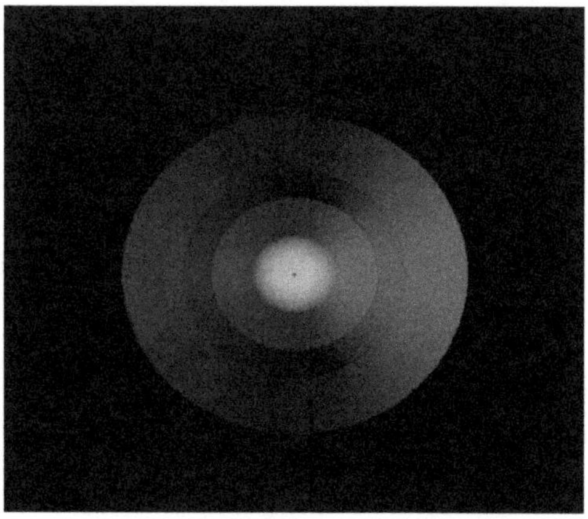

图 4 - 25　某导弹模型（见彩插）

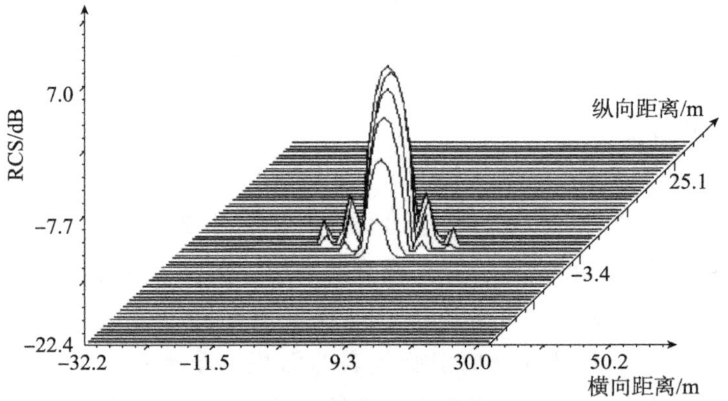

图 4－26　基于 GRECO 散射模拟的某导弹模型 ISAR 像

4.1.4.4　PO 与射线追踪的结合——弹跳射线（SBR）法

射线追踪法（SBR）和物理光学法（PO）相结合可计算存在多次反射情况下的复杂目标 RCS，基本原理如下：

1）构造一个射线管口面，其法线方向与电磁场入射方向一致，位置满足入射电磁波先穿过口面再到达目标，形状满足包含所有从入射方向发出并交于目标的射线，在该口面上把入射场划分成足够密的射线管单元（为符合高频假设，射线管尺寸一般为 1/10 波长左右）；

2）对目标的计算模型进行面元剖分，以面元在每一射线管的每一次反射中，对所有目标面元进行遍历式求交，获得真正的交点（因为存在景深问题，可能会出现多个伪交点），同时得到反射后的射线管，以反射后的射线管重复这一过程，直到射线管脱离目标为止，记录射线管的反射轨迹，在射线管的最后一个散射点处，利用物理光学积分求出该射线管的远场散射；

3）对所有射线管重复上一过程，并将所有射线管的远场散射叠加得到目标总的远场散射值，按定义得到 RCS 值。

SBR 并不是一种纯粹的 RCS 计算方法，由于其原理是利用高频传播特性，以大量微型管模拟场在空间的传播，它适用于电磁波、光线甚至红外线的传播模拟，因此在电磁场分析、计算机图形学和热辐射场计算方面都有广泛的应用。

SBR 来源于几何光学法，并逐渐应用于对腔体 RCS 的计算，在它之前波导法被应用于预估腔体的 RCS，当时的研究发现，波导法有三个方面的缺陷：

1）只能计算简单的圆腔体和矩形腔体的散射；

2）不能处理腔体的电尺寸过大的情况；

3）只能处理腔体内表面为理想导体的情况。

学者 Ling Hao 在 1989 年系统地阐述了 SBR 对腔体散射的处理方法和应用结论，给出了比较完整的 SBR 实现过程。从此，SBR 开始广泛应用于腔体类复杂散射计算中，SBR 理论也不断成熟，甚至被推广于研究平面和边缘间的耦合散射关系，模拟电磁场在介质层上的反射和透射，以及透射后的再次反射，研究边缘散射之间的耦合效应，等等。但是，正如麦道公司在介绍一套自研的成熟 RCS 计算软件时所指出：射线追踪法目前存在的最大问题是如何提高其计算效率。

前面提到，SBR 的第一步是根据电磁波入射方向和目标外形确定一个射线管口面。如图 4-27 所示，射线管口面垂直于入射方向，距目标距离 D_{GS} 保证射线管口面远离目标，且须完全包含目标在入射方向上的投影（图中用填充区表示）。在处理简单的规则目标时，射线管口面边界较易获得，如球体的投影为一个圆形。但当处理不规则目标时，通常的做法是首先构建一个包围目标的规则多面体（称之为包围盒），然后由该多面体向入射口面投影得到一直边多边形，以此代替投影边界封闭曲线。

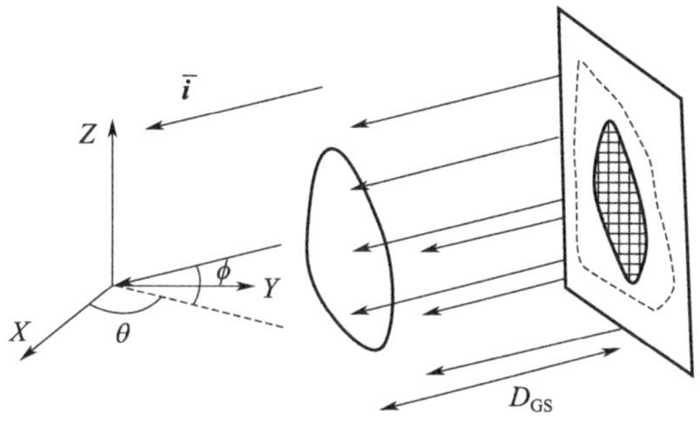

图 4-27　射线口面的确定

获得了射线管口面的封闭边界后，在其上划分射线管，依据几何光学原理，当射线管的尺寸（边长）远小于入射波长时（一般取十分之一）时，可以认为其反射后的主要能量都集中在反射方向上，故可以追踪其反射轨迹得到散射能量的分布。

根据截面形状的不同，较常用的射线管划分情况可分为矩形射线管和三角形射线管两种。以使用矩形射线管为例（图 4-28），在入射口面上用矩形网格划分射线管。射线管中心射线为 R_0，四条边缘射线 R_1、R_2、R_3 和 R_4 均匀分布在矩形网格的四个角点上。使用边缘射线的目的是计算射线管在反射中的扩散情况。

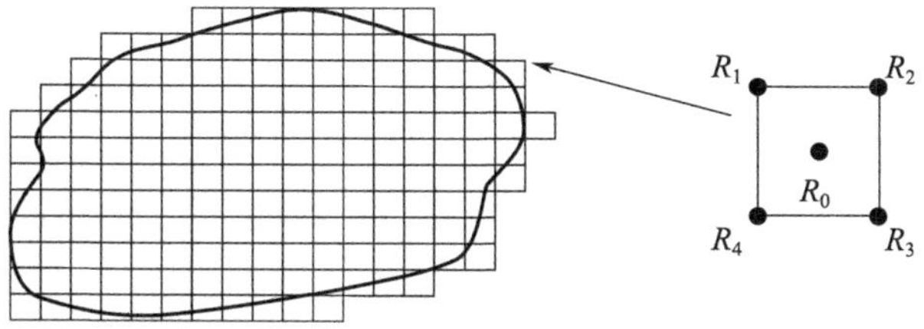

图 4-28　在入射口面上划分射线管

接下来须计算每根射线管的传播路径。其实质是寻找射线管被目标表面反射的历程。这就要求首先用镜像法得到射线与组成目标的每个面元所在平面的交点，并确定交点是否在面元上（即真正相交）。按几何算法，可用内角检验法或矢量叉积检验法来判定任意一点是否在多边形面元上。同时，为求得射线的第一个反射点，须要对所有目标面元进行遍历求交，以获得真正的交点。因为，在射线追踪历程中存在景深问题，有可能会出现一个或多个伪交点，而只有第一个交点才是真正的反射点。例如，图 4 - 29（a）中，射线 R 与 F_1、F_2 和 F_3 三个平面元均有交点，但由于遮挡现象，与 F_1 的交点才是真实交点，而其他两个交点为伪交点。图 4 - 29（b）中，射线 R 与桶壁前后两次相交，但真实的反射点却只有 F_1。由于伪交点的存在，迫使射线管在一次遍历式求交中不能够一旦找到交点即刻确认退出，必须对所有面元进行上一节中所述的判断。这也是追踪效率低下的一个原因。

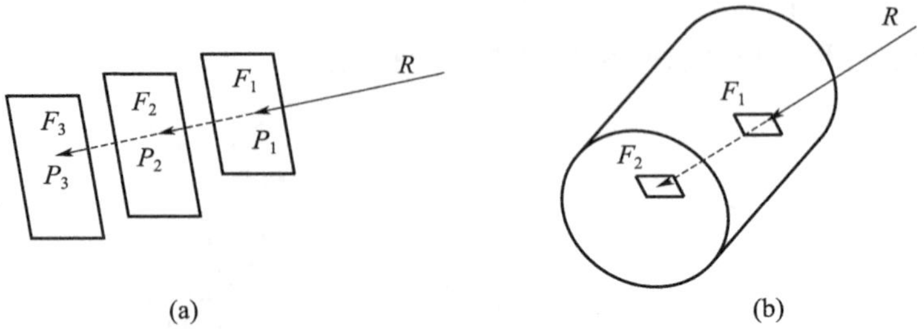

图 4 - 29　射线追踪中的反射点与伪交点

设某射线管共被反射 n 次。为求得它在远场区的散射电场，在最后一次反射点处用物理光学积分进行计算，设该射线管所得散射场为 $\boldsymbol{E}_p^r$ 。由于入射电磁场在入射口面上被划分为彼此紧密相邻的射线管，所以总的后向散射场为所有射线管的远场散射叠加：

$$\boldsymbol{E}^r = \sum_{p=1}^{N} \boldsymbol{E}_p^r \tag{4-98}$$

式中　N ——射线管总条数。

目标的 RCS 为

$$\sigma = 4\pi \left| \frac{\boldsymbol{E}^r \cdot \hat{e}}{\boldsymbol{E}_0^i} \right|^2 \tag{4-99}$$

式中　$\hat{e}$ ——接收机电场方向。

4.2　红外特征预估与仿真常用方法

红外特征包括目标自身辐射及其对外源辐射的反射，并且伴随热交换的过程。因此，红外辐射预估的关键是辐射流场，或辐射温度场的计算。

4.2.1　红外辐射仿真计算模型

从航天飞行器产生有效红外辐射的过程来讲，由于航天飞行器的结构复杂，其表面之间存在发射辐射、反射辐射、遮挡等不同的辐射过程。这些过程与观测方向、飞行的几何结构均有关系。从航天飞行器红外辐射传输过程来讲，与流动、传热等局部作用物理过程不同，辐射最典型的特征是沿程性（容积性），即红外辐射会跨越空域，与远处以及传输路径上的介质发生相互作用。在进行航天飞行器红外辐射特征预估与仿真计算过程中，必须考虑这两方面的作用。

数值模拟是随着计算机技术的发展而迅速发展起来，研究物理现象和变化的快速、有效、低成本的手段，在现阶段，已与理论分析和实验测试具有同等重要地位。在辐射传热及多场耦合换热领域内，主要方法有蒙特卡罗法（Monte - Carlo Method，MCM）、射线踪迹 - 节点分析法（Ray Tracing Nodal Analytical Method，RTNAM）、离散坐标法（Discrete Ordinate Method，DOM）、有限体积法（Finite Volume Method，FVM）、有限元法（Finite Element Method，FEM）、离散传递法（Discrete Transfer Method，DTM）、区域法（Zone Method，ZM）、扩散近似法（Diffusion Approximation Method，DAM）、热流法（Heat Flux Method，HFM）、球形谐波法（Spherical Harmonics Method，SHM）、局部伽辽金法（Meshless Local - Petro Garlikin，MLPG）、最小二乘法（Least Squares Method，LSM）、自然单元法（Nature Element Method，NEM）等。

通常按照划分网格，将数值方法分为网格法和无网格法。然而若从数值模拟方法的基本原理出发对其进行分类，则可以更加清晰的认识不同数值模拟方法之间的区别。基于这样的认识，可以将辐射传输领域数值模拟方法分为两类：基于抽样统计的概率模型法（Probabilistic Model Method，PMM）和基于控制方程的确定模型法（Deterministic Model Method，DMM）。这样可以将数值方法描述为四大类，分别为网格型的概率模型法、网格型的确定模型法、无网格型的概率模型法和无网格型的确定模型法。辐射传输计算领域的数值方法的分类如表 4 - 1 所示。

表 4 - 1　辐射传输领域中数值方法的分类

	网格法	无网格法
概率模型法	蒙特卡罗法	—
确定模型法	射线踪迹法、离散坐标法、有限体积法、有限元法、离散传递法、区域法、扩散近似法、热流法、球形谐波法	局部伽辽金法、最小二乘法、自然单元法

概率模型法就是通常所说的蒙特卡罗法。该方法基本思想是通过将辐射传输过程离散成发射、透射、反射、吸收和散射等子过程，并把它们转换成随机问题，然后建立每一个子过程的随机概率，通过产生随机数判断每一个单元最终获得的能量，完成辐射传输过程计算。其核心是对样本库内具有一定发生概率的样本进行抽样统计来获得所有事件的发生频率，并认为该频率就是所有事件的最概然分布。采用蒙特卡罗法计算实际问题的难点是如何用有限的抽样样本复现具有无限样本的实际问题的真实原貌，关键点是如何在计算机中产生真正的随机数，困境是该方法对计算机内存和计算效率要求极高。

确定模型法有很多分支，没有统一的名称，但是这类方法的数值模拟过程分两步：第一步建立辐射强度的空间关联式；第二步将关联式代入到辐射传递方程中，并确保方程满足一定的守恒关系，然后求解该方程获得全场辐射强度分布。根据第一步或第二步中的构造格式不同，可以获得不同的方法，主要有有限体积法、有限元法、局部伽辽金法、自然单元法等。前两种方法属于网格法，称为网格型确定模型法；后两种方法属于无网格法，称为无网格型确定模型法。

有限体积法通过阶梯格式、菱形格式、指数格式等插值格式获得辐射强度的空间关联式，并将关联式代入到辐射传递方程中，在相应的网格内通过对单元和立体角积分建立能量守恒方程的同时完成控制方程的离散，求解离散方程获得全场辐射强度分布。

有限元法通过单元内插值建立辐射强度的空间关联式，通过变分约束建立辐射传递方程的离散格式，并将关联式代入到离散方程中，求解方程获得全场的辐射强度。

局部伽辽金法通过基函数近似、最小二乘近似、再生核近似等拟合关系式建立辐射强度的空间关联式，通过正交约束建立控制方程的离散格式，将关联式代入到控制方程离散格式中，就可以获得不同类型的局部伽辽金离散矩阵方程，求解方程获得辐射强度分布。

自然单元法是根据空间关联式的建立规则命名的，它是通过插值方法建立辐射强度的空间关联式，这是该方法与其他无网格法相比具有的独特之处，该方法中控制方程的离散依然采用正交约束实现，后续计算过程与其他无网格法相同。

大体来说，网格型的确定模型法与无网格型的确定模型法相比，发展更加成熟，计算精度和计算效率更高，是解决一般性研究问题的有效数值手段。但是在涉及界面移动、变形、复杂形状等问题时，网格法灵活性不足，而无网格法不需要背景网格只需要节点信息即可进行数值计算，在处理半透明材料相变过程的多物理场耦合以及界面移动、变形等问题时更为方便实施。

4.2.1.1 蒙特卡罗法

在热辐射计算中，根据蒙特卡罗法的基本原理，将表面对热辐射能的发射、吸收、反射等行为分别转化为相应的随机过程，用相应的概率模型来模拟。每一种随机过程的概率分布应符合相应的热辐射定律、表面的热辐射性质和光学原理。具体地讲，就是将表面发射的辐射能看作由大量独立的能束光线组成，每束光线的发射点位置、发射方向由该表面的发射概率模型（根据表面的空间位置、几何形状、尺寸、辐射强度的空间分布建立）确定。使大量发射光束的统计结果符合发射、分布定律及表面的发射性质。跟踪每束发射光线在系统内的传播，当其到达某表面时，光线的吸收与反射也是随机过程，并由根据该拦截表面的热辐射性质建立的相应概率模型确定其结果。若被该表面吸收，则记录下来并停止跟踪该束光线，转而确定和跟踪下一束发射光线。若被拦截表面反射，则继续跟踪反射光线的传播，直至被系统内表面吸收或进入系统外空间环境。反射光线的源点位置即是其入射光线在该表面上的入射点。对于镜反射面，反射光线的方向由光学中的反射定理确定。对于漫反射面，其反射方向在半球空间是任意的，建立描述反射方向的随机性概率模型，通过随机抽样（取随机数）得到反射光线的方向（反射能量的空间分布应满足兰贝特定律）。统计所有光束的跟踪结果，得到各表面吸收的来自某表面（发射表面）光束数。即可得到系统内任意两表面之间的辐射传递系数。

（1）发射点和发射方向的确定

将待计算目标划分为计算网格，包括规则四边形网格和非规则四边形网格，在这些小的平面网格中确定光线的发射点和发射方向。

1）对于规则四边形网格，发射点的确定比较简单，确定在网格内的发射点在发射系中的坐标为

$$\begin{cases} x_0 = \text{ran} \cdot (x_{\max} - x_{\min}) + x_{\min} \\ y_0 = \text{ran} \cdot (y_{\max} - y_{\min}) + y_{\min} \end{cases} \tag{4-100}$$

式中　$[x_{\min}, x_{\max}]$，$[y_{\min}, y_{\max}]$——该平板面元在当地坐标系下的 x 及 y 轴方向的取值范围。

发射方向同样随机确定，其天顶角 θ 和周向角 φ 为

$$\theta = \cos^{-1}(\sqrt{1-\text{ran}}) \tag{4-101}$$

$$\varphi = 2\pi \cdot \text{ran} \tag{4-102}$$

求出发射方向后，可确定发射方向数（$\sin\theta\cos\varphi$，$\sin\theta\sin\varphi$，$\cos\theta$）。

2）对于非规则四边形网格，可以借鉴规则四边形网格随机光线生成方法的处理，首先确定在网格控制范围内的发射点在发射系中的坐标为

$$\begin{cases} x_0 = \text{ran} \cdot (x_{\max} - x_{\min}) + x_{\min} \\ y_0 = \text{ran} \cdot (y_{\max} - y_{\min}) + y_{\min} \end{cases} \tag{4-103}$$

式中　$[x_{\min}, x_{\max}]$，$[y_{\min}, y_{\max}]$——该平板面元在当地坐标系下的 x 及 y 轴方向的取值范围。

然后根据面积确定产生的光线随机点是否满足条件，比较发射点和非规则四边形四个顶点组成的四个三角形面积之和与非规则四边形面积的大小关系，只有当两者相等时，随机产生的发射点在非规则四边形内部。

发射方向的确定和规则四边形完全一样，其天顶角 θ 和周向角 φ 的计算公式同式（4-101）和式（4-102）。

求出发射方向后，可确定发射方向数（$\sin\theta\cos\varphi$，$\sin\theta\sin\varphi$，$\cos\theta$）。

（2）光线与面元相交的判断

在前面的计算中已知光线的矢量和面元法线的表达式转换到系统坐标系中，因此在判断光线是否和某个面相交时，首先计算光线矢量和面法线的乘积，只有当乘积小于零时，才可以确定光线和该面元可能有交点。

1）光线方程。

我们用方向余弦（m_x，m_y，m_z）表示光线在系统坐标系内的矢量方向，则光线的参数方程可表示为

$$\begin{cases} x = x_p + m_x \cdot l \\ y = y_p + m_y \cdot l \\ z = z_p + m_z \cdot l \end{cases} \tag{4-104}$$

式中　l——点 P 从坐标（x_p，y_p，z_p）出发沿 M 方向行进到某点（x，y，z）处所走的长度。

同时方向余弦（m_x，m_y，m_z）与系统坐标系内光线方向（θ，φ）的关系为

$$\begin{cases} m_x = \sin\theta\cos\varphi \\ m_y = \sin\theta\sin\varphi \\ m_z = \cos\theta \end{cases} \tag{4-105}$$

2）网格平面方程。

对于每一个计算网格都可以认为它是平面，且法线向量已知，因此可以将其表示为

$$F(x,y,z) = A(x - x_0) + B(y - y_0) + C(z - z_0) = 0 \tag{4-106}$$

式中 (x_0, y_0, z_0)——该面元中心点坐标；

A, B, C——面元单位法向量在 x，y，z 轴上的方向余弦，即 $\pm \boldsymbol{N}(A, B, C)$ 为该平面的单位法向量，四边形面元可通过对角线向量的外积得到，三角形面元可通过两条边的向量做外积得到，其外法线空间仍为光线传播空间。

3）光线与面元的交点。

前文确定了光线和面元的数学描述，便可将光线方程和面元方程联立求解得出交点坐标，然后判断交点是否在面元内，本文中面元为三边或四边的凸多边形，采用面积求和的方法判断，有

在图 4-30（a）中：$S_{\text{四边形}p_1p_2p_3p_4} = S_{\triangle p_0p_1p_2} + S_{\triangle p_0p_2p_3} + S_{\triangle p_0p_3p_4} + S_{\triangle p_0p_4p_1}$

在图 4-30（b）中：$S_{\text{四边形}p_1p_2p_3p_4} < S_{\triangle p_0p_1p_2} + S_{\triangle p_0p_2p_3} + S_{\triangle p_0p_3p_4} + S_{\triangle p_0p_4p_1}$

通过图 4-30 可以明确知道，只有面积关系满足（a）中的条件时，计算得到的光线和面元交点才在面元内，记录光线的发射点，否则重新计算发射点。

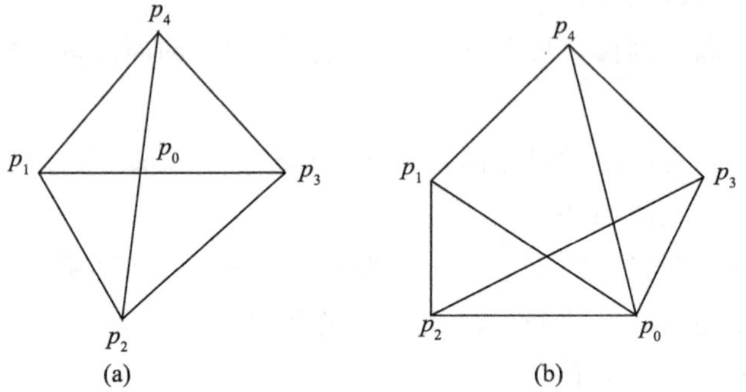

图 4-30 面元交点示意图

（3）吸收与反射

通常飞行器的壁面为漫发射、漫反射的不透明表面，因此光线投射到壁面上后，要么被壁面吸收，要么被壁面反射，壁面发射率 α 和光谱反射率 ρ 关系为，$\alpha + \rho = 1$。吸收与否通过均匀分布的随机数 R_α 判断，判断方法为

若 $R_\alpha \leqslant \alpha$，则光线被壁面吸收；

若 $R_\alpha > \alpha$，则光线被壁面反射。

若光子被该面元吸收，则该面元发射的光子数加 1，程序重新对下一个光子进行跟踪。若光子被该面元反射，则设交点为反射光线的发射点，通过随机数生成反射光线方向，继

续对光子进行跟踪，直至该光子被某面元吸收。

如果辐射光线不被吸收，则认定为反射。在这里，反射当作反射面元的发射处理，以反射点当作为发射点，反射方向随机确定。

(4) 采用辐射传递系数计算辐射换热

蒙特卡罗法将辐射能量的传递简化为大量能束随机发射和吸收的过程，可以同时考虑复杂表面之间的几何位置、多次反射和辐射界面特性（漫发射、漫反射表面，漫发射、镜反射表面，以及各向异性发射表面）的综合影响。但是蒙特卡罗法计算量大，而辐射项又与温度有关，在计算温度场时每改变一个温度值都要改变辐射项。如要在温度场迭代时每改变一次温度场都重新使用蒙特卡罗法计算辐射项，将会出现无法接受的计算量，这里我们引入辐射传递系数的概念。

节点 i 表面对节点 j 表面的辐射传递系数为 $\mathrm{Rtc}_{i,j}$ 。该系数的计算采用蒙特卡罗—区域法，其含义为：节点 i 表面的本身辐射经一次投射，及经阵面中其他各面一次或多次反射后，最终被节点 j 表面吸收的份额。$\mathrm{Rtc}_{i,j}$ 已包含了节点 j 表面的面积因素和表面吸收率，并已考虑了多次反射等因素。采用辐射传递系数的思路是将计算的难点分离：将面与面间的空间位置、几何形状、接收面的辐射物性（吸收率和反射率）、接收面的面积、辐射界面特性等与温度（能量）分离；从而使辐射传递系数在能量方程迭代求解的过程中保持不变，或做微小的扰动（当辐射物性随温度变化时）。其优点是：① 在用蒙特卡罗—区域法计算该系数时，可以取很大的模拟量，提高了计算精度；②只与本身辐射相联系，避免了有效辐射等概念，简化了物理模型。

1）辐射传递系数的确定。

假设从表面 n_e 上面元 (i_e, j_e) 发射出 $\mathrm{num}(n_e, i_e, j_e)$ 根光线，如果被表面 n_a 上面元 (i_a, j_a) 吸收 $\mathrm{nabsor}(n_e, i_e, j_e, n_a, i_a, j_a)$ 根，则表面 n_e 上面元 (i_e, j_e) 对表面 n_a 上面元 (i_a, j_a) 的辐射传递系数为

$$\mathrm{Rtc}(n_e, i_e, j_e, n_a, i_a, j_a) = \frac{\mathrm{nabsor}(n_e, i_e, j_e, n_a, i_a, j_a)}{\mathrm{num}(n_e, i_e, j_e)} \tag{4-107}$$

2）应用辐射传递系数计算辐射换热量。

辐射传递系数具有相对性，即：

$$\varepsilon_i \cdot F_i \cdot \mathrm{Rtc}_{i,j} = \varepsilon_j \cdot F_j \cdot \mathrm{Rtc}_{j,i} \tag{4-108}$$

因此，Ncontr 个节点表面与节点 i 表面的总辐射换热量 Q_i^{rd} ，按灰体考虑，可用下式表示

$$Q_i^{\mathrm{rd}} = \sigma \sum_{j=1}^{\mathrm{Ncontr}} \mathrm{Rtc}_{i,j} \cdot \varepsilon_i \cdot F_i \cdot (t_j^4 - t_i^4) = \sigma \sum_{j=1}^{\mathrm{Ncontr}} \mathrm{Rtc}_{j,i} \cdot \varepsilon_j \cdot F_j \cdot (t_j^4 - t_i^4) \tag{4-109}$$

4.2.1.2　有限体积法

瞬态辐射传递方程写成

$$\frac{\partial I}{c\,\partial t} + \frac{\partial I}{\partial s} = -\beta I + k_a I_b + \frac{\sigma_s}{4\pi}\int_{4\pi} I\Phi(\Omega', \Omega)\,\mathrm{d}\Omega' \tag{4-110}$$

上式中的 I 是位置 r 、角度 Ω 和时间 t 的函数。对于平行光在介质内的传输问题，介

质中的辐射强度可以分两部分 I_c 和 I_d，前者是平行辐射强度，它是与平行光的入射方向同向的，并且它的最大值等于平行光入射介质界面时的强度，后者 I_d 是漫射辐射强度。即介质中辐射强度为

$$I = I_c + I_d \tag{4-111}$$

如图 4-31 所示，入射界面 $x=0$ 处，还没发生或者说刚要发生漫射，不考虑介质表面折射影响，此时 $I_c = I_{\text{in}}$，$I_d = 0$。平行光辐射强度 I_c 满足

$$\frac{\mathrm{d}I_c}{\mathrm{d}s} = -\beta I_c \tag{4-112}$$

把式（4-111）和式（4-112）带入式（4-110）中，并且有 $\frac{\partial I_c}{\partial t}=0$，整理得

$$\frac{\partial I_d}{c\partial t} + \frac{\partial I_d}{\partial s} = -\beta I_d + S_c + S_d = -\beta I_d + S_t \tag{4-113}$$

其中，

$$S_c = \frac{\sigma_s}{4\pi}\int_{4\pi} I_c \Phi(\Omega',\Omega)\,\mathrm{d}\Omega' \tag{4-114}$$

$$S_d = k_a I_b + \frac{\sigma_s}{4\pi}\int_{4\pi} I_d \Phi(\Omega',\Omega)\,\mathrm{d}\Omega' \tag{4-115}$$

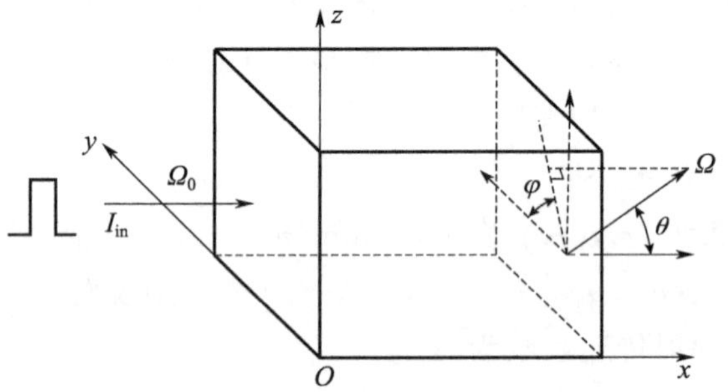

图 4-31　三维几何模型

相函数采用线性散射相函数有

$$\Phi(\Omega',\Omega) = 1 + a\cos\theta\cos\theta' \tag{4-116}$$

式中　θ 和 θ'——Ω、Ω' 方向与 x 轴夹角，即为所对应的天顶角；

a——系数，可以为正值或负值，分别对应前向散射和后向散射，若 $a=0$，则 $\Phi(\Omega', \Omega)=1$，即为各向同性散射介质。

引用长度量纲时间 $t^* = ct$，c 为光速。方程（4-113）变为

$$\frac{\partial I_d}{\partial t^*} + \frac{\partial I_d}{\partial s} + \beta I_d = S_t \tag{4-117}$$

时间格式按照全隐格式向后差分式（4-117）变为

$$\frac{I_d(t^*) - I_d(t^* - \Delta t^*)}{\Delta t^*} + \frac{\mathrm{d}I_d(t^*)}{\mathrm{d}s} + \beta I_d(t^*) = S_t(t^*) \tag{4-118}$$

式（4-118）简写为

$$B\frac{\mathrm{d}I_d(t^*)}{\mathrm{d}s}+\beta I_d(t^*)=BS_t(t^*)+CI_d(t^*-\Delta t^*) \tag{4-119}$$

其中，$B=\dfrac{\beta\Delta t^*}{1+\beta\Delta t^*}$，$C=\dfrac{\beta}{1+\beta\Delta t^*}$，$\Delta t^*$ 为时间步长。

如图 4-32 所示，在某一方向 Ω^m，在微元立体角 $\Delta\Omega^m$ 内对（4-119）积分有

$$B\int_{\Delta\Omega^m}\frac{\partial I_d^m(t^*)}{\partial s}\mathrm{d}\Omega+\int_{\Delta\Omega^m}\beta I_d^m(t^*)\mathrm{d}\Omega=\int_{\Delta\Omega^m}\left[BS_t^m(t^*)+CI_d^m(t^*-\Delta t^*)\right]\mathrm{d}\Omega \tag{4-120}$$

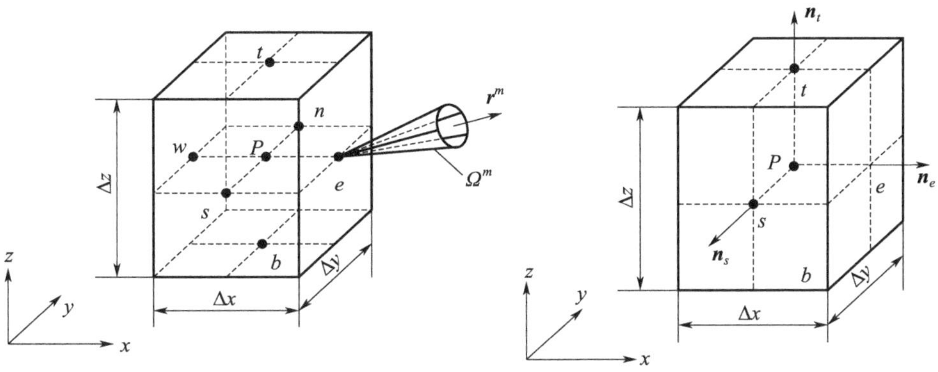

(a) 控制体各表面中心处的积分点　　(b) 控制体各表面单位外法矢量$\boldsymbol{n}_j$

图 4-32　直角坐标系下的控制体

在三维直角坐标系中上式可写为

$$B\left(\frac{\partial I_d^m(t^*)}{\partial x}D_x^m+\frac{\partial I_d^m(t^*)}{\partial y}D_y^m+\frac{\partial I_d^m(t^*)}{\partial z}D_z^m\right)+\beta I_d^m(t^*)\Delta\Omega^m$$
$$=\left[BS_t^m(t^*)+CI_d^m(t^*-\Delta t^*)\right]\Delta\Omega^m \tag{4-121}$$

其中 D_x^m、D_y^m、D_z^m 为权重

$$D_j^m=\int_{\Delta\Omega^m}(\boldsymbol{n}\cdot\boldsymbol{s}^m)\,\mathrm{d}\Omega \tag{4-122}$$

式中　$\boldsymbol{n}$ ——控制体界面上的外法线方向；

　　$\boldsymbol{s}^m$ ——辐射传输方向。

三维空间中有

$$\boldsymbol{s}^m=\boldsymbol{i}\cos\theta+\boldsymbol{j}\sin\theta\cos\varphi+\boldsymbol{k}\sin\theta\sin\varphi \tag{4-123}$$

$$\boldsymbol{n}_j=n_{x,j}\boldsymbol{i}+n_{y,j}\boldsymbol{j}+n_{z,j}\boldsymbol{k} \tag{4-124}$$

$\boldsymbol{n}_j$ 表示第 j 面的外法线方向，方向权值为

$$D_i^m=\left(0.5\Delta\theta-0.25\left\{\sin\left[2\left(\theta^m+\frac{\Delta\theta}{2}\right)\right]-\sin\left[2\left(\theta^m-\frac{\Delta\theta}{2}\right)\right]\right\}\right)$$
$$\times\left\{n_{y,j}\left[\sin\left(\varphi^m+\frac{\Delta\varphi}{2}\right)-\sin\left(\varphi^m-\frac{\Delta\varphi}{2}\right)\right]+n_{z,j}\left[\cos\left(\varphi^m-\frac{\Delta\varphi}{2}\right)-\cos\left(\varphi^m+\frac{\Delta\varphi}{2}\right)\right]\right\}$$

$$+0.5n_{x,j}\left[\sin^2\left(\theta^m+\frac{\Delta\theta}{2}\right)-\sin^2\left(\theta^m-\frac{\Delta\theta}{2}\right)\right]\Delta\varphi \tag{4-125}$$

$$\Delta\Omega^m=\int_{\Delta\Omega^m}\mathrm{d}\Omega=\int_{\varphi^m-\frac{\Delta\varphi^m}{2}}^{\varphi^m+\frac{\Delta\varphi^m}{2}}\int_{\theta^m-\frac{\Delta\theta^m}{2}}^{\theta^m+\frac{\Delta\theta^m}{2}}\sin\theta\,\mathrm{d}\theta\,\mathrm{d}\varphi=2\sin\theta^m\sin\left(\frac{\Delta\theta^m}{2}\right)\Delta\varphi^m \tag{4-126}$$

微元体界面上的辐射强度值与微元体中心的辐射强度存在某种关联，即构成某种空间的差分格式

$$\begin{aligned}I_{d,P}^m&=f_xI_{d,e}^m+(1-f_x)I_{d,w}^m\\I_{d,P}^m&=f_yI_{d,n}^m+(1-f_y)I_{d,s}^m\\I_{d,P}^m&=f_zI_{d,t}^m+(1-f_z)I_{d,b}^m\end{aligned} \tag{4-127}$$

式中 f_x，f_y，f_z——差分因子；

P——控制体中心节点；

e，w，s，n，t，b——控制体 P 的各个界面。

当 $f=1$ 时即为阶梯格式，$f=0.5$ 时为菱形格式。由式（4-127）带入式（4-121）消去下游界面的辐射强度项，得控制点 P，方向为 m 的辐射强度有

$$I_{d,P}^m(t^*)=\frac{|D_x^m|I_{d,xu}^m(t^*)f_yf_z+|D_y^m|I_{d,yu}^m(t^*)f_xf_z+|D_z^m|I_{d,zu}^m(t^*)f_xf_y+S_P^m}{|D_x^m|+|D_y^m|+|D_z^m|+\dfrac{\beta\Delta x\Delta\Omega^m}{B}f_xf_yf_z} \tag{4-128}$$

其中：$S_P^m=\Delta V\Delta\Omega^mS_{t,P}^mf_xf_yf_z+\dfrac{C\Delta V\Delta\Omega^m}{B}I_{d,P}^m(t^*-\Delta t^*)f_xf_yf_z$，

$$S_{t,P}^m=S_c^m+S_d^m=\frac{\sigma_s}{4\pi}I_c\Phi(\Omega_0,\Omega)+k_aI_b+\frac{\sigma_s}{4\pi}I_{d,P}^m\Phi(\Omega^m,\Omega)\Delta\Omega^m$$

其中，Ω_0 是激光脉冲入射方向。式（4-128）中 $I_{d,xu}^m$ 表示 P 点 x 轴方向上游控制体界面的 m 方向的辐射强度，$I_{d,yu}^m$ 表示 P 点 y 轴方向上游控制体界面的 m 方向的辐射强度，$I_{d,zu}^m$ 表示 P 点 z 轴方向上游控制体界面的 m 方向的辐射强度，它们与 D_j^m 有下述关系

$$\begin{aligned}I_{d,xu}^m&=\begin{cases}I_{d,xe}^m, & D_x^m\geqslant 0\\ I_{d,xw}^m, & D_x^m<0\end{cases}\\ I_{d,yu}^m&=\begin{cases}I_{y,n}^m, & D_y^m\geqslant 0\\ I_{y,s}^m, & D_y^m<0\end{cases}\\ I_{d,zu}^m&=\begin{cases}I_{d,t}^m, & D_z^m\geqslant 0\\ I_{d,b}^m, & D_e^m<0\end{cases}\end{aligned} \tag{4-129}$$

考虑某一边界为黑体的矩形均匀介质，边长为 1.0 m×1.0 m，光学厚度为 $\tau_x=\tau_y=10$，反照度为 0.998。整个左壁面被方行脉冲照射，其时域宽度为 t_p，长度量纲的脉冲宽度为 $t_p^*=c\cdot t_p=0.1$ m，其中 c 为参与性介质中的光速。考虑线性散射相函数，有

$$\Phi(\Omega',\Omega)=1+a(\mu\mu'+\eta\eta'+\xi\xi') \tag{4-130}$$

式中，系数 $a=1.0$ 和 $a=-1.0$ 分别对应前向散射和后向散射，如果 $a=0$，则对应为各向同性散射介质；μ，η，ξ 分别为 Ω 方向与空间坐标 x，y，z 轴的方向余弦，同理 μ'，

η'，ξ' 分别为 Ω' 方向与空间坐标 x，y，z 轴的方向余弦。本例中，采用 40 个空间网格和 80 个离散立体角。时间步长取 $\Delta t^* = 0.02$ m。本书透射率 $\rho_T(l_x, 0.5l_y, t^*)$ 和反射率 $\rho_R(0, 0.5l_y, t^*)$ 的 FVM 模拟结果与已有结果吻合得很好（图 4 - 33），与 DOM 和 FEM 的最大相对误差分别约为 3.0 %和 2.5%。这表明当前方法能够准确有效的模拟多维各向异性散射介质内的瞬态辐射传输，而且 FVM 方法的计算效率要高于 FEM。FVM 与 FEM 计算时间分别是 618 s 和 3 295 s，计算机配置为 Q8300 CPU，2.5 GHz，4 GB RAM。

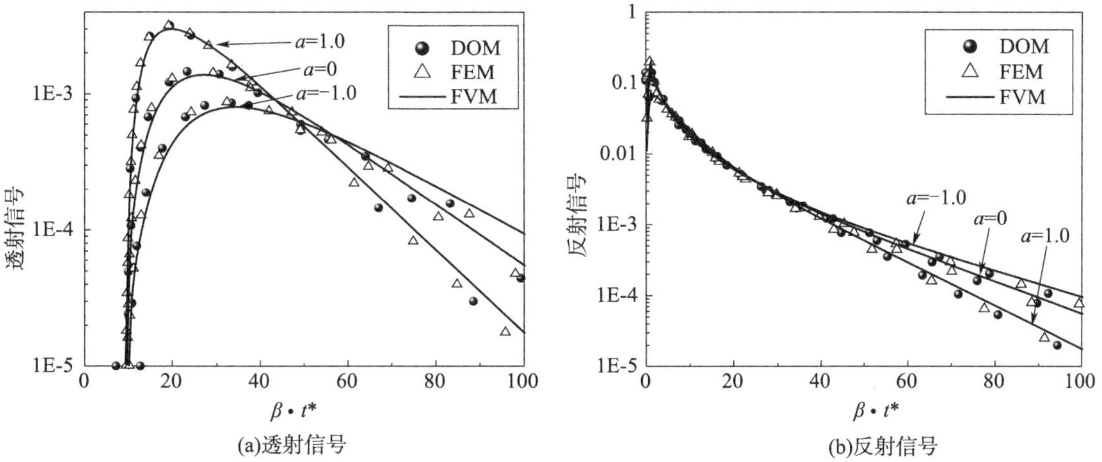

图 4 - 33　二维各向异性散射介质右壁面中心处透射信号和左壁面中心处反射信号结果

4.2.1.3　再生核粒子法（RKPM）

RKPM 源自 SPH 方法，它继承了 SPH 方法中离散粒子携带材料质量的优点，修正了 SPH 方法中核函数不满足归一性的缺点。如图 4 - 34（a）所示，SPH 方法中，对于某一个离散粒子 i，在其半径为 kh 的支持域内构建光滑核函数 w，将离散粒子 i 和离散粒子 j 之间的距离 r_{ij} 代入核函数中得到核函数值，该值就是离散粒子 j 对离散粒子 i 的贡献，对支持域内所有离散粒子遍求核函数值并加和，则得到了离散粒子 i 的场函数近似值。这里存在的一个问题是当离散粒子 j 非均匀分布时，核函数不满足归一性。对核函数进行修正使其满足归一性，得到 RKPM，如图 4 - 34（b）所示。

最初 RKPM 通过正交约束建立控制方程的离散格式，后来 Aluru 在 2000 年又提出了通过插值约束建立控制方程的离散格式。后一种方法具有更简洁的离散方程形式，更快的计算效率，计算精度也很高。使用插值约束建立离散方程的方法又被称为配点型方法。本书给出了 RKPM 的计算原理，为体现 RKPM 的一般性，在推导过程中，用物理量代替辐射强度。此外，在无网格法中建立的物理量空间关联式有一个更为熟悉的名字叫作拟合公式，为使本书描述更容易被理解，因此沿用拟合公式称为关联式。

（1）插值约束建立物理量空间关联式

真实的物理问题中，某个物理量是空间位置的函数。使用 RKPM 对该物理量进行拟

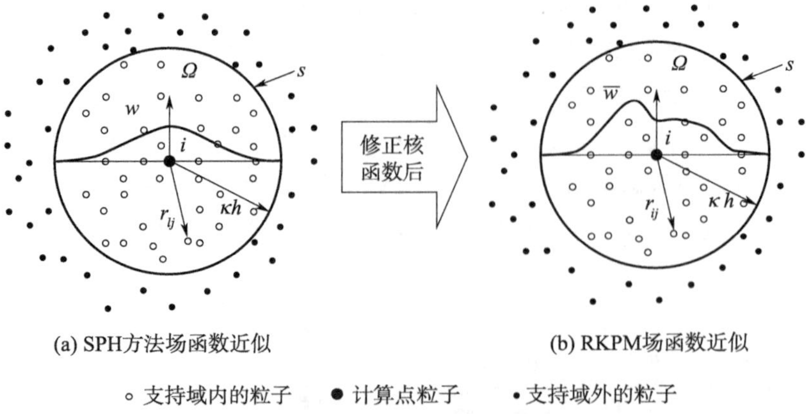

图 4－34 场函数近似基本原理

w 和 $\bar{w}$ —光滑核函数和修正核函数；s —作用域范围边界；Ω —作用域范围；
r_{ij} —离散粒子 i 和离散粒子 j 之间的距离；κh —离散粒子 i 的支持域；
κ —光滑半径的比例因子；h —光滑半径。

合时，设定某个位置处的物理量值是局部范围的积分，有

$$f^a(x)=\int_\Omega \bar{w}(x,x')f(x')\mathrm{d}x' \tag{4-131}$$

式中 $f^a(x)$ ——坐标 x 处的物理场函数值；
$f(x')$ ——坐标 x' 处的物理场函数值；
Ω ——坐标 x 处修正核函数的作用域；
$\bar{w}(x, x')$ ——修正核函数。

修正核函数由核函数修正函数和核函数相乘得到，其具体表达式由（4－132）式给出

$$\bar{w}(x,x')=C(x,x')w(x,x') \tag{4-132}$$

式中 $w(x, x')$ ——核函数；
$C(x, x')$ ——核函数修正函数。

根据核函数的构造规则，核函数中的作用域比例因子也是影响数值结果精确性的因素。

公式（4－131）的含义是研究域内任意一点的物理量函数值都可以由该点修正核函数作用域内其他点的物理量函数值拟合得到，拟合函数就是修正核函数，如式（4－132）所示。

核函数修正函数一般取为多项式基函数的线性组合。其多项式最高阶次数根据求解问题中微分方程的最高阶导数选取。核函数修正函数表达式为

$$C(x,x')=C_0(x)+C_1(x)(x-x')+C_2(x)(x-x')^2+\cdots \tag{4-133}$$

式中 $C_0(x)$，$C_1(x)$，$C_2(x)$ ——核函数修正函数的多项式基函数系数，它们是空间位置的函数。

由于温度场、辐射场和应力应变场中控制方程的最高阶导数为 2，所以本书选用的

RKPM 中核函数修正函数的多项式基函数的最高阶次为 2。

为获得核函数修正函数的系数，我们将场函数 $f(x')$ 在 x 处进行泰勒展开，忽略 2 阶以上的小项，并将展开式代入到式（4－131），得到方程

$$f^a(x)=f(x)\bar{m}_0(x)-\nabla f(x)\bar{m}_1(x)+\frac{1}{2}\nabla^2 f(x)\bar{m}_2(x) \tag{4-134}$$

其中

$$\bar{m}_0(x)=C_0(x)m_0(x)+C_1(x)m_1(x)+C_2(x)m_2(x) \tag{4-135a}$$

$$\bar{m}_1(x)=C_0(x)m_1(x)+C_1(x)m_2(x)+C_2(x)m_3(x) \tag{4-135b}$$

$$\bar{m}_2(x)=C_0(x)m_2(x)+C_1(x)m_3(x)+C_2(x)m_4(x) \tag{4-135c}$$

式中，$m_i(x)=\int_\Omega (x-x')^i w(x,\ x')\mathrm{d}x'$ 。

为保证方程（4－134）在 x 处严格满足 $f^a(x)=f(x)$ ，得到再生条件 $\bar{m}_0(x)=1$，$\bar{m}_1(x)=0$，$\bar{m}_2(x)=0$。同时将公式（4－135a）、公式（4－135b）和公式（4－135c）改为矩阵形式有

$$\boldsymbol{M}\bar{\boldsymbol{C}}=\bar{\boldsymbol{M}} \tag{4-136}$$

式中　$\boldsymbol{M}$ ——3×3 矩阵；

$\bar{\boldsymbol{C}}$ ——核函数修正函数的多项式基函数系数矢量；

$\bar{\boldsymbol{M}}$ ——矩阵，$\bar{\boldsymbol{M}}^{\mathrm{T}}=(1,\ 0,\ 0)$ 。

求解（4－136）式可以获得核函数修正函数的多项式基函数系数，即获得核函数修正函数的表达式。将核函数修正函数代入公式（4－132）中，得到修正核函数的表达式。

RKPM 为无网格类型的拉格朗日方法，某个离散粒子处的物理量值由该粒子处修正核函数作用域内其他粒子对该粒子的影响求和得到，如此将公式（4－131）改写为离散粒子处物理量求和的形式，获得某个离散粒子处物理量值的拟合公式为

$$f^a(x_i)=\sum_{j=1}^{N_{ij}}\phi_j f(x_j)=\sum_{j=1}^{N_{ij}}\bar{w}(x_i,x_j)\Delta V_j f(x_j) \tag{4-137a}$$

式中　ϕ_j ——离散粒子 j 处的形函数；

N_{ij} ——影响域包含离散粒子 i 的离散粒子 j 的数目；

ΔV_j ——j 处的离散粒子对 i 处离散粒子的作用权重，即离散粒子 j 的体积，一维问题用离散粒子的长度表示，二维问题用面积表示，三维问题用体积表示。

同理，得到某个离散粒子处物理量一阶导数的拟合公式为

$$\nabla f^a(x)=\sum_{j=1}^{N_{ij}}\phi_{j,x}f(x_j)=\sum_{j=1}^{N_{ij}}\bar{w}_{j,x}(x,x')\Delta V_j f(x_j) \tag{4-137b}$$

$$\nabla^2 f^a(x)=\sum_{j=1}^{N_{ij}}\phi_{j,xx}f(x_j)=\sum_{j=1}^{N_{ij}}\bar{w}_{j,xx}(x,x')\Delta V_j f(x_j) \tag{4-137c}$$

式中　$\phi_{j,x}$ 和 $\phi_{j,xx}$ ——离散粒子 j 处形函数的一阶和二阶导数。

至此，我们简略地给出了 RKPM 中物理量及其导数拟合公式的推导过程，完成了确

定模型法第一步的工作，即物理量的空间关联式构造。如果知道了研究域内每个离散粒子处的物理量，则就可以根据公式（4－137a）或公式（4－137b）计算得到研究域内任意一点的物理量值或导数值。

获得了物理量的空间关联式，还需要使得物理量满足一定的方程即控制方程，因此接下来需要建立控制方程的离散格式。

（2）插值约束建立控制方程离散格式

典型的场函数控制方程为

$$Lf=\hat{f} \tag{4-138}$$

式中 L ——场函数算子，可以是复合函数算子也可以是微分算子；

f ——研究域的场函数；

$\hat{f}$ ——场函数的已知量。

公式（4－138）表示的含义就是场函数在场函数算子作用下等于已知的场函数值。研究域的场函数 f 是待求的未知函数，数值计算的目的就是获得该函数的近似式。

将物理量的空间关联式代入公式（4－138）中，对离散粒子处的场函数使用场函数算子，根据每个离散粒子处经过算子作用后的场函数与该粒子处已知的场函数值相等，建立插值约束下控制方程的离散格式为

$$\sum_{j=1}^{N_{ij}} g[\phi_j(x_i)]f(x_j)=\hat{f}(x_i) \quad i=1,2,\cdots,N \tag{4-139}$$

式中 $g(\phi_j(x_i))$ ——以修正核函数为自变量的复变函数；

$\phi_j(x_i)$ ——离散粒子 j 处修正核函数在离散粒子 i 处的函数值；

N ——计算域离散粒子总数目。

将公式（4－139）整理为离散矩阵方程得到

$$\boldsymbol{K}\boldsymbol{f}=\hat{\boldsymbol{f}} \tag{4-140}$$

其中：

$$K_{ij}=g[\phi_j(x_i)]$$

$$\boldsymbol{f}^{\mathrm{T}}=\{f(x_1),f(x_2),\cdots,f(x_N)\}$$

$$\hat{\boldsymbol{f}}^{\mathrm{T}}=\{\hat{f}(x_1),\hat{f}(x_2),\cdots,\hat{f}(x_N)\}$$

根据公式（4－140）进行计算，得到物理场函数的数值解。

（3）变分约束建立控制方程离散格式

在本小节中，依然讨论形如公式（4－139）所示的场函数控制方程。建立变分约束下控制方程的离散式，即令每个离散粒子处经过算子作用后的场函数与该粒子处已知的场函数值的差值平方和最小，也即最小二乘约束。首先将物理量空间关联式代入公式（4－139）得到每个离散粒子处的差值公式为

$$R(x_i)=\sum_{j=1}^{N_{ij}} g[\phi_j(x_i)]f(x_j)-\hat{f}(x_i) \quad i=1,2,\cdots,N \tag{4-141}$$

式中 $R(x_i)$ ——场函数在离散粒子 x_i 处的差值。

将所有离散粒子处的差值平方求和，并令其取最小值，即导数为零，则可以得到公式

(4－142) 和公式 (4－143)。

$$J[f(x_k)]=\sum_{k=1}^{N_{ki}}\left\{\sum_{j=1}^{N_{ij}}g[\phi_j(x_i)]f(x_j)-\hat{f}(x_i)\right\}^2\quad k=1,2,\cdots,N \tag{4-142}$$

$$\frac{\partial J[f(x_k)]}{\partial f(x_k)}=2\sum_{k=1}^{N_{ki}}\left(\left\{\sum_{j=1}^{N_{ij}}g[\phi_j(x_i)]f(x_j)-\hat{f}(x_i)\right\}g[\phi_k(x_i)]\right)=0\quad k=1,2,\cdots,N \tag{4-143}$$

将公式 (4－143) 整理为离散矩阵方程得到

$$\boldsymbol{K}\boldsymbol{f}=\hat{\boldsymbol{f}} \tag{4-144}$$

其中，$K_{ij}=\sum_{k=1}^{N_{ki}}g[\phi_j(x_i)]g[\phi_k(x_i)]$

$$\boldsymbol{f}^{\mathrm{T}}=\left\{\sum_{k=1}^{N_{ki}}g[\phi_k(x_i)]f(x_1),\ \sum_{k=1}^{N_{ki}}g[\phi_k(x_i)]f(x_2),\ \cdots,\ \sum_{k=1}^{N_{ki}}g[\phi_k(x_i)]f(x_N)\right\}$$

$$\hat{\boldsymbol{f}}^{\mathrm{T}}=\left\{\sum_{k=1}^{N_{ki}}g[\phi_k(x_i)]\hat{f}(x_1),\ \sum_{k=1}^{N_{ki}}g[\phi_k(x_i)]\hat{f}(x_2),\ \cdots,\ \sum_{k=1}^{N_{ki}}g[\phi_k(x_i)]\hat{f}(x_N)\right\}$$

求解公式 (4－144) 即可获得物理场函数的数值解。

一般最小二乘约束相对于差值约束来说，具有更高的计算精度和稳定性，但是其控制方程的离散形式更加复杂，而且编程难度也相应提高，同时计算效率也会降低。这在公式 (4－144) 和公式 (4－140) 的对比中可以明显看到。

(4) 无网格 RKPM 数值方法测试

完成 RKPM 离散矩阵方程的建立工作后，首先对具有解析解的一维问题进行数值计算，验证离散方程是否正确，同时还分析了离散粒子不均匀分布和离散粒子数目不同对计算结果精度和收敛性的影响。本书选用两个具有解析解的抛物线方程和泊松方程进行验证。

1) 抛物线方程。

抛物线方程及其边界条件为

$$\begin{cases}\dfrac{\partial^2 f}{\partial x^2}=2,\quad 0<x<8\\ f(0)=0\\ f(8)=64\end{cases} \tag{4-145}$$

该方程的解析解为

$$f(x)=x^2 \tag{4-146}$$

定义数值结果与解析解的相对误差表达式为

$$E_{\mathrm{error}}=\frac{|f_e(x)-f_c(x)|}{f_e(x)} \tag{4-147}$$

式中　$f_e(x)$ ——场函数值的解析解；

$f_c(x)$ ——场函数值的数值解。

采用插值约束建立抛物线方程的离散格式，建立 RKPM 矩阵方程，并编制程序进行计算，数值计算结果和解析解的对比如图 4－35 所示。从图 4－35 可以看出，本书数值计算得到的结果与解析解吻合很好。图 4 - 36 显示的是粒子均匀分布和不均匀分布时本书计算结果与解析解的误差分布，可以看出，粒子均匀分布时相对误差基本为零，粒子不均匀分布时其最大误差为 0.17%，发生在粒子最稀疏的地方。

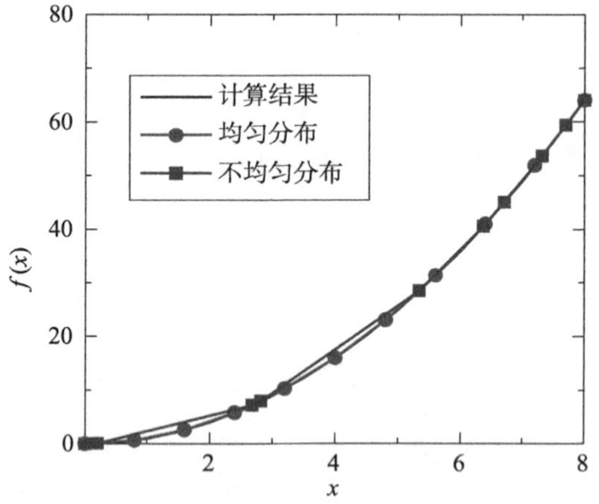

图 4 - 35 不同粒子分布下的数值结果

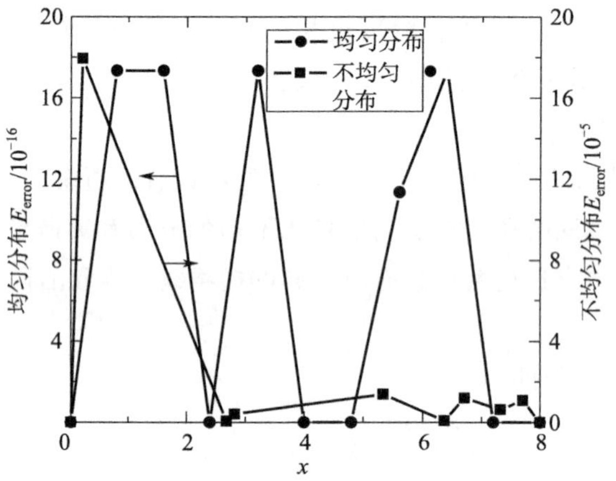

图 4 - 36 不同粒子分布下数值结果的误差

2）泊松方程。

泊松方程及边界条件公式为

$$\begin{cases} \dfrac{\partial^2 f}{\partial x^2} = -x, \quad 0 < x < 1 \\ f(0) = 0 \\ \left.\dfrac{\partial f}{\partial x}\right|_{x=1} = 0 \end{cases} \tag{4-148}$$

该方程的解析解为

$$f(x) = \frac{x}{2} - \frac{x^3}{6} \tag{4-149}$$

采用插值约束建立泊松方程的离散格式，建立 RKPM 矩阵方程，并编制程序进行计算，数值计算结果和解析解的对比如图 4－37 和图 4－38 所示。从图 4－36 和图 4－37 可以看出，数值计算得到的场函数及其导数与解析解吻合良好。离散粒子数目越多，数值结果越精确，误差越小。

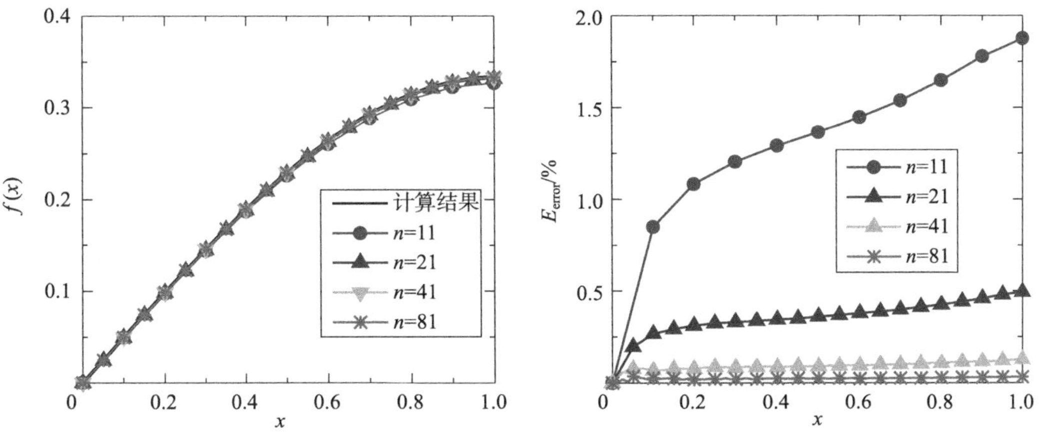

(a) 场函数　(b) 场函数误差

图 4－37　不同离散粒子数目下数值计算场函数

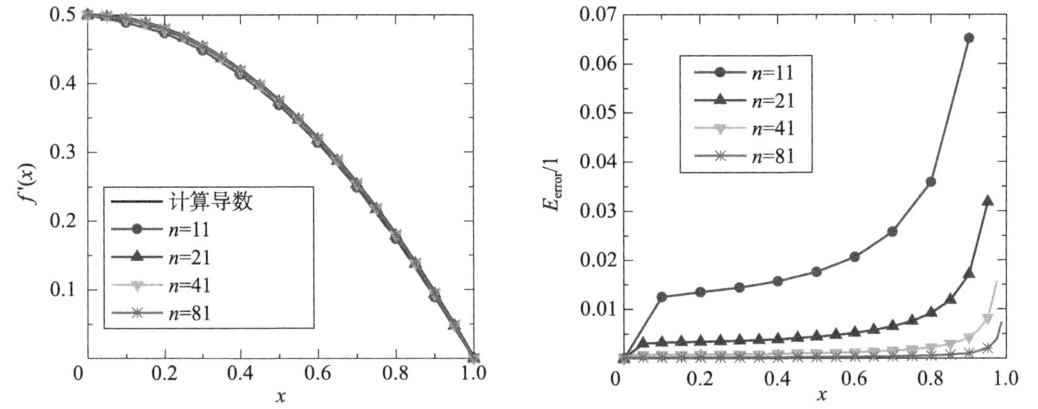

(a) 场函数导数　(b) 场函数导数误差

图 4－38　不同离散粒子数目下数值计算场函数导数

定义数值解的收敛误差为

$$E_{\mathrm{err}}=\frac{1}{|f^{(e)}|_{\max}}\sqrt{\frac{1}{N}\sum_{k}^{N}\left[f_k^{(e)}-f_k^{(c)}\right]^2} \tag{4-150}$$

式中　$|f^{(e)}|_{\max}$ 和 $f_k^{(e)}$ ——场函数解析解的最大值和每个离散粒子处的值；

$f_k^{(c)}$ ——每个离散粒子处的数值计算值。

分析不同离散粒子数目下数值计算的收敛性如图 4－39 所示，从图中可以看出粒子数目越多收敛性越好。分析离散粒子数目对计算效率的影响如图 4－40 所示，从图中可以看出离散粒子数目对计算时间的影响呈对数变化。

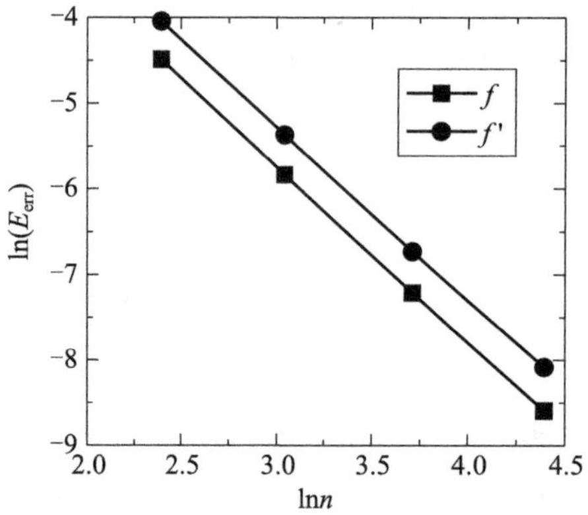

图 4-39　数值计算的收敛特性

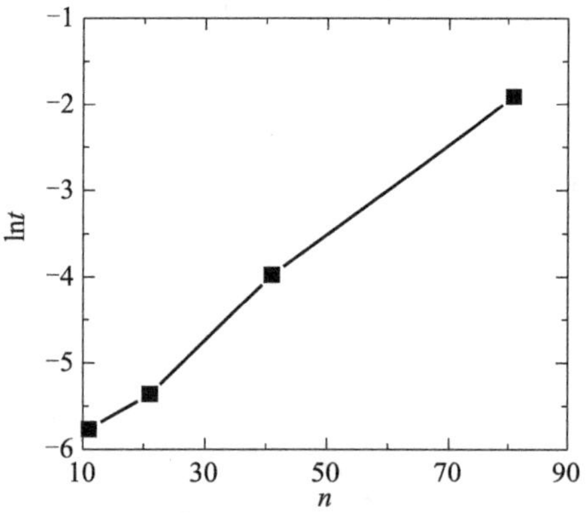

图 4-40　数值计算用时随离散粒子数目变化

4.2.2　红外辐射特征快速预估算法

在 4.2.1 节中介绍的方法可以精确地获得目标的红外辐射强度，缺点是计算速度慢、占用内存高。在工程应用中，往往更关心的是计算时间，而不需要计算精度非常高，只要仿真结果与真实数据的量级相同，即可进行后续研究工作。

因此，针对工程问题，可以对红外辐射计算过程进行简化。

第 1 步：计算目标相对探测器的投影面积。

第 2 步：计算目标相对投影面积的平均温度。

第 3 步：计算目标的谱带辐射强度。

第 4 步：谱带辐射强度乘以投影面积和表面发射率获得目标本征红外辐射强度。

第 5 步：根据需求，计算环境辐射在目标反射强度。

第 6 步：对本征红外辐射强度和反射辐射强度叠加求和获得总辐射强度。

快速预估红外辐射特征计算公式为

$$I = A\int_{\lambda_1}^{\lambda_2}\left(\varepsilon_w I_{\lambda,bw} + \frac{1-\varepsilon_w}{\pi}\sum_{\boldsymbol{n}_w\cdot\boldsymbol{r}^{m'}<0} I_{\lambda,w}^{m'}\left|\boldsymbol{n}_w\cdot\boldsymbol{s}^{m'}\right|w^{m'}\right)\mathrm{d}\lambda \tag{4-151}$$

参考文献

[1] 阮颖铮，等. 雷达散射截面与隐身技术［M］. 北京：国防工业出版社，1998.

[2] 郭琨毅，吴比翼，盛新庆. 雷达目标散射机理与分析方法［M］. 北京：科学出版社，2023.

[3] 聂在平. 目标与环境电磁散射特性建模——理论方法与实现（基础篇）［M］. 北京：科学出版社，2009.

[4] 金建铭. 计算电磁学（第二版）［M］. 北京：电子工业出版社，2018.

[5] 王秉中，邵维. 计算电磁学（第三版）［M］. 北京：科学出版社，2023.

[6] Harrington R F. Field Computation by Moment Method（2nd edition）［M］. New York：IEEE Press，1993.

[7] Sadasiva M R，Donald R W，Allen W G. Electromagnetic scattering by surface of arbitrary shape［J］. IEEE Trans. AP，1982，30（3）：409-418.

[8] Darve E. The fast multipole method：numerical implementation［J］. Journal of Computational Physics，2000，160：195～240.

[9] 聂在平，胡俊，姚海英，等. 用于复杂目标三维矢量散射分析的快速多极子方法［J］. 电子学报，1999，6（27）：104～109.

[10] Song J M，Lu C C，Chew W C. Mutilevel fast multipole algorithm for electromagnetic scattering by large complex objects［J］. IEEE Trans. AP，1997，45（10）：1488-1493.

[11] 葛德彪，闫玉波. 电磁波时域有限差分方法［M］. 西安：西安电子科技大学出版社，2002.

[12] Yee K S. Numerical solution of initial boundary value problems involving Maxwell′s equations in isotropic media［J］. IEEE Trans. AP，1966，14（3）：302-307.

[13] Taflove A，Umashankar K R. Review of FDTD numerical modeling of electromagnetic wave scattering and radar cross section. Proc. IEEE，1989，66（5）：682-699.

[14] Kunz K S，Luebbers R J. Finite difference time domain method for electromagnetics［M］. Boca Raton，FL：CRC Press，1993.

[15] Taflove A，et al. Computational electrodynamics：the finite-difference time-domain method（2 ed.）［M］. Boston，MA：Artech House，2000.

[16] Youssef N N. Radar cross section of complex targets［J］. Proc. IEEE，1989，77（5）：722-734.

[17] 庄钊文，袁乃昌，莫锦军，等. 军用目标雷达散射截面预与测量［M］. 北京：科学出版社，2007.

[18] Michaeli. A equivalent edgecurrents for arbitrary aspects of observation［J］. IEEE Trans. AP，1984，32（3）：252-258.

[19] 吴振森，张民. 修正劈表示的边缘等效电磁流的改进及在电磁散射计算中的应用［J］. 电子学报，1998，26（9）：11-14.

[20] Rius J M，Ferrando M，GRECO L J. Graphical electromagnetic complex radar targets in Real Time［J］. IEEE APM，1993，35（2）：7-17.

第 5 章　航天飞行器雷达隐身技术

航天飞行器雷达隐身技术包括结构隐身、外形隐身、材料隐身、等离子体隐身、频率选择表面隐身、遮蔽隐身技术等多种方法，特别是各种电磁超材料的出现，各种新型隐身技术也得到了快速发展，本章从各种隐身方法的隐身原理出发，阐述各种隐身设计方法。

5.1　外形隐身技术

5.1.1　外形隐身原理

目标散射与形状密切相关。外形隐身就是通过局部形状、外形布局等，改变目标散射方向图分布，使强散射方向偏离主要需要考虑的威胁方向，从而降低威胁方向的散射。图 5-1 示意出了 F-117A 机头方向外形隐身的原理[1]，通过锐化尖端和特殊的平面外形设计，主要散射能量被转移到了头向以外的方向。图 5-2 给出了球形、平底锥形和锥球形目标的 RCS 变化特点，可以看出，形状对 RCS 有较大的影响[2]。图 5-3 是锥球外形与平底锥外形 RCS 测试结果的比较，图 5-4 是几种不同锥度外形 RCS 的比较，可以看出，对于简单锥形外形，外形形状对 RCS 有较大影响。从设计原则来讲，外形隐身就是将强散射外形转化为弱散射外形。各种不同外形目标的 RCS 数学表达式如表 5-1 所示。因此，外形隐身就是寻找对于认定威胁方向而言，散射机理主要是弱散射的几何形状，其约束条件一般为气动、结构强度等。

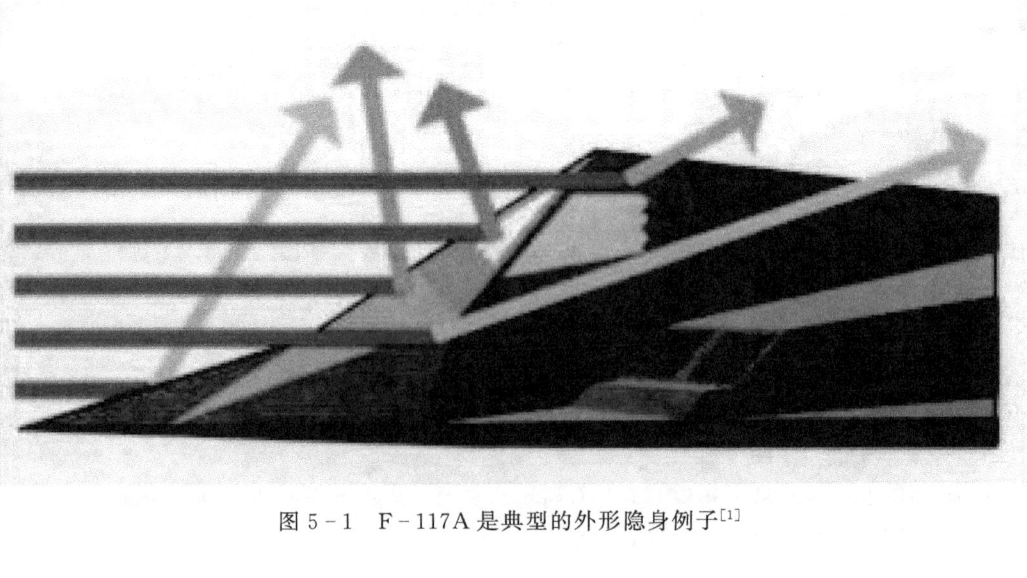

图 5-1　F-117A 是典型的外形隐身例子[1]

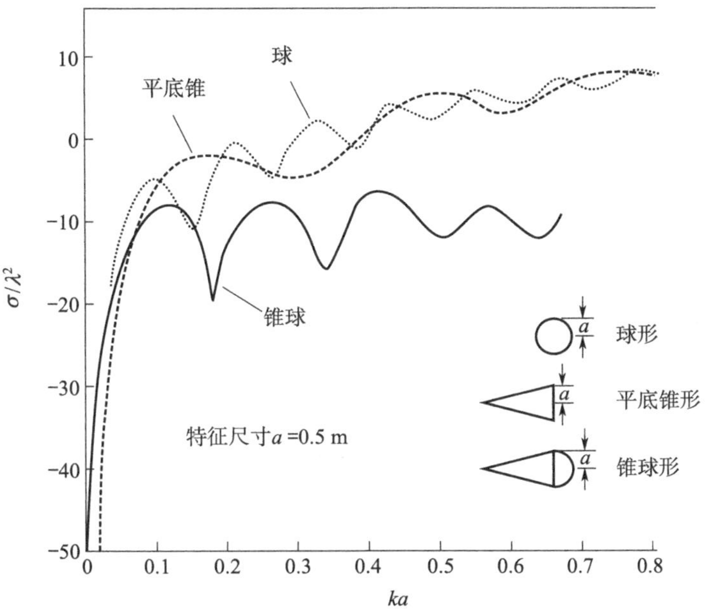

图 5-2　几种不同形状的 RCS[2]

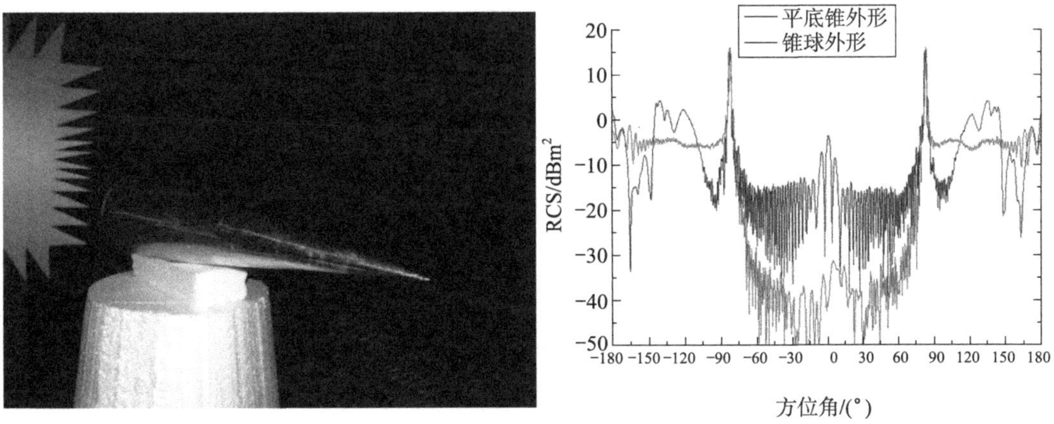

图 5-3　锥球外形及其与平底锥外形的 RCS 比较（见彩插）

表 5-1　不同外形目标的 RCS 数学表达式

散射机理	估算公式(量级)
镜面散射	$\sigma = 4\pi A_{有效}^{2}/\lambda^{2}$
平面	$A_{有效} = A_{几何}$
单曲面(圆柱)	$\sigma = 2\pi a l^{2}/\lambda$（$a$ 为曲率半径）
双曲面	$\sigma = \pi a_1 a_2$（a_1 、a_2 为镜面点处的主曲率半径）
镜面散射波束宽度(角度)	$\theta = 57\lambda/L$（L 为有效散射尺寸）
二面角	$\sigma = 8\pi(ab)^{2}/\lambda^{2}$（$a$、$b$ 为反射面长和宽）
三面角(正方形反射面)	$\sigma = 12\pi a^{4}/\lambda^{2}$（$a$ 为反射面边长）

续表

散射机理		估算公式(量级)
腔体($E_{入} = E_{出}$，随机反射)		$\sigma \approx 2A$ (A 为腔体口面投影面积)
镜面方向的边缘绕射		$\sigma = L^2_{有效}/\pi$
直边缘		$L_{有效} = L_{几何}$
曲边缘		$\sigma = a\lambda/(2\pi)$ (a 为曲率半径)
轮缘		$\sigma = \pi a^2$ (a 为曲率半径)
尖端		$\sigma = \lambda^2 \tan^4\alpha/(16\pi)$ (α 为尖端内角)
表面行波	峰值对应入射角	$\theta = 49\sqrt{\lambda/L}$ (L 为入射波方向长度)
	强度幅值	通常小于 $3\lambda^2$

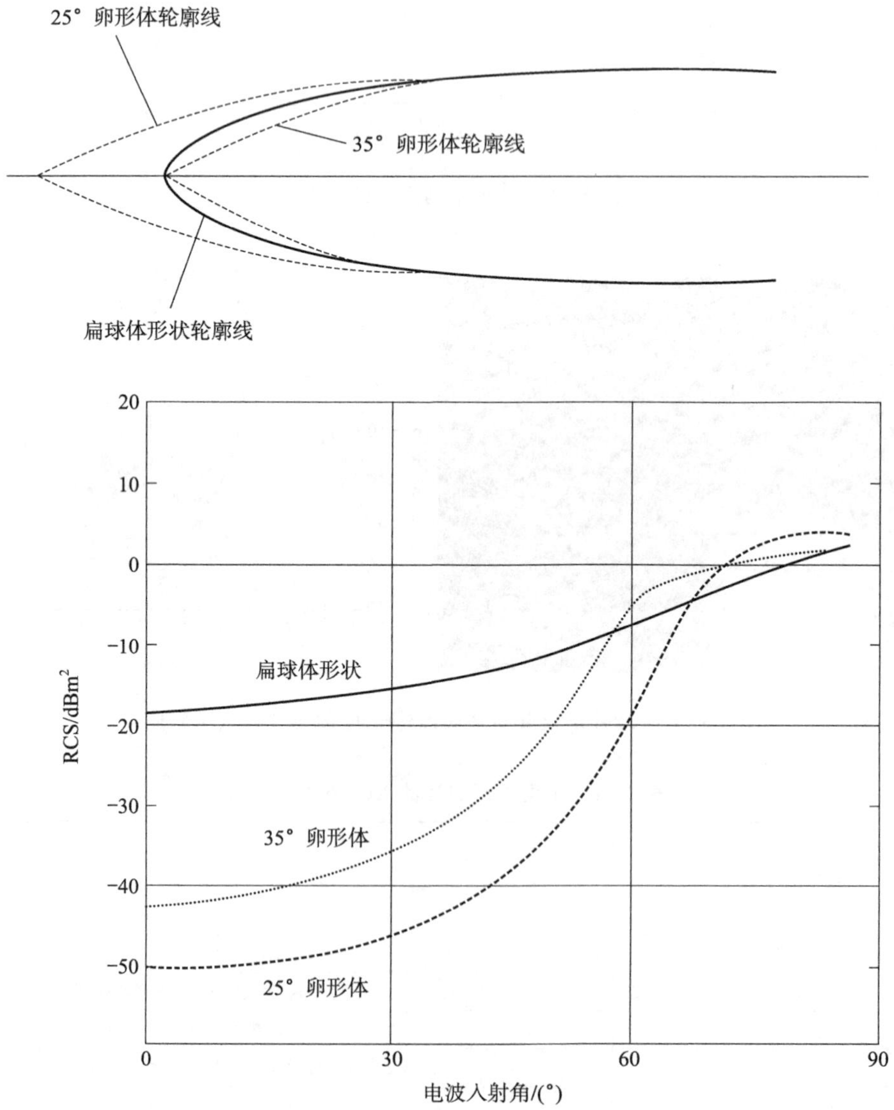

图 5-4 对于类锥形目标，几种不同外形的 RCS 比较[2]

5.1.2　外形气动一体化隐身优化方法

传统研究中，一般是先确定外形总体布局，在此基础上基于散射机理和隐身原则，进行外形隐身设计，以进一步提升性能。随着多学科优化技术的发展，新的设计一般通过优化，在气动、隐身等学科约束中取折中。

5.1.2.1　优化设计模型

首先需要能够根据设计要求，选择适当的气动性能参数（如最大升阻比）作为目标函数；然后，根据飞行器外形特点，对外形进行几何参数化建模，选择适当的优化设计变量；同时，根据总体、气动以及结构等限制条件，建立相应的约束条件。设计变量、目标函数以及约束条件即构成优化设计模型。优化设计模型的一般形式可以表示为

$$\max \quad f(x) \tag{5-1}$$

且满足以下条件：

$$\begin{aligned} h_k(x)=0, &\quad k=1,\cdots,m \\ g_j(x)\geqslant 0, &\quad j=1,\cdots,p \end{aligned} \tag{5-2}$$

式中　x——设计变量，向量 $x \in R^n$；

$f(x)$——目标函数；

$h(x)$ 和 $g(x)$——等式约束和不等式约束函数。

目标函数和约束的选择跟实际设计问题相关。在实际外形设计问题中，不仅需要考虑气动问题，还要考虑其他学科的问题，如结构、控制和隐身等。

外形参数化是依据飞行器外形特征与设计要求，采用一组控制参数准确描述航天飞行器外形。合理的外形参数化方法既要尽量减少参数的个数，又要尽可能充满设计空间。目前参数化方法可以分为两类。一类是基本元素构成法。通过参数确定控制点和控制线的位置和形状，在此基础上，控制线之间通过光滑过渡形成平面或曲面。常用的控制线参数化方法有二次曲线、贝塞尔曲线、B 样条曲线、类别形状函数法（Class and Shape Transformation，CST）等，常用的曲面生成方法有非均匀有理 B 样条（NURBS）等。另一类参数化方法为自由变形法（Free Form Deformation，FFD）。该类方法在基础气动外形的基础上，设置一组控制体（由少量的控制点形成），并建立基础气动外形与控制体的映射关系。通过控制点坐标即可改变控制体以及气动外形的表面坐标。从参数化思路来看，基本元素构成法为自下而上的方法，自由变形法则为自上而下的方法，如图 5-5 所示。

5.1.2.2　隐身特性评估

隐身特性评估可选用的高频方法包括物理光学方法（PO）、物理绕射理论（PTD）及弹跳射线法（SBR），全波算法主要包括矩量法/多层快速多极子方法（MOM/MLFMA）、时域有限差分方法（FDTD）、有限元方法（FEM）等。针对航天飞行器外形设计，主要采用 PO、PTD、和 SBR 技术。

5.1.2.3　气动特性评估

气动特性评估时可根据设计要求的不同选择不同精度的分析方法。由于气动外形优化需

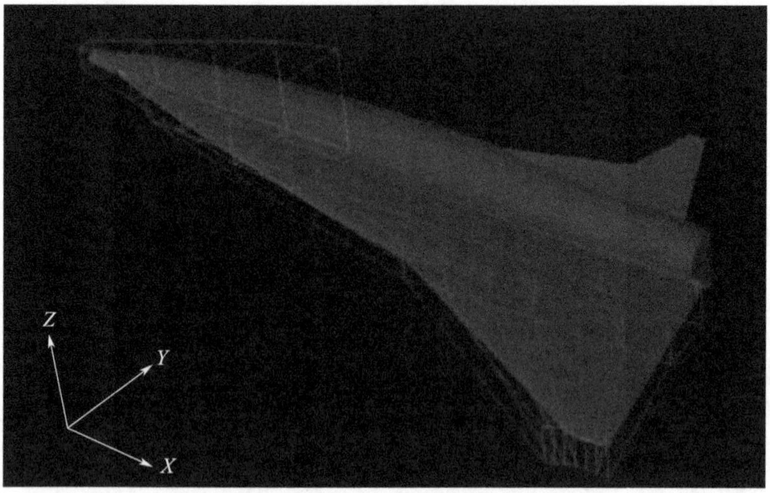

图 5-5　自由变形参数化外形示意图（见彩插）

要通过多轮迭代，气动分析方法选择时还要综合考虑当前计算资源能力以及时间进度要求。

数值求解 RANS（雷诺时均纳维-斯托克斯方程）方程方法精度较高，已广泛应用于工程设计。在优化设计中应用该方法进行气动特性评估存在计算量大、周期长的问题。目前比较有效的解决方法是代理模型法。代理模型法的基本思想是用代理模型对气动特性参数进行近似，在优化过程中使用代理模型进行气动特性评估。所谓代理模型是指建立在样本数据基础上能够对非样本点进行预测的数学模型。它能够对样本数据进行拟合，反映样本的统计规律。代理模型形式简单，其计算量要比 CFD 方法的计算量小得多，因此使用代理模型能够极大的提高优化效率。除此之外，代理模型还能够滤除掉样本数据中的数值噪声，提高优化效率和质量。

5.1.2.4　优化过程与方法

根据设计空间内寻优方法的不同，气动外形优化方法可以分为两大类，一类是传统的试验设计方法，另一类是现代数值优化方法。

试验设计（Design of Experiment，DoE）是以概率论和线性代数等为理论基础，科学地安排试验方案、正确地分析试验结果、尽快获得优化方案的一种数学方法。常用的试验设计方法有单因素轮换法、正交试验设计、全面试验设计、均匀试验设计、拉丁方设计、单纯形法等。单因素轮换法，即在一个实际体系中，有许多影响因素（常称之为因子），习惯的做法是每次改变一种因子，而其他因子固定不变，以寻找这种因子对于体系影响的最适范围，主要方法包括正交试验设计和单纯形优化法。试验设计方法简单、易行，不仅可以数值计算为手段，还可借助风洞试验，开展气动外形优化工作，在很多情况下可以得到比较满意的结果。

现代数值优化方法以现代优化算法为基础，结合数值计算，实现目标最优化的方法。基于梯度信息进行寻优是数值优化中应用最广泛的方法，梯度法利用目标函数对各设计变量的偏导数形成的梯度，寻找最有利的搜索方向，重复迭代直到收敛到一个局部极值。常用的基于梯度的优化方法有最速下降法、共轭梯度法、拟牛顿法、序列二次规划等。获得梯度信息最简单的方法是有限差分法，即单独扰动每个设计变量，用 CFD 分析程序计算扰动前后的目标函数值，以目标函数值增量与扰动增量的比值作为该设计变量的敏感性导数。基于有限差分的优化方法简单直观，但是梯度计算量随着设计变量数目的增加而增大，只在简单的布局和设计变量较少的气动优化中得到应用。伴随方法使得梯度的计算量与设计变量数目无关，大大减小了梯度的计算时间。遗传算法是近些年来迅速发展的一种全局化优化算法。主要特点是在优化的过程中只需要目标函数值，而不需要梯度信息，因此对目标函数的可微性没有要求。与遗传算法类似的方法有进化算法、模拟退火算法、蚁群算法、粒子群算法等。另一类不需要梯度信息的优化算法是直接搜索算法。直接搜索算法不需要复杂的操作，形式简单，实质上是一种建立在直观推断上的启发式搜索算法。最典型的直接搜索算法有 Hooke-Jeeves 模式搜索算法、Powell 算法、单纯形法。

当优化目标不止一个时，称为多目标优化问题。多目标优化问题不能直接应用解决单目标优化问题的方法来处理，通常需要对多目标模型进行处理之后方可进行最优外形的搜索。对多目标优化设计问题，比较常用的多目标处理方法有交互规划法、分层求解法、评价函数法、Pareto 方法等。

5.1.3　外形优化的参数化方法及示例

5.1.3.1　非均匀有理 B 样条

航天飞行器的复杂几何外形参数化描述是航天飞行器设计的核心模块之一，其表述方法及精度直接影响到航天飞行器的气动性能和外形优化结果。近几十年来，已经建立了许多航天飞行器几何外形参数化方法，样条曲面方法是少有的能够各方面兼顾的参数化方法，在局部曲面控制、控制点数量、表面网格变形方面有较强的优势。而且，非均匀有理 B 样条（Non-Uniform Rational B-Spline，NURBS）是一种基于自由型面 B 样条和初等解析曲面表述相结合的几何建模方法（图 5-6），现已成为 STEP（三维 CAD 通用文本中间交换格式）标准中自由曲线、曲面唯一表述形式，广泛应用于 CAD/CAM 和计算机图形学等工程研究领域。在航天飞行器外形的参数化造型过程中，NURBS 广泛地应用于对翼型、弹翼类部件、弹身类部件及复杂翼身融合布局的外形设计。

对于一个 NURBS 曲面 $\boldsymbol{S}(u, v)$，u 和 v 为自变量，若 u 方向为 p 阶，控制点数目为 $n+1$，v 方向为 q 阶，控制点数目为 $m+1$，则

$$\boldsymbol{S}(u,v)=\sum_{i=0}^{n}\sum_{j=0}^{m}R_{i,j}(u,v)\boldsymbol{P}_{i,j} \tag{5-3}$$

其中

$$R_{i,j}(u,v)=\frac{N_{i,p}(u)N_{j,q}(v)w_{i,j}}{\sum_{k=0}^{n}\sum_{l=0}^{m}N_{k,p}(u)N_{l,q}(v)w_{k,l}} \tag{5-4}$$

式中　$\boldsymbol{P}_{i,j}$ ——控制点矢量，总数目为 $(n+1)\times(m+1)$；

$w_{i,j}$ 和 $w_{k,l}$ ——权重系数；

$N_{i,p}(u)$、$N_{j,q}(v)$、$N_{k,p}(u)$ 和 $N_{l,q}(v)$ ——分别定义在非递减节点矢量 $\boldsymbol{U}(u)$、$\boldsymbol{V}(v)$ 上的基函数，即

$$N_{i,0}(u)=\begin{cases}1 & u_i \leqslant u < u_{i+1} \\ 0 & \text{其他}\end{cases} \tag{5-5}$$

$$N_{i,p}(u)=\frac{u-u_i}{u_{i+p}-u_i}N_{i,p-1}(u)+\frac{u_{i+p+1}-u}{u_{i+p+1}-u_{i+1}}N_{i+1,p-1}(u) \tag{5-6}$$

$$\boldsymbol{U}(u)=\{\underbrace{0,\cdots,0}_{p+1},u_{p+1},\cdots,u_{r-p-1},\underbrace{1,\cdots,1}_{p+1}\} \quad r=n+p+1 \tag{5-7}$$

同理可以给出 $N_{j,q}(v)$ 和 $\boldsymbol{V}(v)$ 的表达式。

对于 NURBS 曲面，其实质是一个由 $(n+1)\times(m+1)$ 个控制点 $\boldsymbol{P}_{i,j}$ 形成的以 u、v 为自变量的网格面（结构化网格），当外形发生变化时，采用曲面叠加技术实现曲面变形，有

$$\boldsymbol{S}_{\text{new}}=\boldsymbol{S}_{\text{initial}}+\Delta\boldsymbol{S}(u',v') \tag{5-8}$$

即在原始型面 $\boldsymbol{S}_{\text{initial}}$ 的基础上叠加一个型面变化量 $\Delta\boldsymbol{S}(u',v')$，$\Delta\boldsymbol{S}(u',v')$ 是一个 NURBS 曲面，有

$$\Delta\boldsymbol{S}(u',v')=\sum_{i=0}^{n}\sum_{j=0}^{m}R_{i,j}(u',v')\Delta\boldsymbol{P}_{i,j} \tag{5-9}$$

由以上两式可知，只需给定 $\Delta\boldsymbol{S}(u',v')$ 的 NURBS 曲面控制点、节点、权重系数等控制参数，即可控制型面的自由变化。

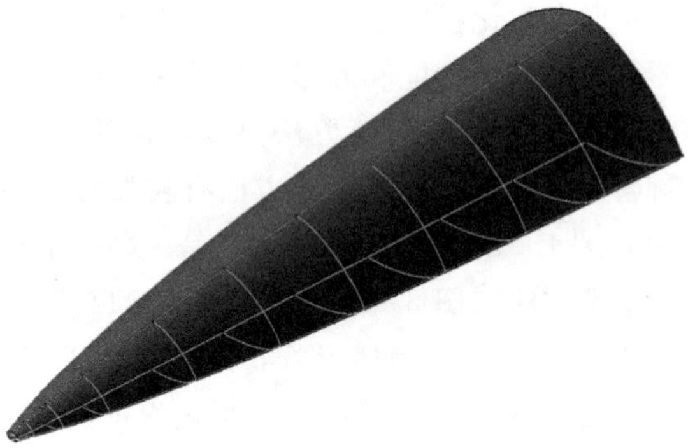

图 5-6　NURBS 曲面

5.1.3.2　类别形状函数法（CST）

常用的参数化方法在表达复杂曲面时，为保证表达精度，参数的个数会大量增加，优化过程中参数变量的随意变化还会导致不规则或不可控外形的产生，影响优化设计的正常实现。Kulfan 等提出了一种使用类别函数（Class Function）和形状函数（Shape Function）表示几何外形的类别形状函数法（Class and Shape Transformation，CST），CST 方法设计变量少，具有良好的可控性和表达精度，是一种简洁高效的参数化方法。

CST 方法通过一个类别函数 $C_{N2}^{N1}(\psi)$ 和一个形状函数 $S(\psi)$ 来定义剖面形状。大多数航天飞行器外形都可以近似由无数垂直于轴线的截面组合而成。因此，引入以下解析截面

定义描述形式

$$\zeta(\psi)\mid_{\text{upp,low}}=C_{N2}^{N1}(\psi)\cdot S(\psi)+\Delta\zeta_N(\psi) \tag{5-10}$$

式中 ψ ——归一化的单位侧向长度，$\psi=z/L_W$ ，其中 L_W 为截面侧向总长；

$\zeta(\psi)$ ——对应 ψ 位置处的法向高度；

$\Delta\zeta_N(\psi)$ ——法向偏心距；

ψ ——截面位置处的法向偏离距离；

$C_{N2}^{N1}(\psi)$ 和 $S(\psi)$ ——类别函数和形状函数，N_1 和 N_2 为类别函数的控制参数，对于对称截面有 $N_1=N_2$ 。

形状函数 $S(\psi)$ 有多种方法定义，常规方法包括 n 阶 Bernstein 多项式、B 样条函数的加权组合作为 $S(\psi)$ 的表达形式。

类别函数用于定义几何轮廓的种类，从而形成基本的几何外形，所有同类别的几何外形都可由这个基本外形派生出来。形状函数的作用是对类别函数所形成的基本外形进行修正，从而生成满足特殊设计要求的几何形状类别函数的定义为

$$C_{N2}^{N1}(\psi)=\psi^{N1}(1-\psi)^{N2} \tag{5-11}$$

假定 $N_1=N_2$ ，不同的控制参数下得到的截面几何外形如图 5-7 所示。

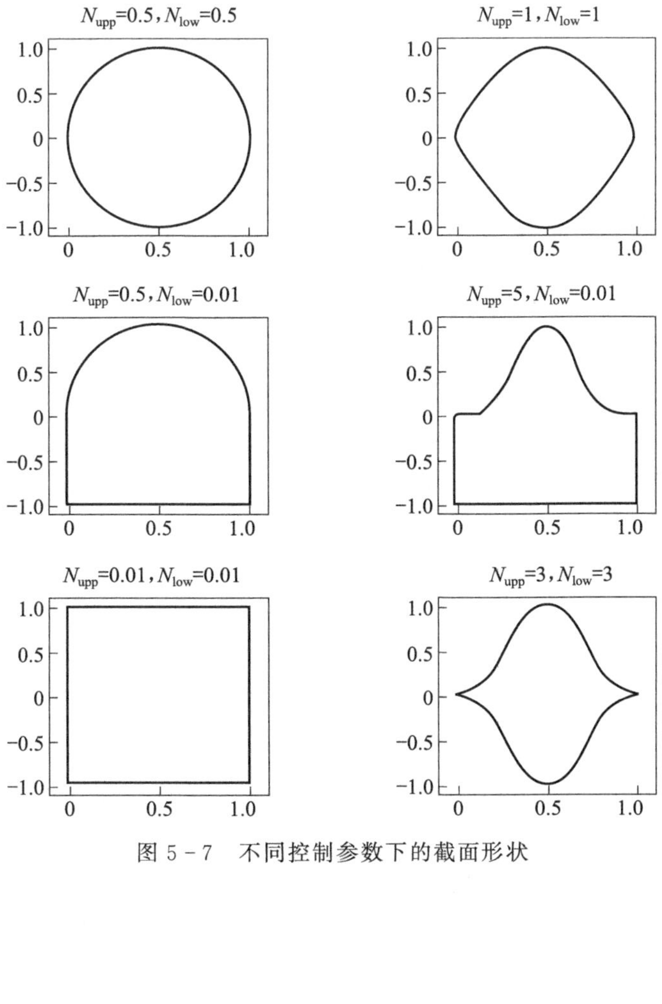

图 5-7 不同控制参数下的截面形状

三维外形对象可看作一系列平行截面沿着轴线的组合。通过在不同的轴向位置处使用B样条形状函数描述不同的截面形状，确定出一个解析形状函数面，从而得到整个外形的解析描述形式，如图5－8所示。

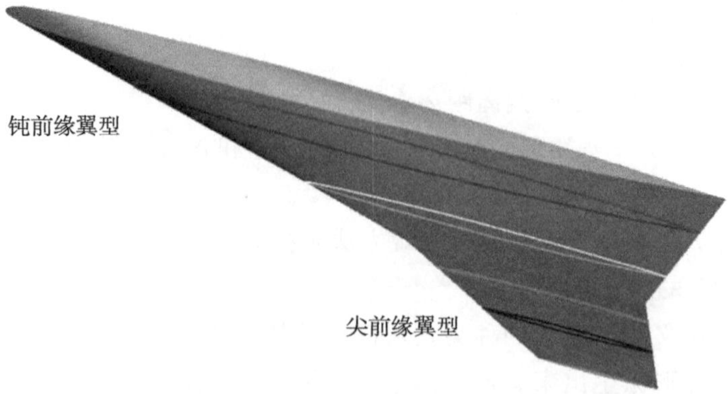

图5－8 CST曲面

5.1.3.3 自由变形法

如图5－9和图5－10所示，自由变形（Free Form Deformation，FFD）法常见于计算机三维绘图中，将FFD法用于气动优化设计的参数化和自动网格生成中，特别是动网格生成中，使得气动优化系统简单高效。FFD法以弹性体受力后变形的思想来解决三维几何变形问题，相比于传统的参数化方法，FFD法可用较少的参数实现对复杂几何外形的控制，操作便捷，变形能力强，同时能够保持原有外形的光滑和连续，是较为理想的参数化方法。

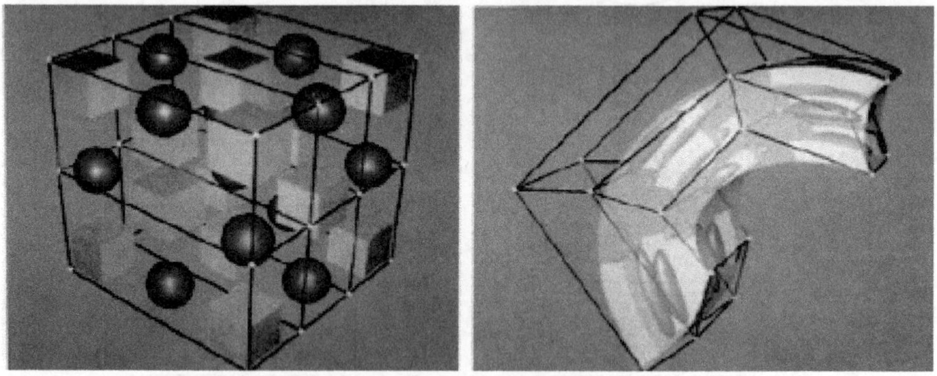

图5－9 自由变形法示意（见彩插）

图5－11所示，FFD基本思想是将几何模型嵌入到一个控制体中，建立数学关系后通过改变控制顶点来改变模型的形状。一般采用Bernstein多项式来定义控制体，由于FFD算法的函数关系式采用Bernstein基函数表示，因此该方法继承了贝赛尔曲线、曲面的某些约束特征。若在原点 X_0 建立一个局部坐标系，则控制体中任意一点的全局坐标可写为

$$\boldsymbol{X}=\boldsymbol{X}_0+s\boldsymbol{S}+t\boldsymbol{T}+u\boldsymbol{U} \tag{5-12}$$

其中，s、t、u 为该点在局部坐标系中沿 $\boldsymbol{S}$、$\boldsymbol{T}$、$\boldsymbol{U}$ 方向上的值，可表示为

$$\begin{cases} s = \dfrac{\boldsymbol{T} \times \boldsymbol{U} \cdot (\boldsymbol{X} - \boldsymbol{X}_0)}{\boldsymbol{T} \times \boldsymbol{U} \cdot \boldsymbol{S}} \\ t = \dfrac{\boldsymbol{S} \times \boldsymbol{U} \cdot (\boldsymbol{X} - \boldsymbol{X}_0)}{\boldsymbol{S} \times \boldsymbol{U} \cdot \boldsymbol{T}} \\ u = \dfrac{\boldsymbol{S} \times \boldsymbol{T} \cdot (\boldsymbol{X} - \boldsymbol{X}_0)}{\boldsymbol{S} \times \boldsymbol{T} \cdot \boldsymbol{U}} \end{cases} \tag{5-13}$$

若局部坐标系 3 个轴矢量方向上分别有 l、m、n 个控制顶点，则控制体将含 $(l+1)(m+1)(n+1)$ 个顶点，其全局坐标可表示为

$$\boldsymbol{P}_{ijk} = \boldsymbol{X}_0 + \frac{i}{l}\boldsymbol{S} + \frac{j}{m}\boldsymbol{T} + \frac{k}{n}\boldsymbol{U}, (i = 0,1,\cdots,l; j = 0,1,\cdots,m; k = 0,1,\cdots,n) \tag{5-14}$$

对于待变形模型上任意一点，在求得其局部坐标（s，t，u）后，变形后新的全局坐标可由 Bernstein 多项式计算得到：

$$\boldsymbol{X}_{\text{new}} = \sum_{i=0}^{l} \binom{l}{i} (1-s)^{l-i} s^i \cdot \left\{ \sum_{j=0}^{m} \binom{m}{j} (1-t)^{m-j} t^j \left[\sum_{k=0}^{n} \binom{n}{k} (1-u)^{n-k} u^k \boldsymbol{P}_{ijk} \right] \right\} \tag{5-15}$$

实施 FFD 的主要步骤为：根据待变形几何模型建立控制体和局部坐标系；计算几何模型的局部坐标；改变控制顶点的全局坐标；根据上式计算几何模型新的全局坐标。

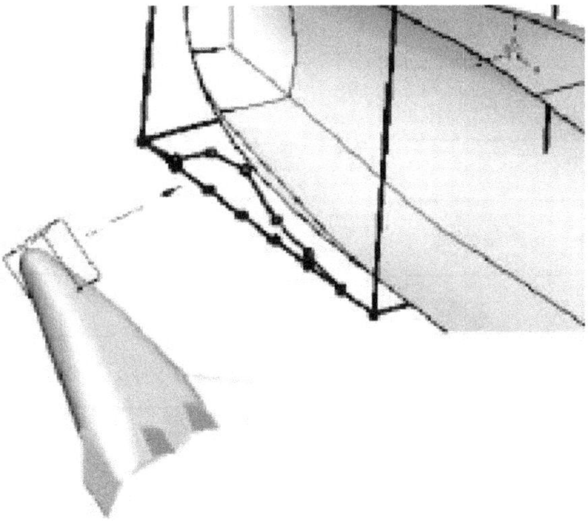

图 5 - 10　类 X - 33 头部迎风面自由变形

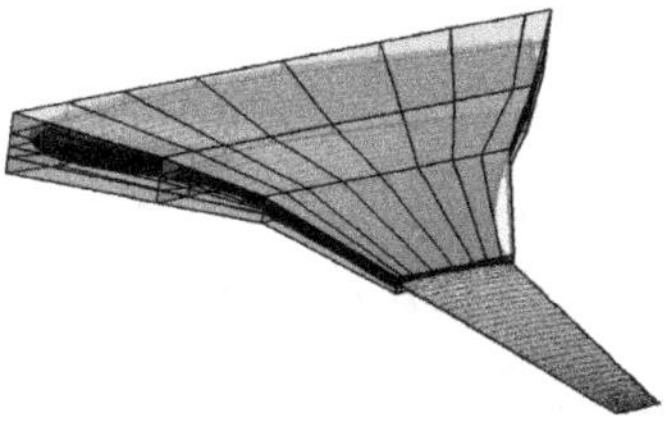

图 5 - 11　FFD 法中的控制体及控制节点

5.1.4　航天飞行器外形优化过程示例

航天飞行器气动外形优化过程包括外形参数化、输入参数计算、网格生成、气动求解、电磁散射求解等过程，主要流程如图 5－12～图 5－15 所示。

气动隐身一体化优化				
前处理 •模型定义 •计算设置 •优化设置	预览 •参数化模型 •计算网格	计算 •气动性能 •隐身性能	优化 •气动性能 •隐身性能 •综合性能	结果处理 •气动 •隐身

图 5－12　航天飞行器气动外形隐身一体化优化流程

1）气动计算流程。气动计算流程如图 5－13 所示。

2）隐身计算流程。隐身计算流程如图 5－14 所示。

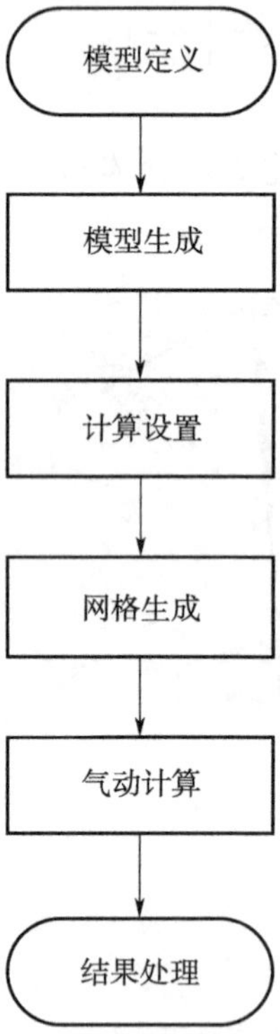

图 5－13　气动计算流程

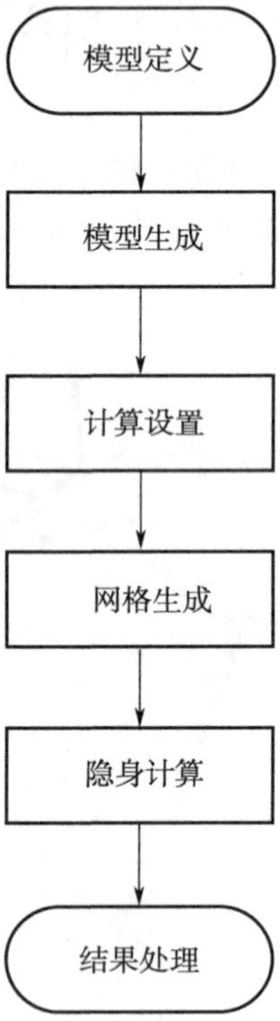

图 5－14　隐身计算流程

3）优化流程。优化计算流程如图 5－15 所示。

5.1.4.1　外形参数化

以某航天飞行器为例，对飞行器外形按照舱段和舵面进行参数化。舱段和舵面参数如图 5－16、表 5－2 所示。其中舵面形状为三角形，垂直于前缘的剖面形状取为单楔形，舵面偏角取为 $\delta=0°$。

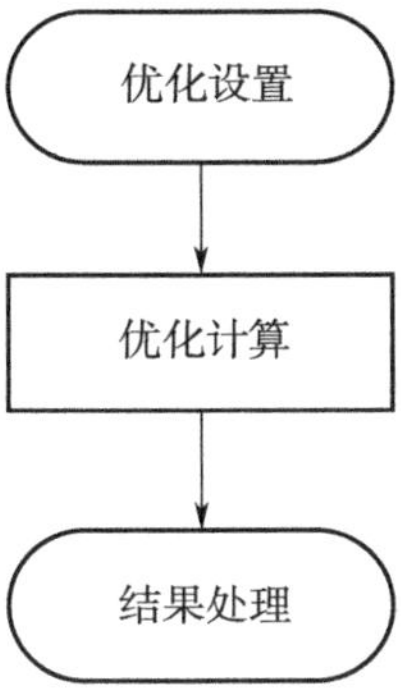

图 5-15　优化计算流程

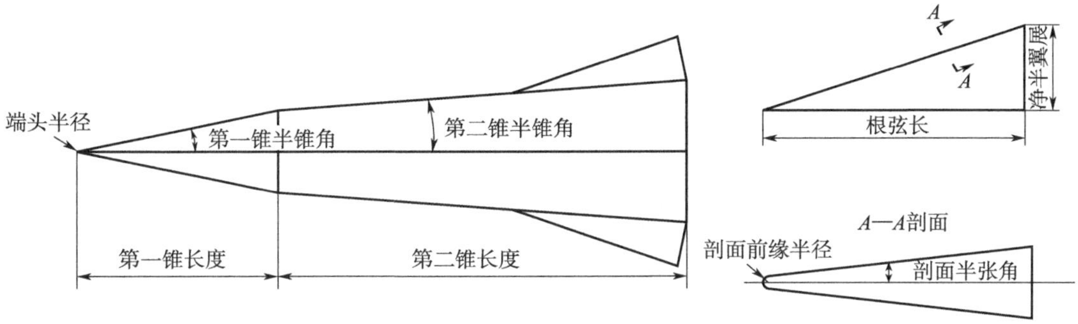

图 5-16　舱段和舵面参数

表 5-2　舱段和舵面参数

舱段参数	R_N	端头半径
	L_1	第一锥长度
	L_2	第二锥长度
	AngCone1	第一锥半锥角
	AngCone2	第二锥半锥角
舵面参数	Rle F	剖面前缘半径
	Ang F	剖面半张角
	Croot F	根弦长
	Span2	净半翼展

5.1.4.2　输入参数计算

输入参数计算模块（如采用 Excel 软件）根据外形参数计算出网格生成所需的其他输入参数，如舱段母线各控制点的坐标、舵面剖面的控制点坐标等，并输出这些参数(input. dat)。同时，该模块还作为图形界面，显示当前航天飞行器外形。

5.1.4.3 网格生成

人工生成网格是一件非常繁重而耗时的工作。对于相似外形而言，网格拓扑结构相同，可以采用参数化网格程序的方法。当对新的外形进行气动分析时，只需要改变输入参数，程序就可以自动生成网格。首先根据外形参数构建三维数字模型，然后在该模型的基础上生成网格，并输出网格文件（mesh. grd）。

5.1.4.4 气动求解

数值求解 EULER/NS 方程。根据网格文件进行气动分析，并输出气动特性文件(force. dat)。

5.1.4.5 电磁散射求解

根据网格文件进行隐身分析，并输出 RCS 特性文件（farfield. dat）。

5.1.4.6 寻优

通过以上功能模块，能够完成外形优化设计，并得到目标函数。在得到目标函数之后，iSIGHT 将采用一定的算法根据目标函数和设计变量以及约束条件等搜寻下一个优化外形，直至得到目标函数最大（或最小）的外形即最优外形，如图 5-17 所示。

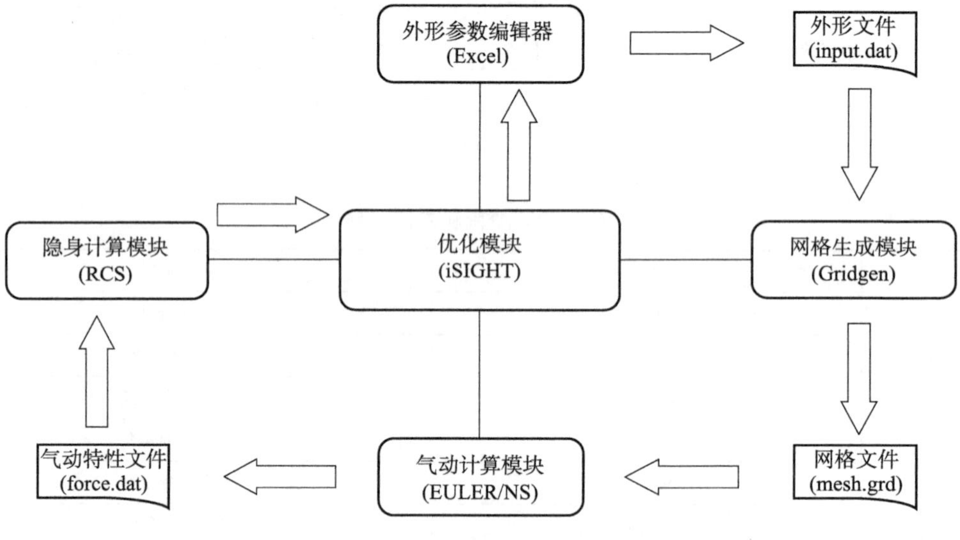

图 5-17 优化设计系统结构

5.2 材料隐身技术

除外形外，吸波材料是雷达隐身的另一重要途径。顾名思义，吸波材料就是用来吸收雷达波避免其反射回照射方向的。吸波材料的性能与材料自身的损耗特性、阻抗匹配（厚度、分层渐变阻抗等）有关。

5.2.1 微波在材料中的损耗机制

电磁波吸波材料，亦称微波吸波材料，简称吸波材料，是一种能够吸收或者大幅度衰减入射电磁波的功能材料。

吸波材料如能很好地对入射的电磁波进行吸收，应该具备两个基本的条件：①当电磁波经过传播而入射到吸波材料表面上的时候，能够尽可能减少电磁波的直接反射从而使电磁波能最大限度地进入吸波材料的内部，即材料需要满足阻抗匹配的特性；②当电磁波进入到材料内部并且在其内部进行传播的时候，能够迅速并尽可能全部地被衰减掉，即材料要满足衰减特性。

微波在材料中的损耗机制可分为电损耗和磁损耗两大类，其中电损耗又包括电阻和介电损耗两类，或者也可分为电阻损耗、介电损耗和磁损耗三类。

1）电阻损耗机理：此类损耗机制与材料的电阻或者电导率有关，电磁场在材料里引起导电损耗，以热量形式耗散。导电损耗由于趋肤效应而主要集中在材料表面。当交变电磁场入射到材料表面时，材料内部的电流分布不均匀，电流集中在材料的“皮肤”部分，也就是说电流集中在材料外表的薄层，越靠近材料表面，电流密度越大，这一现象称为趋肤效应。电流密度随距材料表面距离的增加呈指数衰减，当导体内的电流密度衰减到材料表面电流密度值的 1/e（36.8%）时，此距离称为趋肤深度，一般计算公式为

$$\delta=\sqrt{\frac{2\rho}{\omega\mu}}=\sqrt{\frac{2}{\omega\mu\sigma}}=\frac{1}{\sqrt{\pi f\mu\sigma}} \tag{5-16}$$

式中　δ ——趋肤深度（m）；

ω ——角频率（rad/s），$\omega=2\pi f$；

f ——磁场频率；

μ ——磁导率（H/m）；

ρ ——电阻率（Ω·m）；

σ ——电导率（S/m）。

2）介电损耗机理：电介质在电极化过程中，由于极化需要一定的弛豫时间，在交变电场的作用下，当这种极化落后于外电场频率的变化时，便产生了极化的滞后，从而产生介电损耗。介电损耗随频率的变化而变化，其变化随具体材料及波段而不同。导电损耗和介电损耗统称为电损耗。电损耗型吸波涂料的复介电常数实部 ε' 和复磁导率实部 μ'、复介电常数虚部 ε'' 和复磁导率虚部 μ'' 之间相差相当大，因此作单涂层时，很难满足高吸收和宽频带的要求。电损耗型吸波涂料的吸波剂有炭黑、石墨、碳纤维、铝粉、铜粉、导电高分子等。电损耗型吸波涂料的主要优点是密度小（金属除外），高频性能较好，但一般厚度大，难于满足薄层宽频的要求。

3）磁损耗机理：电磁损耗理论认为损耗来源除了电损耗之外，还有磁损耗，一般认为磁损耗包括磁滞损耗、涡流损耗和剩余损耗三部分，这是指铁磁性材料在交变磁场中反复磁化所消耗的功率。通常，铁磁材料磁化时，出现磁滞现象，每磁化一周期所消耗的能

量正比于磁滞回线的面积。这种能量损失称为磁滞损耗。按照电磁感应定律，铁磁材料在交变材料内磁通量发生变化时，在磁通的周围会产生感应电动势，又因铁磁材料是导电物质，感应电动势将在垂直于磁通方向的截面上感应出闭合的涡流电流。由它所引起的焦耳损失称为涡流损耗。剩余损耗包括弛豫损耗、畴壁共振损耗和自然共振损耗。三部分的贡献随吸波剂的种类而异。电磁损耗型涂料的吸波剂有铁氧体、磁性金属粉（铁钴镍合金）等。铁氧体吸波涂料的主要优点是 ε' 和 μ' 差距小，μ'' 与磁损耗角正切 $\tan\delta$ 较大，μ' 随频率降低而升高，涂层较薄。

5.2.2 吸波材料的表征

复介电常数 ε 和磁导率 μ 为雷达吸波材料电磁特性的重要表征参数，在交变电磁场的条件下两者需要用复数表示，其中 $\varepsilon=\varepsilon'-\mathrm{j}\varepsilon''$，$\mu=\mu'-\mathrm{j}\mu''$，而真空中的介电常数和磁导率则可用 ε_0 和 μ_0 来表示。为了方便，一般采用相对介电常数 ε_r 和相对磁导率 μ_r 来表示相对于真空的 ε_0 和 μ_0 的倍数，即 $\varepsilon_r=\varepsilon/\varepsilon_0$，$\mu_r=\mu/\mu_0$（后面无特别说明，介电常数 ε 和磁导率 μ 均指相对介电常数和相对磁导率）。ε' 和 μ' 分别表示为吸波材料在电场或磁场的作用下而发生的极化或者磁化程度的变量，代表了对能量的储存能力；ε'' 代表了在外加电场的条件下，吸波材料的电偶矩由于重排所产生的损耗的量度，一般电损耗用损耗角正切 $\tan\delta_e=\dfrac{\varepsilon''}{\varepsilon'}$ 表示；μ'' 代表了在外加磁场的条件下，吸波材料的磁偶矩由于重排所产生的损耗的量度，一般磁损耗用损耗角正切 $\tan\delta_m=\dfrac{\mu''}{\mu'}$。

电磁波在材料中的传播衰减可用衰减常数表示为 $\mathrm{e}^{-\alpha x}$，其中：

$$\alpha=-\sqrt{\varepsilon_0\mu_0}\,\omega\left[(\varepsilon'_r\mu'_r-\varepsilon''_r\mu''_r)^2+(\varepsilon'_r\mu''_r+\varepsilon''_r\mu'_r)^2\right]^{1/4}\sin\left[\frac{1}{2}\tan^{-1}\left(-\frac{\varepsilon'_r\mu'_r-\varepsilon''_r\mu''_r}{\varepsilon'_r\mu''_r+\varepsilon''_r\mu'_r}\right)\right] \tag{5-17}$$

在实际中，吸波材料的性能一般通过反射率 R（dB）表示，R 越低越好。计算多层吸波材料的反射率的方法很多，比较严谨的方法是基于电磁场理论进行计算。其他常见多层吸波材料反射率的简洁计算方法包括射线跟踪计算法、传输矩阵法以及传输线理论等等。射线跟踪计算法按照电磁波在介质表面的折射和反射规律，跟踪计算电磁波在下一分界面折射和反射波，以及在介质内发生的吸收，并在各介质层进行该计算过程，直到电磁波在介质内损耗殆尽。由介质反射回空气中的波，仅计算反射回去的总量。由介质反射回空气中的波与入射波的比值就是反射系数。传输矩阵法是同传输线理论公式类比得到的，将电磁波在相邻介质中正向传播和反向传播的分量用简洁的矩阵形式表达，并用矩阵乘积的形式将已知量和待求量联系起来。传输线理论将电磁波入射和反射的过程近似为集总模型的微波电路，各层材料等效为由不同材料参数决定的阻抗器件，通过逐层计算输入阻抗，将反射率表达成逐层嵌套的输入阻抗的关系式。由于传输线理论简单实用，便于阻抗匹配特性的分析，所以广为应用。当电磁波从自由空间入射到吸波材料上，在多个界面处会出现电磁波的反射及透射现象。图 5－18 为有金属底板反射层的多层吸波材料示意图。

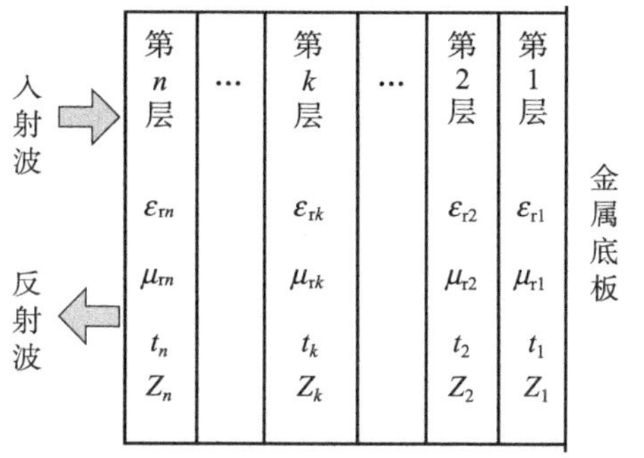

图 5－18　有金属底板反射层的多层吸波材料示意图

根据传输线理论，当电磁波垂直入射时，以金属为底板多层吸波材料各层输入阻抗为

$$Z_{\text{in}(1)} = Z_1 \tanh(\gamma_1 t_1) \tag{5-18}$$

$$Z_{\text{in}(k)} = Z_k \frac{Z_{\text{in}(k-1)} + Z_k \tanh(\gamma_k t_k)}{Z_k + Z_{\text{in}(k-1)} \tanh(\gamma_k t_k)} \tag{5-19}$$

式中　$Z_{in(1)}$ ——第 1 层材料的等效输入阻抗；

Z_1 ——第 1 层材料的特征阻抗；

$Z_{in(k)}$ ——第 k 层材料的等效输入阻抗；

Z_k ——第 k 层材料的特征阻抗；

γ_k ——第 k 层材料的传播系数；

t_k ——第 k 层材料的厚度；

$k=2, 3, \cdots, n$ 。

其中，

$$Z_k = Z_0 \sqrt{\frac{\mu_k}{\varepsilon_k}} = Z_0 \sqrt{\frac{\mu_{kr}\mu_0}{\varepsilon_{kr}\varepsilon_0}} \tag{5-20}$$

$$\gamma_k = \text{j}\frac{2\pi f}{c}\sqrt{\mu_k \varepsilon_k} = \text{j}\omega\sqrt{\mu_{kr}\mu_0\varepsilon_{kr}\varepsilon_0} \tag{5-21}$$

式中　Z_0 ——真空特征阻抗，377 Ω；

ε_k 、μ_k ——第 k 层材料的相对复介电常数和相对复磁导率；

f ——微波频率；

ω ——角频率；

c ——电磁波在空气中的传播速度 3×10^8 m/s。

第 n 层的反射率是我们最关注的反射率，以分贝为单位的反射率表达式为

$$R = 20\lg \frac{Z_{\text{in}(n)} - Z_0}{Z_{\text{in}(n)} + Z_0} \tag{5-22}$$

电磁波入射到材料表面处的反射及其在材料内部的衰减均与吸波材料的介电常数、磁导率、频率和材料厚度有关，阻抗匹配实质上是这些参数之间的匹配。综合考虑材料的阻抗匹配特性及衰减特性可知，ε' 、μ' 、ε'' 和 μ'' 的值并不是简单地越大越好，而是应该通过

吸波材料的设计来确定最佳电磁参数。在设计吸波材料时，除考虑到阻抗匹配特性和衰减特性外，还应该考虑材料的频散特性，即材料电磁参数与电磁波频率之间的关系，复介电常数 ε 和复磁导率 μ 的模值在低频处应尽量增大，随频率的升高而减小，这样在同样吸波材料厚度下，有利于使电磁波吸收频带变宽。

5.2.3　吸波材料分类

按材料的损耗机理，吸波材料可分为电损耗型、磁损耗、复合型三大类，电损耗型吸波材料又包括电阻型和介电型两类。复合型材料同时具有电损耗和磁损耗两种微结构，如电包磁或磁包电核壳结构，称为双复吸波材料，具有良好的吸波能力和带宽。

按材料的成型工艺和应用方式，吸波材料可分为涂覆型（涂料、贴片、吸波腻子）和结构型（吸波泡沫和吸波蜂窝及其夹层结构等）。微波暗室采用的吸波材料主要为角锥型吸波体。涂覆型吸波材料主要采用磁损耗型吸收剂，厚度一般比较薄，一般不超过 1 mm，主要应用于金属和碳纤维复合材料表面等导电材料表面，那里磁场最强。结构型吸波材料一般采用电损耗型吸收剂，只有在厚度相对波长较小时采用磁损耗型吸收剂或与电损耗型吸收剂并用。

按衰减电磁波的原理，吸波材料又可分为吸收型和干涉型两大类。吸收型吸波材料也称阻抗匹配型吸波材料，利用模拟电路的传输线理论，使入射波阻抗渐变，入射波尽可能多地进入到材料内部，减少反射波，并在材料传输过程中不断吸收，如锥体（角锥）型吸波材料是典型的阻抗匹配型吸波材料，角锥结构使材料阻抗从空气到吸波材料底端有一个渐变的过程，优点是吸波能力强，在 200 MHz～100 GHz 频率范围内，反射率一般小于 －40 dB，缺点是吸波材料厚度大，一般在 150～1 000 mm。另一类阻抗匹配型吸波材料是采用多层阻抗渐变结构，也是利用传输线理论，实现从空气到不同匹配层的阻抗渐变，减少入射波反射，通过阻抗梯度逐步吸收电磁波。干涉型吸波材料是利用干涉原理来降低电磁波的反射，也称为 $\lambda/4$ 吸波材料，其原理是表面反射波与底面反射波的振幅相等、相位相反进行干涉抵消，其缺点是吸收频带窄，但单频率点的吸收可以做到很高，往往比吸收型吸波材料高出 10 dB 以上。主要包括 Salisbury 屏吸波材料、Jaumann 吸波材料[3]，如图 5－19～图 5－23 所示。

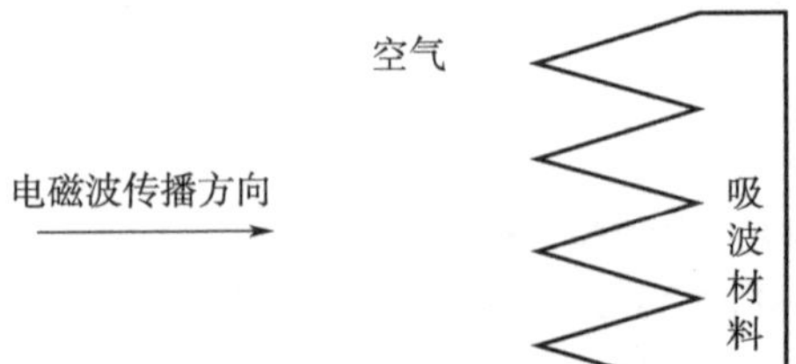

图 5－19　尖劈型吸波材料

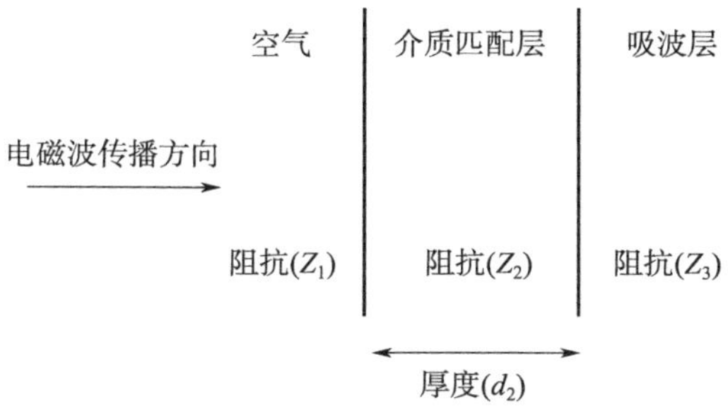

图 5 - 20　匹配层概念

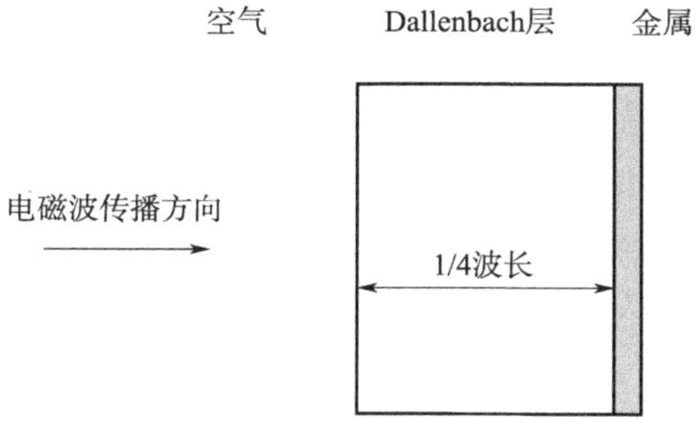

图 5 - 21　Dallenbach 吸波材料

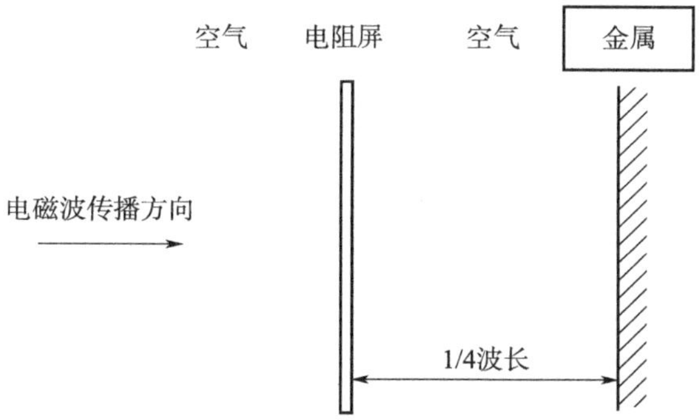

图 5 - 22　Salisbury 屏吸波材料

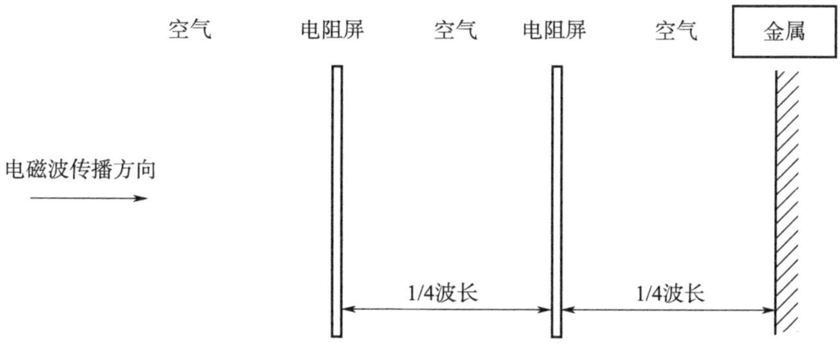

图 5 - 23　Jaumann 吸波材料

Salisbury 屏吸波材料是将合适阻抗的电阻屏置于金属背底反射面的 $\lambda/4$ 处，形成谐振型吸波结构。这种结构可以使从金属背底和阻抗层反射的电磁波相位相反，从而实现“零反射”。Salisbury 屏的吸波性能与吸波体的厚度、介质层的介电常数相关。

吸波 Salisbury 屏体的厚度和介电常数增大会导致电长度增加，使吸收峰向低频移动，实现低频强吸收。由 Salisbury 屏的结构可知，纯电损耗型材料的电阻膜应置于最大电场处，即距金属表面 $\lambda/4$ 处；而磁损耗型材料则置于最大磁场处，即金属表面为最好。由于电损耗屏必须置于金属面上方 $\lambda/4$ 处，这就导致吸波结构比较厚，所以这种结构只能适用于不限制材料尺寸的场合。

Jaumann 吸波材料是在 Salisbury 屏的基础上，通过增加电屏薄片和隔离层的数量来改善吸收带宽，由此发展出了新的吸波材料，被称为 Jaumann 吸波材料。具有不同电磁特性的各层材料可以用各种算法优化设计组合得到阻抗合适、性能较好的吸波材料。多层 Jaumann 吸波材料的内部结构由低损耗介质隔开。一个 6 层 Jaumann 层吸波材料在 7～15 GHz 反射率可达－30 dB。

5.2.4 主要吸收剂与特点

5.2.4.1 碳系吸收剂

碳系吸收剂是最早用于吸波材料的吸收剂，此类吸收剂为电损耗型吸收剂。碳系吸收包括炭黑、石墨、石墨烯、碳管和碳纤维等。

吸波涂料中通常采用乙炔炭黑为吸收剂，因为它的导电性和分散性都比其他种类要好。炭黑吸收剂的优点是密度小，价格便宜，做成涂料的电导率控制在半导体量级时可以得到较好的吸波性能。它的缺点是低含量时损耗角正切很小，高含量时损耗角正切虽可增大，但 ε' 太大，阻抗匹配性能不好，且加工困难，炭黑与涂料中的高分子基料的相容性较差，炭黑的含量＞15％时，涂料的力学性能显著下降，甚至涂层干燥后发生裂缝。

纳米碳管不但具有较高的电损耗正切角，依靠介质的电子极化或界面极化衰减，吸收电磁波，而且由于量子限域效应，电子在纳米碳管中的运动是沿轴向的，由于电子能量和波矢之间的关系，纳米碳管表现出金属或半导体特性。特别是，纳米碳管拥有特殊的螺旋结构和手征性，这将导致特殊的电磁效应。纳米碳管具有优良的吸波性能，同时具有质量轻、兼容性好、吸波频带宽等特点，是新一代最具发展潜力的吸波材料之一。

5.2.4.2 铁氧体吸收剂

铁氧体吸收剂研究较多也较成熟，通常分为尖晶石型铁氧体与六角晶系铁氧体两种类型，其中尖晶石型铁氧体应用的历史很长，但尖晶石型铁氧体的电磁参数（介电常数和磁导率）都比较小，而且难以满足相对介电常数和相对磁导率尽可能接近的原则。目前应用的比较广泛的是六角晶系铁氧体。它的优点是吸收效率高、涂层薄、频带宽；不足之处是比重大，居里温度低。由于在高频下有较高的磁导率，而且电阻率也较大，电磁波易于进入并快速衰减，被广泛地应用在雷达吸波材料领域中。与磁性金属粉相比，铁氧体材料具有较好的频率特性，其相对磁导率较大，且相对介电常数较小，适合制作匹配层，在低频拓宽频带方面具有良好的应用前景。主要缺点是密度较大、温度稳定性较差。

5.2.4.3　磁性金属微粉吸收剂

磁性金属微粉吸收剂包括铁粉、镍粉等，具有微波磁导率高、温度稳定性好（居里温度高达 770 K）等特点，广泛应用，如美国 F-117、F/A-18C/D“大黄蜂”隐身飞机使用了羰基铁微粉吸波材料。

由于磁性金属粉电导率高，是良导体，对微波基本上全反射，所以磁性金属吸收剂粉体的粒度要和一定频率电磁波的趋肤深度保持在同一个数量级，这样才能达到理想的吸波效果。磁性金属粉中用得最多的是羰基铁粉。羰基铁为黑色粉末，含铁量为 97%以上，颗粒为圆球状，粒度一般为 0.5～20 μm，有较大的比表面积（>40 dm^2/g），具有较好的雷达波吸波性能，但密度较大，耐腐蚀性能差。电磁参数值好的羰基铁粉中都含有碳、氮和氧元素。另外，在热解中通过控制羰基铁、羰基镍等化学成分比例，可制备出不同电磁参数的合金粉末。为了提高羰基铁吸收剂的低频性能以及降低吸波材料密度（减少吸收剂含量），一般采用片状羰基铁吸收剂，由球状羰基铁吸收剂通过球磨工艺制得。羰基铁吸收剂居里温度约 775 ℃，比铁氧体居里温度（锰锌铁氧体约 120～250 ℃）高，被广泛地应用在武器装备上，使用温度可达 300 ℃以上。

在航天飞行器防热层下层采用吸波涂层，与防热层一体化设计，可获得最优的吸波性能，如图 5-24 所示。

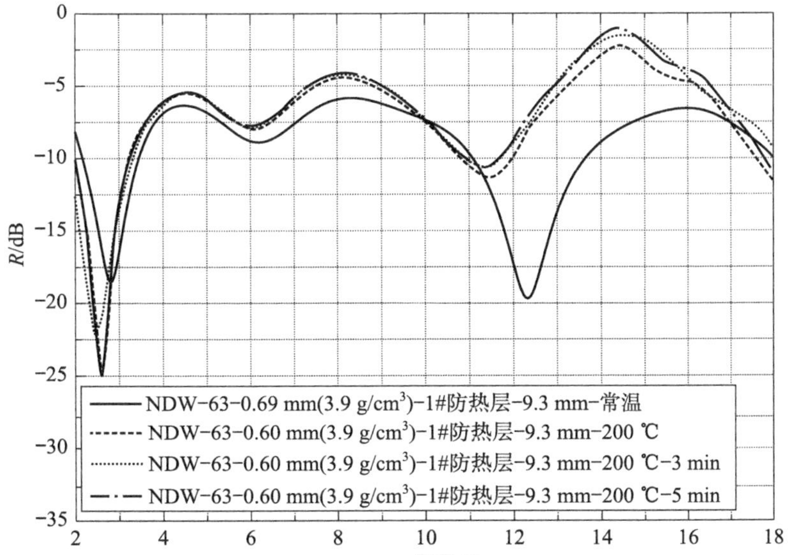

图 5-24　与防热匹配设计的典型吸波涂层的反射率曲线

5.2.4.4　导电高分子吸收剂

新型有机导电高分子，如聚乙炔、聚吡咯、聚噻吩和聚苯胺等，由于具有共轭 π 电子的线形或平面构型，其电导率可在绝缘体、半导体和金属态范围内变化。将导电高分子与无机磁损耗吸收剂复合，有可能发展为新型轻质吸波材料。

导电高分子的优点是密度低，一般为 1.0～1.5 g/cm^3，其电导率可通过掺杂在很宽的范围内调节。但它的缺点是加工工艺很困难，且价格相当贵。

5.2.4.5 手性吸收剂

理论研究认为调节手性材料的手性参数比其他吸波材料仅仅调节电磁参数容易，易于实现阻抗匹配，尽量满足低反射要求；另外，手性材料的频率敏感性比较低，可能达到宽频吸收效果。

尽管理论研究认为手性材料与普通材料相比，具有参数调节容易、对频率敏感性小的特点，可满足宽频吸波和无反射要求，但迄今还没有令人信服的论据表明少量的手性材料的掺入会产生如此好的结果。

5.2.4.6 多晶铁纤维吸收剂

多晶铁纤维是新型雷达波吸收剂之一。多晶铁纤维是一维磁性针状多晶纳米吸收剂，其晶粒尺寸约为 10 nm 量级，直径约为 100 nm 量级，纤维长度则为微米量级。多晶铁纤维具有独特的形状各向异性，所形成的吸波材料可在很宽的频带内实现高吸收率，可克服大多数磁性金属吸收剂存在的缺点，是一种轻质雷达波吸波材料。

5.2.4.7 碳化硅吸收剂

国外耐高温陶瓷吸收剂的研究报道多以碳化硅为主，日本、美国、德国对碳化硅陶瓷研究应用的重要方向之一正是吸波材料。碳化硅不仅是一种性能优异的结构陶瓷材料，具有硬度高、高温强度大、抗蠕变、耐蚀、抗氧化、热膨胀系数小、热传导率高等特点；同时，它还是一种宽带隙半导体（～3 eV），可用于高功率、高频率和高温电子器件。

5.2.4.8 其他新型吸收剂

SiC - C 纤维是一类新型吸收剂材料。它综合了 SiC 耐高温氧化和碳纤维高强度、导电的优点。由于这种纤维是以 β - SiC 型微晶与自由状态的 X（X 可以是 C、N、Fe、Ni、Co、Ti、Zr 单独一种或同时多种元素）成混晶状态，所以它的损耗综合了介电损耗和磁损耗。

5.2.5 典型吸波材料示例

5.2.5.1 吸波涂层

吸波涂层（Absorbing Coating），是指将具有特定电磁参数的吸收剂以一定比例分散到基体中，形成可以涂覆到物体表面的涂料，然后采用刮涂、喷涂等工艺在隐身目标表面形成的一层或多层厚度相对较薄（一般不超过 2 mm）的吸波功能材料层。吸波涂层可以在目标外表面或目标某两个工艺界面层之间，如在航天飞行器的金属壳体与防热层之间。吸收剂是对电磁波有损耗功能的粉末（球形或片状）、短纤维、导电和介电性物质，基体是有机高分子聚合物或无机胶粘剂。主要性能表征参数有涂层厚度、面密度、附着力、柔韧性、冲击强度、反射率和吸收频带宽度（Δf）、表面波衰减率等，基本含义如图 5 - 25 所示。

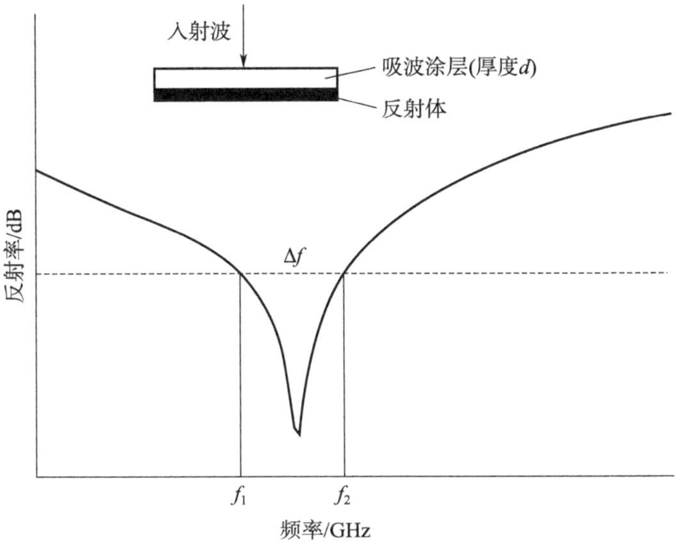

图 5-25　吸波涂料典型反射率曲线示意图

一般来说，基体发挥粘结、强度和耐环境的作用，吸收剂则发挥电磁损耗作用。表 5-3 为吸波涂料几种常用树脂基体的介电性能。典型铁氧体吸波涂层的反射率曲线如图 5-26 所示。

表 5-3　吸波涂料几种常用树脂基体的介电性能（X 波段）

序号	基体树脂	介电常数 ε′	介电损耗 ε″
1	618 环氧树脂	2.95	0.12
2	638 环氧树脂	3.95	0.29
3	AS-70 环氧树脂	3.70	0.20
4	6101+651 聚酰胺	2.93	0.10
5	HJ-300 胶粘剂	2.80	0.20
6	618+CTBN	2.89	0.10
7	J-302 胶粘剂	3.05	0.09
8	618+聚硫	2.89	0.10
9	聚氨酯	2.87	0.09
10	氯磺化聚乙烯	6.86	0.29

5.2.5.2　吸波贴片

吸波贴片与吸波涂层在材料与组分上类似，只是将原料预先制备成片状的贴片，相当于预制的半成品，在施工现场直接剪裁贴装就可以。与吸波涂层相比，吸波贴片的基体一般采用橡胶高分子柔性材料，可通过胶粘剂或自带背胶（压敏胶）贴覆在设备平面或可展开平面上。柔性基体主要包括热硫化聚氨酯、硅橡胶和丁腈橡胶等，包括宽频和窄频系列化产品。橡胶基体起粘结、强度和耐环境的作用，吸收剂起电磁损耗的作用。其主要性能

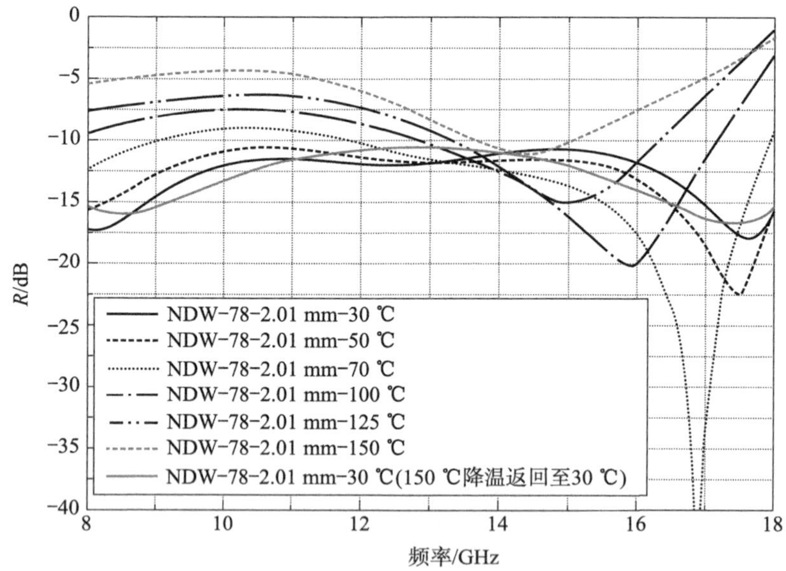

图 5－26　2.01 mm 厚度 NDW－78 牌号的铁氧体吸波涂层在不同温度状态下的反射率曲线（见彩插）

表征参数有涂层厚度、面密度、附着力、柔韧性、拉伸强度、拉断伸长率、冲击强度、反射率和吸收频带宽度、表面波衰减率等。表 5－4 为吸波贴片几种常用橡胶基体的介电性能。

表 5－4　吸波贴片几种常用橡胶基体的介电性能（X 波段）

序号	基体树脂	介电常数 ε'	介电损耗 ε''
1	聚氨酯	3.20	0.30
2	硅橡胶	2.90	0.08
3	丁腈橡胶	3.00	0.12
4	氯磺化聚乙烯	6.86	0.29
5	氯丁橡胶	4.00	0.10
6	聚硫橡胶	14.0	2.1

图 5－27 为典型铁氧体吸波贴片的反射率曲线，图 5－28 是吸波贴片与不同防热层匹配设计后的反射率曲线。

5.2.5.3　吸波腻子

吸波腻子是一种用于吸波涂层修复或缺陷部位填补的黏稠膏状材料，其组成包括吸收剂和基体，常用基体材料为聚氨酯，要求树脂基体材料具有固化快、易于现场操作等特点。吸波腻子多用于飞机等大量需要在现场快速修复的装备，航天飞行器的隐身涂层修复往往直接用隐身涂层的涂料直接进行修复。

5.2.5.4　吸波结构

吸波结构是指既能吸收雷达波又能作为结构件承受载荷的材料，也指单独具有隐身功

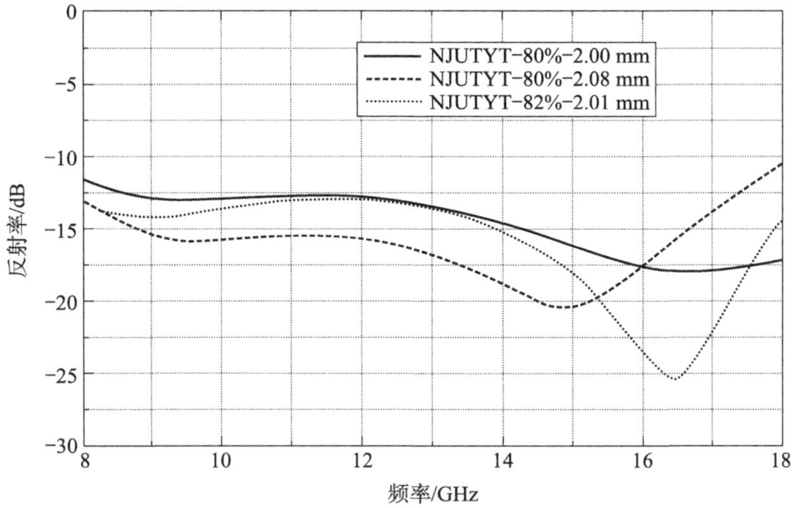

图 5-27　铁氧体吸波贴片（聚氨酯）的反射率曲线

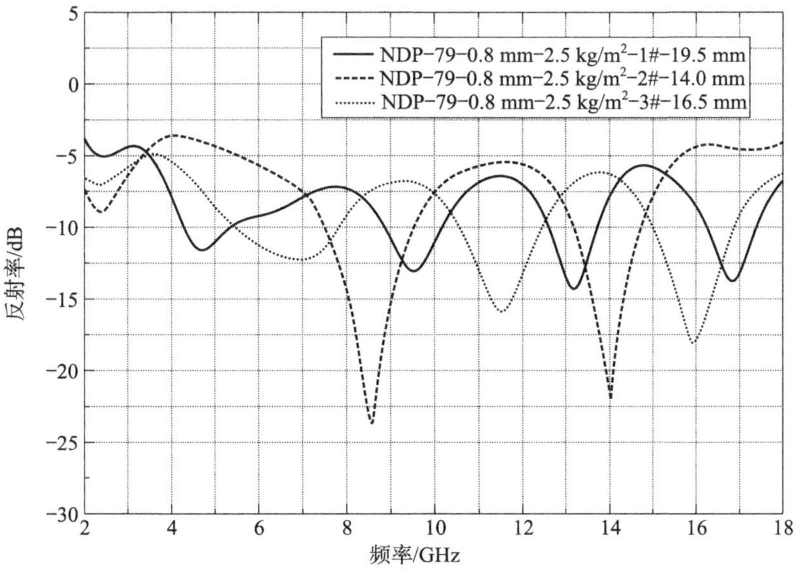

图 5-28　吸波贴片与不同防热层匹配设计后的反射率曲线

能的结构。在展宽吸波频带、增强吸波性能、降低吸波结构重量方面具有较好的优势，并且能够制作成各种复杂的结构部件，满足各种不同的需求。美国已经装备的 B-1 轰炸机、F-22 和 F-35 战斗机、多种隐身巡航导弹等在不同部位均使用了各种不同的结构型吸波材料，达到了减轻重量、独立成型并具有雷达隐身的效果。吸波结构有多种形式，如采用吸波泡沫或其他吸收体制备的阻抗渐变结构，夹层吸波结构等。图 5-29 是一种以金属结构与阻抗渐变结构结合的吸波结构示意图。

夹层吸波结构是指在面板与底板之间加入吸波芯材或吸波薄膜等，从而形成三明治结构的吸波材料。主要芯材有吸波蜂窝、吸波泡沫、波纹状结构、角锥结构等。图 5-30 为

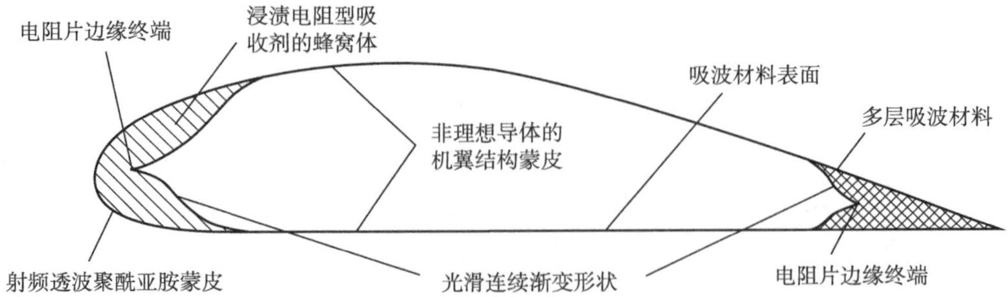

图 5-29 典型的阻抗渐变吸波结构示意图

几种吸波蜂窝夹层结构复合材料试板。图 5-31 为全波段吸波蜂窝夹层结构复合材料试板的反射率曲线。

图 5-30 几种吸波蜂窝夹层结构复合材料试板

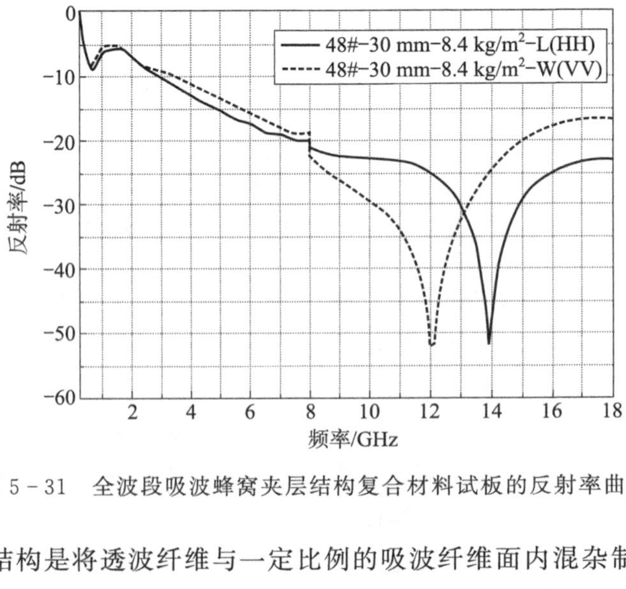

图 5-31 全波段吸波蜂窝夹层结构复合材料试板的反射率曲线

混杂纤维吸波结构是将透波纤维与一定比例的吸波纤维面内混杂制备预浸料及其复合材料层板，或混杂成束再编织成立体网格材料或者轻质夹芯材料，具有良好的吸波性能，并且重量轻、强度高，可用于制造隐身机身、隐身导弹壳体等零部件。透波纤维包括有机的 PEEK 纤维、无机的玻璃和石英纤维等，吸波纤维包括碳纤维和碳化硅纤维等。据称，美国海军曾经在建造潜水艇艇身时，使用 PEEK 材料制备结构吸波材料，使整体的潜水艇具有良好的电磁吸波效果。此外，可以使用 PEEK 与碳化硅纤维进行混杂，使制备出的复合材料具有良好的强度和吸波性能，可以应用于航天飞行器的头锥、发动机壳体等零部件。

高温吸波结构是指能够耐高温、具有隐身功能的部件。随着技术的进步和发展，航天飞行器的飞行速度越来越快，某些部件的工作温度也逐渐升高，诸如发动机部位、航天飞行器前端、超声速导弹翼前缘等部位的工作温度可以高达 1 000 ℃以上，高温工况下的部件对电磁波的反射较强，已经成为航天飞行器整体隐身性能的重要影响因素。在此类部件处进行雷达吸波时，需要具有良好的耐高温、耐热冲击性能，传统的涂覆式雷达吸波涂层远不能满足现实需要，所以高温吸波结构在这些部位的应用具有很强的现实意义。陶瓷基复合材料的高比强度、高比模量、耐高温烧蚀、耐氧化的特点使其能够在高温下具有良好的力学性能，并且优于其基体和增强相的介电性能具有可调节的能力，可以实现介电性能较为容易的匹配。国外诸多研究机构对高温工况下的雷达吸波材料进行了诸多研究，包括氧化铝、碳化硅、硼硅酸铝等基体吸波材料，其中碳化硅是近年来发展最快，应用最广泛、最成熟的吸波材料。

5.3　隐身与防热/热控/承载等功能一体化设计技术

使用材料进行隐身时，隐身材料需要空间和重量，这会导致隐身带来额外的重量增加，并且空间受限。一种解决途径是将隐身与防热/热控等功能结合，进行一体化设计，将原来各功能材料与结构各自所需要的空间优化为多功能通用空间，从而可以减少额外空间和重量的增加。

5.3.1　一体化设计原理

隐身与防热/热控/承载的一体化设计是充分利用航天飞行器自身的防热（或热控）结构和承载结构，实现与隐身的统一；航天飞行器防热材料一般采用硅基或碳基复合材料，同时，防热也需要厚度，复合材料形式的防热层也具有一定的强度和承载能力，因而，如果在防热材料中添加一定量的吸收剂，使防热材料具有一定的损耗特性，就可以充分利用防热层的厚度空间，实现隐身、防热、承载功能的一体化。这里的一体化设计包括隐身的功能设计、防热的功能设计和承载能力的设计，以及最终三者的迭代优化。从隐身功能角度，防热层可以改性设计为均匀单一的损耗层，也可以设计成多层阻抗渐变层；从防热功能角度，防热层可以采用单一防热层，也可以分为防热和隔热两个功能层；从承载功能角度，既可以利用材料自身的承载能力，也可以结合结构设计提高承载能力。

5.3.2 一体化设计流程

隐身与防热/热控及结构一体化设计的流程一般如下：

1）确定飞行器的结构外形和隐身要求；

2）根据经验设计防热层组成材料；

3）通过电磁仿真软件计算其一维模型电磁反射率；

4）电磁反射率符合设计要求后，根据要求的外形生成飞行器三维模型；

5）使用电磁仿真软件计算三维模型 RCS，验证隐身性能；

6）确认隐身设计有效后，使用防热仿真软件计算其防热性能；

7）防热分析有效后，使用强度分析软件仿真分析模型的刚度和强度等结构性能；

8）在飞行器的结构性能也符合设计要求后，输出整体设计资料；

9）以上 3～7 步如有不满足设计要求，重新从第 2 步开始。

5.3.3 防热性能设计与分析方法

5.3.3.1 材料烧蚀防热原理

以硅基防热材料为例。硅基材料通常指的是以 SiO_2 为主要成分的高硅氧布（或纤维）、玻璃布（或纤维）按不同工艺方法与酚醛树脂复合而成的增强塑料以及熔融石英等材料。玻璃布和高硅氧布的差别是 SiO_2 的含量不同，高硅氧布是纯 SiO_2，而玻璃布除主要是 SiO_2 外，还会含有其他无机物，如 B_2O_3。纤维聚合物由于其耐热冲击性能优良、机械强度高、相对密度低、比热容高、热导率小而且能控制聚合物分解产生的气体产物，现已成为广泛使用的耐烧蚀材料。纤维有助于在炭化层之间形成必要的支撑，以增加其强度。硅基材料的另一重要组分——酚醛树脂是现在应用最广的烧蚀基材料。美国学者 Koo Joseph H. 依据最大烧蚀深度、质量损耗、烧蚀热及烧蚀速率等指标，用各种纤维增强的酚醛树脂、弹性体和陶瓷这三类共 29 种耐烧蚀材料，进行烧蚀实验，最终得出酚醛树脂具有最佳综合耐烧蚀性能的结论，且酚醛树脂与各类纤维均具有良好的粘结性能。

对硅基烧蚀过程的研究一般采用的是经典的液态层模型。如图 5-32 所示，材料最外表面是一层熔融物质，下面是一层被玻璃纤维所支撑的碳化塑料，再深一层是分解区域。

在气动加热作用下，材料首先依靠自身的热容吸收热量，并形成一定厚度的热影响区。当材料温度达到酚醛树脂的热解温度时，烧蚀材料中的高分子聚合物发生热分解反应。热解反应产生大量的气体，主要包括 H_2、CO、H_2O、苯酚、甲酚和甲烷等，并最终形成碳化层结构。随着热解反应的进行，大量热解气体聚集并扩散，通过多孔碳层结构引射进入边界层，一方面形成热阻塞效应；另一方面对多孔碳层结构起到冷却降温作用。当温度进一步升高后，烧蚀表面处的 SiO_2 熔化，在碳化层表面形成一层很薄的熔融液态层。随着烧蚀过程的进行，当边界层中的气流剪切力大于液态层的黏附力时，熔融 SiO_2 被气流吹除，其表面逐步向材料内部退移。当液态层表面退移到碳化层内部后，碳化层的存在减弱了气流的气动剪切力，从而抑制熔融 SiO_2 的气动吹除程度。另外，液态层退移后，

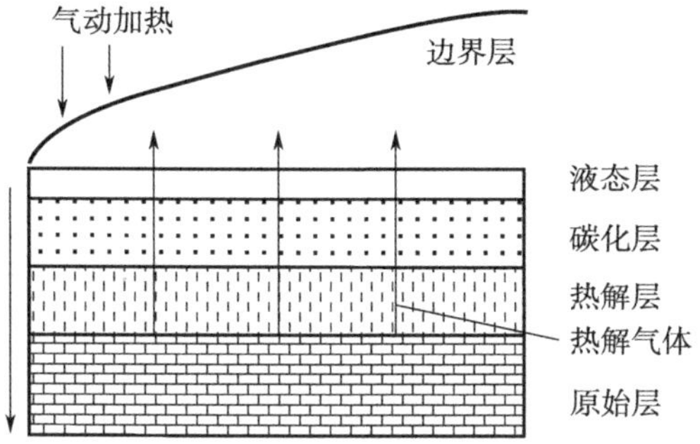

图 5-32　硅基材料烧蚀传热一维模型

星布的碳化层便暴露出来，和边界层中的 O_2 发生氧化反应并产生烧蚀退移。当碳化层退移到和表面液态层基本重合后，碳化层逐步被熔融 SiO_2 薄层淹没，隔离了组分和碳化层的接触，从而对化学反应烧蚀起到隔离减缓作用。即熔融液态层和碳化层起着相互保护的作用。

烧蚀反应的控制方程为质量守恒方程和壁面能量守恒方程。

质量守恒方程为

$$v_{-\infty}(1-f_p)=\alpha_{SiO_2}(1-f_p)v_{-\infty}+\frac{2\delta_L^2}{\mu_w}(\tau'_w-2p''\delta_L) \tag{5-23}$$

式中　$v_{-\infty}$ ——烧蚀速度；

f_p ——树脂质量分数；

α_{SiO_2} ——SiO_2 的蒸发分数；

δ_L ——液态层厚度；

μ_w ——液态层黏度；

τ_w ——壁面剪切力。

式（5-23）的物理意义可以表示为烧蚀质量流率等于气化质量流率加上液态层由于压力和剪切力而流失的质量流率。

壁面能量守恒方程为

$$\rho v_{-\infty}\left[\bar{c}_p(T_w-T_0)+f_p\Delta h_p-\frac{f_p}{2}\Delta h_{co}+\alpha_{SiO_2}(1-f_p)\Delta h_v\right]=\frac{\varphi q_0}{h_{re}}(h_{re}-h_w)-\varepsilon\sigma(T_w^4-T_\infty^4) \tag{5-24}$$

式中　Δh_p ——酚醛树脂的热解热，取 418.7 kJ/kg；

Δh_{co} ——碳的固相燃烧热，取 9 211 kJ/kg；

Δh_v ——SiO_2 的汽化热，取 12 686 kJ/kg。

方程（5-23）和方程（5-24）联立求解即可得到所需的准定常条件下的壁面温度 T_w 和烧蚀速率 $v_{-\infty}$。

典型壁面温度与烧蚀速率散点图如图 5-33 所示，可以看出，烧蚀速率与壁面温度呈正相关，壁面温度越高，即工况越恶劣，对应的烧蚀速率也越大。

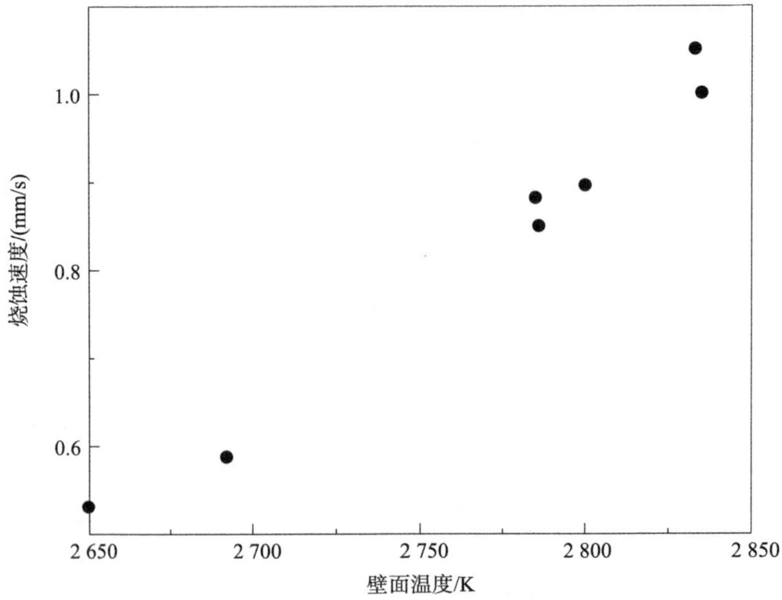

图 5-33 壁面温度与烧蚀速率的关系

5.3.3.2 防热材料改性的烧蚀防热分析

加入碳粉后，防热材料中碳的来源变成了两个，一是碳粉，二是树脂热解，发生的反应仍然是碳的燃烧以及碳和二氧化硅的反应，如图 5-34 所示。因为有还原性更高的 C 的存在，认为微量的铁粉不与 O_2 反应，否则还会被 C 还原成 Fe（金属冶炼过程中经常用 C、CO、H_2 等还原 Fe 的氧化物），且又因为铁的熔点相较于壁面（2 000 K 以上）较低，故将其考虑为单纯熔化，然后被剪切流吹蚀。

设加入碳粉和铁粉的质量分数分别为 f_C 和 f_{Fe}，质量守恒方程为

$$v_{-\infty}(1-f_p-f_C-f_{Fe})=\alpha_{SiO_2}(1-f_p-f_C-f_{Fe})v_{-\infty}+\frac{2\delta_L^2}{\mu_w}(\tau'_w-2p''\delta_L) \tag{5-25}$$

能量守恒方程为

$$\frac{\varphi q_0}{h_{re}}(h_{re}-h_w)-\varepsilon\sigma(T_w^4-T_\infty^4)=$$
$$\rho v_{-\infty}\left[\bar{c}_p(T_w-T_0)+f_p\Delta h_p-(1-f_{SiO})\left(\frac{f_p}{2}+f_C\right)\Delta h_{CO}+f_{SiO}\left(\frac{f_p}{2}+f_C\right)\Delta h_{SiO}+\alpha_{SiO_2}(1-f_p)\Delta h_v\right] \tag{5-26}$$

其中，因为 Fe 的熔化热仅为 269.55 kJ/kg（熔点约为 1 538 ℃），铁粉又是微量，所以相比之下可以忽略不计。

壁面气体质量分数方程也需要做部分修改

$$C_{CO,w}=\frac{M_{CO}}{M_C}\frac{(f_p/2+f_C)B_w}{1+(1-f_b-f_{Fe})B_w} \tag{5-27}$$

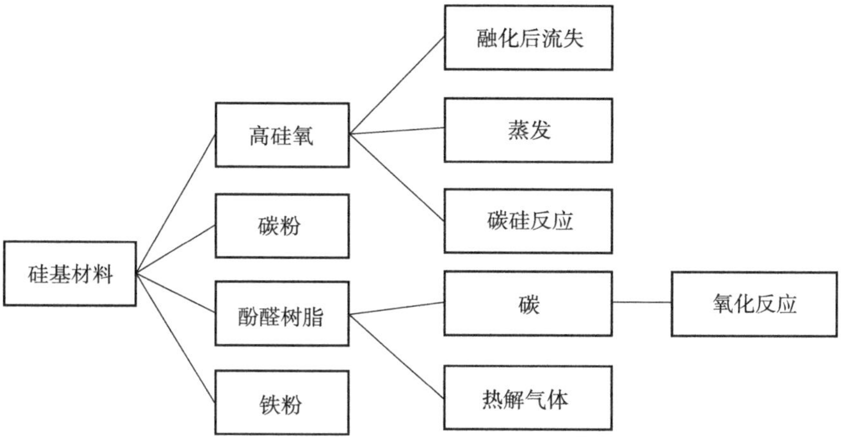

图 5-34　材料组成与物理化学反应

$$C_{N_2,w}=\frac{\widetilde{C}_{N,e}}{1+(1-f_b-f_{Fe})B_w} \tag{5-28}$$

$$C_{p,w}=\frac{B_w f_p/2}{1+(1-f_b-f_{Fe})B_w} \tag{5-29}$$

$$C_{O_2,w}=\frac{\widetilde{C}_{O,e}}{1+(1-f_b-f_{Fe})B_w}-\frac{M_O}{M_{CO}}(C_{CO,w}-\frac{M_{CO}}{M_{SiO}}C_{SiO,w})=0 \tag{5-30}$$

典型加入铁粉（维持 $f_p=0.4$ 不变）后的壁面温度与烧蚀速度计算结果如表 5-5 所示。由图 5-35 和图 5-36 可见，随着加入铁粉的质量分数的提升，壁面温度提高，烧蚀速度增加，烧蚀性能下降，当铁粉的质量分数为 10%时，壁面温度提升 0.3%，烧蚀速度提升 9.3%。总的来说，对烧蚀速度的影响大于对壁面温度的影响，因为模型假设中认为铁粉熔化后，全部因剪切流而流失。加入碳粉的计算分别如表 5-6 所示。

表 5-5　铁粉含量对壁面温度与烧蚀速度的影响

质量分数/%	0	2	4	6	8	10
壁面温度/K	2 625	2 625	2 626	2 628	2 630	2 633
烧蚀速度/(mm/s)	0.504	0.507	0.514	0.526	0.536	0.551

表 5-6　碳粉含量对壁面温度与烧蚀速度的影响

质量分数/%	0	2	4	6	8	10
壁面温度/K	2 625	2 594	2 595	2 618	2 640	2 663
烧蚀速度/(mm/s)	0.504	0.453	0.458	0.508	0.555	0.617

由图 5-37 和图 5-38 可以看出加入碳粉后，壁面温度和烧蚀速度均呈现出先降后升的趋势，且上升时斜率明显大于加入铁粉时的斜率。加入 10%碳粉时，壁面温度上升 1.4%，对应的加入铁粉时的温升仅为 0.3%；加入 10%碳粉时，烧蚀速度上升 22.4%，对应的加入铁粉时数据仅为 9.3%。

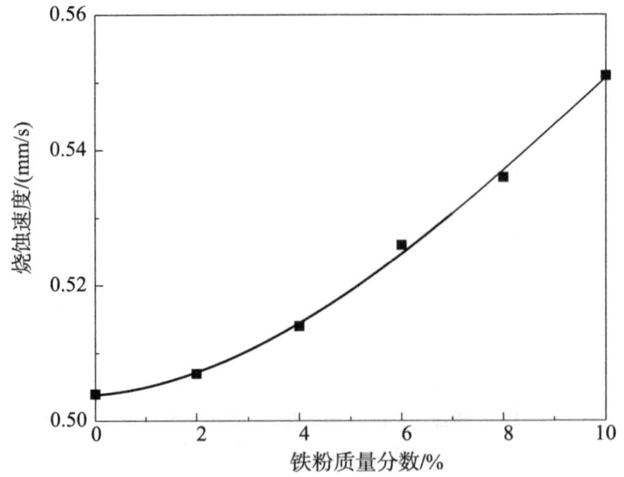

图 5-35　铁粉质量分数与烧蚀速度的关系

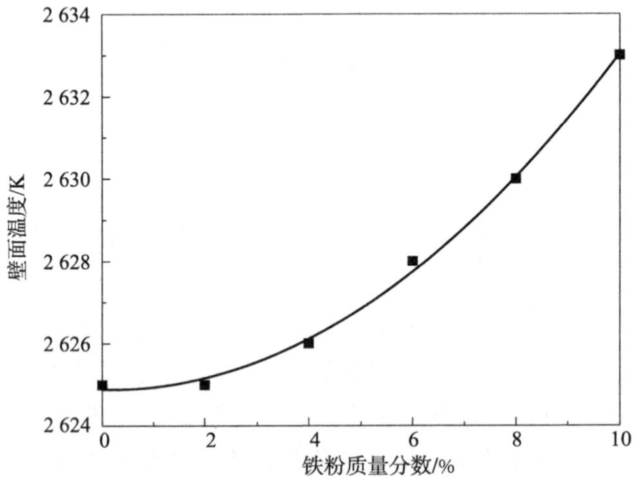

图 5-36　铁粉质量分数与壁面温度的关系

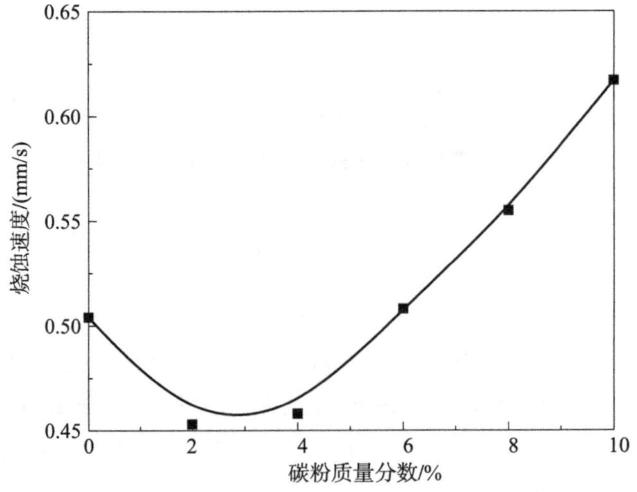

图 5-37　碳粉质量分数与烧蚀速度的关系

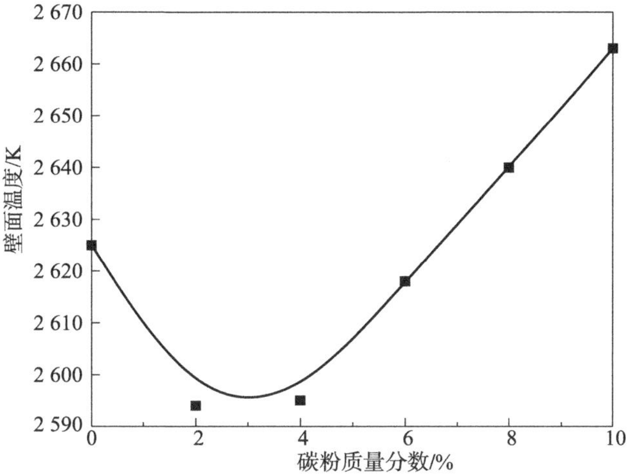

图 5-38　碳粉质量分数与壁面温度的关系

5.3.3.3　防热材料改性的吸波性能分析

防热材料改性优化设计的办法是，将若干吸收剂制备若干防热改性材料组成材料库，对其中的材料及其厚度进行优化组合，优化程序可以选出最佳的材料搭配和相应的材料厚度。设计中直接采用基于输入阻抗的吸波材料传输线模型。

单层材料在一定厚度要求下往往只能在较窄的波段范围内实现所要求的吸波性能，为了能够实现特定厚度内的宽频设计，除了寻找新的性能优异的吸波剂外，进行多层结构设计也是一种有效快捷的解决方式。借助计算机辅助计算结合基因遗传优化算法进行多层复合结构的优化设计，以期能够实现相应的目标。为了达到低反射、高吸收和展宽频带的目的，可采取如下方法。

(1) 波阻抗匹配

波阻抗匹配条件为 $\sqrt{\frac{\tilde{\mu}}{\tilde{\varepsilon}}}=1$（$\tilde{\mu}$ 表示材料的磁导率，$\tilde{\varepsilon}$ 表示材料的介电常数），如果材料在某频段具有足够大的 μ'' 和 ε''（μ'' 和 ε'' 分别是 $\tilde{\mu}$ 和 $\tilde{\varepsilon}$ 的虚部，代表磁损耗和介电损耗），使 α 足够大，当波从材料表面进入，经过一定距离的衰减，到达导体表面时已被衰减完，没有能量再反射回来，因而就获得了在这个频段内的低反射材料。但由于 $\tilde{\mu}$ 、$\tilde{\varepsilon}$ 都是频率的函数，并受各种因素的影响，要在一个频段范围内实现 $\tilde{\mu}=\tilde{\varepsilon}$ 是非常困难的。故需要在材料和电磁波的交互作用机理上进行研究。

(2) 输入阻抗匹配

输入阻抗匹配条件为

$$\begin{cases}\mu'=0\\ \mu''=\dfrac{\lambda}{2\pi t}\end{cases} \tag{5-31}$$

式中，λ 为电磁波波长，由于材料厚度 t 不随频率而变化，所以匹配条件所要求的 μ'、μ''

在如图 5－39 所示的磁谱曲线中，只要频率高于某一频率 f_m ，上式的输入阻抗匹配条件就能得到满足，即对于某一材料，当电磁波频率 f 达到某一频率 f_m 以后，电磁波会被材料无反射地全部吸收。输入阻抗匹配在吸波材料领域的应用很广泛，目前这类材料多采用软磁铁氧体，如 MnZn、NiCuZn、MgCuZn、NiMgZn 以及平面型六角晶系软磁铁氧体材料，使用厚度在 5～10 mm。

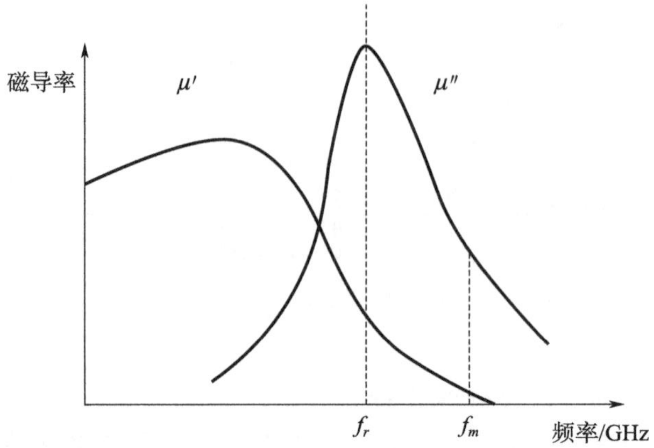

图 5－39　磁导率与匹配频率条件

(3) 吸波材料结构设计

一种是阻抗渐变设计，阻抗从前板到后板由高到低变化（图 5－40），最佳的吸波性能靠调节阻抗的变化规律来获得。这类设计典型的有多层 Dallenbach 组合体、Jaumann 吸收体、电路模拟型吸波材料、电阻型吸波材料等。

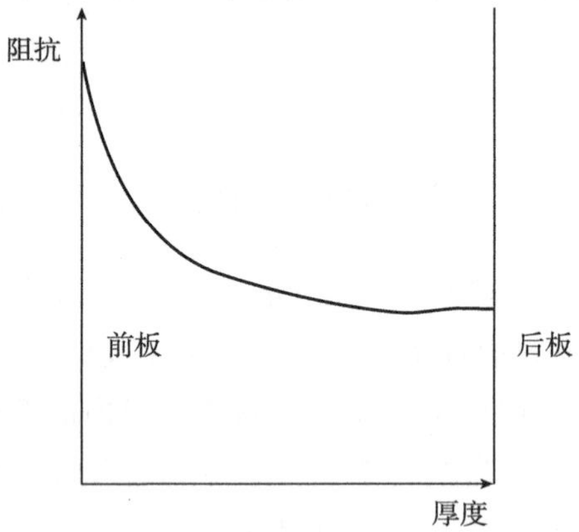

图 5－40　吸波材料的阻抗梯度设计

电磁波入射到材料表面后，一部分电磁波被界面反射，称为反射损耗（包括经过吸波层多重反射回内部空间部分）；另一部分电磁波被欧姆损耗、磁损耗、介电损耗等消耗掉，称之为吸收损耗。这两种损耗使穿过吸波层的电磁波能量减少，从而达到隐身的效果。要实现高损耗、低反射的前提是必须使电磁波全部（或大部分）进入吸波层，这就要求阻抗匹配；要实现高损耗，就要求提高材料的损耗特性。

要对吸波材料进行梯度功能结构设计，多层吸波涂层电磁波入射结构示意如图 5 - 41 所示。电磁波要经过不同涂层进行传播，发生反射、折射和电磁波吸收的过程。

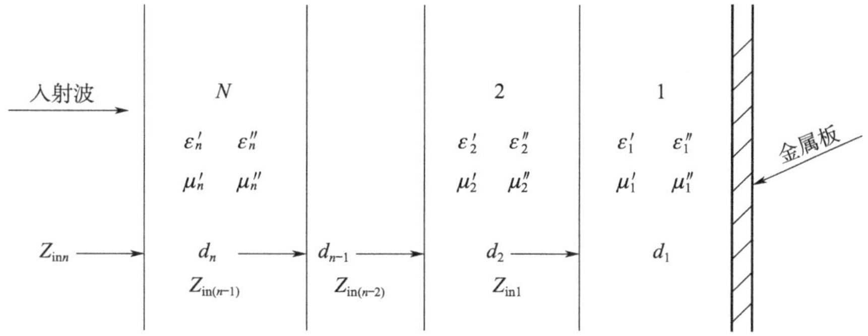

图 5 - 41　多层吸波涂层电磁波入射结构示意图

根据传输线理论，对于入射的电磁波，第 n 层入射面的相对输入阻抗为

$$Z_{\text{in}n}=\eta_n\frac{Z_{\text{in}(n-1)}+\eta_n\cdot\tanh(\gamma_n d_n)}{\eta_n+Z_{\text{in}(n-1)}\cdot\tanh(\gamma_n d_n)}\tag{5-32}$$

式中　η_n ——吸收层第 n 层的特性阻抗，n 代表层数（$n=1$，2，3，…）；

γ_n ——第 n 层的传输系数；

d_n ——第 n 层的厚度。

且有

$$\eta_n=\sqrt{\frac{\mu_{rn}}{\varepsilon_{rn}}}=\sqrt{\frac{\mu'_n-\mathrm{j}\mu''_n}{\varepsilon'_n-\mathrm{j}\varepsilon''_n}}\tag{5-33}$$

$$\gamma_n=\mathrm{j}\frac{2\pi f}{c}\sqrt{\mu_{rn}\varepsilon_{rn}}=\mathrm{j}\frac{2\pi f}{c}\sqrt{(\mu'_n-\mathrm{j}\mu''_n)(\varepsilon'_n-\mathrm{j}\varepsilon''_n)}\tag{5-34}$$

式中　f ——频率；

c ——光速。

表面层与空气分界面上的反射系数为

$$\Gamma r=\frac{Z_{\text{in}n}-1}{\boldsymbol{Z}_{\text{in}n}+1}\tag{5-35}$$

以分贝（dB）表示的反射率为

$$R=20\lg|\Gamma r|$$

当 $n=1$ 时为单层涂层，式（5 - 32）变为

$$Z_{\text{in}1}=\eta_1\tanh(\gamma_1 d_1)\tag{5-36}$$

当 $n=2$ 时为双层涂层，式（5 - 32）变为

$$Z_{\text{in}2}=\eta_2\frac{n_1+\tanh(\gamma_1 d_1)\eta_2\cdot\tanh(\gamma_2 d_2)}{\eta_2+\eta_1\cdot\tanh(\gamma_1 d_1)\cdot\tanh(\gamma_2 d_2)}\tag{5-37}$$

对于三层、四层、……、n 层涂层可以类推。

一种双层改性结构实例：由表层至内层分别是传统防热层→石墨烯改性隔热层→炭黑改性隔热层→金属层，随着吸波剂浓度的增加，反射损耗降低，且峰值向低频移动，如图5-42所示，单层厚度控制在3 mm左右便能较好地实现S、C、X波段超过-10 dB的覆盖。

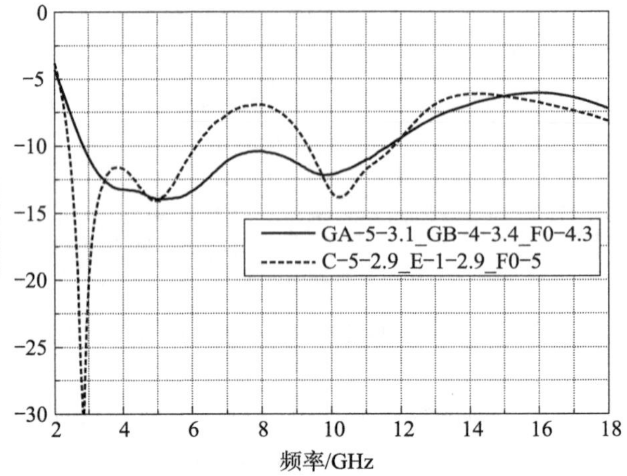

图5-42　双层改性防热材料反射率曲线

5.4　等离子体隐身原理与技术

5.4.1　等离子体隐身原理概述

5.4.1.1　什么是等离子体

任何不带电的普通气体在受到外界的高能激励作用（如对气体施加高能粒子轰击、激光照射、气体放电、热致电离等）后，部分原子中的电子脱离原子核束缚成为自由电子，原子因失去电子而成为带正电的离子，这样原来中性气体就因电离而转变成由大量自由电子、正电离子和部分中性原子组成的宏观且仍呈电中性的电离气体，这类电离态气体称为等离子体（Plasma），如图5-43所示。等离子体和普通气体性质不同，普通气体由分子构成，分子之间相互作用力是短程力，仅当分子碰撞时，分子之间的相互作用力才有明显效果，理论上用分子运动论描述。在等离子体中，带电粒子之间的库仑力是长程力，库仑力的作用效果远远超过带电粒子可能发生的局部短程碰撞效果，等离子体中的带电粒子运动时，能引起正电荷或负电荷局部集中，产生电场；电荷定向运动引起电流，产生磁场。电场和磁场要影响其他带电粒子的运动，并伴随着极强的热辐射和热传导；等离子体能被磁场约束作回旋运动等。等离子体的这些特性使它区别于普通气体被称为物质的第四态[4-6]。物质的四态特征如图5-44所示。

看似“神秘”的等离子体，其实是宇宙中一种常见的物质，在太阳、恒星、闪电中都存在等离子体。最常见的等离子体是高温电离气体，如电弧、霓虹灯和日光灯中的发光气

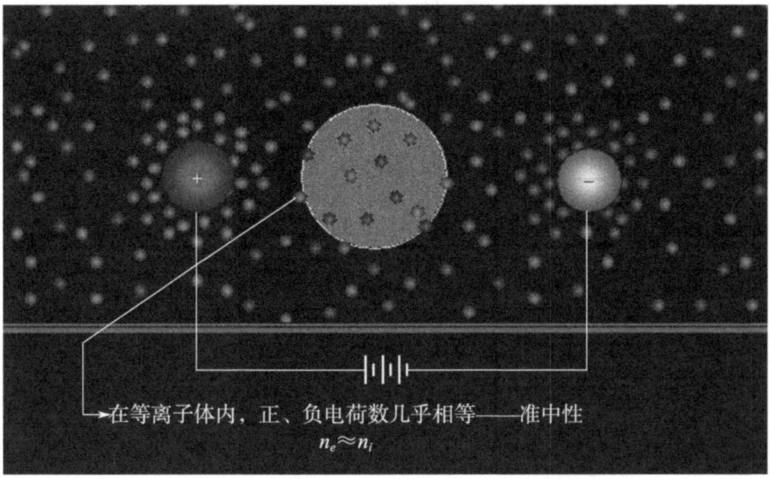

图 5-43　等离子体微观组成示意

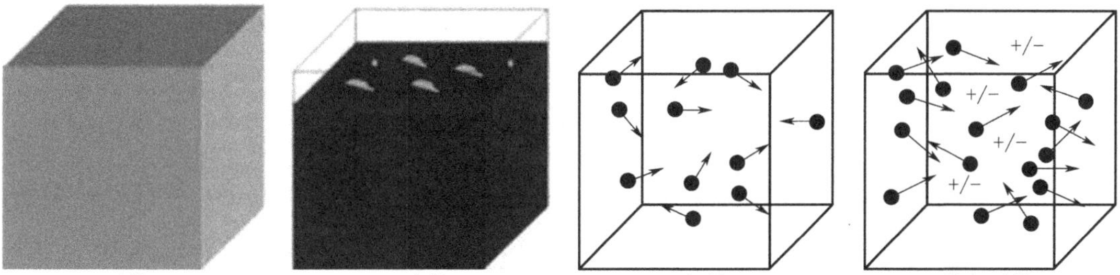

(a) 固体　(b) 液体　(c) 气体　(d) 等离子体

图 5-44　物质的四种状态特征描述示意

体，又如闪电、极光等。金属中的电子气和半导体中的载流子以及电解质溶液也可以看作是等离子体。在地球上，等离子体物质远比固体、液体、气体物质少。在宇宙中，等离子体是物质存在的主要形式，占宇宙中物质总量的 99%以上，如恒星（包括太阳）、星际物质以及地球周围的电离层等，都是等离子体。为了研究等离子体的产生和性质以阐明自然界等离子体的运动规律并利用它为人类服务，在天体物理、空间物理特别是核聚变研究的推动下，近三四十年来形成了等离子体磁流体力学和等离子体动力学[7-9]。

在军事上，核爆炸、放射性同位素的射线，高超声速再入飞行器的等离子体鞘套和尾迹，燃料中掺有碱金属、碱土金属等易电离成分的火箭发动机尾焰等，都是一种弱电离的等离子体。理论和实验研究发现，上述等离子体态物质的存在，在不同程度上会影响电磁波的传播，如再入飞行器的“黑障”问题，火箭发动机尾焰对雷达探测影响的问题等[10-13]。这些实质上是等离子体作为一种特殊的电介质，对电磁波产生反射、吸收和折射等效应，进而对雷达波信号产生影响的现象。

5.4.1.2　等离子体隐身的含义

等离子体隐身技术是指利用等离子体降低雷达探测能力的一种技术，其基本原理是采用人为方式产生等离子体来遮挡或包覆被隐身目标，利用等离子体对在其中传播的雷达波的折射和吸收，或者雷达波在等离子体边界面上全反射等特性，使雷达回波能量大大降低，从而实现目标雷达散射截面（RCS）的减缩，实现雷达探测距离减小的目的。有以下三种隐身机理。

第一，折射隐身[14]。通过均匀/非均匀等离子体对入射电磁波的折射，改变电磁波的传播方向，降低雷达回波能量，实现目标 RCS 减缩，达到雷达隐身的目的。原理示意如图 5－45 所示。

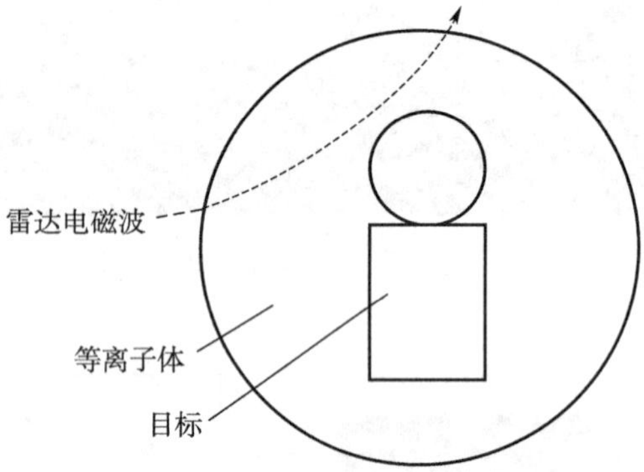

图 5－45　等离子体折射隐身原理示意

第二，吸收隐身[15]。通过均匀/非均匀等离子体中电子与离子、电子与中性粒子的碰撞，吸收在其中传播电磁波的能量，从而使雷达回波能量大大减小，实现目标 RCS 减缩，达到雷达隐身的目的。原理示意如图 5－46 所示。

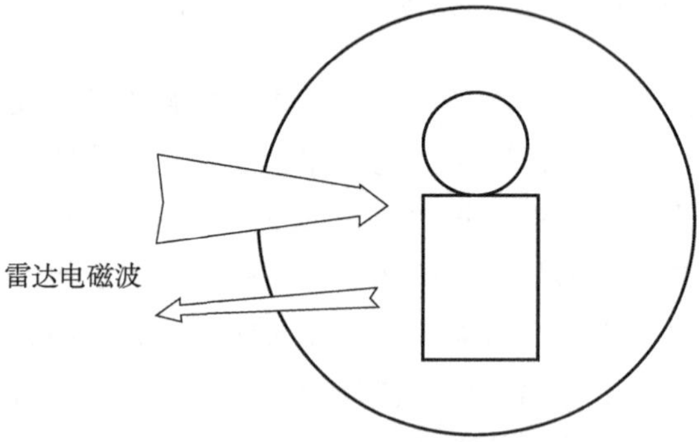

图 5－46　等离子体吸收隐身原理示意

第三，全反射隐身[16]。全反射隐身是一种由目标的 RCS 由被隐身目标转化为等离子体目标的一种隐身，即，通过调节等离子体生成方法，使等离子体参数与入射电磁波参数的关系实现在等离子体表面的全反射，且等离子体的电磁散射特性小于被隐身目标的电磁散射特性，由此可见，该隐身方式的实现必须具备如下条件，一是必须采用等离子体包覆被隐身目标，二是等离子体的角频率必须大于入射电磁波的频率，三是等离子体电磁目标的 RCS 小于被隐身目标的 RCS，原理示意如图 5－47 所示。

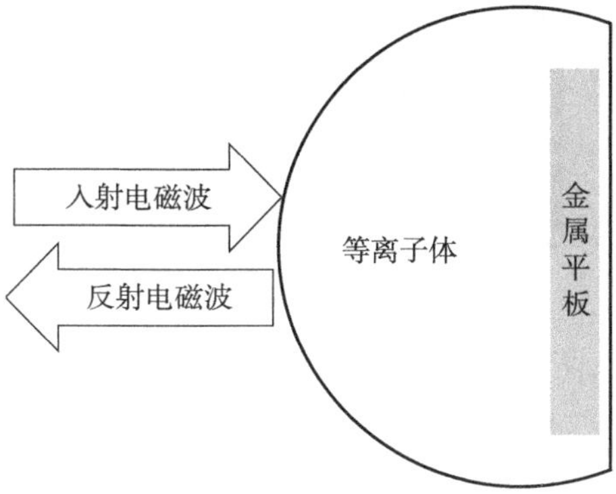

图 5-47　等离子体全反射隐身原理示意

5.4.2　等离子体隐身机理

5.4.2.1　等离子体基本参数

在研究等离子体隐身机理时，涉及的等离子体参数主要包括等离子体温度（包括电子温度、离子温度和中性粒子的温度）、电离度、等离子体密度（包括电子密度、离子密度和中性粒子密度）、等离子体本征频率、等离子体碰撞频率（包括电子与离子的碰撞、电子与中性粒子的碰撞）、等离子体尺度等。等离子体的电子密度的大小决定了等离子体本征频率的大小，等离子体电子温度、离子温度、电子密度、离子密度和中性粒子密度是决定等离子体碰撞频率大小的关键因素，等离子体尺度是决定电磁波在等离子体中传播能量衰减量的重要因素之一。

(1) 等离子体温度

等离子体的温度有电子温度和离子、中性粒子温度，由于电子质量很小，在等离子体宏观温度中起主要作用的是离子和中性粒子温度。等离子体的温度从低温等离子体的 100 K 到超高温核聚变等离子体的 $10^8 \sim 10^9$ K，跨越了 7 个量级。假设等离子体中的电子、离子、中性粒子的温度分别为 T_e 、T_i 、T_n 。在热核聚变或裂变反应时，物质处于极高温，并已经完全电离成等离子体态，这种等离子体称为热核等离子体或高温等离子体[17]，粒子温度高达上千万以至上亿开。与高温等离子体相比，等离子体隐身技术中应用的通常为低温等离子体，在低温等离子体中，当电子、离子和中性粒子之间发生激烈碰撞并充分交换动能，从而使等离子体达到热平衡状态，这三种粒子的温度在一个量级范围内变化，称此时的等离子体为热等离子体，常见的电弧放电等离子体为热等离子体（图 5-48）[18]。当电子温度远远大于离子温度和中性粒子温度时，即 $T_e \gg T_i$ 、$T_e \gg T_n$ ，这种等离子体称为冷等离子体，常见的辉光放电等离子体为冷等离子体[19]（图 5-49）。

(2) 电离度

假设等离子体中的电子、离子和中性粒子的密度分别为 n_e 、n_i 、n_n ，根据准中性条件 $n_e \approx n_i$ ，定义等离子体的电离度 $\beta = n_e/(n_e + n_n)$ 。$\beta = 1$ 的等离子体称为完全电离等离

图 5-48　热等离子体生成示意

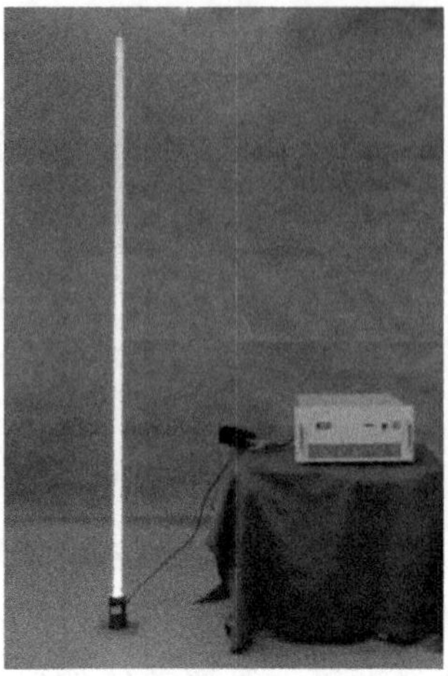

图 5-49　冷等离子体生成示意

子体，如日冕、核聚变中的高温等离子体，它们的电离度都是100%；$\beta \geqslant 10^{-2}$ 的等离子体称为强电离等离子体，如电弧放电中的等离子体，电离度大于1%；$\beta < 10^{-3}$ 的等离子体称为弱电离等离子体，如火焰中的等离子体，大部分是中性粒子。电离度与被电离工质的电离电位和温度有关，通常采用萨哈方程来描述[20]：

$$\beta = \frac{n_e}{n_e + n_n} \approx 3 \times 10^{15} \frac{T^{3/2}}{n_e} \exp(-E_i/T) \tag{5-38}$$

式中　n_i、n_0——离子和原子的密度；

T——温度；

E_i——电离能。

式（5-38）中温度的单位为电子伏特，与开尔文的换算关系为

$$1\ \text{eV} = 11\ 600\ \text{K} \tag{5-39}$$

（3）等离子体密度

通常等离子体密度包括电子密度、离子密度和中性粒子的密度，当电离度为1时，等离子体密度只包含电子密度和离子密度，两者相等。等离子体电子密度 n_e 即单位体积内（一般为立方米或立方厘米）的电子数目。现有等离子体的电子密度范围为从 10^3 ～ $10^{33}\ \text{m}^{-3}$，跨越了30个量级。图5-50给出了各种主要类型等离子体密度和温度的数值。等离子体区域的划分如图5-51所示。

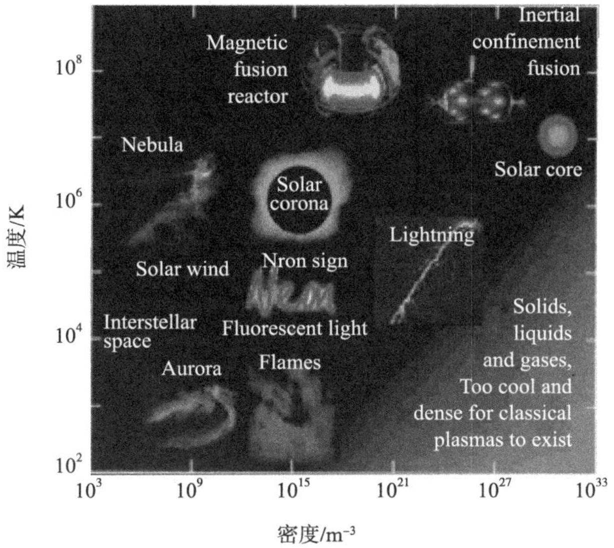

图 5－50　各种等离子体的密度和温度

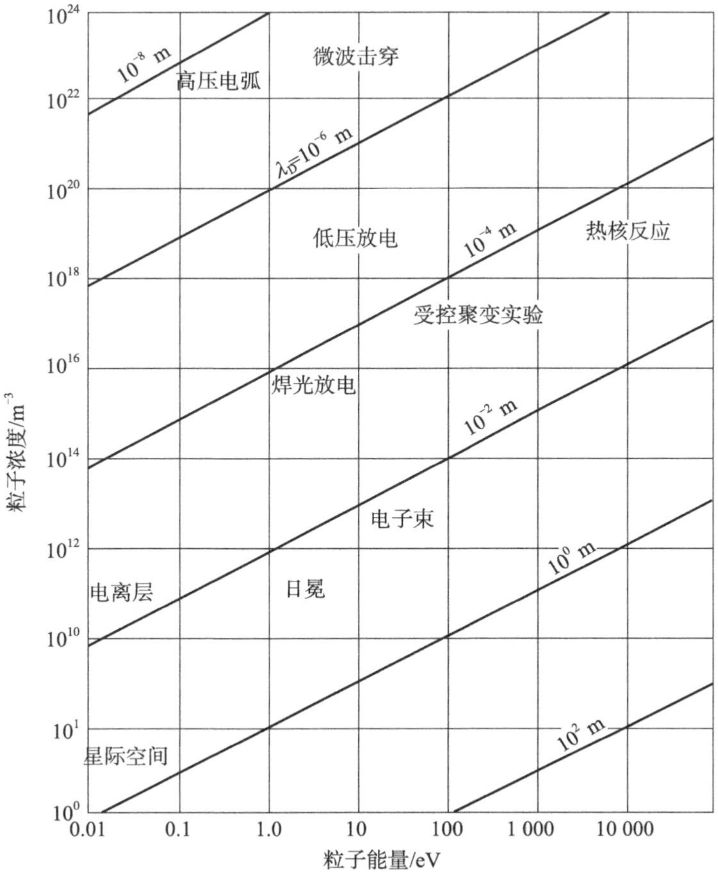

图 5－51　等离子体区域的划分

(4) 等离子体本征频率

在等离子体中，当电子（或离子）偏离平衡位置时，电荷的积累破坏了电中性，产生静电场，电子（或离子）在这种静电场的作用下被拉回平衡位置，但由于电子（或离子）的惯性，将越过平衡位置向相反方向偏离，于是形成电子（或离子）围绕其平衡位置的静电振荡，称为等离子体电子（或离子）振荡，两者的振荡频率计算表达式分别为

$$\omega_{pe}=\left(\frac{n_e e^2}{m_e \varepsilon_0}\right)^{\frac{1}{2}} \tag{5-40}$$

$$\omega_{pi}=\left(\frac{n_i e^2}{m_i \varepsilon_0}\right)^{\frac{1}{2}} \tag{5-41}$$

式中 m_e 和 e ——电子质量和电子电荷（$e=-1.60\times10^{-19}$ C，$m_e=9.11\times10^{-31}$ kg）；

ε_0——真空中的介电常数，$\varepsilon_0=8.854\times10^{-12}$ F/m；

m_i——离子质量，通常由于离子质量远大于电子质量，因此离子振荡频率远小于电子振荡频率。

基于等离子体中电子和离子的振荡，定义等离子体本征频率（以下简称等离子体频率）为

$$\omega_p^2=\omega_{pe}^2+\omega_{pi}^2 \tag{5-42}$$

考虑到离子振荡频率远小于电子振荡频率，通常将等离子体频率近似地认为

$$\omega_p=\omega_{pe} \tag{5-43}$$

(5) 等离子体碰撞频率

等离子体作为一种由电子、离子和中性粒子组成的准中性气体，其组元种类不同，可以形成不同组元的离子和中性粒子。对于等离子体碰撞频率而言，无论组元种类多少，等离子体碰撞频率可以包含电子与离子的碰撞、电子与电子的碰撞、电子与中性粒子的碰撞、离子和离子的碰撞、离子与中性粒子的碰撞。电子与电子的碰撞、离子与离子的碰撞满足动量守恒定律，碰撞模式对电磁波的碰撞吸收不起贡献；而由于离子质量远大于电子质量，离子与中性粒子的碰撞比电子与中性粒子碰撞的碰撞频率小三个量级以上，计算可以忽略。因此，对等离子体碰撞吸收隐身起重要贡献的碰撞是电子与离子、电子与中性粒子的碰撞，等离子体碰撞频率计算模型主要考虑电子与离子的碰撞、电子与中性粒子的碰撞。

①电子与离子的碰撞

电子与离子碰撞的碰撞频率计算通常采用库仑碰撞模型[21]，具体计算表达式为

$$\nu_{ei}=\frac{4\sqrt{2\pi}}{3}N_i\left(\frac{Ze^2}{kT_e}\right)^2\left(\frac{kT_e}{m_e}\right)^{\frac{1}{2}}\ln\Lambda \tag{5-44}$$

式中 N_i 和 Ze ——离子密度和离子所带电荷数；

m_e、e 和 T_e ——电子质量、电子所带电荷数和电子温度；

$\ln\Lambda$ 是库仑对数，其计算表达式为

$$\ln\Lambda=\ln\frac{4kT_e}{\gamma^2 Ze^2 k_e}-\frac{k_e^2+k_i^2}{k_i^2}\ln\frac{\sqrt{k_e^2+k_i^2}}{k_e} \tag{5-45}$$

式中，通常取 $\ln\gamma=0.577$，k_i^2、k_e^2 的计算表达式分别为

$$k_i^2=\frac{4\pi N_i Z^2 e^2}{kT_i}$$

$$k_e^2=\frac{4\pi N_e e^2}{kT_e} \tag{5-46}$$

式中 kT_i 和 kT_e ——离子温度和电子温度，单位为 eV；

N_e ——电子密度。

从上述计算模型中可以看出，只要知道电子密度和电子温度、离子密度和离子温度，就可以计算出电子与离子碰撞的碰撞频率。

②电子与中性粒子的碰撞

电子与中性粒子碰撞的碰撞频率与中性粒子的组元种类、不同电子温度下碰撞散射截面等密切相关，根据碰撞频率的定义，电子与中性粒子碰撞的碰撞频率 ν_{en} 表达式可表示为[11]

$$\nu_{en}=<\sigma\upsilon>N_n \tag{5-47}$$

式中 σ ——电子与中性粒子碰撞的碰撞散射截面；

υ ——电子运动速度；

N_n ——中性粒子数密度；

$<\sigma\upsilon>$ ——有效速率碰撞系数，其计算表达式为[8]

$$<\sigma\upsilon>=\int_0^{\infty}\sigma\upsilon f(\upsilon)\mathrm{d}\upsilon \tag{5-48}$$

式中 υ ——电子运动速度；

$f(\upsilon)$ ——电子速度分布函数。

对于热平衡等离子体，电子的速度分布通常为麦克斯韦分布，对于各向同性的等离子体，通常只考虑一维麦克斯韦分布，$f(\upsilon)$ 的计算表达式为[8]

$$f(\upsilon)=A\exp\left(\frac{1}{2}m_e\upsilon^2/kT_e\right) \tag{5-49}$$

式中 A——常数；

k——玻尔兹曼常数，$k=1.38\times10^{-23}\,\mathrm{J/K}$；

T_e——电子温度。

常数 A 的计算表达式为

$$A=n_e\left(\frac{m_e}{2\pi kT_e}\right)^{\frac{1}{2}} \tag{5-50}$$

假定等离子体中含有 n 种中性粒子组元，则电子与中性粒子的碰撞频率的计算表达式为

$$\nu_{en}{}^{t}=\sum_{i=1}^{n}<\sigma_i\upsilon_i>N_i \tag{5-51}$$

③等离子体总碰撞频率

对于弹性碰撞，由电子、离子和 n 种中性粒子组成的等离子体总碰撞频率可由电子与离子库仑碰撞、电子与中性粒子的弹性碰撞进行线性叠加，具体的计算表达式为

$$\nu_t = v_{ei} + v_{en}^t \tag{5-52}$$

由以上等离子体总碰撞频率的计算模型可以看出，已知等离子体中组元种类、电子温度和电子密度、离子温度和离子密度、不同组元中性粒子数密度，就可以获得任意组元组成的等离子体总碰撞频率的结果。

（6）等离子体尺度

等离子体尺度大小对在其中传播电磁波的折射和能量吸收具有重要影响，在电子密度大小及分布确定后，等离子体尺度越大，折射和吸收效应越明显。等离子体的产生模式不同、等离子体产生所处的环境不同，等离子体的尺度也不同。在密闭腔体中产生的等离子体，其尺度与腔体的尺度相当，等离子体一般为电子密度均匀的等离子体；采用等离子体发生器向开放空间喷射的射流等离子体一般为非均匀等离子体，在大气层内环境，由于大气复合效应和环境压力等原因，非均匀等离子体的尺度小；在大气层外的真空环境，非均匀等离子体的尺度大。

5.4.2.2 过密/亚密等离子体含义

根据等离子体与电磁波的相互作用机理，当等离子体频率大于入射电磁波频率时，电磁波无法在等离子体中传播，而是在其表面出现全反射现象，此时的等离子体通常被定义为过密等离子体；当等离子体频率小于入射电磁波频率时，电磁波将在等离子体边界面上入射至等离子体中，并在等离子体中传播，此时的等离子体通常被定义为亚密等离子体。通常定义与入射电磁波频率相等的等离子体频率为临界频率，对应的等离子体电子密度为截止电子密度，等离子体截止电子密度 n_{ec} 与入射电磁波频率 f 之间的计算关系表达式为[22]

$$n_{ec} = 1.23 \times 10^{10} f^2 \tag{5-33}$$

式中 n_{ec} ——等离子体截止电子密度，单位为 cm^{-3}；

f——入射电磁波频率，单位为 GHz。

不同入射电磁波对应的等离子体截止电子密度及过密/亚密条件如表 5-7 所示。

表 5-7 等离子体截止电子密度及过密/亚密条件

入射电磁波频率/GHz	截止电子密度/cm^{-3}	过密等离子体条件	亚密等离子体条件
0.1	1.23×10^8	边界电子密度大于 1.23×10^8 cm^{-3}	最大电子密度小于 1.23×10^8 cm^{-3}
0.5	3×10^9	边界电子密度大于 3×10^9 cm^{-3}	最大电子密度小于 3×10^9 cm^{-3}
1	1.23×10^{10}	边界电子密度大于 1.23×10^{10} cm^{-3}	最大电子密度小于 1.23×10^{10} cm^{-3}
5	3×10^{11}	边界电子密度大于 3×10^{11} cm^{-3}	最大电子密度小于 3×10^{11} cm^{-3}
10	1.23×10^{12}	边界电子密度大于 1.23×10^{12} cm^{-3}	最大电子密度小于 1.23×10^{12} cm^{-3}
15	2.77×10^{12}	边界电子密度大于 2.77×10^{12} cm^{-3}	最大电子密度小于 2.77×10^{12} cm^{-3}

续表

入射电磁波频率/GHz	截止电子密度/cm^{-3}	过密等离子体条件	亚密等离子体条件
20	4.92×10^{12}	边界电子密度大于 $4.92\times10^{12}cm^{-3}$	最大电子密度小于 $4.92\times10^{12}cm^{-3}$
30	1.1×10^{13}	边界电子密度大于 $1.1\times10^{13}cm^{-3}$	最大电子密度小于 $1.1\times10^{13}cm^{-3}$
40	1.97×10^{13}	边界电子密度大于 $1.97\times10^{13}cm^{-3}$	最大电子密度小于 $1.97\times10^{13}cm^{-3}$
50	3×10^{13}	边界电子密度大于 $3\times10^{13}cm^{-3}$	最大电子密度小于 $3\times10^{13}cm^{-3}$

5.4.2.3　过密等离子体对电磁波的全反射隐身机理

由过密等离子体的含义可知，电磁波在过密等离子体表面产生全反射的过密等离子体边界外形由等离子体电子密度决定，也就是说，该隐身机理是利用过密等离子体构成的等电子密度面的边界外形遮挡或包覆被隐身的金属目标，雷达波由照射到被隐身金属目标的表面转变为照射到过密等离子体目标上，即过密等离子体对电磁波的全反射隐身就是由一种后向散射强的金属目标转变为后向散射弱的等离子体目标，最终实现被隐身目标 RCS 的减缩。比如，对于一个镜面散射金属目标，采用近似球形过密等离子体包覆该金属目标，可有效实现目标的全反射隐身。过密等离子体对平板目标的全反射隐身应用方案如图 5 - 52 所示。

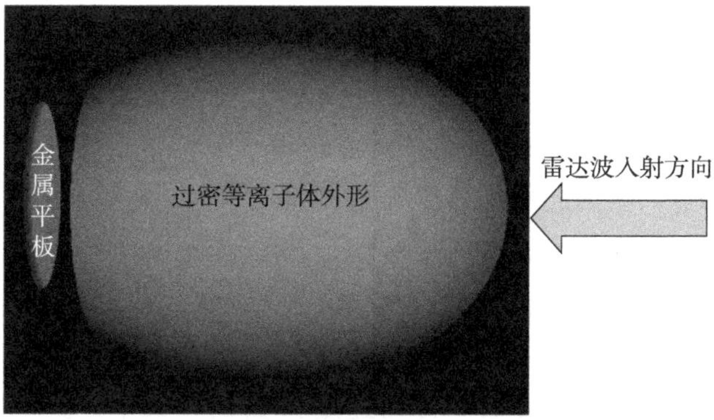

图 5 - 52　过密等离子体对平板目标的全反射隐身应用方案示意

在上述条件下，过密等离子体全反射隐身对目标隐身效果如图 5 - 53 所示。直径为 2 250 mm 的金属平板，在频率为 0.45 GHz，HH 极化条件下，过密等离子体边界电子密度为 $2.5\times10^{9}\ cm^{-3}$，长轴方向的等离子体长度为 5 000 mm，短轴方向的高度为 3 000 mm。隐身机理是将金属平板的镜面散射转变为近似球体的过密等离子体目标的电磁散射。

上述示例结果表明，过密等离子体对于已知平板目标的镜面散射具有明显的效果，RCS 减缩的峰值达到 40 dB，在电波入射角 0～10°范围内的 RCS 均值减缩达到 20 dB 以上。

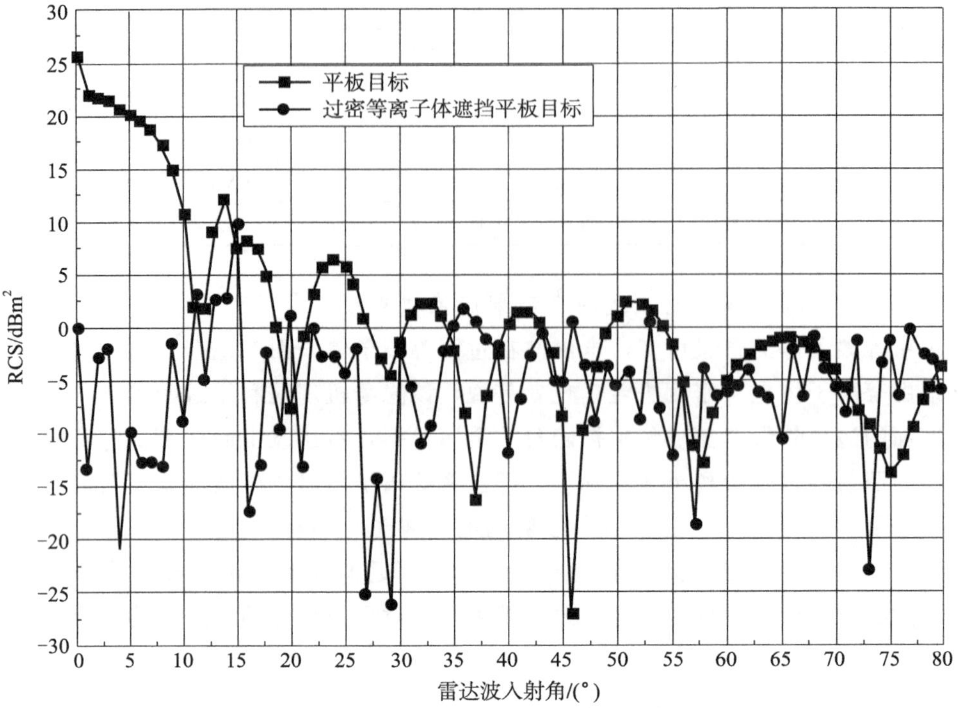

图 5-53 过密等离子体遮挡平板目标前后的 RCS 随入射角的变化曲线

5.4.2.4 亚密等离子体对电磁波的折射隐身机理

在亚密等离子体中，电磁波在等离子体的传播过程中将产生折射效应，采用费马①原理来描述电磁波传播过程的射线轨迹变化特性。费马原理的内容如下：光线在空间两点间传播，其路径的光程必取极小、极大或常值[23]。1662 年，费马根据这一原理的最短时间原理求出折射定律。

在亚密均匀等离子体中，电磁波的传播速度为 c/n ，其中 c 为真空中的光速，n 为亚密均匀等离子体的折射率。如果电磁波以速度 c/n 在点 A 和 B 之间的路径上传播，传播时间为 $t=sn/c$ ，s 为路径。由于 n 和 c 为常量，要使时间最短，只有电磁波的路径是 AB 两点为直线才行。因此，电磁波在亚密均匀等离子体中折射后传播时一定是直线传播的(图 5-54)。亚密等离子体对电磁波折射的折射率 n 计算表达式为

$$n^2=1-\frac{\omega_p^2}{\omega^2+\nu_t^2}-\mathrm{j}\,\frac{\nu_t}{\omega}\,\frac{\omega_p^2}{\omega^2+\nu_t^2} \qquad (5-54)$$

式中 ω_p ——等离子体频率；

ω ——入射电磁波频率；

ν_t ——等离子体总碰撞频率。

对于亚密非均匀等离子体，电磁波在其传播过程中的折射率是一个连续变化的量，电

---

① 费马 (Pierre de Fermat，1601—1665)，法国数学家、物理学家

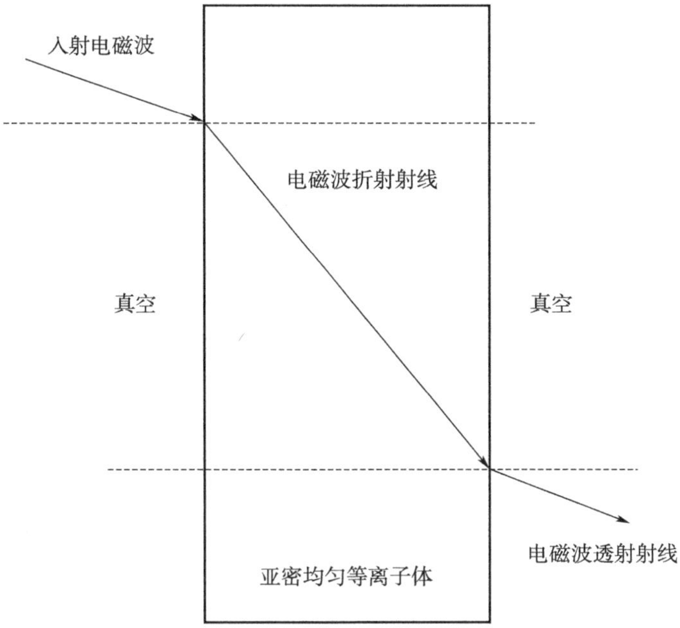

图 5 - 54　电磁波在亚密均匀等离子体中的折射示意图

磁波在其中的传播轨迹一般为一条曲线（图 5 - 55），曲率的大小由入射电磁波的角度、频率与亚密非均匀等离子体电子密度和碰撞频率空间分布特性之间的关系决定。

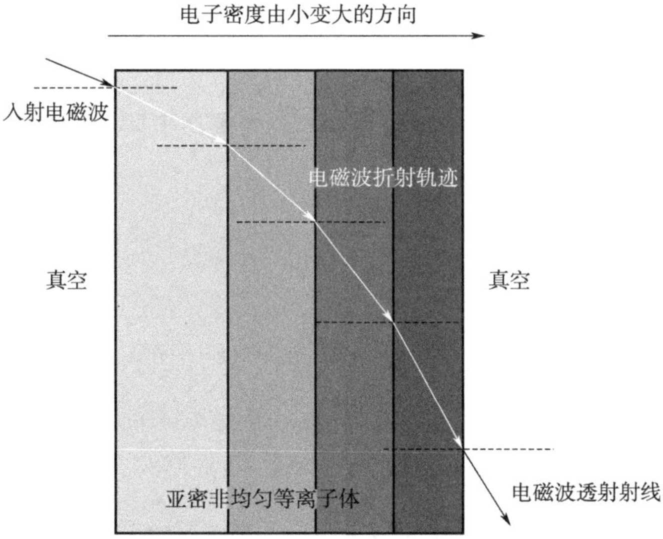

图 5 - 55　电磁波在亚密非均匀等离子体中的折射示意

下面给出电磁波在亚密非均匀等离子体球中折射的射线轨迹方程、典型球等离子体中电磁波传播轨迹计算结果、非均匀等离子体球的反转点以及折射对目标 RCS 减缩特性分析。

(1) 亚密非均匀等离子体球中电磁波折射的射线轨迹方程

为研究折射效应，忽略等离子体的碰撞，此时等离子体的折射率可近似由下式给出。

$$n=\left(1-\frac{\omega_p^2}{\omega^2}\right)^{1/2}=\left(1-\frac{n_e e^2}{\varepsilon_0 m_e \omega^2}\right)^{1/2} \tag{5-55}$$

首先，考虑等离子体非均匀电子密度空间分布特性的选取问题。

为减小雷达散射截面（RCS），提高隐身效果，等离子体电子密度空间分布应尽可能使等离子体能在很宽的频带范围内对入射波有较强的吸收作用，同时应尽量减少对入射电磁波的反射。为此，要达到理想目标隐身效果，等离子体的自由电子密度应满足如下条件：一是等离子体为亚密非均匀等离子体；二是等离子体的折射率应是连续的且为大于零的实数；三是等离子体的折射率的导数也应是连续的。

考虑亚密非均匀等离子体为球对称分布，即等离子体电子密度只是半径 r 的函数，为使等离子体的边缘处折射率连续，应使等离子体球面的自由电子密度为零，折射率为 1。同时，根据等离子体的高通滤波器的性质，为了实现隐身，等离子体成为入射电磁波的通带而非阻带，应取等离子体球的球心处对应的等离子体折射率等于零。即等离子体球心处等离子体频率等于入射波频率。

上述条件可写为

$$n(r_0)=1 \tag{5-56}$$

$$n(0)=0 \tag{5-57}$$

式中 r_0——等离子体球的半径。

取折射率与半径 r 的 m 次方成正比，则折射率为

$$n=r^m/r_0^m \tag{5-58}$$

然后，根据费马原理和变分法求电磁波在不均匀等离子体球中的电波轨迹。由变分原理[24]可得

$$\delta\int_A^B n\,\mathrm{d}s=0 \tag{5-59}$$

将式（5-58）代入式（5-59）得

$$\frac{\mathrm{d}}{\mathrm{d}\theta}\frac{\partial}{\partial\dot{r}}[r^m(r^2+\dot{r}^2)^{1/2}]-\frac{\partial}{\partial r}[r^m(r^2+\dot{r}^2)^{1/2}]=0 \tag{5-60}$$

其中，$\dot{r}=\mathrm{d}r/\mathrm{d}\theta$ 。式（5-60）已取极坐标，由式（5-60）可得

$$r\ddot{r}-(m+2)\dot{r}^2-(m+1)r^2=0 \tag{5-61}$$

其中，$\ddot{r}=\dfrac{\mathrm{d}^2r}{\mathrm{d}\theta^2}$ ，令 $\dot{r}=y$ ，$\ddot{r}=y\dfrac{\mathrm{d}y}{\mathrm{d}r}$ ，$z=y^2$，式（5-61）可以写为

$$\frac{\mathrm{d}z}{\mathrm{d}r}-\frac{2(m+2)z}{r}=2(m+1)r \tag{5-62}$$

上式的解为

$$z=y^2=\dot{r}^2=-r^2+cr^{2m+4} \tag{5-63}$$

式中 c——积分常数，并可获得 θ 的解为

$$\theta=\frac{1}{m+1}\operatorname{arcsec}(\sqrt{c}\,r^{m+1})+d \tag{5-64}$$

式中　c、d ——积分常数，取电磁波入射点的坐标为（r_0，π），且电磁波入射线与等离子体球表面法线的夹角为 φ_0，则积分常数为

$$c=\frac{\cot^2\varphi_0+1}{r_0^{2m+2}} \tag{5-65}$$

$$d=\pi-\frac{1}{m+1}\operatorname{arcsec}(\sqrt{c}\,r_0^{m+1}) \tag{5-66}$$

（2）典型球等离子体中电磁波传播轨迹计算结果

由式（5-54）可以分别画出 $m=0.5$、1.0、1.5、2.0 时平行入射的电磁波的轨迹，如图 5-56～图 5-59 所示。

由图 5-56～图 5-59 可以看出，平行入射的电磁波以垂直入射的电磁波射线为对称轴向两边偏转，且 m 值越大电磁波射线的曲率也越大。理论上，只有垂直入射的唯一一条电磁波射线才能被球心 O 点反射，即 O 点为垂直入射电磁波射线的返转点。当电磁波的入射角 φ_0 不同时，由图可见返转点也不同。且入射角越大，返转点离球心 O 点的距离越大；m 值越大，返转点离球心 O 点的距离也越大。

显然，由于包覆在目标外非均匀等离子体对电磁波的折射，电磁波传播轨迹将严重偏离原方向，这样将出现两种情况：其一是电磁波传播方向偏离被探测目标方向，这样雷达无法探测到目标；其二是偏离原有传播轨迹的电磁波照射到目标上，经目标反射后雷达波再次经过等离子体的折射，雷达回波的传播轨迹偏离雷达接收机方向，这样使雷达回波能量大大减小，实现了目标 RCS 的明显降低，达到隐身目的。

由图 5-56～图 5-59 也可以看出，等离子体折射隐身效果与 m 值有很大关系，m 值越大隐身效果越显著[25]。

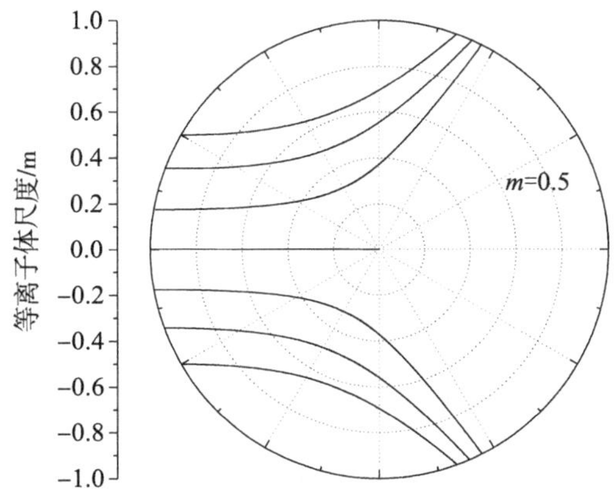

图 5-56　$m=0.5$ 时的电磁波轨迹

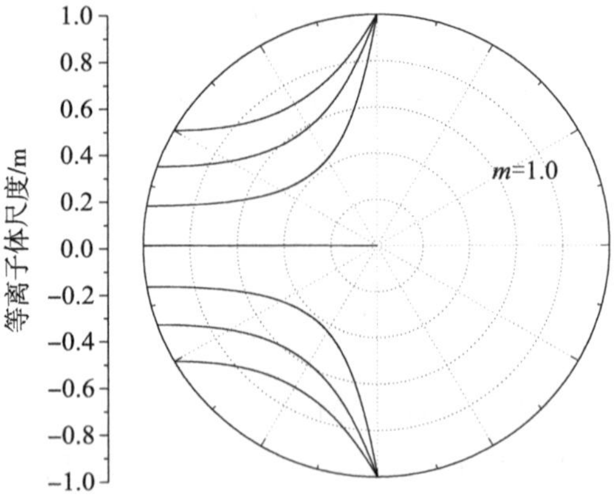

图 5-57　$m=1.0$ 时的电磁波轨迹

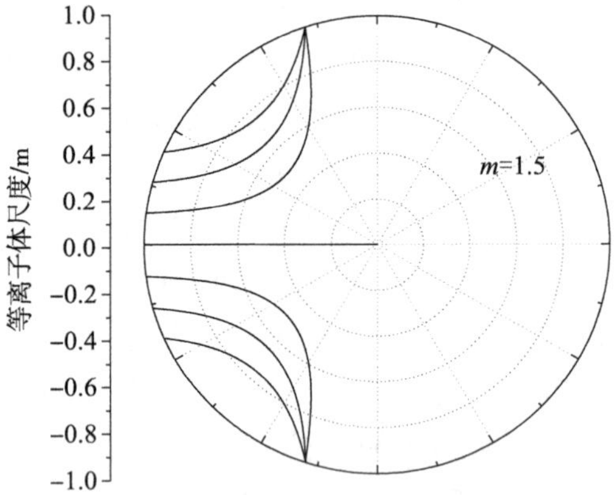

图 5-58　$m=1.5$ 时的电磁波轨迹

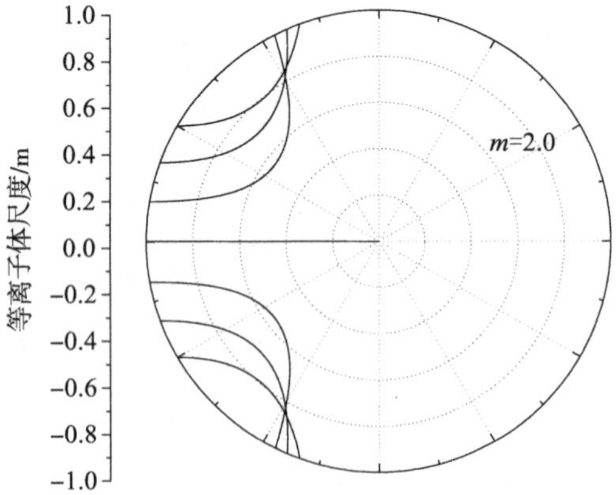

图 5-59　$m=2.0$ 时的电磁波轨迹

图 5-60 是不同密度分布的球形等离子体对入射电磁波的折射轨迹的一个算例，其中，等离子体球半径为 100 m，中心密度为 $1\times10^{18}\ m^{-3}$，边缘密度为 0，入射电磁波频率

分别为 5 GHz 和 10 GHz，从 270°方向平行入射。该结果显示，若目标外包覆一定密度分布的非均匀等离子体，可以使入射电磁波发生折射，频率越低，则折射效应越明显，电磁波传播轨迹偏离原方向越严重。

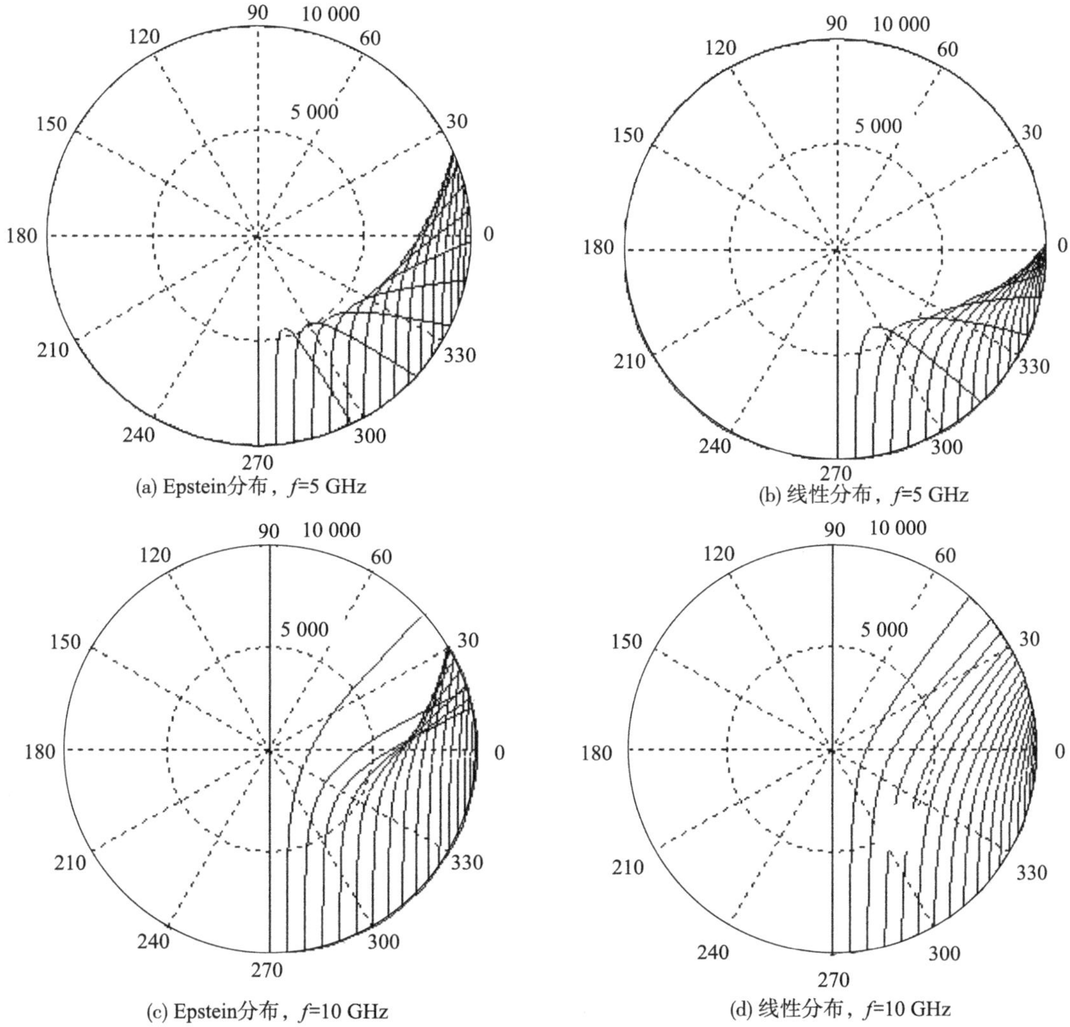

(a) Epstein分布，f=5 GHz　　(b) 线性分布，f=5 GHz

(c) Epstein分布，f=10 GHz　　(d) 线性分布，f=10 GHz

图 5－60　电磁波在等离子体中的折射轨迹

（3）非均匀等离子体球的返转点

为了分析返转点与入射角、m 值的关系，从电磁波的射线理论出发推导不均匀等离子体球的返转点。忽略等离子体的碰撞，非磁化等离子体的折射率为

$$n=\left(1-\frac{\omega_{pe}^{2}}{\omega^{2}}\right)^{1/2} \tag{5-67}$$

式中　ω_{pe} ——等离子体频率；

ω ——电磁波频率。

设电磁波的波长远小于等离子体的线度，由麦克斯韦方程可以得到电磁波的轨迹方

程，即

$$\frac{\mathrm{d}}{\mathrm{d}s}\left[n\,\frac{\mathrm{d}\boldsymbol{r}(s)}{\mathrm{d}s}\right]=\nabla n \tag{5-68}$$

式中　s ——电磁波轨迹的弧长；

$\boldsymbol{r}$ ——位置矢量（以球心为坐标原点），$\boldsymbol{r}=\boldsymbol{r}(s)$；

n ——等离子体的折射率，$n=n(r)$。

将折射率 n 代入式（5－68），可以得到：

$$rn(r)\sin\varphi=k \tag{5-69}$$

式中　k ——恒量；

φ ——电磁波路径上任一点 P 的切线与矢径 $\boldsymbol{r}$ 的夹角。

将等离子体折射率的表达式（5－58）代入式（5－69），电磁波在等离子体球中的轨迹满足的方程变为[15]

$$r^{m+1}\sin\varphi=r_0{}^{m+1}\sin\varphi_0 \tag{5-70}$$

式中　φ_0——电磁波射线入射点的切线与矢径的夹角。

显然，图 5－56～图 5～59 的电波轨迹与式（5－70）式是吻合的。由式（5－70）可得电磁波轨迹到球心的最短距离为

$$r_{\min}=r_0(\sin\varphi_0)^{\frac{1}{m+1}} \tag{5-71}$$

返转点的折射率 n' 为

$$n'=(\sin\varphi_0)^{\frac{1}{m+1}} \tag{5-72}$$

上式的结果与图 5－56～图 5－59 给出的电磁波在等离子体中的返转点一致[25]。

图 5－61 给出电磁波轨迹到球心的最短距离和等离子体球的半径之比 $r_{\min}/R_0$ 与电磁波的入射角 φ_0 的关系。可以看出，当电磁波的入射角 φ_0 给定时，m 值越大，等离子体中返转点离球心的距离越远，返转点的折射率越接近 1；当 m 值给定时，等离子体中返转点与 $\sin\varphi_0$ 有关，电磁波的入射角 φ_0 越大，等离子体中返转点离球心的距离越远，返转点的折射率越接近 1；电磁波的入射角 φ_0 为零时，返转点为等离子体的球心；电磁波的入射角 φ_0 为 90°时，入射电磁波与等离子体球相切。

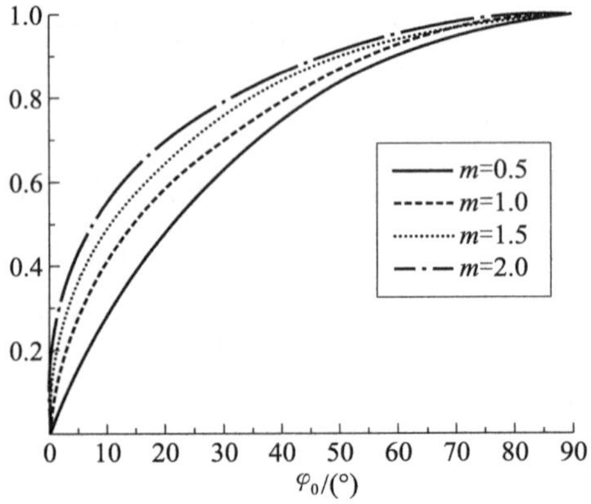

图 5－61　$r_{\min}/R_0$ 与电磁波入射角 φ_0 的关系

(4) 折射对目标 RCS 减缩特性分析

从能量的角度考虑，若目标是半径为 R 的球体，R_0 为等离子体包层的半径。由图 5-56～图 5-59 的几何关系不难得出仅有半径为 R^{m+1}/R_0^m 的入射电磁波可与目标相遇。即，存在等离子体包层时，打到目标上的电磁波能量与没有等离子体包层时打到目标上电磁波能量之比为 R^{2m}/R_0^{2m}。可见，电磁波因折射造成的能量衰减为[25]

$$\text{Att.} = 20m\lg R/R_0 \tag{5-73}$$

图 5-62 给出了 m 取不同值时电磁波因折射的能量衰减与 R/R_0 的关系曲线。

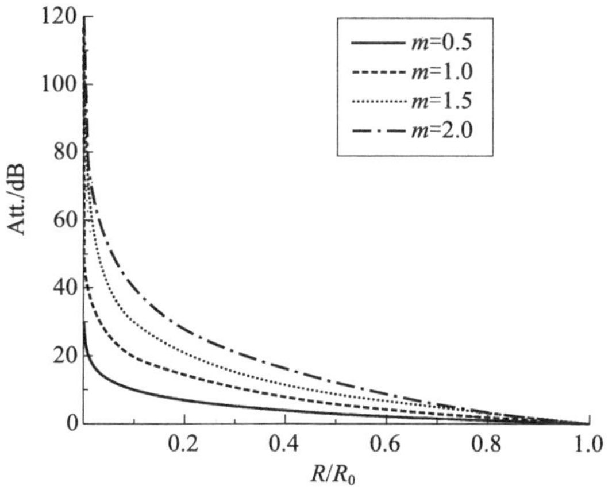

图 5-62　折射衰减量与 R/R_0 的关系

由图 5-62 可以看出，等离子体折射的隐身效果是显著的，且 m 值越大隐身效果越明显。这一结论与由图 5-56～图 5-59 给出的结论是一致的。取目标半径等于等离子体包层的厚度时，当 m 分别为 0.5、1.0、1.5、2.0 时，等离子体对入射电磁波的衰减分别为 3 dB、6 dB、9 dB、12 dB。显然 m 值越大，雷达目标的 RCS 也会越小。此外，当目标半径与等离子体的半径之比减小时，折射衰减将快速增大。

以上从亚密等离子体中电磁波传播轨迹的变化，分析了亚密不均匀等离子体的折射隐身作用。分析发现，亚密非均匀等离子体球对入射电磁波有明显的衰减作用。适当选取等离子体电子密度及其空间内分布，通过等离子体对电磁波的折射效应，可使目标尽可能少地被电磁波照射，从而可减小目标后向 RCS。同时，当等离子体电子密度空间分布非均匀时，且电磁波入射方向为电子密度增大方向时，则入射电磁波在等离子体中传播过程中，相当于从光疏媒质向光密媒质入射的传播过程，其折射效果是很明显的。因此，等离子体折射隐身机理是等离子体隐身机理的重要组成部分。

5.4.2.5　亚密等离子体对电磁波的碰撞吸收隐身机理

碰撞吸收是等离子体隐身的重要机理之一，其基本原理是通过等离子体电子与其他粒子的碰撞大大吸收在其中传播电磁波的能量，从而使电磁波回波能量大大减小，达到降低目标 RCS 的目的。从上述描述中可以看出，等离子体碰撞频率的大小是决定碰撞吸收隐身效果的关键参数，因此，对于不同特性参数的等离子体选择合理准确的碰撞频率计算模型是决定碰撞吸收隐身效果计算结果可靠性的关键因素。对于不完全电离的等离子体，其中含电子、离子、原子或分子等，对电磁波能量吸收起主要贡献的碰撞为电子与离子的碰撞、电子与中性粒子的碰撞。

5.4.2.5.1 碰撞过程的物理描述

（1）电子与离子的碰撞

当电子与离子碰撞时，由于离子的长程库仑场作用，电子将逐渐偏转，这种碰撞机制为库仑碰撞。长程库仑力作用下电子的偏转示意图如图 5-63 所示，当一电子以速度 V 向电荷为 e 的固定离子运动时，在没有库仑力作用时，电子运动到与离子最接近的距离是 r_0，由于离子对电子的长程库仑力作用，电子将与原运动方向偏转角度 χ 方向运动。对于原子序数为 Z 的离子对电子的库仑力表示为[26]

$$F=-\frac{Ze^2}{r^2} \tag{5-74}$$

因此，从理论上讲，电子与离子的碰撞在离子的库仑场对电子产生作用时就存在。

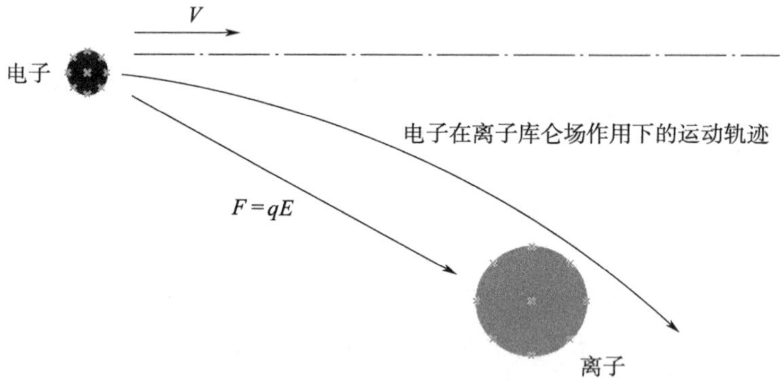

图 5-63 长程库仑力作用下电子的偏转示意图

（2）电子与中性粒子的碰撞

电子与原子的碰撞，由于没有长程库仑力的存在，它们之间的碰撞是直接接触碰撞，电子与原子碰撞散射示意图如图 5-64 所示，考虑一束电子束以一定的运动速度向原子 A 射来，取电子的入射方向为 Z 方向，原子 A 为散射中心，由于原子的质量远远大于电子的质量，因此，由于碰撞引起 A 的运动可以忽略。入射电子束受原子 A 的作用而偏离原来的运动方向，向各个方向发生散射[27]。

因此，电子与原子碰撞只有当电子与原子直接接触作用后才存在。

5.4.2.5.2 计算模型

等离子体总碰撞频率为电子和离子碰撞、电子与中性粒子碰撞的线性叠加，因此计算模型包括两个部分：

1）对于电子与离子的碰撞，通常采用库仑碰撞计算模型；

2）对于电子与中性粒子的碰撞，首先获取不同电子温度下原子的总碰撞截面数据，由等离子体中原子数密度和不同电子温度下的总碰撞截面计算出等离子体中电子与原子的

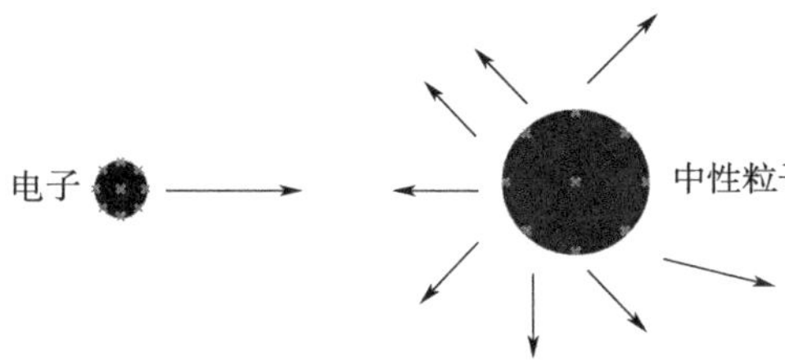

图 5 - 64　电子与原子碰撞散射示意图

碰撞频率。

电子与离子碰撞的碰撞频率、电子与中性粒子碰撞的碰撞频率以及总碰撞频率见 5.4.2.1 节等离子体基本参数“（5）等离子体碰撞频率”计算模型。

在计算亚密非均匀等离子体对电磁波碰撞吸收特性时，通常采用分层近似质方法（WKB 方法），即将非均匀等离子体细分为多层近似均匀的等离子体区域，如图 5 - 65 所示，假定尺度为 d 的非均匀等离子体只沿着 Z 轴方向，电子密度为由小渐大变化，将非均匀等离子体分为 N 层，每一层电子密度视为均匀分布，当电磁波入射至等离子体边界面时，在每一层边界面上，等离子体将会对电磁波产生反射和透射效应，假定入射电磁波的功率为 P_i，总反射电磁波功率为 P_r，总透射电磁波功率为 P_t，由于电磁波在等离子体的传播过程中，将因等离子体的碰撞吸收而使电磁波透射功率减小，因此，对于尺度为 d 的非均匀等离子体，电磁波经 N 层等离子体介质透射后的透射功率计算表达式为[28]

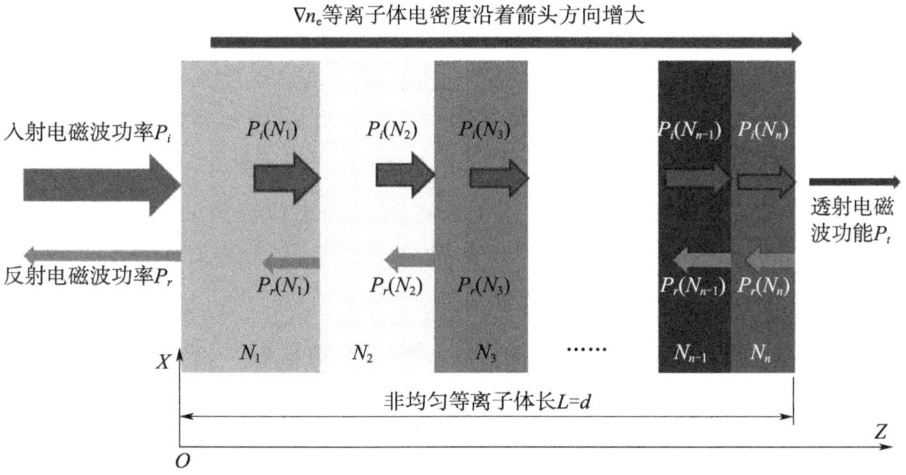

图 5 - 65　非均匀等离子体对电磁波反射和透射原理

$$P_{tN} = P_i \mathrm{e}^{-2\sum_{j=1}^{N} \alpha_j d_j} \tag{5-75}$$

式中　α_1、α_2、…、α_N ——第 1、2 至第 N 层等离子体对电磁波能量碰撞吸收使其能量衰减的衰减系数，该量的大小取决于入射电磁波频率、等离子体角频率和等离子体碰撞频率，在非均匀等离子体中的任意空间位置 z，衰减系数 α 的计算表达式为[29]

$$\alpha(z)=\frac{\omega}{c}\left\{-\frac{1}{2}\left[1-\frac{\omega_p(z)^2}{\omega^2+\nu_{et}(z)^2}\right]+\frac{1}{2}\left[\left(1-\frac{\omega_p(z)^2}{\omega^2+\nu_{et}(z)^2}\right)^2+\left(\frac{\omega_p(z)^2}{\omega^2+\nu_{et}(z)^2}\frac{\nu_{et}(z)}{\omega}\right)^2\right]^{\frac{1}{2}}\right\}^{\frac{1}{2}} \tag{5-76}$$

式中 c——光速；

ω——入射电磁波角频率；

$\omega_p(z)$——空间不同位置下等离子体角频率；

$\nu_{et}(z)$——空间不同位置下等离子体碰撞频率。

等离子体角频率 $\omega_p(z)$ 与等离子体的电子密度 $n_e(z)$ 的关系式为[30]

$$\omega_p(z)=\sqrt{\frac{n_e(z)e^2}{m_e\varepsilon_0}} \tag{5-77}$$

式中 ε_0——真空介电常数；

m_e——电子质量；

e——电子电量。

等离子体对电磁波能量吸收的总功率计算表达式为

$$P_{at}=P_i-P_t-P_r \quad (j=1,2,\cdots,N) \tag{5-78}$$

5.4.2.5.3 超声速射流电弧放电等离子体对电磁波吸收仿真结果及分析[31]

超声速射流电弧放电等离子体发生器主要由加热装置、固体工质及其装填装置、绝缘部件、阴极部件、阳极部件、阳极超声速喷管等组成，发生器工作环境为大气层外稀薄气体环境，基本工作原理是加热装置工作产生的高温高热将固体工质汽化，工质蒸汽以一定的流量和流速流向电离室，并在电离室通过直流电弧放电（放电电流为百安培至几百安培）产生等离子体，该等离子体通过阳极超声速喷管向自由空间喷射，在自由空间形成大尺度超声速射流等离子体。当发生器性能参数确定后，阳极超声速喷管出口截面的等离子体电子密度大小主要由发生器出口流量和放电电离度决定，表 5-9 给出了超声速射流电弧放电等离子体的仿真输入参数（发生器不同电离度和出口流量），相应的等离子体性能参数随距离的变化仿真结果曲线及其对电磁波吸收特性仿真结果如图 5-66～图 5-80 所示。

表 5-9 超声速射流电弧放电等离子体的仿真输入参数

序号	电离度	出口流量/(g/s)
1	0.01	0.05、0.1、0.2、0.5、1、1.5
2	0.1	0.05、0.1、0.2、0.5
3	0.5	0.05、0.1、0.2
4	0.9	0.05、0.1

（1）电离度为 0.01

图 5-66～图 5-71 分别给出了电离度为 0.01、出口流量分别为 0.05 g/s、0.1 g/s、0.2 g/s、0.5g/s、1 g/s、1.5 g/s 情况下等离子体喷流电子密度和碰撞频率随离喷口距离的变化规律以及这种分布的等离子体喷流对五个波段电磁波后向回波能量吸收规律。

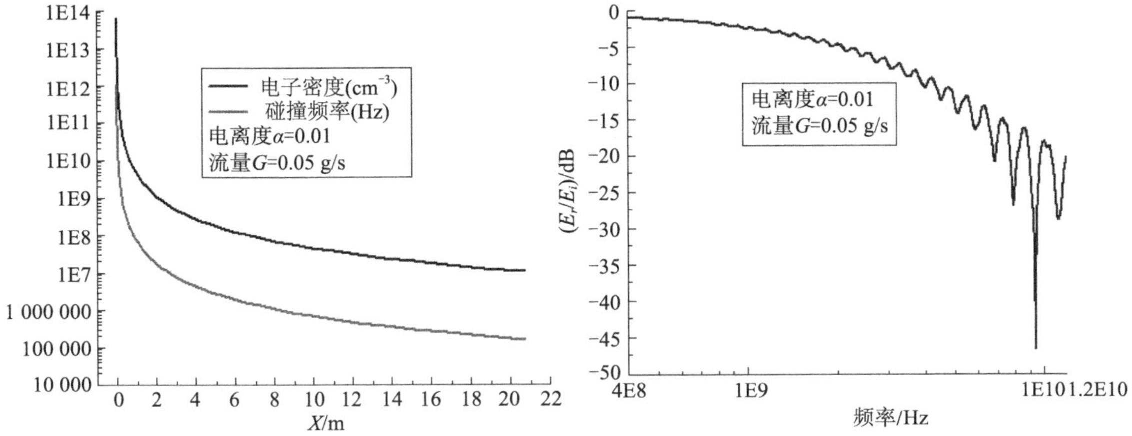

图 5－66　电离度为 0.01、出口流量为 0.05 g/s 的等离子体参数一维分布规律及其对五个波段电磁波后向回波能量吸收规律

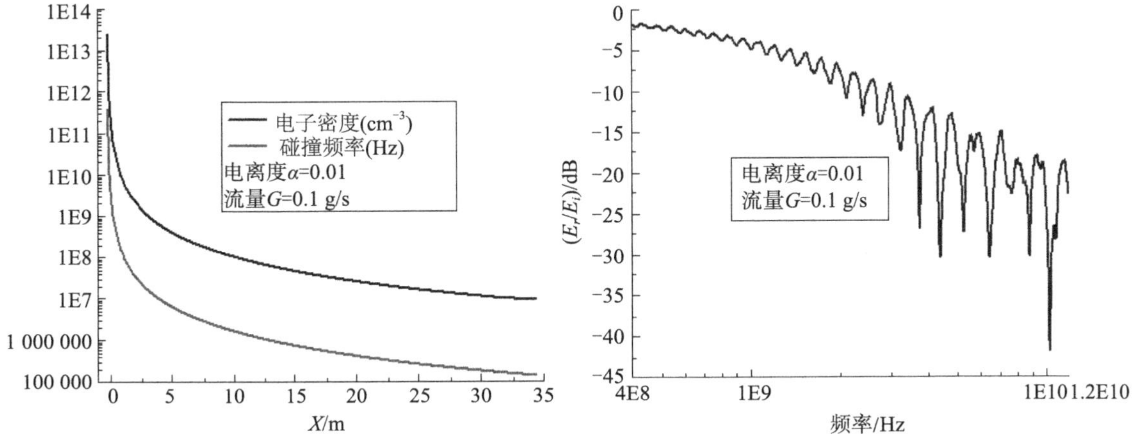

图 5－67　电离度为 0.01、出口流量为 0.1g/s 的等离子体参数一维分布规律及其对五个波段电磁波后向回波能量吸收规律

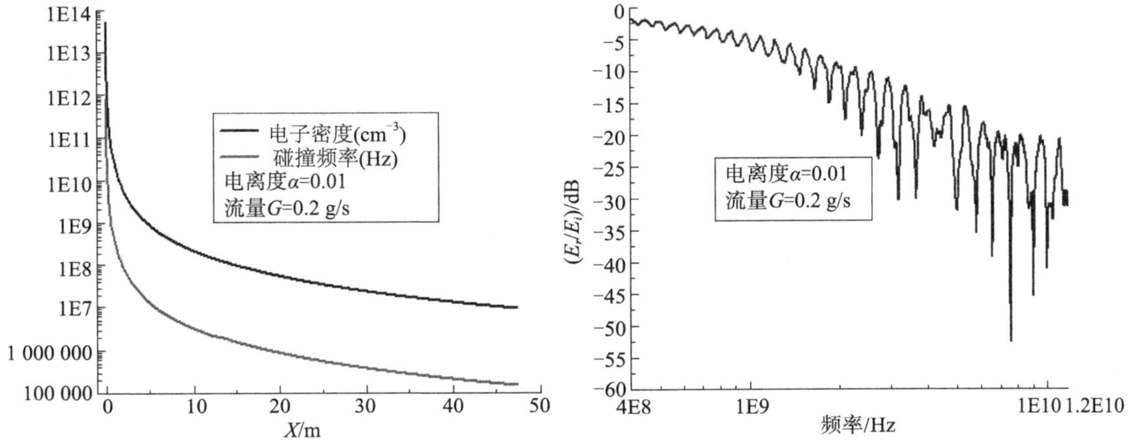

图 5－68　电离度为 0.01、出口流量为 0.2g/s 的等离子体参数一维分布规律及其对五个波段电磁波后向回波能量吸收规律

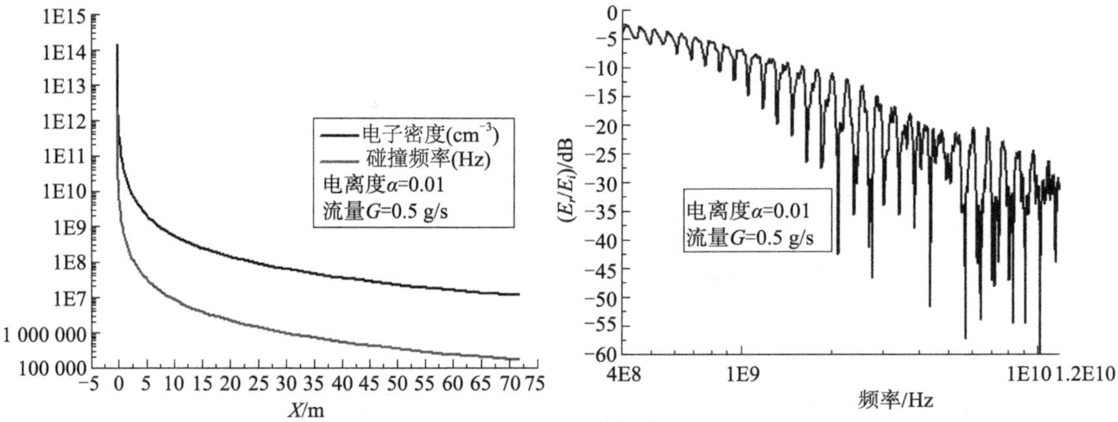

图 5-69　电离度为 0.01、出口流量为 0.5g/s 的等离子体参数一维分布规律及其对五个波段电磁波后向回波能量吸收规律

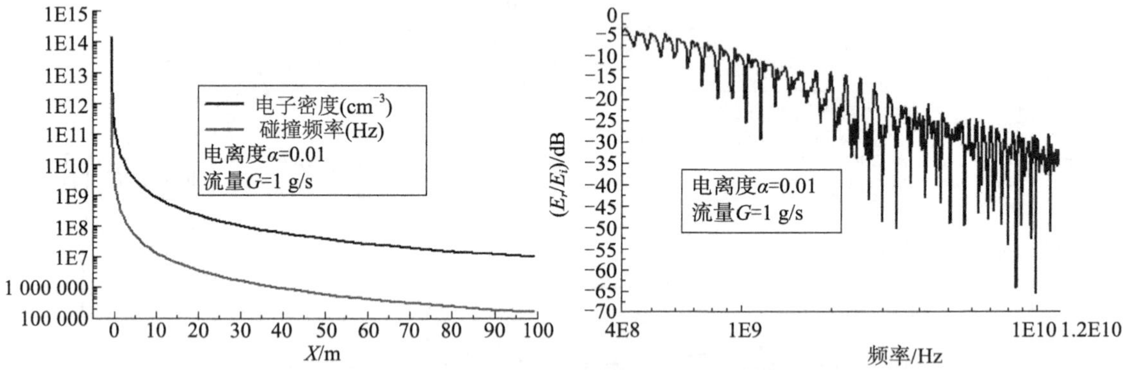

图 5-70　电离度为 0.01、出口流量为 1g/s 的等离子体参数一维分布规律及其对五个波段电磁波后向回波能量吸收规律

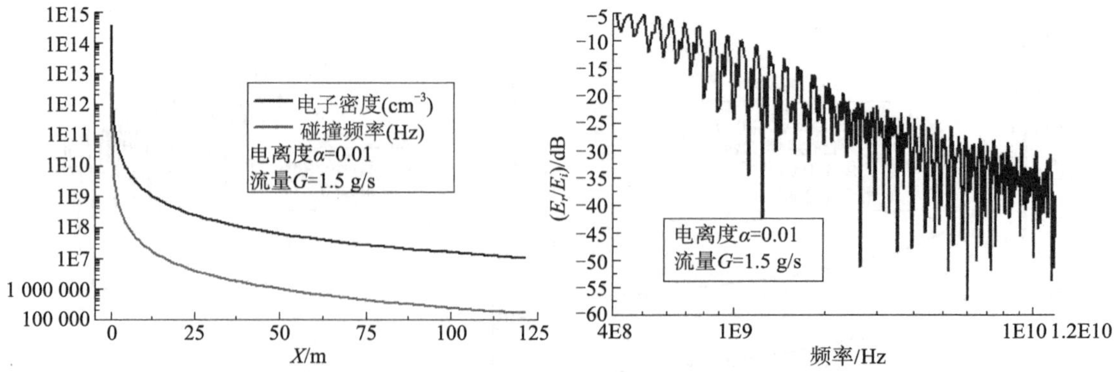

图 5-71　电离度为 0.01、出口流量为 1.5g/s 的等离子体参数一维分布规律及其对五个波段电磁波后向回波能量吸收规律

（2）电离度为 0.1

图 5－72～图 5－75 分别给出了电离度为 0.1、出口流量分别为 0.05 g/s、0.1 g/s、0.2 g/s、0.5g/s 情况下等离子体喷流电子密度和碰撞频率随离喷口距离的变化规律以及这种分布的等离子体喷流对五个波段电磁波后向回波能量吸收规律。

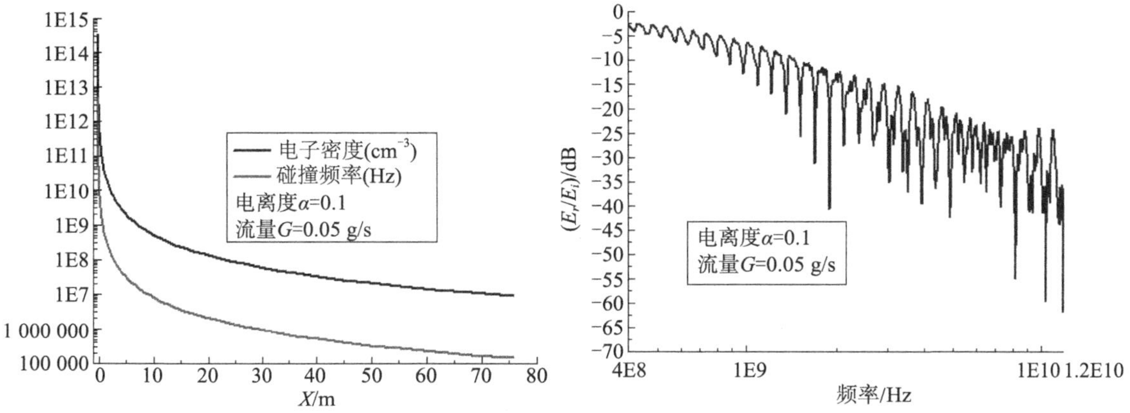

图 5－72　电离度为 0.1、出口流量为 0.05g/s 的等离子体参数一维分布规律及其对五个波段电磁波后向回波能量吸收规律

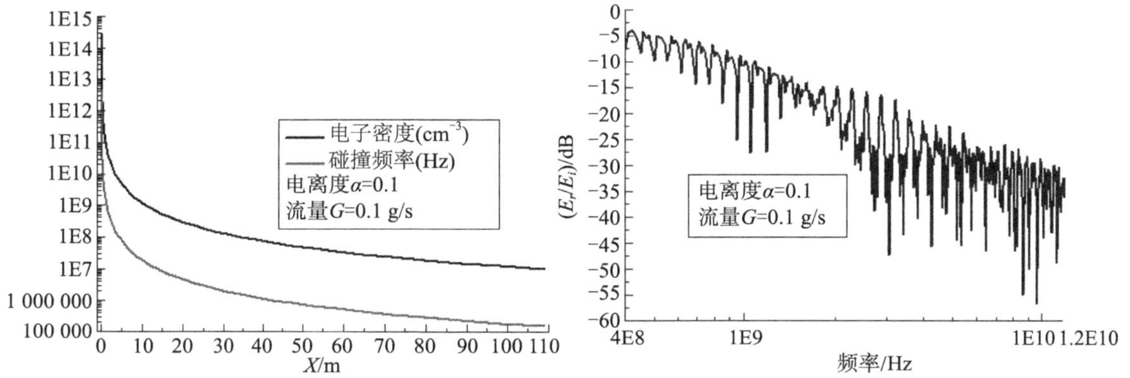

图 5－73　电离度为 0.1、出口流量为 0.1g/s 的等离子体参数一维分布规律及其对五个波段电磁波后向回波能量吸收规律

（3）电离度为 0.5

图 5－76～图 5－78 分别给出了电离度为 0.5、出口流量分别为 0.05 g/s、0.1 g/s、0.2 g/s情况下等离子体喷流电子密度和碰撞频率随离喷口距离的变化规律以及这种分布的等离子体喷流对五个波段电磁波后向回波能量吸收规律。

（4）电离度为 0.9

图 5－79 和图 5－80 分别给出了电离度为 0.9、出口流量分别为 0.05 g/s 和 0.1 g/s 情况下等离子体喷流电子密度和碰撞频率随离喷口距离的变化规律以及这种分布的等离子体喷流对五个波段电磁波后向回波能量吸收规律。

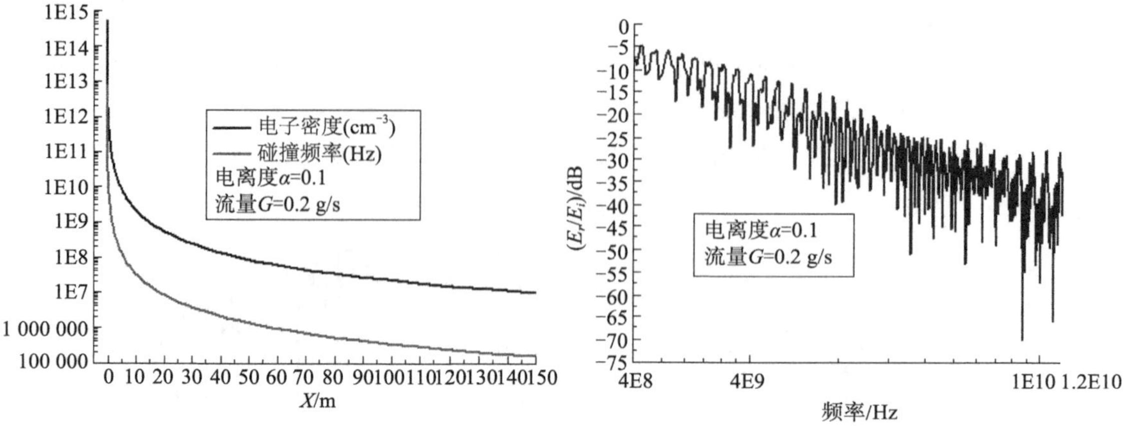

图 5 - 74　电离度为 0.1、出口流量为 0.2g/s 的等离子体参数一维分布规律及其对五个波段电磁波后向回波能量吸收规律

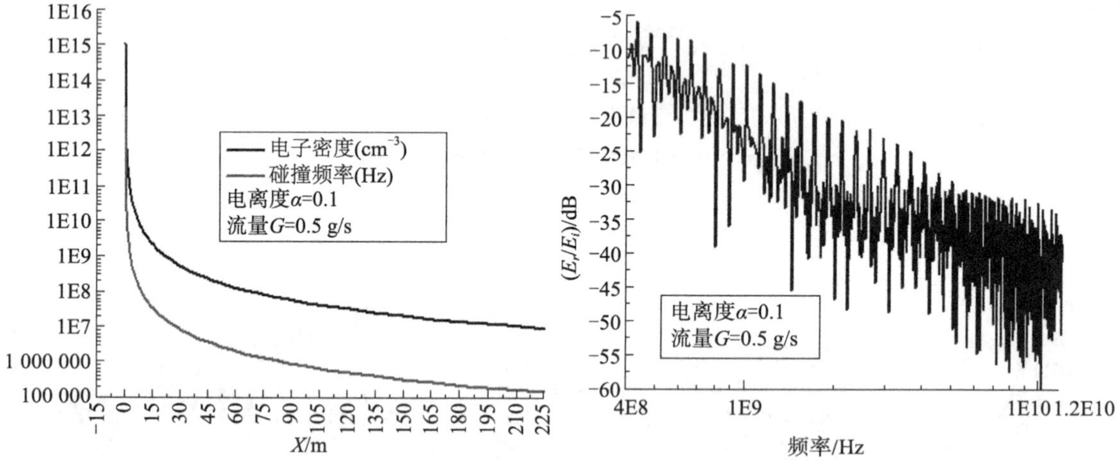

图 5 - 75　电离度为 0.1、出口流量为 0.5g/s 的等离子体参数一维分布规律及其对五个波段电磁波后向回波能量吸收规律

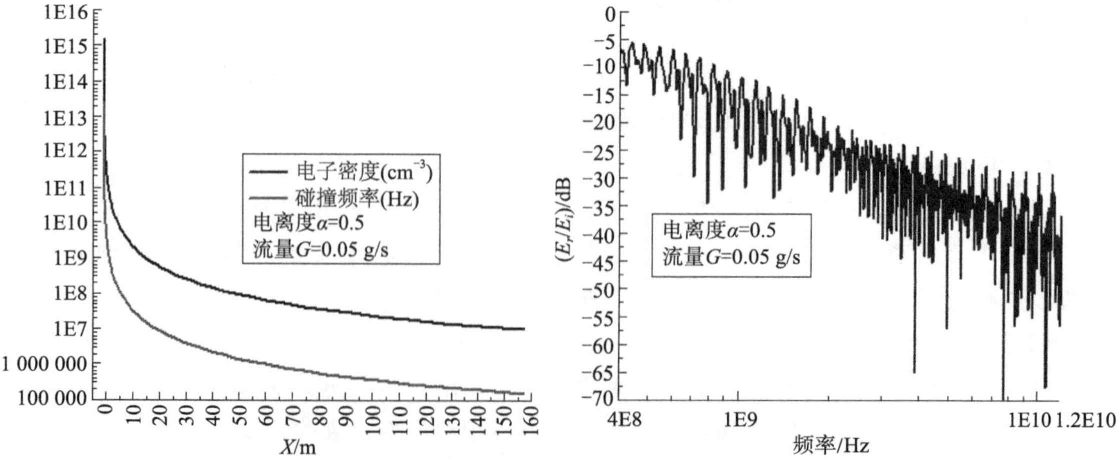

图 5 - 76　电离度为 0.5、出口流量为 0.05g/s 的等离子体参数一维分布规律及其对五个波段电磁波后向回波能量吸收规律

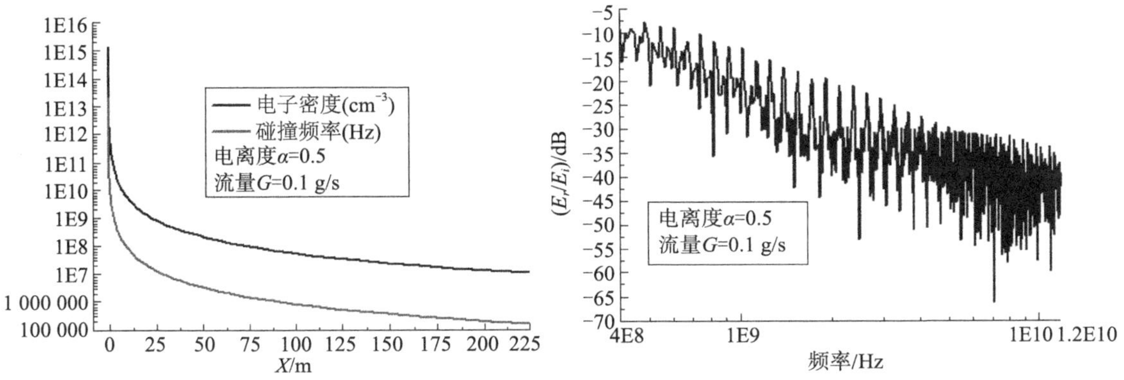

图 5-77　电离度为 0.5、出口流量为 0.1g/s 的等离子体参数一维分布规律及其对五个波段电磁波后向回波能量吸收规律

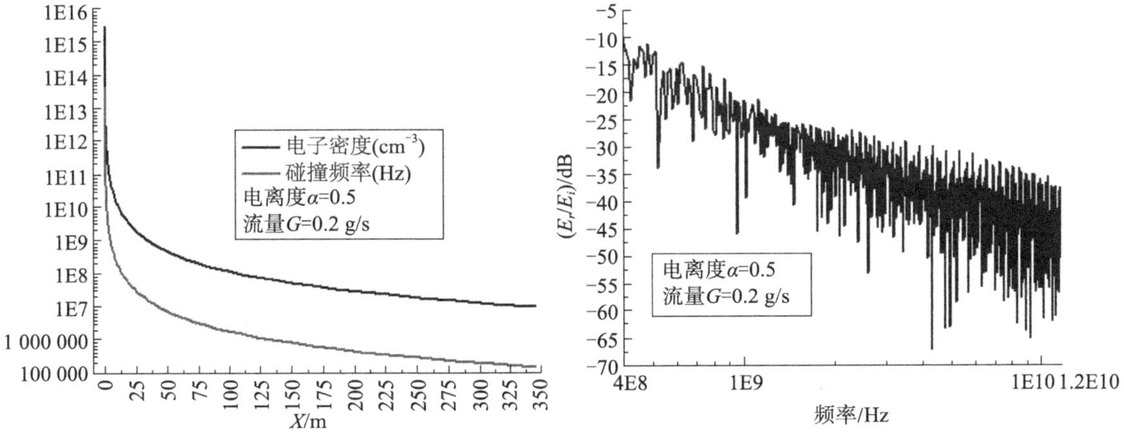

图 5-78　电离度为 0.5、出口流量为 0.2g/s 的等离子体参数一维分布规律及其对五个波段电磁波后向回波能量吸收规律

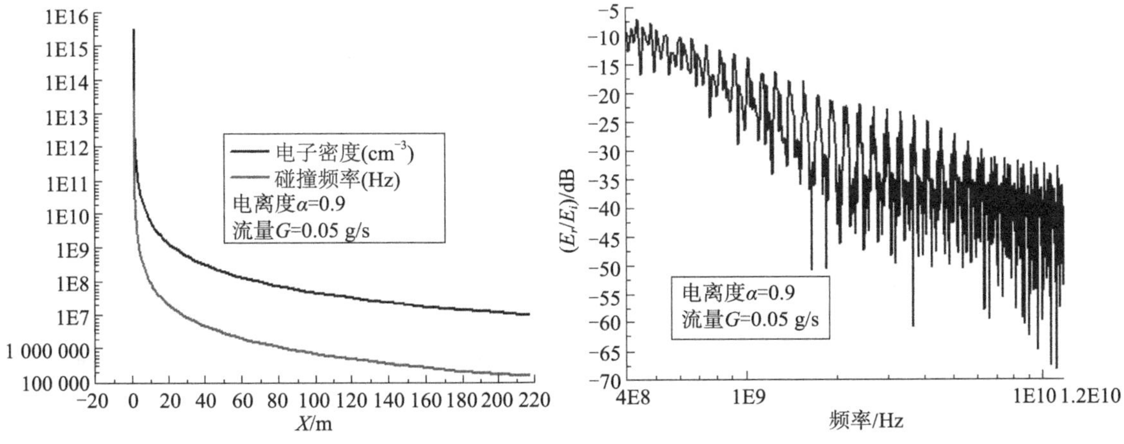

图 5-79　电离度为 0.9、出口流量为 0.05g/s 的等离子体参数一维分布规律及其对五个波段电磁波后向回波能量吸收规律

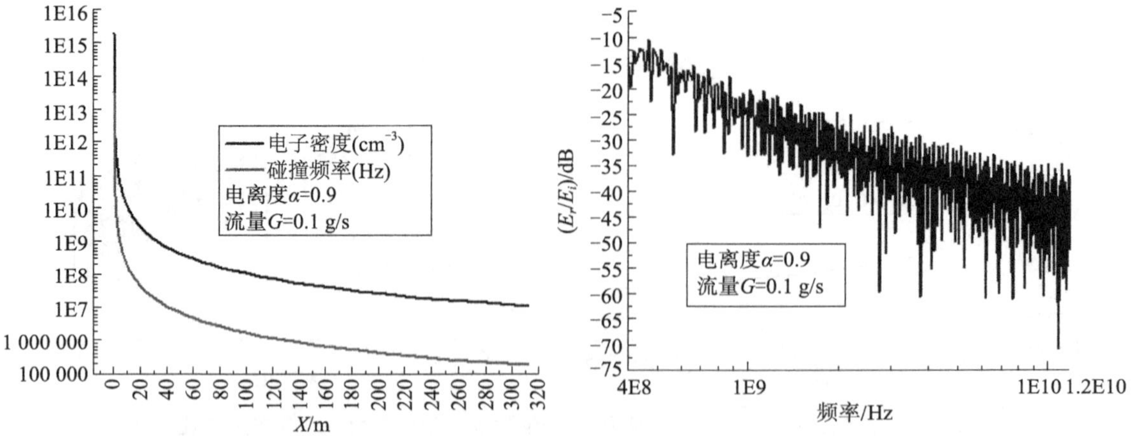

图 5-80　电离度为 0.9、出口流量为 0.1g/s 的等离子体参数一维分布规律及其对五个波段电磁波后向回波能量吸收规律

通过对计算结果分析和总结，等离子体碰撞吸收隐身的基本规律如下。

1）等离子体发生器装置的流量和电离度是决定该装置生成的等离子体喷流对 P、L、S、C、X 五个波段电磁波能量衰减规律的重要因素，具体为

①同一电离度下，流量越大对电磁波能量衰减越大；

②同一流量下，电离度越大对电磁波能量衰减越大；

③同一流量和电离度下，电磁波频率越低衰减量越小。

2）等离子体发生器生成的等离子体喷流碰撞吸收隐身效果不仅取决于等离子体碰撞吸收电磁波能量的大小，还与不同波段条件下等离子体喷流本身的散射有关，具体为

①同一电离度下，流量越大对电磁波能量衰减越大；

②同一流量下，电离度越大对电磁波能量衰减越大；

③但各波段下上述两种状态的等离子体喷流截止电子密度对应的尺度也越大，即有等离子体目标的散射越大。

因此，在设计等离子体发生器装置参数时首先考虑五个波段电磁波下等离子体喷流本身的散射不能太大，在此基础上提高装置的电离度和流量。

5.4.3　等离子体电磁散射计算方法及隐身效果仿真

5.4.3.1　电小尺度等离子体的电磁散射计算方法及隐身效果仿真

电小尺度等离子体的隐身应用通常为夹层等离子体隐身，即在一个厚度为毫米量级至厘米量级的空心夹层内，通过放电产生薄层等离子体，等离子体的外形由夹层罩的外形决定，通常夹层罩为透波材料。计算时，假定等离子体为近似均匀的等离子体，等离子体厚度为毫米至厘米量级的尺度，此时，通常选择时域有限差分法（FDTD）。

5.4.3.1.1　FDTD 的基本原理

FDTD 被广泛应用于求解与麦克斯韦方程组有关的诸多问题，研究领域从电磁学到光

学，无处不在，这一过程中虽然产生了许多变形和改进，但基本思想不变。麦克斯韦方程组由两个旋度方程和两个散度方程构成[32]

$$\nabla\times \boldsymbol{H}=\frac{\partial}{\partial t}\boldsymbol{D}+\boldsymbol{J} \tag{5-79}$$

$$\nabla\times \boldsymbol{E}=-\frac{\partial}{\partial t}\boldsymbol{B}-\boldsymbol{J}_m \tag{5-80}$$

$$\nabla\cdot \boldsymbol{D}=\rho \tag{5-81}$$

$$\nabla\cdot \boldsymbol{B}=\rho_m \tag{5-82}$$

式中　$\boldsymbol{E}$ ——电场强度；

$\boldsymbol{D}$ ——电通量密度；

$\boldsymbol{H}$ ——磁场强度；

$\boldsymbol{B}$ ——磁通量密度；

$\boldsymbol{J}$ ——电流密度；

$\boldsymbol{J}_m$ ——磁流密度；

ρ ——电荷密度；

ρ_m ——磁荷密度。

当只考虑各向同性媒质时还有如下本构关系：

$$\boldsymbol{D}=\varepsilon\boldsymbol{E},\quad \boldsymbol{B}=\mu\boldsymbol{H},\quad \boldsymbol{J}=\sigma\boldsymbol{E},\quad \boldsymbol{J}_m=\sigma_m\boldsymbol{H} \tag{5-83}$$

式中　ε ——介电常数；

μ ——磁导率；

σ ——电导率；

σ_m ——等效磁阻率。

差分方程须通过各场分量实现，式（5－79）～式（5－82）的两个旋度方程在直角坐标系中可以展开为六个标量偏微分方程：

$$\begin{cases}\dfrac{\partial H_x}{\partial t}=\dfrac{1}{\mu}\left(\dfrac{\partial E_y}{\partial z}-\dfrac{\partial E_z}{\partial y}-\sigma_m H_x\right)\\[2ex]\dfrac{\partial H_y}{\partial t}=\dfrac{1}{\mu}\left(\dfrac{\partial E_z}{\partial x}-\dfrac{\partial E_x}{\partial z}-\sigma_m H_y\right)\\[2ex]\dfrac{\partial H_z}{\partial t}=\dfrac{1}{\mu}\left(\dfrac{\partial E_x}{\partial y}-\dfrac{\partial E_y}{\partial x}-\sigma_m H_z\right)\end{cases} \tag{5-84}$$

$$\begin{cases}\dfrac{\partial E_x}{\partial t}=\dfrac{1}{\varepsilon}\left(\dfrac{\partial H_z}{\partial y}-\dfrac{\partial H_y}{\partial z}-\sigma E_x\right)\\[2ex]\dfrac{\partial E_y}{\partial t}=\dfrac{1}{\varepsilon}\left(\dfrac{\partial H_x}{\partial z}-\dfrac{\partial H_z}{\partial x}-\sigma E_y\right)\\[2ex]\dfrac{\partial E_z}{\partial t}=\dfrac{1}{\varepsilon}\left(\dfrac{\partial H_y}{\partial x}-\dfrac{\partial H_x}{\partial y}-\sigma E_z\right)\end{cases} \tag{5-85}$$

为离散式（5－84）和式（5－85）中的各式，Yee 将问题空间在直角坐标系中离散为一些沿三个坐标轴方向边长依次为 Δx、Δy 和 Δz 的长方体网格单元，并按照图 5－81 所示的方式安排各电磁场分量的空间采样点，以使每一个磁场分量有四个电场分量环绕，每一个电场分量也有四个磁场分量环绕。同时，电场和磁场的采样在时间上也是交替的，采样时间彼此相差半个时间步，例如，假设时间离散间距为 Δt，则电场和磁场可以分别在 $n\Delta t$ 和 $(n+1/2)\Delta t$ 时刻采样。这样的时间、空间采样方式不仅符合法拉第电磁感应定律和安培环路定律的自然结构，还恰当地描述了电磁场的传播特性。据此，将式（5-84）和式（5-85）中各式的微分用中心差分替代即可实现麦克斯韦旋度方程的差分离散，当给定初始值时，各个时刻空间电磁场的分布可以利用这些差分方程在时间上逐步迭代求得。作为例子，这里给出分别与式（5-84）和式（5-85）中对应的磁场分量 H_x 和电场分量 E_x 的差分迭代式为

$$\begin{aligned}H_x^{n+1/2}(i,j+1/2,k+1/2)&=CP(i,j+1/2,k+1/2)\cdot H_x^{n-1/2}(i,j+1/2,k+1/2)\\&-\frac{CQ(i,j+1/2,k+1/2)}{\Delta y}[E_z^n(i,j+1,k+1/2)-E_z^n(i,j,k+1/2)]\\&-\frac{CQ(i,j+1/2,k+1/2)}{\Delta z}[E_y^n(i,j+1/2,k+1)-E_y^n(i,j+1/2,k)]\end{aligned} \tag{5-86}$$

$$\begin{aligned}E_x^{n+1}(i+1/2,j,k)&=CA(i+1/2,j,k)\cdot E_x^n(i+1/2,j,k)\\&+\frac{CB(i+1/2,j,k)}{\Delta y}[H_z^{n+1/2}(i+1/2,j+1/2,k)-H_z^{n+1/2}(i+1/2,j-1/2,k)]\\&-\frac{CB(i+1/2,j,k)}{\Delta z}[H_y^{n+1/2}(i+1/2,j,k+1/2)-H_y^{n+1/2}(i+1/2,j,k-1/2)]\end{aligned} \tag{5-87}$$

其中

$$CP(i,j+1/2,k+1/2)=\frac{2\mu(i,j+1/2,k+1/2)-\sigma_m(i,j+1/2,k+1/2)\Delta t}{2\mu(i,j+1/2,k+1/2)+\sigma_m(i,j+1/2,k+1/2)\Delta t} \tag{5-88}$$

$$CQ(i,j+1/2,k+1/2)=\frac{2\Delta t}{2\mu(i,j+1/2,k+1/2)+\sigma_m(i,j+1/2,k+1/2)\Delta t} \tag{5-89}$$

$$CA(i+1/2,j,k)=\frac{2\varepsilon(i+1/2,j,k)-\sigma(i+1/2,j,k)\Delta t}{2\varepsilon(i+1/2,j,k)+\sigma(i+1/2,j,k)\Delta t} \tag{5-90}$$

$$CB(i+1/2,j,k)=\frac{2\Delta t}{2\varepsilon(i+1/2,j,k)+\sigma(i+1/2,j,k)\Delta t} \tag{5-91}$$

式（5-86）～式（5-91）表示采样时间的上标和表示采样空间位置的小括号内的值均忽略了对应的离散步长，例如，n 的含意为 $t=n\cdot\Delta t$ ，i 的含意为 $x=i\cdot\Delta x$ ，依此类推。除非特别说明，下同。

值得指出的是，虽然 FDTD 只离散了麦克斯韦方程组的两个旋度方程，但已足以模拟电磁场问题。因为，在麦克斯韦方程组的四个方程中，两个旋度方程是基本的，两个散度方程可以由它们导出。

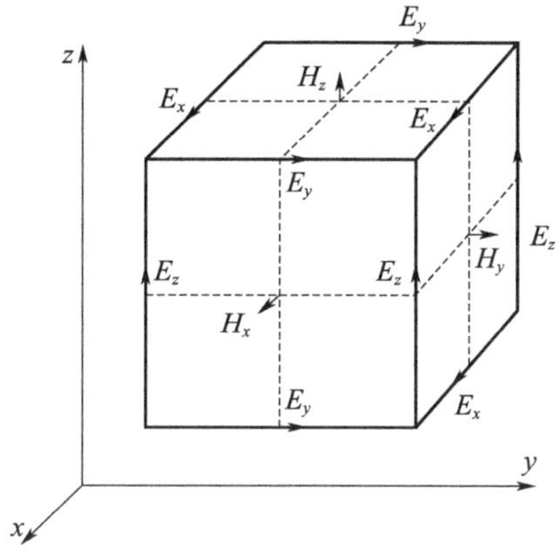

图 5-81　Yee 网格单元及其场分量采样位置图

同时应注意到，Yee 氏算法除少数理想情况外存在固有的数值色散，实践表明，一个波长的空间距离内至少要有 10 个采样点才能将色散误差控制在一定的范围内。另外，为使计算程序稳定，对时间离散间隔也有一定的要求，根据克劳兰（Courant）稳定性条件准则，空间步长与时间步长之间要满足如下关系。

一维问题为

$$\Delta t \leqslant \frac{\Delta x}{c} \tag{5-92}$$

式中　$c=1/\sqrt{\varepsilon\mu}$ 为媒质中的光速。

二维问题为

$$\Delta t \leqslant \frac{1}{c\sqrt{\frac{1}{(\Delta x)^2}+\frac{1}{(\Delta y)^2}}} \tag{5-93}$$

三维问题为

$$\Delta t \leqslant \frac{1}{c\sqrt{\frac{1}{(\Delta x)^2}+\frac{1}{(\Delta y)^2}+\frac{1}{(\Delta z)^2}}} \tag{5-94}$$

5.4.3.1.2　用于等离子体的递归卷积 FDTD 算法[33]

（1）递归卷积方法原理

取等离子体的介质模型，则等离子体可用一个与频率有关的介电常数 $\varepsilon(\omega)$ 来描述。在时域，电磁波的电位移矢量与电场强度的关系可写为

$$\boldsymbol{D}(t)=\varepsilon_\infty\varepsilon_0\boldsymbol{E}(t)+\varepsilon_0\int_0^t\boldsymbol{E}(t-\tau)\chi(\tau)\mathrm{d}\tau \tag{5-95}$$

式中　ε_0——真空中的介电常数；

$\chi(\tau)$——电极化率；

ε_∞——$\omega\to\infty$时的相对介电常数。

等离子体中电磁波满足的麦克斯韦旋度方程组由下式给出

$$\nabla\times \boldsymbol{E} = -\frac{\partial \boldsymbol{B}}{\partial t} \tag{5-96}$$

$$\nabla\times \boldsymbol{H} = \frac{\partial \boldsymbol{D}}{\partial t} \tag{5-97}$$

式中　μ 、ε ——等离子体的磁导率和介电常数。这里，$\boldsymbol{B}=\mu\boldsymbol{H}$ ，$\boldsymbol{D}=\varepsilon\boldsymbol{E}$ 。

使用 Yee 氏网格把时间离散，时间坐标写为 $t=n\Delta t$ ，式（5－95）中 $\boldsymbol{D}$ 的每一个分量可以写为：

$$D(t)\approx D(n\Delta t)=\varepsilon_{\infty}\varepsilon_{0}E^{n}+\varepsilon_{0}\int_{0}^{n\Delta t}E(n\Delta t-\tau)\chi(\tau)\mathrm{d}\tau \tag{5-98}$$

其中，上标 n 为第 n 时间步的场值。

假设 $t<0$ 时，$D(t)$ 和 $E(t)$ 的值为零，并取每一步的场值为常量，则式（5－98）变为

$$D^{n}=\varepsilon_{\infty}\varepsilon_{0}E^{n}+\varepsilon_{0}\sum_{m=0}^{n-1}E^{n-m}\int_{m\Delta t}^{(m+1)\Delta t}\chi(\tau)\mathrm{d}\tau \tag{5-99}$$

下一时间步的场值为

$$D^{n+1}=\varepsilon_{\infty}\varepsilon_{0}E^{n+1}+\varepsilon_{0}\sum_{m=0}^{n}E^{n+1-m}\int_{m\Delta t}^{(m+1)\Delta t}\chi(\tau)\mathrm{d}\tau \tag{5-100}$$

使用 Yee 氏网格把空间离散，把空间坐标写为 $x=i\Delta x$ ，$y=i\Delta y$ 和 $z=i\Delta z$ ，方程式（5－97）在时间和空间离散后得

$$\frac{D_y^{n+1}(i,j+1/2,k)-D_y^{n}(i,j+1/2,k)}{\Delta t}=-\frac{H_z^{n+1/2}(i+1/2,j+1/2,k)-H_z^{n+1/2}(i-1/2,j+1/2,k)}{\Delta x}$$
$$+\frac{H_x^{n+1/2}(i,j+1/2,k+1/2)-H_x^{n+1/2}(i,j+1/2,k-1/2)}{\Delta z} \tag{5-101}$$

$D(t)$ 的其他两个分量 D_x 和 D_z 与上式基本相同。

对极化率离散化，即 $\chi(\tau,\ x,\ y,\ z)=\chi(\tau,\ i,\ j,\ k)$ 。将式（5－99）和式（5－100）代入式（5－101），可以得到

$$\begin{aligned}
&D_y^{n+1}(i,j+1/2,k)-D^{n}y(i,j+1/2,k)=\\
&\varepsilon_{\infty}(i,j,k)\varepsilon_{0}\left[E_y^{n+1}(i,j+1/2,k)-E_y^{n}(i,j+1/2,k)\right]\\
&+\varepsilon_{0}E_y^{n+1}(i,j+1/2,k)\int_{0}^{\Delta t}\chi(\tau,i,j,k)\mathrm{d}\tau+\varepsilon_{0}\sum_{m=0}^{n-1}E^{n-m}(i,j+1/2,k)\\
&\left[\int_{(m+1)\Delta t}^{(m+2)\Delta t}\chi(\tau,i,j,k)\mathrm{d}\tau-\int_{m\Delta t}^{(m+1)\Delta t}\chi(\tau,i,j,k)\mathrm{d}\tau\right]
\end{aligned} \tag{5-102}$$

为了简化符号，我们令 $\chi^{m}(i,\ j,\ k)=\int_{m\Delta t}^{(m+1)\Delta t}\chi(\tau,\ i,\ j,\ k)\mathrm{d}\tau$ ，则方程式（5－102）可写为

$$D_y^{n+1}(i,j+1/2,k)-D_y^{n}(i,j+1/2,k)=$$
$$[\varepsilon_{0}\varepsilon_{\infty}(i,j,k)+\varepsilon_{0}\chi_{0}(i,j,k)]E_y^{n+1}(i,j+1/2,k)-\varepsilon_{0}\varepsilon_{\infty}(i,j,k)E_y^{n}(i,j+1/2,k)$$

$$-\varepsilon_0\sum_{m=0}^{n-1}E^{n-m}(i,j+1/2,k)[\chi^m(i,j,k)-\chi^{m+1}(i,j,k)] \tag{5-103}$$

进一步简化符号，令 $\Delta\chi^m(i,\ j,\ k)=\chi^m(i,\ j,\ k)-\chi^{m+1}(i,\ j,\ k)$。将式（5-103）代入式（5-101）可以得到场量 $E_y^{n+1}(i,\ j+1/2,\ k)$ 的差分方程。

$$E_y^{n+1}(i,j+1/2,k)=\frac{\varepsilon_\infty(i,j,k)+\Delta\chi_0(i,j,k)}{\varepsilon_\infty(i,j,k)+\chi_0(i,j,k)}E_y^n(i,j+1/2,k)+$$

$$\frac{1}{\varepsilon_\infty(i,j,k)+\chi_0(i,j,k)}\sum_{m=1}^{n-1}E_y^{n-m}(i,j+1/2,k)\Delta\chi^m(i,j,k)$$

$$\frac{1}{\varepsilon_0[\varepsilon_\infty(i,j,k)+\chi_0(i,j,k)]}\left[\frac{H_z^{n+1/2}(i+1/2,j+1/2,k)-H_z^{n+1/2}(i-1/2,j+1/2,k)}{\Delta x}\right.$$

$$\left.-\frac{H_x^{n+1/2}(i,j+1/2,k+1/2)-H_x^{n+1/2}(i,j+1/2,k-1/2)}{\Delta z}\right] \tag{5-104}$$

电场的其他两个分量 E_x 和 E_z 与上式基本类似。

磁场的迭代方程与非色散介质完全相同。例如，$H_z^{n+1/2}$ 可写为

$$H_z^{n+1/2}(i+1/2,j+1/2,k)=H_z^{n-1/2}(i+1/2,j+1/2,k)-$$

$$\frac{\Delta t}{\mu\Delta x}[E_y^n(i+1,j+1/2,k)-E_y^n(i,j+1/2,k)]+ \tag{5-105}$$

$$\frac{\Delta t}{\mu\Delta y}[E_x^n(i+1/2,j+1,k)-E_x^n(i+1/2,j,k)]$$

在频域内，非磁化等离子体的介电常数为 $\varepsilon(\omega)=\varepsilon_0\left[1+\dfrac{\omega_p^2}{\omega(j\nu-\omega)}\right]=\varepsilon_0[1+\chi(\omega)]$。

当频率 $\omega\neq 0$ 时，对频域极化率 $\chi(\omega)$ 进行逆傅里叶变换，得时域极化率为

$$\chi(\tau)=\frac{\omega_p^2}{\nu}[1-\exp(-\nu\tau)]U(\tau) \tag{5-106a}$$

式中　$U(\tau)$——单位阶跃函数。

从式（5-106）我们可以获得

$$\chi^0=\frac{\omega_p^2}{\nu}\Delta t-\left(\frac{\omega_p}{\nu}\right)^2[1-\exp(-\nu\Delta t)] \tag{5-106b}$$

$$\Delta\chi^m=-\left(\frac{\omega_p}{\nu}\right)^2\exp(-m\nu\Delta t)\ [1-\exp(-\nu\Delta t)]^2 \tag{5-106c}$$

显然，式（5-103）中具有如下指数递归特性

$$\Delta\chi^{m+1}=\exp(-\nu\Delta t)\Delta\chi^m \tag{5-106d}$$

定义式（5-103）中的求和项为

$$\psi_y^n=\sum_{m=1}^{n-1}E_y^{n-m}\Delta\chi^m \tag{5-107a}$$

从上式可以分别得出

$$\psi_y^2=\sum_{m=1}^{1}E_y^{2-m}\Delta\chi^m=E_y^1\Delta\chi^1 \tag{5-107b}$$

$$\psi_y^3 = \sum_{m=1}^{2} E_y^{3-m} \Delta \chi^m = E_y^2 \Delta \chi^2 + E_y^1 \Delta \chi^1 \tag{5-107c}$$

考虑到式（5-106c），式（5-107c）可写成迭代形式

$$\psi_y^3 = E_y^2 \Delta \chi^1 + \exp(-\nu \Delta t)\, \psi_y^2 \tag{5-107d}$$

一般地，式（5-107a）求和项的迭代形式为

$$\psi_y^n = E_y^{n-1} \Delta \chi^1 + \exp(-\nu \Delta t)\, \psi_y^{n-1} \tag{5-107e}$$

（2）分段线性递归卷积方法

1996 年由 Kelley 等提出的 PLRC-FD^{2}TD 算法是 RC-FD^{2}TD 算法的改进型。该算法假设每一个网格的场值是线性变化的（而不是通常的为一个常量），从而使 RC-FDTD 算法的精度得到较大的改善，并保持了 RC-FDTD 算法的高效率和较小的内存等优点。即，在 PLRC 方法中，离散卷积积分在每一时间步长 $[i\Delta t, (i+1)\Delta t]$ 内，场值是线性变化的，场值是 E^{i+1}、E^i 和 t 的函数。

$$E(t) = E^i + \frac{E^{i+1} - E^i}{\Delta t}(t - i\Delta t) \tag{5-108}$$

写为

$$E_x(n\Delta t - \tau) = E_x^{n-m} + \frac{E_x^{n-m-1} - E_x^{n-m}}{\Delta t}(\tau - m\Delta t) \tag{5-109}$$

将上式代入式（5-96）和式（5-97），化简后得

$$D^n = \varepsilon_0 \varepsilon_\infty E^n + \varepsilon_0 \sum_{m=0}^{n-1} [E^{n-m} \chi^m + (E^{n-m-1} - E^{n-m}) \xi^m] \tag{5-110}$$

式中

$$\begin{cases} \chi^m = \int_{m\Delta t}^{(m+1)\Delta t} \chi(\tau)\, \mathrm{d}\tau \\ \xi^m = \dfrac{1}{\Delta t} \int_{m\Delta t}^{(m+1)\Delta t} (\tau - m\Delta t) \chi(\tau)\, \mathrm{d}\tau \end{cases} \tag{5-111}$$

令

$$\begin{cases} \Delta \chi^m = \chi^m - \chi^{m+1} \\ \Delta \xi^m = \xi^m - \xi^{m+1} \end{cases} \tag{5-112}$$

并令

$$\psi^n = \sum_{m=0}^{n-1} [E^{n-m} \Delta \chi^m + (E^{n-m-1} - E^{n-m}) \Delta \xi^m] \tag{5-113}$$

则电场的迭代方程为

$$E^{n+1} = \frac{\varepsilon_\infty - \xi^0}{\varepsilon_\infty + \chi^0 - \xi^0} E^n + \frac{\Delta t}{\varepsilon_0(\varepsilon_\infty + \chi^0 - \xi^0)} \nabla \times H^{n+1/2} + \frac{1}{\varepsilon_\infty + \chi^0 - \xi^0} \psi^n \tag{5-114}$$

磁场的迭代方程与非色散介质完全相同，此处不再给出。

递归卷积项 ψ^n 的迭代方程与色散介质有关，对非磁化等离子体，频域复介电常数为

$$\varepsilon(\omega) = \varepsilon_0 \left[1 + \frac{\omega_p^2}{\omega(j\nu - \omega)}\right] = \varepsilon_0 [1 + \chi(\omega)] \tag{5-115}$$

当 $\omega \neq 0$ 时，频域极化率的逆傅里叶变换式为

$$\chi(\tau)=\frac{\omega_p^2}{\nu}[1-\exp(-\nu\tau)]U(\tau) \tag{5-116}$$

上式代入式（5－111）

$$\chi^m=\int_{m\Delta t}^{(m+1)\Delta t}\chi(\tau)\mathrm{d}\tau=\frac{\omega_p^2}{\nu}\Delta t-\frac{\omega_p^2}{\nu^2}[1-\exp(-\nu\Delta t)]\exp(-m\nu\Delta t) \tag{5-117}$$

$$\xi^m=\frac{1}{\Delta t}\int_{m\Delta t}^{(m+1)\Delta t}(\tau-m\Delta t)\chi(\tau)\mathrm{d}\tau=\frac{\omega_p^2\Delta t}{2\nu}+\frac{\omega_p^2}{\nu^3\Delta t}[1-(1+\nu\Delta t)\exp(-\nu\Delta t)]\exp(-m\nu\Delta t) \tag{5-118}$$

显然，对非磁化等离子体媒质，χ^m 和 ξ^m 具有如下指数递归特性。

$$\begin{cases}\Delta\chi^{m+1}=\exp(-\nu\Delta t)\Delta\chi^m\\ \Delta\xi^{m+1}=\exp(-\nu\Delta t)\Delta\xi^m\end{cases} \tag{5-119}$$

非磁化等离子体的递归卷积项 ψ^n 的迭代方程为

$$\psi^n=(\Delta\chi^0-\Delta\xi^0)E^n+\Delta\xi^0E^{n-1}+\exp(-\nu\Delta t)\psi^{n-1} \tag{5-120}$$

（3）算法验证

为验证上述方法仿真等离子体的能力，用 PLRC－FD²TD 计算了厚度为 1.5 cm 的等离子体平板的反射系统和透射系数，其中 $f_p=28.7$ GHz，$v=20$ GHz。这是个一维 FDTD 问题，取 800 个计算网格（两端 PML 吸收层各占 5 格），空间步长 75 μm，时间步长 0.125 ps，入射平面波为微分高斯脉冲。计算结果与解析解的比较如图 5－82 所示，可见用 PLRC 方法仿真非磁等离子体类色散媒质是可行的，可以达到很高的计算精度。

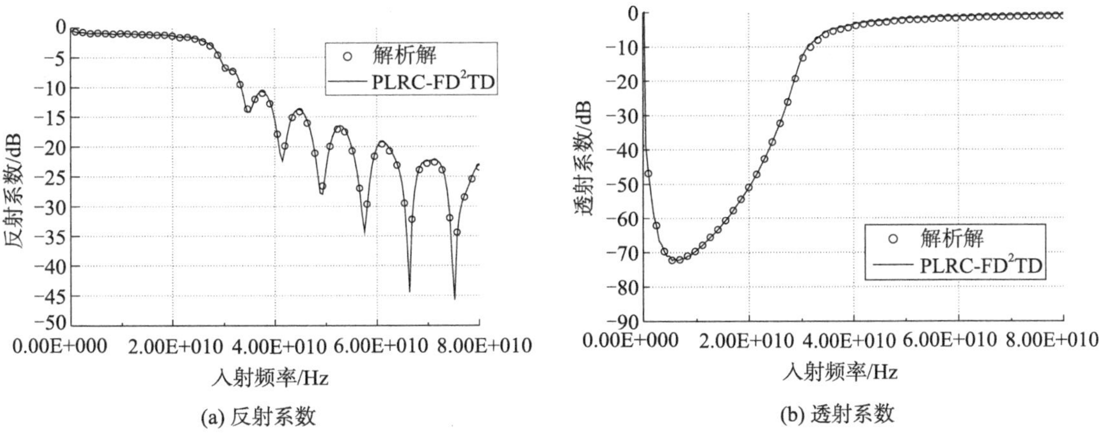

图 5－82　PLRC 法仿真等离子体平板结果与解析解的比较

5.4.3.1.3　用于等离子体的电流密度卷积 FDTD 算法[25]

（1）电流密度卷积方法原理

1998 年，Chen 介绍了非磁化等离子体媒质的另一种既保证了较低的计算时间和存储空间，又有较高的计算精度的 FDTD 算法——电流密度卷积（JEC）FDTD 算法。

在碰撞冷等离子体色散介质中，麦克斯韦方程组和相关的联立方程为

$$\nabla\times \boldsymbol{H}=\varepsilon_0\frac{\partial \boldsymbol{E}}{\partial t}+\boldsymbol{J} \tag{5-121a}$$

$$\nabla\times \boldsymbol{E}=-\mu_0\frac{\partial \boldsymbol{H}}{\partial t} \tag{5-121b}$$

$$\frac{\partial \boldsymbol{u}_e}{\partial t}=-\frac{e}{m}\boldsymbol{E}-\nu\boldsymbol{u}_e \tag{5-121c}$$

$$\boldsymbol{J}=-en_e\boldsymbol{u}_e \tag{5-121d}$$

式中　$\boldsymbol{E}$ ——电场强度；

$\boldsymbol{H}$ ——磁场强度；

$\boldsymbol{J}$ ——极化电流密度；

ε_0、μ_0——真空中的介电常数和磁导率；

n_e ——电子密度；

ν ——等离子体碰撞频率；

e 、m ——电子的电量和质量。

从式（5-121c）和式（5-121d），可以得到 $\boldsymbol{E}$ 和 $\boldsymbol{J}$ 的频域时谐关系为

$$\boldsymbol{J}(\omega)=\varepsilon_0\frac{\omega_p^2}{\mathrm{j}\omega+\nu}\boldsymbol{E}(\omega)=\sigma(\omega)\boldsymbol{E}(\omega) \tag{5-122}$$

其中，

$$\omega_p=\sqrt{n_e e^2/m\varepsilon_0} \tag{5-123}$$

$$\sigma(\omega)=\varepsilon_0\frac{\omega_p^2}{\mathrm{j}\omega+\nu} \tag{5-124}$$

取式（5-118）和式（5-119）的逆傅里叶变换，可得

$$\boldsymbol{J}(t)=\int_0^t \boldsymbol{E}(t-\tau)\sigma(\tau)\mathrm{d}\tau \tag{5-125}$$

$$\sigma(\tau)=\varepsilon_0\omega_p^2\exp(-\nu\tau)U(\tau) \tag{5-126}$$

式中　$U(\tau)$ ——单位阶跃函数。

式（5-126）代入式（5-125）可得

$$\boldsymbol{J}(t)=\varepsilon_0\omega_p^2\exp(-\nu\tau)\int_0^t\exp(\nu\tau)\boldsymbol{E}(\tau)\mathrm{d}\tau \tag{5-127}$$

使用 Yee 氏符号，令 $t=n\Delta t$ ，并定义电场强度 $\boldsymbol{E}$ 的各个分量在整数时间步，极化电流密度 $\boldsymbol{J}$ 和磁场 $\boldsymbol{H}$ 在半个时间步，在一维情况下，对式（5-121a）、式（5-121b）和式（5-127）离散得

$$E_y^{n+1}(i)=E_y^n(i)-\frac{\Delta t}{\varepsilon_0\Delta x}[H_z^{n+1/2}(i+1/2)-H_z^{n+1/2}(i-1/2)]-\frac{\Delta t}{\varepsilon_0}J_y^{n+1/2}(i) \tag{5-128}$$

$$H_z^{n+1/2}(i+1/2)=H_z^{n-1/2}(i+1/2)-\frac{\Delta t}{\mu\Delta x}[E_y^n(i+1)-E_y^n(i)] \tag{5-129}$$

$$J_y^{n+1/2}(i)=\varepsilon_0\omega_p^2\exp[-\nu(n+1/2)\Delta t]\int_0^{(n+1/2)\Delta t}\exp(\nu\tau)E_y(\tau,i)\mathrm{d}\tau \tag{5-130}$$

式（5－130）可以写为

$$J_y^{n+1/2}(i)=\varepsilon_0\omega_p^2\exp[-\nu(n+1/2)\Delta t]$$
$$\left[\int_0^{(n-1/2)\Delta t}\exp(\nu\tau)E_y(\tau,i)\mathrm{d}\tau+\int_{(n-1/2)\Delta t}^{(n+1/2)\Delta t}\exp(\nu\tau)E_y(\tau,i)\mathrm{d}\tau\right] \tag{5-131}$$

而（$n-1/2$）时刻的电流密度的表达式可以写为

$$J_y^{n-1/2}(i)=\varepsilon_0\omega_p^2\exp[-\nu(n-1/2)\Delta t]\int_0^{(n-1/2)\Delta t}\exp(\nu\tau)E_y(\tau,i)\mathrm{d}\tau \tag{5-132}$$

将式（5－132）代入式（5－131），得

$$J_y^{n+1/2}(i)=\exp(-\nu\Delta t)J_y^{n-1/2}(i)+\varepsilon_0\omega_p^2\exp[-\nu(n+1/2)\Delta t]\int_{(n-1/2)\Delta t}^{(n+1/2)\Delta t}\exp(\nu\tau)E_y(\tau,i)\mathrm{d}\tau \tag{5-133}$$

为简单起见，令

$$f(t)=\exp(\nu\Delta t)E_y(t,i) \tag{5-134}$$

则式（5－133）中的积分变为

$$\begin{aligned}&\int_{(n-1/2)\Delta t}^{(n+1/2)\Delta t}\exp(\nu\tau)E_y(\tau,i)\mathrm{d}\tau\\&=\int_{(n-1/2)\Delta t}^{(n+1/2)\Delta t}[f(n\Delta t)\mathrm{d}\tau+f(n\Delta t)(\tau-n\Delta t)+f(n\Delta t)(\tau-n\Delta t)^2/2+O(\Delta t^3)]\mathrm{d}\tau\\&=f(n\Delta t)\Delta t+0+f(n\Delta t)(\Delta t)^3/24+O(\Delta t^4)=\exp(\nu n\Delta t)E_y^n(i)\Delta t+O(\Delta t^3)\end{aligned} \tag{5-135}$$

从上式可得二阶精度的电流密度的迭代方程

$$J_y^{n+1/2}(i)=\exp(-\nu\Delta t)J_y^{n-1/2}(i)+\varepsilon_0\omega_p^2\exp(-\nu\Delta t/2)E_y^n(i)\Delta t \tag{5-136}$$

二、三维情况的迭代公式可照此推导。

（2）辅助方程时域有限差分法

Young 直接积分法或称为辅助方程时域有限差分（ADE－FDTD）方法。以下考虑单流体近似，设等离子体为各向同性的无碰撞的温等离子体，电磁波在等离子体中传播满足的方程为

$$\varepsilon_0\frac{\partial \boldsymbol{E}}{\partial t}=\nabla\times\boldsymbol{H}+n_0q\boldsymbol{u}-\boldsymbol{J} \tag{5-137a}$$

$$\mu_0\frac{\partial \boldsymbol{H}}{\partial t}=-\nabla\times\boldsymbol{E}-\boldsymbol{M} \tag{5-137b}$$

$$\frac{1}{\gamma p_0}\frac{\partial p}{\partial t}=-\nabla\cdot\boldsymbol{u} \tag{5-137c}$$

$$n_0m\frac{\partial \boldsymbol{u}}{\partial t}=-n_0q\boldsymbol{E}-\nabla p \tag{5-137d}$$

式中 n_0——电子数密度；

p_0——背景压强；

γ——比热比；

$\boldsymbol{J}$、$\boldsymbol{M}$——外加的电流源和磁流源，其他物理量与通常相同。

方程（5－137）可以用时域有限差分法求解，首先考虑图 5－83（a）所示的网格单元，电场强度 $\boldsymbol{E}$ 、速度 $\boldsymbol{u}$ 、磁场 $\boldsymbol{H}$ 和标量压强 p 在网格中的位置如图 5－83（a）所示。

对方程（5－137）的右边采用空间的中心差分近似得

$$\mu_0 \frac{\mathrm{d}}{\mathrm{d}t}H_z(i,j,k+0.5,t)=-\frac{1}{\Delta_x}[E_y(i+0.5,j,k+0.5,t)-E_y(i-0.5,j,k+0.5,t)]-\frac{1}{\Delta_y}[E_x(i,j+0.5,k+0.5,t)-E_x(i,j-0.5,k+0.5,t)]-M_z(i,j,k+0.5,t) \tag{5-138a}$$

$$\begin{aligned}\varepsilon_0 \frac{\mathrm{d}}{\mathrm{d}t}E_z(i+0.5,j+0.5,k,t)=&\frac{1}{\Delta_x}[H_y(i+1,j+0.5,k,t)-H_y(i,j+0.5,k,t)]\\&-\frac{1}{\Delta_y}[H_x(i+0.5,j+1,k,t)-H_x(i+0.5,j,k,t)]\\&+n_0qu_z(i+0.5,j+0.5,k,t)-J_z(i+0.5,j,k+0.5,t)\end{aligned} \tag{5-138b}$$

$$\begin{aligned}&\frac{1}{\gamma p_0}\frac{\mathrm{d}}{\mathrm{d}t}p(i+0.5,j+0.5,k+0.5,t)\\&=-\frac{1}{\Delta_x}[u_x(i+1,j+0.5,k+0.5,t)-u_x(i,j+0.5,k+0.5,t)]\\&\quad-\frac{1}{\Delta_y}[u_y(i+0.5,j+1,k+0.5,t)-u_y(i+0.5,j,k+0.5,t)]\\&\quad-\frac{1}{\Delta_z}[u_z(i+0.5,j+0.5,k+1,t)-u_z(i+0.5,j+0.5,k,t)]\end{aligned} \tag{5-138c}$$

$$n_0m\frac{\mathrm{d}}{\mathrm{d}t}u_z(i+0.5,j+0.5,k,t)=-n_0qE_z(i+0.5,j+0.5,k,t)-\frac{1}{\Delta_z}[p(i+0.5,j+0.5,k+0.5,t)-p(i+0.5,j+0.5,k-0.5,t)] \tag{5-138d}$$

式中　Δ_x 、Δ_y 和 Δ_z —— x 、y 和 z 方向上的网格长度；

(i, j, k) ——坐标 $(i\Delta_x, j\Delta_y, k\Delta_z)$ 。

为了得到完全离散的方程，需要对时间离散，设时间步长为 h ，n 代表时间 nh ，$\boldsymbol{x}$ 代表空间任意点，方程（5－137）可以写为

$$\varepsilon_0\boldsymbol{E}(x,n+1)=\varepsilon_0\boldsymbol{E}(\boldsymbol{x},n)+h\nabla\times\boldsymbol{H}(\boldsymbol{x},n+0.5)+hn_0q\boldsymbol{u}(\boldsymbol{x},n+0.5)-h\boldsymbol{J}(\boldsymbol{x},n+0.5) \tag{5-139a}$$

$$\mu_0\boldsymbol{H}(\boldsymbol{x},n+0.5)=\mu_0\boldsymbol{H}(x,n-0.5)-h\nabla\times\boldsymbol{E}(x,n)-h\boldsymbol{M}(\boldsymbol{x},n) \tag{5-139b}$$

$$p(\boldsymbol{x},n+1)=p(\boldsymbol{x},n)-h\gamma p_0\nabla\cdot\boldsymbol{u}(\boldsymbol{x},n+0.5) \tag{5-139c}$$

$$n_0m\boldsymbol{u}(\boldsymbol{x},n+0.5)=n_0m\boldsymbol{u}(\boldsymbol{x},n-0.5)-hn_0q\boldsymbol{E}(\boldsymbol{x},n)-h\nabla p(x,n) \tag{5-139d}$$

注意到上述方程是对麦克斯韦方程和相关的联立方程的直接差分，因此称为直接积分法，有时也称为辅助方程法。

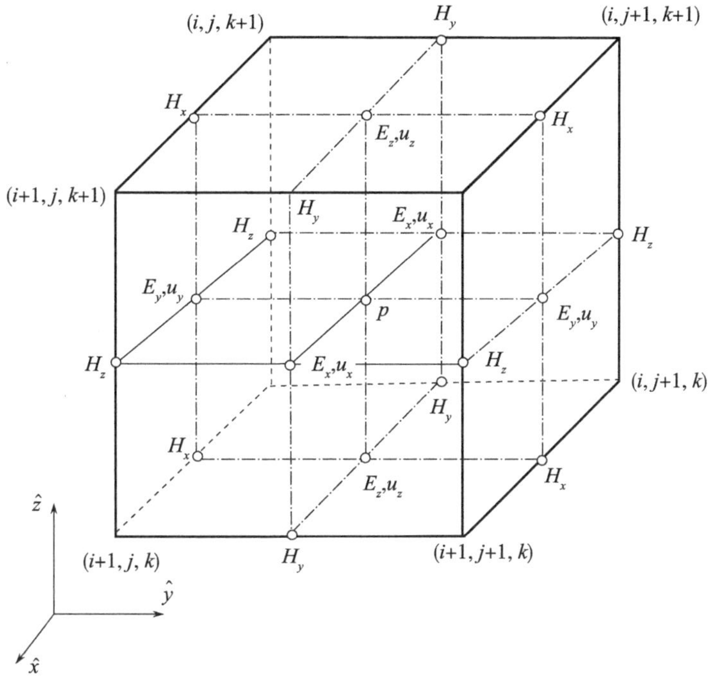

(a) ADE-FDTD网格示意图

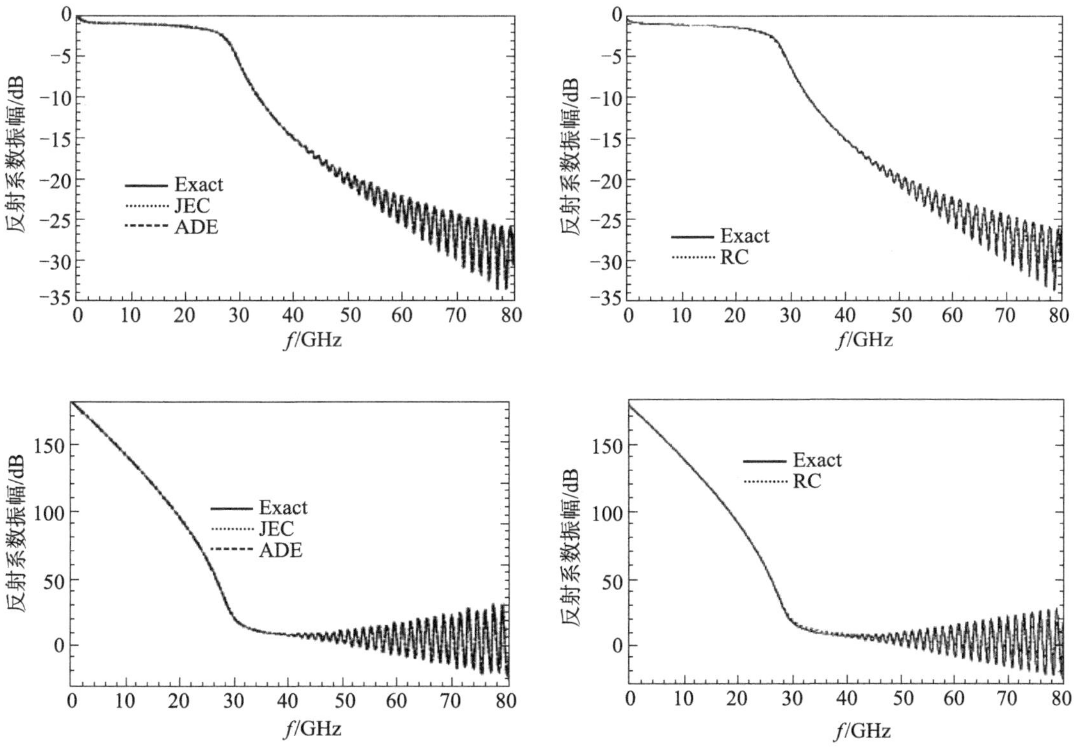

(b) ADE法、JEC法和解析法计算的等离子体平板的反射系数的振幅和相位

图 5-83　ADE 法及算法验证

(3) 算法验证

图 5－83 (b) 给出了电磁波通过等离子体平板时的反射系数振幅的几种方法比较，可以看出 JEC 方法精度较高。等离子体频率 28.7×10^9 Hz($\omega_p/2\pi$)，等离子体碰撞频率为 $\nu=2.0\times10^{10}$ rad/s。等离子体平板的厚度为 9 cm，计算空间步长为 75 μm，整个计算空间为 3 200 个网格，等离子体平板占据中间 1 000～2 200 个网格，其余为真空。时间步长为 0.125 ps，计算进行 15 000 时间步。入射电磁波为高斯脉冲，其中心频率为 50 GHz，频率为 100 GHz 时振幅下降 10 dB。计算空间的边缘使用一阶 Mur 吸收边界吸收外行波。

5.4.3.2 电大尺度等离子体的电磁散射计算方法

电大尺度等离子体通常是指在大气层外环境超声速向自由空间喷射的空间非均匀分布的大尺度等离子体，常应用于航天器姿态变化过程中的 RCS 增大和强烈起伏。在目前航天领域关心的隐身频段，隐身用等离子体的有效尺度为米量级至百米量级，难以采用 FDTD 的计算方法完成等离子体隐身效果的仿真计算，通常采用高频光学近似与图形电磁学相结合的方法。

5.4.3.2.1 高频 RCS 计算基础理论

(1) 物理光学理论

物理光学理论通过对感应场的近似积分而求得散射场，与积分方程矩量解法一样，物理光学法的出发点也是 Stratton－Chu 积分方程，但矩量法求解表面感应电流时计入了各部分感应电流相互之间的影响，而物理光学法则根据高频场的局部性原理，完全忽略了这种相互影响，而仅根据入射场独立的近似确定表面感应电流[34]。

散射场积分方程式对于一个封闭的散射表面来说是正确的，但如果表面不封闭，则必须加上某些附加项（环绕开口面边缘的线积分）以便计入边缘的不连续性。为了简化积分运算，采用了远场近似和切平面近似进行近似处理。由 Stratton－Chu 积分方程，当散射体内无电磁源时，散射场可表示为

$$\boldsymbol{E}^s(\boldsymbol{r})=\int_S[\mathrm{j}\omega\mu(\hat{\boldsymbol{n}}\times\boldsymbol{H})G-(\hat{\boldsymbol{n}}\times\boldsymbol{E})\times\nabla'G-(\hat{\boldsymbol{n}}\cdot\boldsymbol{E})\nabla'G]\mathrm{d}s \tag{5-140}$$

这里的时间因子是 $e^{\mathrm{j}\omega t}$ 。

式中 ω ——角频率；

$\hat{\boldsymbol{n}}$ ——表面单位法向矢量；

G ——自由空间格林函数，有

$$G(\boldsymbol{r},\boldsymbol{r}')\ \frac{\mathrm{e}^{-\mathrm{j}k|\boldsymbol{r}-\boldsymbol{r}'|}}{4\pi\,|\,\boldsymbol{r}-\boldsymbol{r}'\,|} \tag{5-141}$$

式中 k——自由空间波数，$k=\dfrac{2\pi}{\lambda}$ 。

利用远场近似 $|\,\boldsymbol{r}-\boldsymbol{r}'\,|\approx R-\hat{\boldsymbol{s}}\cdot\boldsymbol{r}'$ ，$\hat{\boldsymbol{s}}$ 表示 $\boldsymbol{r}$ 的单位方向矢量，即散射方向矢量；R 表示 $\boldsymbol{r}$ 的长度，$R=|\boldsymbol{r}|$ 。$G(\boldsymbol{r},\ \boldsymbol{r}')\approx\dfrac{\mathrm{e}^{-\mathrm{j}kR}}{4\pi R}\cdot\mathrm{e}^{\mathrm{j}k\hat{s}\cdot\boldsymbol{r}}$，$\nabla'G(\boldsymbol{r},\ \boldsymbol{r}')\approx\mathrm{j}k\hat{\boldsymbol{s}}\ \dfrac{\mathrm{e}^{-\mathrm{j}kR}}{4\pi R}\cdot\mathrm{e}^{\mathrm{j}k\hat{s}\cdot\boldsymbol{r}}$。

切平面近似假定表面电流的值等于在积分面元 dS 处物体为理想的光滑平面时的表面

电流值，由此来近似计算积分中的总场。对于任何材料的物体都可以采用切平面近似，但这里我们假定物体是理想导体，此时总的切向分量为

$$\hat{\boldsymbol{n}} \times \boldsymbol{E} = \boldsymbol{0} \tag{5-142}$$

$$\hat{\boldsymbol{n}} \times \boldsymbol{H} = 2\hat{\boldsymbol{n}} \times \boldsymbol{H}_i \tag{5-143}$$

式中，$\boldsymbol{H}_i$ ——入射磁场。

在远场区，场是横电磁场，取式（5－140）的横向分量得

$$\boldsymbol{E}_s = 2\mathrm{j}kZ_0 \frac{\mathrm{e}^{-\mathrm{j}kR}}{4\pi R}\int_S \hat{\boldsymbol{s}} \times [\hat{\boldsymbol{s}} \times (\hat{\boldsymbol{n}} \times \boldsymbol{H}_i)]\mathrm{e}^{\mathrm{j}k\hat{\boldsymbol{s}}\cdot\boldsymbol{r}'}\mathrm{d}s \tag{5-144}$$

式中，表面 s 现在表示的是物体的照明部分，即在物体的阴影部分切向场假定等于零。设电磁波入射方向为 $-\hat{\boldsymbol{z}}$ 方向，单站情况下，$\hat{\boldsymbol{s}} = \hat{\boldsymbol{z}}$ 由式（5－144）得

$$E_{PO}^{s} = -2\mathrm{j}kE_0 \frac{\mathrm{e}^{-\mathrm{j}kR}}{4\pi R}\int_s (\hat{\boldsymbol{n}} \cdot \hat{\boldsymbol{z}})\mathrm{e}^{\mathrm{j}2kz}\mathrm{d}s \tag{5-145}$$

物理光学的散射场极化总是与入射场极化相同，因此物理光学的交叉极化场为零。

（2）等效电磁流法和物理绕射理论

如果散射体的表面不是太小，并且散射方向不太远离镜面反射方向，物理光学能够给出相当准确的答案。但是，在远离镜面反射方向的角度上，物理光学就会失效。失效的原因之一是物理光学忽略了边缘的贡献。边缘的散射场贡献可通过等效电流法和物理绕射理论[35]来计算。

等效电磁流的概念是由 Millar 在他的关于口径绕射的研究中提出来的，Ryan 和 Peters 则利用这些概念来计算沿旋转体轴向焦散线上的场。等效电磁流法的依据是，当任何有限电磁流分布的远区绕射场通过一个辐射积分来求和时，将得到一个有限的结果，如能找到这种适当的分布，则可以避免几何绕射方法的发散问题。这一概念最早是在口径绕射的研究中提出来的，以后又用来计算沿旋转体轴向焦散线上的场。其基本方法是假设在围绕奇异性（边缘回路）的各点处存在线电流 I_e 和线磁流 I_m，并以远场辐射积分的形式对它们求和，有

$$\boldsymbol{E}^d = \mathrm{j}k \frac{\mathrm{e}^{-\mathrm{j}kR}}{4\pi R}\int_c [Z_0 I_e\hat{\boldsymbol{s}} \times \hat{\boldsymbol{s}} \times \hat{\boldsymbol{t}} + I_m\hat{\boldsymbol{s}} \times \hat{\boldsymbol{t}}]\mathrm{e}^{\mathrm{j}k\boldsymbol{r}\cdot\hat{\boldsymbol{s}}}\mathrm{d}l \tag{5-146}$$

式中　$\hat{\boldsymbol{t}}$ ——沿边缘取向的单位矢量；

$\hat{\boldsymbol{s}}$ ——边缘单元到远场观察点方向的单位矢量；

$\boldsymbol{r}$ ——边缘单元的位置矢量；

R ——散射体至远场观察点的距离。

从式（5－146）可以看出，等效电磁流是虚构的，它取决于散射方向和入射方向，但它克服了焦散问题，在几何绕射不能解决的焦散线上和克勒尔锥外方向上得出了正确的理论分析结果。将表面场积分式与直尖劈的典型解联系起来，等效电磁流 I_e、I_m 可写为

$$I_e = \frac{\mathrm{j}2(\hat{\boldsymbol{t}} \cdot \boldsymbol{E}_i)D_e}{kZ_0 \sin^2\beta_i} + \frac{\mathrm{j}2(\hat{\boldsymbol{t}} \cdot \boldsymbol{H}^i)D_{em}}{k\sin\beta_i} \tag{5-147}$$

$$I_m = \frac{-\mathrm{j}2(\hat{\boldsymbol{t}} \cdot \boldsymbol{H}_i) D_m}{k\, Y_0 \sin\beta_i \sin\beta_s} \tag{5-148}$$

式中 β_i 、β_s ——入射方向、散射方向与 $\hat{\boldsymbol{t}}$ 的夹角；

D_e 、D_m 、D_{em} ——绕射系数。

物理绕射理论（PTD）和几何绕射理论一样，也是在 20 世纪 50 年代出现的一种求解边缘绕射场的高频近似方法，它也是依靠尖劈散射等典型结构的严格解来确定其绕射系数的。与 GTD 相比，PTD 的解中保持了近似的物理光学结果，并找出了一种校正方法使之能改善物理光学的近似程度。在 PTD 中，散射场表示为表面的物理光学贡献和边缘的绕射贡献之和，并利用二维尖劈问题的严格解来提取边缘贡献。物理绕射理论的结果可表示为

$$E_z^s = E_{0z} f \frac{\exp[\mathrm{j}(kr + \pi/4)]}{\sqrt{2\pi kr}} \tag{5-149}$$

$$H_z^s = H_{0z} g \frac{\exp[\mathrm{j}(kr + \pi/4)]}{\sqrt{2\pi kr}} \tag{5-150}$$

式中的绕射系数 f 和 g 分别为

$$f = \begin{cases} (X - Y) - (X_1 - Y_1) & 0 \leqslant \phi_i \leqslant \alpha - \pi \\ (X - Y) + (Y_1 + Y_2) & \alpha - \pi \leqslant \phi_i \leqslant \pi \\ (X - Y) + (X_1 + Y_2) & \pi \leqslant \phi_i \leqslant \alpha \end{cases} \tag{5-151}$$

$$g = \begin{cases} (X + Y) - (X_1 + Y_1) & 0 \leqslant \phi_i \leqslant \alpha - \pi \\ (X + Y) - (Y_1 + Y_2) & \alpha - \pi \leqslant \phi_i \leqslant \pi \\ (X + Y) + (X_1 - Y_2) & \pi \leqslant \phi_i \leqslant \alpha \end{cases} \tag{5-152}$$

式（5-151）和（5-152）中无下标的系数 X、Y 来自 GTD 中的克勒尔绕射系数，有下标的系数则来自一致性物理光学的贡献。

$$X = \frac{\dfrac{1}{n}\sin\dfrac{\pi}{n}}{\cos\dfrac{\pi}{n} - \cos\dfrac{(\phi_s - \phi_i)}{n}} \tag{5-153}$$

$$Y = \frac{\dfrac{1}{n}\sin\dfrac{\pi}{n}}{\cos\dfrac{\pi}{n} - \cos\dfrac{(\phi_s + \phi_i)}{n}} \tag{5-154}$$

$$X_1 = -\frac{1}{2}\tan\frac{(\phi_s - \phi_i)}{2} \tag{5-155}$$

$$Y_1 = -\frac{1}{2}\tan\frac{(\phi_s + \phi_i)}{2} \tag{5-156}$$

$$Y_2 = -\frac{1}{2}\tan\left[\alpha - \frac{(\phi_s + \phi_i)}{2}\right] \tag{5-157}$$

以上式中 ϕ_i 、ϕ_s ——入射面、绕射面与参考劈面之间的夹角；

α ——外劈角，$n=\alpha/\pi$ 。

（3）腔体散射

腔体是雷达波的强散射源之一。高频电大尺寸腔体的散射可表示为

$$\boldsymbol{E}^s=\boldsymbol{E}^r+\boldsymbol{E}^d$$

式中　$\boldsymbol{E}^r$ ——入射波经腔体内壁及终端多次反射后最后从开口处反射回入射方向的内部反射场；

$\boldsymbol{E}^d$ ——开口边缘的绕射场，可根据几何绕射理论，一致性绕射理论或等效电磁流法计算。

根据腔体散射特点，在高频空腔结构的强散射方向上（近轴方向），边缘绕射场 $\boldsymbol{E}^d$ 远远小于腔内的反射场 $\boldsymbol{E}^r$ ，只有在其弱散射方向上才有明显的作用，因此腔体散射分析主要集中于其内部反射场的分析，各种方法的主要区别也正在于计算内部反射场时采用了不同的处理方法。

当电磁波照射到闭合散射体上时，主要的电磁能量经过表面反射直接返回到远区，只有很小的一部分能量经过表面爬行对其临近的区域产生影响；然而腔体结构不同于闭合散射体，电磁波从腔体口径汇合进入腔体内部后，电磁波在内壁之间经过多次的相互作用之后，能量最终才从口径面再次辐射到远区去。电磁波在闭合目标和腔体结构上的作用过程有着明显的差别，腔体结构对电磁波的作用要复杂得多，经过了多次的反射。由于电磁波的反射规律主要决定于波的极化和反射面的曲率、介质材料等特性，因此多次反射必然对腔体在远区的散射起到很重要的作用。

利用弹跳射线法[36]可计算高频近似下腔体内部反射场，获得口径面上的等效电流分布，再利用辐射积分计算远区散射场。它的基本原理是几何光学中的 Snen 射线定理。平面电磁波被分解为一组平行的射线照射到管道的开口端面上，对每一根射线按照几何光学原理在腔体内进行追踪，直到所有的射线都经过腔壁和终端多次反射返回到入射口面上。在此过程中综合考虑腔壁的发散、极化和损耗等因素，最后从腔体内返回口径面的场可以表示为

$$\boldsymbol{E}=\prod_{i=1}^{n}E_{i-1}\overline{\overline{R}}_iA_i\exp(-\mathrm{j}kt_i)\qquad t_i=|\boldsymbol{Q}_i\boldsymbol{Q}_{i+1}|\tag{5-158}$$

式中　E_{i-1} ——反射点 Q_i 的入射场；

A_i ——经过 Q_i 点反射场振幅的扩散因子，由射线管的能量守恒定理给出；

t_i ——决定了射线从反射点 Q_i 到 Q_{i+1} 引起的相位变；

$\overline{\overline{R}}_i$ ——Q_i 点的并矢表曲反射系数阵 $[R]=\begin{bmatrix}R^e & 0\\ 0 & R^h\end{bmatrix}$ ，其中，R^e ，R^h 分别表示入射面垂直和平行两种极化下的平面波菲涅尔反射系数。对于理想导电表面 $|R^e|=|R^h|=1$，当空腔内壁或终端涂有吸波材料涂层的时候，其反射系数可由等效表面阻抗关系求出。

几何光学法只能计算返回口面的射线上的场，口径场以离散方式分布在口面上。因此必须根据离散场的分布进行等效惠更斯源的辐射积分，解出腔体在远区的散射场连续

分布。

(4) RCS 计算表达式

根据以上物理光学场和边缘绕射场的表示式，在单站情况下，物理光学场与边缘绕射场叠加得到的总散射场可写为

$$E^{s} = -2E_{0}\frac{e^{-ikR}}{4\pi R}(ikS_{PO} + L_{PTD} + S_{Cavity}) \tag{5-159}$$

其中，不同极化情况下的 S_{PO} 和 L_{PTD} 为

$$S_{PO}^{xx} = S_{PO}^{yy} = \int_{s}(\hat{\boldsymbol{n}} \cdot \hat{\boldsymbol{z}})e^{i2kz}ds \tag{5-160}$$

$$S_{PO}^{xy} = S_{PO}^{yx} = 0 \tag{5-161}$$

$$L_{PTD}^{xx} = \int_{c}\frac{1}{t_{x}^{2} + t_{y}^{2}}[-ft_{x}^{2} + gt_{y}^{2}]e^{i2kz}dl \tag{5-162}$$

$$L_{PTD}^{yy} = \int_{c}\frac{1}{t_{x}^{2} + t_{y}^{2}}[-ft_{y}^{2} + gt_{x}^{2}]e^{i2kz}dl \tag{5-163}$$

$$L_{PTD}^{xy} = \int_{c}\frac{1}{t_{x}^{2} + t_{y}^{2}}[ft_{x}t_{y} + gt_{x}t_{y}]e^{i2kz}dl \tag{5-164}$$

$$L_{PTD}^{yx} = \int_{c}\frac{1}{t_{x}^{2} + t_{y}^{2}}[-ft_{x}t_{y} - gt_{x}t_{y}]e^{i2kz}dl \tag{5-165}$$

式中，S_{PO} 、L_{PTD} 是包含相位的复面积和复长度，对于垂直入射的平板，$|S_{PO}|$ 即平板的面积，如果平板是正方形，此时 $|L_{PTD}|=0$；对于正掠入射的平板，$|S_{PO}|=0$，$|L_{PTD}^{yy}|$ 以及 $|L_{PTD}^{xx}|$ 即为被照射边缘的长度。

目标的雷达散射截面（RCS）为

$$\sigma = 4\pi R^{2}\frac{|E_{s}|^{2}}{|E_{0}|^{2}} \tag{5-166}$$

5.4.3.2.2 图形电磁计算方法

图形电磁计算方法（Graphic Electromagnetic Computing，GRECO）是计算复杂目标高频区 RCS 的有效方法之一[37]，在计算电大尺寸复杂目标的 RCS 中，GRECO 巧妙地利用了不同的光照模式来获得目标表面上每一点处的法向量，并且利用计算机图形加速卡的深度缓存（Z－Buffer）来获得目标表面上每一点处的深度信息，结合复杂目标在高频区的物理光学近似（PO）和物理绕射理论（PTD），可以准确地获得目标表面上每一点处的散射场及绕射场，而目标的总散射场则可以由这些离散点处的散射场相干叠加而获得。

GRECO 方法具有很大优越性，主要表现在：

1）它用参数表面模拟目标外形，能更准确地模拟目标，大大减少对计算机存储量的要求，并且还可消除面元法中由虚假棱边产生的面噪声（Face Noise）；

2）由图形加速卡硬件完成遮挡和消隐计算，CPU 只需完成电磁部分计算，大大提高了运算速度；

3）RCS 计算中的面积分和线积分通过对屏幕上目标的可视像素求和实现，因此，对于固定大小的视窗而言，计算目标 RCS 所需的计算时间及对存储量要求与目标复杂性和

电尺寸无关。

利用 GRECO 方法获取目标 RCS 的过程大体可以分为四个步骤：

1）应用 CAD 软件对模型进行几何建模；

2）用图形显示卡获取实时的目标图像；

3）对目标图像进行处理，获得目标在当前姿态角下可视部分每个像素点的中心点坐标及法矢量坐标；

4）利用前三个步骤计算获得的数据，结合几何光学、物理光学、物理绕射理论以及阻抗边界条件计算目标的面元散射和绕射。根据高频散射理论的局部性特点，对计算得到的结果值进行相干叠加，从而得到目标的 RCS。

在运用以上高频方法进行 RCS 计算时，必须得到目标被入射波照明的面元和棱边，这是因为线积分都必须是被照明的部分。对三维目标来说，目标的被照明部分对应于目标在计算机屏幕上的真实三维图形。获取三维物体的真实图形需要消除隐藏线和隐藏面，简称消隐。在计算机图形学中，消隐方法可分为图像空间的消隐和物体空间的消隐。图像空间的消隐直接得到物体的三维图像，而物体空间的消隐是首先得到描述物体可见部分的多边形集合。一般来说，物体空间的消隐较精确，但计算量也较大。

GRECO 方法中的消隐是通过计算机的三维图形加速卡实现的，得到的是目标的三维图像，因此是图像空间的消隐。由于 GRECO 利用了图形加速卡的图形处理功能，因此在程序编制时不用考虑具体的消隐算法的实现，使得程序编制得到一定程度的简化；另外由于图形卡基于硬件的快速处理性能，使得比较耗时的消隐操作能够很快完成，从而使 GRECO 具有整体较快的计算速度。

GRECO 的图形加速卡的输入输出过程可用图 5－84 说明，为了生成目标的三维图像，首先必须有描述目标几何外形的数据，可以是多边形集合，也可以是 NURBS（非均匀有理 B 样条）曲面的相关参数；光照模型设置是为了对目标图像进行着色，以通过像素的颜色得到目标的面元或棱边元的相关几何信息；在 GRECO 中目标视点总是设在单站雷达的位置，因而计算机屏幕上显示的目标图像仅是处于照明区的目标表面和棱边，而在观察点不可见的阴影部分面元和棱边则由三维图形硬件消隐掉。从图形加速卡的输出中可以得到像素的位置信息（x，y，z）和颜色（R，G，B，A）。图像的一个像素可对应于目标的一个面元或棱边元，从像素的屏幕坐标（x，y）和 z－buffer 的 z 值可还原得到目标面元或棱边元的实际坐标值。像素颜色（R，G，B，A）中的 R，G，B 分别对应于红绿蓝三种颜色，A 是 Alpha 通道的值。

从像素的颜色可以还原得到目标的表面法矢量，采用 Phone 光照模型可达到此目的。根据 Phone 光照模型，当物体表面是漫反射时，像素 R，G，B 颜色的亮度为

$$L_d = L_s \alpha_L \rho_d \hat{\boldsymbol{n}} \cdot \hat{\boldsymbol{r}}_i \qquad d = R, G, B \tag{5-167}$$

式中　L_d ——每种颜色的漫反射亮度；

L_s ——光源的强度；

α_L ——光传播在媒质中的衰减；

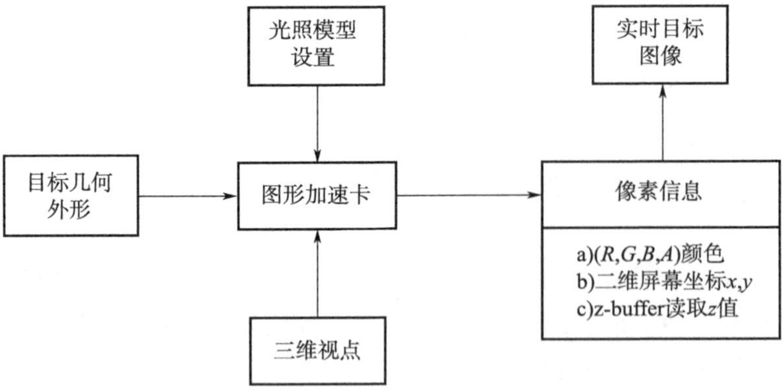

图 5-84 图形加速卡的输入输出

ρ_d ——每种颜色的漫反射系数；

$\hat{\boldsymbol{n}}$ ——像素所处表面的法矢；

$\hat{\boldsymbol{r}}_i$ ——指向光源的方向矢量，如图 5-85 所示。

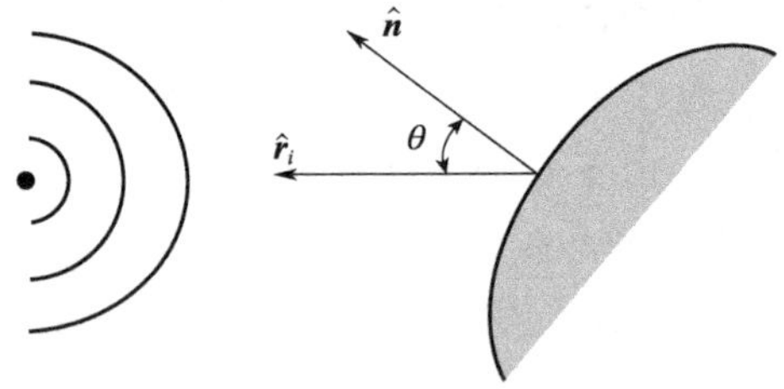

图 5-85 Phone 光照模型的漫反射几何关系

如果系数 L_s 、α_L 、ρ_d 都为 1，那么各颜色分量的值就是 $\hat{\boldsymbol{n}} \cdot \hat{\boldsymbol{r}}_i$ 。当使红、绿、蓝光源分别位于 x ，y ，z 轴时，像素 R，G，B 颜色分量的值就是表面法矢的各分量 $\boldsymbol{n}_x$ ，$\boldsymbol{n}_y$ ，$\boldsymbol{n}_z$ 。即

$$\text{RED}:\hat{\boldsymbol{r}}_i = \hat{\boldsymbol{x}} \Rightarrow R = \hat{\boldsymbol{n}} \cdot \hat{x} = n_x$$

$$\text{GREEN}:\hat{\boldsymbol{r}}_i = \hat{\boldsymbol{y}} \Rightarrow G = \hat{\boldsymbol{n}} \cdot \hat{\boldsymbol{y}} = n_y$$

$$\text{BLUE}:\hat{\boldsymbol{r}}_i = \hat{\boldsymbol{z}} \Rightarrow B = \hat{\boldsymbol{n}} \cdot \hat{\boldsymbol{z}} = n_z$$

由于颜色分量总为正值，而法矢量（ n_x ，n_y ，n_z ）存在正负问题，因此要求图形卡只显示面向光源方向的表面，隐藏背离光源的表面。这样，为确定法矢的正负，必须从正负坐标轴用不同光源分别照射目标。因而需要生成两组不同光照模型得到的目标图像。

得到了每个像素的法矢，就可以用离散形式进行散射贡献的计算。

物理光学场贡献的像素离散形式为

$$S_{\text{PO}}^{xx} = S_{\text{PO}}^{yy} = \int_s (\hat{\boldsymbol{n}} \cdot \hat{\boldsymbol{z}}) \mathrm{e}^{\mathrm{j}2kz} \mathrm{d}s \approx \sum\nolimits_{\text{PIXELS}} \mathrm{e}^{\mathrm{j}2kz} \Delta s' \tag{5-168}$$

式中累加式对所有面元像素进行计算，$\Delta s'$ 是一个像素对应的物体空间的面积。式（5-168）只有在每个像素点像无限小散射元那样辐射时才是正确的，也就是说，每个积

分元 ds 在屏幕上的投影应比波长小得多才可运用该式进行计算。通常不能假定每个像素像无限小散射元似的辐射，但可设它为电大尺寸，假定每一像素为均匀照射的四边形方孔，则其远场效应可用 sinc 函数来近似，因而离散化物理光学贡献项可表示为

$$S_{\mathrm{PO}}^{xx} = S_{\mathrm{PO}}^{yy} = \sum_{\mathrm{PIXELS}} \mathrm{sinc}\left(\frac{kl}{\cos\theta}\sin\theta\right) \mathrm{e}^{\mathrm{j}2kz} \Delta s' \tag{5-169}$$

式中，$\cos\theta = n_z$ ，$l = \sqrt{\Delta s'}$ 是一个像素的尺寸（屏幕 x，y 方向的投影比例相同的情况），$l/\cos\theta$ 是目标面元 ds 的在物体空间的尺寸。

计算棱边的散射场时，需要得到棱边的方向矢量 $\hat{\boldsymbol{t}}$ ，这可以通过棱边所属两个面的法矢量 $\hat{\boldsymbol{n}}_1$ 、$\hat{\boldsymbol{n}}_2$ 得到

$$\hat{\boldsymbol{t}} = \frac{\hat{\boldsymbol{n}}_1 \times \hat{\boldsymbol{n}}_2}{|\hat{\boldsymbol{n}}_1 \times \hat{\boldsymbol{n}}_2|} \tag{5-170}$$

5.4.3.2.3　等离子体电磁散射计算模型

(1) 等离子体内电磁波传播射线理论

非均匀等离子体对入射电磁波的折射使电磁波传播轨迹发生弯曲，雷达回波偏离敌方的接收方向，从而达到隐身之目的。鉴于等离子体发生器产生的等离子体的 n_e 、ν 是非均匀分布，因此入射电磁波在此种媒质中必定产生射线弯曲。我们通常所说的在假设等离子体为亚密、无损耗的前提下，展开如下折射隐身讨论。

(a) 麦克斯韦方程的渐近解

在电磁领域内，射线光学场可由渐进满足麦克斯韦方程的 Luneberg－Kline 级数形式来描述，当媒质参数在空域内不变时，Luneberg－Kline 级数形式的场表示式为

$$\boldsymbol{E}(r,\omega) = \mathrm{e}^{\mathrm{j}k\psi(r)} \sum_{m=0}^{\infty} (i\omega)^{-m} \boldsymbol{E}_m(r) \tag{5-171}$$

式中　$\boldsymbol{E}(r,\omega)$——距离 r 的观察点处、频率为 ω 的电场强度；

$\psi(r)$——相位；

$\boldsymbol{E}_m(r)$——第 m 阶电场分量。

式（5－171）中的首项，即 $m=0$ 时，$\boldsymbol{E}_0(r)$ 是几何光学项，$m>0$ 项可以作为在低频率时的修正项。

众所周知，给定函数 $f(z)$ 的渐近展开式 $P(z)$ 可以如下级数形式给出

$$P(z) = a_0 + \frac{a_1}{z} + \frac{a_2}{z^2} + \cdots + \frac{a_n}{z^n} + \cdots \tag{5-172}$$

当 z 值小时，级数 $P(z)$ 可能发散，而 z 值较大时，$P(z)$ 会迅速收敛，且当 $z \to \infty$ 时，$P(z) \to f(z)$ 。

展开式（5－171）可知，当 ω 足够大时，即研究仅限于高频情况时，$P(z)$ 的前几项可较准确地给出 $f(z)$ 的近似解。

令式（5－171）是某射线场之解，则其必满足麦克斯韦方程或矢量波动方程，将其代入相应的标量波动方程，并将 ω 等幂次项给出，可得

$$|\nabla\psi| = n \tag{5-173}$$

$$\nabla\psi \cdot \nabla E_0 + \frac{1}{2}(\nabla^2\psi)E_0 = 0 \quad (m=0) \tag{5-174}$$

$$\nabla\psi \cdot \nabla E_m + \frac{1}{2}(\nabla^2\psi)E_m = \frac{1}{2}\nabla^2 E_{m-1} \quad (m=1,2,3,\cdots) \tag{5-175}$$

$$\nabla\psi \cdot E_m = -\nabla\cdot E_{m-1} \quad (m=1,2,3,\cdots) \tag{5-176}$$

式中　n ——媒质折射率；

ψ ——相位因子。

式（5－173）称为 Eikonal 方程，式（5－174）和式（5－175）是输运方程，式（5－176）为高斯定律。对很高的频率（$f \to \infty$）或波长 $\lambda \to 0$ 的情况，上述方程便是 GO 解。由于 ψ 是相位因子，式（5－173）表示波的等相位面垂直于波的传播方向，只要折射系数不随空间位置变化，则波的能量将沿直线传播，式（5－174）和式（5－175）表示电场强度从空间一点向另一点传输的输运方程。

（b）高频的几何光学近似

当电磁波的波长很短，而媒质在空间变化不大（即在比波长大得多的尺度上才显示出某些变化）时，人们就可以假定：在局部区域中，电磁场的性质和其在均匀媒质中的性质一样，因此可以在局部上将电磁波的波阵面视作局部平面波。

对局部平面波而言，可以假设场量具有如下形式

$$\begin{cases} \boldsymbol{E}(x,y,z) = \boldsymbol{E}_0(x,y,z)\mathrm{e}^{-\mathrm{j}k_0\psi(x,y,z)} \\ \boldsymbol{H}(x,y,z) = \boldsymbol{H}_0(x,y,z)\mathrm{e}^{-\mathrm{j}k_0\psi(x,y,z)} \end{cases} \tag{5-177}$$

式中　$\boldsymbol{E}_0$、$\boldsymbol{H}_0$——振幅函数；

k_0——真空中的传播常数，$k_0 = 2\pi/\lambda_0$；

λ_0——真空中的波长；

$\psi(x, y, z)$——相位函数，它是空间位置的实函数，$\psi(x, y, z)=$常数时，意味着以速度 $v = 1/\sqrt{\mu\varepsilon}$ 在媒质中传播的等相位面。

将式（5－177）代入无源的麦克斯韦方程可得：

$$\nabla\psi \times H_0 + c\varepsilon E_0 = \frac{1}{\mathrm{j}k_0}(\nabla\times H_0) \tag{5-178}$$

$$\nabla\psi \times E_0 - c\mu H_0 = \frac{1}{\mathrm{j}k_0}(\nabla\times E_0) \tag{5-179}$$

$$E_0 \cdot \nabla\psi = \frac{1}{\mathrm{j}k_0}\left(\frac{\nabla\varepsilon}{\varepsilon}\cdot E_0 + \nabla\cdot E_0\right) \tag{5-180}$$

$$H_0 \cdot \nabla\psi = \frac{1}{\mathrm{j}k_0}\left(\frac{\nabla\mu}{\mu}\cdot H_0 + \nabla\cdot H_0\right) \tag{5-181}$$

式中　c——光速；

ε、μ ——媒质的介电常数和磁导率。

在高频几何光学条件（$\lambda_0 \to 0$，$k_0 \to \infty$）下，只要 E_0 和 H_0 在空间变化缓慢且 ε 和 μ 在一个波长范围内变化很小，则 $\frac{1}{\varepsilon}|\nabla\varepsilon|\lambda_0 \ll 2\pi$；$\frac{1}{\mu}|\nabla\mu|\lambda_0 \ll 2\pi$ 使得式（5－178）～式

(5－181) 等号右方均为 0，于是几何光学近似条件下的场方程为

$$\nabla\psi \times \boldsymbol{H}_0 + c\varepsilon \boldsymbol{E}_0 = 0 \tag{5-182}$$

$$\nabla\psi \times \boldsymbol{E}_0 - c\mu \boldsymbol{H}_0 = 0 \tag{5-183}$$

$$\boldsymbol{E}_0 \cdot \nabla\psi = 0 \tag{5-184}$$

$$\boldsymbol{H}_0 \cdot \nabla\psi = 0 \tag{5-185}$$

对通常非铁磁媒质的传播情况下，$\mu = \mu_0$，则式 (5－182) 和式 (5－183) 可写为

$$E_0 = Z_0 H_0 \times \frac{\nabla\psi}{n} \tag{5-186}$$

$$Z_0 H_0 = \frac{\nabla\psi}{n} \times E_0 \tag{5-187}$$

式中　Z_0——媒质的特征阻抗，$Z_0 = \sqrt{\dfrac{\mu}{\varepsilon}}$ 。

式 (5－186) 和式 (5－187) 表明 $\boldsymbol{E}_0$、$\boldsymbol{H}_0$ 和 $\nabla\psi$ 是相互正交的矢量，故几何光学场在局部上是平面波。此局部平面波的表示式参见式 (5－178) 和式 (5－179) 所示，在此两式中消去 $\boldsymbol{H}_0$，并经过一些变换可得

$$[(\nabla\psi)^2 - n^2]E_0 - (\nabla\psi \cdot E_0)\nabla\psi - \frac{j}{k_0}[\nabla\psi \times (\nabla \times E_0) + \nabla \times (\nabla\psi \times E_0)] + \frac{1}{k_0^2}\nabla \times (\nabla \times E_0) = 0 \tag{5-188}$$

在几何光学极限下，上式中 k_0^{-1} 和 k_0^{-2} 可以忽略不计，又由于 $\nabla\psi$ 垂直于 E_0，故 $\nabla\psi \cdot \boldsymbol{E}_0 = 0$，则上式简化为程函方程：$(\nabla\psi)^2 = \boldsymbol{n}^2$。

这是一个可用来求出程函或相位函数 $\psi(x, y, z)$ 的偏微分方程，故它是几何光学基本方程之一，由程函方程可引申出方程和射线概念，且射线轨迹遵循著名的费马原理 (Fermat's Principle)，即

$$\delta \int_c n\,\mathrm{d}s = 0 \tag{5-189}$$

式中　n ——媒质折射系数；

$\mathrm{d}s$ ——射线轨迹之线元；

δ ——变分符号；

c——射线轨迹。

对沿某一射线轨迹从 P_0 到 P 的积分为

$$\int_{P_0}^{P} n\,\mathrm{d}s = \psi(P) - \psi(P_0) \tag{5-190}$$

称之为光程长度或光程。

费马原理指出：P_0 和 P 两点间的射线轨迹是对微小的光程变化取驻定值的曲线或两点间的射线轨迹是使光程取极值的曲线。

除程函方程外，几何光学的又一基本方程是输运方程，它是表达几何光学强度方面的定律。

由式 (5－188) 可知，对 k_0 的任意值均成立，所以 k_0 的每一幂次系数都必须独立地

为零，k_0^{-1} 次的系数得

$$\nabla\psi \times (\nabla\times E_0) + \nabla\times(\nabla\psi \times E_0) = 0 \tag{5-191}$$

在均匀媒质中，几何光学射线是直线，令直角坐标系 $\hat{z}$ 轴与 $\nabla\psi$ 方向一致，则场量 $\boldsymbol{E}$ 的 $\hat{z}$ 分量为 0，于是式（5－191）简化为

$$\hat{\boldsymbol{x}}(E_x\,\nabla^2\psi - 2\,\nabla\psi\cdot\nabla E_x) + \hat{\boldsymbol{y}}(E_y\,\nabla^2\psi - 2\,\nabla\psi\cdot\nabla E_y) = 0 \tag{5-192}$$

E_x、E_y 由同样方程决定，在式（5－192）式 $\hat{\boldsymbol{x}}$ 和 $\hat{\boldsymbol{y}}$ 分量表达式中分别乘以 $\dfrac{E_x}{2z_0}$ 和 $\dfrac{E_y}{2z_0}$，有

$$\frac{1}{2z_0}(E_x^2\,\nabla^2\psi - 2E_x\,\nabla\psi\cdot\nabla E_x) = \nabla\cdot\left(\frac{E_x^2\,\nabla\psi}{2z_0}\right) \tag{5-193a}$$

$$\frac{1}{2z_0}(E_y^2\,\nabla^2\psi - 2E_y\,\nabla\psi\cdot\nabla E_y) = \nabla\cdot\left(\frac{E_y^2\,\nabla\psi}{2z_0}\right) \tag{5-193b}$$

式（5－193a）和式（5－193b）相加可得

$$\nabla\left[\frac{\nabla\psi}{2z_0}(E_x^2 + E_y^2)\right] = \nabla\cdot\boldsymbol{w} = 0 \tag{5-194}$$

式中　$\boldsymbol{w}$ ——坡印亭矢量。

在图 5－86 所示的射线管能流图中，令 V 为被射线管表面 F 和两个截面 F_1 和 F_2 所包围的体积，应用高斯定理可得

$$\int_v \nabla\cdot\boldsymbol{w}\,\mathrm{d}v = \int_{F+F_1+F_2} \boldsymbol{w}\cdot\mathrm{d}\alpha = 0 \tag{5-195}$$

因为能流方向 $\boldsymbol{w}$ 与 F 表面平行，故式（5－195）可简化为

$$\int_{F_1} \boldsymbol{w}\cdot\mathrm{d}\alpha = -\int_{F_2} \boldsymbol{w}\cdot\mathrm{d}\alpha \tag{5-196}$$

式中，$\mathrm{d}\alpha$ ——射线管面元。

式（5－196）表示沿射线管的总能流是常数，它表示几何光学的强度定律。鉴于此，人们常将式（5－191）称之为输运方程。

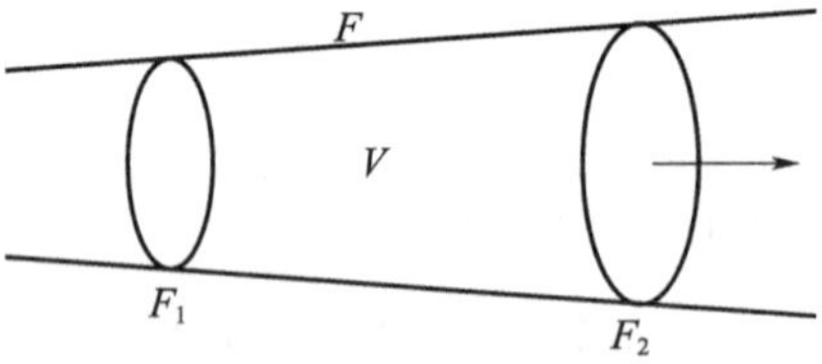

图 5－86　均匀媒质中的射线管

（c）均匀媒质中射线场的表达式

几何光学强度定律用以确定场强沿射线方向的变化。图 5－87 所示为一像散波的两个波阵面 $F(O)$ 和 $F(S)$，其中 $F(O)$ 的两个主曲率半径为 ρ_1 和 ρ_2，两波阵面相距为 s，图示两个阵面的面积之比为

$$\frac{F(O)}{F(S)}=\frac{\rho_1\rho_2}{(\rho_1+s)(\rho_2+s)} \tag{5-197}$$

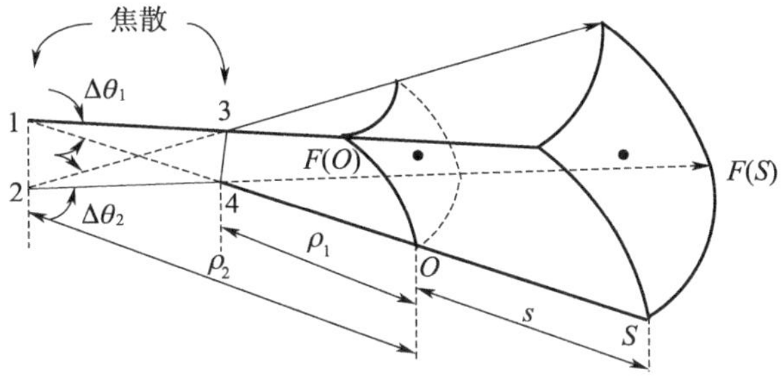

图 5-87　像散波射线管

根据强度定律可知，在 $F(O)$ 和 $F(S)$ 处场强的关系式为 $\frac{|E(S)|^2}{|E(O)|^2}=\frac{F(O)}{F(S)}$，故

$$|E(S)|=|E(O)|\sqrt{\frac{\rho_1\rho_2}{(\rho_1+s)(\rho_2+s)}} \tag{5-198}$$

式中比例系数为

$$A(S)=\sqrt{\frac{\rho_1\rho_2}{(\rho_1+s)(\rho_2+s)}} \tag{5-199}$$

式中，$A(S)$——射线场在传播过程中，由于能量扩散而产生的幅度变化。

由式（5-198）可知，当 $s=-\rho_1$ 或 $s=-\rho_2$ 时，几何射线场中幅度趋于无穷大，这是因为 $s=-\rho_1$ 和 $s=-\rho_2$ 时，像散波波阵面趋于零所致。射线管截面变为 0 时的点的轨迹称为焦散。

在电磁散射问题中，必须计及射线上各点场强的相位关系。取振幅参考面［$F(O)$］为相位参考面，于是波面面元 $F(O)$ 到波面面元 $F(S)$ 的相位因子为 e^{-jks}。显然均匀媒质中沿几何光学射线传播的场强可表示为

$$E_S=E_O\sqrt{\frac{\rho_1\rho_2}{(\rho_1+s)(\rho_2+s)}}\,e^{-jks} \tag{5-200}$$

式（5-200）可用于在已知射线上一点的场强求射线上另一点的场强，此式对工程应用是相当精确的。

(d) 渐变分层媒质中的射线求迹

众所周知，欧氏几何基本定理之勾股定理，线元 ds 在其投影值 dx、dy、dz 有如下关系

$$(ds)^2=(dx)^2+(dy)^2+(dz)^2 \tag{5-201}$$

而根据变分学原理，两定点 A、B 间最短路径应使如下变分为零。

$$\delta S=\delta\int_A^B ds=0 \tag{5-202}$$

或 $$\delta S=\int_A^B ds=\int_A^B\left[\left(\frac{dx}{du}\right)^2+\left(\frac{dy}{du}\right)^2+\left(\frac{dz}{du}\right)^2\right]^{1/2}du \tag{5-203}$$

费马原理实质上是几何变分原理的射线光学表述，即电磁波沿射线长度 L 取稳定值的路径传播，射线长度 L 的定义为

$$L=\int_A^B n\,\mathrm{d}s \tag{5-204}$$

该射线 L 取稳定值的费马原理的数学形式为

$$\delta L=\delta\int_A^B n\,\mathrm{d}s=0 \tag{5-205}$$

$$\text{或}\ \delta\int_A^B n(x,y,z)\left[\left(\frac{\partial x}{\partial u}\right)^2+\left(\frac{\partial y}{\partial u}\right)^2+\left(\frac{\partial z}{\partial u}\right)^2\right]^{1/2}\mathrm{d}u=0 \tag{5-206}$$

式（5-206）为式（5-205）的参数形式。

式（5-206）中令 $\omega(x, y, z, \dot{x}, \dot{y}, \dot{z})=n(x, y, z)\ [\dot{x}^2+\dot{y}^2+\dot{z}^2]^{1/2}$，则不难求得欧拉-拉格朗日方程为

$$\begin{cases}\dfrac{\mathrm{d}}{\mathrm{d}u}\left(\dfrac{\partial\omega}{\partial\dot{x}}\right)-\dfrac{\partial\omega}{\partial x}=0\\ \dfrac{\mathrm{d}}{\mathrm{d}u}\left(\dfrac{\partial\omega}{\partial\dot{y}}\right)-\dfrac{\partial\omega}{\partial y}=0\\ \dfrac{\mathrm{d}}{\mathrm{d}u}\left(\dfrac{\partial\omega}{\partial\dot{z}}\right)-\dfrac{\partial\omega}{\partial z}=0\end{cases} \tag{5-207}$$

再令 u 为沿射线路径的弧长 s，则有

$$\mathrm{d}u=\mathrm{d}s,[\dot{x}^2+\dot{y}^2+\dot{z}^2]^{1/2}=1,\quad \omega=n,\quad \dot{x}=\frac{\partial x}{\partial s},\quad \dot{y}=\frac{\partial y}{\partial s},\dot{z}=\frac{\partial z}{\partial s}$$

此时式（5-207）变为

$$\begin{cases}\dfrac{\mathrm{d}}{\mathrm{d}s}\left(n\,\dfrac{\partial x}{\partial s}\right)-\dfrac{\partial n}{\partial x}=0\\ \dfrac{\mathrm{d}}{\mathrm{d}s}\left(n\,\dfrac{\partial y}{\partial s}\right)-\dfrac{\partial n}{\partial y}=0\\ \dfrac{\mathrm{d}}{\mathrm{d}s}\left(n\,\dfrac{\partial z}{\partial s}\right)-\dfrac{\partial n}{\partial z}=0\end{cases} \tag{5-208}$$

式（5-208）即为射线微分方程在直角坐标系中的标量形式。

当等离子体电子密度 n_e 分布区域远远大于入射波波长且其变化规律在垂直于 ∇n_e 面内近似均匀条件下，可以将局部等离子体等效为“成层媒质”，工程上该条件可以满足，因此，由射线光学的程函方程（5-209）（ϕ 为与光程相关的实数—程函）和射线方程（5-210）[$\boldsymbol{r}$ 为矢径 $\boldsymbol{r}=\boldsymbol{r}(s)$]：

$$(\nabla\phi)^2=n^2 \tag{5-209}$$

$$\hat{t}=\frac{\mathrm{d}\boldsymbol{r}}{\mathrm{d}s}=\frac{\nabla\phi}{|\nabla\phi|}=\frac{\nabla\phi}{n} \tag{5-210}$$

可解得

$$\frac{\mathrm{d}}{\mathrm{d}s}\left(n\frac{\mathrm{d}\boldsymbol{r}}{\mathrm{d}s}\right)=\frac{\mathrm{d}}{\mathrm{d}s}(\nabla\varphi)$$

$$=\frac{\mathrm{d}\boldsymbol{r}}{\mathrm{d}s}\cdot\nabla(\nabla\varphi)$$

$$=\frac{1}{n}\nabla\varphi\cdot\nabla(\nabla\varphi)$$

$$=\frac{1}{n}\cdot\frac{1}{2}\nabla[(\nabla\varphi)^2]$$

$$=\frac{1}{2n}\nabla(n^2)=\nabla n$$

即

$$\frac{\mathrm{d}}{\mathrm{d}s}\left(n\frac{\mathrm{d}\boldsymbol{r}}{\mathrm{d}s}\right)=\nabla n \tag{5-211}$$

式（5-211）为各向同性媒质中射线轨迹满足的微分方程。

特别是在各向同性平面分层媒质中，如图 5-88 所示，可令 $n=n(z)$，即在平行 xoy 面上等离子体分布是均匀的，此时有

$$n\frac{\mathrm{d}x}{\mathrm{d}s}=\mathrm{const}$$

$$则\ n\cos\phi=\mathrm{const}=n\sin\theta \tag{5-212}$$

此式即为熟知的 snell 定律。

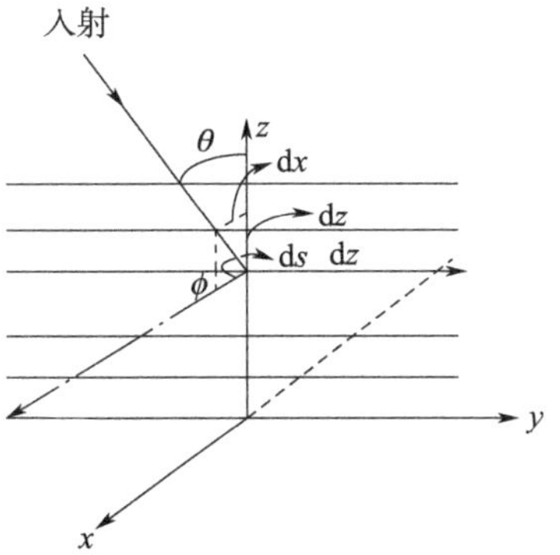

图 5-88　平面分层媒质射线追踪示意图

将式（5-212）式对 z 求导，则

$$\sin\theta\frac{\mathrm{d}n}{\mathrm{d}z}+n\cos\theta\frac{\mathrm{d}\theta}{\mathrm{d}z}=0 \tag{5-213}$$

式（5-213）代入式（5-204）可得：

$$\cos^2\theta\frac{\mathrm{d}n}{\mathrm{d}z}+\sin^2\theta\frac{\mathrm{d}n}{\mathrm{d}z}-\frac{\mathrm{d}n}{\mathrm{d}z}=0 \tag{5-214}$$

式（5-214）即为缓变平面分层媒质中射线方程。

（2）等离子体参数分布数据重构

在射线追踪过程中，等离子体流场数据需要进行重构从而适应 GRECO 当中的射线追

踪算法。根据原来的等离子体流场数据文件中空间点的分布及其等离子体相关参数，将等离子体流场构建成以空间小六面体为基本单元的模型。原有数据文件中等离子体的空间位置参数是按层给出的，并且每层的空间采样点分布是一致的，以相邻两层之间相同采样分布的八个点为基本单元，可以构成空间中的一个六面体，该六面体内的介质认为是均匀的，取八个点的等离子体参数均值为该六面体的等离子体参数。对于六面体上的六个面，则需要判定其是否属于等离子体流场最外层的面还是紧贴在目标本体上的面。由于每个面（除了最外层面和紧贴在目标本体上的面）都是两个六面体的公共面，因此还要在建模过程中确定其对应的两个六面体的坐标以便用于射线追踪。

适于电磁计算的六面体结构如图 5－89 所示。

图中 A 表示空间坐标系（i ，j，k）下的一个等离子体模型，该等离子体模型由若干点构成。B 为 A 内由相邻的 8 个点构成的一个六面体，相邻点距离足够小，可将该六面体内部等离子体参数视为同一数值，与其相邻的小六面体内参数赋值为另一常数值。将 A 内所有点仿照 B 建立的过程进行建模，即可将 A 离散成由若干类似于 B 的六面体表示的模型。

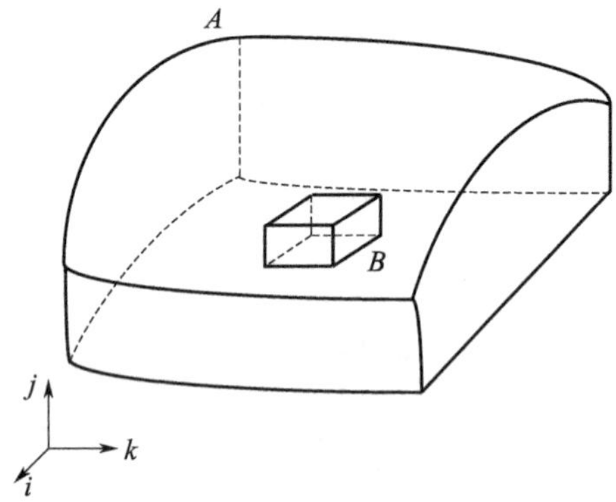

图 5－89　六面体结构示意图

（3）等离子体折射隐身在 GRECO 平台上的实现

等离子体遮蔽目标 RCS 计算中，必须计及每个像素的入射方向、入射场大小以及射线的相对行进距离。在远场 GRECO 系统中，雷达始终处于 $+z$ 方向上，入射方向为 $-z$ 。由于电磁波在通过等离子体区域过程中，射线发生了弯折，目标各面元和棱边上入射射线的入射方向均不相同，并且由于射线管扩张，各面元和棱边上电磁波的入射强度也不同于初始的入射电场强度，不同于传统 GRECO 方法中平面波直接照射到目标。

基于高频场的局部性原理，即在高频时，反射场和绕射场均是一种局部现象，它仅取决于目标反射点或绕射点附近局部的几何形状、媒体性质和入射场性质，而与入射点较远的物体形状及电特性无关，因此只需在传统的 GRECO 基础上，调整每个散射面元和棱边上的入射射线方向和强度，以及该点入射射线之相对行进路程，便可正确的计算出等离子体折射情况下的目标散射场。

令入射电磁波入射角为 θ_i ，在第 n 个六面体面上入射角与折射角分别为 θ_n 与 θ_t ，由

Snell 定律可得

$$n_n \sin\theta_n = n_{n+1} \sin\theta_t \tag{5-215}$$

其中，下标 n 表示第 n 个六面体。

在 GRECO 中，以像素为精度单位，假定每个像素上的入射与折射电磁波均为平面波，通过追踪每一条射线的传播轨迹，根据射线理论，可以求得电磁波在穿过等离子体云团到达目标时，由于射线管扩张而导致的入射电磁波强度变化，得到场强比例因子 $A(s)$，使得

$$|\boldsymbol{E}'_0| = A(s)|\boldsymbol{E}_0| = \sqrt{\frac{F(0)}{F(s)}}|\boldsymbol{E}_0| \tag{5-216}$$

式中　$\boldsymbol{E}_0$——初始的平面波入射场（以下简称“初始入射场”）；

$\boldsymbol{E}'_0$——电磁波穿过等离子体云团后，相对于目标而言的入射场（以下简称“目标入射场”）；

$F(0)$、$F(s)$——初始入射场和目标入射场两个波振面。

在忽略等离子体碰撞的前提下，根据上述推论，便可得到等离子体包覆目标情况下物理光学场的积分表达式为

$$E_s = 2\mathrm{j}kA(s)E_0 \frac{\mathrm{e}^{-\mathrm{j}kR}}{4\pi R}\int_s (\hat{\boldsymbol{n}} \cdot \hat{\boldsymbol{m}})\,\mathrm{e}^{-\mathrm{j}2\sum\limits_{\text{cells}} kd}\,\mathrm{d}s \tag{5-217}$$

式中　$\boldsymbol{E}_0$、$\boldsymbol{E}_s$——入射场与散射场；

R——雷达与参考坐标中心的距离；

k——电磁波在等离子中的波束；

$\hat{\boldsymbol{n}}$——目标面元的法矢；

$\hat{\boldsymbol{m}}$——射线到达目标时的入射单位矢量；

$\sum\limits_{\text{cells}} kd$——射线经过其路径上的各个六面体，其路径上的总相移；

d——射线在各层媒质中的传播距离。

由此，在 GRECO 平台上的等离子体包覆目标散射计算中，物理光学场的贡献像素离散形式为

$$\begin{aligned} S_{\text{PO}}^{xx} = S_{\text{PO}}^{yy} &= \int_S A(s)(\hat{\boldsymbol{n}} \cdot \hat{\boldsymbol{m}})\mathrm{e}^{-\mathrm{j}2\sum\limits_{\text{cells}} kd}\,\mathrm{d}s \\ &= \sum_{\text{PIXELS}} A(s)\,\mathrm{sinc}\left(\frac{k'l}{\cos\theta}\sin\theta\right)\mathrm{e}^{-\mathrm{j}2\sum\limits_{\text{cells}} kd}\,\Delta s' \end{aligned} \tag{5-218}$$

式中　k'——所计算面元位置处的波数；

l——一个像素的尺寸（屏幕 x，y 方向的投影比例相同的情况），$l = \sqrt{\Delta s'}$；

$l/\cos\theta$——目标面元 $\mathrm{d}s$ 在物体空间的尺寸，$\cos\theta = \hat{\boldsymbol{n}} \cdot \hat{\boldsymbol{m}}$。

（4）等离子体碰撞吸收隐身在 GRECO 平台上的实现

在 GRECO 平台上计算碰撞吸收的基本原理是，在已知等离子体流场模型（等离子体中各参数的分布情况）的前提下，首先是等离子体和目标的几何建模，特别是在已给的等离子体分布条件下，按其电子密度 n_e 和碰撞频率 ν 的分布情况，确定等离子体的成层结

构，而后利用WKB的积分运算将等离子体分层离散化计算，在射线求迹的过程中，通过获得射线在每一层等离子体中的传播距离，求得该情况下的WKB解，从而得到入射波在等离子体中的碰撞吸收（双程衰减）。在考虑折射隐身和吸收隐身的条件下，GRECO平台上的亚密等离子体遮蔽目标RCS计算框图如图5-90所示。

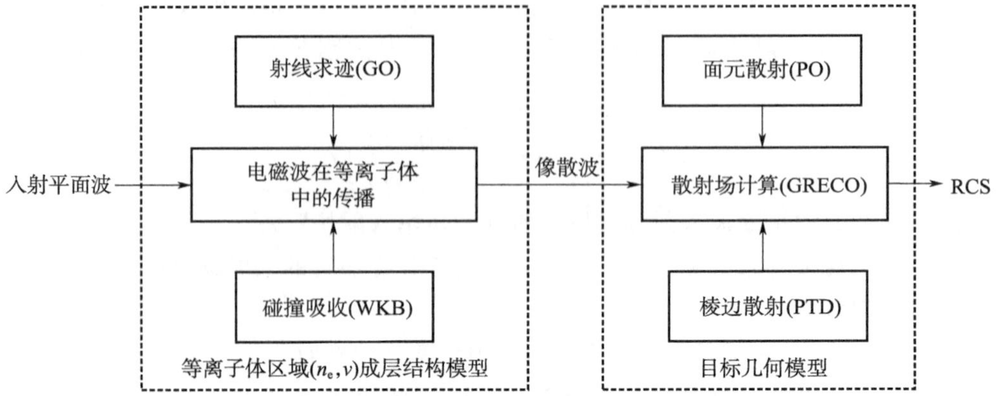

图5-90 亚密等离子体遮蔽目标RCS计算框图

因此，在GRECO平台上等离子体对电磁波碰撞吸收作用的实现，是在射线求迹的基础上，在求得射线的传播路径上，由于ε_r为复数使射线能量被吸收，从而产生的幅度衰减。

根据对碰撞吸收的讨论，结合折射隐身条件下RCS计算方法，便可得到在同时考虑折射隐身和吸收隐身条件下的等离子体遮蔽目标RCS计算公式为

$$\sigma = 4\pi R^2 \frac{|E_s|^2}{|E_0|^2} = \frac{1}{\pi} \left| ikS_{\mathrm{PO}} + L_{\mathrm{PTD}} \right|^2 \tag{5-219}$$

其中：

$$S_{\mathrm{PO}}^{xx} = S_{\mathrm{PO}}^{yy} = \sum\nolimits_{\mathrm{PIXELS}} A(s)\,\mathrm{sinc}\left[\frac{\mathrm{Re}(k'l)}{\cos\theta}\sin\theta\right] \mathrm{e}^{-\mathrm{j}2\mathrm{Re}(\sum\limits_{\mathrm{layers}} kd)} \mathrm{e}^{-2\mathrm{Im}(\sum\limits_{\mathrm{layers}} kd)} \Delta s' \tag{5-220}$$

$$L_{\mathrm{PTD}}^{xx} = \int_c A(s) \frac{1}{t_x^2 + t_y^2}(-ft_x^2 + gt_y^2) \mathrm{e}^{-\mathrm{j}2\mathrm{Re}(\sum\limits_{\mathrm{layers}} kd)} \mathrm{e}^{-2\mathrm{Im}(\sum\limits_{\mathrm{layers}} kd)} \mathrm{d}l \tag{5-221}$$

$$L_{\mathrm{PTD}}^{yy} = \int_c A(s) \frac{1}{t_x^2 + t_y^2}(-ft_y^2 + gt_x^2) \mathrm{e}^{-\mathrm{j}2\mathrm{Re}(\sum\limits_{\mathrm{layers}} kd)} \mathrm{e}^{-2\mathrm{Im}(\sum\limits_{\mathrm{layers}} kd)} \mathrm{d}l \tag{5-222}$$

$$L_{\mathrm{PTD}}^{xy} = \int_c A(s) \frac{1}{t_x^2 + t_y^2}(ft_xt_y + gt_xt_y) \mathrm{e}^{-\mathrm{j}2\mathrm{Re}(\sum\limits_{\mathrm{layers}} kd)} \mathrm{e}^{-2\mathrm{Im}(\sum\limits_{\mathrm{layers}} kd)} \mathrm{d}l \tag{5-223}$$

$$L_{\mathrm{PTD}}^{yx} = \int_c A(s) \frac{1}{t_x^2 + t_y^2}(-ft_xt_y - gt_xt_y) \mathrm{e}^{-\mathrm{j}2\mathrm{Re}(\sum\limits_{\mathrm{layers}} kd)} \mathrm{e}^{-2\mathrm{Im}(\sum\limits_{\mathrm{layers}} kd)} \mathrm{d}l \tag{5-224}$$

5.4.3.2.4 目标与等离子体云团复合电磁建模

飞行器目标与等离子体云团复合电磁建模假定等离子体云团遮挡在目标前方，入射电磁波经过等离子体云团后照射在目标本体上，经由目标散射再经过等离子体云团向原方向散射能量。

在应用GRECO软件计算由等离子体流场遮挡目标远场RCS时，首先显示等离子体云团最外层边界以确定入射射线分布，经射线追踪，对能够到达目标本体上的射线进行本体散射计算，为了确定到达目标本体的射线群，将显示目标本体几何模型，获取本体的像素信息，通过像素匹配确定到达本体的像素群。

（1）复合目标散射特性计算

基于上述等离子体条件，在等离子体包覆目标RCS的计算上，根据射线光学理论，计算遵循如下原则。

1）由于等离子体折射导致返转或偏离目标的射线，不能照射到目标，对RCS无贡献，将不予计算；

2）单站情况下，对经等离子体折射后照射到目标上的射线，将在目标表面激励起感应电流，这些电流分布在各个方向上均有散射，但根据互易定理，仅有沿着原入射方向的散射波才能够被接收并对RCS产生贡献。

等离子体电磁隐身计算模型包括两部分，即雷达波照射到目标前等离子体对电磁波的折射和衰减，和入射到目标后的目标散射效应，如图5-91所示。雷达波照射到目标前，将包覆目标物体的等离子体层视作特殊媒质，以成层媒质传输理论分析电磁波在等离子体中传播的路径及衰减情况；雷达波通过等离子体照射到目标物体时，应用GRECO算法计算目标物体的RCS。

计算中，目标模型和等离子体云团最外层模型同时加载。等离子体模型根据等离子体参数具体分布情况以空间六面体结构建模。在工程计算实现中，每块等离子体中电子密度和碰撞频率视作均匀分布，因此每块等离子体可等效为均匀介质。将电磁波与等离子体相互作用引起的衰减与目标RCS的电磁计算分步进行，充分利用GRECO算法的优点，不受目标大小和尺寸限制，快速完成等离子体遮挡复杂目标的RCS计算。

（2）等离子体内射线追踪

在GRECO软件中，入射射线的数量一般设置为与显示目标的像素数目一致。在射线追踪[38]过程开始的时候，GRECO软件显示区域显示的是等离子体流场的最外层，显示最外层流场的每个像素点对应一根入射射线。对于等离子体流场模型，其基本组成单元为空间的六面体，每个六面体内部的等离子体参数是均匀的。对每根入射射线，首先要根据其对应的像素点来确定其入射的六面体以及六面体上的面。根据六面体内部的等离子体参数以及入射面的法矢量，应用折射定理，可以计算射线的折射方向。判断折射后的射线与六面体上另外五个面中的哪个面相交。确定之后，在相交面所在六面体内重复上述的追踪过程，直到射线穿出等离子体，追踪过程中计算碰撞衰减和折射衰减。

（3）被隐身目标的电磁散射

在射线追踪结束后，GRECO软件的显示区域切换到显示目标本体，用于匹配照射到目标上的射线与目标本体的像素点。当确定一根射线照射到目标本体上时，射线在贴附目标的面上会有一个交点，利用这个交点的坐标与本体上的像素点进行匹配。由于每个像素点实际上可以看作是个矩形，其中心点坐标和四个顶点坐标均可以通过计算得到，因此若

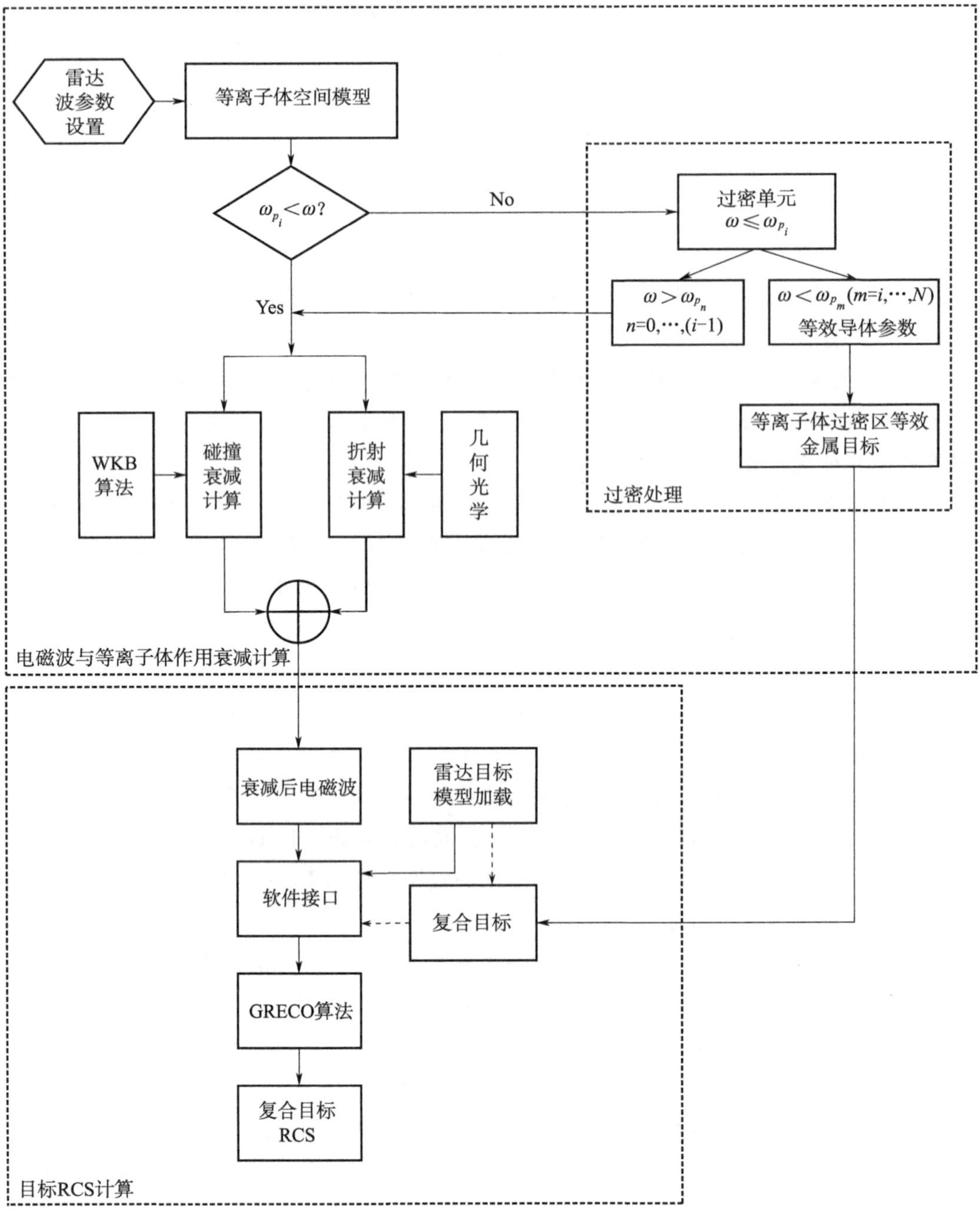

图 5-91 等离子体隐身目标 RCS 计算流程图

射线在目标表面上的交点与某个像素点匹配，也即比表明该交点在像素矩形的内部，应用二维的 $X-Y$ 坐标结合搜索算法就可以实现上述的匹配过程。

搜索过程如图 5-92 所示。图中 P_1 点为起始搜索点，即离开等离子体云团的射线起始点。$P_2,P_3,\cdots,P_6$ 为目标本体上任意的有效像素点，为待搜索像素点。P_1 点的射线方向为矢量 $\boldsymbol{V}_1$，即射线方向，判定以 P_1 为起点，$P_i(i=2,3,\cdots,6)$ 为终点的矢量 $\boldsymbol{V}_i$ 与 $\boldsymbol{V}_1$ 的夹角是否符合要求。在搜索过程中，先设定一个表示最小角度的变量 min（这个变量的初始值要设置成一个较小的角，如 1°），判断搜索过程中每个像素 P_i 与 P_1 形成的矢量 $\boldsymbol{V}_i$ 与 $\boldsymbol{V}_1$ 的夹角。若该夹角小于 min，则将当前像素 P_i 存入临时结果数组中。整个搜索过程结束后，如果临时结果数组中的像素个数为 0，表明没有满足与当前射线发生散射的像素存在。

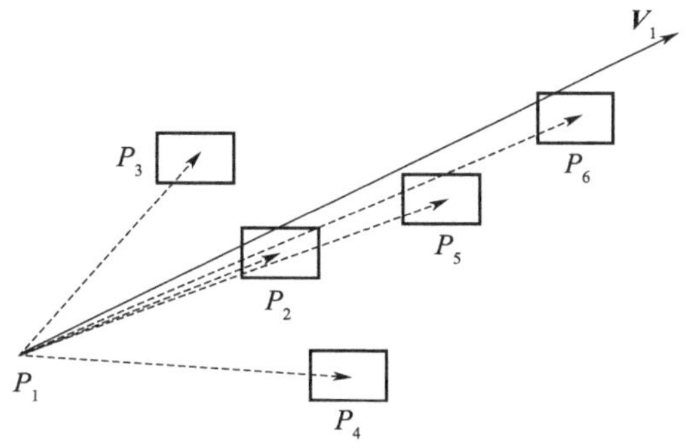

图 5－92　最小夹角法搜索示意图

采用像素最小夹角法确定了匹配像素对以后，在考虑等离子体云团造成的折射衰减和碰撞衰减后，对本体上每个像素点除了用物理光学计算其后向散射场外，还需计算其对应射线的折射和碰撞衰减，得到衰减后的后向散射场。将每个像素点的后向散射场进行相干叠加后即可得到目标最终的 RCS。

（4）等离子体的电磁散射

等离子体散射采用射线管（Ray Tube）积分方法。基于等效原理，一旦知道任意惠更斯（Huygens）等效面上的总场（$\boldsymbol{E}$，$\boldsymbol{H}$），目标的散射场就可获得。

如图 5－93 所示，等效面上的等效电磁流为

$$\boldsymbol{H}_s = \hat{\boldsymbol{n}} \times \boldsymbol{H} \tag{5-225}$$

$$\boldsymbol{M}_s = -\hat{\boldsymbol{n}} \times \boldsymbol{E} \tag{5-226}$$

式中，$\hat{\boldsymbol{n}}$ ——等效面向外的单位法矢。

等效电磁流向自由空间中辐射的电磁场即为所求散射场。根据辐射积分，散射场为

$$\boldsymbol{E}^s = \frac{\mathrm{e}^{-\mathrm{j}k_0 r}}{r}[\hat{\boldsymbol{\theta}}A_\theta + \hat{\boldsymbol{\phi}}A_\varphi] \tag{5-227}$$

$$\begin{bmatrix} A_\theta \\ A_\phi \end{bmatrix} = \frac{\mathrm{j}k_0}{4\pi}\int_{\text{Huygens等效面}} \mathrm{e}^{\mathrm{j}\boldsymbol{k}_0\cdot\boldsymbol{r}'}\left(\begin{bmatrix} -\hat{\phi} \\ \hat{\boldsymbol{\theta}} \end{bmatrix} \times \boldsymbol{E}(\boldsymbol{r}') + Z_0\begin{bmatrix} \hat{\theta} \\ \hat{\phi} \end{bmatrix} \times \boldsymbol{H}(\boldsymbol{r}')\right)\cdot \hat{\boldsymbol{n}}\,\mathrm{d}s' \tag{5-228}$$

式中　$\hat{\boldsymbol{\phi}}$ 和 $\hat{\boldsymbol{\theta}}$ —— ϕ 和 θ 方向上的单位矢量；

$\boldsymbol{k}_0$——观察方向的矢量，其幅度为 k_0。

由于入射平面波表示为大量射线管的叠加，因此辐射积分离散为大量射线管积分的叠加。

根据图 5－94 所示，当第 i 个射线碰到 Huygens 面，等效面 S 上射线管内的场可近似

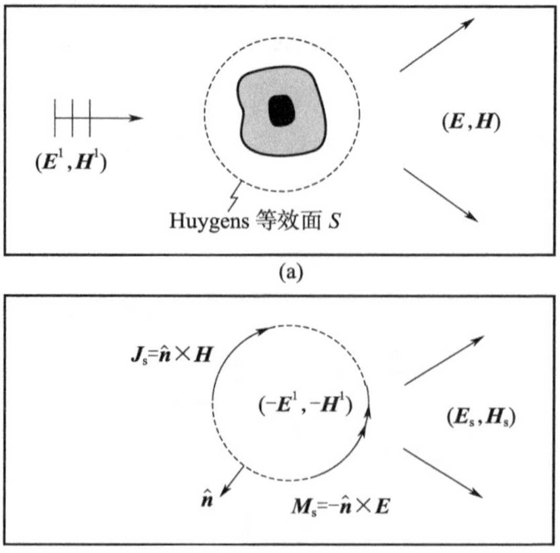

图 5-93　Huygens 面等效原理[39]

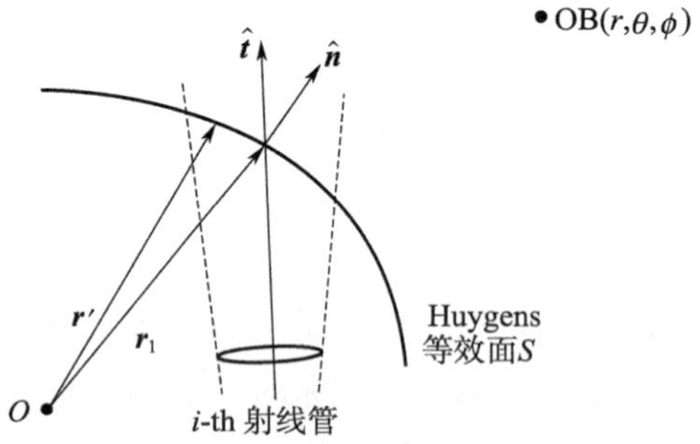

图 5-94　Huygens 面上射线管示意图[39]

表示为

$$\boldsymbol{E}(\boldsymbol{r}') \cong \boldsymbol{E}(\boldsymbol{r}_i)\exp[-\mathrm{j}k_0\hat{\boldsymbol{t}}\cdot(\boldsymbol{r}'-\boldsymbol{r}_i)] \tag{5-229}$$

$$\boldsymbol{H}(\boldsymbol{r}') \cong \boldsymbol{H}(\boldsymbol{r}_i)\exp[-\mathrm{j}k_0\hat{\boldsymbol{t}}\cdot(\boldsymbol{r}'-\boldsymbol{r}_i)] = \frac{\hat{\boldsymbol{t}}\times\boldsymbol{E}(\boldsymbol{r}_i)}{Z_0}\exp[-\mathrm{j}k_0\hat{\boldsymbol{t}}\cdot(\boldsymbol{r}'-\boldsymbol{r}_i)] \tag{5-230}$$

式中　$\boldsymbol{r}_i$ ——等效面 S 上射线轴的位置；

$\hat{\boldsymbol{t}}$ ——射线出射方向的单位矢量。

方程假定 S 面上射线管内的场具有相同的幅度，其幅度大小为射线轴上场的幅度值，而相位满足与距离相关的线性变化规律，因此射线管积分为

$$\begin{bmatrix} A_\theta \\ A_\phi \end{bmatrix}_i = \frac{\mathrm{j}k_0}{4\pi}\int_{\substack{\text{等效面}\\ \text{上的射}\\ \text{线管投影}}} \mathrm{e}^{\mathrm{j}k_0 \cdot \boldsymbol{r}'}\left(\begin{bmatrix} -\hat{\boldsymbol{\phi}} \\ \hat{\boldsymbol{\theta}} \end{bmatrix} \times \boldsymbol{E}(\boldsymbol{r}_i) + Z_0 \begin{bmatrix} \hat{\boldsymbol{\theta}} \\ \hat{\boldsymbol{\phi}} \end{bmatrix} \times \boldsymbol{H}(\boldsymbol{r}_i)\right) \cdot \mathrm{e}^{-\mathrm{j}k_0 \hat{\boldsymbol{t}} \cdot (\boldsymbol{r}' - \boldsymbol{r}_i)} \hat{\boldsymbol{n}} \mathrm{d}s'$$

$$\cong \frac{\mathrm{j}k_0}{4\pi}\mathrm{e}^{\mathrm{j}k_0 \cdot \boldsymbol{r}_i}\left(\begin{bmatrix} -\hat{\boldsymbol{\phi}} \\ \hat{\boldsymbol{\theta}} \end{bmatrix} \times \boldsymbol{E}(\boldsymbol{r}_i) + Z_0 \begin{bmatrix} \hat{\boldsymbol{\theta}} \\ \hat{\boldsymbol{\phi}} \end{bmatrix} \times \boldsymbol{H}(\boldsymbol{r}_i)\right) \hat{\boldsymbol{n}} (\Delta A) S(\theta, \phi) \tag{5-231}$$

其中

$$S(\theta, \phi) = \frac{1}{\Delta A}\int_{\substack{\text{等效面}\\ \text{上的射}\\ \text{线管投影}}} \mathrm{e}^{-\mathrm{j}k_0 (\hat{\boldsymbol{k}}_0 - \hat{\boldsymbol{t}}) \cdot (\boldsymbol{r}' - \boldsymbol{r}_i)} \mathrm{d}s'$$

$$\Delta A = \text{射线管在等效面上的投影面积} = \frac{\text{射线管面积}}{\hat{\boldsymbol{n}} \cdot \hat{\boldsymbol{t}}}$$

总的散射场可通过所有射线管积分的叠加获得：

$$\begin{bmatrix} A_\theta \\ A_\phi \end{bmatrix} = \sum_i \begin{bmatrix} A_\theta \\ A_\phi \end{bmatrix}_i \tag{5-232}$$

由于反射、折射射线的能量随着在介质内的不断传播而逐渐衰减，当它们的能量衰减至可忽略的程度时，整个追踪过程即可停止。

5.4.3.2.5　电大尺度等离子体隐身算法验证计算

下面分别以矩形和圆柱形腔体为例。矩形口面为 $10\lambda \times 10\lambda$ 的正方形，长为 30λ 。圆柱口面直径为 10λ ，长为 10λ 。图 5－95（文献结果）和图 5－96（软件仿真结果）分别为矩形腔体在 $\phi\phi$ 和 $\theta\theta$ 方向上的 RCS。图 5－97 和图 5－98 分别为柱形腔体在 $\phi\phi$ 和 $\theta\theta$ 方向上的 RCS。从图中可知，结果吻合良好。

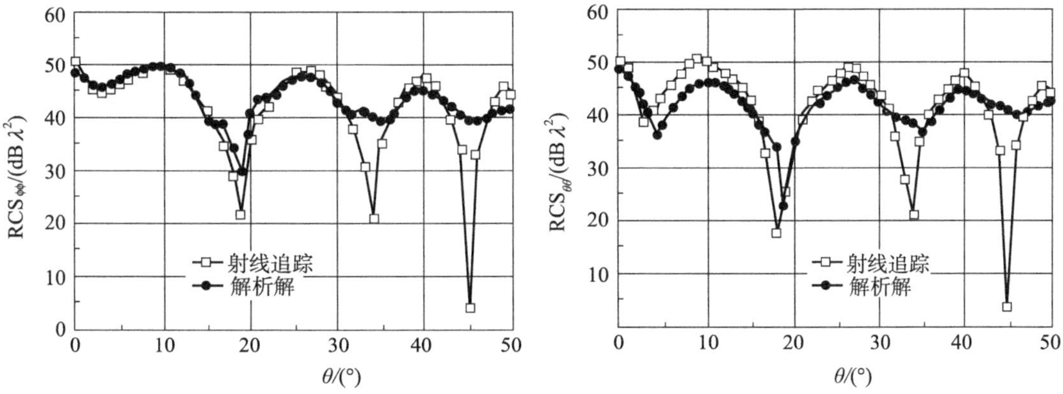

图 5－95　文献给出的仿真结果——矩形腔体[40]

以半径为 1 m 的均匀介质球为例，计算频率从 0.23 GHz 至 1.43 GHz 变化过程中，介质球的 RCS 变化。该介质球的相对介电常数分别设为 ε_r=0.9，0.7，0.5，0.3。与 Mie 解进行比对，结果如图 5－99 和图 5－100 所示。从图中可知，仿真结果与 Mie 解吻合度较好。

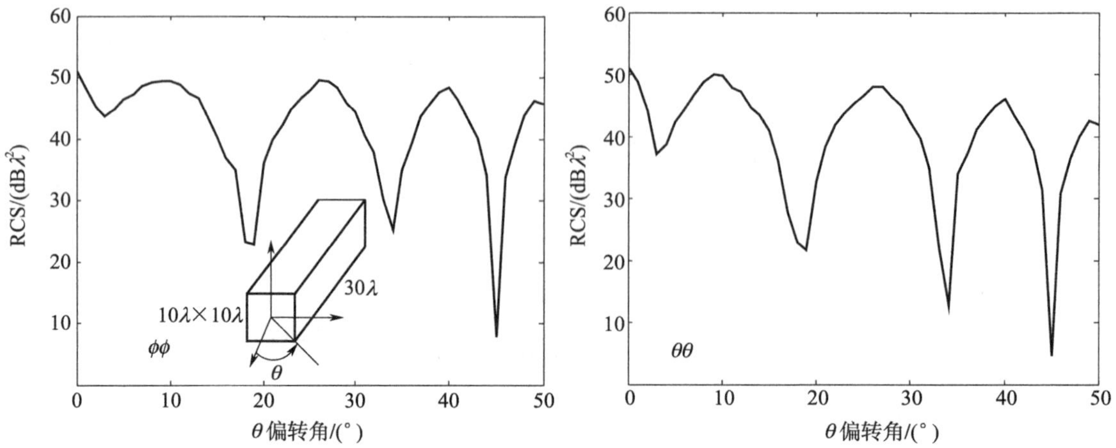

图 5-96　本软件仿真结果——矩形腔体

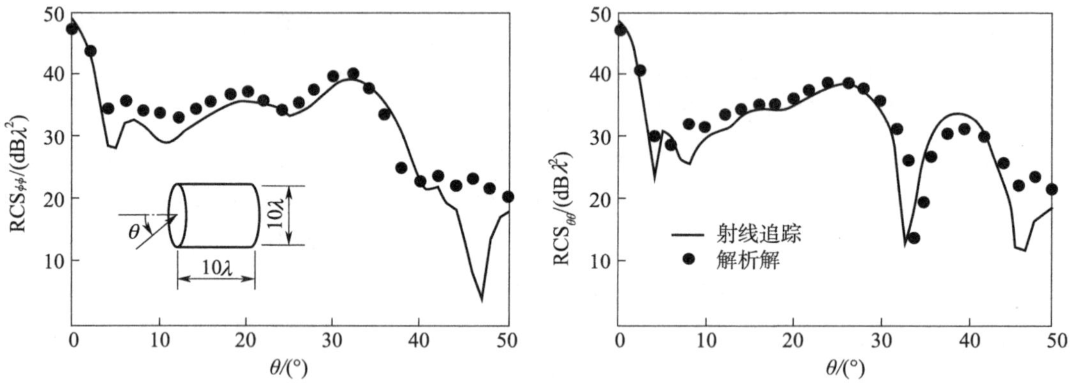

图 5-97　文献给出的仿真结果——柱形腔体

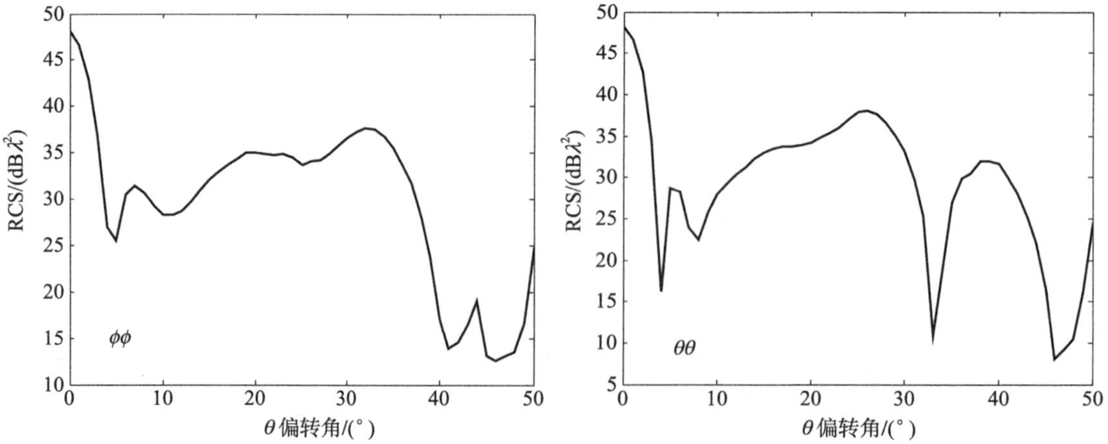

图 5-98　本软件仿真结果——柱形腔体

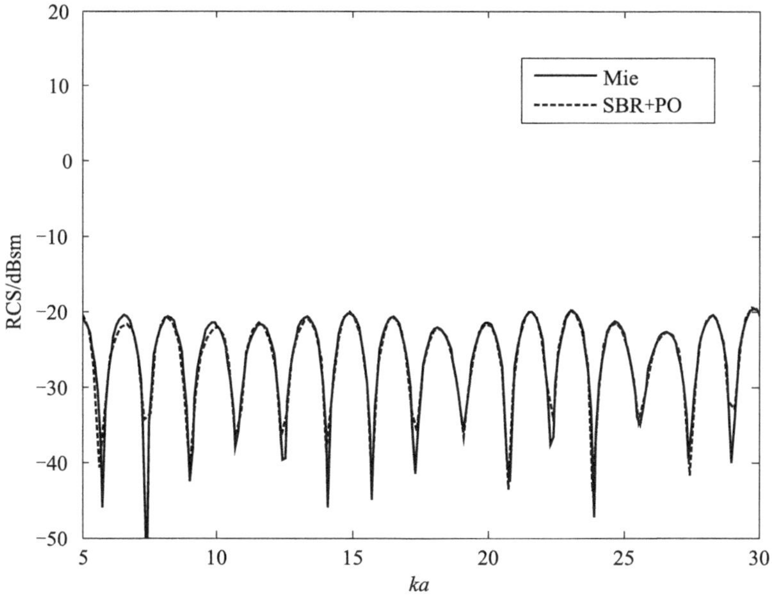

图 5-99　均匀介质球 RCS—— $\varepsilon_r = 0.9$

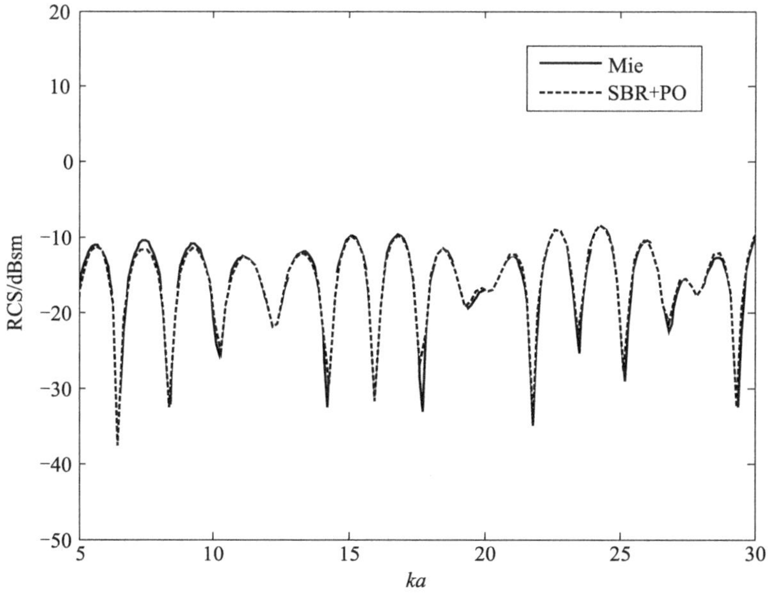

图 5-100　均匀介质球 RCS—— $\varepsilon_r = 0.7$

5.5　频率选择表面隐身技术

5.5.1　频率选择表面隐身原理

频率选择表面（Frequency Selective Surface，FSS）是指由大量规则排布的金属贴片或者金属缝隙单元组成的周期性结构，其主要功能是对不同频率、入射角及极化状态下的电磁波呈现滤波特性，本质上是一种空间滤波器。

传统 FSS 可以分为贴片型和缝隙型两种类型，它们在谐振时分别呈现出带阻和带通的特征。图 5－101（a）、（b）给出了贴片型 FSS 结构及其对平面电磁波的反射系数曲线，图 5－101（c）、（d）给出了缝隙型 FSS 结构及其对平面电磁波的透射系数曲线，图中所示结构为无限大的自由空间 FSS。理想情况下，对于参数确定的贴片型 FSS ，在谐振频率处等效为一个理想的导电平面，特定的入射电磁波在贴片上激励起电流，使得入射的电磁波完全反射，而在其他频率上则呈现不同程度的透射。缝隙型 FSS 是贴片型 FSS 的互补形式，对特定的入射电磁波，在缝隙上激励起了“磁流”（即在缝隙上产生电压分布），在谐振频率处对入射电磁波呈现完全透射的状态，对于其他频率则呈现出不同程度的反射。

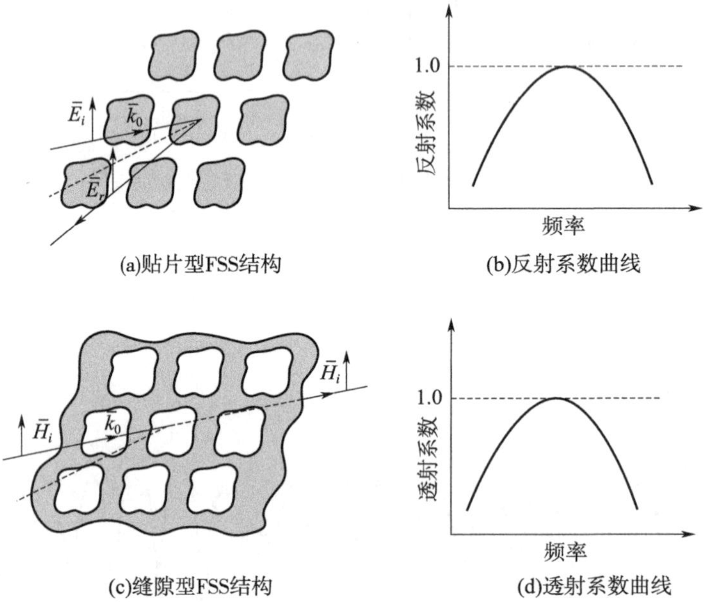

图 5－101　两种频率选择表面的结构及响应贴片型 FSS

FSS 对电磁波传输调制的本质可以用基本的电磁波与金属中的电子相互作用来解释。入射波入射到 FSS 上并使金属中的电子产生振荡，如果入射波能量的大多数被电子吸收，FSS 辐射产生电场并对消原来的电场，则将使透过滤波器的透过率变低，此时，电子向入射波源方向的辐射导致高反射的产生，如果入射波能量只有小部分被吸收，则将形成高传输率。一般的，通过滤波器的传输特性是频率的函数，而滤波器的特性则与 FSS 单元的形状与参数有关。

假设在竖直平面内有一根无限长细导线，导线内有一个可以沿导线自由活动的电子。当电场方向与导线方向平行的平面波垂直入射时，如图 5－102（a）所示，入射电磁波对电子产生的电场力将使其沿着导线方向振荡，电磁波中的电磁能量一部分转化为动能维持电子运动，而另一部分绕过电子继续向入射方向传播。电磁能量将在入射波的频率为某一特定数值时全部转化为电子的动能以维持其受激后的振荡，根据热力学第一定律（能量守恒）可知，此时绕过电子继续传播的能量为零，即传输效率为零。入射波的电磁能量转化为振荡电子的动能之后，振荡状态下的电子就相当于一个电偶极子，进行二次辐射传输能量。此二次辐射波的传播方向垂直于电子振荡方向，产生沿电磁波入射方向传播的散射波，同时沿电磁波入射的反方向形成反射波。散射波与入射电磁波发生的干涉现象会减小传输效率，当散射波与入射电磁波发生相干抵消时，能量将完全反射，不发生传输。若保持入射电磁波的电场方向不变，同时旋转无限长细导线至水平平面，如图 5 - 102（b）所示，入射电磁波对电子产生的电场力将垂直于导线，由于电子受电场力的方向垂直于其可自由移动的方向，无法产生受激振荡现象。此时电磁能量没有损耗，入射波的传输率为 1，即无损耗通过。

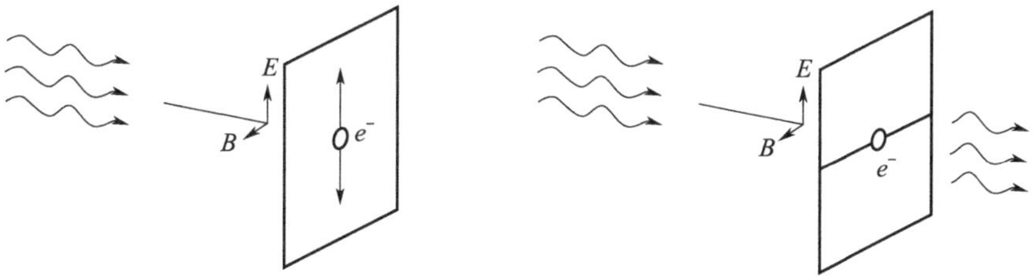

图 5 - 102　电子受激振荡机理

5.5.2　频率选择表面分析方法

FSS 是一种周期结构。用于分析周期性结构的方法主要分为两大类，一类是近似方法，包括变分法、点匹配法、等效电路和多模等效网络等方法。该类方法多用来计算周期结构反射系数和透射系数的幅度，而无法求出相位、极化的相关信息。另一类是严格的全波方法，包括矩量法、有限元法、时域/频域有限差分法等。计算方法与物体电尺寸之间的关系如图 5 - 103 所示。

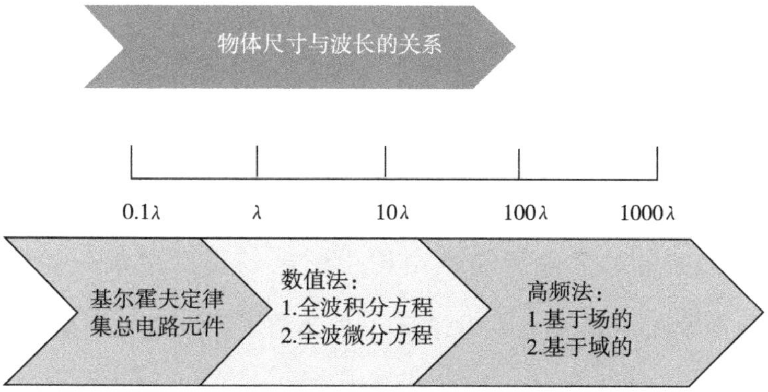

图 5 - 103　计算方法与物体电尺寸之间的关系

如何由周期性表面单元计算无限大周期结构的特性？一个基本的处理方法是采用弗洛凯定理[41]。如图 5 - 104 所示，对于给定的传输模式，在给定的稳态频率下，任一截面内的场与相聚周期长整数倍的另一截面内的场分布函数相同，只相差一个相位因子 $e^{-jm\beta_0 Dz}$ ，其中 β_0 为传播常数。两个截面上场之间的关系是：

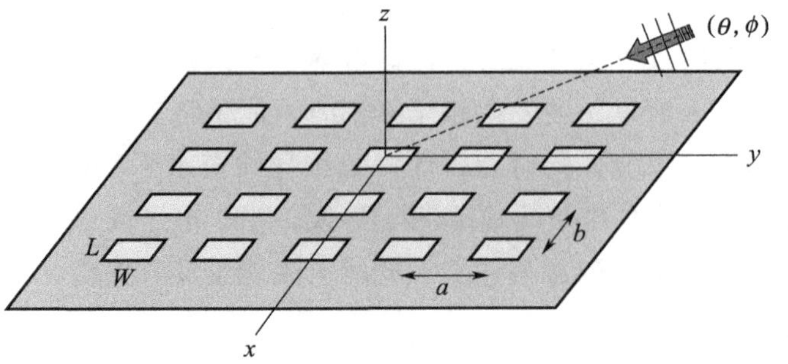

图 5－104　二维周期结构示意图

$$\psi(x,y,z+m D_x)=\psi(x,y,z)\,e^{-jm\beta_0 D_z} \tag{5-233}$$

场分布函数可以写成

$$\psi(x,y,z)=F(x,y,z)\,e^{-jm\beta_0 D_z} \tag{5-234}$$

其中振幅 $F(x, y, z)$ 为周期函数，且周期为 D_z ，满足以下关系式

$$F(x,y,z+m D_z)=F(x,y,z) \tag{5-235}$$

将其展开为傅里叶级数为

$$F(x,y,z)=\sum_{n=-\infty}^{\infty}\psi_n(x,y)\,e^{-j2n\pi Z/D_z} \tag{5-236}$$

$$\psi_n(x,y)=\frac{1}{D_z}\int_{z-\frac{D_z}{2}}^{z+\frac{D_z}{2}}F(x,y,z)\,e^{\frac{j2n\pi Z}{D_z}}\mathrm{d}z=\frac{1}{D_z}\int_{z-D_z/2}^{z+D_z/2}\left[F(x,y,z)\,e^{-j\beta_0 D_z}\right]e^{j(\beta_0 D_z+2n\pi Z/D_z)}\mathrm{d}z \tag{5-237}$$

$$\psi_n(x,y)=\frac{1}{D_z}\int_{z-\frac{D_z}{2}}^{z+\frac{D_z}{2}}\psi(x,y,z)\,e^{j\beta_n z}\mathrm{d}z \tag{5-238}$$

其中

$$\beta_n=\beta_0+\frac{2n\pi}{D_z} \tag{5-239}$$

周期性结构中场的表达式为

$$\psi(x,y,z)=\sum_{n=-\infty}^{\infty}\psi_n(x,y)\,e^{-j\beta_n Z} \tag{5-240}$$

由式（5－240）可知，无限周期性结构中的电场可以用某一周期中的电场强度 $\psi_n(x, y)$ 与传输常数 $\beta_n=\beta_0+\dfrac{2n\pi}{D_z}$ 来表示。即当需要研究整个周期性结构的电磁特性时，仅需通过研究某一个周期的电磁特性即可。

5.5.2.1　全波法

全波法可分为频域法和时域法两大类。频域法主要有矩量法（Method of Moment，MoM)、有限元法（Finite Element Method，FEM）等；时域法主要有时域有限差分法

(Finite Difference Time Domain，FDTD)、时域有限积分法等。全波法数值仿真软件有多种，如 Ansys 的 Electronics 模块（原 Ansoft 公司的 HFSS ），已并入达索的 CST 公司的 CST Microwave Studio ，以及 Altair 公司的 FEKO 等，它们都能对周期性结构进行快速准确的分析。

全波数值算法能够获得 S 参量、电场、磁场和电流分布等多种参数，但是计算精度越高，计算所需的内存越大、时间越长，这将导致主动 FSS 设计的初期阶段周期较长。因此，通常使用等效电路法对结构进行分析优化，其算法复杂度低，将大大节省设计初期的计算时间。

5.5.2.2　等效电路法

等效电路法（Equivalent Circuit Model，ECM）是通过分析 FSS 结构与入射电场振动方向的关系，建立由电容、电感以及电阻串并联构成的等效电路结构。在频率选择表面设计过程中，等效电路法是一种快速计算频响特性的方法，该方法有助于我们更好的理解、分析、优化 FSS 结构。

等效电路对频率响应的计算可分为半经验公式和传输线理论两个步骤，半经验公式是通过单元结构尺寸、层间间距、介质层的电磁参数等数据与频率响应的线性或非线性关系，通过确定电容、电感公式对应的系数来计算频率响应。传输线理论则是通过构造 FSS 和介质层对应传输线模型来模拟频率响应的产生。1967 年，Ulrich 最先对其进行了定性的描述[42]，他使用类似于自由空间中的平面波传播法以及在传输线上的波传播法的方法进行了研究。在传输线模型分析法中，FSS 两侧的半空间用一段具有特性阻抗的传输线来等效，其中 Z_{inc} 与 Z_{tran} 可以分别用来表示材料入射端以及出射端的等效波阻抗。

对于一般 FSS 单元，金属贴片等效为电感，金属之间的空隙等效为电容，金属贴片的层间耦合也等效为电感，如图 5-105 和图 5-106 所示。

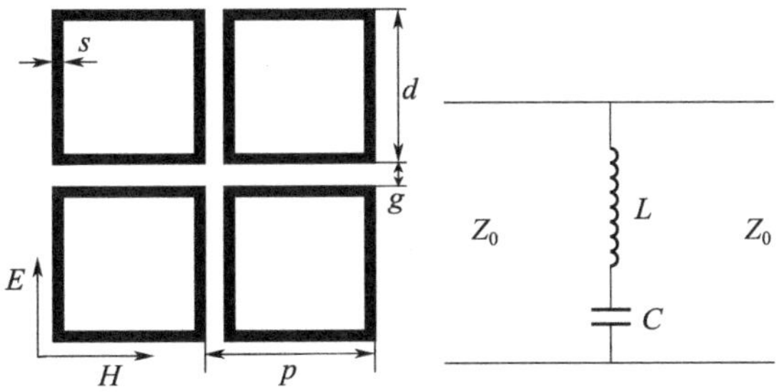

(a)单元示意图　(b)等效电路模型

图 5-105　方环贴片单元[41]

等效电路中电容对应的电抗为

$$\frac{X_L}{Z_0}=\frac{\omega L}{Z_0}=\frac{d}{p}\frac{p\cos\theta}{\lambda}\left\{\ln\left[\csc\left(\frac{2\pi s}{2p}\right)\right]+G\right\} \tag{5-241}$$

式中　ω ——角频率；

θ ——入射角度；

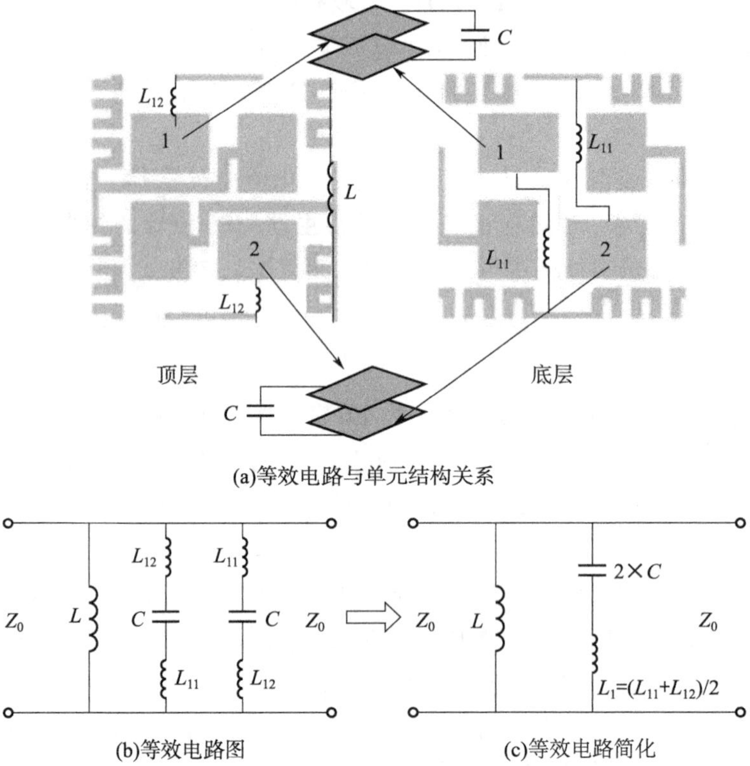

图 5-106　复杂 FSS 单元[43]

λ ——谐振处的波长；

G ——修正函数，表示如下：

$$G=\frac{(1-\beta^2)^2\left[\left(1-\frac{\beta^2}{4}\right)(A_1+A_2)+4\beta^2A_1A_2\right]}{2\left(1-\frac{\beta^2}{4}\right)+\beta^2\left(1+\frac{\beta^2}{2}-\frac{\beta^4}{8}\right)(A_1+A_2)+2\beta^6A_1A_2} \tag{5-242}$$

$$\beta=\sin\frac{2\pi s}{2p} \tag{5-243}$$

$$A_{1,2}=\frac{1}{\sqrt{1\pm\frac{2p\sin\theta}{\lambda}-\left(\frac{p\cos\theta}{\lambda}\right)^2}}-1 \tag{5-244}$$

修正函数 G 反映了入射角 θ、周期 p、导体线的宽度 s 与谐振时的波长 λ 的关系。当入射角 θ 很小时，周期与波长关系也很小（$p/\lambda \ll 1$）时，修正函数可被忽略（$G \approx 0$）。

同理，电容对应电纳为

$$\frac{B_c}{Y_0}=\frac{\omega C}{Y_0}=4\frac{p\cos\theta}{\lambda}\ln\left[\csc\left(\frac{\pi g}{2p}\right)\right]+G \tag{5-245}$$

其中，修正函数 G 与式（5-242）相同，β 变为贴片间隙 g 的函数，有

$$\beta=\sin\frac{\pi g}{2p} \tag{5-246}$$

另一种简化的电容电感计算形式为

$$L=\mu_0\frac{p}{2\pi}\ln\left(\frac{1}{\sin\frac{\pi s}{2p}}\right) \tag{5-247}$$

$$C=\varepsilon_0\varepsilon_{\text{eff}}\frac{2p}{\pi}\ln\left(\frac{1}{\sin\frac{\pi g}{2p}}\right) \tag{5-248}$$

$$\varepsilon_{\text{eff}}=\frac{1+\varepsilon_r}{2} \tag{5-249}$$

等效电路参数的获得是等效电路分析的关键。式（5-241）～式（5-249）是针对方环的分析结果，对于其他形式的单元，s 和 g 不一定直接取其几何尺寸，而是需根据具体情况，计算金属贴片宽度或贴片间隙的平均值，得出电容或电感的大致取值，并加以修正。获得等效电路参数的另一种方法是对全波分析曲线进行拟合。这一方法尤其在处理复杂 FSS 结构和多层 FSS 结构时更具优势。

传输线理论可以用来计算等效电路的 S_{11}、S_{21} 参数，或根据阻抗等于 0 或无穷大与频率响应曲线中零极点的关系反推出等效电路中 L、C 的取值。复杂的微波网络是由多个简单的网络组合而成，FSS 等效电路中常见的单元有串联阻抗、并联导纳、均匀传输线，它们的传输矩阵分别为

1）串联阻抗：$\begin{bmatrix}1 & Z\\ 0 & 1\end{bmatrix}$

2）并联导纳：$\begin{bmatrix}1 & 0\\ Y & 1\end{bmatrix}$

3）均匀传输线：$\begin{bmatrix}\cos(\beta l) & \mathrm{j}Z_0\sin(\beta l)\\ \mathrm{j}\dfrac{\sin(\beta d)}{Z_0} & \cos(\beta l)\end{bmatrix}$

对于多层 FSS（图 5-107），通常采用传输矩阵连乘的形式为

$$\begin{bmatrix}A & B\\ C & D\end{bmatrix}=\begin{bmatrix}A_1 & B_1\\ C_1 & D_1\end{bmatrix}\begin{bmatrix}A_2 & B_2\\ C_2 & D_2\end{bmatrix}\cdots\begin{bmatrix}A_N & B_N\\ C_N & D_N\end{bmatrix} \tag{5-250}$$

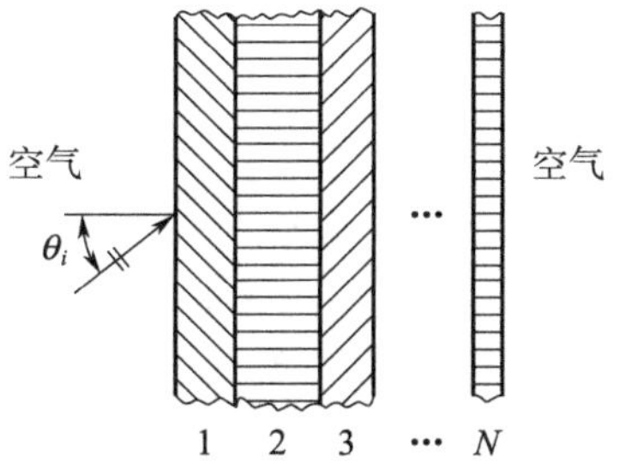

图 5-107　多层 FSS 结构示意图

由传输线模型计算反射率和传输率的模型如式（5-251）和式（5-252）所示，$Z_{\text{in}}=$

Z_0 对应反射率零点，式（5－251）分母趋近于无穷大对应传输率零点。

$$S_{11}=\left|\frac{Z_{\text{in}}-Z_0}{Z_{\text{in}}+Z_0}\right| \tag{5-251}$$

$$S_{21}=\left|\frac{2}{A+\dfrac{B}{Z_0}+CZ_0+D}\right| \tag{5-252}$$

5.5.3 典型频率选择表面

5.5.3.1 典型 FSS 单元

FSS 单元类型可被划分为四组[41]。不同类型的单元谐振频率与单元尺寸的关系有所区别。中心连接单元端到端的长度接近 $\lambda/2$ 时将产生谐振；环状单元的平均周长近似等于 $\lambda/2$ 时，将产生谐振；贴片型单元在横截尺寸近似为 $\lambda/2$ 时产生谐振[41]。

FSS 的性能很大程度上取决于单元结构的特性，当然也与单元间距或周期参数紧密相关。例如，FSS 的频率特性主要取决于谐振单元，周期性分布、加载介质的电特性及形式，还有电磁波的入射角和极化角。对于宽带 FSS 设计，首要的是单元类型的选择。选择宽带单元时，一方面看其本身是否为宽带型，如环形单元通常具有电尺寸较小的特点，没有介质时，它们的尺度通常小于 0.3λ ；另一方面看该单元形状是否可以紧密排列，以减小间距，增大带宽。

FSS 的性能除取决于单元外，还与单元排列的周期和栅格形式相关。FSS 设计中阵列周期的选择主要应考虑避免结构在规定域内出现栅瓣以及表面波传播。不同的 FSS 单元排列方式，如矩形、三角形等栅格形式会有不同的单元插紧程度，从而有不同的栅瓣特性。FSS 阵子周期也影响带宽，周期增大，带宽减小。各种基本单元及其特点如表 5－10 所示。

利用不同的 FSS 单元结构、排列形式可以获得不同的频率选择性能，单元尺寸与谐振频率有关。当谐振频率越低时，对应的 FSS 单元尺寸就越大，在实际应用中，有些情况要求 FSS 有小的单元尺寸，如：

1）需要获取较低谐振频率时，若采用常规单元，其单元尺寸要达到 10 cm 以上，在实际工程中由于物体表面积有限，能排布的单元很少，势必会导致其与仿真中无限大平面的假设差距很远，工作性能也会大打折扣。

2）应用于隐身时，要求 FSS 在除工作波段外的各个雷达波段各个角度入射波的照射下都具有较小的 RCS，这非常考验 FSS 单元抑制栅瓣和表面波的能力，栅瓣和表面波的出现与单元尺寸有很大关系，小的单元尺寸能够延迟这些异常现象的出现。

3）布设在曲面上时，为了保证飞行器的整体气动外形，机头天线罩通常呈尖锥形、卵形等，在头部区域会有大尺寸 FSS 单元难以布置的大曲率区域。同样，在某些天线罩设计中，也会出现非平面波照射区域，如当天线与天线罩距离相对较近时，天线罩往往处于天线的第一菲涅耳区而非远场区，对于现有的 FSS 基于平面波的性能计算方法可能会产生错误或者较差的计算精度[44]。

表 5 - 10　典型 FSS 单元及其特点[41]

单元类型	典型结构					特点
中心连接型 $\left(L\sim\frac{\lambda_0}{2}\right)$	 线极化偏振器	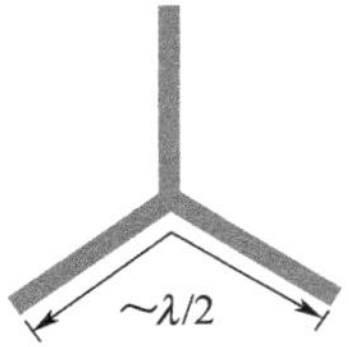 紧密填充，宽带	 小尺寸与 λ 有关，带宽很宽	 单独谐振，适合窄带	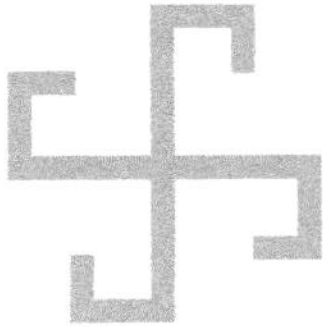 反射和透射均为宽带，小型化	1)二次谐振存在问题 2)与波长关系大
环形 $(c\sim\lambda_0)$		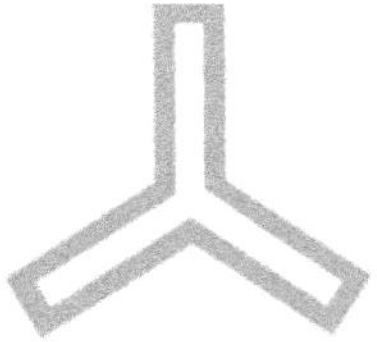			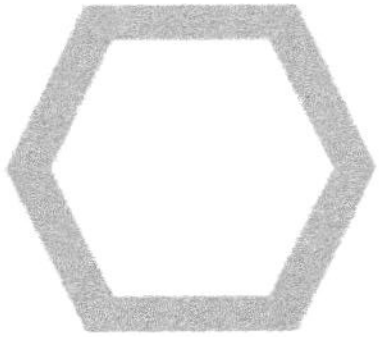	1)与波长关系小 2)周长约为 λ 3)常用于带通 FSS 4)带宽通过传输线厚度控制
贴片型 $\left(L\sim\frac{\lambda_0}{2}\right)$						1)研究最早、最简单的单元 2)与波长关系大 3)角度敏感 4)栅瓣问题
结合型						

高质量的单元对不同入射角应有较稳定的谐振频率，单元间距大则会导致栅瓣的提前出现，继而导致基本谐振频率随入射角增大而降低。因此，一个好的单元，其电长度应该较小，Y形、十字形单元、简单的圆环和方环，特别是对于宽带应用的六边形环等环形单元都有很好的响应特性。这些单元的共同点是，当它们周长（而不是周期单元尺寸）约等于或稍小于一个波长时就会产生谐振，也就是说，没有介质时，它们的单元尺寸小于 0.3λ 。这一类环形单元的形状变化给设计人员提供了很多选择，从窄带（Y形和十字形单元）到宽带（圆形和六边形单元）均可实现。

5.5.3.2 宽带 FSS 设计

FSS 通常为谐振结构，其带宽随入射角的变化可以归结为波阻抗的变化。波阻抗改变会直接影响谐振结构的品质因数。TE 模极化波入射时，随着入射角度的改变，波阻抗以 $Z_0\cos\theta$ 变化。随着入射角增大，品质因数减小，谐振结构的带宽增大。但是 TM 模极化波入射时，随着入射角度的改变，波阻抗以 $Z_0/\cos\theta$ 变化。因此对于大角度入射，波阻抗增大、品质因数增大而谐振结构的带宽降低。

采用多层 FSS 级联可以加强通带或阻带的截止特性。宽带 FSS 通常要求有相对较高的品质因数，这就需要多层 FSS 级联来实现。将两层或者多层 FSS 级联起来，主要是通过 FSS 层间电场的作用来调节电性能，可获得通带内平坦和陡截止的频率响应特性。美国密歇根大学的 Behdad 和 Saraband 在研究利用容性表面和感性表面之间的耦合机制来设计宽带带通型频率选择表面[45]的同时，提出了通过多层级联可以实现宽带 FSS。

对于多层 FSS，层间距离较近将引起层间耦合，产生另外的谐振频率，在等效电路分析过程中，需考虑层间耦合引入的互阻抗。当两层 FSS 金属部分没有正对（如互补型 FSS）或正对部分面积较小时，层间模型可简单看作引入了传输线电感及支路电容；当两层 FSS 金属部分正对的面积较大时，层间耦合电容较强，传输线上需引入一个并联电容。层间耦合电容和电感的取值与介质厚度、介质相对介电常数、两层 FSS 正对面积的大小有关，接下来以双层方环 FSS 和双层缝隙方环 FSS 为例做具体分析。

多层 FSS 级联时，将带通型 FSS 和带阻型 FSS 交替对称放置可构造具有宽带 FSS，高阶 FSS 由于极点间相互耦合作用，具有较宽工作带宽，带外抑制强，通带边缘陡降性好的特点。最简单的例子就是由容性贴片层和感性金属栅格层组成 M 层 FSS 的级联。该结构组成的 M 层 FSS 一般会有 $(M+1)/2$ 阶带通响应（M 为奇数），如果想要取得 N 阶响应的通带，需要 $2N-1$ 层容性和感性 FSS 交替排列，并在每两层 FSS 之间加载介质衬底，共 $2N-2$ 层。

图 5-108 中三层 FSS 即利用了层间耦合原理，实现 FSS 的宽带设计。该 FSS 由两层缝隙型方环与弯折线结构组成，中间层是旋转组合结构，有利于 FSS 在不同极化条件下的稳定性。

该多层 FSS 的仿真曲线如图 5-109 所示，三次谐振相连形成 S_{21} 曲线平坦的宽通带，-3 dB 通带的工作频带从 6.688 GHz 到 11.08 GHz，S_{21} 曲线右侧边缘下降迅速，在一定频率范围内保持了 -20 dB 以上的屏蔽能力。

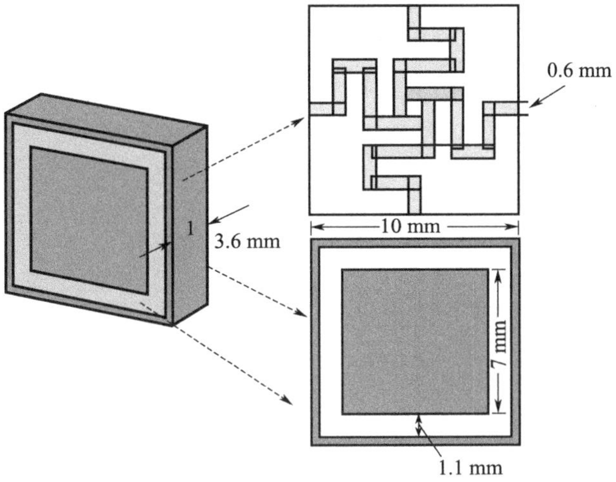

图 5-108　三阶谐振的宽带带通多层 FSS 结构示意图

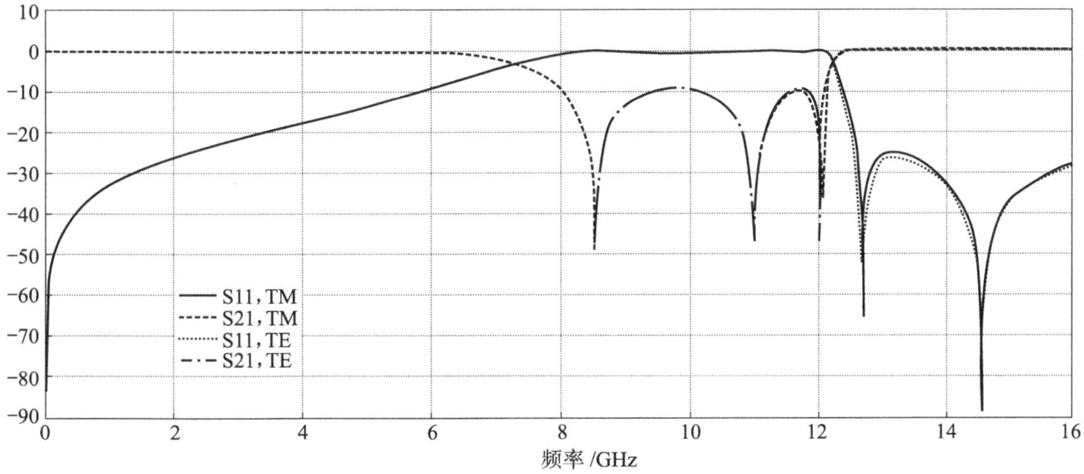

图 5-109　多层宽带 FSS 频率响应曲线

5.5.3.3　可调 FSS 设计

常规 FSS 一旦其单元及结构确定，其性能就确定了，但在一些场合下，希望 FSS 的谐振频率或通带、阻带特性能实时根据需要变化，或者说具有重构能力，这就诞生了可调 FSS 的思想。可调 FSS 技术研究较早，早期文献至少可以追溯到 20 世纪 80 年代（参见文献［46］）。实现 FSS 可调的技术途径很多，如电控器件加载（包括 PIN 二极管、变容管、肖特基二极管等）、光控器件加载（光二极管、光敏材料等）、MEMs 加载、机械加载、液晶调节、液态金属调节等。

（1）电控器件加载有源 FSS

电控器件加载有源 FSS 研究最早也最多的是采用 PIN 二极管加载，通过在所设计 FSS 单元内或单元间加载二极管器件，利用二极管器件开关特性，使 FSS 单元在二极管通、断两个状态下电尺寸及等效电路特性在两个状态之间转变，从而表现出 FSS 性能的可调性。图 5－110（a）展示了一个加载偏压二极管的有源 FSS 单元，通过调节电压实现二极管电容的连续变化，进而实现 FSS 单元频率响应特性的调控。图 5－110（b）为利用连续可调的有源 FSS 实现波束控制的原理图，通过调节，不同区域的 FSS 单元具备不同的相位，通过相位的递进式变化，可使波束由法向偏移至预定方向。

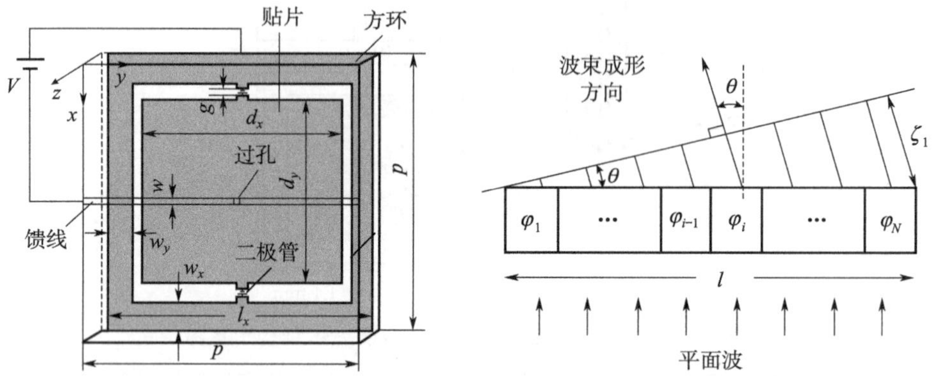

(a)有源频率选择表面单元几何构型　　(b)利用有源频率选择表面波束控制原理图

图 5－110　有源频率选择表面单元几何构型及原理图[47]

图 5－111 为该有源频率选择表面应用于喇叭天线波束控制的示意图，通过相位不同梯度的变化，可实现图 5－78 中喇叭天线波束转换的控制效果，如图 5－112 所示。

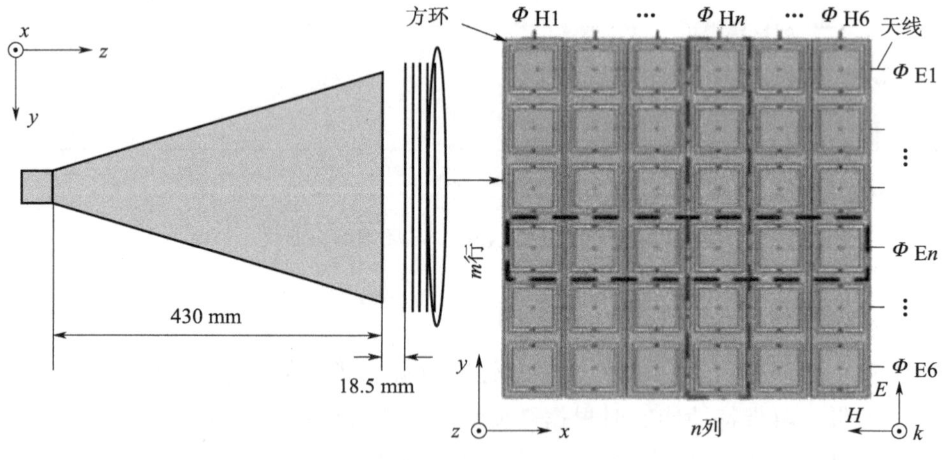

图 5－111　带有有源频率选择表面的喇叭天线波束控制示意图[47]

（2）光控器件加载有源 FSS

一些学者研究了用光控的方式调节 FSS 性能，如采用光二极管、光电导薄膜、光敏器件等，将这些器件嵌入到 FSS 单元中或直接作为 FSS 介质层，从微观上看，光照使光敏半导体表面发生光电导效应，激发电子-空穴对；从宏观上看，光电导效应改变了半导体的电导率、阻抗，使半导体由绝缘体转化为导体。通过绝缘体和导体之间状态的切换，可以实现 FSS 单元的重构，从而调节 FSS 的频率响应特性。

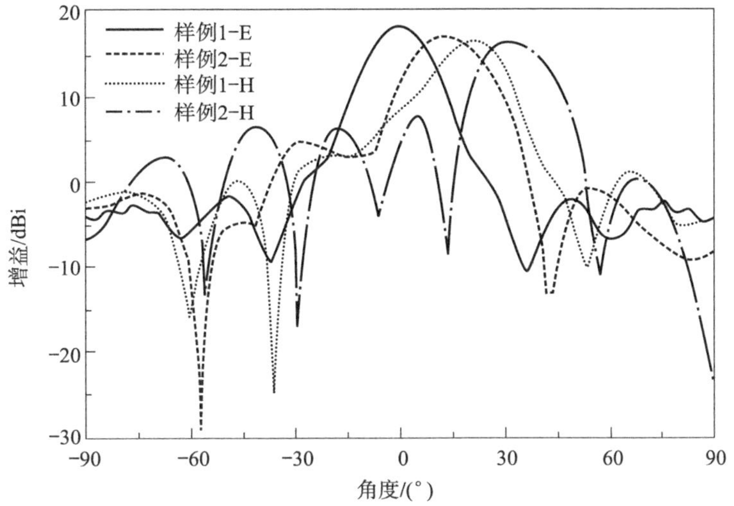

图 5-112　有源频率选择表面对天线波束角的调整[47]

图 5-113 展示了基于光电导薄膜的十字形 FSS 的加工过程，其中 a 为金属层，b 为光电导膜，c 是被需要蚀刻掉的十字形缝隙，d 为光刻胶。先使用光刻胶覆盖图 5-113（a）中十字形缝隙区域，再在薄膜表面覆盖一层均匀的金属层，即可采用光化学蚀刻的方法，得到初始的十字形 FSS 图案；继续在需要蚀刻的区域覆盖光刻胶，不需要蚀刻的区域覆盖光电导层［图 5-113（b）］，即可得到带有光敏半导体的 FSS 图案。

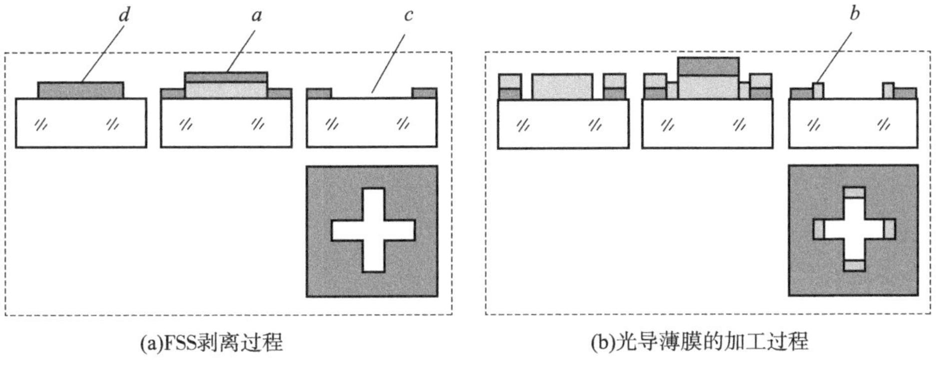

图 5-113　基于光导薄膜的频率选择表面加工过程[48]

图 5-114（a）为按上述过程加工得到的 FSS 样板，其中光电导薄膜由 CdS 和 CdSe 组成，其 S21 测试曲线如图 5-114（b）所示。在有光照的情况下，FSS 单元构型发生了改变，因此中心频点由无光照时的 24 GHz 移动到了 30 GHz，具有明显的调控效果。

光控有源 FSS 也可以用于屏蔽与透波状态的切换，基于光敏半导体贴片的 FSS 单元结构如图 5-115 所示，在暗状态下为透波状态（on 状态），亮状态下为屏蔽状态（off）状态，其在两种状态下的频率响应曲线如图 5-116 所示，在暗状态具有大带宽、良好的角度稳定性和很小的插入损耗，在亮状态下又可以实现 6.056～8.056 GHz 范围内透波系

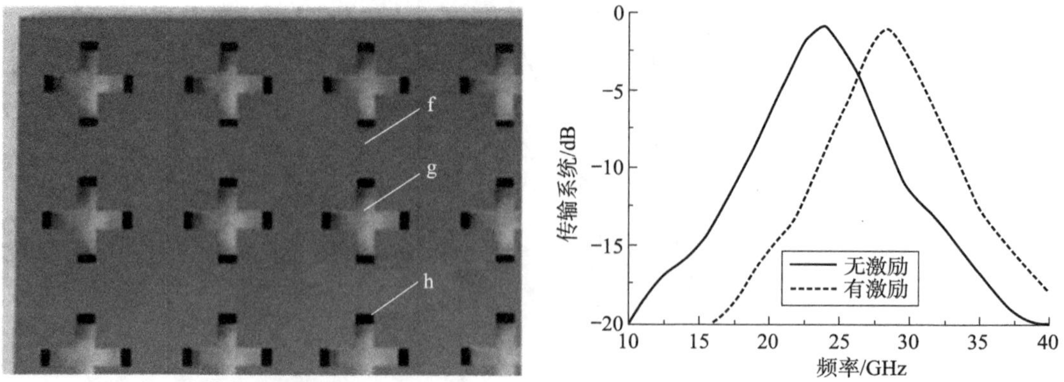

(a)十字单元有源FSS　　(b)有光照和无光照条件下的S21曲线

图 5-114　实验样板[48]

数均保持在－17.4 dB 以下（透波率不超过 13.45%），具有良好的屏蔽效果。可作为具有开关切换功能的天线罩、调制表面等，广泛应用在工程中。

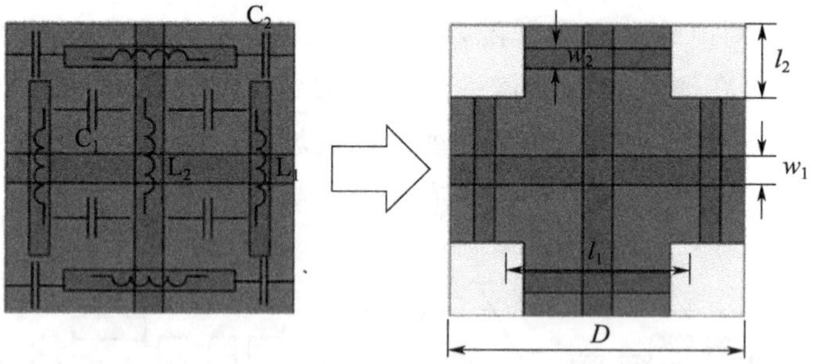

(a) 正视图

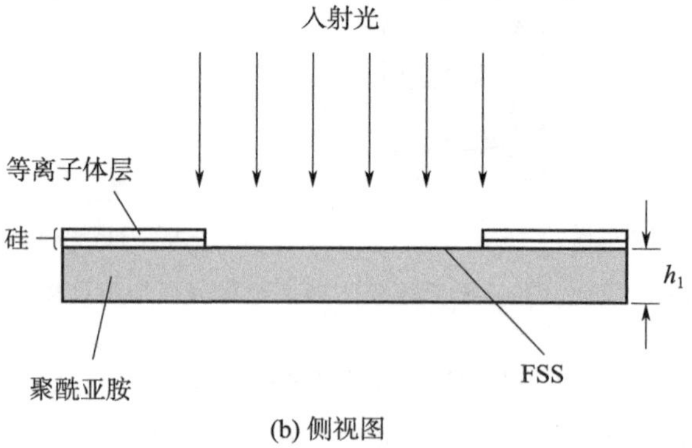

(b) 侧视图

图 5-115　基于光敏半导体的有源频率选择表面单元结构[47]

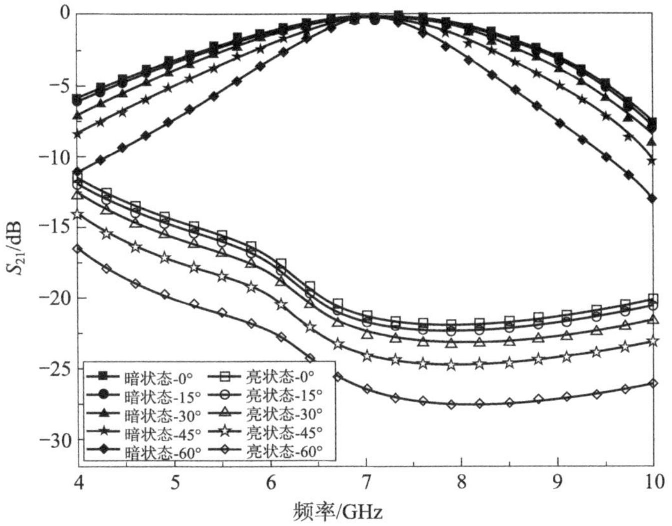

图 5 - 116　有光照和无光照条件下的 S21 曲线[49]

5.6　石墨烯吸波技术

5.6.1　绪论

5.6.1.1　石墨烯简介

20 世纪 30 年代，Peierls[50]、Landau 等[51,52]提出了一个理论，他们认为二维晶体在热力学上是不稳定的，因此在自然界中不可能存在。低维晶格中热波动的发散贡献会导致原子发生位移，使得原子间的距离超过任何有限温度下的情况。在此基础上，Mermin 做了一系列实验对理论进行了扩展[53]。事实上，薄膜融化温度会随着薄膜厚度减小而下降，通常在几十个原子层的厚度时就已经变得不稳定，可能会出现分离成岛或分解的情况[54,55]。因此，研究者们总是将单原子层视为三维结构的组成成分。早期制备石墨烯的方式主要为化学剥离法，对石墨进行插层处理[56]，将石墨烯平面层间原子或分子分开。虽然人们尝试了各种方法，如生长碳纳米管，但这通常只能制备出多层的石墨烯材料，无法获得单层石墨烯。因此，科学界普遍认为，热力学涨落不允许任何二维晶体在有限温度下存在，二维单原子层只能作为三维结构的一部分存在，脱离三维结构而单独存在的二维材料是不存在的。

2004 年，英国曼彻斯特大学的安德烈 · 海姆（Andre K. Geim）教授和康斯坦丁 · 诺沃肖洛夫（Konstantin Novoselov）教授在实验中发现了石墨烯等独立存在的二维原子晶体[57]。这一发现彻底打破了之前学术界二维材料不存在的“共识”。这些二维原子晶体可以在非晶基底上以悬浮液或悬浮膜的形式获取[58-62]。这一里程碑式的发现为科学界带来了全新的视角，重新定义了二维材料的可能性和未来发展方向。

更加重要的是，研究人员发现实验中获得的二维晶体不仅具有连续性，而且其晶体质量极高[62]。石墨烯中的载流子能够在穿越数千个原子间距时不发生散射[57]。这一发现意味着这些二维晶体可能处于一种亚稳态状态，因为它们是从三维材料中剥离而来的。这些高质量的二维晶体不仅为材料科学带来了全新的视角，而且为未来的纳米电子学和其他领域的应用提供了重要的基础。

这些二维晶体之所以稳定，一方面是由于它们的小尺寸（<1 mm）和强大的原子间键所保证，即使在高温下也不易产生位错或其他晶体缺陷。另一方面，当这些二维晶体在提取过程中轻微揉皱时，它们在三维空间中会变得更加稳定。这种三维弯曲（横向标度约为 10 nm）会增加弹性能量，并抑制热振动（在二维空间中异常大）。这意味着在高温下，热振动会使总自由能最小化，但由于二维晶体的形态和结构，其热振动受到了较强的抑制[63]。

5.6.1.2 石墨烯的特性

石墨烯是蜂窝状晶格排列的碳六元环结构的单层二维晶体。尽管它非常薄，其结构却极为稳定。在石墨烯的平面六边形点阵结构中，每个碳原子都经过 sp^2 杂化，并贡献出一个额外的 p 轨道上的电子，形成了大 π 键。这些 π 电子在结构中可以自由移动[64]。

石墨烯作为一种半导体材料与传统的半导体材料不同的是，石墨烯的能带结构的价带和导带在一个点上相交，这个点被称为狄拉克点，呈现出两个锥形结构相对接的形态，中间没有带隙，如图 5－117 所示。因此，石墨烯也被称为零带隙半导体[65]。这些特性使得石墨烯成了研究领域的焦点。

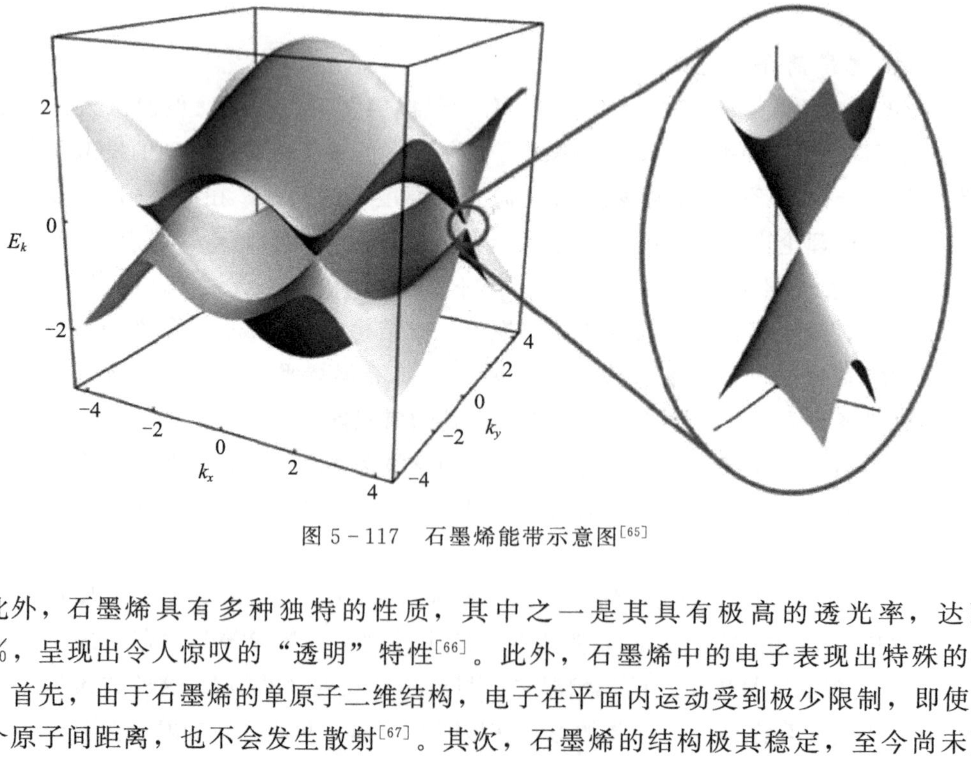

图 5－117 石墨烯能带示意图[65]

此外，石墨烯具有多种独特的性质，其中之一是其具有极高的透光率，达到了 97.7%，呈现出令人惊叹的“透明”特性[66]。此外，石墨烯中的电子表现出特殊的输运性质。首先，由于石墨烯的单原子二维结构，电子在平面内运动受到极少限制，即使穿过数千个原子间距离，也不会发生散射[67]。其次，石墨烯的结构极其稳定，至今尚未观察到其中存在碳原子缺失的情况，因此电子在轨道中移动时不会受到因晶格缺陷或引入外部原子的影响而出现散射现象。此外，实验测量还发现，石墨烯还表现出独特的整数量子霍尔效应，其霍尔电导率为量子电导率的奇数倍。这是因为相对论量子力学指出，电子没有静质量，其运动速度达到光速的 1/300，因此它也被称为“载流子”[68]或“无质量狄拉克费米子”[67]。这些特性使得石墨烯具有极高的电子迁移率，达到 250 000 cm^2/（V · s），接近于物质的迁移率理论极限值 200 000 cm^2/（V · s）。此外，石墨烯的电阻率极小，仅约为 10^{-6} Ω · cm，是目前世界上电阻率最小的材料之一。

除了上述的出色特性之外，石墨烯还具备许多其他显著的特点。首先，它的导热系数达到惊人的 5 300 W · m/K。其次，石墨烯的强度非常出色，其杨氏模量高达 1 TPa，固有强度达到 130 GPa。此外，石墨烯的载流子浓度可以通过引入偏置电压来调节，进而改变其化学势水平和电导率。这一系列突出的特性不仅赋予了石墨烯广泛的应用前景，而且使其在科学研究领域具有极高的价值，为未来的技术和创新提供了巨大的潜力。

5.6.1.3　*石墨烯吸波器研究现状*

2004 年，英国曼彻斯特大学海姆教授及其团队首次成功从石墨中剥离出单层石墨烯[68]。此后，他们展开了对石墨烯特性的研究，以及石墨烯制作工艺的研究[57,69,70]。在这之后，关于石墨烯的基础理论的研究不断完善，研究者们先后提出了在各种不同条件下的石墨烯电导率模型[59,62,71-74]，为后续石墨烯研究提供了理论基础。

2016 年，Wang 及其团队设计了一款基于图案化石墨烯可调谐太赫兹吸波器[75]，如图 5－118 所示。图 5－118（a）通过调整石墨烯的化学势，可实现 68%的调谐范围。此外，他们还提出了一种使用三层十字形石墨烯层错位堆叠的结构，以扩宽吸波器的工作带宽，如图 5－118（c）所示。通过改变石墨烯的化学势，成功实现了吸收频率范围从 2.36～3.2 THz 调整到 3.26～3.99 THz 的宽带吸收。

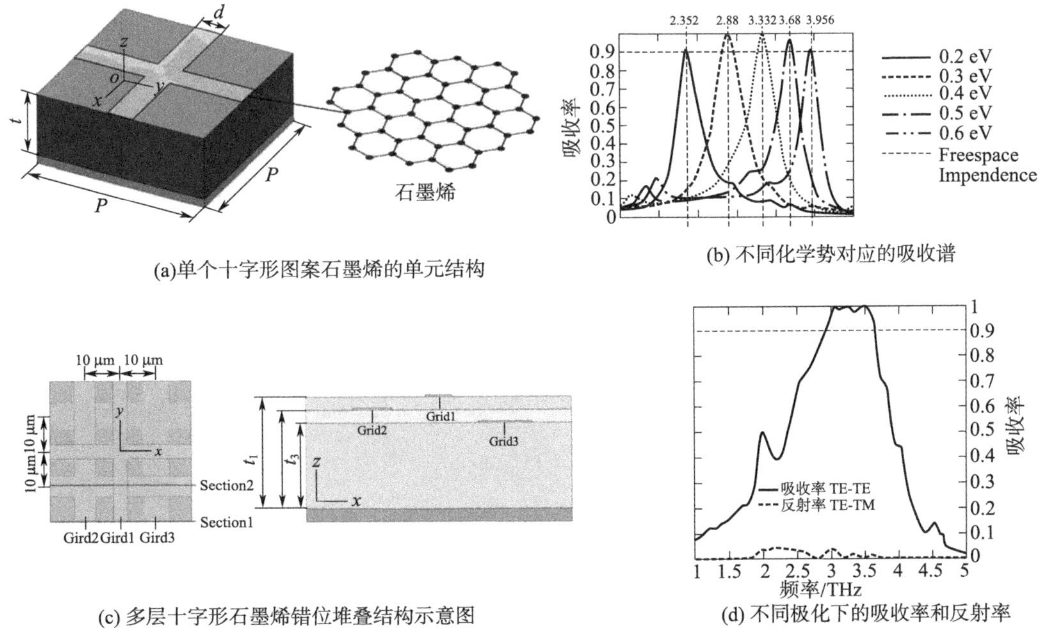

(a)单个十字形图案石墨烯的单元结构　(b) 不同化学势对应的吸收谱

(c) 多层十字形石墨烯错位堆叠结构示意图　(d) 不同极化下的吸收率和反射率

图 5－118　宽带可调谐吸波器[75]

2017 年，Aloia 等研究人员提出了一种基于多层石墨烯的新型可调太赫兹吸波器[76]。如图 5－119 所示，通过在石墨烯层上施加外部偏置电压来控制石墨烯层的化学势，从而实现最佳吸收效果。实验表明在 0.6～2.2 THz 的频带内吸波器的反射系数小于－10 dB。此外，他们还探讨了在 0.1～5 THz 频带内静电场值对电子载流子迁移率以及石墨烯级联层数与反射系数的关系。

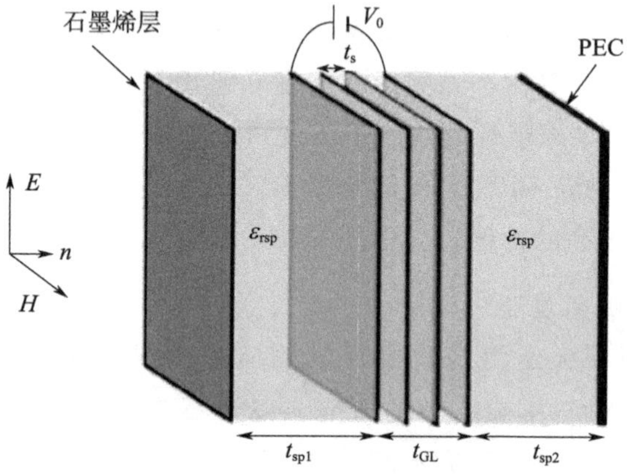

(a) 单元结构示意图

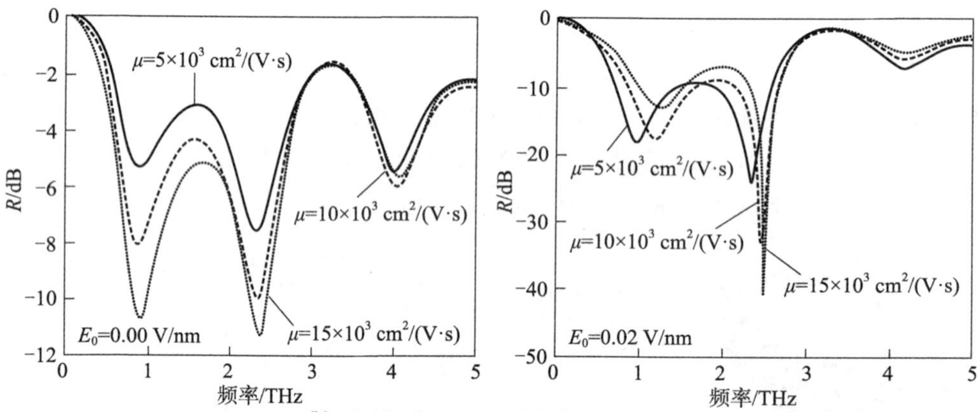

(b) 不同偏置电压时，改变载流子迁移浓度对应的反射系数谱

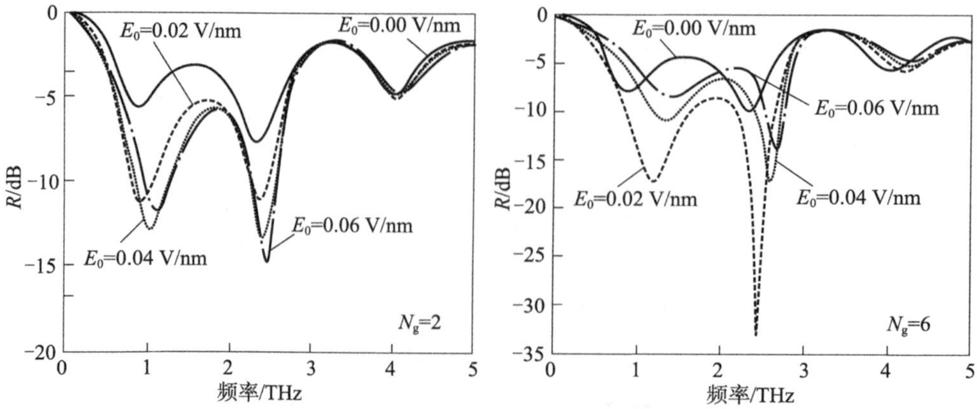

(c) 不同石墨烯/SiO_2层数时，不同偏置的电压反射系数

图 5－119　基于多层石墨烯的可调太赫兹吸波器[76]

2018年，Xu等科学家提出了一种基于石墨烯的超宽带可调谐太赫兹吸波器[77]。如图5-120所示，该吸波器由多层结构组成。仿真结果表明，通过施加外部偏压控制石墨烯的化学势，可以在4.8 THz的频率范围内达到－10 dB以上的反射系数。此外，当石墨烯的化学势为0时，该吸波器在3～7.8 THz的频带内反射率超过90%，可视为接近金属反射地。此外，该吸波器还具有良好的角度稳定性，在50°入射角范围内，吸波器也能保持90%以上的吸收效果。

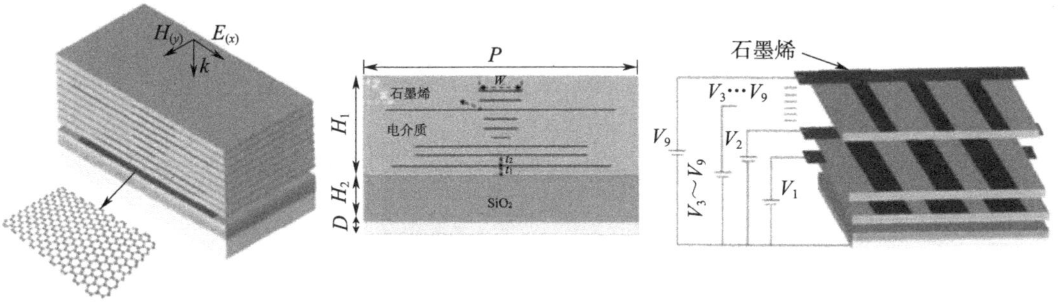

(a) 单元结构示意图

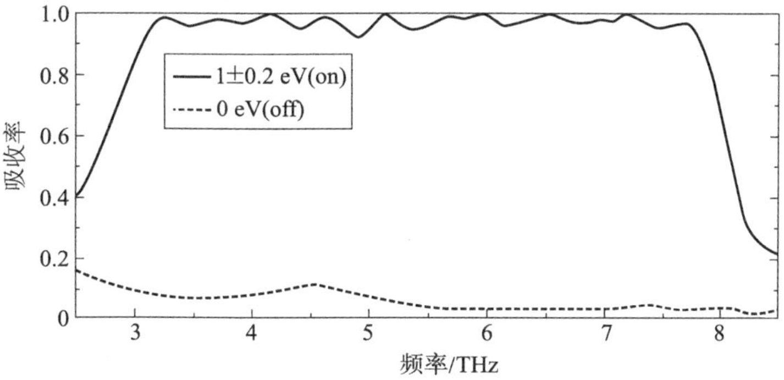

(b) 吸收器吸收率

图5-120 基于多层石墨烯的可调谐宽带太赫兹吸波器[77]

2019年，Su等提出了一种由介质隔开的周期性双层石墨烯环阵列双频吸收器[78]，如图5-121所示。采用耦合模式理论和有限差分时域法分析了完美吸收和吸收机理。该吸波器在2.03 THz及2.39 THz两个频点实现完美吸波效果，通过外部偏置改变石墨烯的化学势可以调控吸波器的吸收频点。

2022年，Tavana等研究者提出一种基于一维各向异性石墨烯光子晶体（1D AGPC）的可调谐太赫兹吸收器[79]，如图5-122所示。通过传递矩阵法（TMM）计算得到了一维AGPC结构的光学性质。通过在一维AGPC结构中引入了单缺陷层，以增强吸波器吸收。通过优化光子晶体周期数、缺陷层厚度和石墨烯的化学势等AGPC参数，进一步改善了吸收系数。改进后的结构可以提供完美的吸收，吸收带宽为0.05 THz。

在微波波段，2014年，Xu等提出了一种基于石墨烯十字和开口双方环相互交叠的宽频吸波周期结构设计[80]，如图5-123所示。该吸波器在10～30 GHz频段内吸波率超过

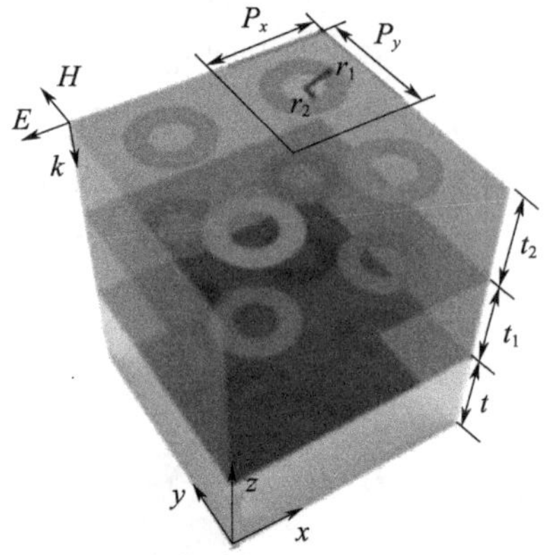

(a) 单元结构示意图

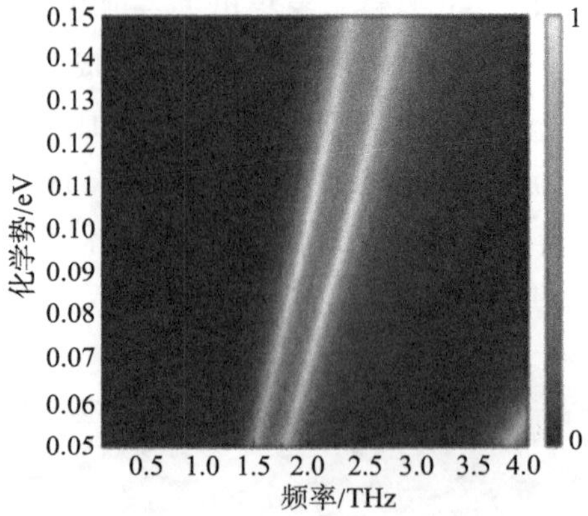

(b) 吸收频点与化学势的关系

图 5-121　Su 等提出的吸波器[78]

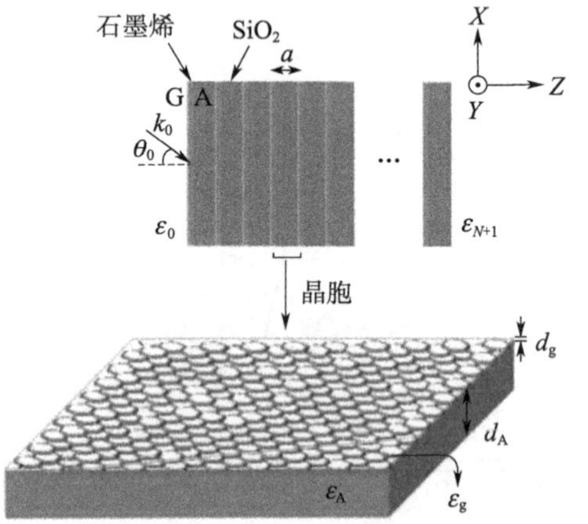

(a) 单元结构示意图

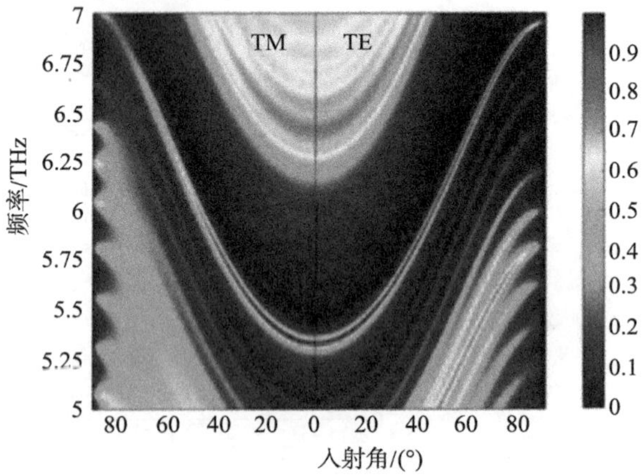

(b) 吸波器两种极化角度稳定性

图 5-122　Tavana 等提出的吸波器[79]

80%。此外，通过改变加载于石墨烯单元路两侧的偏置电压，还可以实现结构的三频点吸波。

2015 年，Olszewska 及其团队设计了一种基于图案化石墨烯的吸波器[81]。如图 5-124 所示。在 6～16 GHz 的频率范围内，吸波器吸收率达到了 90%以上，其相对带宽接近 100%。研究者们制备了石墨烯样品并进行了测量。实验结果与理论分析结果吻合良好。尽管无法调节石墨烯样品的电导率，但其实物测试结果也为开发可调节石墨烯吸波器提供了重要的实验依据。

2016 年，Aloia 等研究者设计了一种基于石墨烯的带宽可调吸波器[82]。在 7～22 GHz 的频率范围内，吸波器具有 90%以上的吸收带宽。如图 5-125 所示，该吸波器由单层石墨烯、介质板以及金属接地板组成的多层结构。通过施加外部偏置电压，可改变石墨烯上的化学势，进而改变吸波器的输入阻抗，从而实现对吸波器带宽的调节。

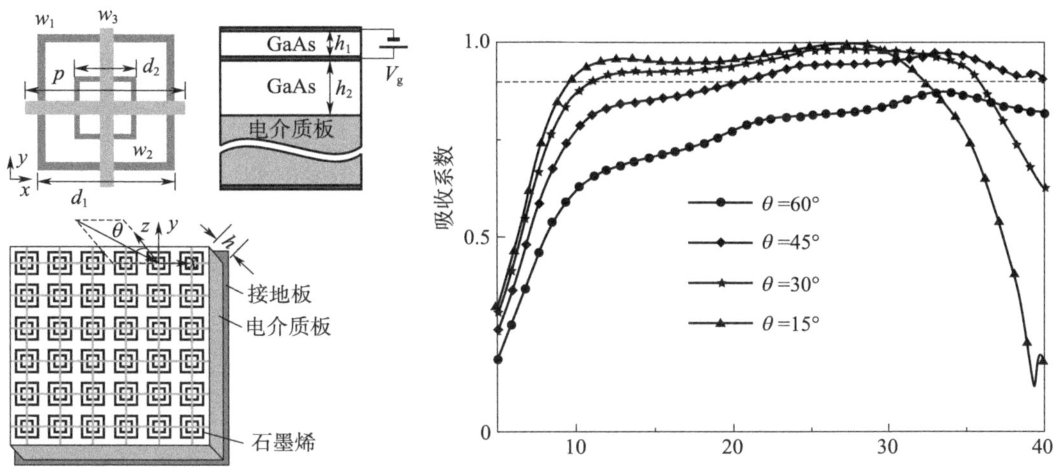

(a) 石墨烯吸波体结构示意图　　　　(b) 吸收率曲线

图 5－123　Xu 等设计的石墨烯吸波体[80]

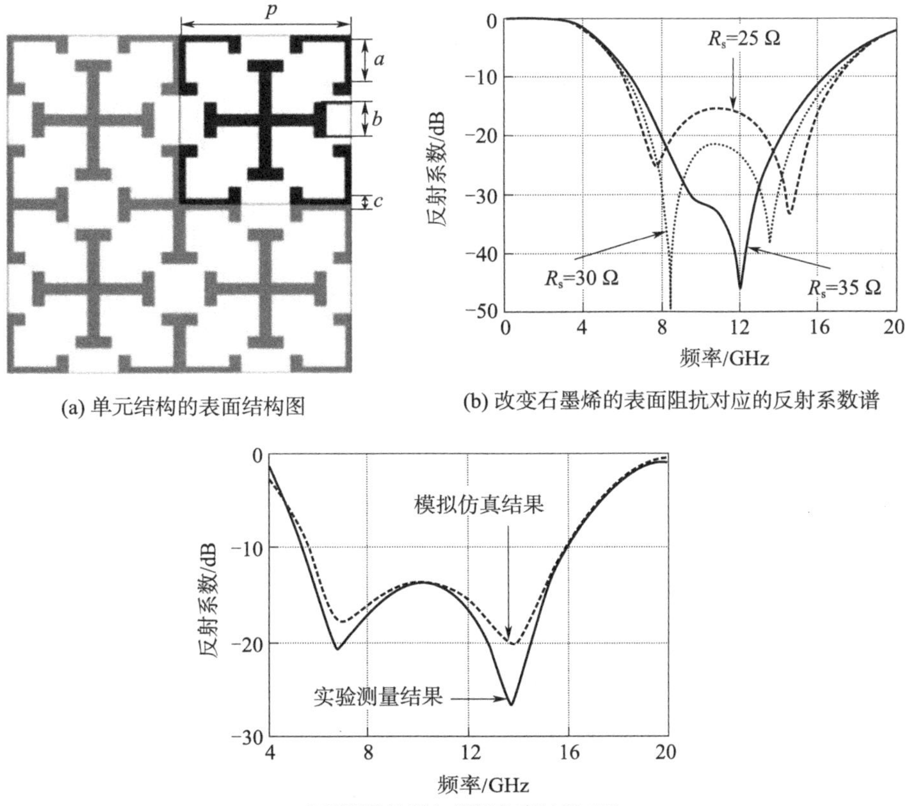

(a) 单元结构的表面结构图　　　　(b) 改变石墨烯的表面阻抗对应的反射系数谱

(c) 实验测量结果与模拟仿真结果对比

图 5－124　基于图案化石墨烯的宽带吉赫兹吸波器[81]

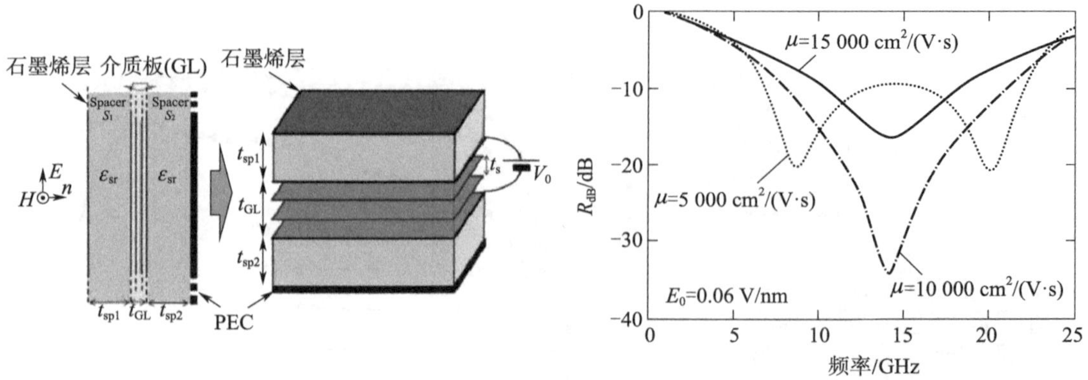

(a) 单元结构　　(b) 不同参杂浓度下的反射系数

图 5-125　基于多层石墨烯的自适应宽带吸波器[82]

2014 年，Wu 等首次成功设计了在微波频段的光学透明宽带吸波器[83]。他们通过多层堆叠将单层石墨烯级联起来，通过控制层数，可以有效控制石墨烯的方阻值。如图 5-126 所示，该吸波器在 125～165 GHz 频带内，吸收率达到 90%以上，相对带宽为 28%。此外，他们还通过石墨烯吸波器的等效电路模型，观察了吸波器的吸收性能和角度稳定性。通过多层堆叠石墨烯-石英介质层，实现了宽带吸波功能。

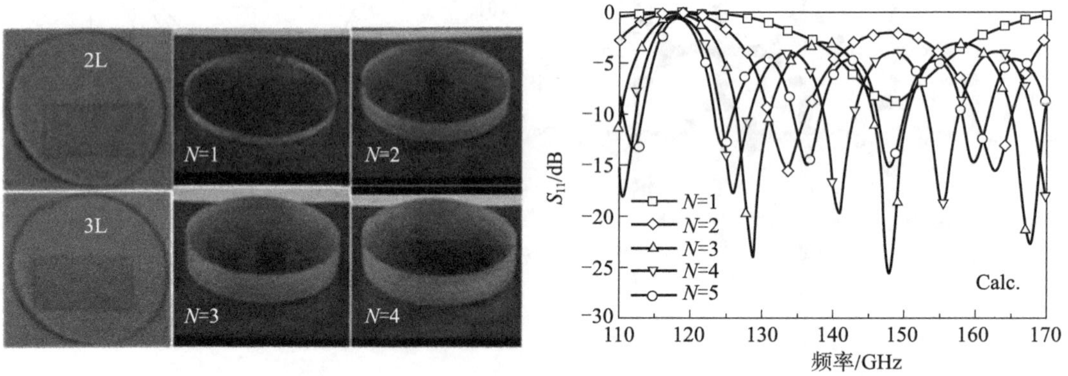

(a) 石墨烯吸波器样品　　(b) 不同层数对应的反射系数

图 5-126　基于石墨烯的光学透明毫米波宽带吸波器[83]

2019 年，Winson 等研究者提出了一种基于石墨烯和超材料的混合雷达吸收器[84]，如图 5-127 所示。针对机载应用分析了所提出的雷达吸收器的吸收特性。仿真研究表明，在 1～60 GHz 的超宽带频率范围内，该雷达吸收器的最大吸收率为 99.93%。通过调整石墨烯薄片的表面电导率可以控制电磁波的反射和传输。模拟和测量结果表明，在 9.9～10.2 GHz 的频率范围内，石墨烯具有极佳的吸收率（96.05%）。

2021 年，Fang 等研究者基于印刷石墨烯人工磁导体设计了一款宽带和柔性微波雷达吸收体[85]，如图 5-128 所示，它不仅可以重定向入射电磁波，而且可以吸收入射波，有效拓宽了工作带宽。人工磁导体的相特性是通过控制印刷石墨烯叠层提供的表面电阻来实

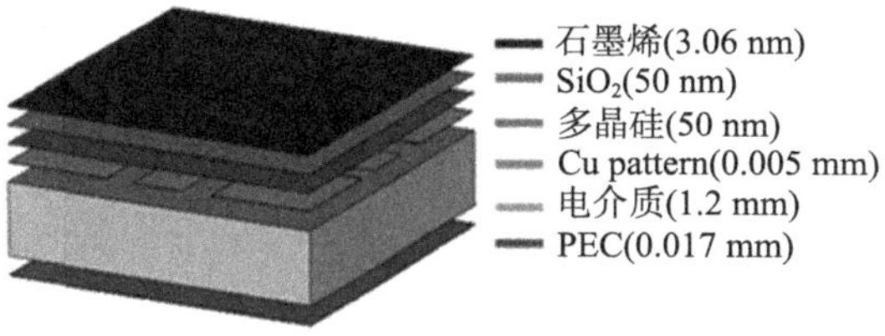

(a) 吸波器单元结构示意图

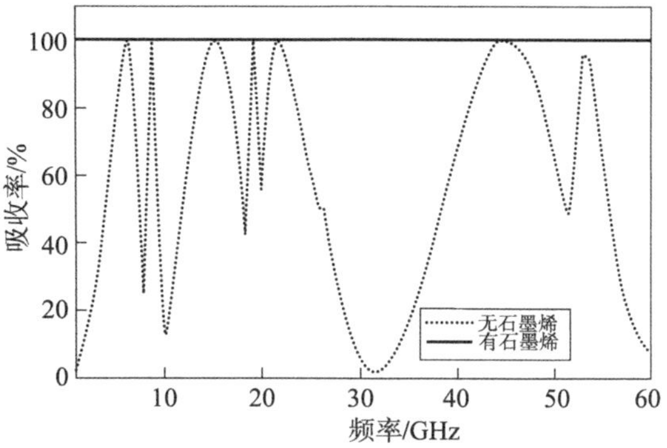

(b) 吸波器吸收率和化学势的关系

图 5-127　Winson 等提出的吸波器[84]

现的，通过仔细设计印刷石墨烯叠层的方阻，可以实现 AMC 之间的最佳反相反射抵消，该吸波材料在 7.58～18 GHz 具有宽带有效吸收（超过 90%的吸收率），在垂直入射下对偏振不敏感，并且可以在较大的入射角度下工作。此外，这种吸振器能够很容易地弯曲，具有显著的性能，这使其成为形状不规则和不均匀的应用的理想选择。

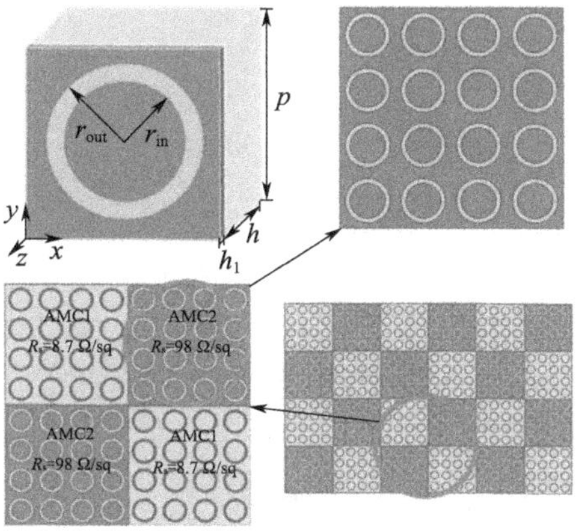

(a) 单元结构示意图

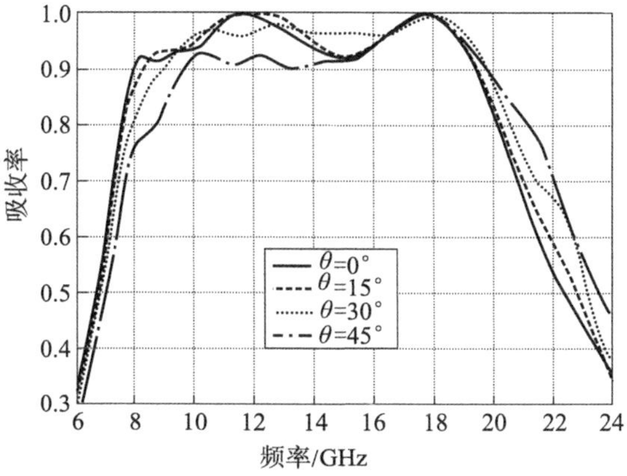

(b) TE角度稳定性

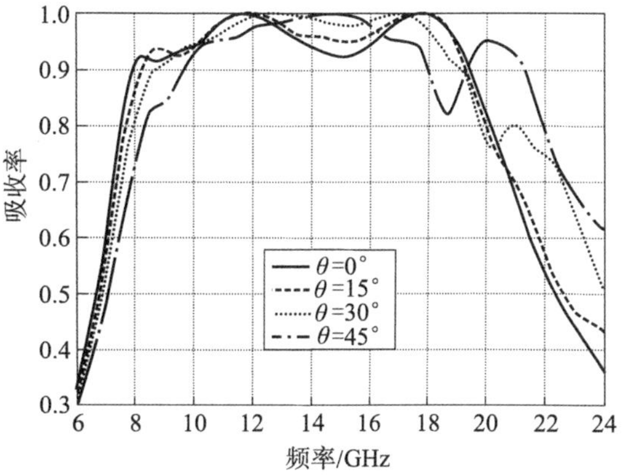

(c) TM角度稳定性

图 5-128　Fang 等提出的吸波器[85]

5.6.2 石墨烯的电磁特性

5.6.2.1 *石墨烯的电导率模型*

电导率作为石墨烯在电磁领域应用的重要依据，对其进行精确建模分析将有助于后续的研究设计。从宏观角度看，单层石墨烯在 z 轴上的单个碳原子的尺度和 xy 平面的尺度相比，可以忽略不计，由此可以将其视为 xy 平面的二维结构。当需要考虑色散的时候，石墨烯将呈现为各向异性，因此石墨烯的电导率通常用二维张量表示为

$$\sigma(\omega,\mu_c(E_0),\Gamma,T,B_0)=\begin{bmatrix}\sigma_{xx} & \sigma_{xy}\\ \sigma_{yx} & \sigma_{yy}\end{bmatrix} \tag{5-253}$$

由久保（Kubo）公式上式可以推导[86]为

$$\sigma_{xx}=\sigma_{yy}=\mathrm{j}\,\frac{q_e^2v_F^2\,|q_eB_{\text{bias}}|\,(\omega-\mathrm{j}2\Gamma)\hbar}{\pi}\sum_{n=0}^{\infty}\left(\begin{aligned}&\frac{f_D(M_n)-f_D(M_{n+1})+f_D(-M_{n+1})-f_D(-M_n)}{(M_{n+1}-M_n)^2-(\omega-2\mathrm{j}\Gamma)^2\hbar^2}\left(1-\frac{\Delta^2}{M_nM_{n+1}}\right)\frac{1}{M_{n+1}+M_n}\\ &+\frac{f_D(-M_n)-f_D(M_{n+1})+f_D(-M_{n+1})-f_D(M_n)}{(M_{n+1}-M_n)^2-(\omega-2\mathrm{j}\Gamma)^2\hbar^2}\left(1-\frac{\Delta^2}{M_nM_{n+1}}\right)\frac{1}{M_{n+1}+M_n}\end{aligned}\right) \tag{5-254}$$

$$\sigma_{xy}=\sigma_{yx}=-\frac{q_e^3v_F^2B_{\text{bias}}}{\pi}\sum_{n=0}^{\infty}\left(\begin{aligned}&f_D(M_n)-f_D(M_{n+1})+f_D(-M_{n+1})-f_D(-M_n)\\ &\left(1-\frac{\Delta^2}{M_nM_{n+1}}\right)\frac{1}{(M_{n+1}-M_n)^2-(\omega-2\mathrm{j}\Gamma)^2\hbar^2}+\\ &\left(1+\frac{\Delta^2}{M_nM_{n+1}}\right)\frac{1}{(M_{n+1}+M_n)^2-(\omega-2\mathrm{j}\Gamma)^2\hbar^2}\end{aligned}\right) \tag{5-255}$$

$$M_n=\sqrt{\Delta^2+2nv_F^2\,|eB_{\text{bias}}|\,\hbar} \tag{2-256}$$

式中 e——单位电荷；

ω——角频率；

Γ——载流子散射频率，其与弛豫时间的关系为 $\Gamma=1/2\tau$；

$\hbar$——约化普朗克常数；

v_F——石墨烯费米速度，$v_F=10^6$ m/s；

Δ——激子能隙，常温下为 0；

B_{bias}——磁偏置；

f_D——费米-狄拉克分布，$f_D=1/\{1+\exp[(\varepsilon-\mu_c)/k_BT]\}$；

k_B——玻尔兹曼常数；

T——温度；

μ_c——石墨烯化学势，上式满足 Kramers－Kronig 关系。

在没有施加任何偏置的情况下，石墨烯的电导率模型可以用下式表示[87]

$$\sigma(\omega,\mu_c,\Gamma,T)=\sigma_{\text{intra}}+\sigma_{\text{inter}}=$$

$$\frac{je^2(\omega-2j\Gamma)}{\pi\hbar^2}\left\{\frac{1}{(\omega-2j\Gamma)^2}\int_0^\infty\varepsilon\left[\frac{\partial f_D(\varepsilon)}{\partial\varepsilon}-\frac{\partial f_D(-\varepsilon)}{\partial\varepsilon}\right]d\varepsilon-\int_0^\infty\frac{f_D(-\varepsilon)-f_D(\varepsilon)}{(\omega-2j\Gamma)^2-4(\varepsilon/\hbar^2)}d\varepsilon\right\} \tag{5-257}$$

石墨烯电导率由两部分组成：带内电子跃迁贡献的电导率（σ_{intra}）和带间电子跃迁电导率（σ_{inter}）。在本节研究的微波波段，电磁波能量较弱，不能够激发带间电子进行能级跃迁，其电导率的贡献基本为 0，可以忽略不计。则微波波段石墨烯电导率近似为[74]

$$\begin{aligned}\sigma_{\text{intra}}(\omega,\mu_c,\Gamma,T)&=-j\frac{e^2k_BT}{\pi\hbar^2(\omega-2j\Gamma)}\left[\frac{\mu_c}{k_BT}+2\ln\left(e^{-\frac{\mu_c}{k_BT}}+1\right)\right]\\&=\frac{e^2k_BT}{\pi\hbar^2(j\omega-2\Gamma)}\left[\frac{\mu_c}{k_BT}+2\ln\left(e^{-\frac{\mu_c}{k_BT}+1}\right)\right]\\&=\frac{e^2k_BT/2\Gamma}{\pi\hbar^2(1+j\omega/2\Gamma)}\left[\frac{\mu_c}{k_BT}+2\ln\left(e^{-\frac{\mu_c}{k_BT}}+1\right)\right]\end{aligned} \tag{5-258}$$

其 Drude 模型为

$$\sigma_{\text{intra}}=\frac{\dfrac{e^2\tau k_BT}{\pi\hbar^2}\left[\dfrac{\mu_c}{k_BT}+2\ln\left(e^{-\frac{\mu_c}{k_BT}}+1\right)\right]}{1+j\omega\tau}=\frac{\sigma_0}{1+j\omega\tau} \tag{5-259}$$

在 300 K 温度下，以 1ps 为弛豫时间，通过式（5－259）计算出石墨烯表面电导率实部和虚部与石墨烯化学势之间的关系，如图 5－129 所示，可以看到石墨烯表面电导率会随其化学势的增加而增大。其中实部始终保持大于零，在低频处实部基本不随频率变化而变化，当增大到 100 GHz 以上时，实部迅速下降；虚部始终保持小于零且在 100 GHz 和 1 000 GHz 之间会出现一个低谷。

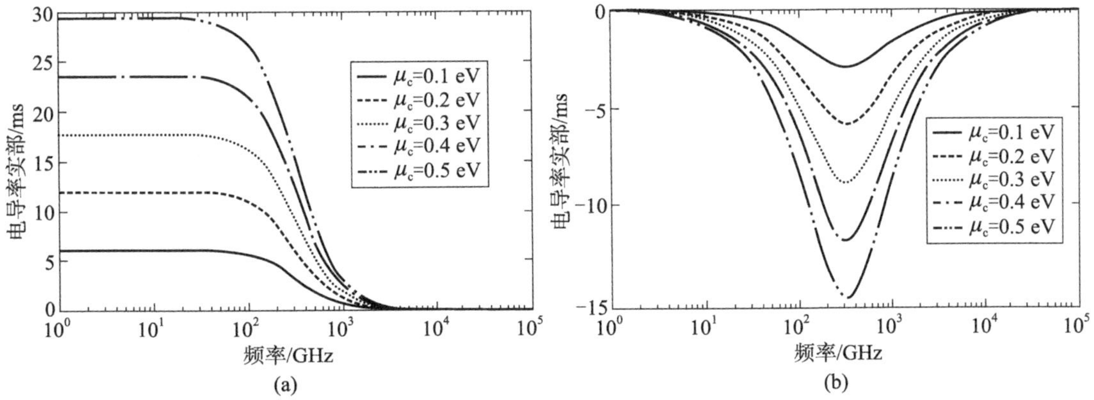

图 5－129　石墨烯电导率与化学势的关系[88]

5.6.2.2　石墨烯等效表面阻抗分析

石墨烯的表面阻抗可以通过其电导率倒数计算得出。当温度 $T=300$ K，弛豫时间 tau＝1 ps 时，观察石墨烯化学势与等效表面阻抗的关系，如图 5－130 所示，石墨烯的表面阻抗会随着化学势的增加而下降。当化学势不变时，阻抗实部基本不随频率变化而变化，而虚部则随频率增加而线性增大。特别是在微波频段，相比于阻抗实部，石墨烯表面阻抗虚部可以忽略不计，因此在微波频段，石墨烯可以看作纯电阻。

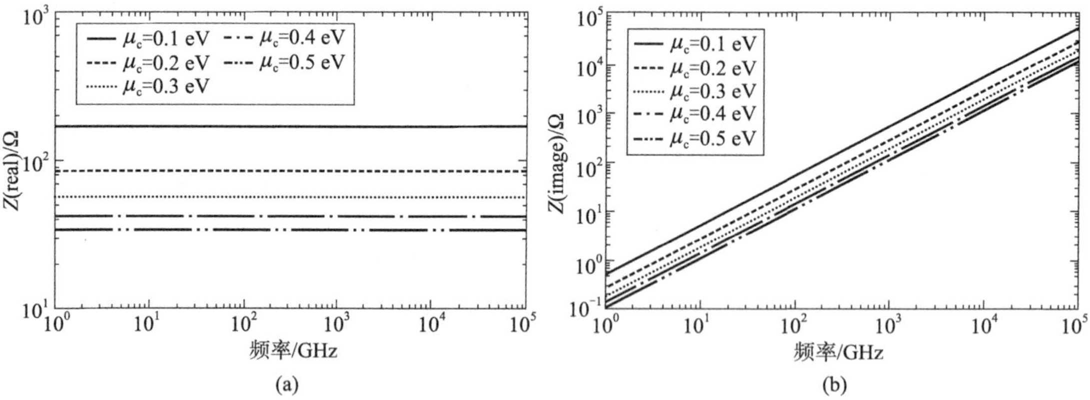

图 5-130 石墨烯化学势与等效表面阻抗的关系[88]

5.6.3 石墨烯的制作工艺

5.6.3.1 机械剥离法

(1) 微机械剥离法

Novoselov 等[57]使用透明胶带将高度定向的热解石墨片按压到其他材料表面，进行多次剥离，最终成功获得了单层石墨烯，称为微机械剥离法，这种“撕胶带”的方法是现阶段最直接、最简单的单层石墨烯制备方法之一。在微机械剥离的过程中，样品上施加的机械作用力主要包括法向力和侧向力。法向力克服了石墨层间的黏附力，而侧向力则使石墨层发生横向位移。在这些力的共同作用下，堆叠层会发生弯曲，层内化学键会断裂，最终导致石墨的剥离。在这一过程中，需要尽量减少大块石墨的破碎，以确保获得大片的石墨烯。尽管这种方法的可控性较差，产量较低，且难以规模化生产，但由于微机械剥离法制备的石墨烯质量相对较高，因此仍然在一些对石墨烯质量要求严格的领域得到应用。

(2) 干式球磨剥离法

石墨烯干式球磨剥离法是一种用于制备石墨烯的方法，其基本原理是通过机械力作用将石墨粉末剥离成单层或多层石墨烯片段。首先，将石墨粉末放置在球磨机或类似设备中。石墨粉末通常是通过机械研磨等方法从天然石墨或其他石墨源中获得的。在石墨粉末中添加一定量的助剂，如聚合物或其他化合物。这些助剂可以提高石墨粉末的剥离性，使其更容易被分散和剥离。开始球磨操作，在球磨过程中，石墨粉末与助剂共同受到球磨机内部球体的撞击、摩擦和剪切作用。由于机械作用的影响，石墨粉末逐渐剥离出单层或多层石墨烯片段。这些石墨烯片段随着球磨过程中的运动逐渐分散在溶剂或空气中。将球磨后的溶液或混合物进行离心或过滤等操作，将石墨烯片段与溶剂分离。接着可以采取进一步的纯化步骤，如重复洗涤或使用分离技术，这样可以获得更纯净的石墨烯[89-91]。

石墨烯干式球磨剥离法相比于其他方法［如化学气相沉积（CVD）等］，操作更加简单且成本较低。然而，其产量可能较低，且需要对实验条件进行精细调控以确保石墨烯的质量和纯度。

5.6.3.2　外延生长法

（1）SiC 外延生长法

早在 40 多年前，研究者们就已经观察到持续加热单晶 SiC，当温度上升到一定高度时会出现石墨化现象。外延法制备石墨烯的方法最早由 2004 年，美国佐治亚理工学院的 Walter de Heer 教授率先提出采用 SiC 单晶热裂解法制作石墨烯[92]，如图 5－131 所示。

首先，选择高质量、表面平整的 SiC 衬底。通常使用 4H－SiC 或 6H－SiC 衬底，它们具有优良的晶体质量和热稳定性。通过化学清洗、超声波处理和高温退火等步骤，对 SiC 衬底进行预处理，包括去除表面杂质和氧化物，并在表面形成平整的原子级结构，将衬底加热至 1 400 ℃以上，衬底表面的碳硅键断裂，Si 升华脱离衬底，此时衬底表面的 C 原子经过重构形成单层石墨烯薄膜。然而这种方法制作的石墨烯厚度往往比较大，而且由于整个过程需要维持超真空的状态，这将会带来极大的成本问题。

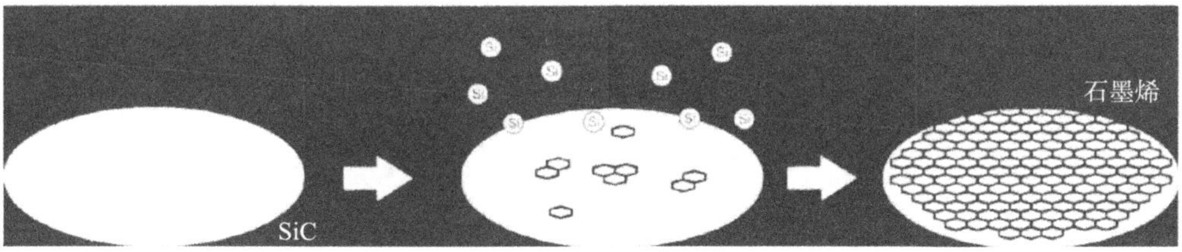

图 5－131　SiC 外延生长法示意图[92]

（2）金属外延生长法

石墨烯金属外延生长法是一种通过金属催化剂在固体基板表面上催化石墨烯生长的方法。在此方法中，金属薄膜被沉积在基板表面上，然后通过热解碳源气体（如甲烷或乙烯）来在金属表面上沉积碳原子。这些碳原子会在金属表面上形成石墨烯结构，并随着时间的推移沿着金属晶格生长，最终形成连续的石墨烯薄膜。

这种方法的关键步骤包括金属薄膜的制备和热解碳源气体的控制。金属薄膜的选择对于石墨烯的生长至关重要，常用的金属催化剂包括镍（Ni）、铜（Cu）和铂（Pt）等。在金属表面上形成的碳原子结构受到金属晶格的影响，因此金属的选择会影响石墨烯的结构和性质。热解碳源气体的浓度、温度和流量也需要精确控制，以确保石墨烯的高质量生长。

石墨烯金属外延生长法具有制备简单、可控性高、生长速度快等优点，因此在石墨烯的大面积生长和工业化生产中具有广泛的应用前景。

5.6.3.3　化学气相沉积法

石墨烯化学气相沉积（CVD）法是一种常用的制备石墨烯的方法，其过程涉及在高温环境下将碳源气体与载氢气体混合，通过化学反应在金属催化剂表面沉积碳原子，并最终形成石墨烯薄膜[93,94]，如图 5－132 所示。CVD 管式炉及相关设备如图 5－133～图 5－135 所示。

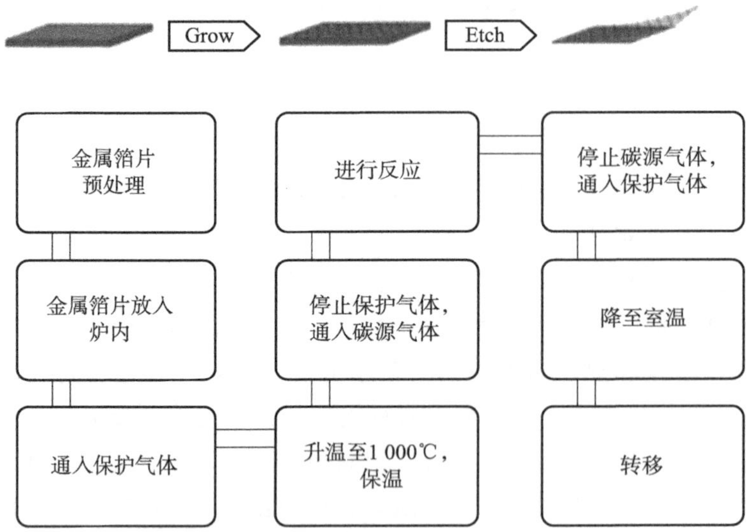

图 5-132　CVD 法制备石墨烯的基本流程[93,94]

图 5-133　CVD 管式炉[93,94]

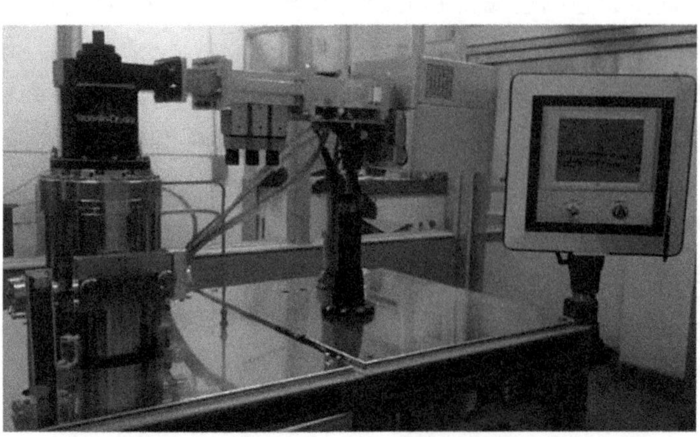

图 5-134　微波等离子 CVD 设备[93,94]

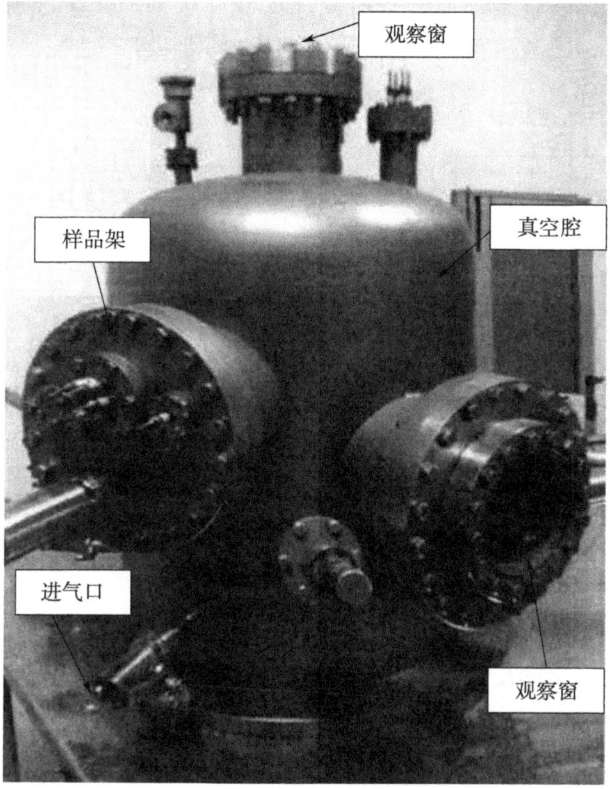

图 5-135　溅控磁射 CVD 设备[93,94]

首先，需要准备一个适用的基板，通常选择的是金属基板（如镍、铜、铂等）、氧化物基板（如二氧化硅）或者其他合适的基板材料。基板的选择对于石墨烯的生长和性质具有重要影响，将基板放置在化学气相沉积反应室中，并确保反应室处于真空或者惰性气体氛围下，将反应室加热至适当的温度，通常在 800～1 100 ℃之间，这个温度范围能够促使碳源气体在金属催化剂表面进行分解反应。向反应室中通入碳源气体，常用的碳源气体包括甲烷（CH_4）、乙烯（C_2H_4）等，碳源气体会在金属催化剂表面分解产生碳原子，同时向反应室中供应载氢气体，如氢气（H_2）。氢气在反应中起到载氢的作用，有助于稳定碳源气体的分解，并防止形成多层石墨。在碳源气体和载氢气体的作用下，碳原子沉积在金属催化剂表面，并逐渐形成石墨烯结构。石墨烯的生长速度和结构特性受到反应温度、气体流量、反应时间等多种因素的影响。在合适的时间后，关闭碳源气体和载氢气体的供应，让反应室冷却至室温。此时，可以通过通入惰性气体或者真空泵抽真空的方式清除残留的气体，将生长好的石墨烯基板从反应室中取出，进行后续的处理和分析。CVD 法制备的工艺流程如图 5-136 所示。

这种方法生长速度快，能够在短时间内制备大面积的石墨烯薄膜，适合工业化生产需求。CVD 法具有良好的可控性，可以通过调节反应条件和催化剂类型来控制石墨烯的尺寸、形貌和层数，满足不同应用的需求。此外，该方法适用于各种基底材料，具有较高的制备灵活性，而且制备的石墨烯通常具有高纯度和高结晶质量。然而，CVD 法也存在一些缺点，如设备复杂、能源消耗大、金属污染和基板限制等，这些因素可能限制了其在某些领域的应用。

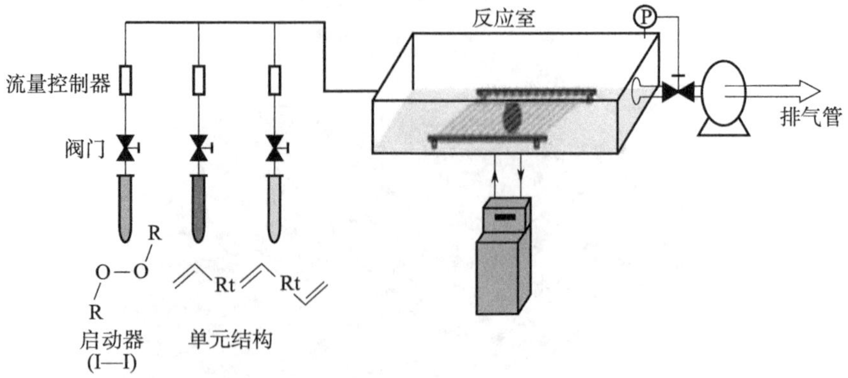

图 5-136 CVD 法制备的工艺流程[93,94]

5.6.3.4 化学氧化还原法

氧化还原法是通过化学反应生成氧化石墨（GO），分散成氧化石墨烯之后再通过还原反应生成石墨烯，如图 5-137 所示。其具体步骤如下。

首先，石墨晶体经过化学处理，暴露在氧化剂（如硫酸、硝酸、过氧化氢等）中进行氧化反应。氧化过程中，石墨的晶格结构被破坏，同时引入大量的氧原子，形成氧化石墨烯（GO）。通过采取超声处理或机械搅拌等方法将氧化石墨烯均匀地分散在溶剂中，其中包含有大量的氧化物和杂质。之后向氧化石墨烯中加入化学还原剂（如硼氢化钠、水合氢氧化钠等）或通过热解的方式将氧化石墨烯还原。还原的过程中，氧化物被去除，同时石墨烯结构得以恢复，其晶格结构逐渐重建。还原后的石墨烯需要经过多次洗涤，以去除残留的化学物质和杂质，以及可能生成的降解产物。洗涤后的石墨烯通过真空干燥或烘箱烘干等方法进行干燥处理，以去除水分和溶剂，确保石墨烯的干燥状态。

这种化学氧化还原法制备的石墨烯具有氧基团、羧基等官能团，因此具有优良的分散性和与其他化合物的相容性，适用于各种复合材料、功能性涂料以及生物医药等领域的制备和应用。然而，由于氧化过程中引入大量的氧原子，会导致石墨烯的电导率和机械性能下降，因此需要通过后续的还原过程来恢复其性质。

5.6.4 基于石墨烯-介质-金属结构的太赫兹吸波器

5.6.4.1 引言

光吸收是光-物质相互作用最基本、最重要的效应之一，在传感器、光电探测器、光伏等光电子器件中起着至关重要的作用。为了实现近乎完全的光吸收，通常被称为完美光吸收（POA），人们已经研究了大量有希望的路径，如基于梯度结构[96-99]、随机介质[100-102]、相干光吸收（CPA）[103-105]和临界耦合[106,107]。此外，POA 在薄材料层中的实现

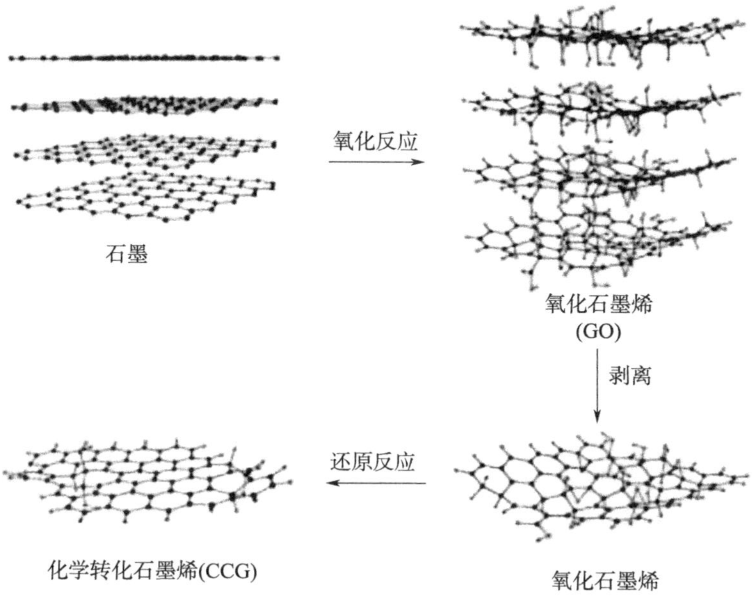

(a) 原理

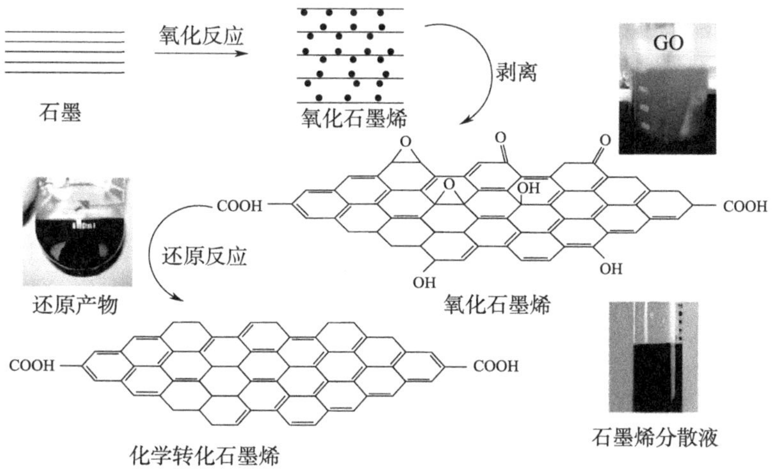

(b) 制备流程

图 5－137　氧化还原制备石墨烯[95]

是一个很长时间以来的研究主题[108,109]，在这个方向上研究者们做了大量研究[110-112]。

作为一种二维（2D）材料，石墨烯的原子厚度为 0.34 nm，是世界上最薄的材料。自 2004 年首次分离以来[113]，石墨烯因其独特的电子、机械和热学性质，在过去的二十年里引起了极大的关注。在光学方面，单层石墨烯表现出约 2.3％的普遍光吸收[114]，这完全由其精细结构常数定义。由于石墨烯的原子厚度较大，提高石墨烯的原子吸收效率具有很大的挑战性，也具有重要意义。已经证明，通过将石墨烯放置在承载连续统中束缚态（BIC）的介质结构上[115-117]或其他形式的光子共振[118-121]上，石墨烯层的光学损耗可以强烈地提高到 50％左右。值得注意的是，在这些工作中，石墨烯只起到吸收成分的作用，而石墨烯本身的共振在 OA 中没有作用。在这种情况下，薄材料层（不仅仅是石墨烯）的光学损耗可以用经典电动力学[122,123]来简单地估计，这表明在空间对称的环境中，光学损耗普遍被限制在最大 50%的吸收率。

作为一种无能隙半导体，在中性石墨烯中，费米能级恰好通过狄拉克点，导致此时没有自由电子。然而，对于有限的掺杂，费米能级将远离狄拉克点，这使得石墨烯表现出金属的行为。由于石墨烯的线性能带结构，产生的载流子是狄拉克费米子，而这些自由载流子的集体激发被称为石墨烯等离子体[124-126]，其表现出比通常的贵金属等离子体更紧凑的限域和更长的寿命。特别地，石墨烯等离子体工作于较少研究的太赫兹（THz）和红外区域。类似于传统的等离子体，它们可以通过纳米结构的形状和大小进行定制，而且具有通过静电门控[127,128]和外加磁场[129-132]高度可调的优势。

5.6.4.2 吸波器单元结构设计

贵金属等离子体完美光吸收的场景可以应用到石墨烯上，例如，图案化石墨烯中提出了等离子体完美光吸收[133-135]。在这里，一个常见的技巧是添加一个反射性基底，如金属层，可以阻止透射通道，从而使完美光吸收能够很好地被一个端口模型所描述。

图 5－138 展示了石墨烯等离子体结构的示意图，这是一个典型的三明治结构，由单层交叉形状的石墨烯阵列和一个光学厚度的金镜组成，之间用硅间隔层分隔[136]。厚金属层用于保证入射的太赫兹波完全反射，就像一面“镜子”一样。单元格是一个石墨烯十字，由两个垂直的石墨烯矩形臂组成，它们具有相同的宽度 w，但长度 l_1 和 l_2 不同。这个十字形相对于 x 轴以 45° 的角度放置，并且在 x 和 y 方向上周期性排列，具有相同的周期 p。为了实现高效的宽带完美光吸收，对这些结构参数进行优化。采用了以下最佳值：$w=7\ \mu m$，$l_1=20\ \mu m$，$l_2=17\ \mu m$，$p=20\ \mu m$，$t=20\ \mu m$。显然，这些优化参数可以根据需要调整以实现不同的中心工作频率。

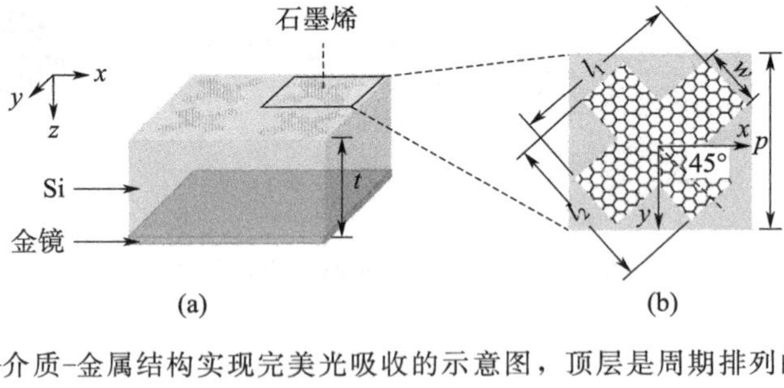

图 5－138 石墨烯-介质-金属结构实现完美光吸收的示意图，顶层是周期排列的十字形石墨烯阵列

5.6.4.3 吸波器吸波机理及单元结构对性能的影响

我们首先考虑一个简单情况，即 x 偏振的太赫兹波垂直照射在结构上。相应的仿真结果如图 5－139 所示。很明显，所提出的石墨烯吸收器［图 5－139（a）中的黑色曲线］能够实现高效的宽带波段吸收，在 1.5～3.0 THz 的频率范围内实现了超过 90%的吸收。相比之下，单独的矩形（l_1 或 l_2）中的吸收量显著降低。然而，这两个吸收曲线略有不同，具体而言，l_1 的线宽较宽，而 l_2 的峰值较高。有趣的是，尽管两个独立的矩形显示出有限

的吸收量和带宽，但它们的组合可以作为高性能的宽带太赫兹吸收器。为了理解其中的物理机制，最好是找出涉及的基本等离子体谐振。显然，存在两个吸收峰，分别位于 1.7 THz 和 2.7 THz。通过监测场分布［如图 5－139（g）所示］，我们可以发现，1.7 THz 处的低频模式对应于一个众所周知的偶极模式，而 2.7 THz 处的高频模式是一个沿 x 方向的四极模式。这两种模式的特征可以通过检查每个矩形臂中的场分布进一步研究，这些场分布可以明显地分解为两个矩形中的两个偶极模式。低频模式源于沿着两个矩形长度的偶极共振，而高频模式源于沿着两个矩形宽度的偶极共振。为了进行比较，还展示了单独矩形 l_1［图 5－139（e）］和 l_2［图 5－139（f）］中的基本偶极共振。由于两个矩形长度不同，沿该方向的共振将具有不同的频率，如 1.6 THz 和 2.0 THz。但由于两个矩形的宽度相同，沿该方向的偶极共振将具有相同的频率。

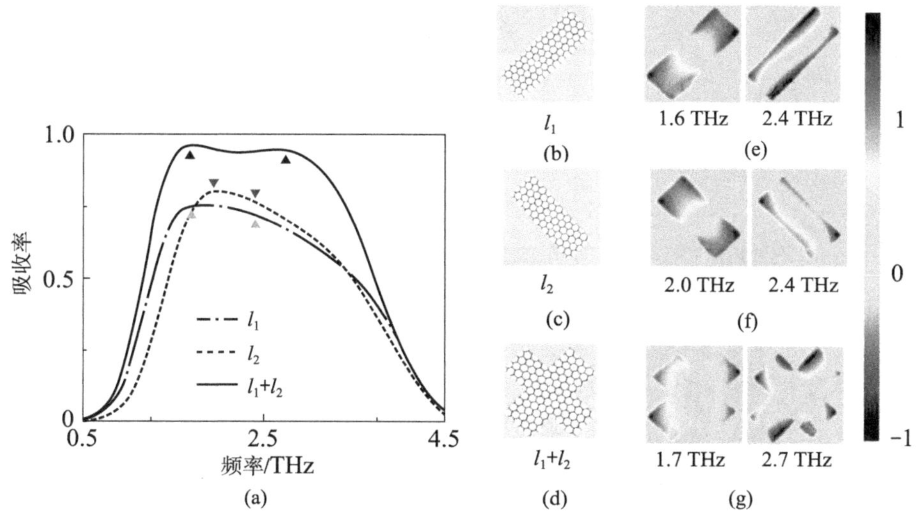

图 5－139　宽带完美光吸收（POA）及其由三角形标记的模式的局部电场分布（见彩插）

5.6.4.4　吸波器的角度稳定性

由于缺乏旋转对称性，所提出的吸收器将显示出与极化角 φ 的依赖性，其中 φ 被定义为电场与 x 轴的夹角（图 5－139 中的插图）。先前只考虑了 $\varphi=0°$时的情况，即对于正入射时，电场（沿 x 轴）等分两个矩形臂之间的角度。由于镜像对称性，研究 φ 在第一和第二象限的情况就足够了，相应的模拟结果如图 5－139 所示。显然，随着 φ 从 0°～100°和从 170°～180°的增加，超过 90％的吸收在宽带范围内得到了很好的保持，尽管频率显示出轻微的移动（首先蓝移，然后红移）。在 $\varphi \in (100°, 170°)$ 时，吸收带宽急剧减小，只有部分低频范围可以达到超过 90％的吸收。但在实际应用中，这种限制可以通过其他方法很好地解决，如通过另外放置另一层来改善。

斜入射角是表征 POA 性能的另一个重要因素。因此，在图 5－140 中，我们展示了吸收与斜入射的入射角 θ 的关系。随着 θ 角的增大，吸波性能不可避免地会降低。超过 90％的宽带吸收可以在横向电（TE）极化的 θ 角达到 20°［图 5－141（a）中的白色三角形］

和横向磁（TM）极化的 30°［图 5－141（b）中的白色三角形］的情况下存活。然而，如果降低要求，例如，对于非常大的角度 θ，可以实现超过 75%的吸收，现在 $\theta=50°$用于 TE 极化［图 5－141（a）中的黑色三角形］，$\theta=57°$用于 TM 极化［图 5－141（b）中的黑色三角形］。此外，值得一提的是，在高频段超过 90%的吸收有轻微的蓝移，并可以在 $\theta=75°$时保持不变。

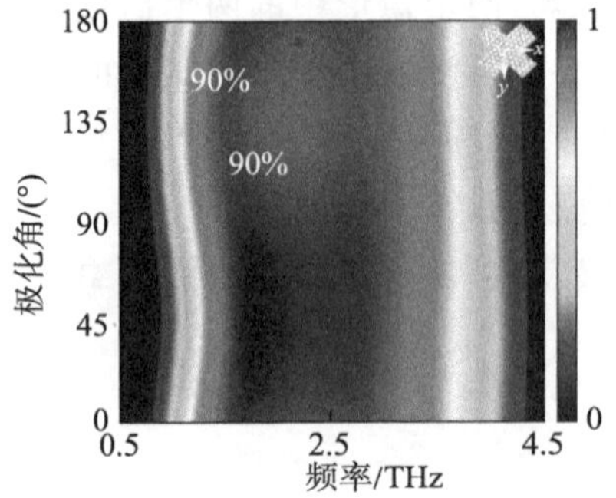

图 5－140　POA 的极化角度依赖性（见彩插）

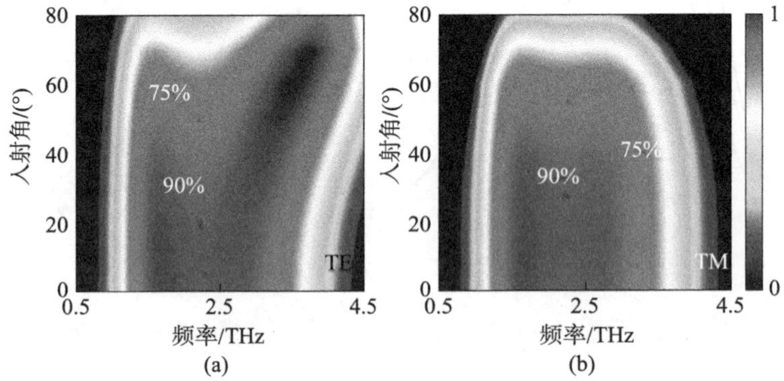

图 5－141　TE 和 TM 极化下 POA 与入射角的关系（见彩插）

5.6.5　基于石墨烯的微波段超宽带吸波器研究

5.6.5.1　引言

自 2004 年石墨烯问世以来，这种由碳原子规则排列成六元环形式的单层二维石墨材料就引发了广泛的研究兴趣。由于石墨烯由单个碳原子构成，因此其厚度极薄，仅相当于一个碳原子的厚度，即 0.34 nm。这种材料不仅在电学、力学、化学、热性能和光学特性方面表现出卓越的性能，而且在生物材料、航空航天、新能源电池、复合材料等领域都备受研究者的青睐。

随着研究的深入，基于石墨烯的各种新型材料、器件和技术不断涌现。特别值得注意的是，在电磁领域，石墨烯的出现极大地推动了各种技术的发展，包括石墨烯太赫兹传感器、石墨烯天线、石墨烯超级电容器、石墨烯吸波器等。尽管目前大多数基于石墨烯的吸波器主要应用于太赫兹领域，对微波吸波领域的研究相对较少，但考虑到石墨烯在微波频段具有独特的特性，本节提出并设计了一款性能优异的微波波段石墨烯吸波器。

5.6.5.2　石墨烯超材料吸波器的单元结构及吸波性能

本节基于多层石墨烯结构提出的超材料微波吸收器单元结构示意如图 5 - 142 所示，该石墨烯吸波器由 5 层大小不一的石墨烯依次堆叠的石墨烯组成，每层石墨烯中间是介电常数为 1.07 的 PMI 泡沫基板，最底下为金属地，用以反射入射电磁波。单元结构周期 $p=40$ mm，在 $x-y$ 平面排列，从上到下每层泡沫板的厚度依次为 $h_1=3$ mm，$h_2=3$ mm，$h_3=3$ mm，$h_4=14$ mm，$h_5=10$ mm。第一层石墨烯方片的边长为 $w_1=4.4$ mm，每个石墨烯方片之间的间隔为 $g_1=11.2$ mm，第二层石墨烯方片的边长为 $w_2=5.5$ mm，每个石墨烯方片之间的间隔为 $g_2=9$ mm，第三层石墨烯方片的边长为 $w_3=7.1$ mm，每个石墨烯方片之间的间隔为 $g_3=5.8$ mm，第四层石墨烯方片的边长为 $w_4=39.6$ mm，第五层石墨烯方片的边长为 $w_5=39.5$ mm。

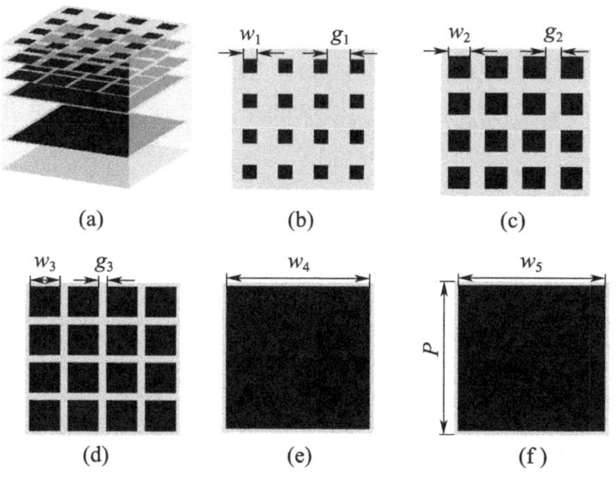

图 5 - 142　吸波器单元结构示意图（见彩插）

利用 CST Microwave Studio 的频域求解器对该吸波器进行了全波仿真。在仿真设置中，X 方向和 Y 方向都采用了 unit cell 周期边界条件，Z 方向则设定为 open（add space）边界条件。此外，利用 Floquet 波导端口作为该结构的激励源。因为石墨烯在微波频段可以视为阻值恒定的阻性材料，因此在 CST 中将石墨烯建模为方阻为 R_s 的电阻膜，各层阻值分别为 $R_{s1}=176\ \Omega/\mathrm{Sq}$，$R_{s2}=270\ \Omega/\mathrm{Sq}$，$R_{s3}=204\ \Omega/\mathrm{Sq}$，$R_{s4}=214\ \Omega/\mathrm{Sq}$，$R_{s5}=214\ \Omega/\mathrm{Sq}$，仿真结果如图 5 - 143 所示，在 1.3～43.5 GHz 的频率范围内，该吸波器的反射系数在 −10 dB 以下，对入射电磁波吸收率达到 90%以上，相对带宽达到了 188%，且在 2.2～43 GHz 的频率范围内，吸波器反射系数基本在 −15 dB 以下。

5.6.5.3　石墨烯吸波器的角度稳定性

我们进一步分析所设计的基于单层石墨烯的微波吸波器的斜入射角度和极化角度稳定性。

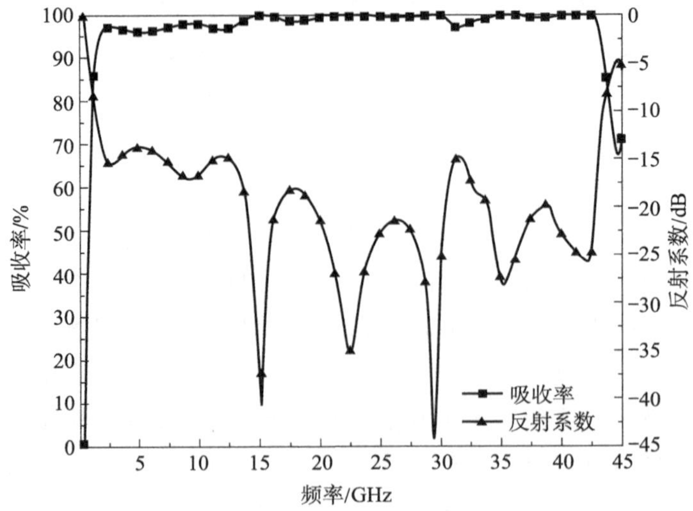

图 5-143　吸波器放射系数及吸收率

吸波器在不同极化角度下的吸收率如图 5-144 所示，可以看到在不同的极化角度下，吸波器的吸收效果基本不发生变化，这是因为，吸波器的单元结构是中心对称的图形，对各个极化角度的电磁波而言，吸波器都是一样的，即吸波器具有极化不敏感特性，可以吸收各个极化角度的电磁波。

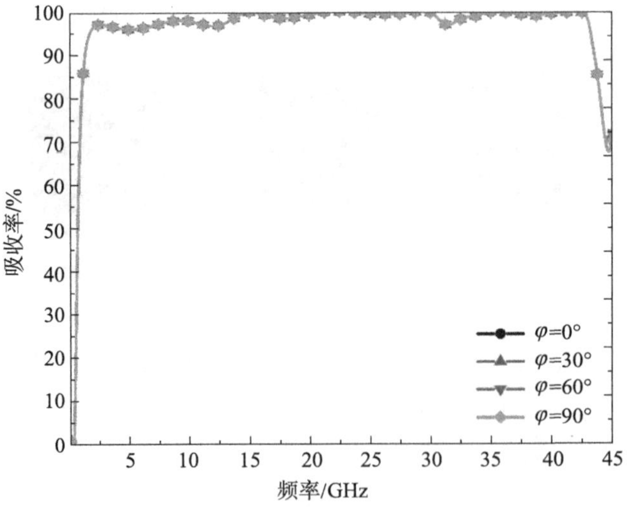

图 5-144　不同极化吸收率

我们在 CST 中模拟了不同角度入射情况下吸波器的吸收效果，以观察吸波器性能受入射角度变化的影响。如图 5-145 所示，对于 TE 极化斜入射的电磁波，在 0～60°的斜入射范围内，吸波器的吸收率随着入射角的增加逐渐降低，在 60°的时候，仍然能保持在 90％左右的吸收率，具有良好的 TE 极化稳定性，因为吸波器的输入阻抗受入射角影响，不同入射角下，吸波器的输入阻抗发生变化，从而引起与自由空间阻抗之间逐渐失配，导致吸收率逐渐下降。对于 TM 极化斜入射的电磁波，在 0～60°的斜入射范围内，吸波器的吸收率基本维持在 90%左右，仍能保持良好的吸收效果。

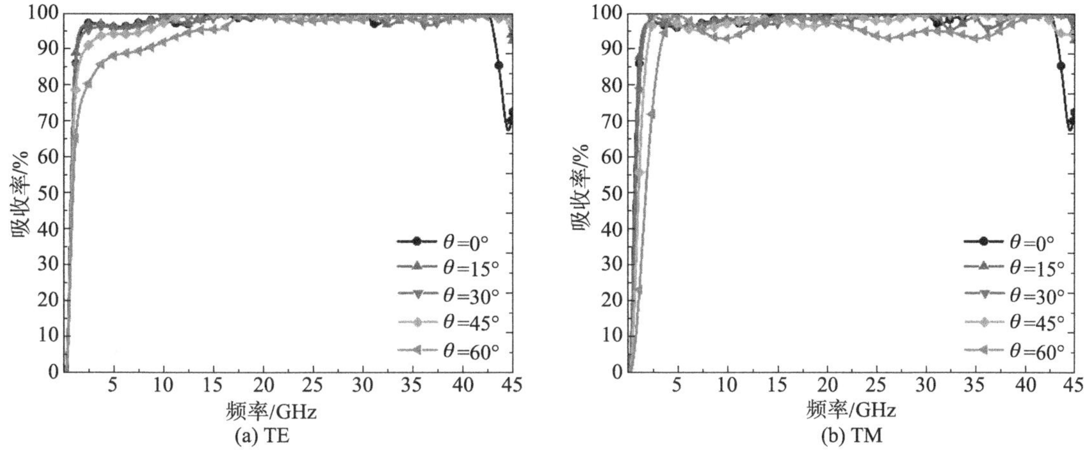

图 5－145　TE 极化斜入射角度稳定性和 TE 极化斜入射角度稳定性

5.6.5.4　*石墨烯吸波器等效电路研究*

本章所提出的吸波器皆是由方形石墨烯贴片组成，其可以很好地用 RC 电路进行等效，再将泡沫基底等效为一段长度等于泡沫板厚度的传输线，则可以得出所提出的石墨烯吸波器的等效电路，如图 5－146（a）所示，根据传输线理论吸波器的输入阻抗可由下式推出

$$R=\frac{R_S \cdot p^2}{A_0} \tag{5-260}$$

$$C=\frac{p(1+\varepsilon_r)}{\pi}\ln\left[\sin\left(\frac{\pi(p-w)}{2p}\right)\right] \tag{5-261}$$

$$Z_{s,5}=\mathrm{j}\frac{Z_0}{\sqrt{\varepsilon_r}}\tan\left(\frac{2\pi f}{c}\sqrt{\varepsilon_r}h_5\right) \tag{5-262}$$

$$Z_{S,n}=Z_{h,n}\frac{Z_{i,n}+\mathrm{j}Z_{i,n}\tan\left(\frac{2\pi f}{c}\sqrt{\varepsilon_r}h_n\right)}{Z_{h,n}+\mathrm{j}Z_{i,n}\tan\left(\frac{2\pi f}{c}\sqrt{\varepsilon_r}h_n\right)},\quad n=1,2,3,4 \tag{5-263}$$

$$Z_{g,n}=R_n+\mathrm{j}\omega L_n-\frac{1}{\omega C_n},\quad n=1,2,3,4,5 \tag{5-264}$$

$$Z_{i,n}=Z_{g,n+1}\parallel Z_{s,\ n+1},n=1,2,3,4 \tag{5-265}$$

$$Z_{in}=Z_{g,1}\parallel Z_{s,1} \tag{5-266}$$

式中　R_s ——电阻膜的方阻值；

A_0 ——电阻膜的面积；

ε_r ——泡沫介质板的介电常数；

Z_0 ——自由空间波阻抗。

在 ADS 软件中构建等效电路进行等效电路仿真分析，结果如图 5-146（b）所示，可以看到，等效电路结果与仿真结果吻合良好。在 MATLAB 中进行参数反演运算，得到了吸波器整体的归一化输入阻抗的实部虚部如图 5-146（b）所示，要想达到完美吸波效果，则吸波器的输入阻抗应尽可能地与自由空间的波阻抗相匹配，以自由空间波阻抗 377 Ω 对吸波器的输入阻抗进行归一化处理后，归一化输入阻抗的实部越趋近于 1，虚部越趋近于 0，就说明与自由空间波阻抗匹配的越好，可以看到在 1.3～43.5 GHz 范围内，吸波器的归一化输入阻抗实部在 1 附近变化，归一化阻抗虚部曲线在 0 附近起伏，吸波器整体与自由空间匹配良好。

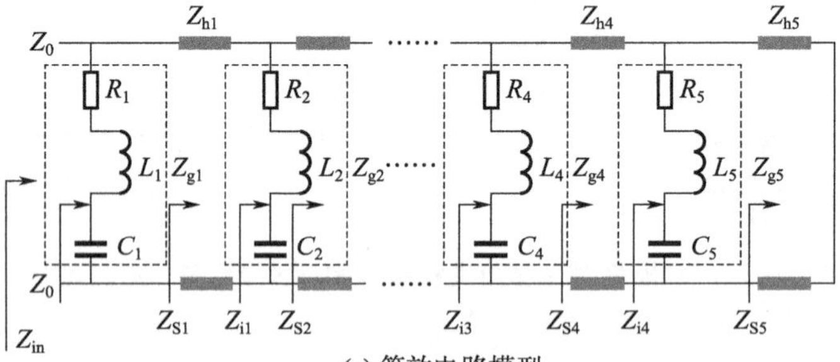

(a) 等效电路模型

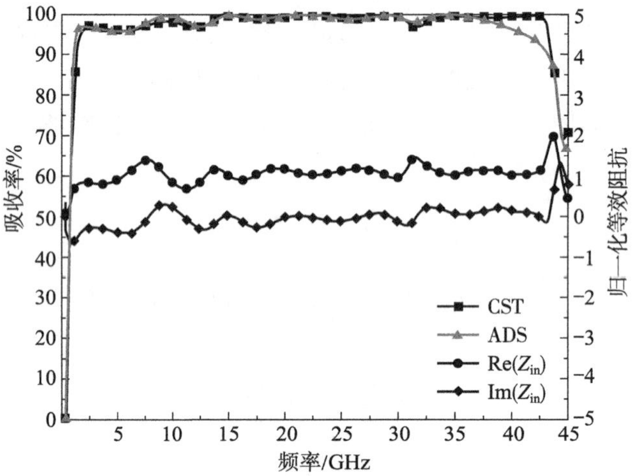

(b) 等效电路仿真

图 5-146　吸波器等效电路模型、ADS 与 CST 结果比较及吸波器归一化输入阻抗

5.6.5.5　*石墨烯吸波器宽带吸波机理研究*

由于石墨烯在微波频段呈现出的是电阻特性，因此其主要用过欧姆损耗来消耗入射电磁波，我们观察了吸波器在 2.6 GHz、15 GHz、29.4 GHz 三处吸收峰吸波器的表面功率损耗，如图 5-147 所示，在 2.6 GHz 时入射电磁波主要在第四、第五层石墨烯处发生损耗，其中第四层损耗最大，当频率增加到 15GHz 的时候，电磁波主要在第一、第二、第三层发生损耗，其中以第一层损耗为主，当频率继续增大到 29.4 GHz 的时候，损耗主要发生在第一、第二层。不同频率的电磁波在不同层上损耗，层与层间相互作用达到宽带吸收的效果。

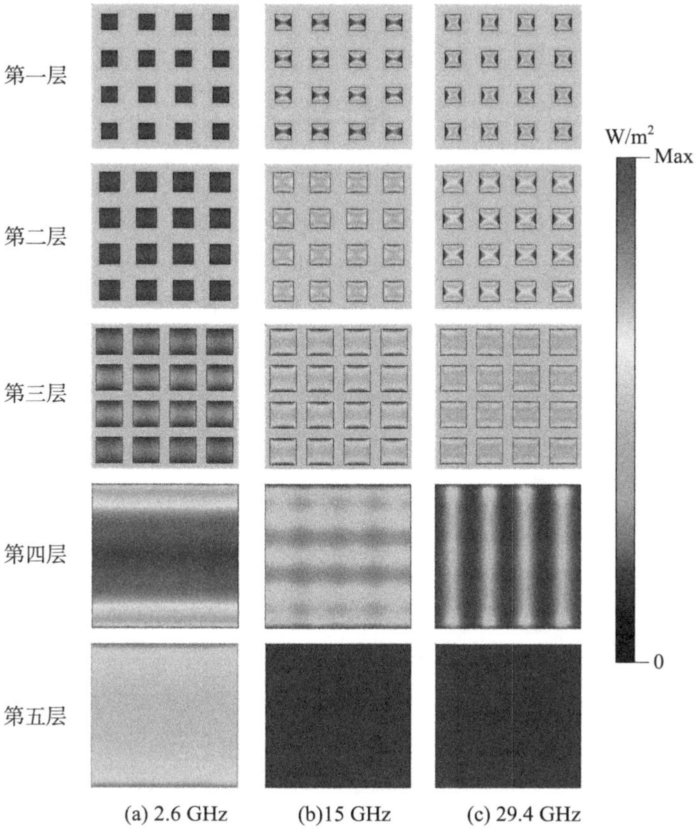

图 5-147　吸波器在 2.6 GHz、15 GHz、29.4 GHz 处各层表面功率损耗示意图（见彩插）

参 考 文 献

[1] Prabu G R，Reddy K V R D K，Reddy D P. Course seminar report on stealth radar [C]. Indian Institute of Space Science and Technology，Department of Avionics，AV323：Radar Systems..

[2] 康斯坦特. 防御雷达系统工程导论 [M]. 陈瑞源，等译，黄培康，校. 北京：国防工业出版社，1977.

[3] Defence research and development atlantic dartmouth [J]. Review of Radar Absorbing Materials，NTIS.

[4] （美）F. F. Chen. 等离子体物理学导论 [M]. 林光海，译 . 北京：人民教育出版社，1981.

[5] 胡希伟 . 等离子体理论基础 [M]. 北京：北京大学出版社，2006.

[6] 郑春开 . 等离子体物理 [M]. 北京：北京大学出版社，2009.

[7] 吴其芬，李桦 . 磁流体力学 [M]. 长沙：国防科技大学出版社，2007.

[8] 徐仁新 . 天体物理导论 [M]. 北京：北京大学出版社，2006.

[9] 陈杰 . 空间物理导论 [M]. 北京：中国宇航出版社，2020.

[10] 谷卓 . 等离子体对电磁波衰减的优化模拟研究 [D]. 大连：大连理工大学，2015.

[11] 龚旻，谭杰，李大伟，等 . 临近空间高超声速飞行器黑障问题研究综述 [J]. 宇航学报，2018，39（010）：1059 - 1070.

[12] 孙行，聂万胜，蔡红华，等 . 固体火箭尾焰雷达散射截面数值计算 [J]. 导弹与航天运载技术，2019（005）：59 - 63.

[13] 宋法伦，曹金祥，王舸 . 弱电离等离子体对电磁波吸收的物理模型和数值求解 [J]. 物理学报，2005，54（2）：807 - 811.

[14] 李慧 . 电磁波在等离子体中的衰减和仿真软件实现 [D]. 西安：西安电子科技大学，2016.

[15] 赵骥，赵晓凡，张亮亮，等 . 飞秒激光的等离子体吸收太赫兹特性研究 [J]. 红外与激光工程，2018，47（010）：278 - 283.

[16] 郭宇翔，李晓霞 . 基于等离子体反射特性的雷达诱饵技术研究 [J]. 光电技术应用，2006（06）：18 - 21.

[17] 张弘 . 等离子体边界层物理特性数值研究 [D]. 大连：大连理工大学，2011.

[18] 李和平，郭恒，陈坚 . 热等离子体非平衡输运特性的研究进展 [C]. 第十八届全国等离子体科学技术会议摘要集，2017.

[19] 朱宇豪，周福阳，吴勇，等 . 初始空间有序分布下超冷等离子体的演化模拟 [J]. 原子与分子物理学报，2018（4）：639 - 644.

[20] 刘帅，杨兰均 . 雪犁模式电磁加速等离子体仿真研究 [C]. 全国流体力学学术会议，2016.

[21] 李佳佳 . 快离子注入对悬浮器壁附近磁化鞘层的影响 [D]. 大连：大连理工大学，2012.

[22] 董群锋，郭立新，李应乐，等 . 太赫兹波在均匀磁化等离子体中的传播特性 [J]. 太赫兹科学与电

子信息学报，2018（1）：38－42.
［23］ 刘铁安．应用程函方法研究光线方程式和费马原理［J］. 应用光学，1995（4）：1－3.
［24］ 曹小群，宋君强，张卫民，等．Boussinesq 方程组的广义变分原理［J］. 物理学报，2011，060（008）：32－36.
［25］ 刘少斌，莫锦军，袁乃昌. 不均匀等离子体球的电磁波轨迹及其应用［J］. 电波科学学报，2002，17（2）：134－137.
［26］ 林莘，王飞鸣，冯凯，等．高压 SF6 断路器介质绝缘强度恢复机理研究［J］. 中国电机工程学报，2017，37（020）：6118－6125.
［27］ 李应发，令狐荣锋，吕兵．Xe 原子与 H_2 分子碰撞的散射截面计算［J］. 四川大学学报（自然科学版），2009，46（002）：435－438.
［28］ 柳杨，王丽黎，刘江凡，等．WKB 方法在等离子体鞘套中电波传播的应用研究［C］. 2009 年全国天线年会论文集（下），2009.
［29］ 郑灵，赵青，罗先刚，等．等离子体中电磁波传输特性理论与实验研究［J］. 物理学报，2012（15）：343－349.
［30］ 屈江锋．等离子体中 JEC－FDTD 方法的数值色散特性和稳定性分析［D］. 西安：西安理工大学，2017.
［31］ 邬润辉，任爱民，孟刚，等. 大气层外等离子体对电磁波的碰撞吸收［J］. 中国电子科学研究院学报，2008，3（5）：534－538，2008.
［32］ 伍习光，胡洋，王平，等．基于 Z－FDTD 的 THz 波与等离子体相互作用［J］. 强激光与粒子束，2018（4）：70－75.
［33］ 庄钊文，等著. 等离子体隐身技术［M］. 北京：科学出版社，2005.
［34］ 张楠，吴语茂．计算电大尺寸目标物理光学散射场的快速算法［J］. 电波科学学报，2018，33（06）：5－11.
［35］ 吴安雯，吴语茂，杨杨，等．矩量法-物理光学混合算法计算多尺度复合目标电磁散射场［J］. 电波科学学报，2019，34（01）：87－94.
［36］ 李宁，张民，王欣，等．船海复合场景面元化快速电磁建模方法及 SAR 成像仿真［J］. 国防科技大学学报，2016，38（004）：90－95.
［37］ 龚屹，桂志先，王鹏，等．改进的非均匀介质射线追踪算法［J］. 地球物理学进展，2017，032（004）：1563－1568.
［38］ 张磊，侯兆国，董纯柱，等．含曲面介质结构复杂目标电磁散射计算的射线追踪方法［J］. 电波科学学报，2016，31（3）：546－552，596.
［39］ KIM H，LING H，Electromagnetic scattering from an inhomogeneous object by ray tracing. Antennas and Propagation［J］. IEEE Transactions on，1992. 40（5）：517－525.
［40］ LING H，CHOU R C，LEE S W. Shooting and bouncing rays：calculating the RCS of an arbitrarily shaped cavity［J］. Antennas and Propagation，IEEE Transactions on，1989. 37（2）：194－205.
［41］ Ben Munk，Frequency selective surfaces theory and design.
［42］ Ulrich R. Far－infrared properties of metallic mesh and its complementary structure［J］. Infrared

Physics, 1967 (7): 37 - 55.

[43] Zhao P C, Zong Z Y, Wu W, et al. An FSS structure with geometrically separable meander - line inductors and parallel - plate capacitors [J] . IEEE Transactions on Antennas & Propagation, 2017, (99): 1 - 1.

[44] 宋逸超．基于频率选择表面屏蔽的运载平台电磁兼容研究 [D] . 西安：西安电子科技大学，2014.

[45] Sarabandi K, Behdad N. A frequency selective surface with miniaturized elements [J] . IEEE Transactions on Antennas & Propagation, 2007, 55 (5): 1239 - 1245.

[46] TK Wu, FSS and grid array.

[47] Pan W, Huang C, Chen P, et al. A beam steering horn antenna using active frequency selective surface [J]. IEEE Transactions on Antennas and Propagation, 2013, 61 (12): 6218 - 6223.

[48] Wang J, Sun Y, Du F, et al. Research on optically controlled active surface filtering technology [J]. Optical Engineering, 2018, 57, (7): 1.

[49] Fang J, Li H, Cao Q, et al. Study of an optically controlled active frequency selective surface [J]. IEEE Antennas and Wireless Propagation Letters, 2018, 17 (9): 1707 - 1711.

[50] PEIERLS R. Quelques propriétés typiques des corps solides [C]. Annales de l'institut Henri Poincaré, 1935, 5 (3): 177 - 222.

[51] LANDAU L D. Zur theorie der phasenumwandlungenllp [J]. Phys. Z. Sowjetunion, 1937 (11): 26 - 35.

[52] LANDAU L D, LIFSHITZ E M. Statistical physic. Partl [M]. Oxford: Pergamon, 1980.

[53] MERMIN N D. Crystalline order in two dimensions [J]. Physical Review, 1968, 176 (1): 250.

[54] VENABLES J A, SPILLER G D T, HANBUCKEN M. Nucleation and growth of thin films [J]. Reports on Progress in Physics, 1984, 47 (4): 399.

[55] EVANS J W, THIEL P A, BARTELt M C. Morphological evolution during epitaxial thin film growth: Formation of 2D islands and 3D mounds [J]. Surface science reports, 2006, 61 (1 - 2): 1 - 128.

[56] DRESSELHAUS M S, DRESSELHAUS G. Intercalation compounds of graphite [J]. Advances in Physics, 1981, 30 (2): 139 - 326.

[57] NOVOSELOV K S, GEIM A K, MOROZOV S V, et al. Electric field effect in atomically thin carbon films [J]. science, 2004, 306 (5696): 666 - 669.

[58] NOVOSELOV K S, JIANG D, SCHEDIN F, et al. Two - dimensional atomic crystals [J]. Proceedings of the National Academy of Sciences, 2005, 102 (30): 10451 - 10453.

[59] NOVOSELOV K S, GEIM A K, MOROZOV S V, et al. Two - dimensional gas of massless dirac fermions in graphene [J]. Nature, 2005, 438 (7065): 197 - 200.

[60] ZHANG Y, TAN Y W, STORMER H L, et al. Experimental observation of the quantum hall effect and Berry's phase in graphene [J]. Nature, 2005, 438 (7065): 201 - 204.

[61] ZHU Y, MURALI S, CAI W, et al. Graphene and graphene oxide: synthesis, properties, and applications [J]. Advanced Materials, 2010, 22 (35): 3906 - 3924.

[62] MEYER J C，GEIM A K，KATSNELSON M I，et al. The structure of suspended graphene sheets [J]. Nature，2007，446 (7131)：60 - 63.

[63] NELSON D，PIRAN T，WEINBIRG S. Statistical mechanics of membranes and surfaces [M]. World Scientific，2004.

[64] EDWARDS R S，COLEMAN K S. Graphene synthesis：relationship to applications [J]. Nanoscale，2013，5 (1)：38 - 51.

[65] NETO A H C，GUINEA F，PERES N M R，et al. The electronic properties of graphene [J]. Reviews of Modern Physics，2009，81 (1)：109.

[66] KUZMENKO A B，VAN HEUMEN E，CARBONE F，et al. Universal optical conductance of graphite [J]. Physical Review Letters，2008，100 (11)：117401.

[67] KATSNELSON M I，NOVOSELOV K S，GEIM A K. Chiral tunnelling and the Klein paradox in graphene [J]. Nature Physics，2006，2 (9)：620 - 625.

[68] HWANG E H，ADAM S，SARMA S D. Carrier transport in two - dimensional graphene layers [J]. Physical Review Letters，2007，98 (18)：186806.

[69] NOVOSELOV K S，COLOMBO L，GELLERT P R，et al. A roadmap for graphene [J]. Nature，2012，490 (7419)：192 - 200.

[70] GEIM A K，NOVOSELOV K S. The rise of graphene [J]. Nature Materials，2007，6 (3)：183 - 191.

[71] HANSON G W. Dyadic Green's functions for an anisotropic，non - local model of biased graphene [J]. IEEE Transactions on antennas and propagation，2008，56 (3)：747 - 757.

[72] SOUNAS D L，CALOZ C. Gyrotropy and nonreciprocity of graphene for microwave applications [J]. IEEE Transactions On Microwave Theory and Techniques，2012，60 (4)：901 - 914.

[73] GUO J，CHEN J，WANG J. Using HIE - FDTD method to simulate graphene's interband conductivity [J]. Journal of Electromagnetic Waves and Applications，2017，31 (18)：1983 - 1993.

[74] 潘登科，谢亚楠，刘志坤，等．石墨烯在微波至可见光波段的电磁特性 [J]. 中国科技论文，2015，10 (18)：2117 - 2120.

[75] WANG Y，SONG M，PU M，et al. Staked graphene for tunable terahertz absorber with customized bandwidth [J]. Plasmonics，2016 (11)：1201 - 1206.

[76] D'ALOIA A G，D'AMORE M，SARTO M S. Adaptive terahertz absorber based on tunable graphene multilayer [C] //2017 International Symposium on Electromagnetic Compatibility - EMC EUROPE. IEEE，2017：1 - 6.

[77] XU Z，WU D，LIU Y，et al. Design of a tunable ultra - broadband terahertz absorber based on multiple layers of graphene ribbons [J]. Nanoscale research letters，2018 (13)：1 - 8.

[78] SU W，CHEN X，GENG Z. Dynamically tunable dual - frequency terahertz absorber based on graphene rings [J]. IEEE Photonics Journal，2019，11 (6)：1 - 8.

[79] TAVANA S，ZARIFKAR A，MIRI M. Tunable terahertz perfect absorber and polarizer based on one - dimensional anisotropic graphene photonic crystal [J]. IEEE Photonics Journal，2022，14 (3)：

1 - 9.

[80] XU B, GU C, LI Z, et al. A novel absorber with tunable bandwidth based on graphene [J]. IEEE Antennas and Wireless Propagation Letters, 2014 (13): 822 - 825.

[81] OLSZEWSKA - P M, SALSKI B, JANCZAK D, et al. A broadband absorber with a resistive pattern made of ink with graphene nano - platelets [J]. IEEE Transactions on Antennas and Propagation, 2014, 63 (2): 565 - 572.

[82] D'ALOIA A G, D'AMORE M, SARTO M S. Adaptive broadband radar absorber based on tunable graphene [J]. IEEE Transactions on Antennas and Propagation, 2016, 64 (6): 2527 - 2531.

[83] WU B, TUNCER H M, NAEEM M, et al. Experimental demonstration of a transparent graphene millimetre wave absorber with 28% fractional bandwidth at 140 GHz [J]. Scientific Reports, 2014, 4 (1): 1 - 7.

[84] WINSON D, CHOUDHURY B, SELVAKUMAR N, et al. Design and development of a hybrid broadband radar absorber using metamaterial and graphene [J]. IEEE Transactions on Antennas and Propagation, 2019, 67 (8): 5446 - 5452.

[85] FANG Y, PAN K, LENG T, et al. Controlling graphene sheet resistance for broadband printable and flexible artificial magnetic conductor - based microwave radar absorber applications [J]. IEEE Transactions on Antennas and Propagation, 2021, 69 (12): 8503 - 8511.

[86] GUSYNIN V P, SHARAPOV S G, CARBOTTE J P. Sum rules for the optical and hall conductivity in graphene [J]. Physical Review B, 2007, 75 (16): 165407.

[87] HANSON G W. Dyadic Green's functions and guided surface waves for a surface conductivity model of graphene [J]. Journal of Applied Physics, 2008, 103 (6).

[88] 刘杏．基于石墨烯的微波毫米波吸波技术研究 [D]. 长沙：国防科技大学，2018.

[89] YI M, SHEN Z. A review on mechanical exfoliation for the scalable production of graphene [J]. Journal of Materials Chemistry A, 2015, 3 (22): 11700 - 11715.

[90] DENG S, QI X, ZHU Y, et al. A facile way to large - scale production of few - layered graphene via planetary ball mill [J]. Chinese Journal of Polymer Science, 2016, 34 (10): 1270 - 1280.

[91] LÜ Y, YU L, Jiang C, et al. Synthesis of graphene nanosheet powder with layer number control via a soluble salt - assisted route [J]. RSC Advances, 2014, 4 (26): 13350 - 13354.

[92] BERGER C, SONG Z, LI T, et al. Ultrathin epitaxial graphite: 2D electron gas properties and a route toward graphene - basednanoelectronics [J]. The Journal of Physical Chemistry B, 2004, 108 (52): 19912 - 19916.

[93] EIZENBERG M, BLAKELY J M. Carbon monolayer phase condensation on Ni (111) [J]. Surface Science, 1979, 82 (1): 228 - 236.

[94] 冯守华，徐如人．无机合成与制备化学研究进展 [J]. 化学进展，2000，12 (04)：445.

[95] KRISHNAMOORTHY K, KIM G S, KIM S J. Graphene nanosheets: ultrasound assisted synthesis and characterization [J]. Ultrasonics Sonochemistry, 2013, 20 (2): 644 - 649.

[96] TAO H, STRIKWERDA A C, FAN K, et al. Reconfigurable terahertz metamaterials [J]. Phys.

Rev. Lett, 2009, 103: 147401.

[97] SUH J Y, HUNTINGTON M D, KIM C H, et al. Extraordinary Nonlinear Absorption in 3D Bowtie Nanoantennas [J]. Nano Lett, 2011 (12): 269 - 274.

[98] DEVARAPU G C R, FOTEINOPOULOU S. Broadband near - unidirectional absorption enabled by phonon - polariton resonances in SiC micropyramid arrays [J]. Phys. Rev. Appl, 2017 (7): 034001.

[99] DING F, PORS A, BOZHEVOLNYI S I. Gradient metasurfaces: a review of fundamentals and applications [J]. Rep. Prog. Phys, 2018 (81): 026401.

[100] JOHN S. Electromagnetic absorption in a disordered medium near a photon mobility edge [J]. Phys. Rev. Lett, 1984 (53): 2169.

[101] ETEMAD S, THOMPSON R, ANDREJCO M J. Weak localization of photons: termination of coherent random walks by absorption and confined geometry [J]. Phys. Rev. Lett, 1987 (59): 1420.

[102] PICHLER K, KÜHMAYER M, BÖHM J, et al. Random anti - lasing through coherent perfect absorption in a disordered medium [J]. Nature, 2019 (567): 351 - 355.

[103] CHONG Y D, GE L, CAO H, et al. Coherent perfect absorbers: time - reversed lasers [J]. Phys. Rev. Lett, 2010 (105): 053901.

[104] FRAZIER B W, ANTONSEN T M, ANLAGE S M, et al. Wavefront shaping with a tunable metasurface: creating cold spots and coherent perfect absorption at arbitrary frequencies [J]. Phys. Rev. Res, 2020 (2): 043422.

[105] WANG C, SWEENEY W R, STONE A D, et al. Coherent perfect absorption at an exceptional point [J]. Science, 2021 (373): 1261 - 1265.

[106] HORNG J, MARTIN E W, CHOU Y H, et al. Perfect absorption by an atomically thin crystal [J]. Phys. Rev. Appl, 2020 (14): 024009.

[107] SOLEYMANI S, ZHONG Q, MOKIM M, et al. Chiral and degenerate perfect absorption on exceptional surfaces [J]. Nat. Commun, 2002 (13): 599.

[108] HADLEY L N, DENNISON D. Reflection and transmission interference filters part I. theory [J]. JOSA 1947 (37): 451 - 465.

[109] FANTE R L, McCORMACK M T. Reflection properties of the Salisbury screen [J]. IEEE T. Antenn. Propag, 1988 (36): 1443 - 1454.

[110] AYDIN K, FERRY V E, BRIGGS R M, et al. Broadband polarization - independent resonant light absorption using ultrathin plasmonic super absorbers [J]. Nat. Commun, 2011 (2): 517.

[111] RA'DI Y, SIMOVSKI C R, TRETYAKOV S A. Thin perfect absorbers for electromagnetic waves: theory, design, and realizations [J]. Phys. Rev. Appl, 2015 (3): 037001.

[112] SKOTIC Z, WARE A, POVINELLI M, et al. Perfect absorption at the ultimate thickness limit in planar films [J]. ACS Photon 2023 (10): 4244 - 4251.

[113] NOVOSELOV K S, GEIM A K, MOROZOV S V, et al. Electric field effect in atomically thin carbon films [J]. Science, 2004 (306): 666 - 669.

[114] NAIR R R, BLAKE P, GRIGORENKO A N, et al. Fine structure constant defines visual transparency of graphene [J]. Science, 2008 (320): 1308.

[115] WANG T, ZHANG X. Improved third - order nonlinear effect in graphene based on bound states in the continuum [J]. Photonics Res., 2017 (5): 629 - 639.

[116] WANG X, DUAN J, CHEN W, et al. Controlling light absorption of graphene at critical coupling through magnetic dipole quasi - bound states in the continuum resonance [J]. Phys. Rev., 2020, B 102: 155432.

[117] ZENG T Y, LIU G D, WANG L L, et al. Light - matter interactions enhanced by quasi - bound states in the continuum in a graphene - dielectricmetasurface [J]. Opt. Express 29, 2021, 40177 - 40186.

[118] JIANG X, WANG T, XIAO S, et al. Tunable ultra - high - efficiency light absorption of monolayer graphene using critical coupling with guided resonance [J]. Opt. Express 2017 (25): 27028 - 27036.

[119] LIU G D, ZHAI X, XIA S X, et al. Toroidal resonance based optical modulator employing hybrid graphene - dielectric metasurface [J]. Opt. Express, 2017 (25): 26045 - 26054.

[120] WANG J, CHEN A, ZHANG Y, et al. Manipulating bandwidth of light absorption at critical coupling: an example of graphene integrated with dielectric photonic structure [J]. Phys. Rev, 2019, B 100: 075407.

[121] XIAO S, LIU T, WANG X, et al. Tailoring the absorption bandwidth of graphene at critical coupling [J]. Phys. Rev., 2020, B 102: 085410.

[122] THONGRATTANASIRI S, KOPPENS F H L, DE ABAJO F J G. Complete optical absorption in periodically patterned graphene [J]. Phys. Rev. Lett., 2012 (108): 047401.

[123] STAUBER T, GÓMEZ - SANTOS G. Extraordinary absorption of decorated undoped graphene [J]. Phys. Rev. Lett, 2014 (112): 077401.

[124] KOPPENS F H L, CHANG D E, DE ABAJO F J G. Graphene plasmonics: a platform for strong light - matter interactions [J]. Nano Lett, 2011 (11): 3370 - 3377.

[125] GRIGORENKO A N, POLINI M, NOVOSELOV K S. Graphene plasmonics [J]. Nat. Photonics, 2012 (6): 749 - 758.

[126] BASOV D N, FOGLER M M, DE ABAJO F J G. Polaritons in van der Waals materials [J]. Science 2016 (354): 1992.

[127] CHEN J, BADIOLI M, ALONSO - GONZÁLEZ P, et al. Optical nano - imaging of gate - tunable graphene plasmons [J]. Nature, 2012 (487): 77 - 81.

[128] FEI Z, RODIN A S, ANDREEV G O, et al. Gate - tuning of graphene plasmons revealed by infrared nano - imaging [J]. Nature, 2012 (487): 82 - 85.

[129] JIAO N, KANG S, HAN K, et al. Shape effects on graphenemagnetoplasmons [J]. Phys. Rev, 2019, B 99, 195447.

[130] JIAO N, KANG S, HAN K, et al. Graphenemagnetoplasmons in circular rings, eccentric rings, and split rings [J]. Phys. Rev, 2021, B 103: 085405.

[131] WANG N, DING L, WANG W. Magnetoplasmonic coupling in graphene nanodisk dimers: An extended

coupled - dipole model for circularly polarized states [J]. Phys. Rev. ，2022，B 105：235435.

[132] WANG N，DING L，WANG W. Chemical potential and magnetic field effects on graphene magnetoplasmons [J]. Phys. Rev，2023，B 108：085406.

[133] FALLAHI A，PERRUISSEAU - CARRIER J. Design of tunable biperiodic graphene metasurfaces [J]. Phys. Rev，2012，B 86：195408.

[134] KE S，WANG B，HUANG H，et al. Plasmonic absorption enhancement in periodic cross - shaped graphene arrays [J]. Opt. Express，2015 (23)：8888 - 8900.

[135] LIN K T，LIN H，YANG T，et al. Structured graphene metamaterial selective absorbers for high efficiency and omnidirectional solar thermal energy conversion [J]. Nat. Commun，2020 (11)：1389.

[136] You B，Zhang R，Wang S，et al. A high - performance broadband terahertz absorber based on single layer cross - shaped graphene [J]. Optik 2021 (241)：167249.

第 6 章　红外隐身技术

红外隐身是根据红外探测器的工作原理而形成的对抗技术，其目的是降低来自目标并到达传感器的辐射能量。本章重点考虑针对航天飞行器自身红外辐射的隐身措施，主要包括发射率调控、表面温度调控、辐射遮挡、主动冷却等。航天飞行器在考虑红外隐身的同时，还要兼顾雷达隐身，红外与雷达兼容隐身是航天飞行器的基本要求，本章对红外与雷达兼容隐身也进行了讨论。

6.1　表面低发射率控制技术

6.1.1　概述

根据普朗克定律

$$M_{\lambda b}=\frac{2\pi hc^2}{\lambda^5}\frac{1}{e^{\frac{hc}{\lambda k_B T}}-1}=\frac{c_1}{\lambda^5}\frac{1}{e^{\frac{c_2}{\lambda T}}-1} \tag{6-1}$$

式中　$M_{\lambda b}$ ——黑体的光谱辐射出射度；

λ ——辐射波长；

h ——普朗克常数，$h=6.626\times10^{-34}$ J·s；

c ——真空中的光速；

T ——温度，单位为 K；

k_B ——玻尔兹曼常数，$k_B=1.38\times10^{-23}$ J/K；

$c_1=2\pi hc^2=3.741\ 5\times10^8$ W·μm^4/m^2；

$c_2=\frac{hc}{k_B}=1.438\ 79\times10^4$ μm·K

黑体的辐射与波长和温度相关。

黑体的全辐射出射度可由普朗克定律在全光谱域积分得出，表示为

$$M_b=\frac{c_1}{c_2^4}T^4\cdot\frac{\pi^4}{15}=\sigma T^4 \tag{6-2}$$

其中 $\sigma=5.67\times10^{-8}$ W/(m^2·K^4) 为斯特藩-玻尔兹曼常数。

对于常见的材料，均为灰体，用发射率表征其辐射能力。材料发射率 ε 是其辐射能力与黑体辐射能力之比，可分为光谱发射率 ε_λ 和全发射率 ε 。发射率越高，其辐射能力越接近黑体，其光谱辐射出射度和全辐射出射度分别表示为

$$M_{\lambda g}=\varepsilon_\lambda M_\lambda=\varepsilon_\lambda\frac{c_1}{\lambda^5}\frac{1}{e^{\frac{c_2}{\lambda T}}-1} \tag{6-3}$$

$$M_g = \varepsilon M_b = \varepsilon\sigma T^4 \tag{6-4}$$

如图 6－1 所示，降温意味着辐射能量的快速降低，但需要时间，低发射率意味着低的能量辐射，相比于降温需要时间，对于总辐射能量不大的情况，低发射率是一种很好的选择。

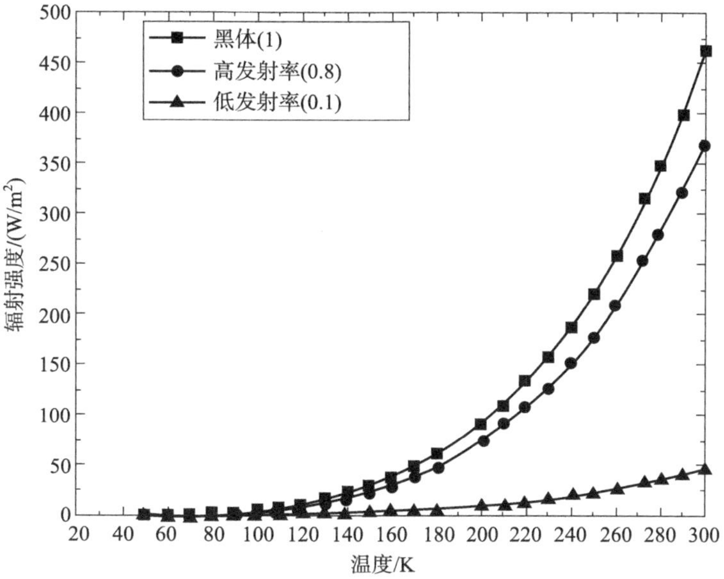

图 6－1　不同发射率材料辐射出射度随温度的变化

6.1.2　表面发射率的影响因素

发射率是材料表面的性质，用来表征材料表面以热辐射形式辐射能量的能力，是表征实际材料辐射能力与黑体之间的差距，介于 0 与 1 之间，0 为无辐射材料，1 为黑体。发射率与材料的组分性质、表面状态、结构、厚度等因素有关。

1）材料的组分性质。红外辐射本质是电磁频谱，由电磁传输性质可知，其可穿透深度与材料的电导率等性质有关，同样表面状态下，电导率高的发射率低。因而一般金属材料具有低的发射率，而非金属材料具有高的发射率。

2）表面粗糙度。一般抛光的金属材料具有较低的发射率，但表面粗糙处理后，如喷砂，发射率会提高。一些非金属材料如多晶陶瓷、聚苯乙烯和聚乙烯，发射率对粗糙度不敏感。

3）表面状态。表面结晶化或有灰尘等附着物等，会影响发射率，如灰尘会导致抛光金属发射率的提高。

4）材料厚度。实际上，作为电磁频谱的一部分，物体的红外辐射传输存在一个趋肤深度。理论上，趋肤深度可表示为

$$\delta = \sqrt{\frac{2\rho}{\omega\mu}} = \sqrt{\frac{2}{\omega\mu\sigma}} = \sqrt{\frac{\lambda\rho}{\pi\mu c}} \tag{6-5}$$

式中 δ ——趋肤深度（m）；

ω ——电磁波角频率（rad/s），$\omega = 2\pi f = \dfrac{2\pi c}{\lambda}$；

μ ——材料磁导率（H/m），$\mu = \mu_0 \mu_r$，其中 $\mu_0 = 4\pi \times 10^{-7}$ H/m；

ρ ——材料电阻率（Ω·m）；

σ ——材料电导率（S/m）。

铝在红外波段的趋肤深度与波长的关系如图 6-2 所示，可见其只有几十个纳米厚，由于实际上铝表面会有一层 10～100 nm 的氧化膜，因此，真实铝的趋肤深度要大于几十个纳米。

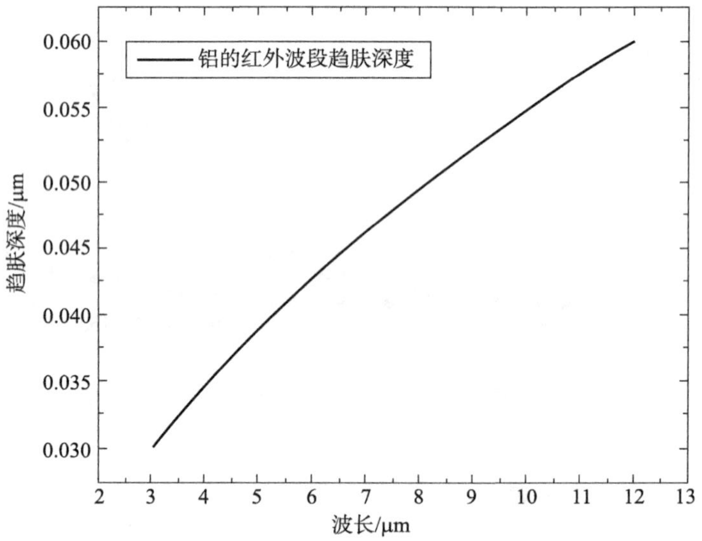

图 6-2 铝在红外波段的趋肤深度与波长

6.1.3 常见材料表面发射率

根据材料的表面发射率大小及特性，可以将其分为黑体、灰体、选择性辐射体、白体。

黑体是指能够将吸收的能量全部辐射出去的物体，其发射率与光谱发射率均为 1，又称普朗克辐射体，是理想的红外辐射体。

灰体是发射率小于 1 但随波长变化保持不变的物体，常见物质大多数属于灰体。

选择性辐射体是指表面的发射率随波长变化的物体。

白体是发射率为 0，完全不具备辐射能力的理想物体，与黑体一样，现实物体中是没有白体存在的。

典型各类材料的发射率分布如图 6-3 所示[1]。常见材料发射率如表 6-1 所示。

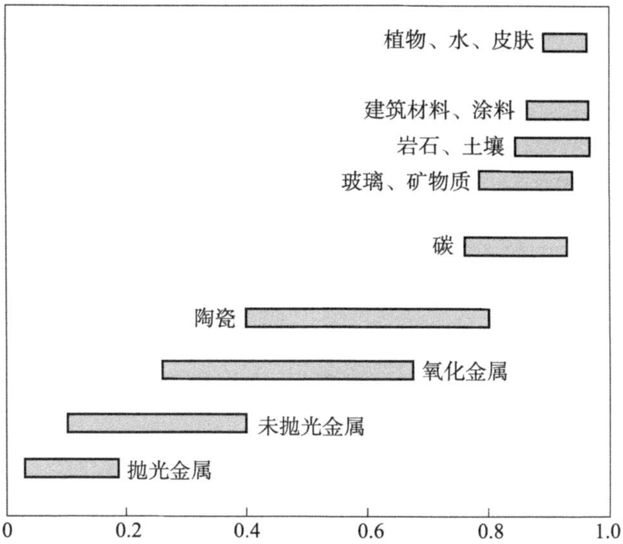

图 6-3　各类材料发射率分布[1]

表 6-1　常见材料发射率[1-3]

材料	发射率
抛光银	0.02
抛光铝	0.05～0.1
表面氧化的铝	0.1～0.4
阳极化铝	0.6～0.95
表面粗糙的铝	0.1～0.3
抛光铜	0.03～0.05
氧化的铜	0.2～0.8
抛光金	0.03
高抛光黄铜	0.03
氧化铝	0.4
抛光铬	0.1
铝箔	0.07
石膏	0.08
白漆	0.9
沥青路面	0.9
植被	0.94
白纸	0.94
水	0.95
石墨	0.98
黑漆	0.98

续表

材料	发射率
纯碳	0.8
纤维(绿色粗麻布)	0.88
纤维(未上色粗麻布)	0.87
玻璃纤维	0.85
纤维板	0.85
玻璃	0.92
橡胶	0.95
不锈钢(未氧化)	0.1
氧化的不锈钢	0.7～0.95
陶瓷	0.9—0.95

表面发射率除了与材料自身、表面状态等多种因素有关，还与温度有关，一般来讲，发射率随温度升高而变高。

6.1.4　低发射率控制

低发射率控制就是指表面辐射功能层采用低发射率材料，利用材料的低辐射能力控制表面总辐射能量。如图 6-4 所示，发射率对辐射出射度的影响，在同一温度下，材料发射率的降低带来的辐射出射度降低效果是明显的。

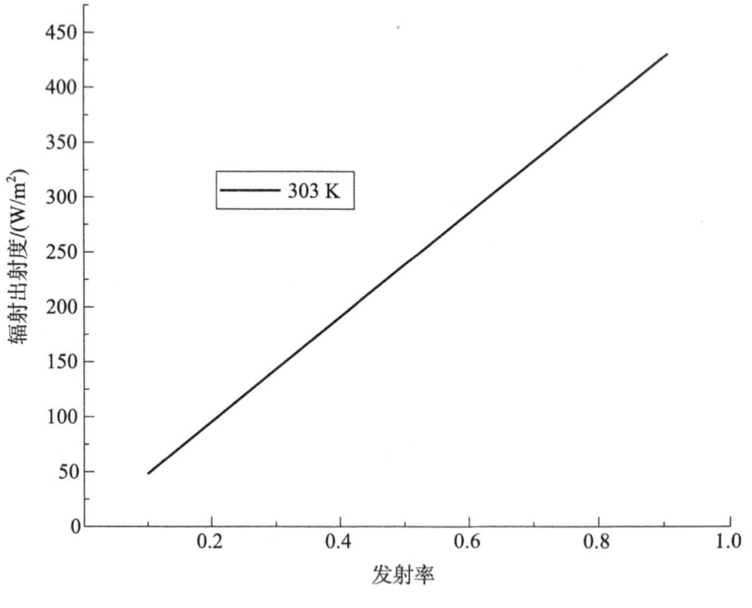

图 6-4　同一温度下不同发射率对辐射出射度的影响

所谓低发射率材料，就是红外辐射能力弱的材料，对于红外不透明材料而言，一般地，发射率与反射率相对，发射率越低，反射率越高。这里所说的低发射率是指全红外谱段的低发射率，不包括光谱选择性辐射材料。常见的低发射率材料类型包括：

（1）金属材料表面

光滑的金属表面具有较低的发射系数，而粗糙表面发射率将提高，同样，表面氧化的金属表面发射率也将提高。金属表面也包括金属薄膜表面。

（2）金属基材料

金属基材料主要包括含金属材料的漆、涂层等，起主要作用的仍然是其中的金属材料。

6.2　表面温度控制技术

航天飞行器的红外辐射除了与发射率相关外，还与表面温度相关。航天飞行器是具有一定温度的目标，具有一定的内能，其时刻与外界产生热交换，也就是说，航天飞行器自身会不断向外辐射能量，从而会降低温度；另外，外热流会对目标进行加热，从而使目标温度升高。故而，飞行中的航天飞行器与环境之间存在热交换，表面温度变化取决于外热流的加热条件、内热流的辐射条件。低辐射是航天飞行器隐身的主要目标，在一定表面发射率的条件下，保持尽可能低的表面温度是航天飞行器隐身努力的方向。由于航天飞行器飞行所处外热流环境相对于航天飞行器自身可能是高热或高冷，当外热流高时，需要采取措施，减少外热流对航天飞行器的加热贡献，而当外热流低时，则应采取措施使需要隐身的表面迅速降温。一种简单的方法是在航天飞行器表面用绝热材料与结构形成绝热层，阻挡内部热流向外传输，这对于航天飞行器内部热流远大于环境外热流时适用；对于外热流大的情形，可采取主动热耗散方式降低表面温度。

6.2.1　基于隔热结构的温度控制技术

隔热控温的思路很简单，就是用低热导率结构包覆在目标外表面，构成一层“棉衣”层，这样，表面的温度就几乎与内部内能无关了。较好的隔热控温结构是带有孔隙的不连续结构，如气凝胶、泡沫、蜂窝等。出于建模方便考虑，以蜂窝类单元规则的多孔型不连续结构为典型例子进行分析。

6.2.1.1　不连续结构表面热传导分析

空间环境下不连续结构表面温度受内外热环境及结构内耦合传热机制控制，其热传输模型如图 6-5 所示。采用元胞结构的耦合传热模型对不连续结构单元进行分析，在此基础上，求解表面蒙皮的瞬态温度场。温度场与辐射场求解采用同一套网格，单元结构的辐射换热计算采用蒙特卡罗方法；能量方程采用有限体积法全隐格式离散，扩散项离散采用中心差分，非稳态项离散采用一阶向前差分。由于多孔型不连续结构包含若干独立的空腔型结构单元，这些结构单元尺寸相同，可采用蒙特卡罗方法（Monte Carlo Method，MCM）计算辐射传递系数，然后应用辐射传递系数完成空腔型结构单元内的辐射换热计算。

其中，蒙特卡罗法将辐射能量的传递简化为大量能束随机发射和吸收的过程，可以同时考虑复杂表面之间的几何位置、多次反射和辐射界面特性（漫发射、漫反射表面，镜反射表面，以及各向异性发射表面）的综合影响。但是蒙特卡罗法计算量大，而辐射项又与温度有关，在计算温度场时每改变一个温度值都要改变辐射项。如要在温度场迭代时每改变一次温度场都重新使用蒙特卡罗法计算辐射项，将会出现无法接受的计算量，因而可以引入辐射传递系数的概念采用热网络法来解决这个问题。

利用热网络法，可将整个系统的温度场求解简化为多个离散节点的温度，这些节点代表了不连续结构空腔结构的一个体元的热特性，热量的传递发生于各节点之间，传递热量的大小取决于两节点之间的温差和两节点间热阻的大小。热阻包括导热热阻、对流热阻和辐射热阻，分别考虑了各个节点所代表部分之间的导热、对流和辐射换热。针对空间应用环境，只需考虑导热和各种辐射热阻。节点都按照热量平衡的原理建立热平衡方程，逐点求解。通过确定控制方程、热传导系数计算方法、辐射热阻以及控制方程的离散，构建起数值算法。

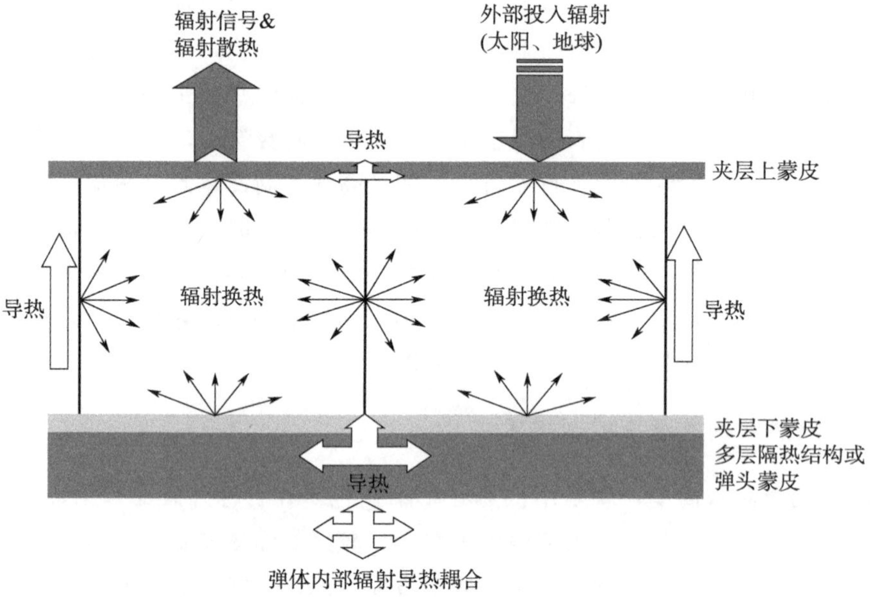

图 6-5　多孔型不连续结构热传输模型

过程如下：

1）建立网格模型。将不连续结构的元胞单元按下层蒙皮、空腔、空腔壁、上层蒙皮等几个部分，分别建立网格模型，如图 6-6。

2）节点编号。对上下蒙皮、空腔划分统一的网格，所有节点统一编号，形成一个统一网格系统；节点编号系统由 5 维数组表示。

3）应用蒙特卡罗法和热网络法计算。应用蒙特卡罗法计算元胞内空腔与壁面的体元之间的辐射换热，不连续结构瞬态温度场由热网络法模拟得到。

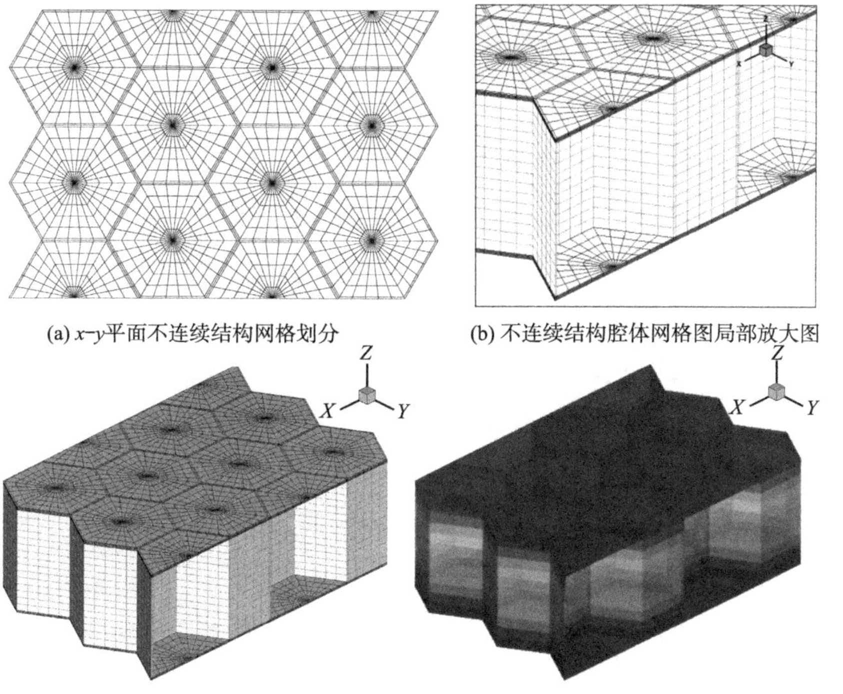

(a) x-y平面不连续结构网格划分　(b) 不连续结构腔体网格图局部放大图

(c) 不连续结构网格图　(d) 不连续结构网格透视图

图 6－6　不连续结构计算网格图（见彩插）

6.2.1.2　不连续结构温度及红外辐射效果的实验

（1）实验系统

采用能够模拟空间低温、太阳辐射的空间热环境模拟系统进行实验。实验系统为 RZKφ2500 真空罐系统、太阳模拟器等设备，建立真空、低温、太阳辐照和地球辐照的模拟实验环境条件，实验过程中控制热流量分别模拟太阳光照和无太阳光照环境状态，采用热电偶温度传感器测量隐身材料平板试件的表面温度，同时监控外热流数据。实验系统主要设备部署及系统照片如图 6－7 和图 6－8 所示。

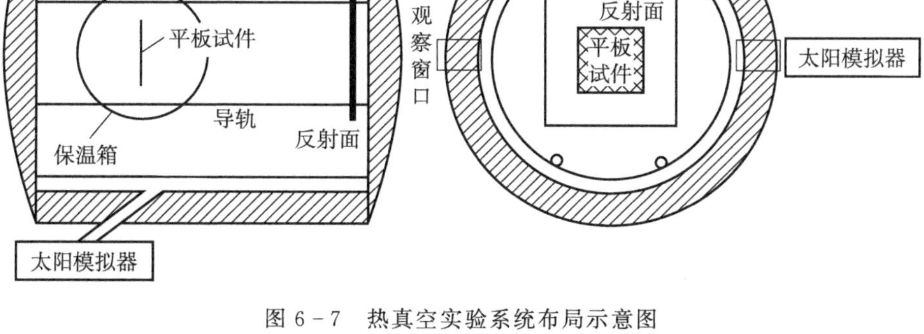

图 6－7　热真空实验系统布局示意图

图 6 - 8　实验系统照片

(2) 样件设计

采用平板样件进行实验即每个样件为一个特定尺寸的平板。考虑到传热与不连续结构厚度、表面发射率等均有关，设计了 4 mm、6 mm、8 mm 和 10 mm 四种厚度，以及高、中、低三种表面发射率状态，一共 16 种状态，如表 6 - 2 所示。采用多个样件构成一组样件的方式进行实验，单个样件示意及实验件照片分别如图 6 - 9 和图 6 - 10 所示。样件结构及传感器安装剖面图和顶视图如图 6 - 11 和图 6 - 12 所示，样件安装照片如图 6 - 13 所示。

表 6 - 2　实验样件状态

序号	编号	待测材料的测试状态
1	4 mm－1＃	4 mm 厚度不连续结构平板
2	4 mm－2＃	4 mm 厚度不连续结构平板＋SR2 涂层(可见光 0.18、红外 0.87)
3	4 mm－3＃	4 mm 厚度不连续结构平板＋聚酰亚胺膜(红外 0.5)
4	4 mm－4＃	4 mm 厚度不连续结构平板＋聚酰亚胺膜(红外 0.1)
5	6 mm－1＃	6 mm 厚度不连续结构平板
6	6 mm－2＃	6 mm 厚度不连续结构平板＋SR2 涂层(可见光 0.18、红外 0.87)
7	6 mm－3＃	6 mm 厚度不连续结构平板＋PET 膜(红外 0.5)
8	6 mm－4＃	6 mm 厚度不连续结构平板＋PET 膜(红外 0.1)
9	8 mm－1＃	8 mm 厚度不连续结构平板
10	8 mm－2＃	8 mm 厚度不连续结构平板＋SR2 涂层(可见光 0.18、红外 0.87)
11	8 mm－3＃	8 mm 厚度不连续结构平板＋布(红外 0.5)
12	8 mm－4＃	8 mm 厚度不连续结构平板＋布(红外 0.1)
13	10 mm－1＃	10 mm 厚度不连续结构平板
14	10 mm－2＃	10 mm 厚度不连续结构平板＋SR2 涂层(可见光 0.18、红外 0.87)
15	10 mm－3＃	10 mm 厚度不连续结构平板＋聚酰亚胺膜(红外 0.19)
16	10 mm－4＃	10 mm 厚度不连续结构平板＋PET 膜(红外 0.19)

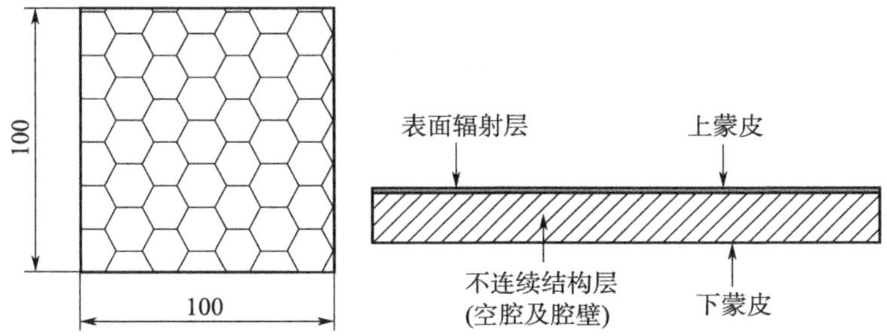

图 6-9　不连续结构实验样件示意图

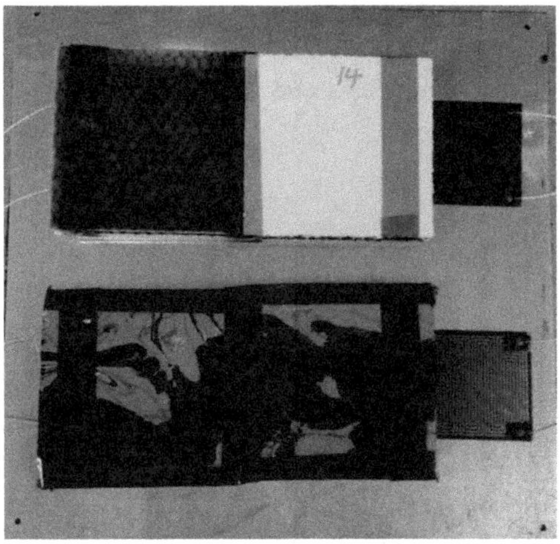

图 6-10　不连续结构实验样件实物图

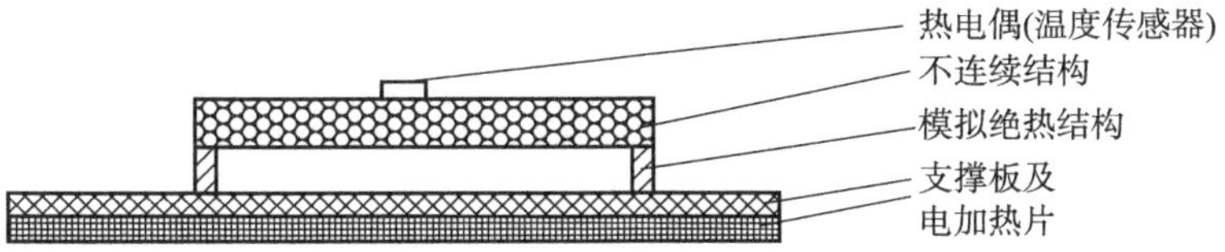

图 6-11　样件结构及传感器安装剖面图

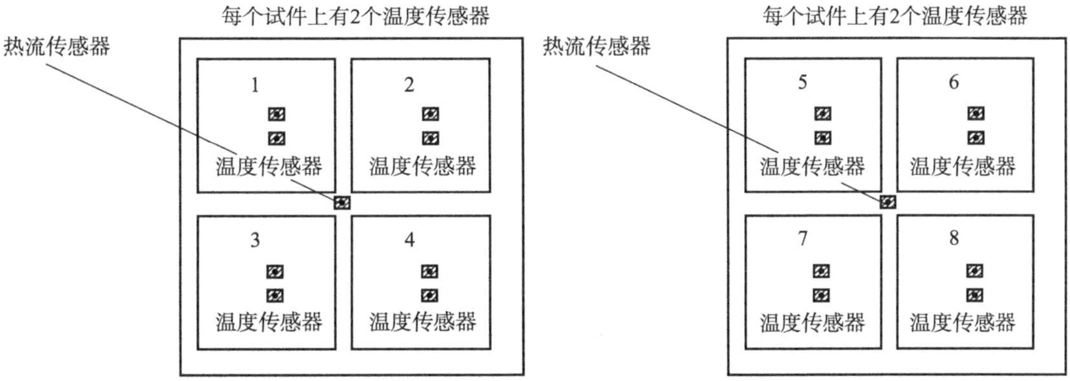

图 6-12　样件结构及传感器安装顶视图

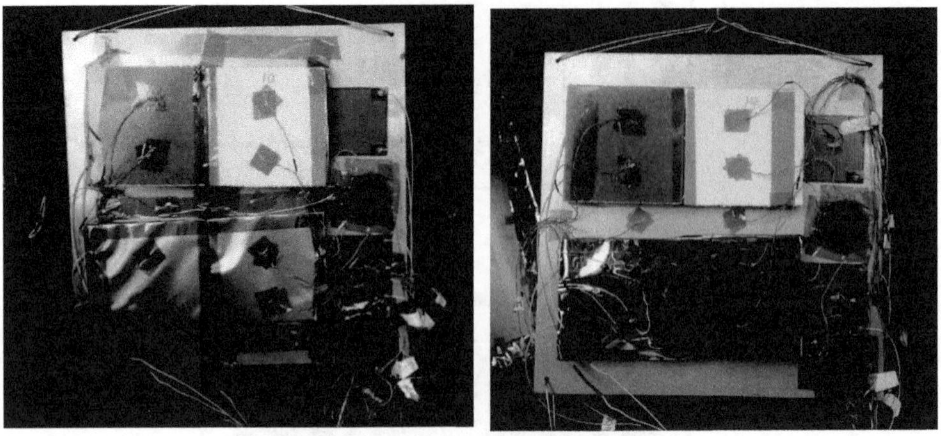

图 6-13　实验样件安装照片

(3) 实验状态

将一组样件固定在一个平面支撑板上，该支撑板与转台固定，以便样件在实验中能以一定速度旋转，实验前，支撑板及样件采用保温装置罩起来以便保持初温，该过程一直保持到真空与冷背景实验环境建立完毕。当实验环境中热沉温度降到 150 K、真空度优于 1×10^{-1} Pa，对于太阳照射环境，模拟热流满足模拟太阳照射条件时，利用解锁机构瞬间打开保温罩，使待测样件瞬间暴露在真空冷背景与外热流实验环境中，用温度传感器记录材料的表面温度变化情况。对于无太阳照射环境，满足环境温度和真空度达到所需条件时，解锁机构打开。也可选择先进行太阳照射环境的实验，待该部分实验完成后，关闭模拟太阳热流，待样件表面温度达到预定的温度条件时，开始实验记录。主要记录参量为随时间变化的样件表面温度。

为模拟结构内部的热控条件，实验中用电加热方式保持支撑板温度，即保持初始温度状态。

(4) 实验结果分析

如图 6-14 所示是试验过程中模拟的外热流监测数据曲线，初始时刻表面温度维持在 8 ℃左右，可以看出，在热流传感器监测的温度达到 −18 ℃，即对应的热流密度数据 240 W/m^2 时，达到环境热平衡，此时，打开保温罩，外热流照射到试件，开始测量在模拟无阳光光照状态下的试件表面温度变化特性。真空罐系统热沉壁面温度监测数据曲线如图 6-15 所示，在模拟无阳光光照状态的测量时间段内，真空罐系统热沉壁面温度保持在 −160 ℃以下。在试验测量过程中试件支撑平板温度保持情况如图 6-16 所示，支撑平板的温度维持在 25～30 ℃。

阳光光照状态下的外热流条件由太阳模拟器产生，通过反射镜后照射到试件表面。热流传感器与热电偶温度传感器的粘贴位置与无阳光光照状态测试时的位置相同。

热流传感器监测温度是136 ℃，即热流密度数据是 1 590 W/m^2。此时，打开保温罩，太阳外热流照射到试件，开始测量在模拟阳光光照状态下的试件表面温度变化特性。

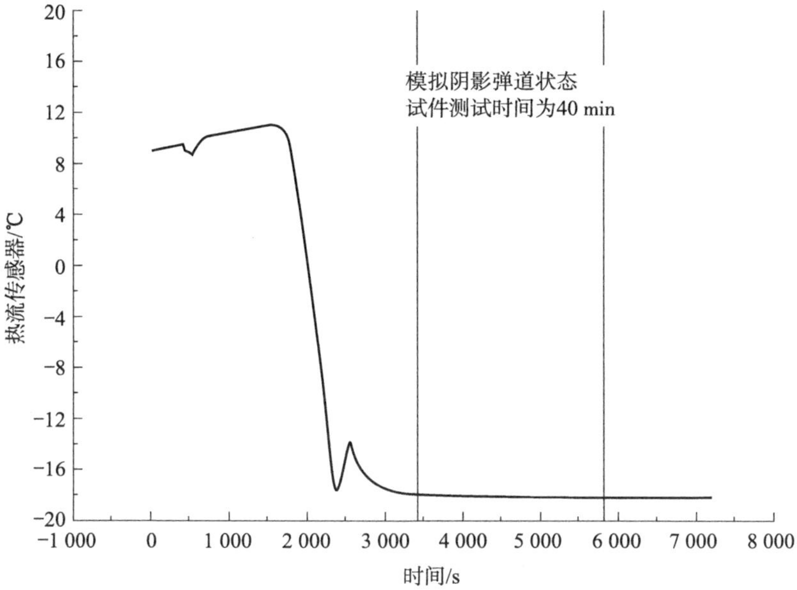

图 6－14　外热流传感器温度监测数据曲线

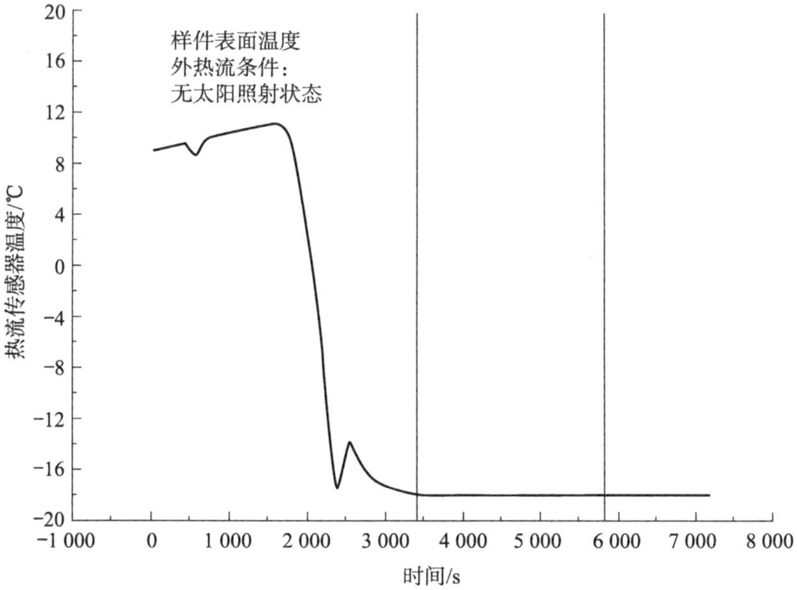

图 6－15　热沉壁面温度监测数据曲线

真空罐系统热沉壁面温度监测数据曲线如图 6－17 所示，在测量时间段内热沉壁面温度保持在－170 ℃以下。在试验测量过程中试件支撑平板温度保持情况如图 6－18 所示，支撑平板在太阳光照射下，温度持续升高，达到 75 ℃。

如图 6－19 所示，根据热流、导热系数、厚度和温差四个物理量的内在联系，根据试验过程中测得的保温罩内外表面温度，计算材料的导热系数为 0.08 W/（m·K）。

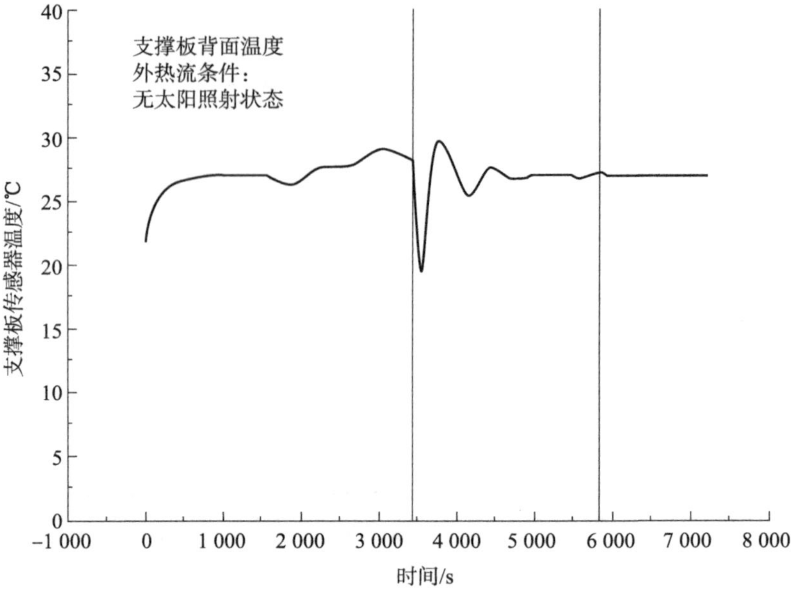

图 6-16　试件支撑平板温度监测数据曲线

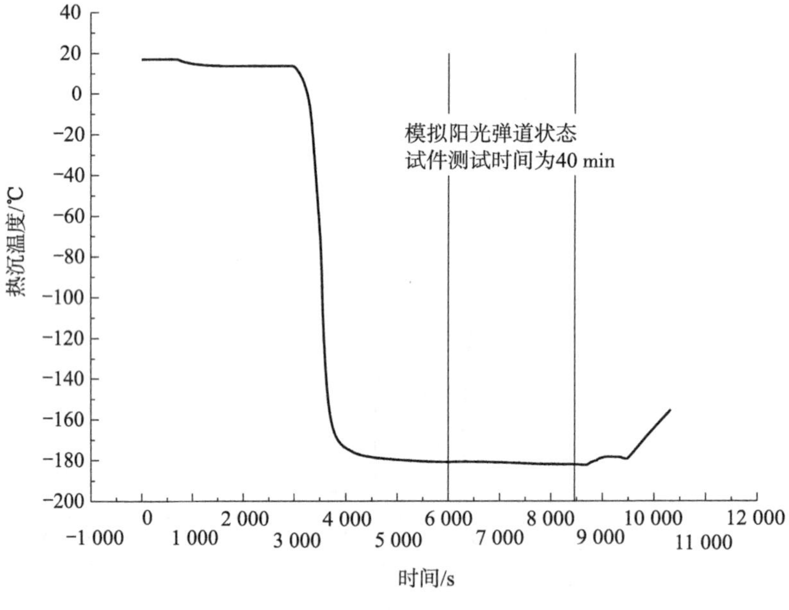

图 6-17　热沉壁面温度监测数据曲线

6.2.2　主动耗散式温度控制技术

主动耗散式温度控制技术是利用工质相变等过程的热力学效应，带走目标不需要的热量，从而达到控温目的。根据普朗克黑体辐射定律，目标的红外辐射强度与绝对温度的 4 次方成正比，如图 6-20 所示，温度的降低将显著降低目标的红外辐射。传感器捕获目标的距离与目标温度的关系如图 6-21 所示。

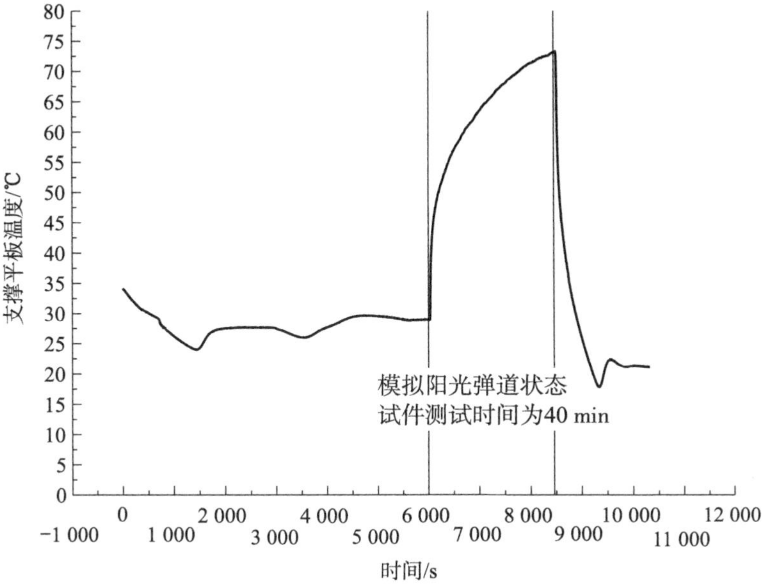

图 6－18　试件支撑平板温度监测数据曲线

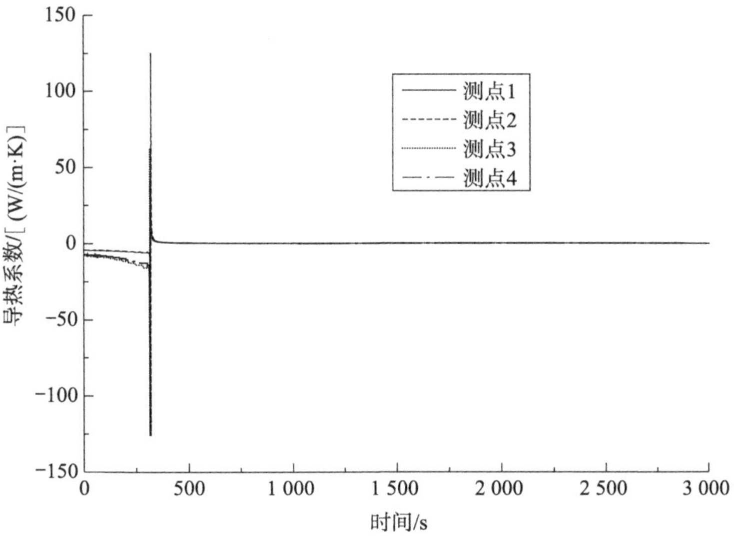

图 6－19　目标隔热材料导热系数

一般包括冷屏技术、发散技术、热管技术等。本书重点介绍用于航天飞行器的冷屏技术，并简要介绍主动发散技术。

6.2.2.1　*冷屏原理*

冷屏一般用于降温控制，是指在航天飞行器的全部表面或需要降温的表面，以高换热介质为工作介质，以高吸热、高辐射表面为换热表面的装置，一般包覆在目标的表面，且工作时处于低温状态，因而称为冷屏。图 6－22 是相关资料中介绍的冷屏结构示意图[4]，

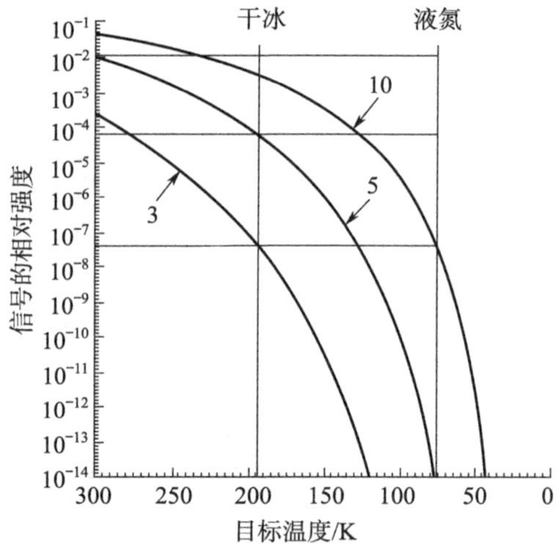

图 6-20　目标红外辐射强度与绝对温度的关系曲线

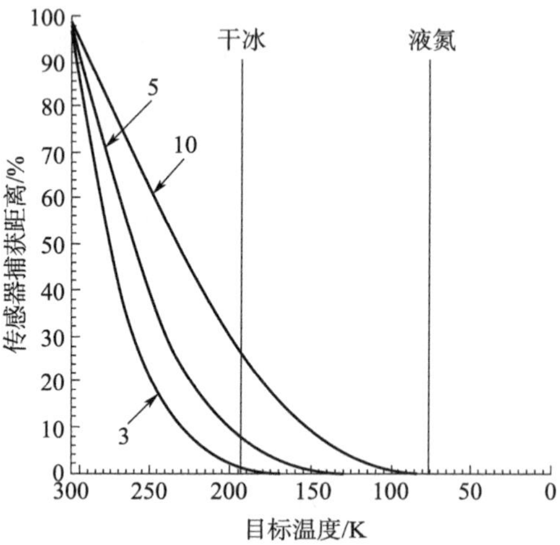

图 6-21　传感器捕获目标的距离与目标温度间的关系曲线

设想为双层的锥形铝制低温包络层。

冷屏的工质根据所需控制的目标温度、速度、工作环境、条件等多方面因素进行选取，一般选用能够利用液气转化的工质。常用的工质包括液氮、液氨、超临界态物质（如二氧化碳）、水等，一般以液氮为工质的较多。典型用于航天飞行器红外隐身的冷屏结构如图 6-22 所示[4]，常采用液氮等工质工作。以液氮工质为例，冷屏工作原理如图 6-23 所示[5]，冷屏作为一个充填有冷却剂的外壳，包裹在航天飞行器外表面，液氮通过液-气相变带走热量，降低温度，对于自旋的航天飞行器，液态的冷却剂会集中在航天飞行器后部，并且不断吸热气化，从前端的排气孔排出或在表面循环，冷屏与航天飞行器之间一般采用多层绝热层。液氮的气化潜热为 5.58 kJ/mol，摩尔质量 0.028 kg/mol，密度 806.084 kg/m^3，可以计算出每公斤液氮的汽化热为 199.74 kJ/kg。

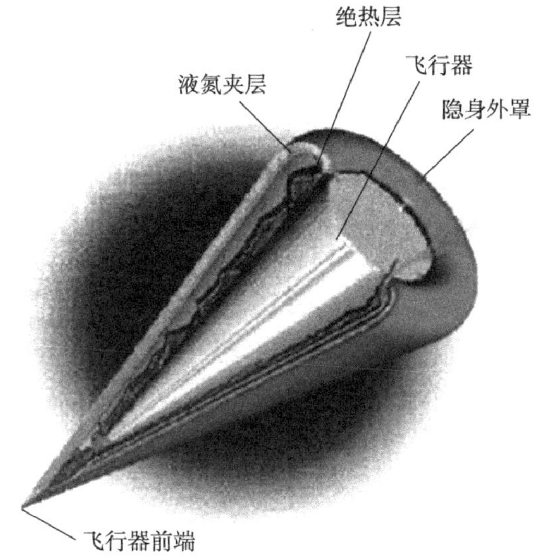

图 6 - 22　国外冷屏结构示意图[4]

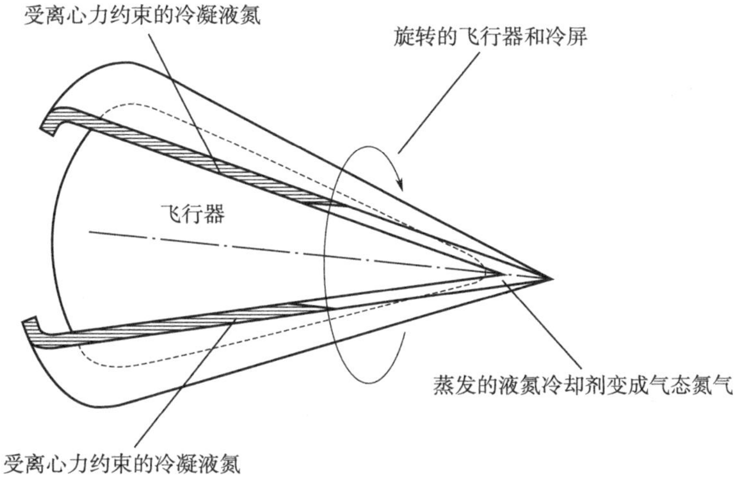

图 6 - 23　冷屏工作原理[5]

6.2.2.2　冷屏结构

6.2.2.1 节给出的是冷屏的基本原理，事实上，由于重力变化、自旋离心的影响，直接把冷屏做成单一空腔型容器的设计是不实用的。常用的是采用内嵌结构的设计，将冷屏空腔分成若干单元，这样通过工质局限范围的设计，减小离心力和重力变化的影响。一种冷屏设计的结构如图 6 - 24 所示，这是一种非循环的直排式冷屏设计，侧面冷屏设计为蜂窝状结构，使液氮均匀分布。冷屏与航天飞行器之间采用可分离的绝热柱连接。底部冷屏分隔成若干个同心圆，当液氮加注到侧面冷屏和底部冷屏内，使液氮均匀地分布在冷屏的各个部分。

对于蒸发后排出的氮气要设置专用的减压阀，并经过对称的排气口排出，防止产生推力，对航天飞行器产生影响。

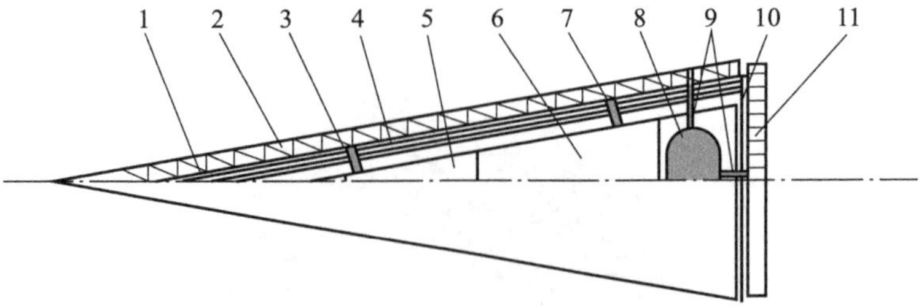

图 6－24　冷屏原理图

1—蒸发气体排放；2—冷屏蔽；3、7—绝热支撑；4—多层绝热；5—密封舱；
6—控制舱；8—低温容器；9—低温管道；10—底部绝热支撑；11—底部冷屏

6.2.2.3　冷屏液氮消耗量分析

假设冷屏的材质为铝。冷屏中所需的液氮主要是由于冷屏吸收太阳、地球辐射和地球反射太阳光以及航天飞行器的热量传给冷屏引起的汽化而消耗的液氮。

冷屏吸收的热能 P_{OUTER} 来自太阳、地面反射及地球红外辐射的部分，可用下式表示

$$P_{\mathrm{OUTER}} = [\alpha_S(S + S_R) + \varepsilon_{\mathrm{IR}} E] A_C \tag{6-6}$$

式中　α_S ——太阳能吸收率；

$\varepsilon_{\mathrm{IR}}$ ——铝的红外发射率（即红外吸收率）；

S ——太阳辐射流密度（1 353 W/m^2）；

S_R ——地球反射的太阳辐射热流密度；

E ——地球红外辐射热流密度（240 W/m^2）；

A_C ——横截面积。

为简单起见，以圆锥形目标为例，设圆锥形冷屏高为 H、底部直径为 D，横截面积 A_C 由冷屏相对太阳和地球的方向而定，变化范围从 $\pi(D/2)^2$（正对圆锥尖头的方向）到 $H(D/2)$（圆锥侧面的方向）。因要计算保持冷屏温度所需的液氮量，我们就用较大的值 $H(D/2)$。公式（6－6）变为

$$P_{\mathrm{OUTER}} = [\alpha_S(S + S_R) + \varepsilon_{\mathrm{IR}} E] H\left(\frac{D}{2}\right) \tag{6-7}$$

其中，$C \in \left(\pi\left(\frac{D}{2}\right)^2, H\left(\frac{D}{2}\right)\right)$。

航天飞行器内部以红外辐射方式传递到被冷却的冷屏内表层的热能为

$$P_{\mathrm{INNER}} = \varepsilon_{\mathrm{si}}\sigma(T_W^4 - T_S^4)A_S \approx \varepsilon_{\mathrm{si}}\sigma T_W^4 A_S \tag{6-8}$$

式中　P_{INTER} ——冷屏内表面吸收的能量；

$\varepsilon_{\mathrm{si}}$ ——航天飞行器和冷屏之间的超隔热层的有效红外发射率；

σ ——斯特藩-玻尔兹曼常数［5.67×10^{-8} W/（m^2·K^4）］；

T_W ——航天飞行器的温度；

T_S ——冷屏温度；

A_S ——冷屏的表面积。

圆锥形冷屏高变为 H，底部直径为 D，表面积就是 $\pi(D/2)[(D/2)^2+H^2]^{1/2}$。公式（6-8）变为

$$P_{\text{INNER}}=\varepsilon_{\text{si}}\sigma T_W^4\pi\left(\frac{D}{2}\right)\left[\left(\frac{D}{2}\right)^2+H^2\right]^{\frac{1}{2}} \tag{6-9}$$

还需要估算冷屏与航天飞行器间连接的绝热柱传到冷屏内表面的热量。每个绝热柱横截面积为 $\Delta S(\text{cm}^2)$，长度为 $\Delta X(\text{cm})$，绝热柱数量为 N，绝热柱总截面积 $A_S=\Delta S\cdot N$，则通过支柱传到冷屏内表面的能量 P_{SUPPORT} 为

$$P_{\text{SUPPORT}}=\left(\frac{\kappa}{\Delta X}\right)(T_W-T_S)A_S \tag{6-10}$$

式中　κ ——绝热柱的导热率；

T_W 和 T_S ——飞行器和冷屏的温度。

举个例子，假设辐射控制涂层的 α_S 和 ε_{IR} 近似值均为 0.30，太阳常数为 1 353 W/m²，假定照射在地球上的 30%的太阳辐射被地球向上反射给飞行器。地球本身的辐射长波红外线（波长约 10 μm)，其辐射力为 240 W/m²，同时假设飞行器截面积 0.6 m²，由式（6-7)，得到 P_{OUTER} 约为 380 W。

假设航天飞行器温度为 300 K，多层绝热层的有效发射率为 0.05，则由式（6-9）冷屏内表面吸收的能量是 46 W。绝热柱材料为特氟龙，其平均导热率 $\kappa=1.0$ W/mK，绝热柱长 $\Delta X=1$ cm，截面积 $\Delta S=1$ cm²，绝热柱数量 $N=20$。当航天飞行器温度为 300 K，冷屏液氮温度 77 K，由式（6-10)，得到通过绝热柱传到冷屏的能量约为 18 W。

在太阳照射条件下，冷屏吸收的总热流为 444 W。液氮蒸发热量约为 200 J/g，每秒消耗的液氮约为 2.22 g。

6.2.2.4　主动发散降温技术

主动发散降温技术包括发散（发汗）技术、气膜/液膜技术等，就是在目标表面形成一层冷的流体层，该层可以阻挡高温气流对结构的加热，从而使结构表面保持与冷却层基本相同的温度状态，从而起到降温作用，发散冷却原理如图 6-25 所示。在航天飞行器热端表面设置离散的缝或通孔，引入的气体作为冷却剂在压力梯度作用下输送到结构外部，形成一层低温的保护膜，覆盖在目标表面，从而高温气流不能加热到目标表面。发散冷却的原理和气膜冷却相似，也是通过将冷却剂输送到热端表面后覆盖一层低温气膜来阻隔高温气流和热防护结构，但发散冷却所使用的多孔介质材料孔隙尺寸通常在微米量级，固体骨架内的大量微孔为内部换热提供了充足的空间，因此，发散冷却更加高效。发散冷却的冷却剂有多种选择，可以根据所需冷却温度、相变焓等进行选取，如金属铜、水、氨水、超临界态物质。

以超临界 CO_2 作为冷却剂为例。超临界流体的主要特征就是气体的热物性参数随温度和压力的改变而剧烈变化，且在临界点附近尤为明显，这也是超临界流体呈现出奇异传热特性的根本原因。二氧化碳的定压比热容与体积膨胀系数随温度的增加先增大后减小，

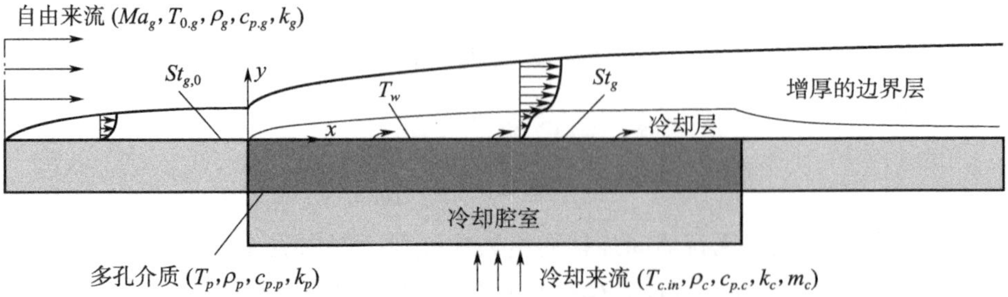

图 6-25　发散冷却原理示意图[6]

在临界点处出现一个峰值，并随着压力的增大逐渐衰减，其密度与动力黏度随温度的增加逐渐减小，在临界点处会出现骤降趋势，并随着压力的增大趋于平缓。导热系数的变化规律与密度及动力黏度类似，但是在临界点和拟临界点处出现骤降趋势前，会发生急剧上升的现象，并随着压力的增大逐渐消失，比焓随温度的增加逐渐增大，在临界点处会出现激增趋势，并随着压力的增大逐渐缓和。

CO_2 的临界温度较低（31.05 ℃），典型的 CO_2 跨临界制冷循环系统如图 6-26 所示，压气机的吸气压力低于临界压力，吸气温度低于临界温度，蒸发器的吸热过程在亚临界条件下进行。压缩机的排气压力高于临界压力，排气温度高于临界温度，放热过程在超临界条件下进行。由于超临界状态放热过程不发生相变，二氧化碳可以获得较大的温度变化，有利于与变温热源相匹配，更接近洛伦兹循环，从而可得到较高的用能效率。

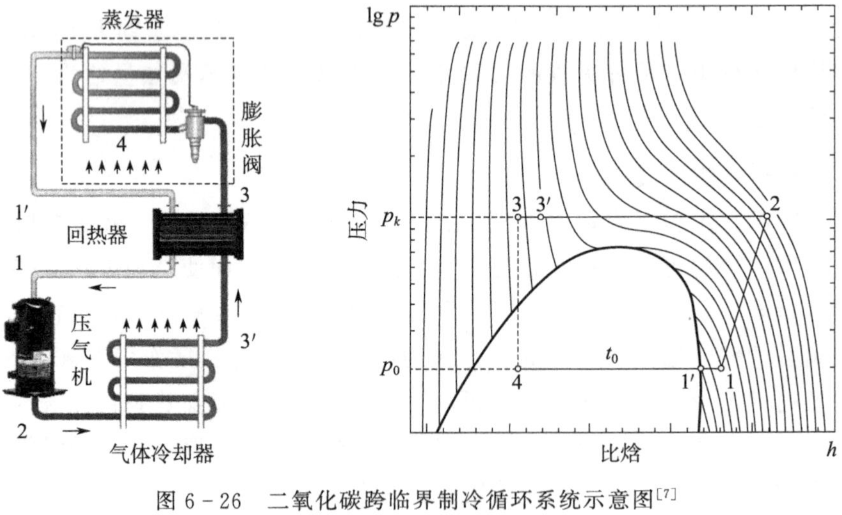

图 6-26　二氧化碳跨临界制冷循环系统示意图[7]

图 6-27 为不同温度与压力下二氧化碳的定压比热容，由图可知，在任何一个压力下，定压比热容都存在一个极大值，且在临界点处取最大值（为正常值的 1 000 多倍）。在亚临界压力范围内，饱和温度下的定压比热容最大，而在超临界压力区域，取得极大定压比热容的点称为拟临界点（Pseudo Critical Point），对应的温度叫作拟临界温度（Pseudo Critical Temperature）。不同压力下定压比热容的极大值点在 P-T 图上投影的连

线称为拟临界线（Pseudo Critical Line），它可认为是气液共存线在超临界区域的延伸，也是类气态与类液态的分界线。图 6－28 为超临界二氧化碳的拟临界线，从图中可以看出，拟临界线由临界点开始，随着压力的增大，拟临界温度逐渐增大。

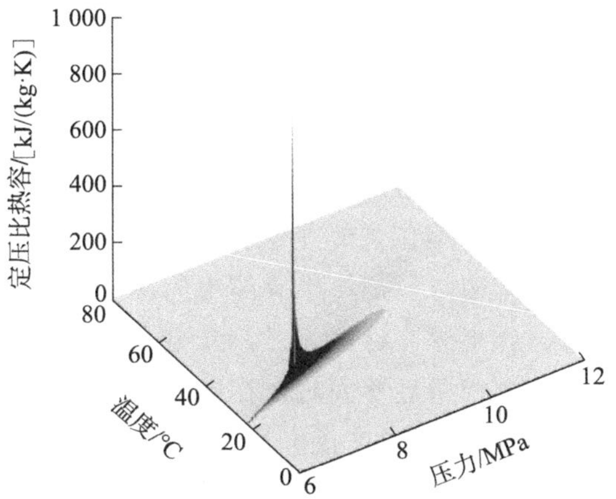

图 6－27　不同工况下二氧化碳的定压比热容（见彩插）

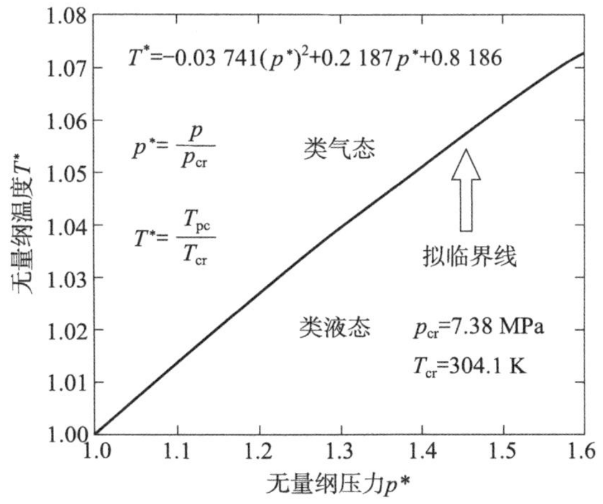

图 6－28　超临界二氧化碳的拟临界线

在临界点和拟临界点处，温度变化 1 ℃ 就可以使定压比热容与体积膨胀系数值变化几十至上百倍，其他热物性参数如密度、导热系数、动力黏度以及比焓等也是成倍数的激变。

6.3　光谱选择发射控制技术

6.3.1　红外光谱辐射调控方法

根据黑体辐射理论，物体的辐射频谱与温度、表面发射率等有关，除温度外，改变物体的表面发射率，也可显著改变物体的辐射性能。常规物体的辐射率一般是不随波长改变的，但在实际情况中，往往只需要被关注波段的发射率控制，比如大气窗口波段低发射率，而并不关心的波段，可以是高发射率，甚至从能量管理角度来说，希望这些不关心的波段是高发射率。光谱辐射调控就是这样一个技术。

光谱辐射调控是通过对目标表面材料的微纳结构设计，人工实现目标特定的红外光谱或多波段辐射分布的一种红外隐身方法，其实现方法主要是基于光子晶体原理的调控方法。

光子晶体技术是一种新型的人工结构功能材料，通过设计可以实现人为调控经典电磁波的传输。光子晶体的实质是辐射场与材料的耦合作用，可实现对其内部辐射模式进行控制，同时又对外部激励场进行特殊响应。光子晶体具有光子禁带和光子通带的物理特性。光子晶体具有和半导体相似的结构，只是将半导体中周期变化的原子变成了周期变化的两种不同介电常数的介质材料。和半导体材料一样，介电常数的周期性排列产生了一定的势场，当两种介质材料的介电常数相差足够大时，在电介质界面上会出现布拉格散射，产生光子禁带，能量落在禁带处的光将不能传播。当光子带隙材料的“光子禁带”覆盖 3～5 μm 和 8～14 μm 波长时，该波段红外辐射不能在光子带隙材料中传播，形成红外波段的超高反射性能，即红外超低辐射特性。

光子晶体的物理基础源于量子体系的晶格动力学[8]，其借用固体物理中晶体的结构思想，将固体能带理论推广至介观尺度和宏观尺度，考察经典电磁波辐射与人工晶格的相互作用。由固体物理理论可知[9]，由于受晶体原子周期势场的作用，固体中电子态由单原子的分立能级，演化为一系列的能带，并由此定义了导体、绝缘体和半导体。根据光子学和电子学的对应关系，将固体能带的概念推广至电磁波在散射体中的传输过程，即：在周期分布的散射体中，经典波本征频率也应是一系列的频带；与半导体人工掺杂控制其中电子态类似，在散射体和分布选取合适时，周期结构中可以出现波的禁带，频率落在禁带中的光子被严格禁止传播。如果只在一个方向具有周期结果，则光子禁带只可能出现在该方向上，即一维光子晶体；如果存在三维的周期结果，就有可能出现全方位的光子禁带，落在禁带中的光在任何方向都被禁止传播，即三维光子晶体。目前，基于一维光子晶体原理的光谱调制技术已逐渐应用于实际产品设计中。

光谱选择性红外辐射材料在不同波长范围内具有完全不同的辐射率的原理即是基于一维光子晶体的光子禁带和光子通带的物理特性。通过调控一维光子晶体结构参数可以有效调控其光子禁带和光子通带的位置和宽度，从而实现要求波段范围内的高辐射或低辐射性能。

6.3.2 光子晶体理论分析方法

光子带隙材料存在光子禁带的物理机理是基于固体物理的布洛赫（Bloch）理论。光子在光子带隙材料中的行为类似于电子在半导体晶体中的行为。电磁波在介电常数呈空间周期性分布的光子带隙材料中传输时服从麦克斯韦方程：

$$\nabla \times \nabla \times E(r,t)=\frac{\omega^2}{c^2}(\varepsilon_0+\varepsilon_r)E(r,t) \tag{6-11}$$

考虑到周期性的边界条件，公式（6－11）无解的频率区间光子不能传播，即为光子禁带或光子带隙。无解的条件是 $k^2=\omega^2\mu\varepsilon$，$k$ 为波数。

计算光子晶体能带结构的方法有传输矩阵法、时域有限差分法、平面波展开法、多重散射法等。传输矩阵法是使电磁场在实空间展开，将麦克斯韦方程转化为传播矩阵形式，求解本征解，对处理具有色散和吸收的材料组成的复杂光子晶体非常有效，可以求出复杂光子晶体的透射谱、反射谱和能带结构，而且传输矩阵小，矩阵元少，计算量比其他方法小，精确度也比较好，是目前应用很广的计算方法。有限时域差分法是用对空间和时间之差分来替代微分，将光子晶体单元网格化，对网格的每个格点列出有限差分形式，引入吸收边界条件，将麦克斯韦方程转化成迭代形式方程求解，可以处理复杂形状结构和非均匀介质物体的电磁散射、辐射和传播等问题，可以计算光子晶体的光子禁带结构、传输谱等。

6.3.3　一维光子晶体——基于红外频谱调制的分析

常用的是一维光子晶体，因为其结构设计比较简单，仿真也简单。一般，光子晶体的实现依靠两种不同的介质，如金属和电介质，或两种不同的电介质，从而表现出两种设计思路，一种是介质衬底上的周期性金属膜，属于金属-空气两种介质构成的结构，其周期性体现在衬底平面上；另一种是衬底上两种不同或几种不同折射率介质材料的薄膜结构，此时，光子晶体周期性体现在衬底厚度方向，类似于光学中的多层膜。

一维光子晶体介质特定的在一个方向上具有周期性结构，在另外两个方向上却是均匀性分布的，简单一维光子晶体是两种介质材料交替叠加而成的周期性结构。一维光子晶体的结构模型如图 6-29 所示，其结构类似于光学多层介质膜。介质 1 和介质 2 的折射率分别为 n_1 和 n_2，厚度分别为 d_1 和 d_2，最小周期厚度等于 d_1+d_2。

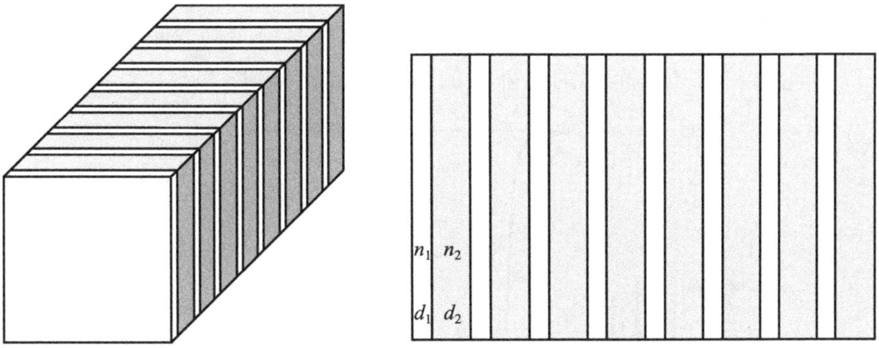

(a) 三维结构　(b) 厚度方向排布

图 6-29　一维光子带隙材料结构模型

利用时域有限差分法计算图 6-29 所示的一维光子晶体的能带结构，结果如图 6-30 (a)所示。利用传输矩阵法计算其频率-反射谱，如图 6-30（b）所示。图 6-30（a）的能带结构图中横坐标为布洛赫波矢，纵坐标为归一化频率（a/λ），在所计算的频率范围内，存在四个光子禁带，并且与频率-反射谱中的高反射带一一对应。在光子禁带范围内，材料对入射电磁波具有 100%的反射率。

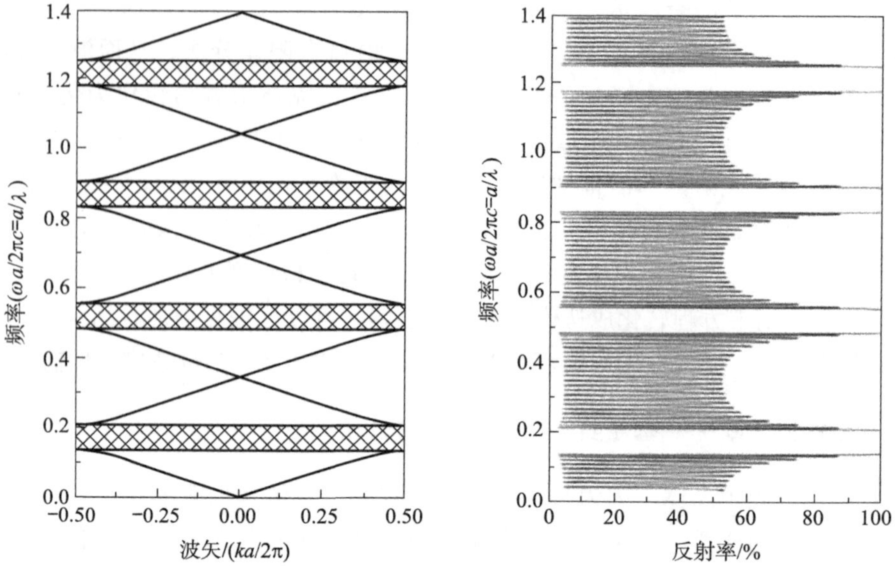

(a) 能带结构　　(b) 反射谱

图 6-30　一维光子晶体的能带结构和反射谱

对于不透明物体，电磁波入射到不同介质的交界面上，发生反射、透射和吸收后，反射率与吸收率的和等于 1。根据基尔霍夫定律，材料辐射率等于吸收率，则辐射率与反射率的关系为：辐射率＝1－反射率，所以低辐射即高反射，材料的反射率越高，辐射率越低。

调整一维光子晶体的晶格常数 a ，可以使其光子禁带对应的波长位于要求波段范围内。假设晶格常数为 0.7 μm，则具有图 6-30 所示光子禁带的一维光子晶体的理论反射光谱如图 6-31 所示。该光子晶体在 2～5 μm 范围内具有一个高反射峰，理论反射率接近 100%，可以实现对 3～5 μm 范围的红外波的高反射、低辐射。

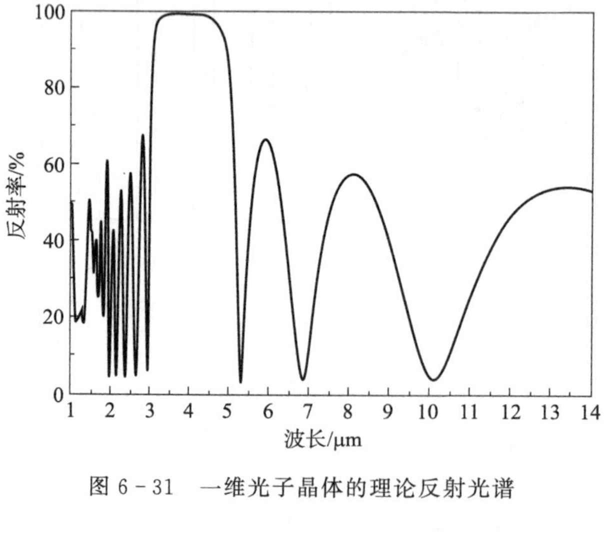

图 6-31　一维光子晶体的理论反射光谱

利用传输矩阵法分析波长 7 ～14 μm 电磁波（红外辐射）在光子禁带范围为 8～12 μm

的一维光子带隙材料（反射光谱如图 6－32 所示）内部传输时的能量分布，结果如图 6－33 所示。可以看出，当入射电磁波位于光子禁带范围内时，绝大多数电磁波被第一层介质材料反射，仅有少量波进入第二层介质材料，然后继续被第二周期、第三周期的材料反射，无法透过光子带隙材料。光子禁带范围之外的电磁波可以进入介质材料层，并不断深入，传输过程中存在能量的损耗。电磁波进入光子带隙材料内部的距离与电磁波频率和波长有关。

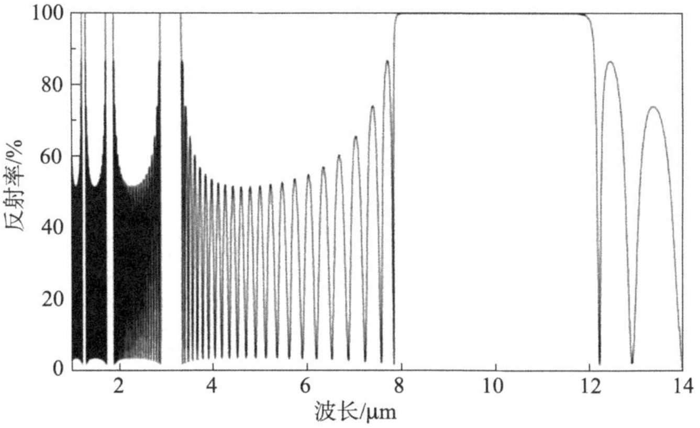

图 6－32 一维光子带隙材料的理论反射光谱

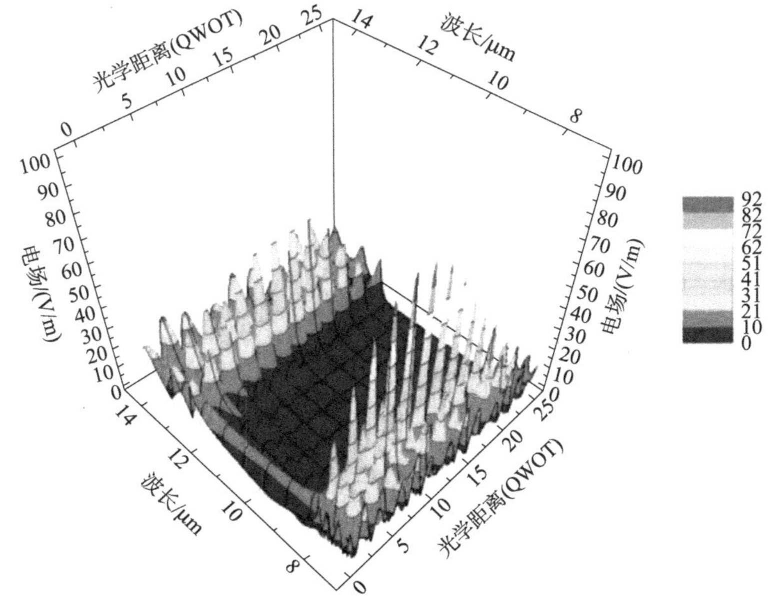

图 6－33 红外辐射在光子带隙材料内传输时的电场分布（见彩插）

6.3.4 红外波段光子晶体性能影响因素

以一维光子晶体为例，其光子禁带的位置、宽度、波峰和带宽均可以进行设计和调节。主要影响因素包括光子晶体的晶格常数、折射率比、厚度比、填充率、入射角度等。

(1) 晶格常数

类似晶体的光学性能与晶格密切相关，光子晶体的性能也受其晶格常数影响，一维光子晶体比较简单，只在一维上有周期性，因此其晶格常数也只体现出一维性。计算光子禁带的中心波长、宽度与晶格常数的关系，结果如图 6 - 34 所示。随着晶格常数的增大，光子禁带的中心波长增大，宽度不受影响。

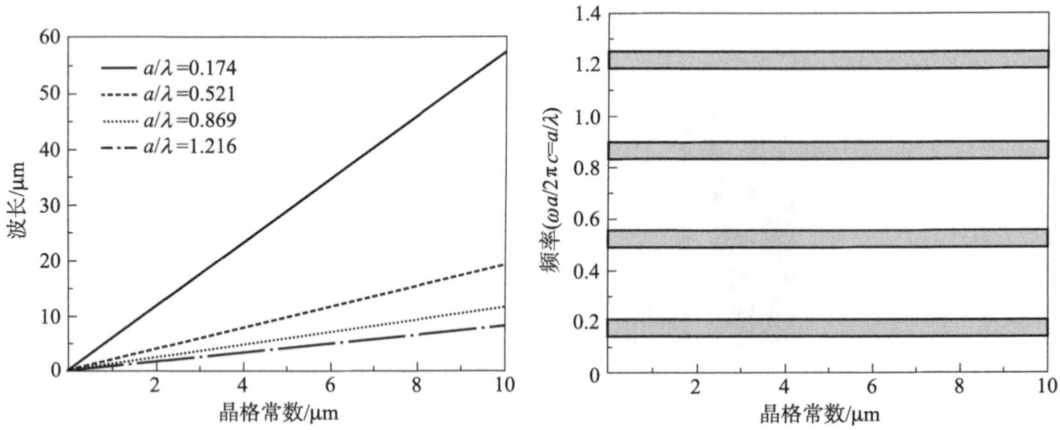

(a) 波长　　　　(b) 宽度

图 6 - 34　晶格常数对光子禁带中心波长和宽度的影响

随晶格常数增大，高反射峰向长波长方向移动，反射峰宽度增大，如图 6 - 35 所示。当 $d_H n_H = d_L n_L$ 时，一维光子晶体光子禁带中心波长与晶格常数呈正比关系；当两介质材料折射率分别为 $n_H = 4.16$ 和 $n_L = 2.2$ 时，中心波长与晶格常数关系为 $\lambda_m = 5.756a$ 。

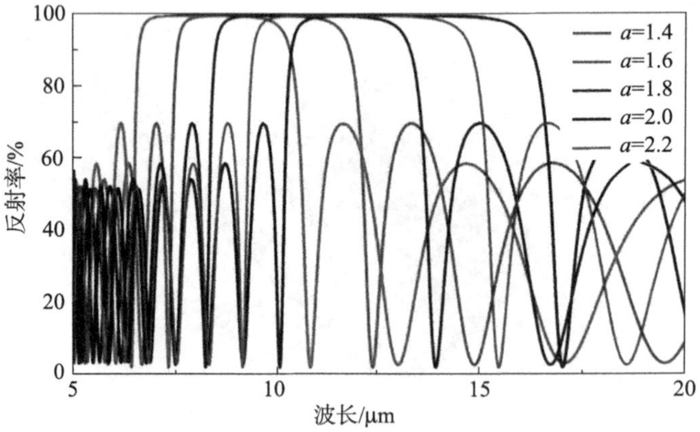

图 6 - 35　晶格常数对光子晶体的反射光谱的影响（见彩插）

(2) 介质材料折射率比

光子晶体产生光子禁带的难易程度和光子禁带宽度与介质材料的折射率差有关，因此折射率比对光子晶体影响很大。高低折射率材料的折射率比对光子禁带位置和宽度的影响结果如图 6 - 36 所示。在半导体材料中，电子带隙随晶格势的增大而增大，光子禁带与电子带隙相似，光子禁带的宽度随介质材料折射率比的增加而增大。两介质材料的折射率相差越大，形成的光子禁带的宽度越大，且光子禁带向低频移动。但是折射率主要由材料成分决定，在红外波段用介质材料选择性不多的情况下，通过调节折射率比调节光子禁带位置和宽度的方法很有限。

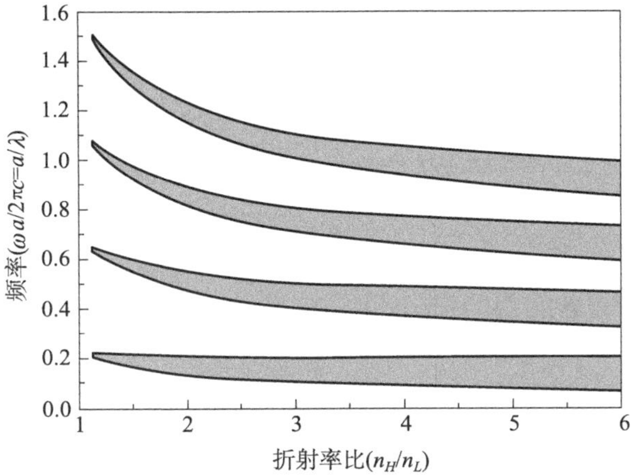

图 6－36　折射率比对光子禁带位置和宽度的影响

折射率比（n_H/n_L）时光子晶体的反射光谱，结果如图 6－37 所示。随介质材料折射率比的增大，光子晶体的高反射峰向长波方向移动，高反射峰变宽，反射强度变大。

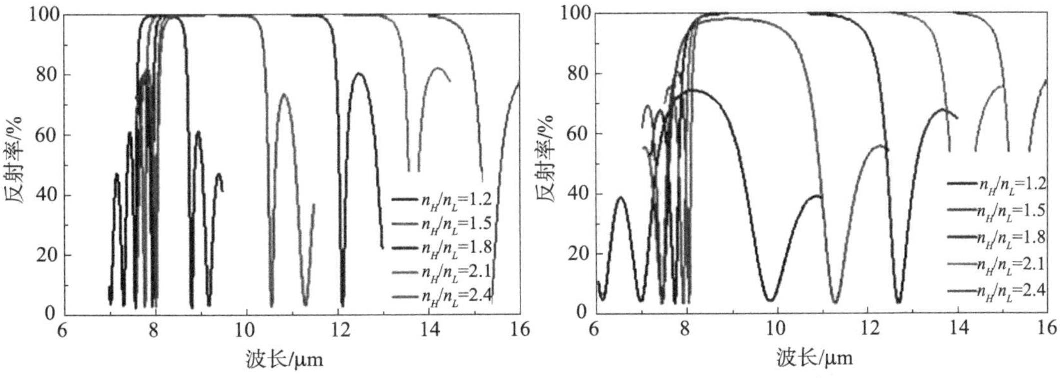

图 6－37　折射率比对反射光谱影响（见彩插）

（3）介质材料厚度比

高低折射率材料的物理厚度比对光子禁带位置和宽度的影响，结果如图 6－38 所示。物理厚度比的变化会引起等效光程的改变。高折射率材料与低折射率材料的厚度比越小，光子禁带的位置和宽度相差越大，但是每一个光子禁带的宽度都有一个最大值。对于折射率一定的一维光子晶体，组成光子晶体的介质材料厚度比满足 $d_H n_H = d_L n_L$ 时，形成的光子禁带的宽度最大。

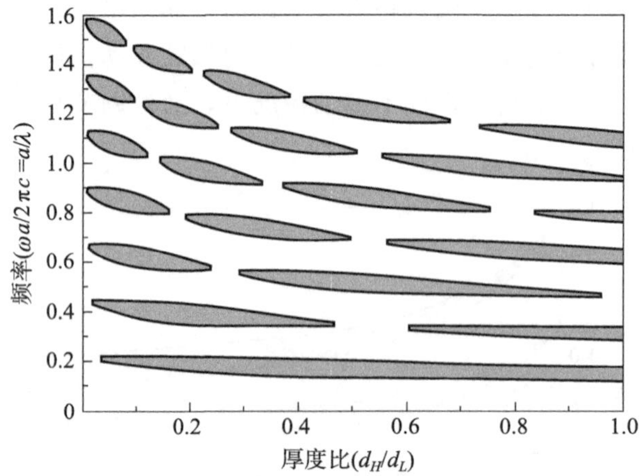

图 6-38　厚度比对光子禁带位置和宽度的影响

（4）介质材料填充率的影响

填充率 d_H/a（高折射率材料厚度与晶格常数的比值）的变化对一维光子晶体反射光谱的影响如图 6-39 所示。填充率增大，光子晶体的高反射峰向长波方向移动，宽度先增大后减小；高折射率材料的填充率（即厚度）太大或太小都不利于形成光子禁带。

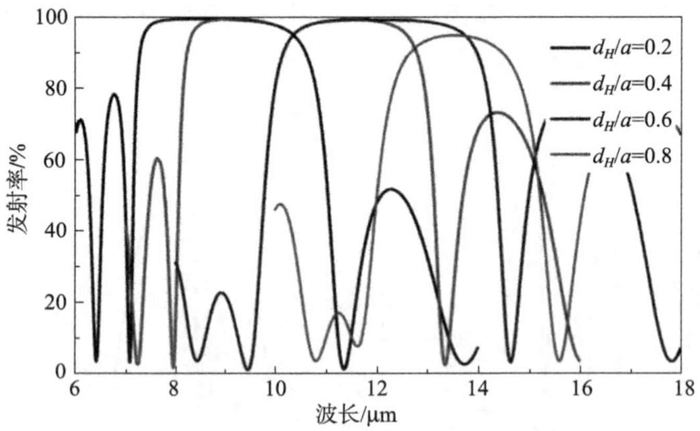

图 6-39　填充率对光子晶体反射光谱的影响（见彩插）

（5）入射角度的影响

红外隐身材料要求在全角度内具有高反射、低辐射特性。一维光子带隙材料的全向反射是指一维光子带隙材料能对从垂直入射到掠入射全角度范围内的某频率范围的 TE 偏振波和 TM 偏振波都具有很高的反射率。入射角度对其光子禁带位置和宽度的影响如图 6-40 所示。横坐标表示 y 轴方向的波矢，纵坐标表示入射波归一化频率；两条粗实线表示光线，对应 $\omega=ck_y$，光线以下的部分只能局限在介质材料内部以扩展模式存在，光线以上的部分代表的是可以在自由空间和介质材料内部存在连续状态的光子模式；虚线表示布儒斯特线。图中灰色阴影区域表示以一定角度入射的波矢 $\boldsymbol{k}=(k_x, k_y, 0)$ 的光子模式，当 $k_x=0$ 时，$\boldsymbol{k}=(0, k_y, 0)$ 表示垂直入射，当 $k_y=0$ 时，$\boldsymbol{k}=(k_x, 0, 0)$ 表示掠入射，两者

之间对应入射角 $0° < \theta < 90°$ 时的能带结构。

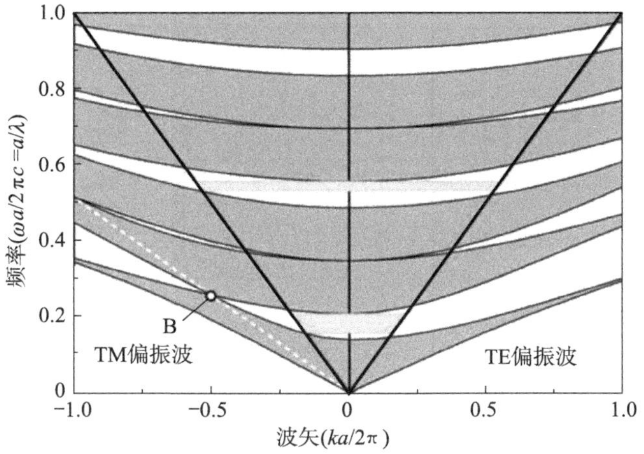

图 6－40　入射角度对光子禁带位置和宽度的影响

从图 6－40 中可以看出，对于一维光子带隙材料，随着入射角度的增大，TE 和 TM 偏振波的能带往高频方向移动，其中 TE 偏振波的光子禁带逐渐变宽，而 TM 偏振波的光子禁带逐渐变窄，因此一维光子带隙材料的全向反射带最终由 TM 偏振波的全向反射带决定。图中蓝色阴影区为全向反射带所对应的频率范围。

6.3.5　红外波段光子晶体介质材料的选择

考虑介质型光子晶体结构。选择高电阻率材料，实现低发射率设计。低发射率红外隐身材料用介质材料需满足如下要求：

1）两介质材料存在折射率差：折射率差别越大，越容易形成光子禁带。目前在红外波段，材料具有的最大折射率值不超过 6.0，最小 1.3 左右。

2）材料在 3～5 μm、8～14 μm 红外波段的吸收系数小：材料吸收系数越小，红外辐射率越低。

3）两种介质材料间满足晶格常数匹配、热膨胀系数匹配和应力匹配：材料热膨胀系数不同，在高温下将发生晶格失配，导致界面态的产生。介质材料应力不匹配，对光子带隙材料的牢固度产生很少的威胁，降低膜层附着力，甚至导致膜层开裂脱落。

4）介质材料的机械强度、耐水性等物理性能决定了光子带隙材料是否能满足在装备上的应用要求。

表 6－3 是目前红外波段常用介质材料的物理性质。

表 6－3　常用介质材料的物理性质

材料	透明区/μm	折射率(波长/μm)	电阻率/(Ω·cm)	晶体结构	应力
Ge	1.7～23	4.40(2)	$\sim 10^2$	立方(0.565 8 nm)	张力
GaAs	0.9～18	3.22 (5)	$\sim 10^7$	立方(0.565 3 nm)	张力

续表

材料	透明区/μm	折射率(波长/μm)	电阻率/(Ω·cm)	晶体结构	应力
CdTe	0.9～30	2.66(10)	$\sim 10^{-4}$	立方(0.647 7 nm)	张力
ZnSe	0.5～15	2.42(10.6)	$\sim 10^{12}$	立方(0.567 1 nm)	压力
ZnS	0.4～14	2.16(10.6)	$\sim 10^{12}$	立方(0.540 9 nm)	压力
ZnO	0.3～20	2.10(0.45)	$\sim 10^{7}$	立方(0.458 nm)	张力
Na_3AlF_6	0.2～14	1.32(0.55)	$\sim 10^{16}$	单斜(a 0.547 nm, b 0.562 nm,c 0.782 nm)	张力
MgF_2	0.1～10	1.38(0.55)	$\sim 10^{16}$	四方(0.462 1 nm)	张力

6.3.6　一维光子晶体红外光谱选择辐射材料制备方法

一维光子晶体制备可采用真空蒸镀技术，即采用真空物理沉积工艺在基底上加工一维光子晶体频谱选择性红外辐射材料。电子束蒸镀是把装有基底的真空室抽成真空，使气体压强达到 10^{-2} Pa 以下，热电子由灯丝发射后，被加速阳极加速获得动能，轰击到处于水冷坩埚中的镀料上，使其原子和分子从镀料表面气化逸出，形成蒸汽流，入射到基片表面形成固态薄膜，蒸镀工艺示意图如图 6-41 所示。电子束蒸镀包括加热蒸发、气相镀料向基片输运、气相镀料在基片表面的淀积三个基本过程。真空蒸镀过程中真空度、基底温度、气体流量、沉积速率等工艺参数对膜层的折射率、厚度、吸收、应力、附着力、硬度等均有影响，必须通过系统的实验研究选择合适的工艺参数。电子束蒸发可以获得比电阻蒸发更致密、更牢固的膜层。离子源辅助沉积可以给到达基底的膜料粒子提供足够的动能，提高膜料粒子的迁移率，使膜层聚集密度增加。

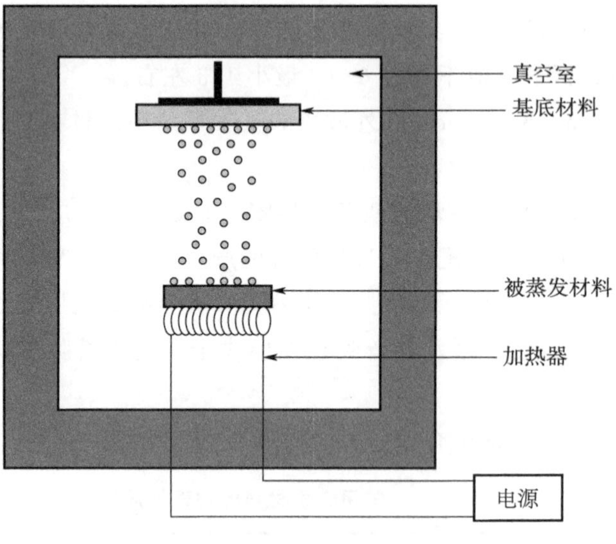

图 6-41　蒸镀工艺示意图（见彩插）

6.4　辐射遮挡技术

简单讲，辐射遮挡就是用能够消光或不透红外的材料或装置遮挡在辐射源外，遮挡目标的辐射不至于被探测器接收到。常用的辐射遮挡技术有红外烟幕遮蔽技术及屏蔽罩技术等。

6.4.1　红外烟幕遮蔽技术

6.4.1.1　红外烟幕辐射遮蔽原理

辐射遮蔽是指通过在目标周围释放形成具有消光性能的遮蔽物，使红外探测器无法获取目标的真实辐射信息，从而实现隐身目的。常用的辐射遮蔽技术是烟幕隐身技术。

光电探测器通过获取目标的红外辐射特性实现对目标的探测、跟踪和识别，其中，目标的红外辐射强度是影响光电探测器的探测距离的重要因素。如公式（6－12）所示，在红外探测系统的灵敏度、信噪比一定的情况下，目标的红外辐射强度越高，探测系统的作用距离越远，其跟踪和有效识别目标的可能性就越大，因此降低目标的红外辐射强度是隐身的主要途径之一。

$$R=\left[\frac{J\cdot\tau_a}{\mathrm{NEFD}(S/N)}\right]^{\frac{1}{2}} \tag{6-12}$$

式中　R ——探测系统的作用距离；

J ——被探测目标的辐射强度；

τ_a ——辐射传输路径的透过率；

NEFD——红外探测系统的灵敏度；

S/N ——目标检测所需的信噪比。

红外辐射的本质是电磁辐射，电磁辐射在介质中传输时，因为与介质相互作用而受到削弱，即介质对电磁辐射产生消光作用，其消光原理遵循比尔定律和朗伯-比尔定律。辐射在介质中的传输满足比尔定律，有

$$I(\lambda)=I_0(\lambda)\exp[-\sigma_e(\lambda)L] \tag{6-13}$$

式中　$I_0(\lambda)$ ——光辐射的光谱强度；

L ——均匀介质（浓度、粒度相同）的厚度；

$I(\lambda)$ ——经过介质传输后的光谱强度变化；

$\sigma_e(\lambda)$ ——介质的线性消光系数。

σ_e 与介质浓度 c 成正比，即 $\sigma_e=\alpha_e c$ ，代入公式（6－13）即得到朗伯-比尔定律，有

$$I(\lambda)=I_0(\lambda)\exp[-\alpha_e(\lambda)c\,L] \tag{6-14}$$

式中　α_e ——质量消光系数。

辐射在介质中传输的消光现象，是由于介质对辐射有散射与吸收作用，分别用散射系数 α_s 和吸收系数 α_a 表示它们的性能。其与消光系数的关系为 $\alpha_e=\alpha_s+\alpha_a$ 。该定律是烟幕消光性能的直接表征。

理论研究和实验结果表明，烟幕对红外的消光作用是烟幕粒子对红外吸收和散射共同作用的结果。

烟幕对红外辐射的散射机理：当电磁波进入到烟幕中时，入射波的能量一部分将被烟幕微粒截获，微粒截获能量后即构成次生波源，产生次生波，再向四周辐射出去，从而使入射辐射在原传播方向上的能量减少。

烟幕对红外辐射的吸收机理：以一种新型烟幕材料为例，在电磁波的激发下会产生局域表面等离子体，当入射波的频率与材料中自由载流子的振荡频率相当时，会产生共振并引起材料对入射波的强吸收。同时，对于具有空壳结构的烟幕材料，当入射辐射进入空腔内将产生多次散射和吸收，因此多重散射作用明显，对电磁波的衰减作用增强。

6.4.1.2　红外烟幕材料

烟幕的隐身效果主要取决于烟幕的浓度分布、质量消光系数和尺度、释放方式等，其中，质量消光系数与烟幕粒子的种类、粒径大小分布、粒子形状及取向、粒子的表面性质、光的波长等因素相关，因此，烟幕成形布撒效果和烟幕材料自身特性共同决定了烟幕的隐身性能。

传统的烟幕材料主要应用于常压环境下，通过释放方式的不同，通常可以分为燃烧型和喷撒型两类。燃烧型烟幕材料由于在燃烧过程中需要氧气的参与，更适应于地面或空中应用；而喷撒型烟幕材料可应用于真空环境。因此，针对航天飞行器辐射遮蔽隐身主要采用喷撒型烟幕材料。

常用的喷撒型烟幕材料主要包括金属粉（如铜粉等）、石墨和纳米空壳材料等。金属粉的主要特点是导电性好，密度大，在远红外波段具有良好的干扰效果，铜粉的辐射遮蔽效果如图 6－42 所示；超细的石墨粉体的主要特点是密度相对较低，能够长时间对近、中、远红外形成有效干扰，形成烟幕为黑色，石墨粉的辐射遮蔽效果如图 6－43 所示；纳米空壳烟幕材料的主要特点是表观密度低，能够对红外近、中、远波产生良好干扰效果，形成烟幕为黑色，纳米空壳材料的辐射遮蔽效果如图 6－44 所示。三种喷撒型烟幕材料在红外波段的质量消光系数如表 6－4 所示。

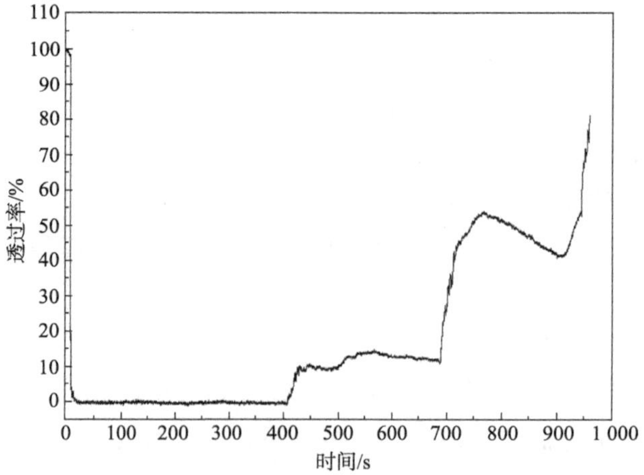

图 6－42　铜粉的辐射遮蔽效果

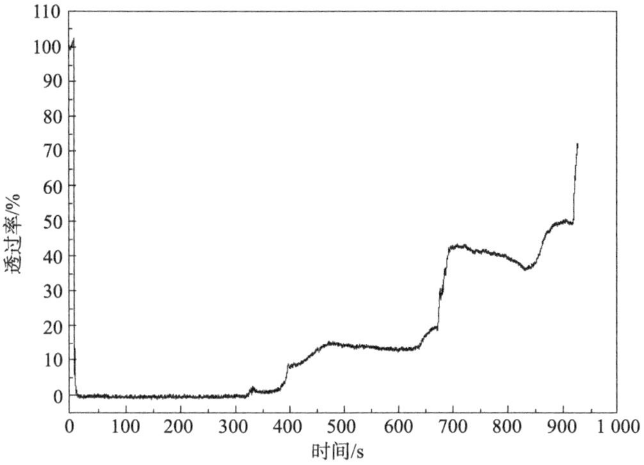

图 6-43　石墨粉的辐射遮蔽效果

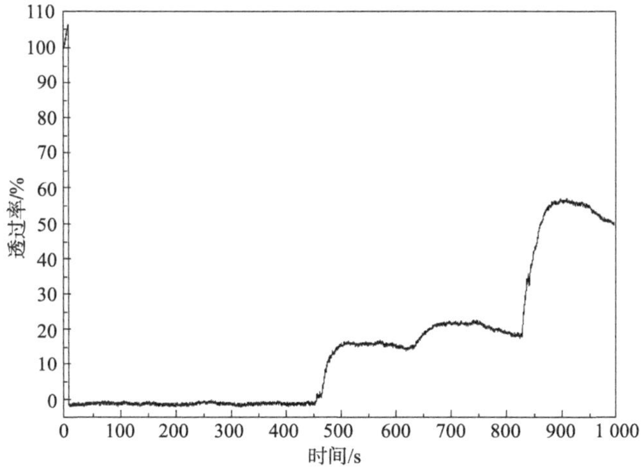

图 6-44　纳米空壳材料的辐射遮蔽效果

表 6-4　三种喷撒型烟幕材料在红外波段的质量消光系数

烟幕材料	铜粉	石墨粉	纳米空壳型材料
质量消光系数/(m^2/g)	1.1	1.8	2.9

6.4.1.3　空间环境烟幕释放方法

（1）烟幕扩散原理

烟幕粒子释放主要采用气源释放方式，经过压力控制的气体作为动力源将烟幕粒子释放到外部真空环境，同时，为保证粒子释放的均匀性和连续性还需要通过机械结构进行辅助控制。对于气粒两相流动来讲，粒子扩散的基本原因是粒子受到了外力的作用，从而改变了粒子运动的方向、速度、温度以及能量，对于低速控制需求，以及微细颗粒数密度比较大的特点，Kn 数将处于中度稀薄范畴，此时的扩散机理属于稀薄气体中的布朗运动和宏观速度及粒子间相互碰撞共同作用的结果。因此，烟幕粒子释放与扩散原理主要为布朗运动（气体对颗粒传递动量和能量）、宏观运动速度、颗粒-颗粒碰撞传递动量和能量、颗粒对气体的动量和能量传递等四方面，即所谓的四向耦合。

（2）烟幕扩散分析模型

真空环境烟幕释放与扩散模型可以基于DSMC方法建立，并耦合多种算法或模型，如背压加速技术、并行计算技术、颗粒-气体相互作用模型、颗粒-颗粒碰撞模型、气体-颗粒相互作用模型、重力模型等等。以下仅针对主要组成模型进行简要介绍。

1）气体分子-固体颗粒作用模型。

利用单个气体模拟分子对单个颗粒的力和热作用公式，在同一个网格里气相的每个DSMC仿真分子作用到一个固体颗粒上的力、力矩、传热量分别表示为 $\boldsymbol{F}_p$、$\boldsymbol{M}_p$、$\dot{Q}_p$，其中 $\boldsymbol{F}_p$ 被分解成 $\boldsymbol{F}_{\mathrm{nr}}$ 和 $\boldsymbol{F}_{\mathrm{rot}}$ 两部分，气相分子相对于固体颗粒的速度定义为 $\boldsymbol{u}_r$，通过计算 $\boldsymbol{F}_p$、$\boldsymbol{M}_p$、$\dot{Q}_p$ 分别求得单位时间步长内固体颗粒速度 $\boldsymbol{u}_p$、角速度 $\boldsymbol{\omega}_p$、温度 T_p 的变化，结合初始量即可得到一个时间步长后新的速度 $\boldsymbol{u}_p$、角速度 $\boldsymbol{\omega}_p$、温度 T_p，如此循环计算便可得到规定时间后固体粒子的速度 $\boldsymbol{u}_p$、角速度 $\boldsymbol{\omega}_p$、温度 T_p。

关于 $\boldsymbol{F}_p$ 的计算公式为

$$\boldsymbol{F}_{\mathrm{nr}}(\boldsymbol{u}_r)=\pi R_p^2 n_g\left(m c_r+\frac{\tau}{3}\sqrt{2\pi m k_B T_p}\right)\boldsymbol{u}_r \tag{6-15}$$

式中　$\boldsymbol{F}_{\mathrm{nr}}(\boldsymbol{u}_r)$ ——在单个网格内，固体颗粒周围气体分子通过碰撞对固体颗粒平动产生的作用力；

R_p ——等效颗粒半径；

n_g ——气体分子数密度；

c_r ——气体分子的相对速度，且 $c_r=|\boldsymbol{u}_r|$；

τ ——颗粒表面热适应系数；

m ——单个气体分子的质量；

k_B ——玻尔兹曼常数；

T_p ——固体粒子温度；

$\boldsymbol{u}_r$ ——气体分子对固体粒子的相对速度。

$$\boldsymbol{F}_{\mathrm{rot}}(\boldsymbol{u}_r)=\frac{2\pi}{3}R_p^3 m n_g \tau\boldsymbol{\omega}_p\times\boldsymbol{u}_r \tag{6-16}$$

$$\boldsymbol{F}_p=\boldsymbol{F}_{\mathrm{nr}}+\boldsymbol{F}_{\mathrm{rot}} \tag{6-17}$$

式中　$\boldsymbol{F}_{\mathrm{rot}}(\boldsymbol{u}_r)$ ——在单个网格内，固体颗粒周围气体分子通过碰撞对固体颗粒转动产生的作用力；

$\boldsymbol{\omega}_p$ ——固体颗粒转动的角速度；

$\boldsymbol{F}_p$ ——在单个网格内，固体颗粒周围气体分子通过碰撞对固体颗粒产生的总作用力。

关于 $\boldsymbol{M}_p$ 的计算如下：

$$\boldsymbol{M}_p(\boldsymbol{u}_r)=\frac{1}{4}\pi R_p^4 m n_g \tau c_r\left(\frac{\boldsymbol{u}_r\cdot\boldsymbol{\omega}_p}{c_r^2}\boldsymbol{u}_r-3\boldsymbol{\omega}_p\right) \tag{6-18}$$

式中　$\boldsymbol{M}_p(\boldsymbol{u}_r)$ ——在单个网格内，固体颗粒周围气体分子通过碰撞对固体颗粒产生的力矩。

关于 $\dot{Q}_p$ 的计算如下：

$$\dot{Q}_p(\boldsymbol{u}_r)=\pi R_p^2 n_g \tau c_r\left\{\frac{1}{2}mc_r^2-\left(2+\frac{1}{2}\zeta_r\right)k_B T_p+e_r+\frac{1}{8}m\boldsymbol{\omega}_p^2 R_p^2\left[3-\frac{(\boldsymbol{u}_r\cdot\boldsymbol{\omega}_p)^2}{c_r^2\boldsymbol{\omega}_p^2}\right]\right\} \tag{6-19}$$

式中　$\dot{Q}_p(\boldsymbol{u}_r)$ ——在单个网格内，固体颗粒周围气体分子通过碰撞对固体粒子产生的热流量；

ζ_r ——气体分子转动自由度数；

e_r ——单个分子的平均转动能。

至此，通过计算可以得到单个气体分子对颗粒作用的 $\boldsymbol{F}_p$、$\boldsymbol{M}_p$、$\dot{Q}_p$，在此基础上分别求出单位时间步长内固体颗粒的速度 $\boldsymbol{u}_p$、角速度 $\boldsymbol{\omega}_p$、温度 T_p 的变化量。

$$\Delta u_p=\frac{\Delta t}{m_p}\sum_{i=1}^{N_g}(\boldsymbol{F}_p)_i \tag{6-20}$$

$$\Delta\omega_p=\frac{\Delta t}{2/5\mu m_p R_p^2}\sum_{i=1}^{N_g}(\boldsymbol{M}_p)_i \tag{6-21}$$

$$\Delta T_p=\frac{\Delta t}{m_p c_s}\sum_{i=1}^{N_g}(\dot{Q}_p)_i \tag{6-22}$$

式中　Δt ——一个时间步长；

m_p ——固体粒子质量；

R_p ——固体粒子半径；

c_s ——固体粒子的比热容；

μ ——实际粒子的惯性动量与均匀数密度下球形颗粒惯性动量之比。

知道了这些参数的变化量，结合初始量即可得到一个时间步长后的更新的速度 $\boldsymbol{u}_p$、角速度 $\boldsymbol{\omega}_p$、温度 T_p。

$$u'_p=u_p+\Delta u_p \tag{6-23}$$

$$\omega'_p=\omega_p+\Delta\omega_p \tag{6-24}$$

$$T'_p=T_p+\Delta T_p \tag{6-25}$$

2）固体颗粒-气体分子的作用模型。

考虑固体颗粒对周围气体的影响，首先要确定每个时间步长内哪个仿真分子将与颗粒进行碰撞，通过对 Bird 的非时间计数方法进行修正，来确定与所选的颗粒可能发生碰撞的分子数 N_s

$$N_s=\mathrm{floor}(W_p N_g \pi R_p^2(c_r)_{\max}\Delta t/V_c+R) \tag{6-26}$$

式中　floor——取离括号内最近的整数；

W_p ——粒子数值权重；

V_c ——单个网格的体积；

R ——在 0～1 均匀分布的随机数；

N_g ——单个网格内 DSMC 的仿真分子数。

然后确定固体粒子与网格内某一气体分子发生碰撞的概率 P_{coll}

$$P_{\text{coll}} = \pi W_p R_p^2 c_r \Delta t / V_c \tag{6-27}$$

从而确定实际发生的碰撞个数，等于与所选的颗粒可能发生碰撞的分子数 N_s 同固体粒子与网格内某一气体分子发生碰撞的概率 P_{coll} 的乘积。

一个与这个颗粒发生碰撞的给定气体仿真分子，一部分为以概率等于颗粒热适应系数 τ 的等温漫反射碰撞，另一部分为概率为 $1-\tau$ 的镜面反射。对于镜面反射，则相对速度 c_r 在碰撞中不发生改变，碰撞后的相对速度 $\boldsymbol{u}_r^*$ 可通过 c_r 与单位矢量 $\boldsymbol{n}$ 相乘得到；对于漫反射，$\boldsymbol{u}_r^*$ 首先分解为平动分量 $\boldsymbol{u}_{\text{nr}}^*$ 和转动分量 $\boldsymbol{u}_{\text{rot}}^*$ 。

对于碰撞后相对速度 $\boldsymbol{u}_r^*$ 的平动分量 $\boldsymbol{u}_{\text{nr}}^*$ ，其相对速度 c_{nr}^* 要通过“接受-拒绝”法，从如下分布函数来确定 c_{nr}^* 的值

$$f(c_r^*) = 2\beta^4 c_r^{*3} \exp(-\beta^2 c_r^{*2}) \tag{6-28}$$

式中 β ——气体基于颗粒温度的最可几热运动速度（即指大多数气体分子所具有的速度）的倒数，$\beta = [m/(2k_B T_p)]^{1/2}$ 。

系统坐标系下，$\boldsymbol{u}_r^*$ 的平动分量 $\boldsymbol{u}_{\text{nr}}^*$ 的分量为 u_{nr}^*、v_{nr}^*、w_{nr}^* ，采用二元弹性碰撞假设，$\boldsymbol{u}_r^*$ 的平动分量 $\boldsymbol{u}_{nr}^*$ 的各分量由 u_r、v_r、w_r 、c_r^* 和 c_{nr}^* 组成，外向单位法向向量 $\boldsymbol{n}_c$ 各分量，θ 、φ 、α_1 和 α_2 计算确定：

$$n_{c,x} = \frac{1}{c_r}[-u_r \cos\theta + \sin\theta \sin\alpha_1 (v_r^2 + w_r^2)^{1/2}] \tag{6-29}$$

$$n_{c,y} = \frac{1}{c_r}\left[-v_r \cos\theta - \frac{\sin\theta (c_r w_r \cos\alpha_1 + u_r v_r \sin\alpha_1)}{(v_r^2 + w_r^2)^{1/2}}\right] \tag{6-30}$$

$$n_{c,z} = \frac{1}{c_r}\left[-w_r \cos\theta + \frac{\sin\theta (c_r v_r \cos\alpha_1 - u_r w_r \sin\alpha_1)}{(v_r^2 + w_r^2)^{1/2}}\right] \tag{6-31}$$

$$u_{\text{nr}}^* = c_{\text{nr}}^* [n_{c,x} \cos\varphi + \sin\varphi \sin\alpha_2 (1 - n_{c,x}^2)^{1/2}] \tag{6-32}$$

$$v_{\text{nr}}^* = c_{\text{nr}}^* \left[n_{c,y} \cos\varphi + \frac{\sin\varphi (n_{c,z} \cos\alpha_2 - n_{c,x} n_{c,y} \sin\alpha_2)}{(1 - n_{c,x}^2)^{1/2}}\right] \tag{6-33}$$

$$w_{\text{nr}}^* = c_{\text{nr}}^* \left[n_{c,z} \cos\varphi - \frac{\sin\varphi (n_{c,y} \cos\alpha_2 + n_{c,x} n_{c,z} \sin\alpha_2)}{(1 - n_{c,x}^2)^{1/2}}\right] \tag{6-34}$$

式中 θ ——反向初速度 $-\boldsymbol{u}_r$ 和外向单位法向向量 $\boldsymbol{n}_c$ 在碰撞点的夹角，从 $R = \sin^2\theta$ 分布函数运用“接收-拒绝”法求得；

α_1 ——与 θ 相对应的方位角，在 $[0, 2\pi]$ 均匀分布；

φ ——$\boldsymbol{n}_c$ 和 $\boldsymbol{u}_{\text{nr}}^*$ 的夹角，从 $R = \sin^2\varphi$ 分布函数运用“接收-拒绝”法求得；

α_2 ——相对于一个与 x 轴垂直的平面的方位角，在 $[0, 2\pi]$ 均匀分布。

对于碰撞后相对速度 $\boldsymbol{u}_r^*$ 的转动分量 $\boldsymbol{u}_{\text{rot}}^*$ ，在求得 $\boldsymbol{u}_{\text{nr}}^*$ 的大小和方向后，$\boldsymbol{u}_{\text{rot}}^*$ 运用下式求得并最终得到气体分子的绝对速度 $\boldsymbol{u}_m$

$$\boldsymbol{u}_{\text{rot}}^* = R_p \omega_p \times \boldsymbol{n}_c \tag{6-35}$$

$$\boldsymbol{u}_m^* = \boldsymbol{u}_p + \boldsymbol{u}_{\text{nr}}^* + \boldsymbol{u}_{\text{rot}}^* \tag{6-36}$$

式中 $\boldsymbol{u}_p$ ——颗粒速度。

3）颗粒-颗粒碰撞模型。

对于颗粒之间的碰撞，采用直接模拟蒙特卡罗算法（DSMC）来考虑，主要包括仿真碰撞伙伴的选择、碰撞是否发生的判断以及相应于 DSMC 的颗粒碰撞动力学，下面将阐述这几个问题。描述颗粒碰撞的 DSMC 算法来源于描述稀薄气体动力学中描述过渡区域的气体分子运动的 DSMC 算法，其基本原理假设为颗粒稀疏和混沌，其关键点是在一个足够小的时间步长 Δt 内将颗粒的运动与颗粒的碰撞解耦。因此在一个 Δt 内，可以首先采用拉式朗之万方程描述颗粒运动，包括描述颗粒-流体双向耦合、颗粒脉动等，然后利用 DSMC 算法计算 Δt 内这些虚拟颗粒间可能发生的碰撞。颗粒-颗粒之间碰撞采用硬球模型，可以参考文献中的模型和相关处理方法。

4）重力模型。

重力是一种体积力，而且高度一定时，重力加速度不变，因此，可以将这个体积力直接加入到朗之万方程中。与传统的 DSMC 方法不同，烟幕粒子的运动不再是直线，而是受到重力影响后的曲线，因此，采用“蛙跳算法”可在一定程度上消除重力加速度对粒子运动轨迹带来的模拟误差。

该算法中粒子速度 $\boldsymbol{v}$ 与位置 $\boldsymbol{x}$ 的关系如图 6－45 所示，即

$$\boldsymbol{v}_{\text{new}} = \boldsymbol{v}_{\text{old}} + \frac{\boldsymbol{F}_{\text{old}} \Delta t}{m} \tag{6-37}$$

$$\boldsymbol{x}_{\text{new}} = \boldsymbol{x}_{\text{old}} + \boldsymbol{v}_{\text{new}} \Delta t \tag{6-38}$$

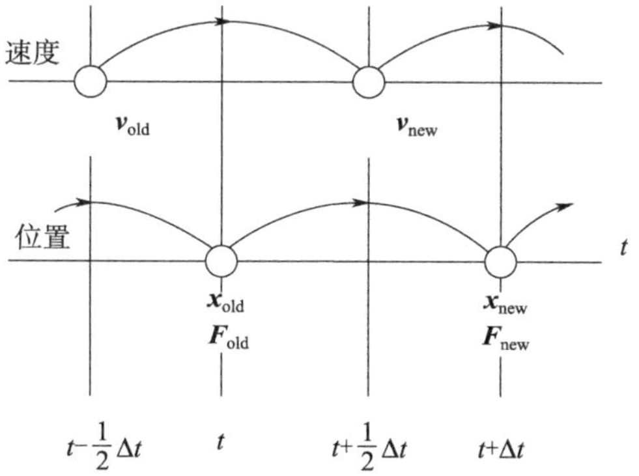

图 6－45　蛙跳算法中速度、位置和力随时间推进

6.4.1.4　烟幕遮蔽性能测试方法

烟幕遮蔽隐身地面实验一般在真空环境下进行。受地面试验设备空间尺寸条件的限制，为相对精确获取烟幕在释放、扩散过程中的动态隐身性能，往往将实验分成两个过程进行，分别为真空环境烟幕扩散性能测试试验和真空环境烟幕隐身性能测试试验。利用地面试验设备模拟大气层外真空、低温及外热流环境，测试烟幕在不同试验条件下的扩散及隐身性能。其中，烟幕扩散性能地面模拟试验可以验证烟幕隐身装置的主要设计性能，测量参数主要包括：扩散速度、扩散角度等，并获取烟幕扩散过程录像；烟幕隐身性能试验包括烟幕红外隐身性能试验和可见光隐身性能试验，通过该类试验可以在地面试验条件下

获取烟幕对目标的光学隐身等效效果，测量参数主要包括：烟幕透过率、烟幕有效厚度、烟幕浓度等，并获取烟幕对辐射目标的隐身效果图像。

真空环境烟幕扩散性能测试试验过程（图 6-46）如下：

1）安装烟幕释放装置与质量称重装置；

2）安装测量设备并调试（将激光面布置到测试平面上，PIV 相机调焦对准激光面）；

3）关闭真空罐，抽真空；

4）激光器启动工作；

5）PIV 相机启动工作；

6）关闭真空泵组，烟幕释放装置工作；

7）PIV 测量并记录烟幕粒子释放扩散图像；

8）质量称重装置监测释放装置质量变化；

9）释放装置停止工作；

10）依据 PIV 测量数据处理方法进行数据处理；

11）根据试验状态要求重复 7）～10）。

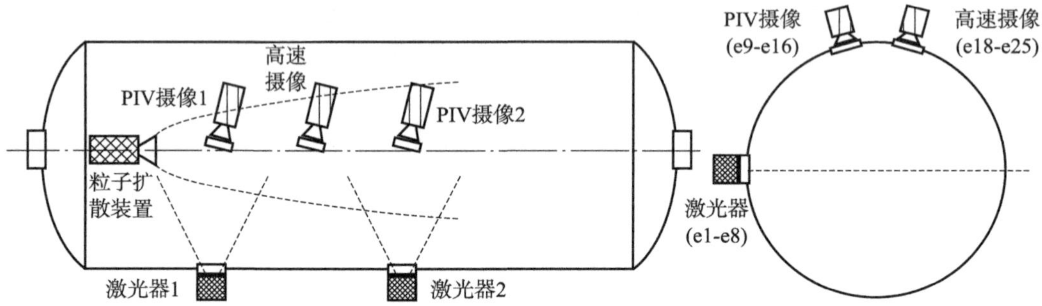

图 6-46　烟幕真空扩散试验布置示意

真空环境烟幕隐身性能测试试验过程（图 6-47）如下：

1）将热板固定安装于真空容器内壁，烟幕释放安装于工装支架上；

2）工装支架固定于真空罐内，摆放到位；

3）关闭真空罐，抽真空；

4）热像仪、高速摄像、PIV、激光器安装到位，并完成调试；

5）热像仪、高速摄像、PIV、激光器启动工作；

6）辐射热板加热，监测辐射热板辐射温度；

7）待热板温度达到设定要求，释放烟幕，持续时间 t 秒，测试烟幕对热板的可见光、红外辐射遮蔽情况；

8）t 秒后，烟幕释放停止，测量设备停止采集；

9）根据遮蔽效果重复 6）～8）过程，可根据具体情况调整释放持续时间，直至获取预期效果；

10）所有测量设备停止采集；

11）辐射热板结束工作；

12）烟幕释放装置结束工作；

13）关闭测量设备；

14）试验结束。

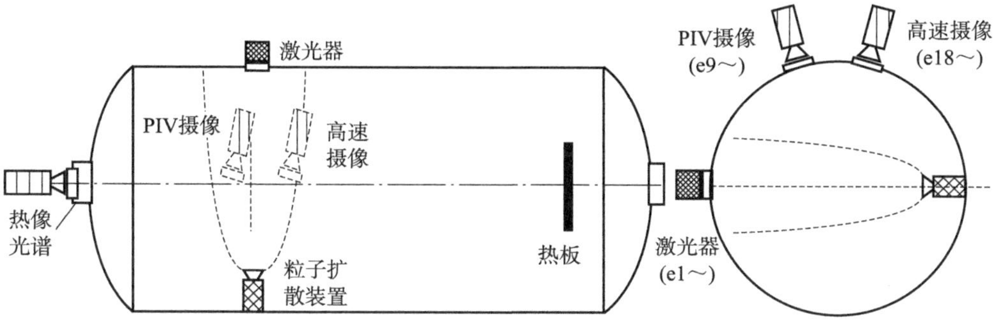

图 6－47　烟幕真空隐身试验布置示意

6.4.2　屏蔽罩技术

屏蔽罩（遮阳罩）常用作杂光控制和热控制结构，一般由柔性薄膜、展开装置、驱动系统和压紧件等组成。屏蔽罩在工作之前以压紧方式折叠或其他方式包装，工作时，在驱动系统驱动下，由展开装置展开柔性薄膜，并保持薄膜内部各层间为设计的间距，使层与层之间的热传导率最小，逐层降低热量交换。依据系统结构功能，屏蔽罩可设计为矩形、圆形或菱形、圆柱面形或圆锥面形等。屏蔽罩可以削弱来自外部热源的热量对低温系统的热辐射转换。屏蔽罩常用于各种航天飞行器，一般要求有高展开可靠性和小面质比。

用于红外辐射屏蔽时，利用屏蔽罩将高温目标包覆，目标与辐射屏间仅采用局部柔性连接，阻止内部热量向外传递，利用辐射屏吸收目标的辐射能量，再以辐射屏本体的辐射特征辐射出去，从而改变目标的红外辐射特征，实现红外辐射的抑制，如图 6－48 所示。

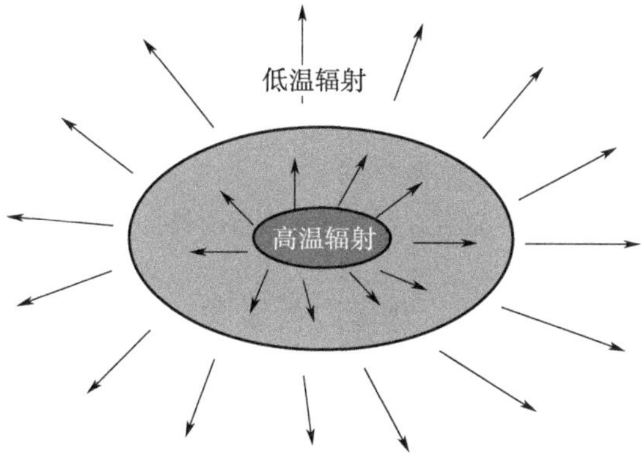

图 6－48　辐射屏辐射关系示意图（见彩插）

6.4.2.1　对目标表面辐射温度的影响分析

屏蔽罩的主要目的是对目标朝向探测器方向进行遮挡，使辐射能量不能直接到达探测器。从而，对探测器而言，其接收到的辐射谱是屏蔽罩吸收目标、太阳、地球等环境的辐射后的二次辐射，以及探测器方向辐射屏对环境的反射。对有阳光辐射和无阳光辐射情况下目标自身温度及不同尺寸的屏蔽罩外表面温度进行仿真，结果分别如图 6－49 和图 6－50 所示。图中 R 表示屏蔽罩尺度与目标的比值。

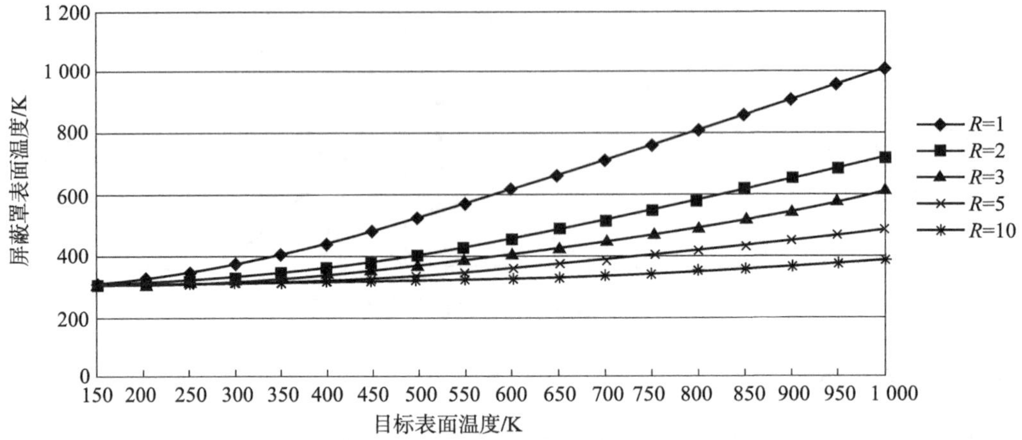

图 6－49　有阳光辐射时目标辐射温度与辐射屏辐射温度关系

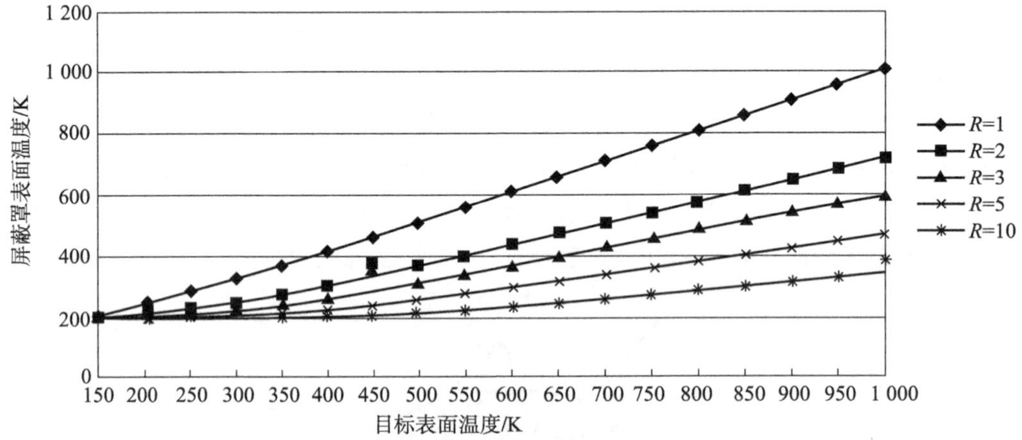

图 6－50　无阳光辐照时目标辐射温度与辐射屏辐射温度关系

由图 6－49 和图 6－50 可以看出，随着目标温度升高，辐射屏的辐射温度随之增加；屏的尺寸越大，其相对于目标的表面温度下降越显著；在有阳光辐射时，目标温度低于 350 K 时，屏蔽罩的屏蔽作用不明显；在无阳光辐射时，目标温度低于 200 K 时，屏蔽罩的屏蔽作用不明显。

6.4.2.2　对目标表面辐射能量的影响分析

假定航天飞行器表面温度为 600 K，目标表面单位面积辐射强度如图 6－51 所示。可以看出，无论有阳光还是无阳光光照，屏蔽罩对中波红外辐射的抑制作用明显，而长波红外辐射始终随屏蔽罩尺寸增加而增大，这是由于屏蔽罩接收辐射面积增大，导致其辐射总能量增加。

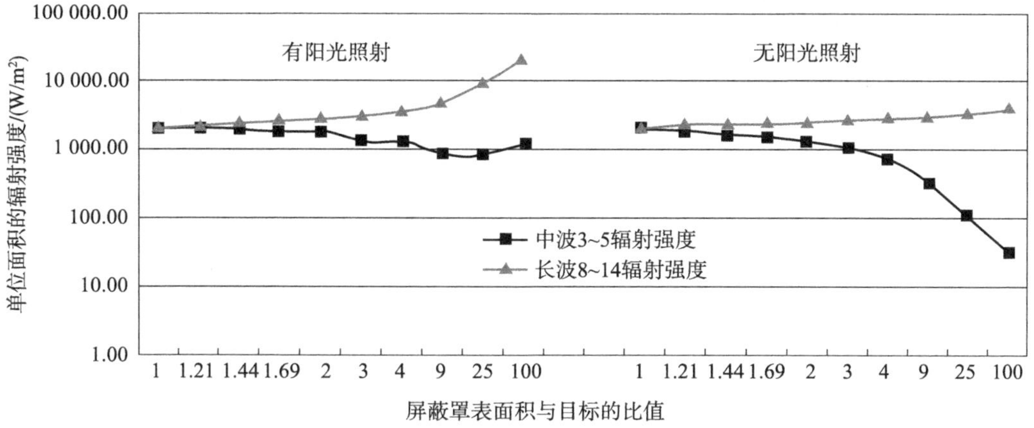

图 6-51　有气动加热飞行器 600 K 时表面单位面积辐射强度

由于目标表面温度为 600 K，其本体辐射和其接收外热流引起的辐射在量级上相当。当屏蔽罩具备一定的隔热能力时，目标表面单位面积辐射强度大幅降低。由图 6-51 可以看出，综合考虑有阳光和无阳光光照条件，当内热流透过 50%、表面积比值小于 3 时，长波红外辐射略有下降，却大大降低了中波辐射；当内热流透过 10%时，长波和中波辐射红外辐射均大大降低。

如果考虑有太阳和地球外热流的情况时，以屏蔽罩尺寸表面积为目标的 1、4、25 倍时，分别计算不同温度时单位面积红外辐射强度随温度变化。如图 6-52～图 6-54 所示，有气动加热航天飞行器 600 K 时，表面单位面积辐射强度随面积比变化情况如图 6-55 所示。

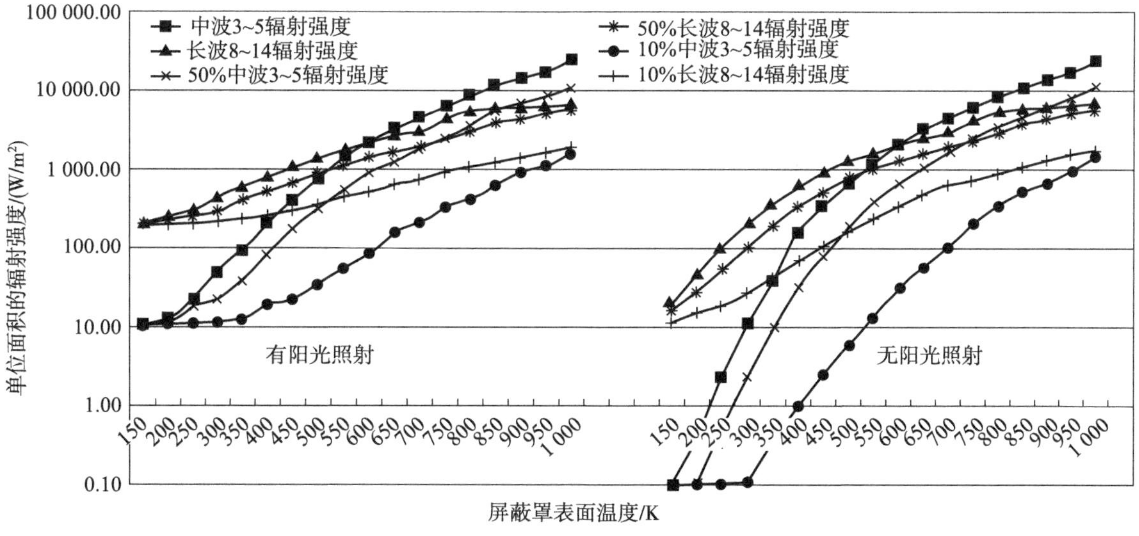

图 6-52　屏蔽罩贴附目标表面时，单位面积红外辐射强度随温度变化

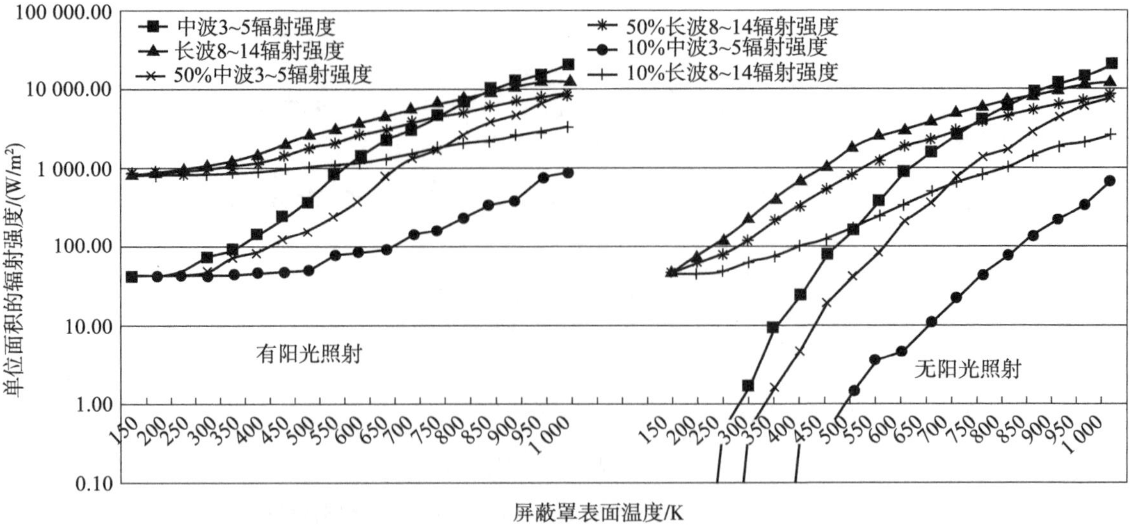

图 6-53　屏蔽罩尺寸表面积为目标 4 倍时，单位面积红外辐射强度随温度变化

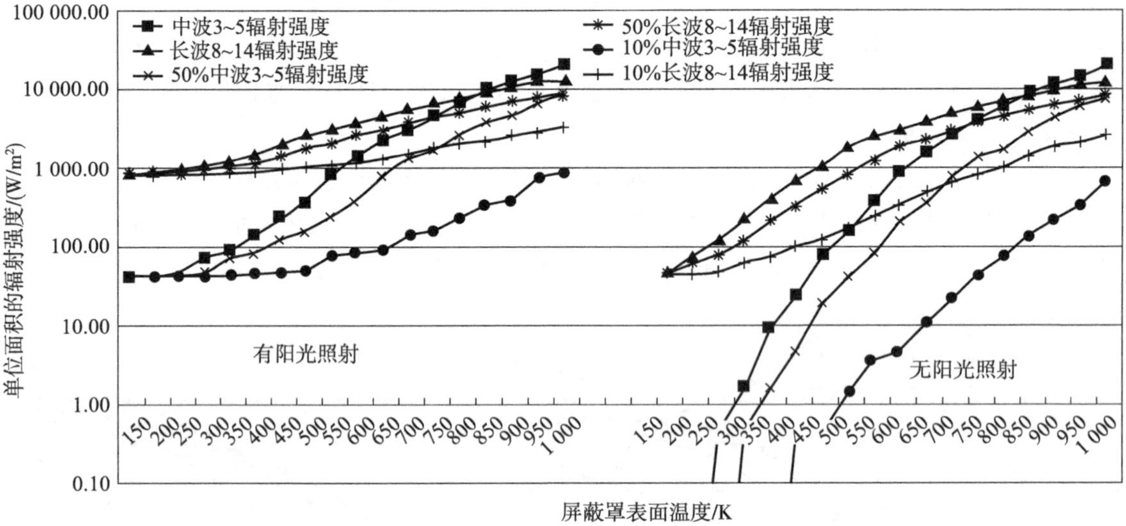

图 6-54　屏蔽罩尺寸表面积为目标 25 倍时，单位面积红外辐射强度随温度变化

根据以上数据分析：在无阳光光照条件下，航天飞行器主动辐射屏蔽罩尺寸对中、长波辐射的影响显著，尺寸越大，辐射降的越低，其中中波降低更显著；阳光光照条件下，航天飞行器主动辐射屏蔽罩随尺寸增大中、长波辐射呈现先减后增的趋势，其中长波增强更为显著。因此根据以上图表，经综合考虑，屏蔽罩尺寸拟选择为航天飞行器尺寸的 1.1～1.3 倍。

6.4.2.3　充气式屏蔽罩结构设计

屏蔽罩结构形式考虑采用螺旋结构，采取充气方式。螺旋结构是自然界最普遍的一种形状，如自然界中 DNA、海螺壳、植物的藤蔓，以及生活中的螺丝和弹簧等。螺旋结构

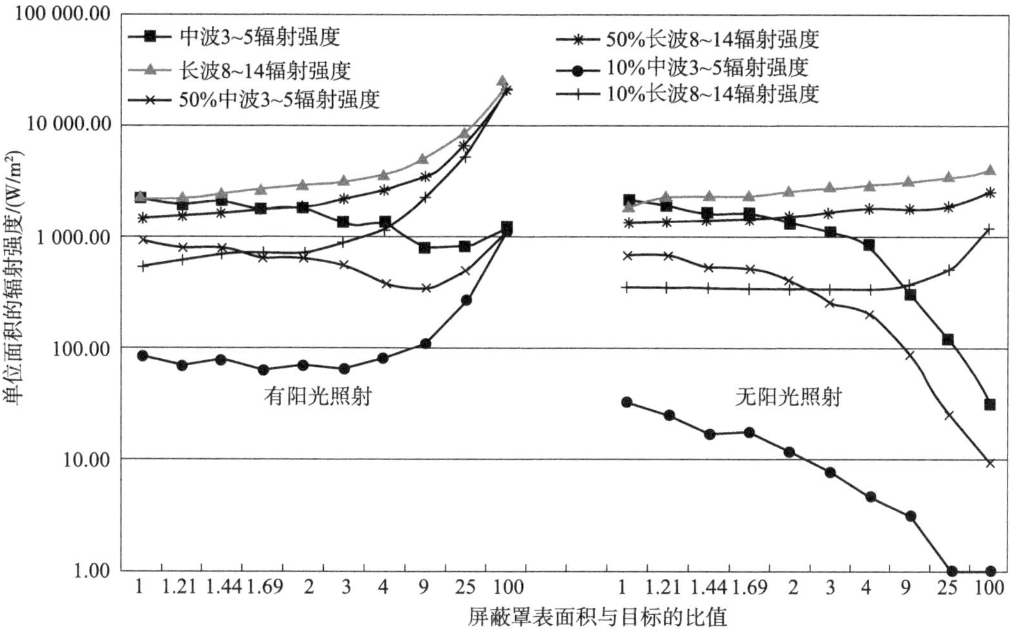

图 6－55　有气动加热飞行器 600 K 时表面单位面积辐射强度随面积比变化情况

的特点是光滑连续管状结构按照一定的螺距和曲率螺旋盘绕而成三维空间结构。充气式螺旋罩结构有三部分：中心圆柱体，柱体的上、下两个半球拱面端帽。中心圆柱体由三部分构成，内、外侧面是薄膜、中间柱面螺旋充气圈。

首先依据螺旋结构展开传递作用力的特点，圆柱面内部的充气支撑骨架设计为不同螺旋间距在 30～60 cm，充气螺旋圆环的直径约为 10cm，螺旋的圈数也不同。在圆柱的顶部设计各一组 4 个均等 1/4 球面围成一个半球面，同样，在圆柱的底部也设计一个 4 个均等 1/4 球面围成一个半球面。表 6－5 为外径 2.3 m 的单螺旋骨架结构的管径10 cm，不同的螺距、圈数、长度、充气骨架的容积和质量变化。典型结构示意如图 6－56 所示。

表 6－5　外径 2.3 m 的单螺旋骨架参数

管径/cm	10	10	10	10
螺距/m	0.3	0.4	0.5	0.6
圈数/圈	16.7	12.5	10	8.3
长度/m	60.2	45.2	36.2	30.2
充气骨架容积/m^3	0.47	0.35	0.28	0.23
质量/kg	2.72	2.08	1.65	1.36

对于圆柱体进行遮阳防护罩结构充气展开方案如下，①将半球冠面的四瓣卷曲向内折叠，把螺旋支撑结构压缩至扁平状，在径向按照星形折叠进行半径方向向心折叠，并压紧在收拢舱内。②需要工作时，将压紧门打开，内部的压缩弹簧将星形折叠的遮阳防护罩结构推至展开初始状态；③充气控制系统将高压气瓶的阀门打开，高压气体从螺旋支撑架的

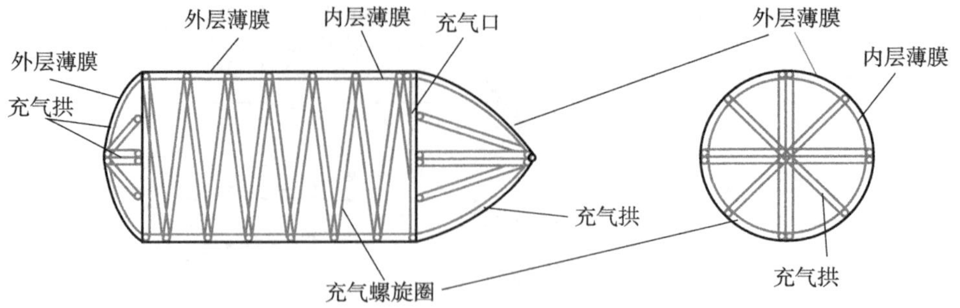

图 6-56　充气式螺旋屏蔽罩结构

底部流入，螺旋支撑架依次从底部向上膨胀展开，并打开折叠的两层薄膜；④最后左侧螺旋支撑架展开到位；⑤充气控制系统进一步向有 4 瓣组成右半球冠充气，该部分使用卷曲方法逐步展开到位；⑥采用同样的方法，左侧部分也展开到位；⑦充气控制系统控制释放左右两侧半球冠面，因为侧面展开状态储备了弹性势能，当内部的气体压力减小时，因为内外两侧面的材料弹性恢复力不同，于是又逐渐恢复至初始状态，但充气螺旋架保持结构外形不变；⑧通过火攻品解除与螺旋架连接，从而可以实现两者之间的可靠分离，如图 6-57 所示。

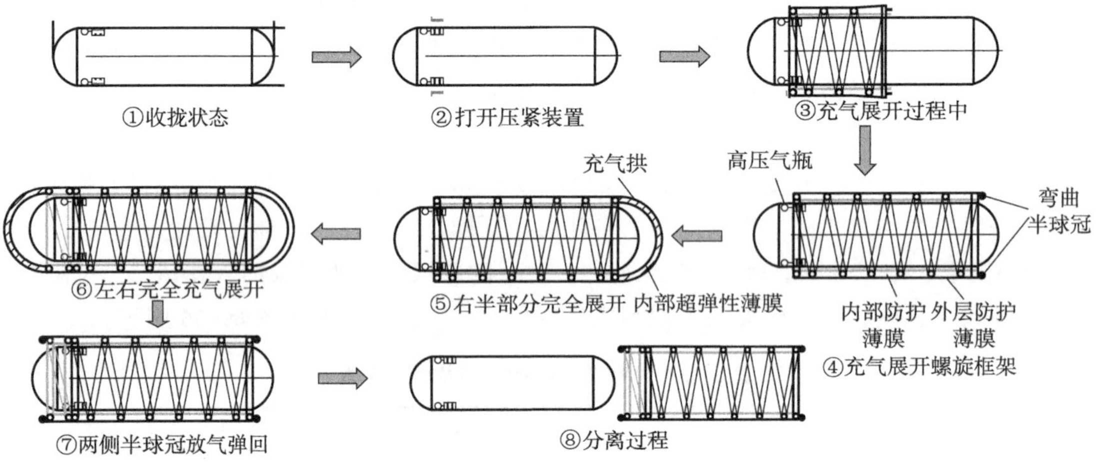

图 6-57　充气式螺旋罩结构展开测试

6.4.2.4　主动辐射屏蔽罩效能试验

为加工高温目标模拟件，内部安装加热带，可将其外表面加热至 200 ℃以上，模拟件外表面涂敷高辐射涂层。实验中螺旋屏蔽罩展开包覆高温目标模拟件测试屏蔽性能。模拟有阳光照射和无阳光照射的热像仪记录结果如图 6-58 和图 6-59 所示。

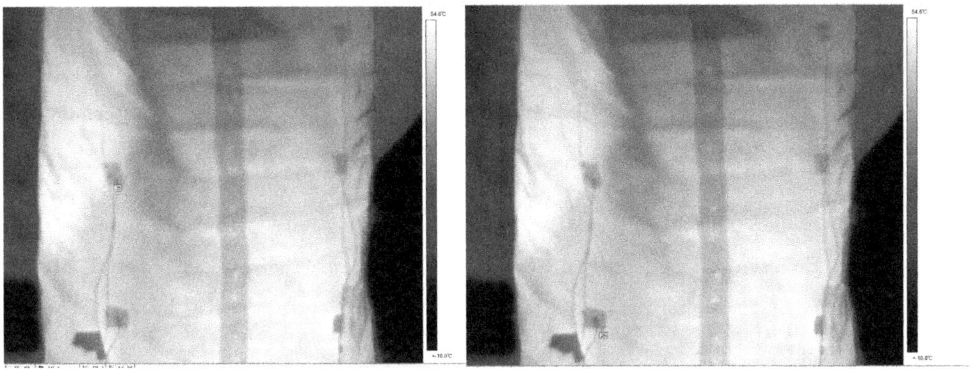

图 6-58　阳光条件下屏蔽罩温度分布（见彩插）

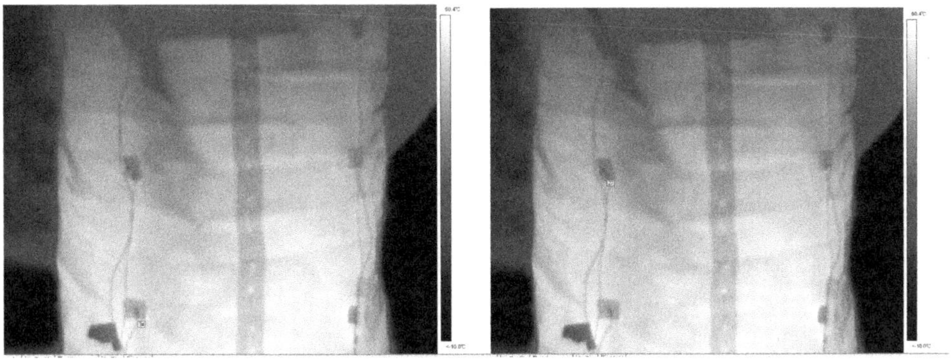

图 6-59　阴影条件下屏蔽罩温度分布（见彩插）

参 考 文 献

［1］ https：//www. thermal - engineering. org/what - is - emissivity - emissivity - of - materials - definition/ is Emissivity - Emissivity of Materials - Definition（thermal - engineering. org）.

［2］ https：//scigieneblob. blob. core. windows. net/content/documents/428 _ Infrared The rmometer Emissivitytablesrev1. pdf.

［3］ https：//ennologic. com/wp - content/uploads/2018/07/Ultimate - Emissivity - Table. pdf.

［4］ Global Network - Why National Missile Defence Won′t Work，http：//www. space4peace. org/articles/nmd. htm.

［5］ Andrew M S，et. al. Countermeasures union of concerned scientists MIT security Studies Program.

［6］ 丁锐. 发散冷却在高超声速飞行器上的应用可行性研究［D］. 合肥：中国科学技术大学，2020.

［7］ 陈玮玮. 管内超临界流动传热特性及应用研究［D］. 南京：南京航空航天大学，2016.

［8］ M. 玻恩（德）、黄昆. 晶格动力学理论［M］. 葛惟锟，贾惟义，译. 北京：北京大学出版社，1989.

［9］ 方俊鑫，陆栋. 固体物理学［M］. 上海：上海科学技术出版社，1980.

第 7 章　未来发展展望

隐身技术是攻防对抗博弈的产物。随着信息时代的发展，航天飞行器隐身技术将在多方面发展。

7.1　隐身技术发展方向

隐身技术不仅影响着现代战争的胜负，而且还将影响现代战争的模式，随着高科技的发展，未来的武器系统将综合采用各种隐身技术来提高武器系统的生存和对抗攻击能力，宽频段与全谱化、全方位与全域化、多功能与智能化将成为隐身材料技术未来的发展趋势。

7.1.1　宽频段与全谱化

传统雷达波吸波材料主要以对抗 X 波段为主，兼顾 S 和 C 等波段，未来对 P 和 L 波段吸波材料的需求会更加迫切，急需研制 P－W（0.3～100 GHz）波段的宽频吸波材料。同时，随着探测技术的发展，几乎涵盖了从太赫兹、微波、紫外、中远红外、近红外和可见光等全谱化的电磁波探测技术，对隐身材料的宽频段与全谱化的需求提出了巨大的挑战。

7.1.2　全方位与全域化

目前大部分武器装备的隐身技术主要针对几个主要方向的威胁角，如战斗机前向 $\pm 30^{\circ}$ 等，其他方向的隐身效果相对较差；另外，采取隐身技术所针对的场景也非常有限，如待机状态的阵地区域和进行对抗的末段区域等。随着海、陆、空、天武器装备包括无人装备的大力发展，使得敌方探测手段大幅度前移与立体化，全方位与全域化威胁大幅度增加，必须要考虑我方武器装备的全方位与全域化的生存与对抗技术，对隐身材料的发展也要求全方位与全域化。

7.1.3　多功能与智能化

限于武器装备小型化与减重的需求，要求隐身材料除了具有隐身功能外，还要兼顾承载、防热、防静电、导热、隔热、电磁兼容等功能，需要进行一体化优化设计。再好的隐身技术，一旦目标特性固定下来，很容易被敌方利用大数据或 AI 技术识破，隐身效果将大打折扣，未来的发展方向是向智能化方向发展，利用 AI 技术实时感知战场环境，智能调控隐身的频段及其特性，迷惑敌方，达到理想的隐身效果。

隐身技术随着装备、技术和探测器发展而不断演化和更新。近年来，随着纳米技术、低维材料技术、电磁精细仿真技术等的发展，以及装备及其隐身需求的发展，新的隐身技术也不断涌现，将可能成为航天装备发展的新方向。

（1）外形精细化

无论对于散射还是红外辐射，都与外形，或者更确切地说是威胁方向上的投影面积直接相关，尤其是雷达散射特性，由于外形的作用，会随入射角度剧烈变化。随着散射与辐射仿真算法的高精度化，通过结构的细微优化实现所需角域、频域散射及辐射特性的降低，并实现隐身特征与气动等其他特征的优化兼顾。同时，通过外形的精细化设计还可以在散射峰的分布区域、雷达散射截面的分区设计等方面起到重要作用。精细化布局将是外形设计发展的方向。此外，对于雷达散射截面超低（达到 0.001 m^2或更低）的设计来说，只有通过精细化设计才能保证不引入不希望的散射源贡献。

（2）多功能融合化

随着设计技术，特别是多学科协同设计软件的发展，基于多学科协同设计的多功能融合，可以在多个功能之间取折中，正成为隐身技术发展趋势。例如，对于航天飞行器而言，一般表面有一层防隔热层，隐身与防隔热-承载的一体化正成为隐身性能提升新的增长点。通过对防隔热层进行隐身改性，并进行阻抗匹配设计，从而在增加总厚度、不显著增加总质量的条件下，实现隐身-防热-承载功能的融合。

此外，保持低红外发射率条件下的雷达吸波能力是综合隐身能力，实现多频谱综合隐身的能力优势是未来发展的一个重要需求和趋势。在吸收可忽略的条件下，由于低发射意味着高反射，对于一般的材料来说，低发射意味着高导电，同时，从电磁频谱角度，红外的频率远高于微波，其趋肤深度更大，这意味着当材料厚度达到红外低发射时，早已达到雷达波反射的厚度。红外低发射与雷达吸波能力兼容方面有两个可预期的发展方向。一是采用频率选择表面（FSS）技术，即设计雷达波为通带的 FSS 单元结构，该结构在所需隐身的雷达波段处于通带，而其单元的金属化可保证这部分的低红外发射率，这一方案以牺牲部分面积的红外发射率为代价，形成雷达与红外隐身之间的折中。二是采用介质型红外光子晶体设计（图 7－1 和图 7－2），即利用介质间折射率的差异，构建红外隐身频段低发射的光子晶体结构，由于厚度薄、全介质结构，具有较高的雷达透波率，这一结构设计在确保平面垂直方向附近具有低发射率方面具有较大的优势。

（3）智能化

智能化是装备发展的趋势之一，也是随着信息化、数据化能力的提升，人工智能（AI）技术不断进步情况下技术发展的新态势。对于航天飞行器隐身而言，智能化主要包括基于环境融合的智能调控（如红外辐射的智能化调控）及基于威胁信息敏感的智能调控（如基于雷达威胁感知的雷达散射性能智能化调控）。前者可类比变色龙，通过敏感环境的辐射温度，调控自身的等效辐射温度，使目标的红外辐射与环境相近，从而使威胁传感器无法从视场背景环境中区分出目标。后者则是通过自身携带的态势感知装置，敏感到外部威胁雷达信息（频率、相对方位角度等），自主决策，实时通过智能响应部分形成针对威胁方向的瞬时低散射。概括而言，智能化隐身主要包括三个部分：感知部分、中枢决策部

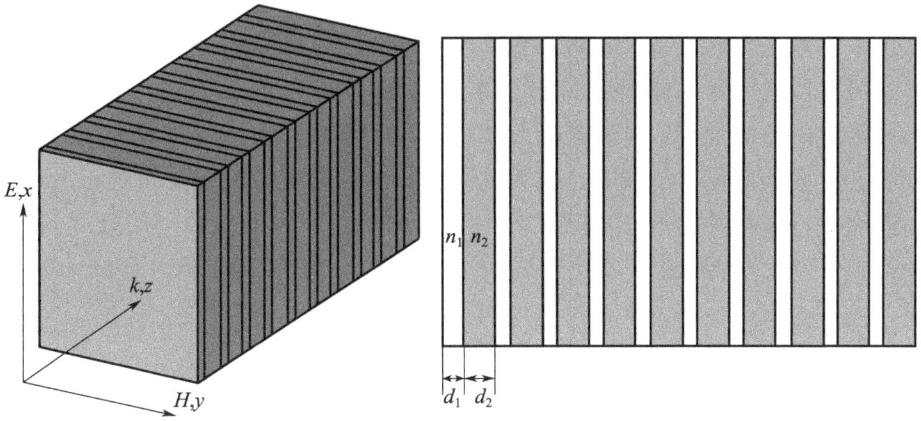

图 7－1　基于全介质异质结的一维二元光子晶体示意图[1]

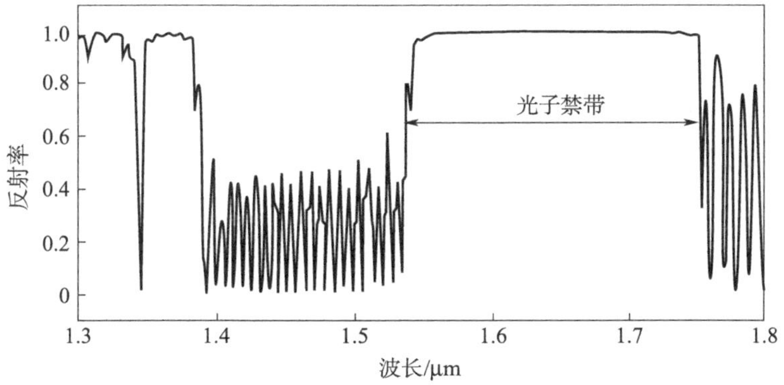

图 7－2　异质结一维光子晶体反射光谱[2,3]

分、智能响应部分。其中智能响应部分是最关键、最难实现的部分，也是目前研究最多的部分。从技术进展角度，智能隐身可分为可调可变隐身和自主智能隐身两个阶段。可调可变隐身是指通过外源激励等方式、能够主动调制目标特性。实现隐身性能按设计变化，是智能隐身的响应部分；自主智能隐身是在可调可变基础上，通过在线感知和决策，控制可调可变部分根据威胁情况主动实时变化。

（4）耐高温

随着临近空间高超飞行器的发展，临近空间隐身反隐身的对抗将形成航天飞行器对抗的新战场。临近空间高超飞行器的普遍特点是高速高温，其结果是原有的防热材料体系及隐身材料体系无法适应。一方面，高温导致高超飞行器普遍采用陶瓷基防热方案，甚至直接采用热结构方案，防热层表面或热结构的温度很高，对隐身材料提出了耐高温的要求。另一方面，常用磁性吸波材料的居里温度不会高于 900 ℃，其损耗性能保持不剧烈下降的温度一般不超过 500 ℃，因而对于表面温度远大于 500 ℃的高超飞行器，耐高温隐身已经成为其重点和难点。

(5) 射频管控与散射特征控制融合

群体化、体系化是航天飞行器运用的主要发展趋势。在群体化、体系化运用模式下，互联互通、信息传递是不可或缺的部分，这些功能实现离不开射频辐射与接收部件。因而，对自身辐射信息的管控，实现其低可截获能力，以及对包括辐射部件在内的物理结构散射的控制，实现其低可探测能力，成为航天飞行器运用发展的主要问题，上述两个功能的融合是航天飞行器隐身能力高水平发展的必然途径。射频隐身最早的公开报道是美国。在F-35研制中采用了射频信号管控的技术，当前，射频隐身能力已成为隐身飞机的标配。

7.2 几种新型隐身材料与技术

7.2.1 特征可调控隐身技术

特征可调控可以说是智能隐身的响应部分或智能隐身的第一步，与传统隐身设计即确定不同，可调控隐身的特点在于隐身特性的频域、角域可变可调性，如有源对消技术、相位开关表面、有源频率选择表面、有源可调吸波结构等。

(1) 有源对消技术

有源对消技术利用的是空间相位对消原理，在目标上生成一个与目标本体相反的波，形成与自身散射的对消。其实现方式有多种，如图7-3～图7-6所示。早在1996年，梁百川[4]提出了一种基于特征库的有源对消原理，这是最初和最朴素的有源对消原理思想，这一思想也被后来的多数学者采用[5-7]。同一时期，洪光启等[8]提出了一种转发式有源对消原理。近期，贾高伟和王建峰[9]对有源隐身进行了归纳。Osman等[10]对基于雷达与目标相互作用的有源对抗进行了分析。

但有源隐身实用性的限制在于对于常见的复杂外形，在高频下，其相位变化剧烈，有源调制难以准确对每个角度形成精确对消能力，而在低频下，由于随角度变化，相位变化不剧烈，其适应性要好些。

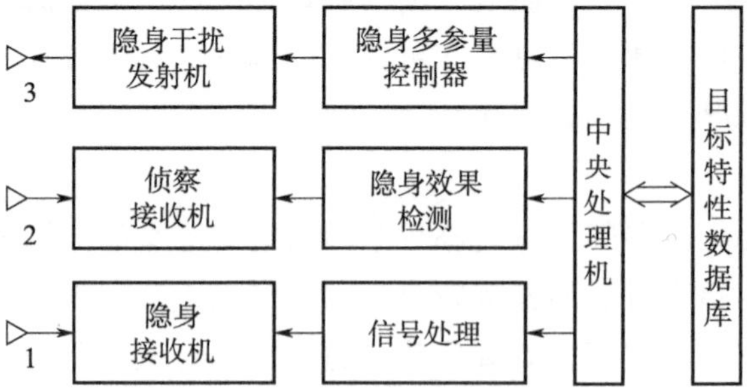

图7-3 有源隐身原理之一[4]

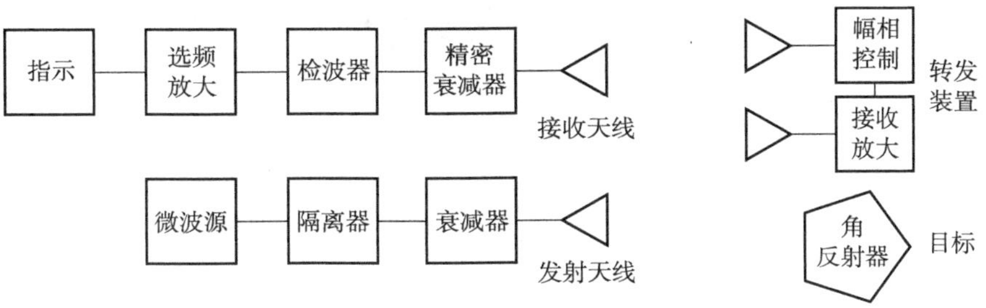

图 7-4　转发式有源对消原理[8]

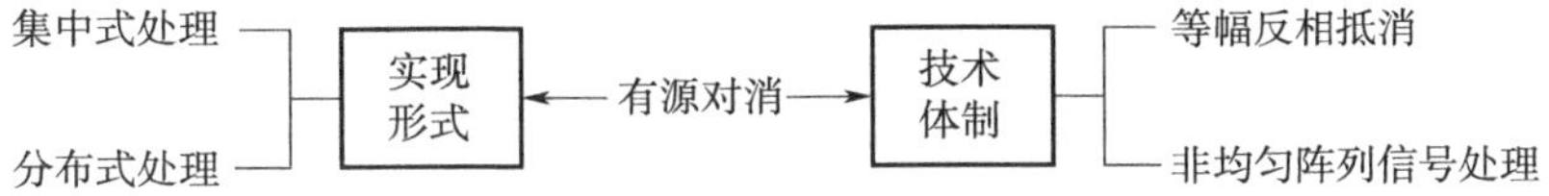

图 7-5　有源隐身的归纳[9]

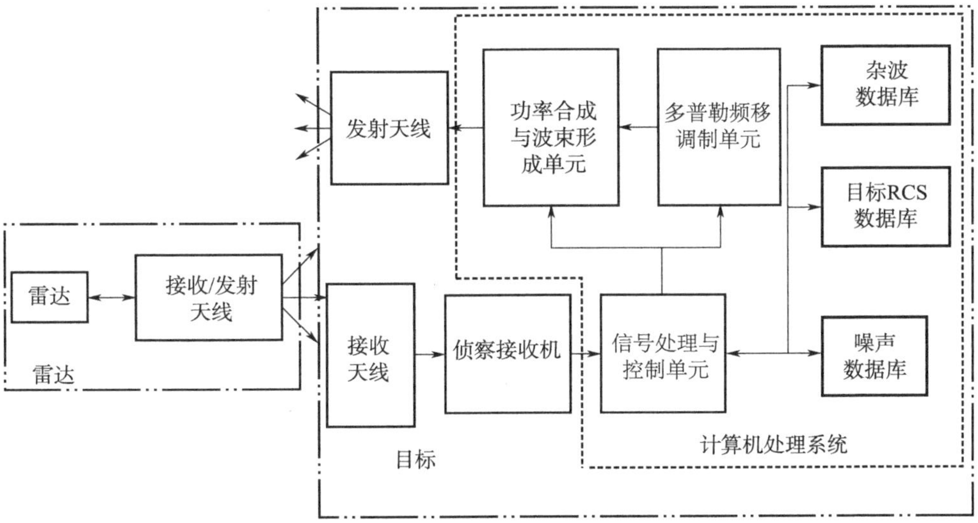

图 7-6　有源隐身框图[10]

(2) 相位开关表面

相位开关表面（Phase Switched Surface）是英国谢菲尔德大学钱伯斯（Chambers）教授提出的概念（图 7-7），是指利用 PIN 二极管调制频率选择表面，构成相位调制表面，在二极管通、断两个状态下，表面处于正反相差 180°两个相位，脉冲控制二极管通、断时间，相当于对反射波进行调制，可以产生调制反射率的结果，利用这一技术可以降低表面的散射。这一技术还可以调制反射波峰位，实现反射的频移，如图 7-8～图 7-10[12]所示。

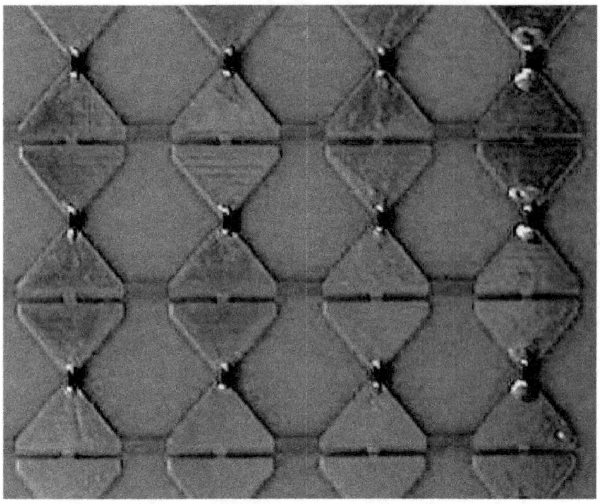

图 7-7　相位开关表面图片[11]

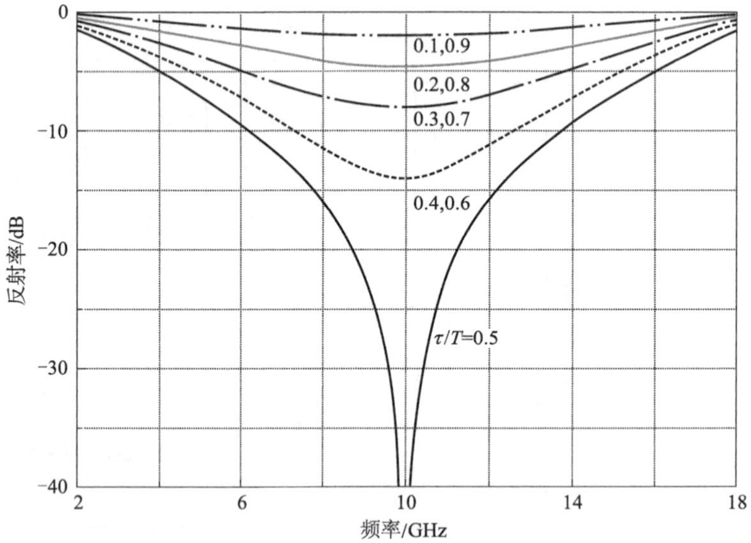

图 7-8　相位开关表面反射特性随占空比的变化[11]

（3）有源频率选择表面

在频率选择表面单元内部或单元间加载 PIN 二极管、变容二极管等有源可调器件，用以调制结构对电磁波传输的响应，一般可以对通带频点、带宽进行调制，或者在通和阻之间切换。

（4）有源可调吸波结构

实际上是电路模拟吸收体的有源加载形式，或者可以视为加地板的有源频率选择表面。

实现有源可调最容易实现的方式是采用阵列结构加载。阵列调制的幅度、带宽等与单元形式、加载器件性能、阵列层数、间隔介质厚度等均有关。图 7-11 是变容二极管加载蝶形结构薄层介质的调制仿真结果，图 7-12 是 PIN 二极管加载的薄层蝶形结构样件及测

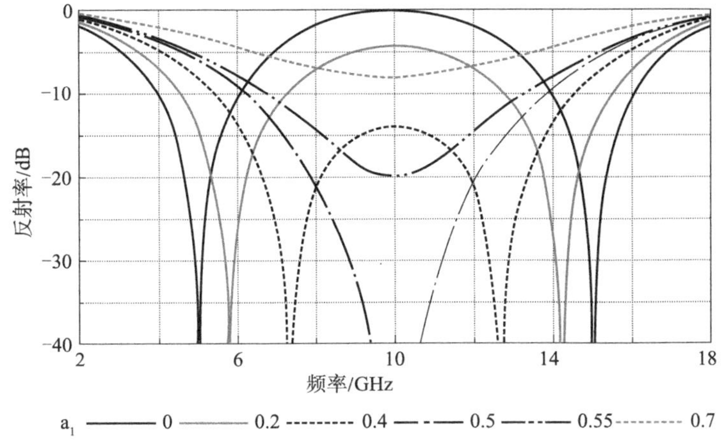

图 7-9　双层相位开关表面反射特性随“开”的时间的变化[11]

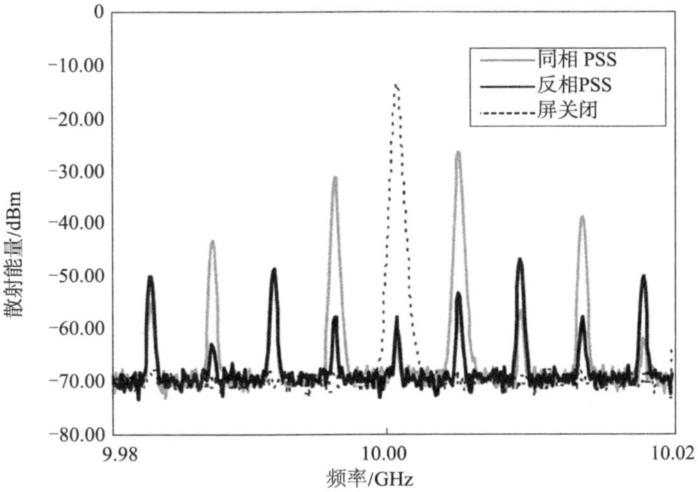

图 7-10　相位开关表面散射峰值的调制[12]

试结果，图 7-13 是一种宽响应带宽的蝶形单元结构及其加载方式，图 7-14 是厚层介质间隔下的反射调制测试结果。

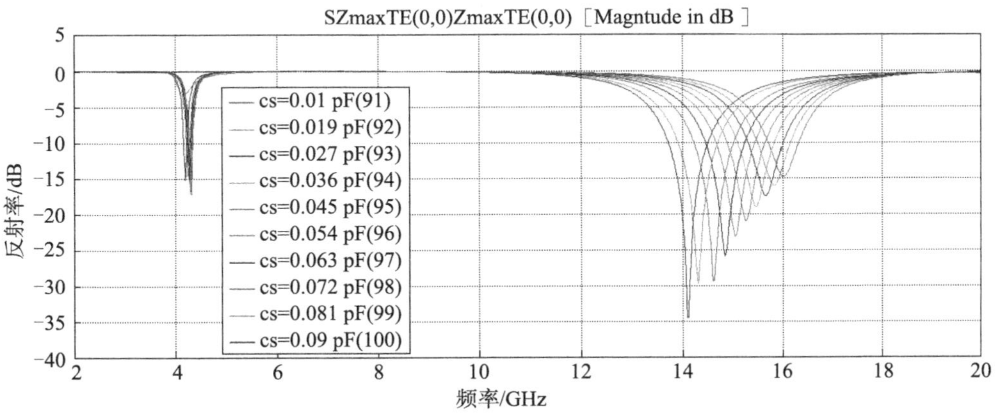

图 7-11　设定 500 Ω 电阻，电容由 0.01 pF 到 0.09 pF 变化的反射率仿真曲线[13]（见彩插）

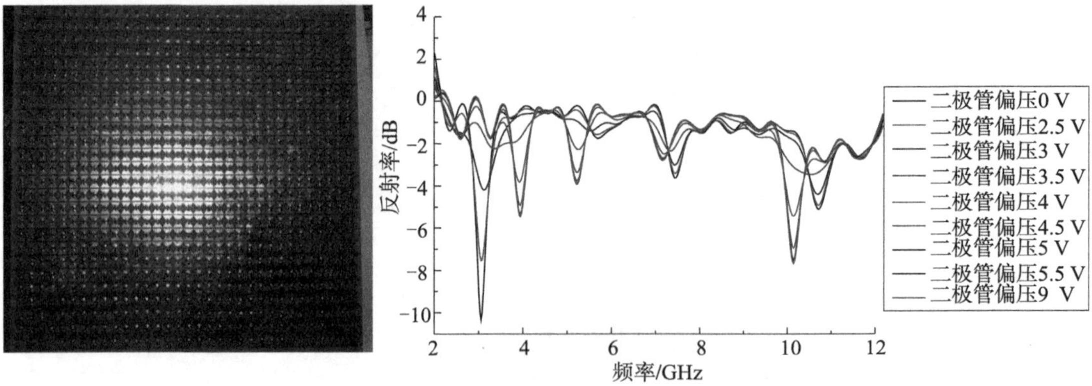

图 7-12 施加不同正向电压时 PIN 二极管加载的阵列结构的反射率变化[13]（见彩插）

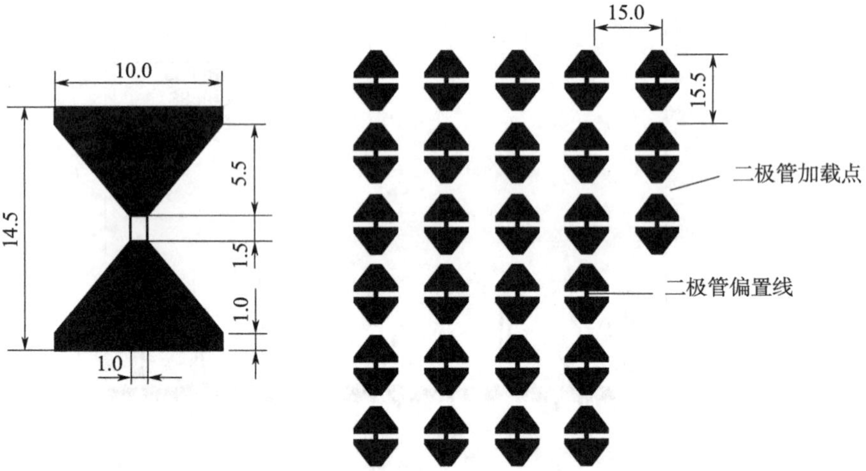

图 7-13 一种宽带响应的可调散射单元[14]

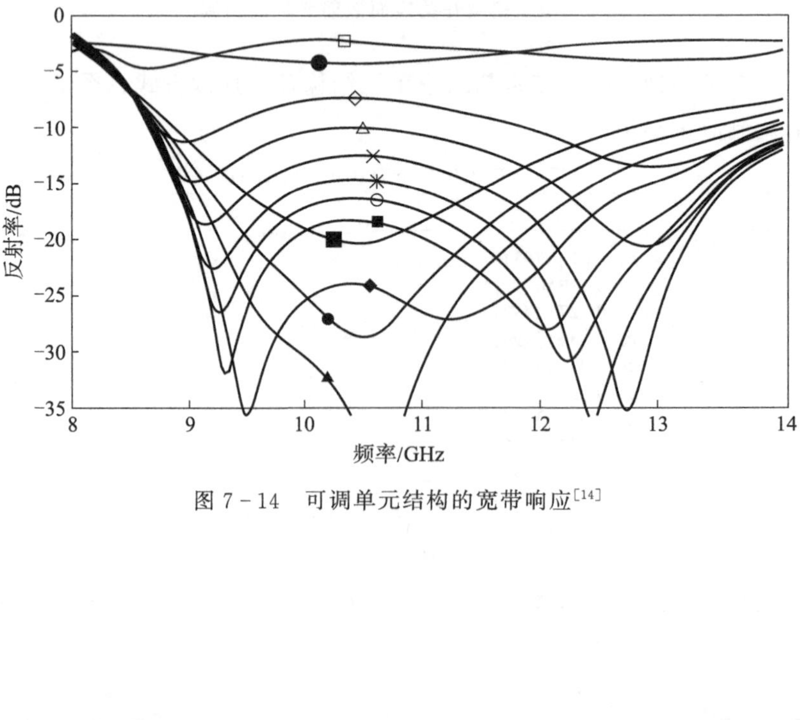

图 7-14 可调单元结构的宽带响应[14]

7.2.2　人工微结构

人工微结构是光子晶体、超材料、超表面等的统称，通过人工设计的结构实现期望的性能，目前多特指超材料及超表面，是近年来的研究热点。超材料（Metamaterials）一般是指人工设计的周期单元构成的结构，理论上其可能具有自然材料所不具备的性能，如负折射；超表面（Metasurface）用于特指单层薄基材的超材料单元构成的表面，该表面类似于频率选择表面，具有一些特异性质。超材料及超表面的隐身原理目前有以下几种：

（1）折射/绕射原理

以英国学者彭德里（Pendry）提出的变换光学理论[15]为基础，可以设计出使电磁波弯曲的结构，从而理论上使电磁波绕过目标而不会在目标上产生反射[16,17]，如图 7-15～图 7-17 所示。这一概念是理想的隐身概念，但存在两个问题，一是设计中会存在数学上的奇点问题，造成直接入射到表面的电磁波难以弯折，二是由于光学变换对超材料的控制一般通过周期单元的等效电磁参数实现，具有谐振特点，一般频带很窄，难以拓宽。

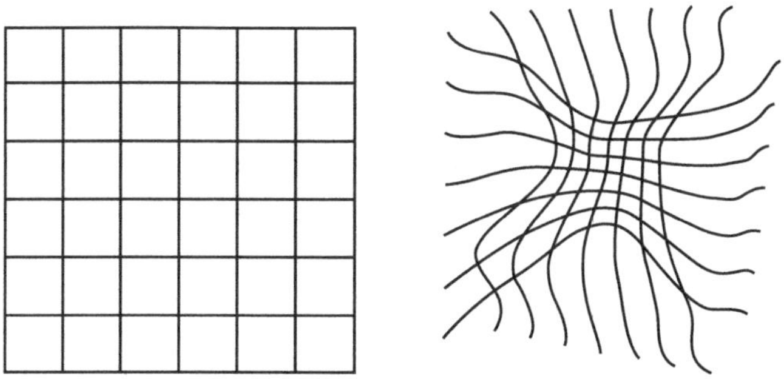

图 7-15　变换光学的思想：将介质空间坐标转换为电磁参数空间坐标[15]

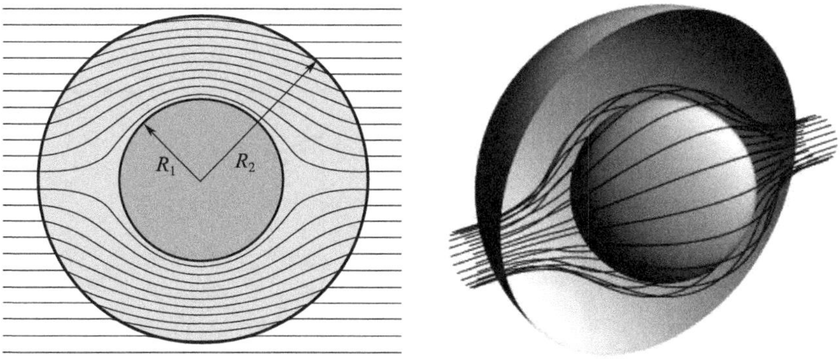

(a)隐身斗篷原理平面示意图　(b)隐身斗篷原理三维示意图

图 7-16　隐身斗篷概念[16]（见彩插）

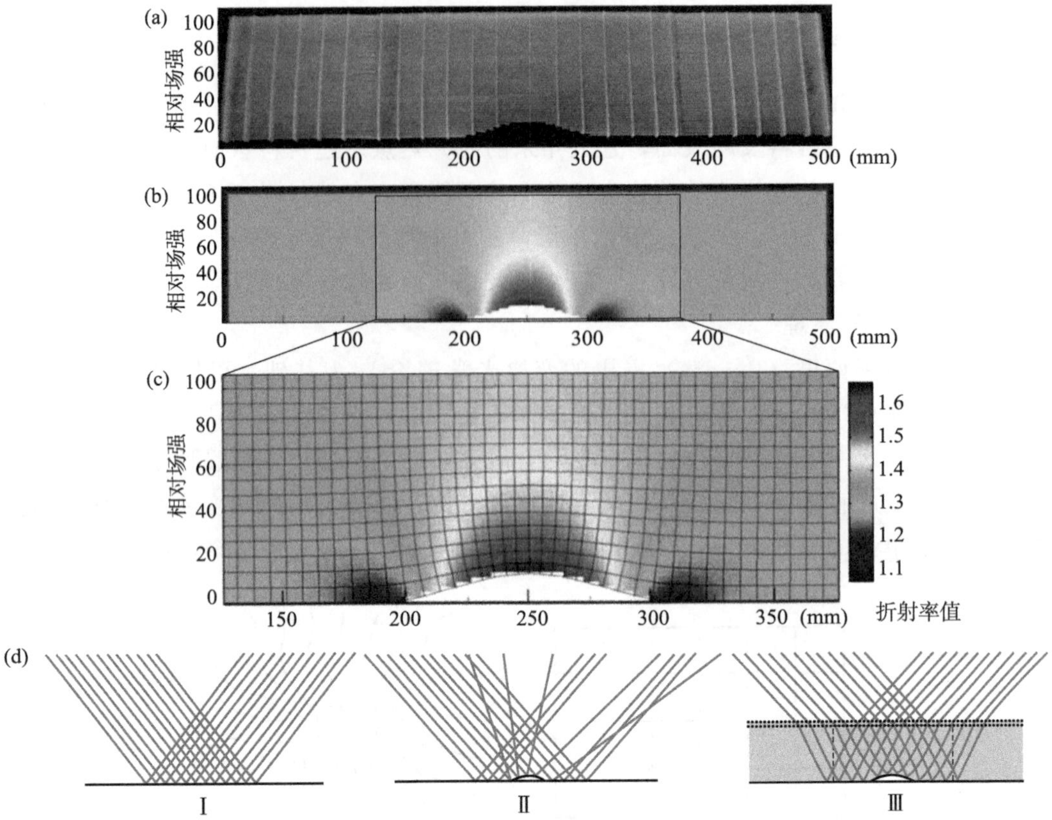

图 7-17　隐身地毯概念[17]（见彩插）

（2）随机相位表面（相位梯度超表面）原理

由于基于光学变换电磁波弯折绕射原理存在实际应用上的问题，基于超材料设计中可以实现等效电磁参数的概念，研究者提出了随机相位表面（又称梯度折射率表面）的原理，图 7-18 是随机表面的原理与仿真曲线[18,19]。这一原理从反射率形成角度很好理解，反射率与表面相位密切相关，对于平整表面而言，反射波的表面相位是一样的，而对于随

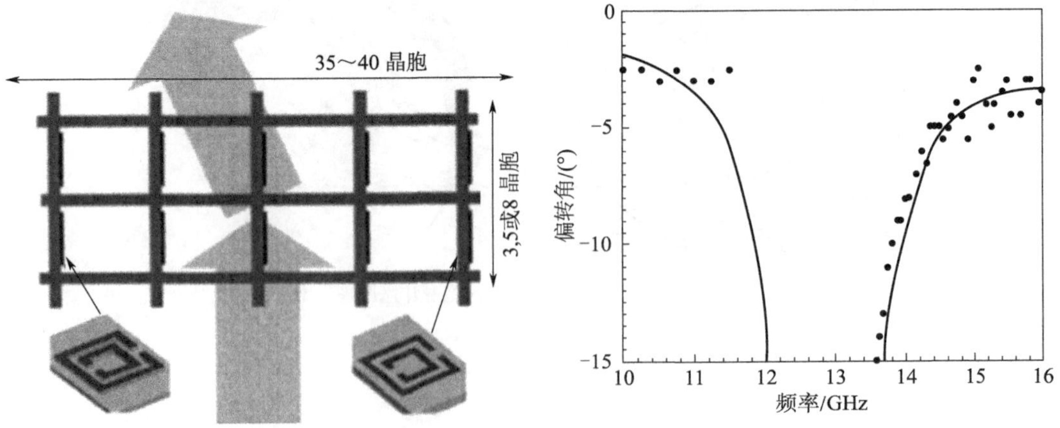

图 7-18　随机表面原理与反射率曲线[18,19]

机相位表面来说，由于设计中通过单元分布的设计，使得表面不同区域具有不同的等效电磁参数，因而造成一种“电磁粗糙”表面，从而表面上各处的等效电磁参数不同，这样通过不同相位的设计，使各区域反射波相位不再一致，从而起到降低反射率的作用，随机相位表面相位分布与反射率比较如图 7-19 所示。

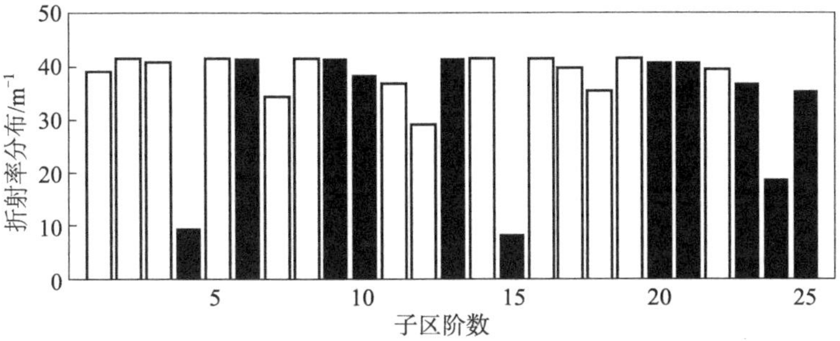

(a) 折射率梯度分布(一)

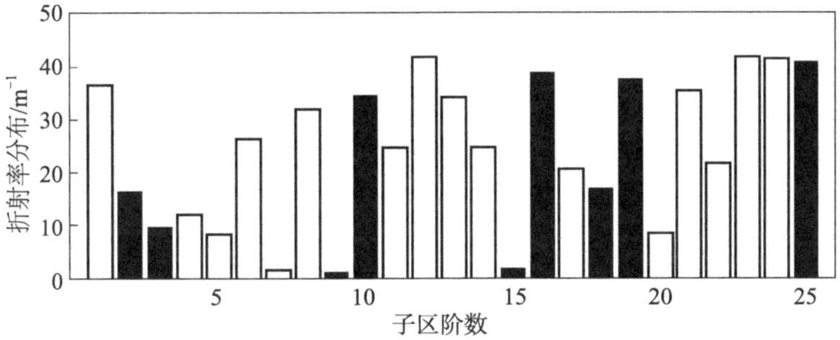

(b) 折射率梯度分布(二)

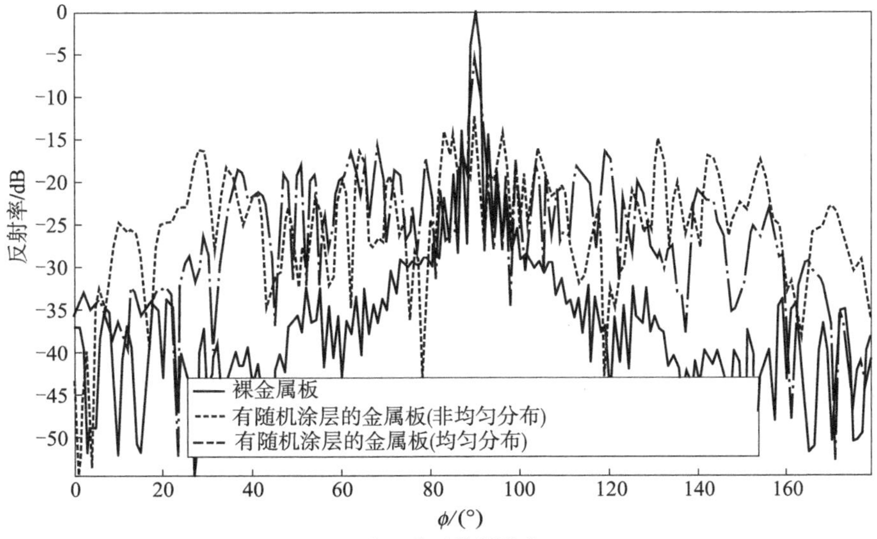

(c) 归一化后散射模式 @10 GHz

图 7-19　随机相位表面相位分布与反射率比较

(3) 表面等离激元原理

等离激元是一种元激发[20]，其初始概念与入射到金属表面的光有关。金属内的电子满足自由电子气模型，当光入射到金属表面时，会产生集体振荡，电磁波与金属表面自由电子耦合，形成沿着金属表面传播的近场电磁波，当电子的振荡频率与入射波的频率一致就会产生共振，此时电磁场的能量转变为金属表面自由电子的集体振动能，形成一种特殊的电磁模式，即电磁场被局限在金属表面很小的范围内并增强，而不发生辐射。如图 7-20 所示是几种常用的表面等离激元激发方式[21]。随着超材料超表面理论的发展，产生了人工的等离激元激发方式，即利用设计的表面结构，实现微波段电磁波与微结构表面间的耦合，产生等离激元激发。此时，表面层为超材料单元层，其下为薄的介质层，介质层下为连续金属层[22]，如图 7-21 所示。一些学者从理论角度认为，表面等离激元可以将入射波转化为沿表面局域传播的行波，可以起到降低反射的效果。

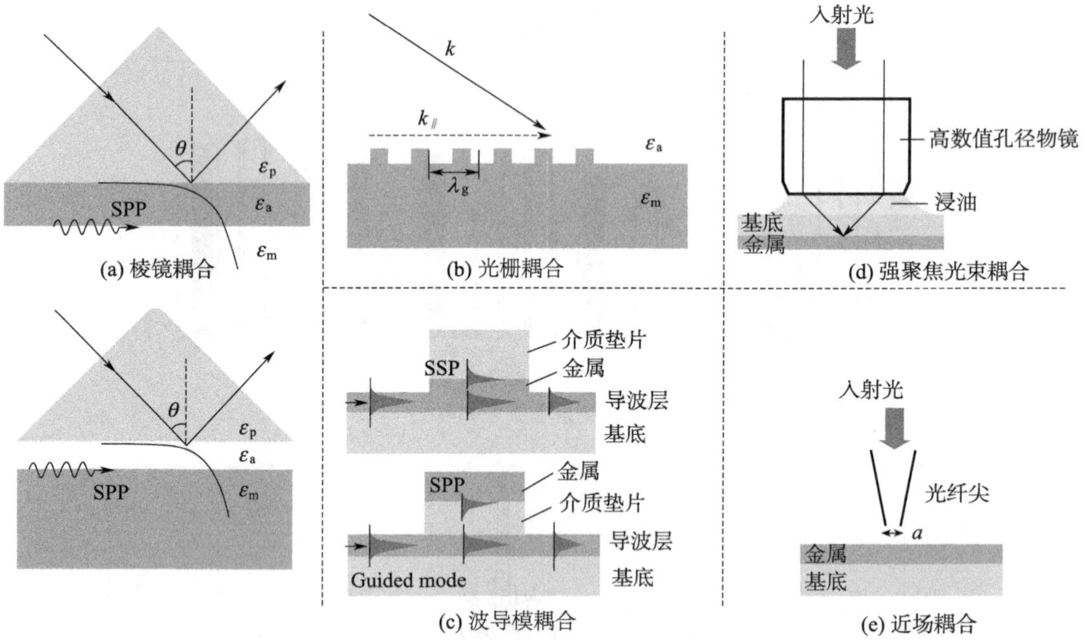

图 7-20 表面等离激元激发方式[21]

(4) 相位编码原理

相位梯度表面存在的一个问题是如何梯度，怎么设计的难题。2014 年东南大学崔铁军教授课题组[23]和美国宾州大学恩格塔（Engheta）教授课题组[24]分别提出了编码超材料和数字超材料的概念，如图 7-22～图 7-25 所示，将表面单元视为“0”“1”的数字化状态，区分点在于 Engheta 课题组以同一结构（如同心圆、矩形片亚波长单元与介质）的两个互补状态作为数字超材料的“比特”位单元，其基础是单元的等效介电常数公式，是无源方式，以设计为驱动的，或者说是设计后即固化的模式。崔铁军课题组的数字超材料初始概念与之类似，如图 7-26 所示，以单元尺寸作为数字编码的“比特位”，即将单元尺度进行定义，二比特位有四种状态（图 7-26），其提出的数字编码超材料则有所不同，是基于有源的概念。对每个超材料单元而言，在单元内部加载有源开关器件，如 PIN 二极

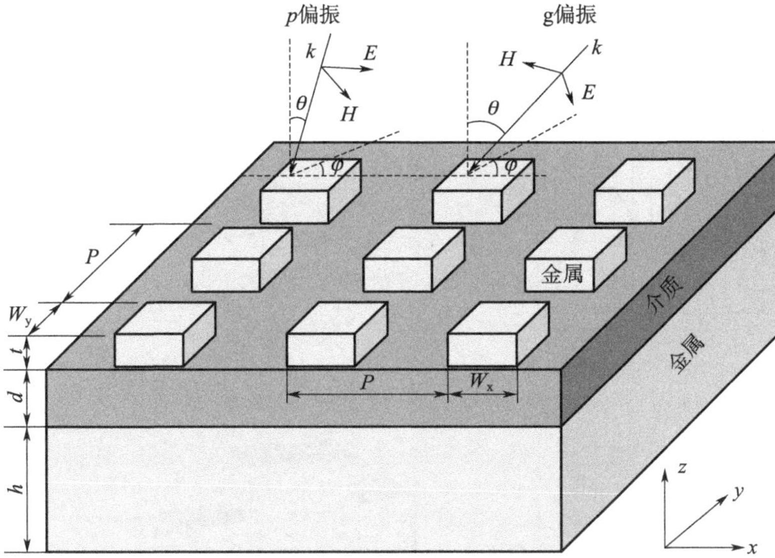

图 7-21　微波表面等离激元结构示意图[22]

管，可以进行通、断两个状态的切换，这两个状态之间有 180°的相位差，将这两个状态分别定义为“0”和“1”，则这种方式更类似于半导体数字电路中器件“高”“低”电位定义了“0”和“1”两个状态的模式，进而，单元个数与比特位正相关，这一概念也更有利于将数字超材料进行编码、编程，实现有源可调。

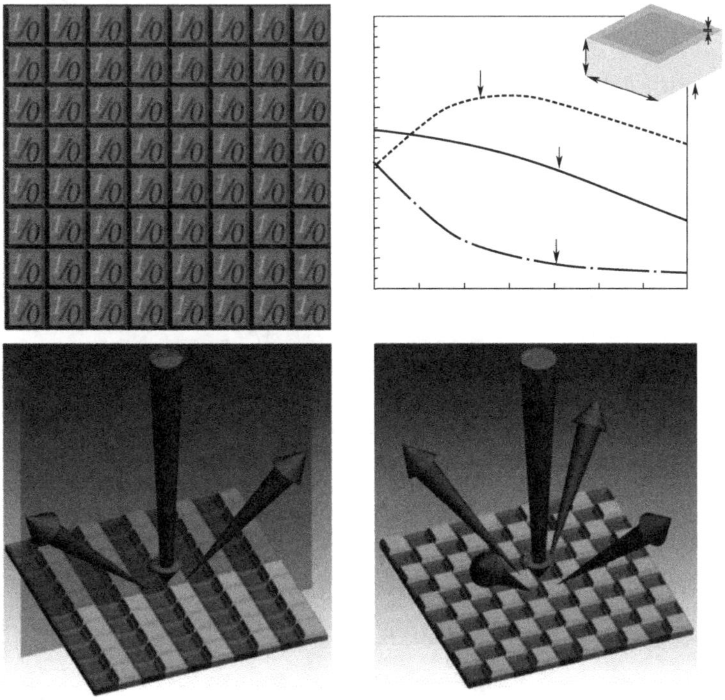

图 7-22　编码超材料[24]（见彩插）

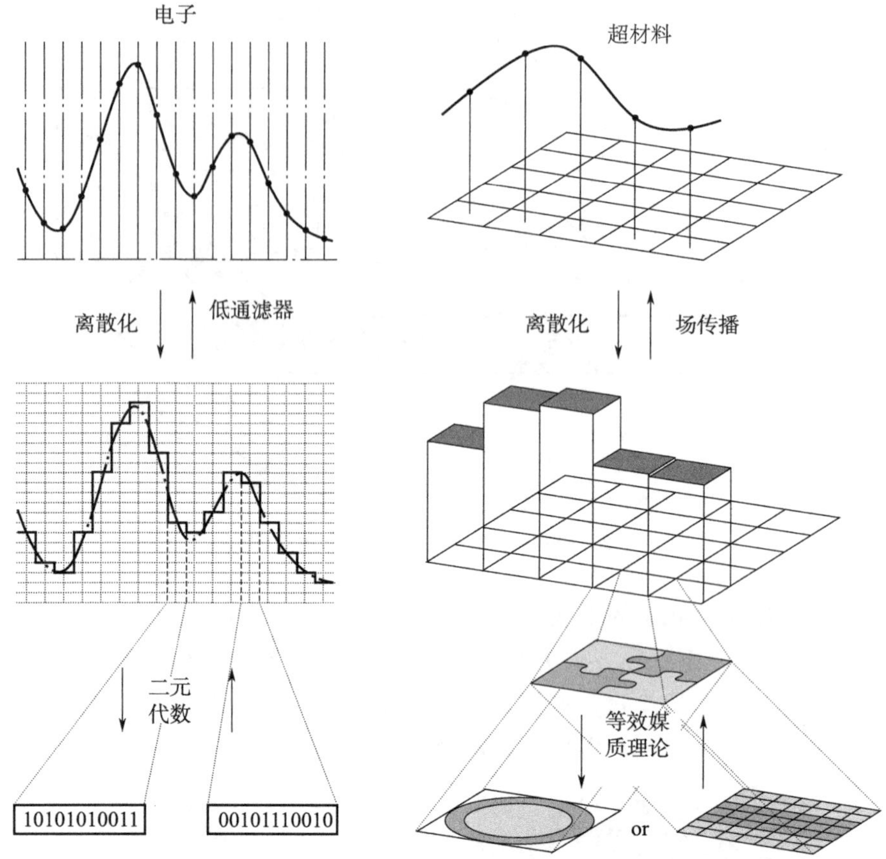

(a)数字化概念　　(b)数字化超材料

图 7-23　数字超材料[24]

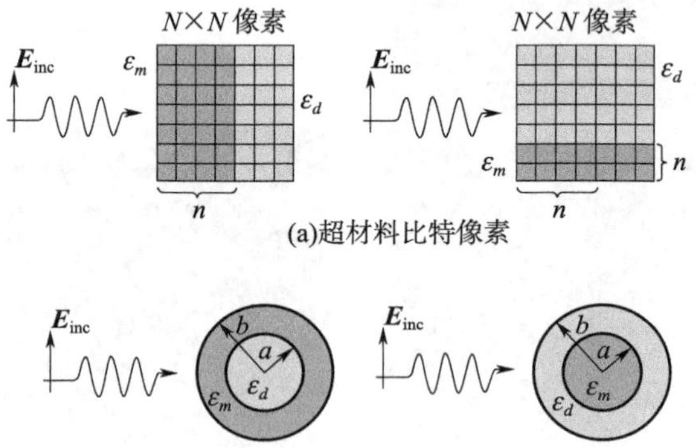

(a)超材料比特像素

(b)数字超材料入射场关系

图 7-24　Engheta 课题组的超材料“比特”概念[24]

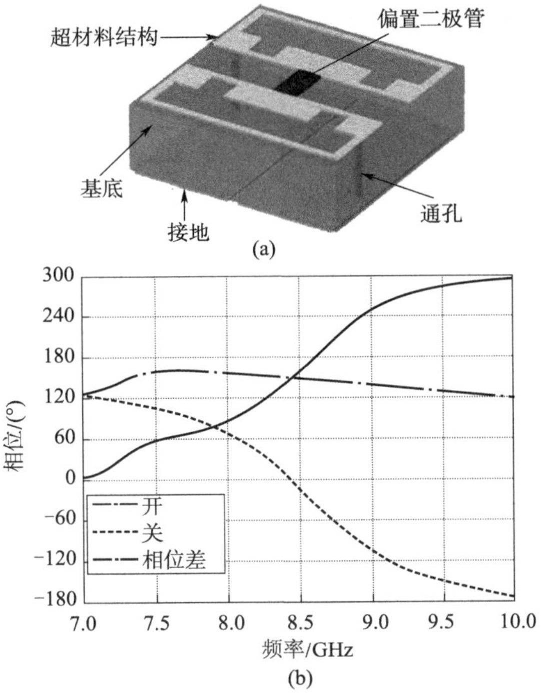

图 7-25　数字编码超材料[23]

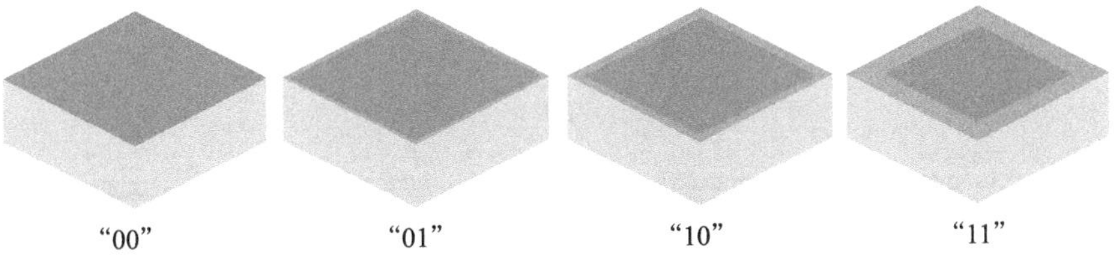

图 7-26　崔铁军教授的初始数字超材料概念[23]

基于数字超材料原理，可以通过单元比特的控制，实现类似于随机超表面相位的调制，实现低反射设计；同时，通过编码超材料设计则有利于将超材料的电磁响应变为动态可调，从而通过一组超材料的调制可以实现所需的散射性能。

（5）有源超材料

与数字编码超材料相同，顾名思义，有源超材料使用有源器件进行超材料的调控，使之性能可以随着电加载的状态而调制，其本质与有源频率选择表面、有源加载吸波、相位开关表面相同。有源调制又可分为电路调制和形状调制[25]，电路调制可以采用变容二极管、PIN 二极管等进行，形状调制可以采用 MEMS 等进行，如图 7-27 和图 7-28 所示。其调制目的和效果都是调整超材料结构对电磁波的频率与幅度响应，从而实现性能的改变和调整。

(a) 变容管超材料样件

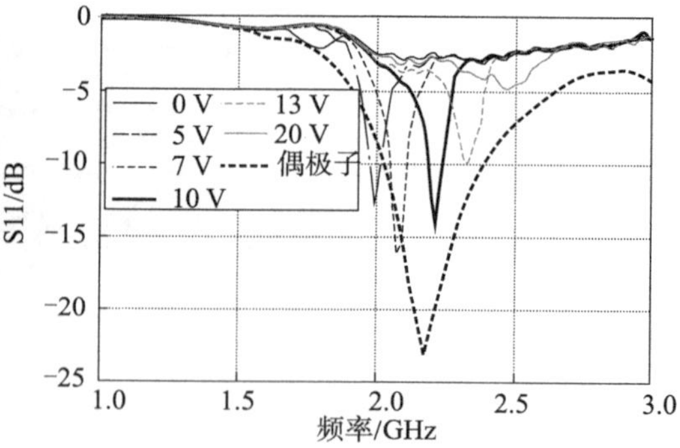

(b) 变容管材料调制曲线

图 7-27　变容管调制超材料[26]（见彩插）

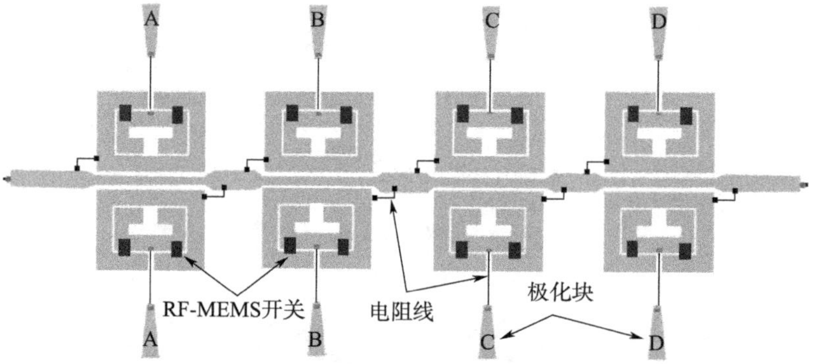

(a)

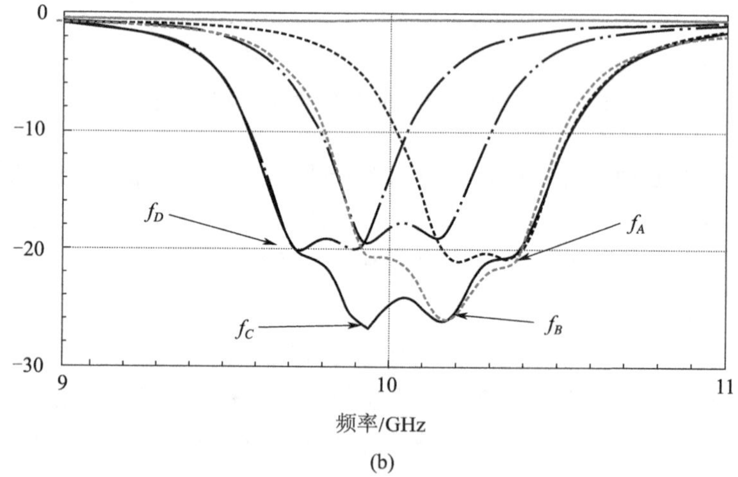

(b)

图 7-28　MEMS 调制超材料[27]

7.2.3　可调发射率技术

对于红外隐身而言，表面材料发射率是一个关键量，其中一个方向就是可变发射率，即发射率能够在低值（低发射率）和高值（高发射率）之间切换，如图 7-29 和图 7-30 所示。发射率调节方式有很多，如热激励切换、电激励切换、化学激励切换，甚至机械激励切换，其中很重要的一类是电激励切换。就是对某些材料，在电场驱动作用下，材料的发射率会在高、低发射率两个状态之间变化，实际上，常见的发射率可调材料中，发射率的变化一般伴随着颜色的变化，因而这些材料也称为变色材料。常见的变发射率材料有两类，无机类和有机类，前者以 V2O5 为代表，后者以聚苯胺为代表。变发射率是未来智能化和动态化隐身的重要技术途径。

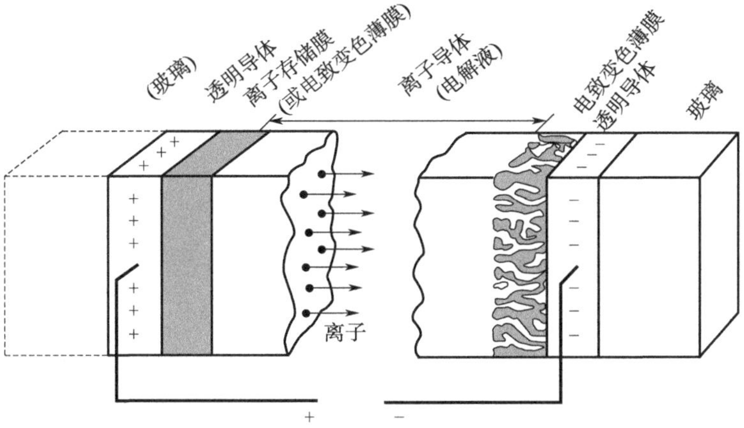

图 7-29　变色器件结构示意图[28]

7.2.4　低维材料

2000 年以来，低维材料如碳纳米管、石墨烯、MXene 各类薄膜等受到广泛关注。这些材料的共同特征在于至少在一个维度具有尺度极小的特点，其尺度可达几个晶格尺度或几十个晶格尺度，一般不超过微米尺度，是典型的“纳米”材料。

石墨烯实际上是单层或层数极少（一般认为五层以下）的石墨。由于厚度维只有一个或几个原子层，石墨烯会表现出一些特有的电子学性质，因而被期望具有优良的隐身性能。但从用作一般吸收剂角度看，所有材料吸波都表现为电损耗或磁损耗，以及阻抗匹配，均与材料电磁参数有关，从这个角度，对石墨烯作为吸收剂，在常用的微波波段是否比炭黑等普通碳材料有更优异的性能，是存在质疑的。但由于石墨烯特殊的能带结构，其可用作有源器件材料，调制电磁波传输性能，也可以用石墨烯作为周期结构单元，制备频率选择表面或超材料，进行电磁波吸收或传输调制[30,31]。此外，由于波长与晶格结构的相近性，石墨烯在太赫兹波段的吸波响应更明显，基于石墨烯本体的吸波研究也大多集中于此[32]。

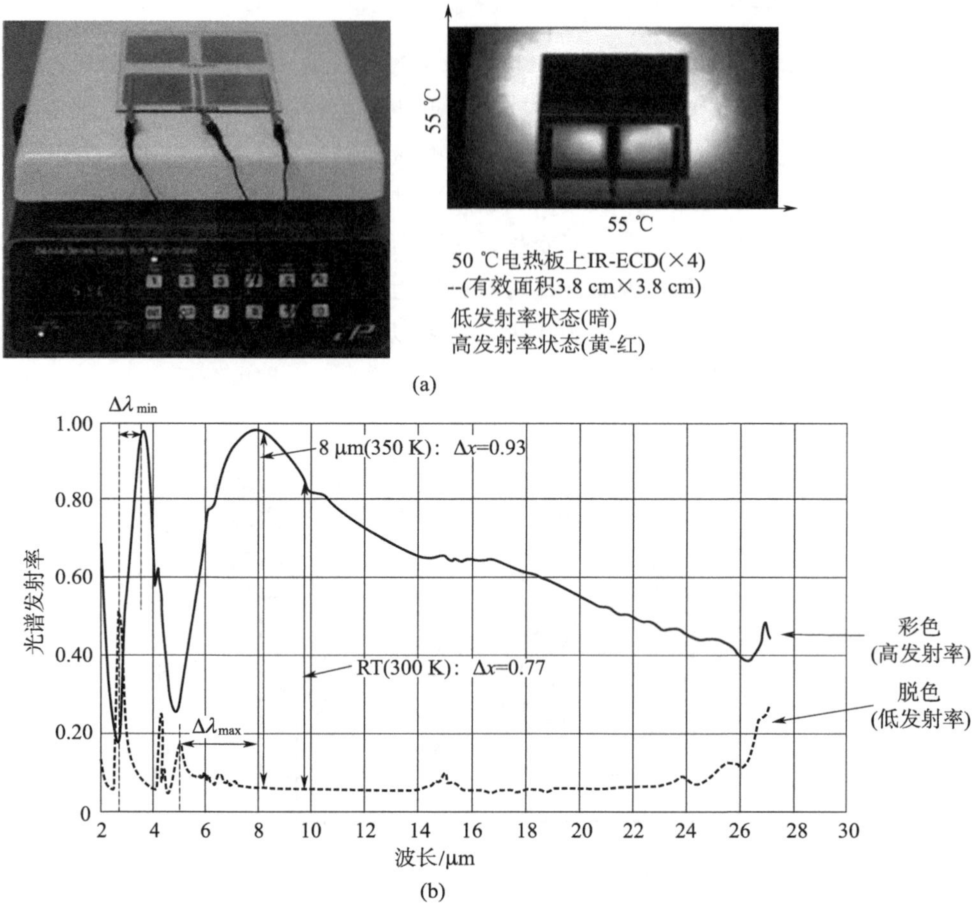

图 7－30 电致变色的图片和光谱曲线[29]

随着石墨烯研究的火热，对其他材料平面化、低维化的研究也日渐兴起。其中一种称为 MXene 的低维材料是一个热点。MXene 一般由所谓层状三元金属碳化物、氮化物或碳氮化物 MAX 制备而来，MAX 中的 M 是 d 族过渡金属，A 为主族 IIIA 或 IVA 族元素，X 为碳、氮或碳和氮。一般通过化学作用将 A 位置的元素刻蚀掉，这样就形成内部结构为 MX，外部存在化学处理物的元素 T（如 F、OH、O）的层状低维材料，即为 MXene，如图 7－31 所示。如果使 MXene 中的 M 为磁性材料元素，或者在 MXene 的层间嵌入磁性材料原子或微粒，则该结构可能形成很好的层状、具有吸波能力。MXene 正在被不少学者关注，认为其可能称为一种新的吸波材料。

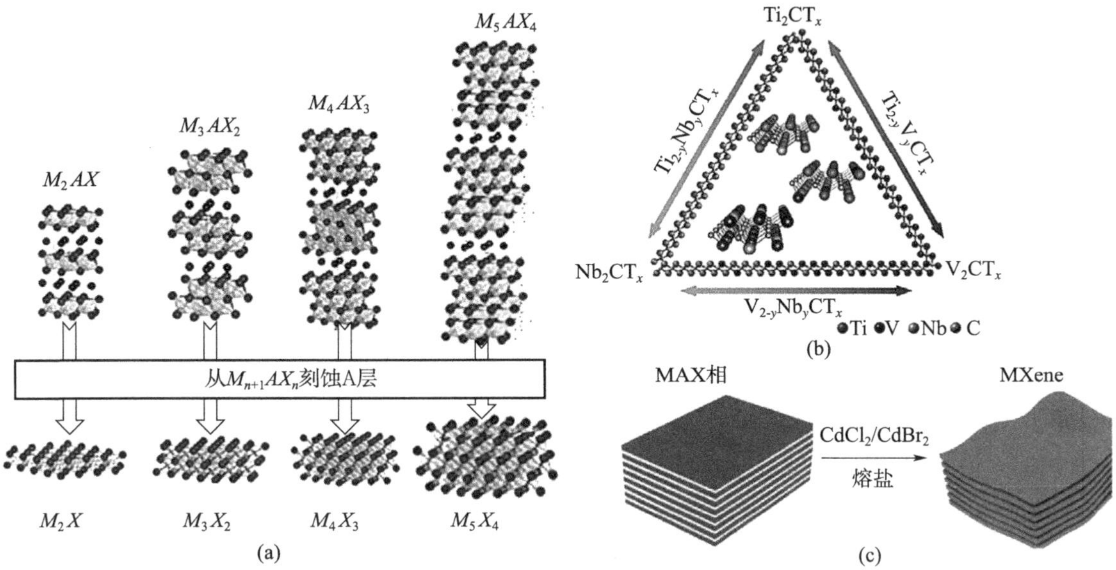

图 7 - 31　MAX 与 MXene[33]

参 考 文 献

[1] 王志讯. 一维光子晶体在红外隐身材料应用方面的设计与实现 [D]. 武汉：华中科技大学，2015.

[2] 孟子晖，张连超，邱丽莉，等. 基于光子晶体技术的红外隐身材料研究进展 [J]. 兵工学报，2016，37 (8)：1543-1552.

[3] HUNG H C，WU C J，YANG T J，et al.，Enhancement of near-in-frared photonic band gap in a doped semiconductor photonic crystal [J]. Progress in Electromagnetics Research，2012 (125)：219-235.

[4] 梁百川. 有源隐身技术研究 [J]. 上海航天，1996 (3)：12-16.

[5] XU S，XU Y M，Huang J. The research of active cancellation stealth system design [J]. Applied Mechanics and Materials，2012 (192)：390-396.

[6] 曲长文，向迎春. 基于目标 RCS 特性的有源对消隐身分析 [J]. 雷达科学与技术，2010，8 (2)：109-112.

[7] 徐胜，徐元铭. 有源对消隐身系统设计研究 [J]. 航空电子技术，2014，145 (3)：26-32.

[8] 洪光启，陈图强，吴晓葆. 雷达有源对消原理研究 [J]. 雷达与对抗，1995 (1)：32-35.

[9] 贾高伟，王建峰. 飞行器有源对消隐身技术 [J]. 国防科技，2020，41 (1)：38-40.

[10] OSMAN I A，ALZEBAIDI A A J. Active cancellation system for radar cross section reduction [J]. International Journal of Education and Research，2013，1 (7)：1-6.

[11] CHAMBERS B，TENNANT A. An introduction to the phase-switched screen [J]. (2003)：DOI：10.1142/9789812704344_0002.

[12] TENNANT A，CHAMBERS B. Time-switched array analysis of phase-switched screens [J]. IEEE Transactions on Antennas and Propagation，2009，57 (3)：808-812.

[13] 张生俊，王明亮，艾夏，等. 基于阵列结构加载的有源隐身技术研究 [J]. 隐身技术，2018 (2)：

[14] TENNANT A，CHAMBERS B. A single-layer tuneable microwave absorber using an active FSS [J]. IEEE Microwave and Wireless Components Lett.，2004，14 (1)：46-47.

[15] WARD A J，PENDRY J B. Refraction and geometry in Maxwell's equations [J]. J. Modern Optics，1996，43 (4)：773-793.

[16] PENDRY J B，SCHURIG D，SMITH D R. Controlling electromagnetic fields [J]. Science，2006 (312)：1780-1782.

[17] LIU R，JI C，MOCK J J，et al. Science，2009 (323)：366-369.

[18] SMITH D R，MOCK J J，STARR A F，et al. Physical Review E 2005 (71) (036609)：1-6.

[19] YANG X M，ZHOU X Y，CHENG Q，et al. Diffuse reflections by randomly gradient index metamaterials [J]. Optics Letters，2010，35 (6)：808-810.

[20] 黄昆，韩汝琦. 固体物理学 [M]. 北京：高等教育出版社.

[21] 王振林. 表面等离激元研究新进展 [J]. 物理学进展，2009，29 (3)：287-324.

[22] 明先顺. 基于表面等离激元的电磁吸波结构设计 [D]. 北京：清华大学，2014.

[23] CUI T J, QI M Q, WAN X, et al. Coding metamaterials, digital metamaterials and programmable metamaterials [J] . Light Sci Appl, 2014 (3): e218.

[24] DELLA G C, ENGHETA N. Digital metamaterials [J]. Nat Mater, 2014 (13): 1115 - 1121.

[25] JEREMIAH P T, JEREMY A B, KENNETH L M, et al [J]. International Journal of Antennas and Propagation, 2014, (ID429837): 1 - 18.

[26] LANGLEY R J, LEE H J, FORD K L. Independent multiband tuning using an active AMC [C]. in Proceedings of the 1st IEEEAPS Topical Conference on Antennas and Propagation in Wireless Communications (APWC' 11), Torino, Italy, September 2011: 576 - 579.

[27] BOUYGE D, CRUNTEANU A, POTHIER A, et al. Reconfigurable 4 pole bandstop filter based on RF - MEMS - loaded split ring resonators [C]. in Proceedings of the IEEE MTT - S International Microwave Symposium (MTT ' 10), May 2010: 588 - 591.

[28] GRANQVIST C G. Oxide electrochromics: An introduction to devices and materials [J]. Solar Energy Materials & Solar Cells, 2012 (99): 1 - 13.

[29] DEMIRYONT H, MOOREHEAD D. Electrochromic emissivity modulator for spacecraft thermal management [J]. Sol. Energy Mater. Sol. Cells, 2009 (93): 2075 - 2078.

[30] 刘康. 装备隐身中的石墨烯吸波材料应用研究 [J]. 现代信息科技，2019，3 (19): 49 - 51.

[31] 张文波. 石墨烯超表面动态可调吸波器的研究 [D]. 桂林：桂林电子科技大学，2020.

[32] 许秉正，郑婷. 浅析石墨烯的透波和吸波性能 [J]. 微波学报，2018 (34): 410 - 413.

[33] XU X D, ZHANG Y L, SUN H Y, et. al. Progress and perspective: MXene and MXene - based nanomaterials for high - performance energy storage devices [J]. Adv. Electron. Mater, 2020 (ID2000967): 1 - 6.

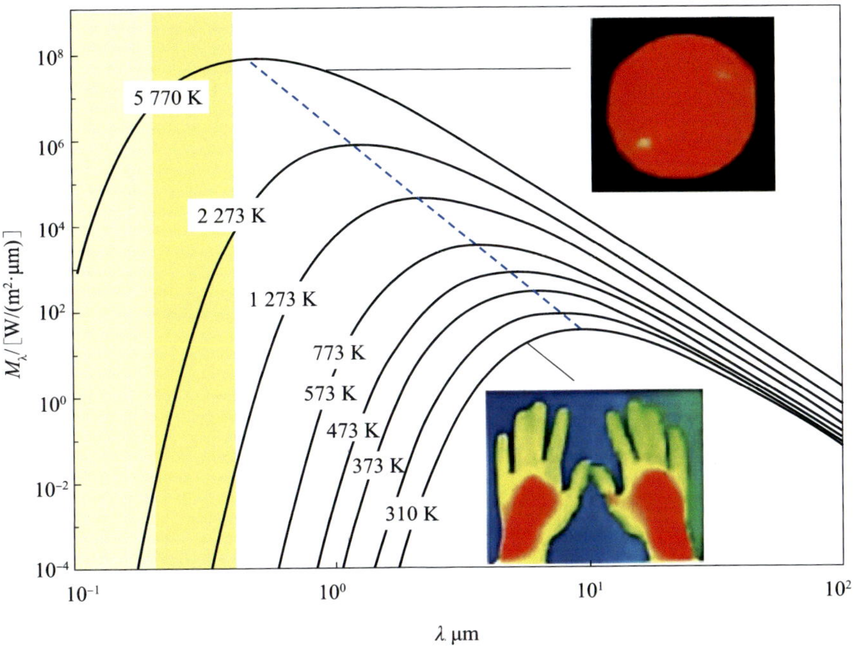

图 1－18　黑体在不同温度下的辐射光谱（P19）

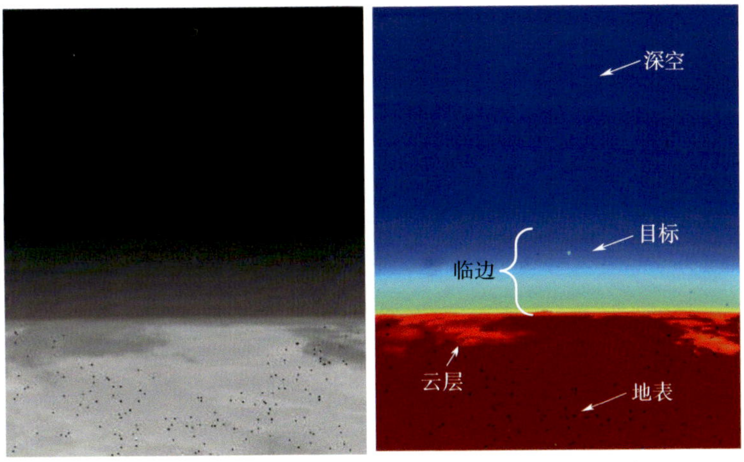

(a) 原始红外图像　　(b) 伪彩色图像

图 2－5　原始红外图像和伪彩色图像（P42）

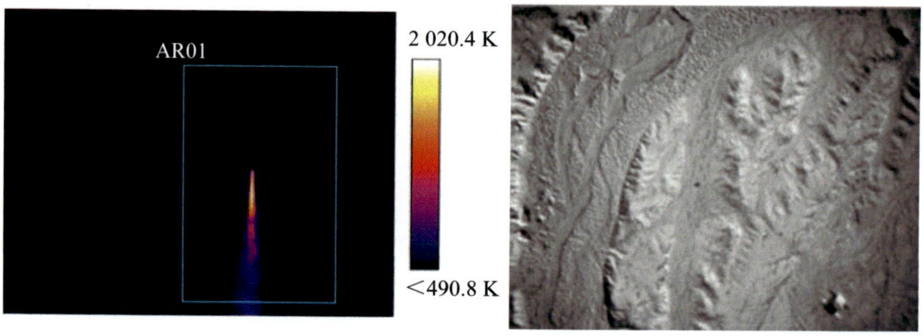

(a) 地面角度拍摄的红外图像

(b) 从太空往下拍摄的地表红外图像

图 2-7　某火箭发射从地面角度拍摄的红外图像和从太空往下拍摄的地表红外图像（P42）

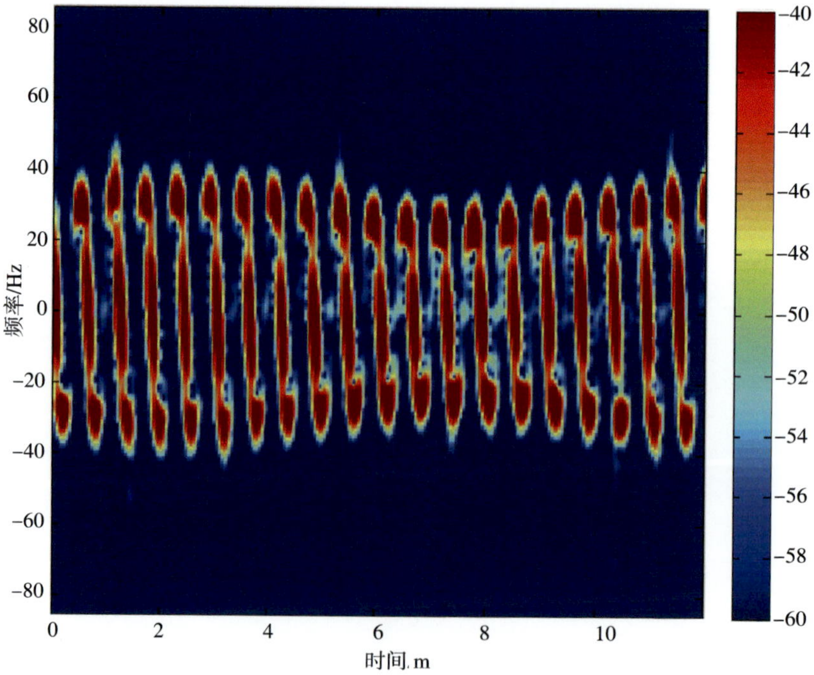

图 3-17　某航天飞行器模型微多普勒测量结果（P79）
（慢时间调制对应进动，快时间调制对应自旋，曲线断续反映回波遮挡）

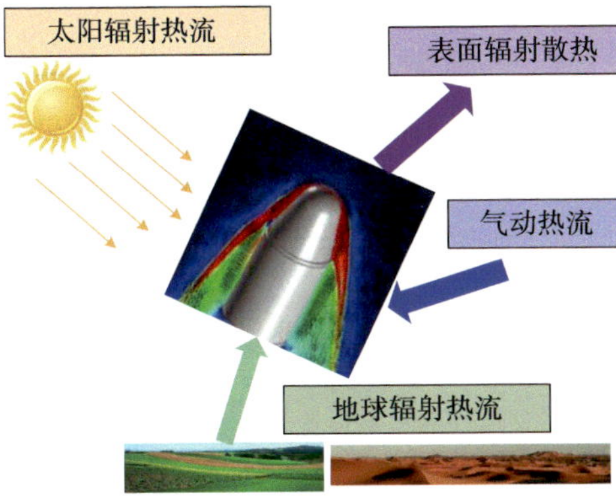

(a) 温度场影响因素

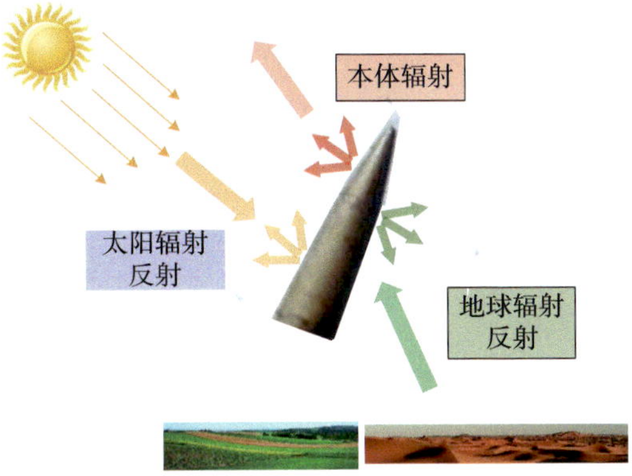

(b) 红外辐射信号来源

图 3 - 20　空间飞行器热信号和红外辐射信号来源（P85）

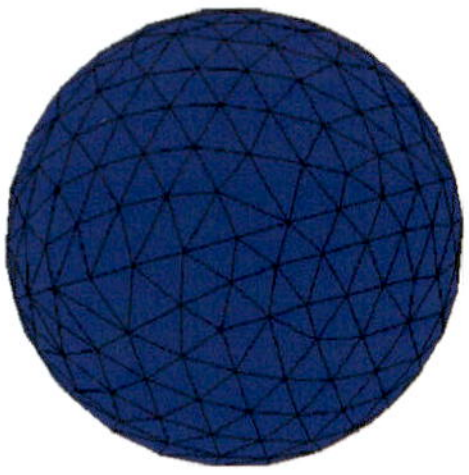

(a) 矩量法

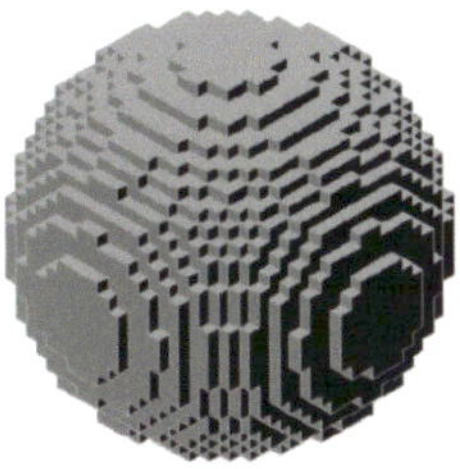

(b) FDTD

图 4 - 2　矩量法和 FDTD 法的金属球剖分对比（P99）

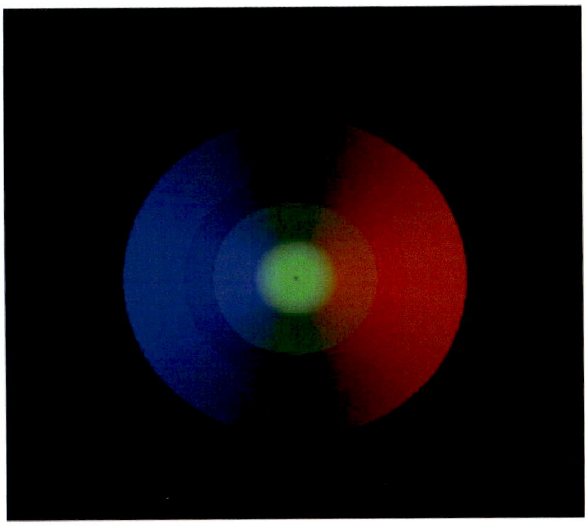

图 4 - 25　某导弹模型（P127）

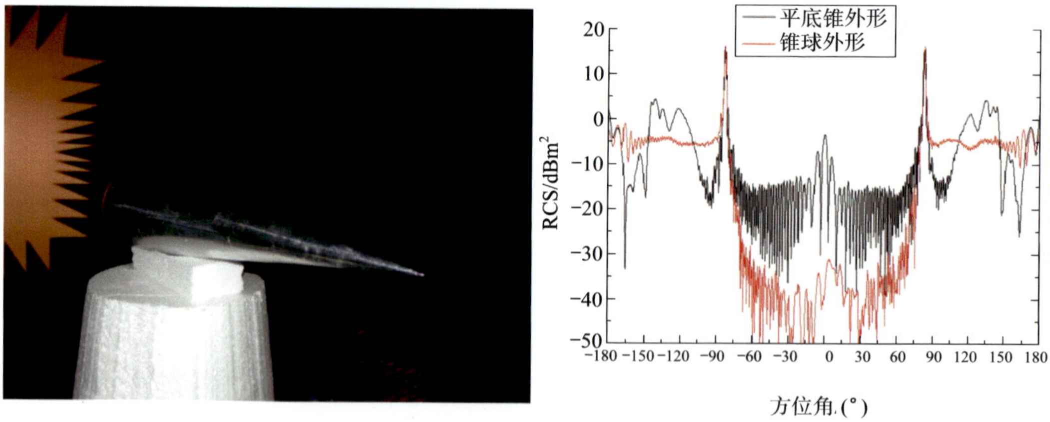

图 5-3　锥球外形及其与平底锥外形的 RCS 比较（P149）

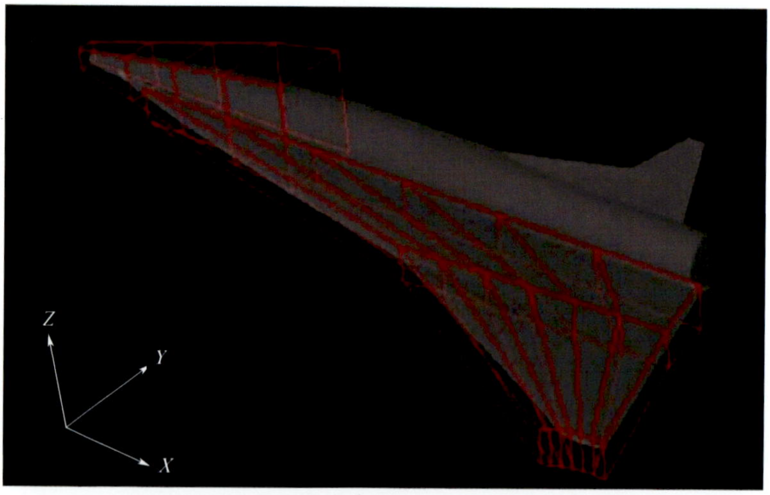

图 5-5　自由变形参数化外形示意图（P152）

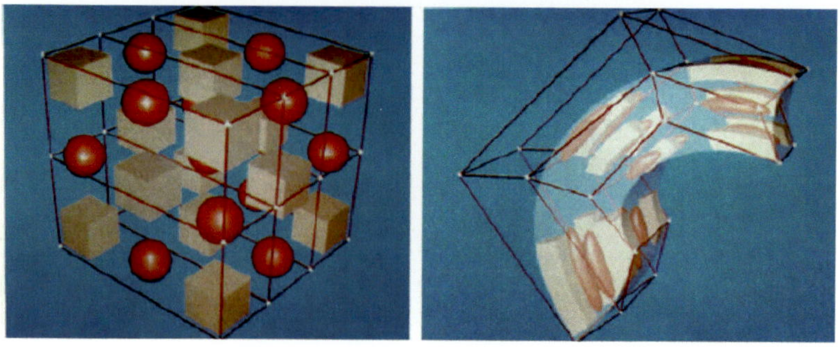

图 5-9　自由变形法示意（P156）

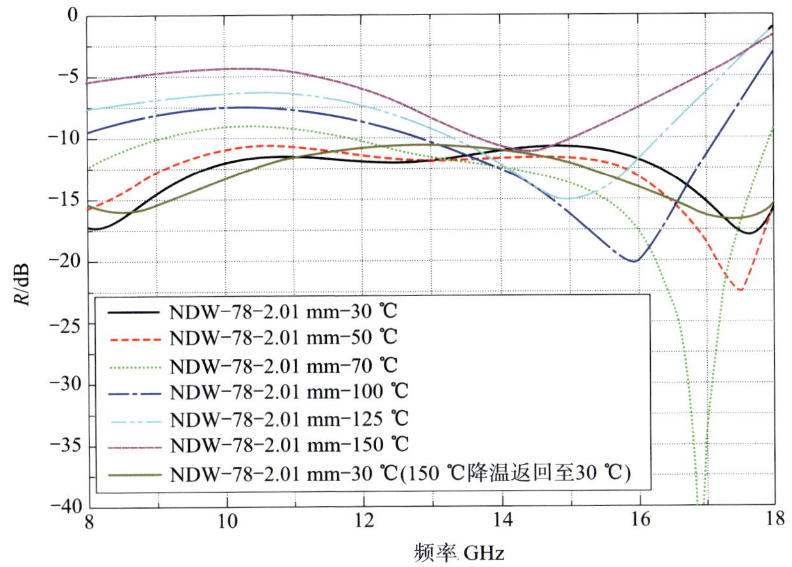

图 5-26　2.01 mm 厚度 NDW-78 牌号的铁氧体吸波涂层在不同温度状态下的反射率曲线（P170）

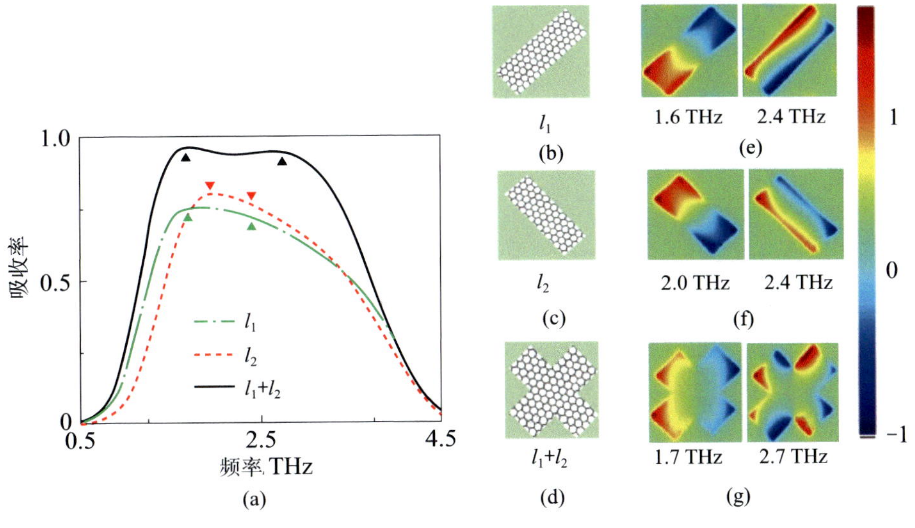

图 5-139　宽带完美光吸收（POA）及其由三角形标记的模式的局部电场分布（P275）

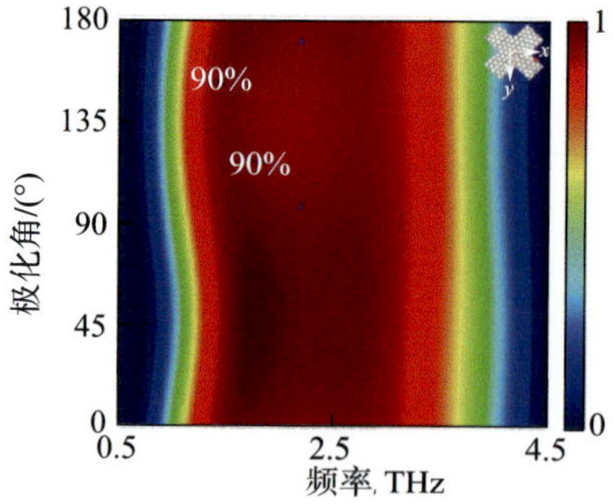

图 5-140　POA 的极化角度依赖性（P276）

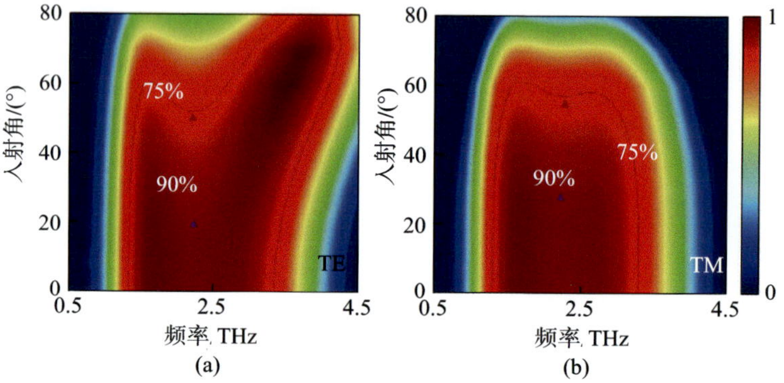

图 5-141　TE 和 TM 极化下 POA 与入射角的关系（P276）

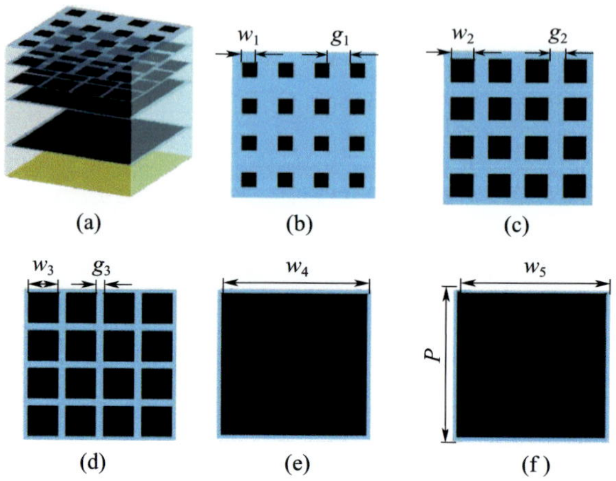

图 5-142　吸波器单元结构示意图（P277）

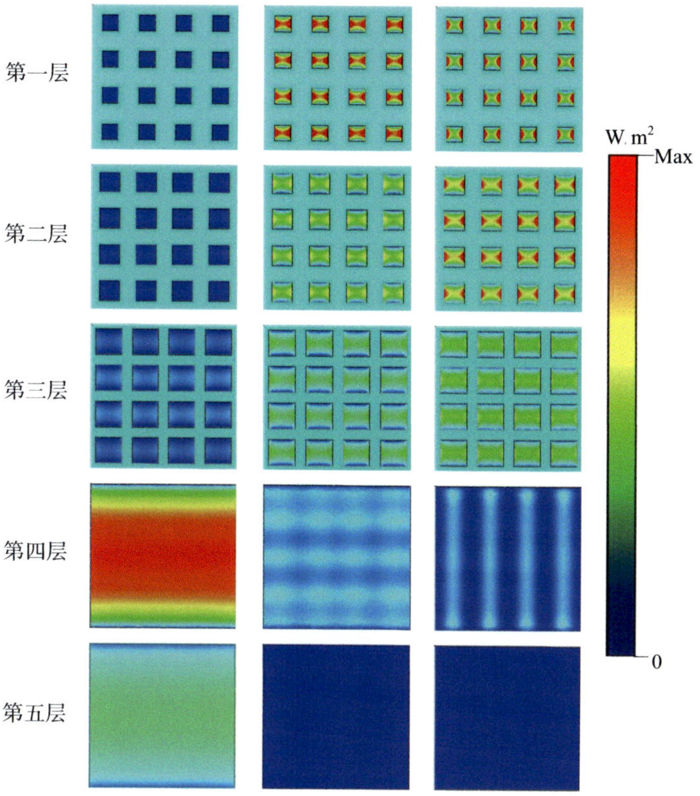

(a) 2.6 GHz　(b)15 GHz　(c) 29.4 GHz

图 5－147　吸波器在 2.6 GHz、15 GHz、29.4 GHz 处各层表面功率损耗示意图（P281）

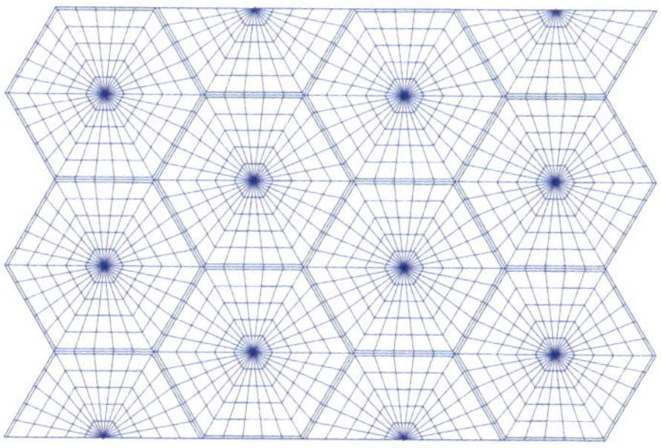

(a) x-y平面不连续结构网格划分

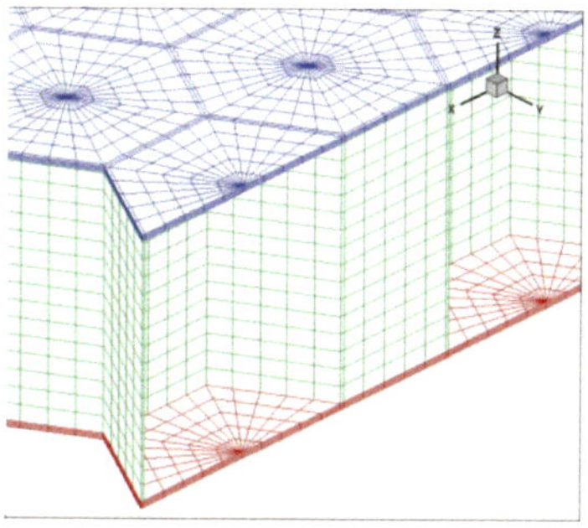

(b) 不连续结构腔体网格图局部放大图

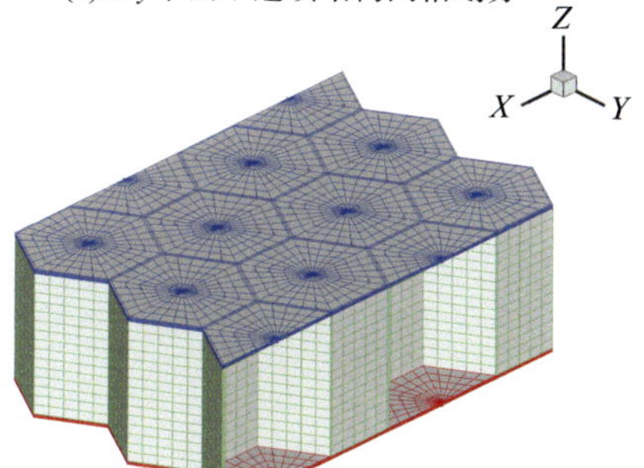

(c) 不连续结构网格图

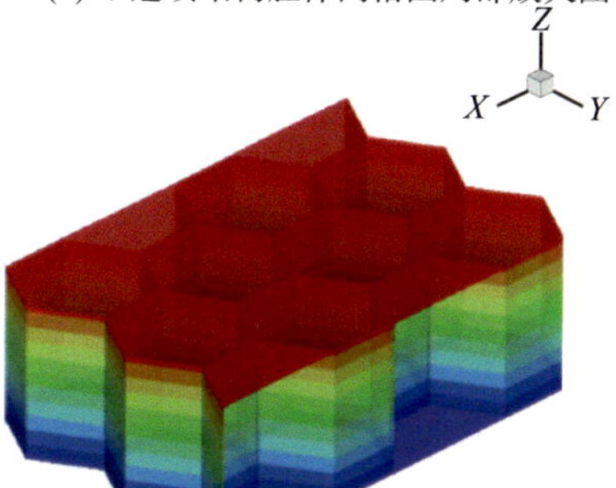

(d) 不连续结构网格透视图

图 6－6　不连续结构计算网格图（P297）

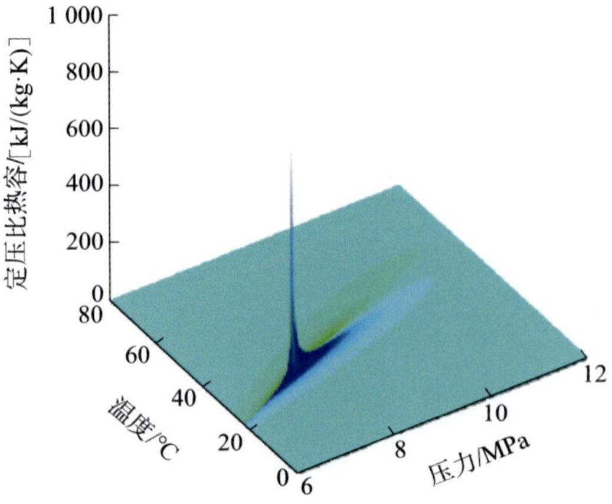

图 6-27　不同工况下二氧化碳的定压比热容（P309）

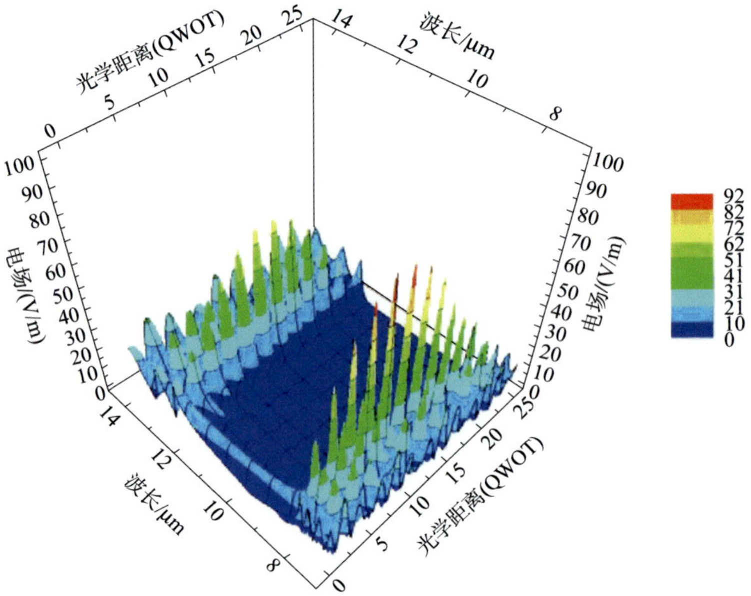

图 6-33　红外辐射在光子带隙材料内传输时的电场分布（P313）

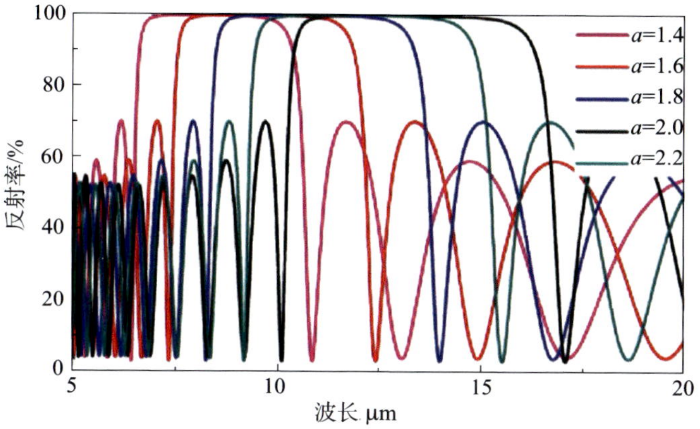

图 6－35　晶格常数对光子晶体的反射光谱的影响（P314）

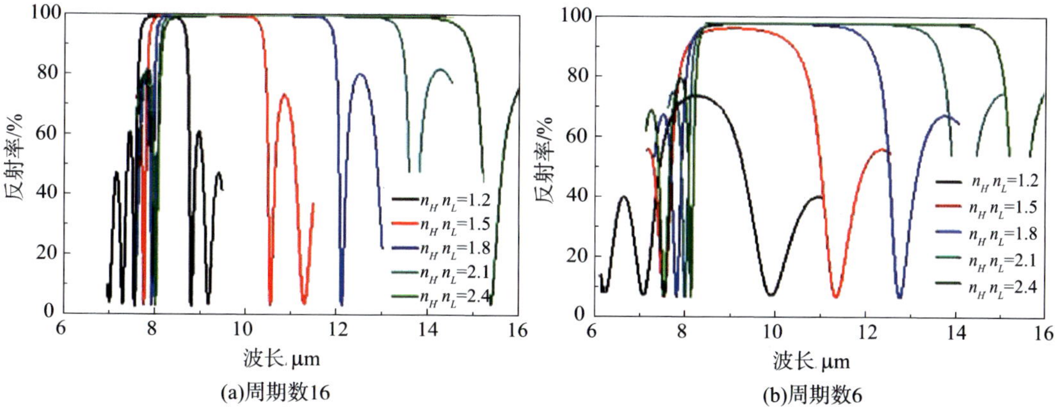

图 6－37　折射率比对反射光谱影响（P315）

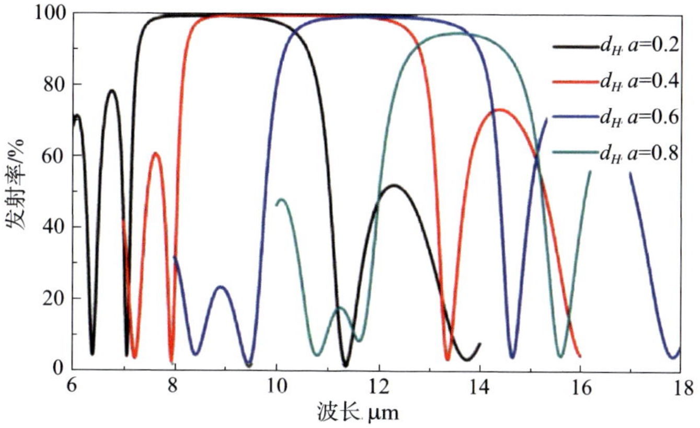

图 6－39　填充率对光子晶体反射光谱的影响（P316）

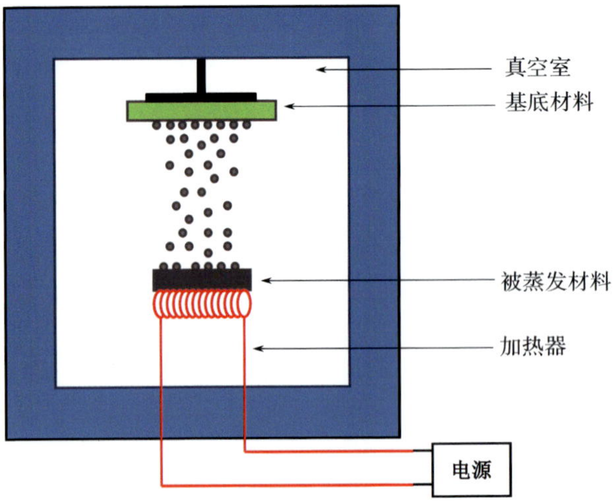

图 6-41　蒸镀工艺示意图（P318）

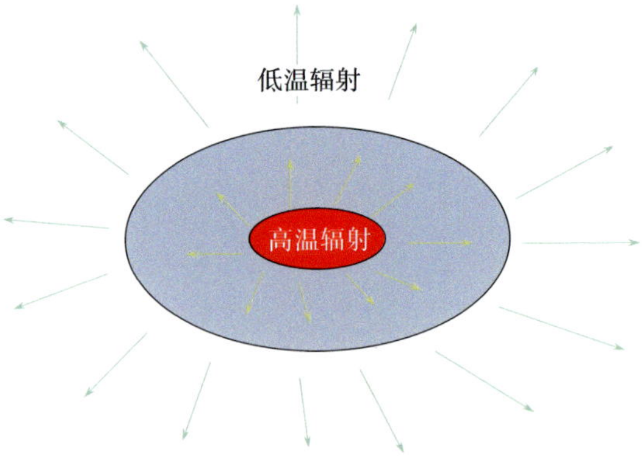

图 6-48　辐射屏辐射关系示意图（P327）

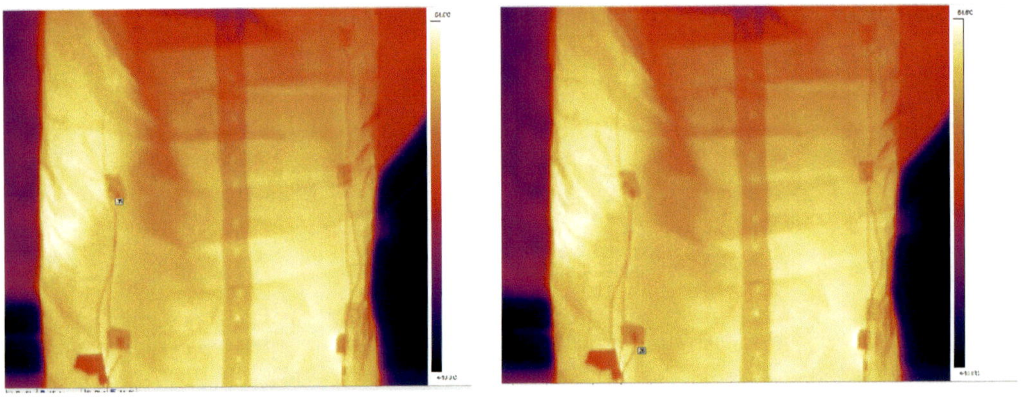

图 6-58　阳光条件下屏蔽罩温度分布（P333）

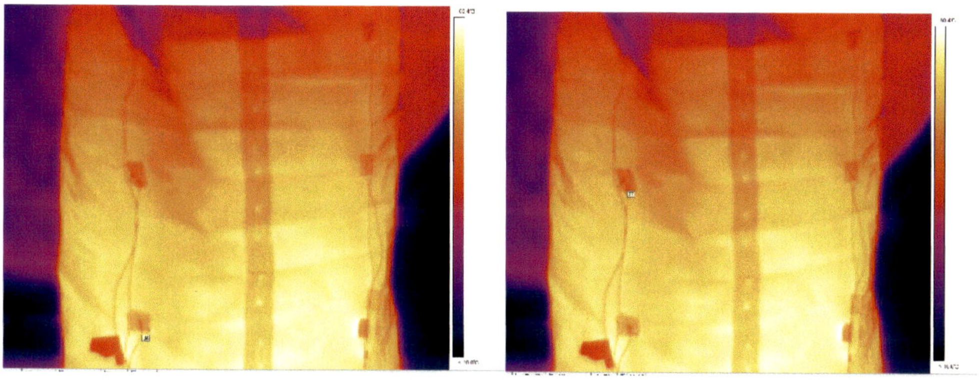

图 6－59　阴影条件下屏蔽罩温度分布（P333）

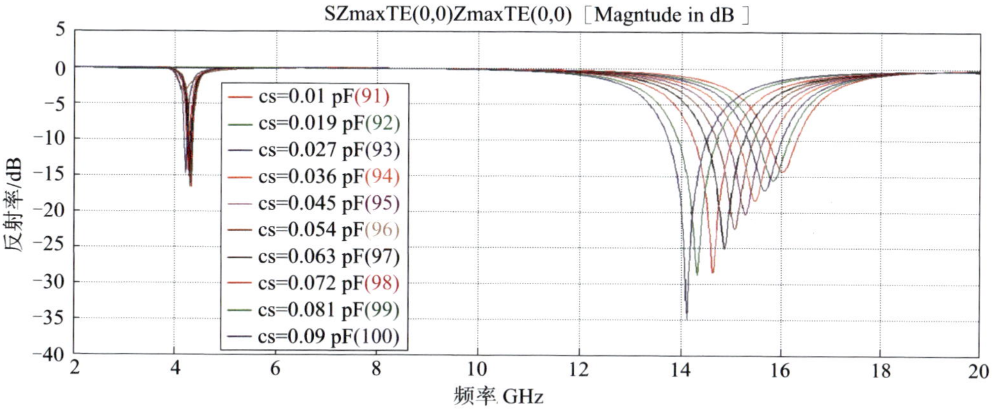

图 7－11　设定 500 Ω 电阻，电容由 0.01 pF 到 0.09 pF 变化的反射率仿真曲线[13]（P341）

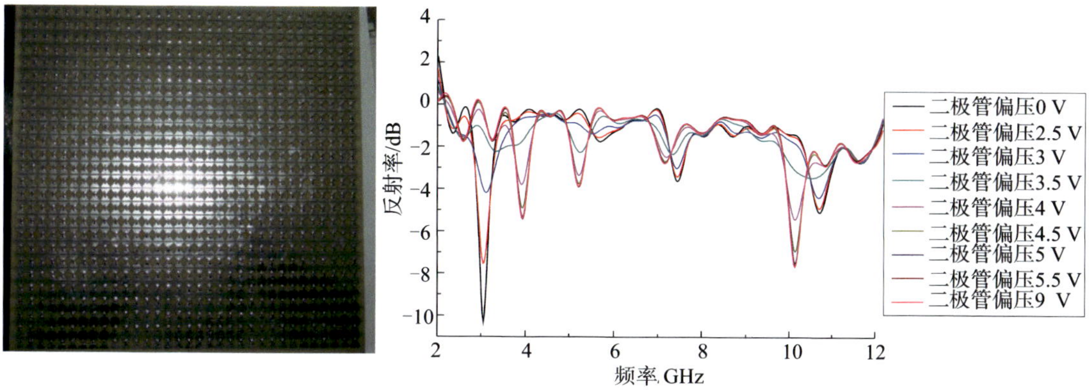

图 7－12　施加不同正向电压时 PIN 二极管加载的阵列结构的反射率变化[13]（P342）

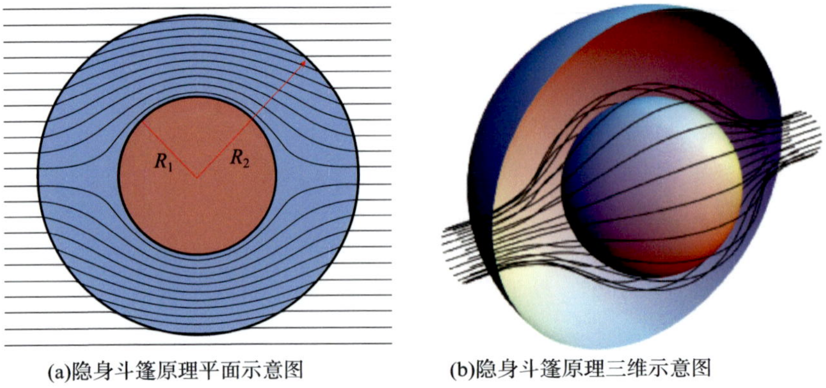

图 7 - 16　隐身斗篷概念[16]（P343）

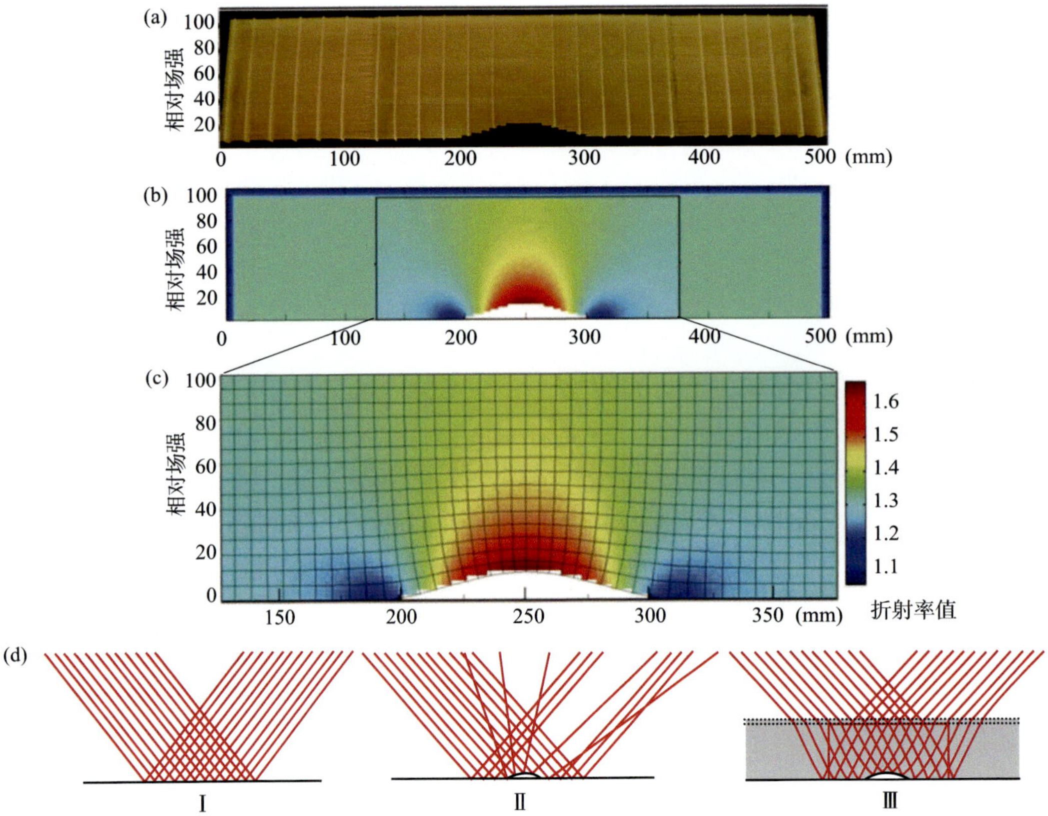

图 7 - 17　隐身地毯概念[17]（P344）

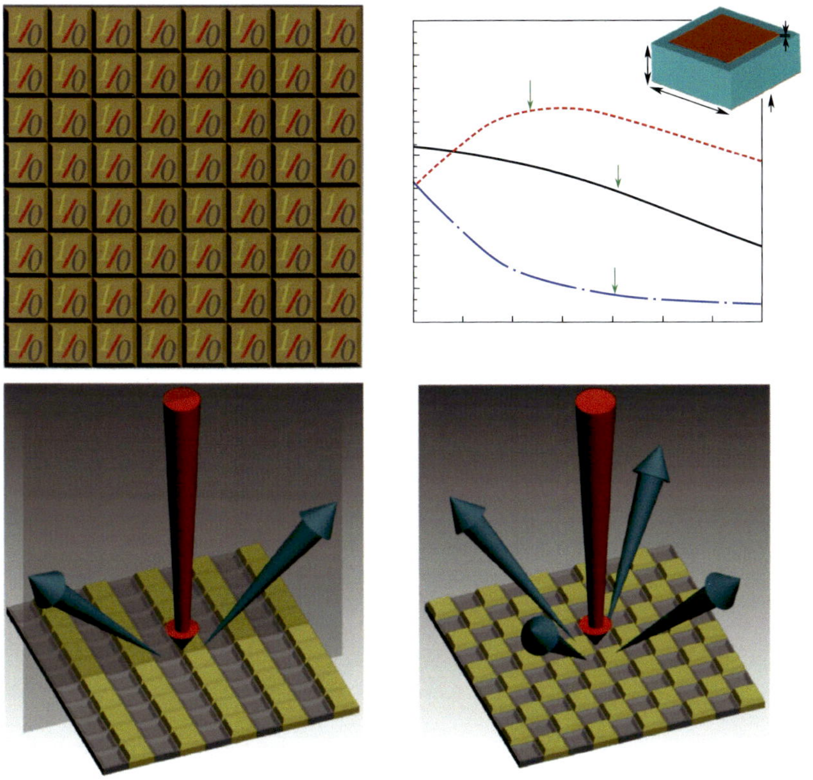

图 7－22　编码超材料[24]（P347）

(a) 变容管超材料样件

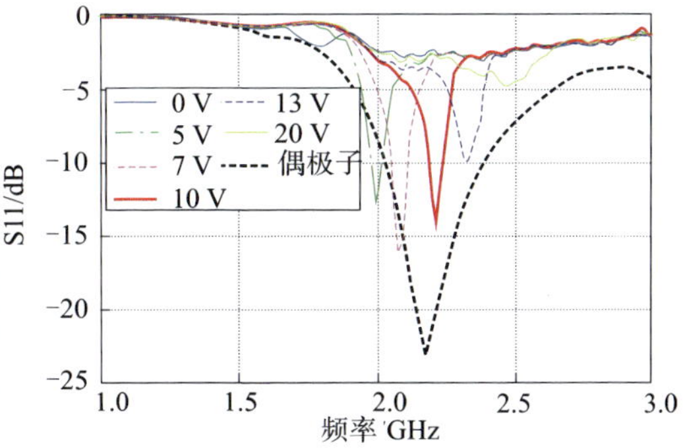

(b) 变容管材料调制曲线

图 7－27　变容管调制超材料[26]（P350）